Introdução ao python para engenharia química

Sidinei Silva

Departamento de Engenharia Química
Universidade Federal de Campina Grande

Introdução ao Python para engenharia química

Editora Edgard Blücher Ltda.

Publisher Edgard Blücher
Editores Eduardo Blücher e Jonatas Eliakim
Coordenação editorial Andressa Lira
Preparação e revisão de texto MPMB
Diagramação Autor
Capa Leandro Cunha

Blucher
Rua Pedroso Alvarenga 1245, 4o andar
04531-934 – São Paulo – SP – Brasil
Tel.: 55 11 3078-5366
contato@blucher.com.br
www.blucher.com.br

Segundo o Novo Acordo Ortográfico, conforme 5. ed. do *Vocabulário Ortográfico da Língua Portuguesa*, Academia Brasileira de Letras, março de 2009.

Dados Internacionais de Catalogação na Publicação (CIP)
Angélica Ilacqua CRB-8/7057

Silva, Sidinei
Introdução ao Pyhton para engenharia química / Sidinei Silva. - São Paulo : Blucher, 2023.
597 p. : il., color.

Bibliografia
ISBN 978-65-5506-671-5

1. Linguagem de programação 2. Python (Linguagem de programação de computador) 3. Engenharia química I. Título

23-2143 CDD 005.13

Índices para catálogo sistemático:
1. Linguagem de programação

Dedicatória

Agradeço aos meus filhos, Dante e Athos, pela inspiração;
Aos meus pais, Sebastião e Severina, pelo incentivo; e
E à minha esposa, Iliana, pelo amor, apoio e dedicação.
Que Deus continue iluminando seus passos.

Prefácio

Dentre as mais diversas opções disponíveis de linguagem de programação passíveis de serem adotadas nos diversos seguimentos de engenharia, Python é uma das preferidas por ser uma linguagem de desenvolvimento em plena expansão. Outra grande vantagem é que, por ser uma das linguagens de programação mais usadas no mundo, o Python possui uma vasta biblioteca de código aberto com módulos de aplicações diversas, que são atualizadas frequentemente.

A presente obra trata do desenvolvimento de soluções aplicadas à Engenharia Química utilizando a linguagem de programação Python. O fluxo de formação começa com uma etapa de inicialização ou de revisão, passando por uma introdução à programação em nível intermediário, contendo estudos de casos típicos da Engenharia Química e culminando com um projeto que engloba todo o material abordado.

Capítulo 1 discute o editor usado durante o desenvolvimento dos códigos. Serão consideradas aplicações simples e introdutórias, comuns ao conhecimento geral de programação, abordando as principais estruturas que compõem à base da programação. Aqui o iniciante poderá se orientar com os conceitos fundamentais e sintaxe básica da linguagem (Capítulo 1 e 2), além de aplicações simplificadas com o intuito de facilitar o entendimento. Para a audiência que já possui conhecimentos básicos de programação, "caixas rápidas" foram inseridas juntos às imagens dos exemplos de códigos para que sua revisão seja ainda mais dinâmica. Alguns exemplos básicos de aplicação de Engenharia Química já são explorados nesta etapa (Capítulo 3), tais como reposição de água evaporada, alguns cálculos de propriedades coligativas, custo de aquisição de um trocador de calor e cálculo do valor futuro.

Como o ponto de partida das estruturas fundamentais usadas em programação também serão consideradas nesta etapa, laços de repetição for serão descritos no Capítulo 4. Capítulo 5 discute de forma estruturada como plotar gráficos, explorando os vários tipos de construção, tais como gráficos de linha, subplots, barras verticais e horizontais, além de gráficos 3D. No Capítulo 6 o laço condicional é o foco. Essa estrutura se faz necessária quando existem diferentes opções de solução que podem ser mais adequadas para momentos distintos. Laços de repetição while são discutidos no Capítulo 7, que juntamente com os laços condicionais, expandem a capacidade de construção de soluções. Com base nestes conceitos, o método de Newton-Raphson para determinação de raízes será explorado. O Capítulo 8 apresenta estudos de caso de comparação entre os comportamentos de algumas equações de estado, construção de uma curva de titulação, aplicação do método de determinação de raízes regula-falsi, além de um miniprojeto de cálculo de número de membranas aplicados à dessalinização de uma água de poço.

Com a noção de programação bem fundamentada, Capítulo 9 explora a linguagem programada por meio da definição de algoritmo, pseudocódigo e fluxograma, finalizando com o desenvolvimento de códigos. Funções, entidades que ampliam a flexibilidade de programação, são explicadas no Capítulo 10. Com o entendimento bem consolidado acerca da definição de função, no Capítulo 11 será explorada a importação de bibliotecas Python, repositório de pacotes matemáticos usados para resolver problemas de engenharia, com ênfase no numpy, scipy, sympy e pandas. Serão discutidos exemplos de derivação, integração, ajuste de curva, interpolação, além da solução de sistemas de equações lineares. Também serão considerados arrays e sistemas matriciais, determinação de raízes de equações algébricas com o método solve, além do armazenamento e carregamento de dados.

O tratamento de erros durante a execução de um código será explicado no Capítulo 12 através dos blocos try/except. O Capítulo 13 é dedicado à formatação de texto, precisão numérica a ser exibida e apresentação de tabelas, com ênfase na função print. Mais estudos de casos são tratados no Capítulo 14 para consolidar os conhecimentos adquiridos. Serão considerados exemplos de determinação de raízes de uma equação de estado, integração da função da capacidade calorífica, resolução de balanço de massa com sistemas lineares e plotagem de um gráfico ternário.

Estudos de casos avançados em Engenharia Química são o tema do Capítulo 15. Cálculo da composição em um vaso flash, resolução do balanço de massa do processo Otto-Williams e um breve estudo sobre equações diferenciais ordinárias são algumas das aplicações consideradas. Para facilitar o entendimento, uma revisão sucinta de cada conteúdo é apresentada.

O Capítulo 16 propõe um projeto de carta de controle aplicada a um processo hipotético de medida de temperatura em um prato de uma coluna de destilação. Aqui o embasamento resumido, mas necessário, para o desenvolvimento de uma aplicação realística dentro dos limites físicos e computacionais atuais será discutido. O capítulo servirá como um tutorial para futuras aplicações dentro do que foi explorado em cartas de controle, mais especificamente problemas com histórico e com valor de referência e problemas com histórico e sem valor de referência.

Além dos mais de 180 códigos de exemplos diversos, em quase todos os capítulos são encontrados mais de 50 problemas de revisão para consolidar o aprendizado, além de mais de 60 problemas de desenvolvimento para ampliar a visão de aplicação da programação. Todos os códigos dos exemplos dispostos nos capítulos encontram-se no site da editora, bastando somente procurar por este livro e encontrar o tópico "Material de Apoio". Os códigos dos exemplos podem também ser aproveitados para a resolução dos exercícios durante os estudos ou, ainda, aperfeiçoados para uso futuro.

Esta obra tem caráter introdutório, não sendo uma revisão exaustiva do estado da arte em programação Python. Contribuições são extremamente encorajadas e serão passíveis de consideração em futuras edições desta publicação.

Prof. Ph.D. Antonio Carlos Brandão de Araújo
Departamento de Engenharia Química
Centro de Ciências e Tecnologia
Universidade Federal de Campina Grande

Conteúdo

PARTE 1: Iniciando do zero

Capítulo 1: Introdução ao Python

Neste capítulo teremos como objetivo a apresentação da interface gráfica do desenvolvedor que utilizaremos, que se chama *Spyder*, do pacote Anaconda®; veremos onde encontrar esse programa e como instalá-lo. Ainda veremos os primeiros passos do uso deste fabuloso programa, conhecendo os principais tipos de variáveis que podemos utilizar na nossa área temática: a Engenharia Química! Utilizaremos o console do Spyder, veremos como chamar funções internas e, também, desenvolveremos nossos primeiros programas.

Baixando e instalando o Anaconda

O Python é uma ferramenta computacional que os profissionais de várias áreas utilizam para a resolução de problemas matemáticos, simples ou complexos. Para acessar essa incrível ferramenta, utilizamos o endereço da página de distribuição do software https://www.anaconda.com/download (veja a Figura 1.1 a seguir).

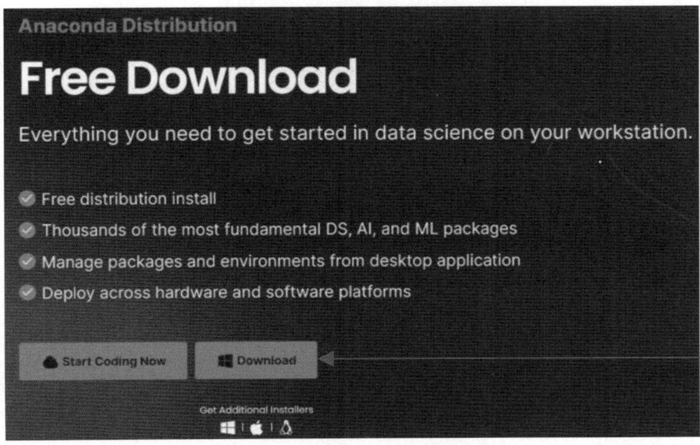

Figura 1.1 : Espelho da página de download do Anaconda Python.

Caixa Rápido

Acesse o link acima e, quando a página abrir, selecione a versão do sistema operacional do seu computador.

Se você clicar em “download”, a versão padrão selecionada é de 64-bit. Se você clicar no logo do sistema operacional que você utiliza, ou “rolar” a página para baixo, veremos com mais detalhes que há a possiblidade de baixar o programa para três sistemas operacionais distintos: Windows, macOS e Linux.

O programa aqui citado será explorado na plataforma Windows®. Assim, é importante ter muita atenção ao escolher a versão desejada, pois, no caso de haver a tentativa de instalação do Anaconda em uma versão de sistema operacional distinta da do seu computador, além de não haver a instalação, problemas futuros ocorrerão na tentativa de se instalar a versão correta do programa. Vejamos a Figura 1.2 a seguir para maiores detalhes. A versão que será utilizada é a mais recente e se baseia no Python 3.0 ou superior.

Caixa Rápido
Após seleção, o logo do sistema operacional fica cinza. Agora clique na versão desejada.

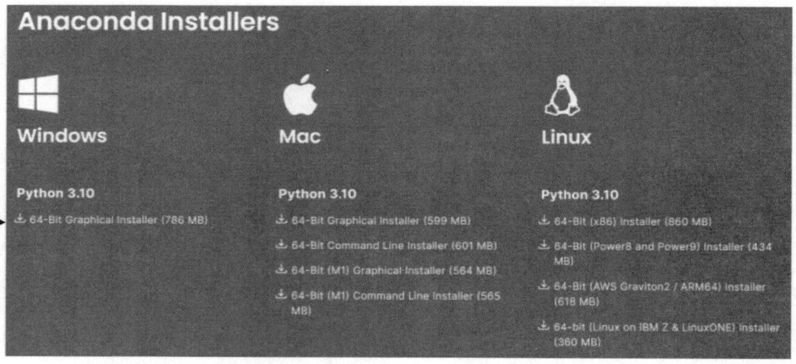

Figura 1.2: Espelho da página de downloads após baixar a barra de rolagem.

Após o download, instale o Anaconda utilizando todos os *defaults* (seleções pré-definidas) das janelas que aparecerão. Caso haja qualquer dúvida com relação ao acesso do software após a instalação, se é apenas para você ou para todos os usuários do computador que você está usando, selecione a opção na qual o Anaconda deva ser instalado apenas para o usuário atual, ou seja, para você. Isso minimizará qualquer possiblidade de erros durante a instalação.

Caso tenha dúvidas com relação aos passos de instalação, veja o **Apêndice 1** deste livro para maiores detalhes.

Primeiros passos: conhecendo o Anaconda – Python

Após o processo de instalação, alguns ícones estarão disponíveis no seu computador. Dentre eles, o ícone do Spyder, nosso desenvolvedor! Observe a Figura 1.3 logo a seguir para saber de que ícone estamos falando.

Figura 1.3: Ícone de acesso do Spyder.

> **Caixa Rápido**
> Após instalação, procure pelo ícone do Spyder e clique nele para abrir o programa.

Vamos dar uma olhada na área de desenvolvimento disponibilizada pelo Spyder. A Figura 1.4 nos mostra um exemplo dessa área de trabalho. Vamos passar pelas principais partes que a compõem para termos uma melhor noção de onde estão os mecanismos essenciais para a utilização da ferramenta. Note que a interface do Spyder no seu computador deve aparecer no modo escuro pois é a versão padrão de instalação. O modo escuro melhora o contraste e diminui o esforço ocular devido à redução de brilho. Usamos a versão clara nesta obra apenas para fins didáticos. Caso prefira usar a mesma versão apresentada aqui, vá em "Tools/Preferences/Appearance/Syntax highliting theme" e, na lista suspensa onde se encontra a descrição "Spyder Dark", selecione Spyder, clique em "Apply" e, em seguida, "OK".

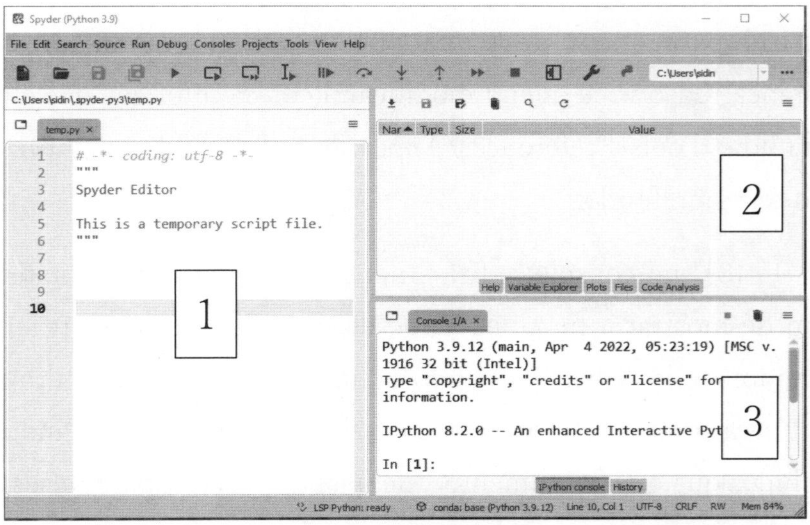

Figura 1.4: Janela principal do Spyder.

> **Caixa Rápido**
> 1 – Escreva seus códigos aqui;
> 2 – Explore as variáveis ativas;
> 3 – Aqui são impressos os resultados.

Todas as vezes que você abre o Spyder, essa área aparece. Nela temos, de forma muito resumida, três partes essenciais. Caixinha com o número 1: Arquivo temporário que pode ser editado de forma que nossos programas sejam salvos futuramente. Vamos trabalhar bastante com ele mais à frente.

A caixinha com o número 2 se refere a uma das abas disponíveis chamada "Explorador de Variáveis" ou "Variable Explorer". Nela é possível observar qualquer variável que tenha sido criada durante a execução de algum código. Assim fica mais fácil identificar se a variável existe, se ela está no formato, tamanho ou tipo corretos, se o valor gravado nela está correto etc. Não se preocupe! Também veremos essa aba e seu conteúdo com mais detalhes.

Na caixinha com o número 3, nós temos o console, que funciona como uma calculadora, caso queiramos realizar alguma conta rápida. Basta digitar algum valor e apertar "Enter" que o resultado é impresso nessa mesma tela logo em seguida. Ela também é responsável por apresentar os resultados de qualquer programa que seja executado na área de desenvolvimento (caixinha com o número 1).

Não se preocupe se a interface no seu computador estiver com uma cor diferente da que foi exposta na Figura 1.4. Colocamos propositalmente a interface na cor branca para facilitar a visualização dos códigos aqui no livro. A tela escura é preferível para quem programa por reduzir a quantidade e intensidade de luz branca. Caso você queira modificar a cor da interface do seu Spyder, siga o caminho: "Tools/Preferences/Appearance/Syntax highlighting theme" e selecione o tema preferido.

O "In [1]", "In [2]", "In [3]" no console indica "Input", que quer dizer entrada de informação. A fim de mostrar a funcionalidade do console, vamos escrever nosso primeiro comando: *print*( )! Este comando é uma funcionalidade interna do Python e serve para imprimir uma linha vazia ou imprimir, quando devidamente preenchido, qualquer argumento que esteja entre os parênteses. Escreva a linha de comando no seu console conforme mostra a Figura 1.5:

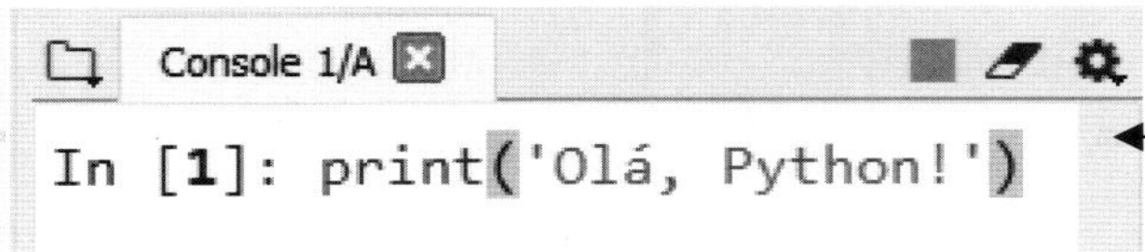

Figura 1.5: Primeiro comando usando o Console.

Caixa Rápido
No console, use a função *print*( ) do Python para executar seu primeiro código.

Você deve ter um resultado semelhante ao da Figura 1.6 após apertar "Enter".

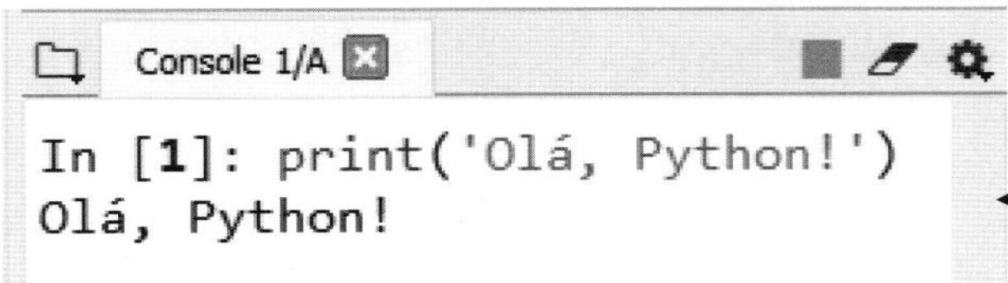

Figura 1.6: Resultado do comando print no Console.

Caixa Rápido
Após apertar "Enter", veja o resultado do seu primeiro código no próprio console.

Tente repetir o comando *print*( ), agora colocando o seu nome como **argumento**! O argumento é qualquer valor ou **variável** que você coloca entre os parênteses da função *print*( ). Observação: para que o comando seja executado corretamente pelo console, é preciso usar aspas ("") ou apóstrofos ('') antes e após o texto (e.g. seu nome) que será usado.

Definindo e usando variáveis

Uma variável é um elemento que carrega uma determinada informação inserida pelo programador, no caso você, ou um outro usuário que esteja usando o seu programa ou pelo próprio programa que está sendo executado. Vamos definir nossa primeira variável com o nome "mensagem". Essa variável chamada *mensagem* carregará o texto: "Eu quero programar!". Veja a Figura 1.7 a seguir e observe que ainda estamos usando o console. Logo após a inserção da variável e do texto sugerido, aperte "Enter".

Figura 1.7: Escrevendo uma variável no console.

Caixa Rápido
Armazene um texto entre aspas na variável chamada *mensagem* e aperte "Enter".

Observe no Explorador de Variáveis um formato de tabela. Nela temos o nome da variável, o tipo, o tamanho e o valor que está armazenado na variável. No nosso caso, após a inserção da nossa primeira variável, você verá a Figura 1.8, na qual o nome da variável é *mensagem*, do tipo "**string**" (texto) com tamanho "unitário" e com o valor igual a "Eu quero programar!".

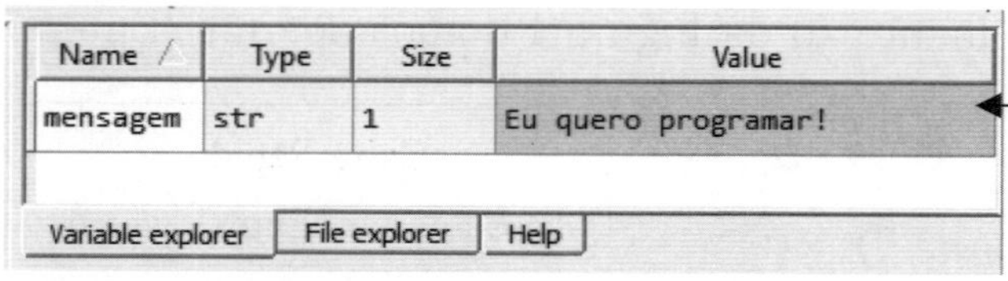

Figura 1.8: Explorador de Variáveis.

Caixa Rápido
Veja no Explorador de Variáveis que o texto escrito agora está na memória do computador.

Agora que a variável *mensagem* está na memória do Spyder, podemos utilizá-la enquanto o programa estiver aberto. Essa variável é volátil! Mas o que isso quer dizer? Esse é o comportamento das variáveis que são carregadas pelo Spyder quando executado algum comando, seja no console ou em algum programa no desenvolvedor, e ficam ativas provisoriamente no Explorador de Variáveis enquanto o Spyder estiver aberto. Mas, quando o Spyder é fechado, essas variáveis somem da memória. Caso feche o Spyder e o abra novamente, você verá esse comportamento com mais clareza.

Vamos realizar um novo teste. No console, utilize o comando *print*( ) e coloque como argumento o nome da nossa primeira variável: *mensagem*. A Figura 1.9 ilustra esse procedimento.

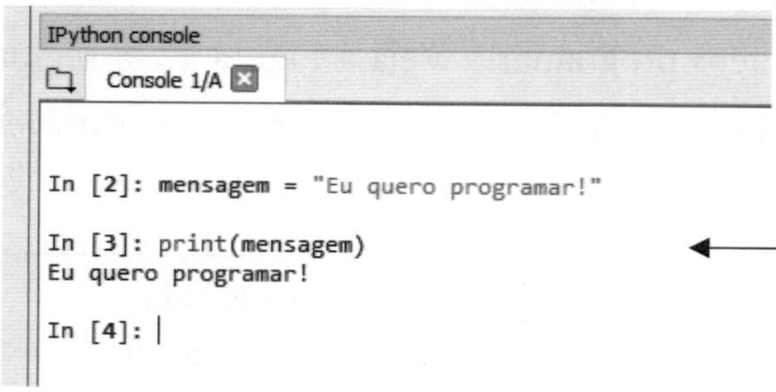

Figura 1.9: Chamando e imprimindo variáveis.

Caixa Rápido
Utilize a função *print*( ) para mostrar o conteúdo da variável *mensagem* no console.

Você também pode escrever apenas o nome da variável no console e apertar "Enter", que o Spyder imprimirá o conteúdo dessa variável (veja a Figura 1.10).

Aí você pode se perguntar: "Se o console imprime o conteúdo da variável que eu escrever, por que usar o comando *print*( )? A resposta é que o comando *print*( ) é usado para **formatar** (imprimir de forma elegante, com características pré-definidas) uma impressão que seu programa futuramente fará. Se o momento requer apenas a checagem do conteúdo de uma variável, basta escrevê-la no console e apertar "Enter" para que seu conteúdo seja exposto. Teremos o Capítulo 13 somente para aprendermos a usar algumas das várias funcionalidades do comando *print*( ).

```
In [4]: mensagem
Out[4]: 'Eu quero programar!'

In [5]: |
```

Figura 1.10: Impressão do conteúdo de uma variável.

Caixa Rápido

Para identificar de forma rápida o conteúdo de uma variável, basta escrevê-la no console e apertar "Enter".

As variáveis também podem receber números. E essas variáveis podem ser manipuladas de forma que seu conteúdo seja utilizado em algum cálculo específico. Por exemplo: **x** = 1 e **y** = 2, se somarmos **x** + **y**, o resultado aparece no console. Isso acontece porque o valor 1 foi armazenado em x e o valor 2 foi armazenado em y. Essas duas variáveis são distintas e independentes uma da outra, podendo ser utilizadas em várias partes de um código. Observe o exemplo na Figura 1.11 a seguir.

```
Console 1/A

In [5]: x=1

In [6]: y=2

In [7]: z = x + y

In [8]: z
Out[8]: 3
```

Figura 1.11: Variáveis armazenando números.

Caixa Rápido

Além de texto, as variáveis também podem armazenar números.

Dicas para o uso de variáveis

Visando a utilização correta das variáveis, veremos algumas dicas de como nomear uma variável minimizando potenciais erros de leituras do software Spyder. Seguem as dicas:

- Os nomes de variáveis devem ser escritos de forma que tenham apenas letras, números e sublinhas (*underlines*), mas nenhum caractere especial como ç, %, &, *, $, #, @, !, ‘’, “”, ?, ;, [,], <, >, ^, /, +, -, (,), palavras com acentuação ou qualquer outro caractere especial que você possa encontrar;
- Podem começar com uma letra ou um *underline*, mas não com um número. Por exemplo, podemos chamar uma variável de *mensagem_1*, mas **não** de *1_mensagem*;
- Não use espaços em nomes de variáveis. Caso necessário, utilize sublinhas para separar as palavras em nomes de variáveis. Por exemplo, *primeira_mensagem* funciona, mas *primeira mensagem* causará um erro de indefinição, ou seja, é como se você estivesse escrevendo duas variáveis consecutivas, mas só está colocando valor em uma delas. Como a outra fica vazia, o console responde essa indefinição com uma mensagem de erro;
- Não use palavras que Python reservou para funções embutidas (*built-ins*). Por exemplo, digamos que você tenha esquecido essa dica e escreva no console **print** = *5*. Depois você tenta usar o comando *print*(**print**) para imprimir esse número. Como você sobrescreveu a funcionalidade da função *print*( ) por um valor, no momento que você executar seu código, o console retornará um erro de indefinição. Ou seja, você disse ao Python que **print** não tinha mais a função de imprimir, mas sim de carregar o valor predefinido 5. Tente aprender o máximo possível dos nomes das funções internas do Python que este tipo de erro nunca lhe aborrecerá;

- Você deve usar nomes concisos e descritivos para as variáveis. Isso quer dizer que você não precisa escrever um texto enorme para definir uma única variável. Também não deve usar apenas letras, caso contrário, em um momento futuro, você não saberá o que aquele "d" no seu código representa. Por exemplo: *nome* é melhor que *n*; *nome_estudante* é melhor que *n_e*; *tamanho_nome* é melhor que *tamanho_do_nome_da_pessoa*;
- Existem exceções, como por exemplo no uso de letras nos contadores de laços de repetição. Neste caso é aceitável porque a variável que está sendo utilizada está limitada ao uso do laço (que veremos com mais detalhes nos capítulos vindouros);
- Tome cuidado ao usar a letra minúscula l e a letra maiúscula O, pois elas podem ser confundidas com os números 1 e 0;
- O Python é *case sensitive*! "O que isso quer dizer?" Isso diz que o Python interpreta minúsculo e maiúsculo como coisas distintas. Se você escrever *Mensagem* no lugar de *mensagem*, aparecerá um erro no console informando que a variável *Mensagem* não foi definida (veja a Figura 1.12). A mensagem de erro se chama ***Traceback***. Ela lhe auxiliará indicando a causa ou a possível posição de um eventual erro no seu código.

Caixa Rápido
Para o Python, letras minúsculas são diferentes das maiúsculas.
M ≠ m

```
In [4]: mensagem
Out[4]: 'Eu quero programar!'

In [5]: print(Mensagem)
Traceback (most recent call last):

  File "<ipython-input-5-e9132541434c>", line 1, in <module>
    print(Mensagem)

NameError: name 'Mensagem' is not defined
```

Figura 1.12: Erro do tipo letra minúscula e maiúscula.

- Outro erro típico que poderá ocorrer é quando esquecemos de digitar alguma letra do nome da variável. Por exemplo: *mesagem* é diferente de *mensagem*. Observe a Figura 1.13. A variável *mesagem* não foi definida anteriormente, por isso a mensagem de erro aparece no console. Neste caso, ocorreu um erro do tipo "NameError".

Caixa Rápido

O Python não completa palavras. Caso esqueça de escrever alguma letra, um erro ocorrerá.

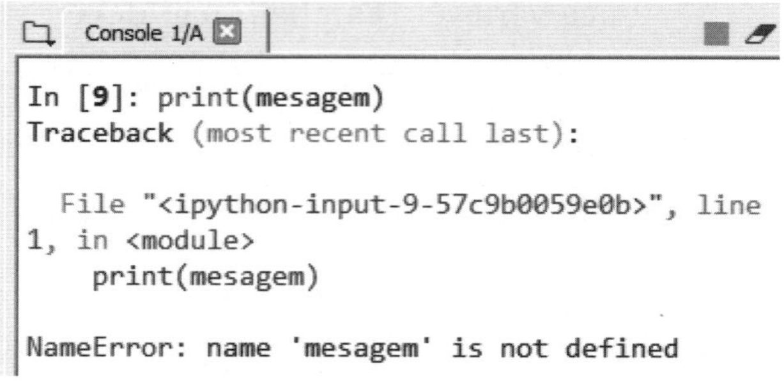

Figura 1.13: Erro quando falta alguma letra.

Usando arquivos *.py

Assim como um editor de texto, e.g. Microsoft Word®, o Spyder utiliza arquivos para armazenar os códigos que são desenvolvidos pelos programadores. Esses arquivos apresentam uma extensão *.py. O asterisco aqui representa o nome do arquivo, que pode ser qualquer nome. Mas tome cuidado! As regras de nomeação de arquivos devem ser iguais às de nomeação de variáveis, como visto anteriormente.

Quando você abre o Spyder, caso não haja nenhuma aplicação anterior, por ***default*** (padrão), o programa abre um arquivo temporário chamado temp.py, conforme a Figura 1.14.

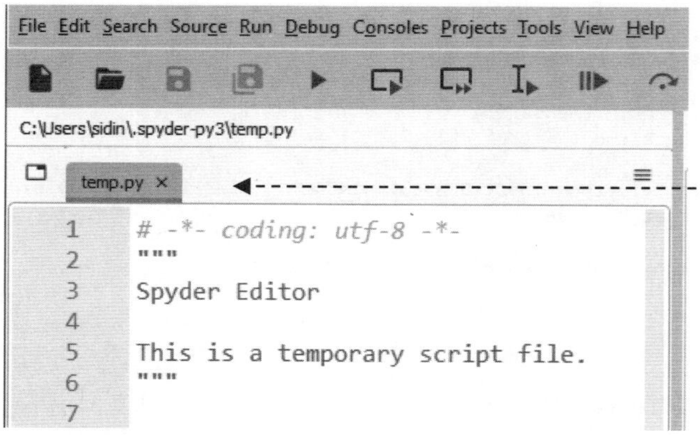

Caixa Rápido

Este é um arquivo temporário. Não precisa utilizá-lo.

Figura 1.14: Arquivo temporário do desenvolvedor.

Você não precisa editar esse arquivo. Vamos criar um arquivo e salvá-lo com o nome *primeiro_codigo.py*. Primeiramente, observe no canto superior esquerdo da Figura 1.14 a imagem de uma folha com uma borda dobrada. Clique neste botão para que seja criado um arquivo. Por *default*, o arquivo vem nomeado com um *untitled0.py* (ou *semtitulo0* na versão em português BR), veja a Figura 1.15 a seguir.

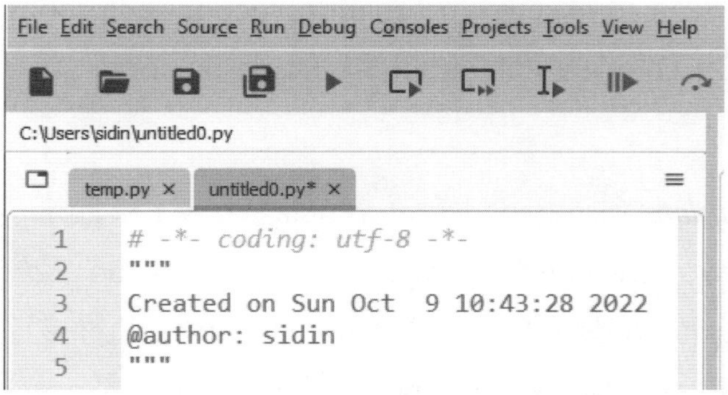

Figura 1.15: Novo arquivo com o nome untitled0.py.

Caixa Rápido

Você pode criar um arquivo novo, que já virá com um cabeçalho padrão e conterá seu nome e data de criação.

Para renomear o arquivo ou salvá-lo em algum local de interesse, clique no canto superior esquerdo em (*File*). Uma nova caixa de diálogo aparecerá. Procure por ***Save as*** (ou Salvar como) e clique nele. Salve o arquivo com o nome sugerido anteriormente, *primeiro_codigo.py*, em algum lugar de interesse no seu computador. Observe a Figura 1.16 para maiores detalhes.

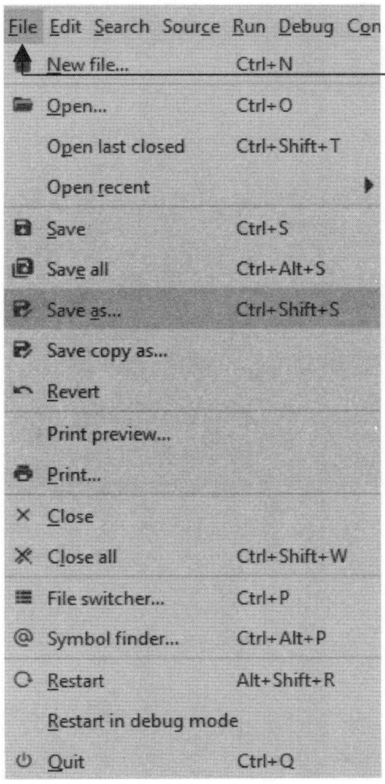

Caixa Rápido

Para renomear seu arquivo, basta clicar em "File" e procurar por "Save as". Uma nova caixa de diálogo aparecerá e lá você deverá renomear seu arquivo.

*Figura 1.16: Salvando um novo arquivo *.py.*

Observe que no nosso novo arquivo aparece um texto em cinza (linha 1) e outro texto em seguida na cor verde. Ambos os textos são **comentários**! São partes explicativas, ou informações, que podemos acrescentar no nosso código de forma que futuramente sirvam como auxiliares para o entendimento do código em si. Esses comentários não são executados quando você manda **rodar** o seu código. Por default, o Spyder coloca a data atual e o nome da conta ativa no Windows®.

Caso queira modificar esse ***template*** (arquivo de referência), basta seguir o caminho *Tools/Preferences/Editor/Advanced Settings* e clicar no botão *Edit Template for New Modules*. O arquivo de referência será aberto no editor e lá você pode modificar o padrão conforme desejado. Caso haja alguma modificação, para salvar o arquivo modificado, clique no botão *Save* conforme mostra a Figura 1.17.

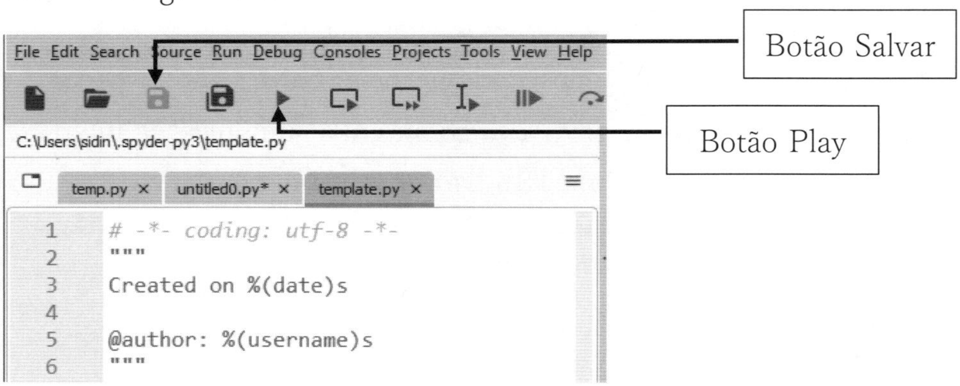

Figura 1.17. Template utilizado pelo Spyder.

Com o nome do nosso arquivo modificado, vamos agora escrever nosso primeiro código executável. Para isto, basta escrevermos na área de desenvolvimento uma *mensagem* com um conteúdo e pedir que o Python imprima essa mensagem. Após a inserção do código, salve-o clicando no ícone "Salvar". Observe o resultado na Figura 1.18 a seguir.

```
figura_1.18_primeiro_codigo.py
1 """
2 Created on Mon Sept 25 15:52:30 2023
3 @author: Sidinei
4 """
5 mensagem = "Este é o meu primeiro código."
6 print(mensagem)
```

*Figura 1.18: Primeiro código em um arquivo *.py.*

Caixa Rápido

O exemplo ao lado mostra a definição de uma variável que armazena um texto e em seguida será impressa com o comando *print*( ).

Pelo que já vimos até agora, o código inserido na Figura 1.18 é fácil de entender. Nele, uma variável *mensagem* recebe um texto na linha 8 e, na linha 9, estamos pedindo para que o Spyder imprima o conteúdo da variável *mensagem*. Agora é hora de **executarmos** o código. Para isto, basta procurar um ícone na barra de tarefas com um formato de *Play* verde. Clique nele e veja o resultado no console. Deve ser algo semelhante ao que está exposto na Figura 1.19.

```
Console 1/A
In [10]: runfile('C:/Users/Sidinei/Dropbox/
A_Informatica_Aplicada/Livro/codigos/
primeiro_codigo.py', wdir='C:/Users/Sidinei/
Dropbox/A_Informatica_Aplicada/Livro/codigos')
Este é o meu primeiro código.

IPython console | History log
```

Figura 1.19: Resultado da execução do nosso primeiro código.

Caixa Rápido

Após clicar no *Play* você verá o resultado impresso no console.

Não se assuste com o conteúdo exposto na Figura 1.19! O que está impresso em verde nada mais é que o caminho que o Python teve que seguir para achar seu arquivo e poder executá-lo. Lembre-se: a interface gráfica é do Spyder, mas por trás quem executa tudo é o Python! Observe que logo após as linhas verdes está a impressão do conteúdo armazenado na variável *mensagem*.

O bom do desenvolvimento em um arquivo *.py é que você pode executá-lo quantas vezes forem necessárias sem que haja perda de informação ao se desligar o computador. Você também pode editar o arquivo, acrescentando mais linhas de código de acordo com o necessário para resolver alguns dos problemas de Engenharia Química.

Acredite, alguns serão resolvidos em poucas linhas de código como o demostrado na Figura 1.18, mas outros problemas serão mais elaboradas e terão centenas de códigos e dependerão não apenas de um único arquivo *.py, mas de vários outros.

Aplique o que aprendeu:

1 – Crie um módulo (arquivo *.py) e salve-o com um nome desejado;

2 – Armazene uma mensagem (qualquer mensagem) em uma variável no módulo recém-criado;

3 – Escreva um código para que a mensagem seja impressa;

4 – Execute seu código e veja o resultado no console.

Conhecendo alguns métodos internos do Python

Assim como a função **interna** *print*( ) (chamamos de interna ou **nativa** porque ela faz parte do pacote Python, seja qual for a interface que seja utilizada), o Python carrega várias outras funções e métodos como veremos nos próximos capítulos. A diferença entre uma função e um método é que a função, aqui descrita, pode precisar de um argumento para que ela seja utilizada. Um método costuma ser uma característica que é inerente a uma variável assim que ela é criada.

Por exemplo: uma variável do tipo *string* pode conter métodos de formatação do conteúdo que está salvo na dita variável, como os métodos *.title*( ), *.upper*( ) e *.lower*( ). Vejamos essa aplicação com mais detalhes a seguir.

```
nome = 'engenharia química'
print(nome.title())
print(nome.upper())
print(nome.lower())
```

Figura 1.20: Exemplos de métodos internos do Python.

Caixa Rápido

.tittle( ), *.upper*( ) e *.lower*( ) são editores aplicados às variáreis do tipo **string**.

Todas as vezes que você coloca um ponto "." logo após uma variável, aparecerá uma pequena lista suspensa com sugestões de métodos que podem ser usados. No nosso caso, utilizamos o *title*( ) logo após o ponto. Observe atentamente na

Figura 1.20 que a variável *nome.title( )* alimenta a função interna *print( )*. Você pode, sem preocupação, utilizar uma função como argumento de outra.

O Python, assim como as demais linguagens de programação vigentes, resolve primeiro o que está dentro dos parênteses para, em seguida, executar as funcionalidades mais externas. A mesma explicação pode ser aplicada para os demais métodos apresentados.

Após executar o código mostrado na Figura 1.20, o resultado impresso no console mostra uma primeira impressão com as primeiras letras de cada nome em maiúsculo, se refere ao método *.tittle( )*. Na linha de impressão seguinte, temos os dois nomes impressos em letras maiúsculas, que é o resultado da aplicação do método *.upper( )* e, por fim, na terceira linha de impressão, nós temos os nomes impressos em letras minúsculas devido ao uso do método *lower( )*. Veja este resultado na Figura 1.21.

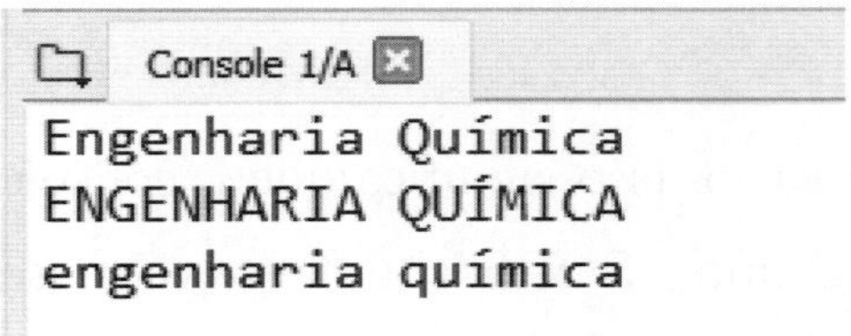

Figura 1.21: Resultado do uso de alguns métodos internos do Python.

Caixa Rápido

Veja o resultado da aplicação de *.tittle( )*, *.upper( )* e *.lower( )* respectivamente.

Concatenando strings

Muitas vezes, será conveniente concatenar (combinar) *strings*. Por exemplo, você pode querer armazenar um primeiro e um segundo nome em variáveis separadas e, então, combiná-las quando quiser exibir o texto por completo. Crie um arquivo, e chame-o de nome2. Observe as linhas de código na Figura 1.22 e tente reproduzi-las no seu desenvolvedor. Para minimizar o conteúdo exposto nas Figuras, de agora em diante, neste capítulo, quando for necessário mostrar alguma imagem da área de desenvolvimento, não serão apresentadas as primeiras linhas de comentários já citadas.

```
1 nome_1 = 'engenharia'
2 nome_2 = 'química'
3 print('Eu escolhi', nome_1.title(), nome_2.title())
```

Figura 1.22: Concatenação de strings.

> **Caixa Rápido**
> Concatenação usando apenas a função *print*( ).

Observe que as linhas 1 e 2 mostram textos separados nas variáveis *nome_1* e *nome_2*, os quais juntamos ao texto "Eu escolhi" na linha 3 com o auxílio da função interna *print*( ). É possível concatenar cada uma das variáveis bastando para isso separá-las por vírgula.

O Python utiliza códigos especiais para pular linhas ou aplicar tabulação nos textos que serão impressos no console. Observe as linhas de código da Figura 1.23. O código é uma continuação do exemplo já disposto na Figura 1.22.

```
1 nome_1 = 'engenharia'
2 nome_2 = 'química'
3 print('Eu escolhi', nome_1.title(), nome_2.title())
4 print()
5 print('Aprenderei:\n -A programar em Python!')
6 print('Aprenderei:', '\n', '\t', '-A programar em Python!')
```

Figura 1.23: Pulando linhas e aplicando tabulação.

> **Caixa Rápido**
> Pulando linhas (\n) e aplicando tabulação (\t) no Python.

A linha 4 da Figura 1.23 mostra um *print*( ) vazio. Isso significa que o console imprimirá uma linha sem texto algum. Na linha 5 temos uma nova frase "*Aprenderei:* **\n** *-A programar em Python!*". Quando executamos esse programa, o console mostrará em uma linha o texto "Aprenderei:" e na linha seguinte a continuação "A programar em Python!". O elemento " \n" é o responsável por esse "pulo".

Ainda na Figura 1.23, a linha 5 mostra uma variação do *print*( ) já apresentado na linha 4, mas agora com um termo novo: " \t". Este elemento é responsável por aplicar uma tabulação ao texto "A Programar em Python!". Veja maiores detalhes dessa aplicação na Figura 1.24.

```
Console 1/A
Eu escolhi Engenharia Química

Aprenderei:
 -A programar em Python!
Aprenderei:
        -A programar em Python!
```

Figura 1.24: Resultados do pulo de linha e da tabulação.

Caixa Rápido
Veja o resultado no console quando é aplicado a tabulação ou quando é necessário pular uma linha.

Caso queira concatenar variáveis antes de imprimi-las, é necessário ter atenção para com relação ao tipo de variável a qual está trabalhando. Vamos observar o código apresentado na Figura 1.25. Na linha 3 temos uma soma de variáveis! Isso mesmo: para concatená-las, basta somá-las levando-se em consideração que elas são do mesmo tipo.

```
1 nome_1 = 'engenharia'
2 nome_2 = 'química'
3 nome = nome_1 + nome_2
4 print(nome)
```

Figura 1.25: Concatenação direta de variáveis.

Caixa Rápido
Concatenação somando variáveis do tipo ***string***.

Clique no bodão *Play* para rodar seu código e observe que apenas uma palavra foi impressa no console: *engenhariaquímica*. Ah! Mas não queremos que as palavras saiam agrupadas dessa maneira quando forem impressas junto aos resultados. Precisamos aplicar um “espaço” entre essas palavras. Observemos agora o código da Figura 1.26.

```
1 nome_1 = 'engenharia'
2 nome_2 = 'química'
3 nome = nome_1 + ' ' + nome_2
4 print(nome)
```

Figura 1.26: Ajustando a concatenação direta.

Caixa Rápido
Use apóstrofos, ou aspas, para aplicar espaços entre as palavras na concatenação.

Parece que temos o mesmo código já apresentado na Figura 1.25, contudo, a diferença está na soma apresentada na linha 3. Atente que agora estamos somando um “espaço”. Ajuste seu código e aperte o botão *Play* novamente para ver a diferença.

Você pode estar se perguntando: "E se tivermos um número em uma das variáveis, como é que eu faço?". Bem, você pode usar a maneira mais simples já apresentada anteriormente na Figura 1.22 e Figura 1.23, por exemplo. Ou você pode concatená-la junto ao texto utilizando uma nova função interna do Python, chamada *str*( ). Observe o código de exemplo na Figura 1.27.

```
1 press = 1.2
2 unidade = 'atm'
3 nome = 'O valor da pressão foi ' + str(press) + unidade
4 print(nome)
```

Figura 1.27: Convertendo número para texto.

Caixa Rápido

Use *str*( ) para transformar número em texto.

Na linha 1 temos um número, na linha 2 temos um texto e na linha 3 estamos concatenando o texto ao número. Para que não haja erro, precisamos transformar o número em texto. Essa é a função *str*( ) que transformar o conteúdo da variável ***press*** em texto. Outra forma de realizar a concatenação é utilizar uma "vírgula" dentro do *print*. Ela será responsável por separar os diferentes tipos de variáveis e a própria função *print* fará a tarefa de juntar as partes envolvidas. Exemplo: as linhas 3 e 4 da Figura 1.27 podem ser substituídas pela seguinte linha de código:

print("O valor da pressão foi", **press**, **unidade**)

Caso você esqueça de aplicar essa transformação e rodar seu código, o seguinte erro aparecerá no seu console: "*TypeError: must be str, not float*". Esse é o erro que lhe diz que você está tentando juntar variáveis de diferentes tipos, o que o Python não aceita! Traduzindo a mensagem de erro, temos: *"Erro de tipo: A variável deve ser texto, não número"*. Ao final dos seus estudos em Python você estará familiarizado com esses pequenos detalhes.

Aplique o que aprendeu:

Em um novo arquivo chamado *name_cases.py* programe as seguintes situações:

1. Mensagem pessoal: armazene o nome de uma pessoa em uma variável e apresente uma mensagem a essa pessoa. Sua mensagem deve ser simples, como: "Olá Maria, você gostaria de aprender um pouco de Python hoje?".
2. Letras maiúsculas e minúsculas em nomes: armazene o nome de uma pessoa em uma variável e então apresente o nome dessa pessoa em letras minúsculas, em letras maiúsculas e depois somente com a primeira letra maiúscula.
3. Escreva uma frase que possa ser concatenada com a variável Temp = 325K. Imprima o resultado da concatenação.
4. Lembre-se de usar cada combinação de caracteres, " \t" e " \n", pelo menos uma vez.

Operações matemáticas com Python

Os números são usados com muita frequência em programação para resolver problemas de engenharia, representar dados em visualizações, guardar informações em aplicações web e assim por diante. Com os operadores que já conhecemos, podemos somar (+), subtrair (-), multiplicar (*) e dividir (/) números em Python.

Para isto, basta utilizar diretamente o console, caso queira utilizá-lo como uma calculadora, ou programar as operações desejadas em algum novo módulo no editor. Observe a Figura 1.28 e veja o resultado de algumas aplicações.

É importante ressaltar que no Python, assim como em inúmeros outros softwares de engenharia, o operador "." representa o ponto decimal, e.g. quando escrevemos 5,0 (cinco vírgula zero em português do Brasil) teremos o mesmo valor escrito como 5.0 (cinco ponto zero) devido à base de operação matemática ser estrangeira. Basta observar a entrada de dados *In[22]* na Figura 1.28 a qual mostra divisão 3/2. O resultado (Out[22]) da operação será 1,5, ou 1.5 no console.

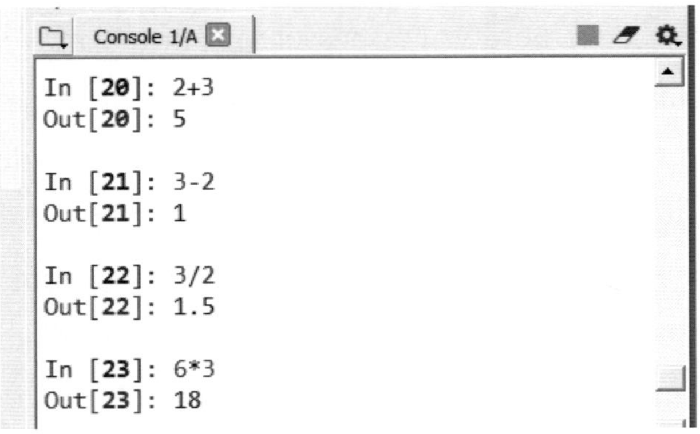

Figura 1.28: Operações matemáticas básicas com Python.

> **Caixa Rápido**
> No console, use os operadores matemáticos para a realização de cálculos simplificados.

Caso você queira escrever 10.000 (dez mil) no Python, terá que lembrar dessa regra e reescrever esse valor como 10000, sem o ponto "." que define o milhar.

Para representar o exponencial, utilize '**' (dois asteriscos) em série. Caso queira usar notação científica, utilize 'e' entre nos números. Observe a Figura 1.29 onde está ilustrada as aplicações 2^3 (2x2x2) e $5x10^3$ (5.000).

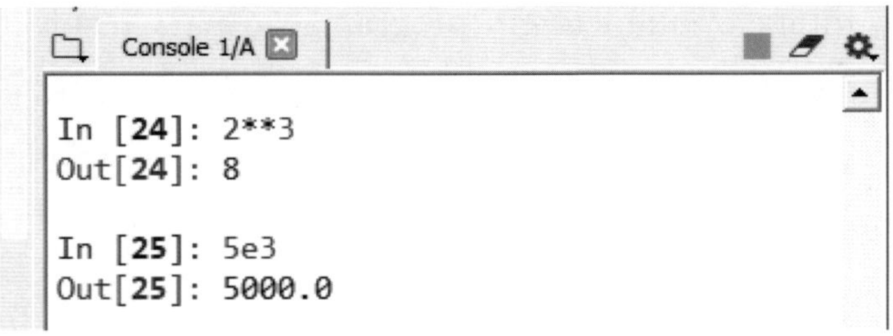

Figura 1.29: Expoente e notação científica em Python.

> **Caixa Rápido**
> Para aplicar um expoente, utilize "**". No caso de notação científica, o Python aceita "e" ou "E".

A linguagem Python aceita que especifiquemos a ordem de execução das operações matemáticas em uma expressão (função). Para isto, devemos usar parênteses para aplicarmos a ordem das execuções das operações matemáticas que desejamos. Logo, o que estiver entre parênteses será calculado primeiro pelo Python. Caso haja mais de um par de parênteses consecutivos, o par mais interno será executado primeiro e, em seguida, o mais externo.

Observe que essa regra não se limita ao uso do console do Spyder. Ela também será seguida quando desenvolvermos nossos programas em algum módulo no desenvolvedor. Essa é uma regra padrão já utilizada por vários softwares de engenharia. Veja o exemplo na Figura 1.30. Na entrada In[26], temos 9**1/2.

A princípio podemos pensar que seria a raiz quadrada de nove. No entanto, o Python, por ordem interna de prioridade, realiza primeiro a multiplicação. Por isso o resultado no console aparece: Out[26] = 4.5!

Se quisermos realmente calcular a raiz quadrada precisamos dizer ao Python que calcule primeiro o expoente do numerador e por isso usamos os parênteses. Observe que o resultado desejado é alcançado quando escrevemos 9**(1/2) na entrada In[27]. A mesma lógica se aplica na entrada In[28] do console. A multiplicação é realizada primeiro, para depois ocorrer a soma.

Quando colocamos os parênteses, a soma é feita para depois haver a multiplicação. Caso queira que o Python realize um dado cálculo em uma ordem pré-determinada, utilize os parênteses.

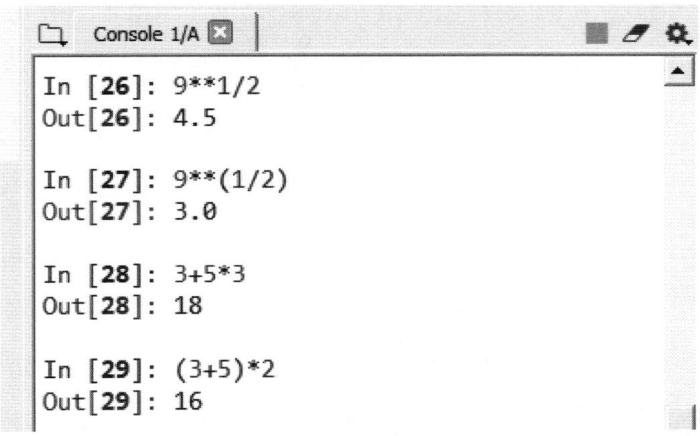

Figura 1.30: Modificando a ordem de execução das operações matemáticas.

Caixa Rápido

Caso queira determinar a ordem da operação matemática, aplique parênteses na sua equação.

Outros Números

Nos exemplos anteriores, tivemos a experiência de lidar com a variável do tipo *string* e, também, como apresentado na Figura 1.29 e Figura 1.30, vimos os chamados números inteiros como valores de entrada para os cálculos desejados. Os diferentes tipos de variáveis existem para que não haja sobrecarga do sistema computacional. "Como assim?" Você pagaria por uma folha de papel a mesma quantia necessária para comprar um carro? Acredito que sua resposta seja não! No mesmo sentido, o computador não usa a mesma quantidade de memória para armazenar um número ou um texto. Isso quer dizer que, para armazenar texto, o Python “pega emprestado” uma quantidade de memória do seu computador bem menor se comparada à quantidade necessária para armazenar um número inteiro.

Quando é falado que o Python “pega emprestado” uma quantidade de memória do computador, é porque as variáveis têm um tempo de vida finito. Ou seja, as variáveis do seu programa, assim como todos os outros que agora estão funcionando no seu computador, são administradas pela memória RAM (*Random-Access Memory*), que o computador usa para realizar os cálculos. Caso você feche o programa Python, ou o computador seja desligado, os dados que estão na memória RAM se perdem.

Caso queira armazenar todas as informações gravadas nas variáveis em algum lugar no qual possa acessá-las novamente em um momento posterior, teremos que gravar esses dados em algum arquivo na memória ROM (*Read-Only Memory*) que é a memória de armazenamento e leitura do computador. Veremos esse procedimento mais detalhadamente em um momento oportuno.

Voltando para nossos diferentes tipos de variáveis com que o Python trabalha. Entre os números, existem também os chamados números de **ponto flutuante**. Esses números requerem um espaço bem maior na memória se comparados aos números inteiros. Observe que é necessário um esforço maior para guardar um valor como 2,698547854052154 se comparado ao número 2.

Se você tiver interesse em saber qual tipo de variável você está lidando, basta verificar o painel “*Variable Explorer*”, já apresentada anteriormente na Figura 1.8, ou usar a função interna *type*( ) no console. A variável de interesse é o argumento necessário para o funcionamento desta função. Vejamos sua aplicação na Figura 1.31. A variável *press* foi usada para armazenara o valor da pressão no exemplo da Figura 1.27 citada anteriormente. Observe no resultado que esse número é do tipo “ponto flutuante” (*float*). Para saber qual valor está armazenado nela, basta escrevê-la no console e apertar “Enter”.

```
Console 1/A
In [34]: type(press)
Out[34]: float

In [35]:
```

> **Caixa Rápido**
> Use *type*( ) para saber qual é o tipo da variável.

Figura 1.31: Identificando o tipo de variável.

Veremos outros tipos de variáveis mais à frente.

Solicitando informações ao usuário

Muitas vezes você precisa solicitar ao usuário uma informação. Para que ele "entre" com essa informação no programa que está rodando, é necessário utilizar o comando *input*( ). Veja o exemplo de código da Figura 1.32 e tente decifrar o que esse código faz.

> **Caixa Rápido**
> Use *input*( ) para solicitar informações ao usuário. As informações entram como texto!

```
1 # solicitando a temperatura ao usuário
2 temp = input('Entre com o valor da tempratura em °C: ')
3 msg = 'A temperatura em °C que você entrou, convertida para K, é: '
4
5 # transformando a temperatura de °C para K
6 tempK = 273.15 + float(temp)
7 print(msg, tempK)
```

Figura 1.32: Solicitando informações ao usuário.

Na linha 1, temos um comentário! Quando você clica no *Play*, o Python "pula" quaisquer comentários pois eles não são interpretados como linha de código. Na linha 2 há uma variável chamada *temp* que receberá uma informação do usuário, este utilizando o console, através da função interna *input*( ). A linha 3 apresenta a variável chamada *msg*, que armazena uma *string*. Na linha 4, nada foi escrito. Na linha 5, mais um comentário.

A linha 6 apresenta mais uma variável chamada *tempK*. Ela é responsável por armazenar o resultado da transformação do valor da temperatura em célsius, inserida pelo usuário, para Kelvin. E, finalmente, a linha 7 que imprime a mensagem contida na variável *msg*, concatenando-a com o valor armazenado na variável *tempK*.

Atente bem para um detalhe: o programa comentado na Figura 1.32 só esboçará os resultados da linha 7 se você digitar o valor solicitado no console! Veja o resultado da execução do seu código na Figura 1.33 a seguir.

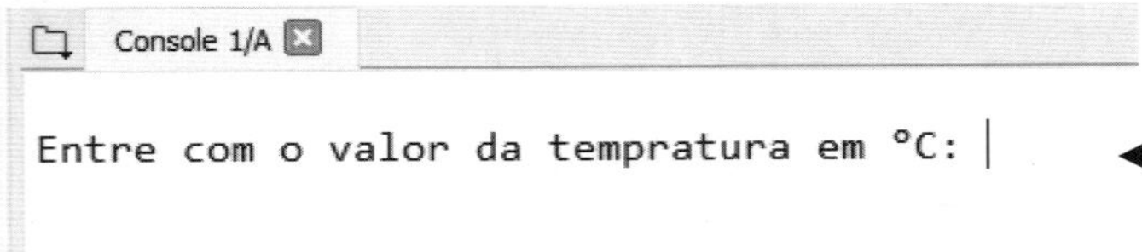

Figura 1.33: Solicitando informações ao usuário.

> **Caixa Rápido**
>
> Ao executar um programa que contém *input*( ), o console espera até que o usuário entre com a informação solicitada.

Observe que aparece um texto solicitando uma entrada É você como usuário que tem que inserir a informação demandada. Caso contrário, você pensará que seu programa travou, pois ele só finalizará o programa quando você entrar com a informação ou quando o Spyder for fechado.

Atente para um "quadradinho" vermelho na barra superior direita da Figura 1.33. Esse quadradinho está informando que o Python está "rodando" e ainda não parou. Quando você digitar a temperatura no seu teclado numérico, esse quadradinho voltará a ser cinza.

Problemas de revisão

1.1. Escreva, com suas palavras, o que faz cada uma das funções nativas do Python listadas a seguir:

- print, title, lower, upper, input, str, float.

1.2. Quais caracteres devem ser evitados em nomes de arquivos *.py?

1.3. Qual a melhor forma de se aplicar um nome a uma variável? Por qual motivo?

1.4. Desenvolva um código que solicite ao usuário o nome de um reagente. Este texto deve ser impresso nos seguintes formatos:

a) Título;

b) Caixa alta;

c) Minúsculas.

1.5. Defina os diferentes tipos de variáveis que você conheceu neste capítulo. Explique quando devem ser usados e se é possível misturar os diferentes tipos de variável.

1.6. O que você entende por concatenação de texto? Explique quando precisamos usar esse tipo de procedimento.

1.7. Qual a diferença entre uma variável do tipo inteira e uma variável do tipo float?

1.8. Muitas vezes podemos pular linhas sem a necessidade de escrever "\n" várias vezes dentro do comando *print*. Para esta tarefa, basta que você escreva no seu código, por exemplo, *print*(3*"\n") que, quando executado, o Python entenderá que você quer que se pule 3 linhas. Isso funciona para qualquer múltiplo inteiro. Sabendo deste detalhe, desenvolva um código que solicite dois nomes de equipamentos ao usuário. Após a inserção desses textos, seu código imprimirá esses nomes em caixa alta, mas haverá um "pulo" de 5 linhas entre cada impressão.

1.9. Um aluno da turma de informática aplicada está com dificuldade de encontrar um erro em um código recém-desenvolvido. Ao perguntar o que o aluno quis fazer, ele respondeu o seguinte: *"Meu código deve realizar as seguintes etapas:*

a) Solicitar o $\mathbf{valor1}$ *ao usuário;*

b) Solicita2 o $\mathbf{valor2}$ *ao usuário;*

c) Calcular o valor $fx = valor1/(1 + abs(valor2))$

d) Imprimir o resultado com um texto bacana.

No entanto, aparece um erro dizendo que não é possível utilizar um operador matemático com textos."

Com base em seu conhecimento adquirido até o presente momento, desenvolva um código que repita as etapas comentadas pelo colega e aponte qual era o erro que ele estava cometendo durante o desenvolvimento do código que gerava a saída descrita. Observação: a função nativa abs(x) retorna o valor absoluto do valor x.

1.10. Qual a diferença entre desenvolver um código em um *script* e desenvolver um código no console?

Problemas de desenvolvimento

1.11. Em um novo arquivo chamado *temperatura1.py* programe as seguintes situações:

a. Escreva o comando *input*( ) para solicitar a temperatura em $°C$;

b. Converta a temperatura inserida anteriormente para $°F$ com a seguinte equação:

$$T(°F) = 1{,}8T(°C) + 32 \quad \text{(Ex 1.1)}$$

c. Escreva uma variável que receba essas informações concatenando-as em uma frase amigável;

d. Imprima a frase formada no item anterior.

1.12. Desenvolva um código que solicite ao usuário os seguintes itens:

a) Nome do reagente;

b) Valor da massa de um reagente;

c) Volume da solução;

Seu código deve calcular a concentração comum ($C = m/V$) e imprimir, por exemplo, a seguinte sentença no console: "A solução de NaCl tem concentração igual a $C = 25{,}0$ g/L".

1.13. O nitrato de potássio (KNO_3) é um reagente que pode ser empregado em carnes defumadas, ou embutidos, tais como salsichas e linguiças, para evitar a proliferação da bactéria causadora do botulismo. O dito reagente também serve para realçar a cor e o sabor.

Considerando o exposto acima, escreva um programa que:

a) Solicite ao usuário a concentração em quantidade de matéria, $\mathfrak{M}\,(\frac{mol}{L})$;

b) Solicite ao usuário o volume de solução que deverá ser preparada, $V(L)$;

c) Imprima o resultado da massa necessária do reagente para o preparo da solução $(m_1(g) = MM.\mathfrak{M}.V)$. Onde MM é a massa molar do composto, g/mol.

1.14. Utilize o comando *print* para imprimir os itens a seguir:

a) Msg = "Aprendendo Python!"

b) Massa = 54,86 kg

c) Pressão = 85,89kPa

d) A = 15,0; B = 985,9; C = B/A

e) x = 2,5; use x na função $fx = x^2 - 10x$; "O valor f(x) = resultado de fx"

1.15. Desenvolva um código que:

a) solicite ao usuário o valor de x;

b) calcule a função $f(x) = x^2 - 10x + 10$;

c) imprima o resultado no console para que ele apareça da seguinte maneira: Para x = 0, temos $f(x) = 10$.

d) seu código deve realizar o cálculo de $f(x)$ para qualquer valor de x e imprimir esses diferentes valores.

1.16. Desenvolva um código que calcule o volume de um tanque com formato cilíndrico conforme equação a seguir:

$$V = \pi r^2 h \qquad \text{(Ex 1.2)}$$

Seu código deve solicitar o raio r e a altura h ao usuário e imprimir o volume calculado V no console.

1.17. Desenvolva um código que calcule o volume de um tanque de base hexagonal conforme equação a seguir:

$$V = 6\left(\frac{L^2\sqrt{3}}{4}\right)h \qquad \text{(Ex 1.3)}$$

Para que o cálculo seja realizado, seu código deve solicitar o valor do lado L do hexágono e a altura h ao usuário. O resultado do volume calculado deve ser impresso no console.

1.18. O permanganato de potássio KMnO (Massa molar = 158,027g/mol) é um reagente colorido que pode ser usado para determinação de ferro em solução aquosa por meio de uma reação de oxirredução. Desenvolva um programa que solicite ao usuário a massa do reagente e o volume da solução. Após esta etapa, seu código deve calcular a concentração em quantidade de matéria:

$$\mathfrak{M} = \frac{m_1}{MM \times V} \qquad \text{(Ex 1.4)}$$

e imprimir o resultado no console concatenado à seguinte frase: "A concentração em quantidade de matéria da solução é 'resultado calculado' mol/L".

1.19. Considerando um estado ideal, desenvolva um código que calcule e imprima a pressão do gás metano (Massa molar = 16,043g/mol) armazenado em um cilindro de gás, com um volume de 25L, e que armazena uma massa de 2Kg do gás a uma temperatura de 293.15K, usando as seguintes fórmulas:

$$pV = nRT \qquad \text{(Ex 1.5)}$$

$$n = m_1/MM \qquad \text{(Ex 1.6)}$$

Onde $\boldsymbol{p}$ é a pressão a ser calculada (em atm); $\boldsymbol{V}$ é o volume do gás (em Litro $\boldsymbol{L}$), n é a quantidade de matéria (em mol, calculada pela Ex 1.6); $\boldsymbol{R}$ é a constante dos gases ideais (0,0820574587 em L.atm/mol.K) e $\boldsymbol{T}$ é a temperatura em Kelvin (K); m_1 é a massa em g da substância e MM é a massa molar. Atente para a ordem que os valores devem ser apresentados no *script* do Python para que as equações funcionem quando você executar seu programa.

1.20. Uma equipe de engenharia estimou que, na data de hoje, o custo de aquisição de um vaso cilíndrico em aço inox 360, com 10L de capacidade, é de R$ 87.500,00. No entanto, o chefe imediato adiou o investimento em 5 anos. Considerando que a taxa de juros atual de 8,5% não sofra alterações durante este período, desenvolva um código que calcule o valor futuro do investimento com auxílio da equação a seguir:

$$F = P(1+i)^n \qquad \text{(Ex 1.7)}$$

Onde F é o valor futuro (R$); P é o valor presente (R$); i é a taxa de juros (adimensional) e n é o número de anos.

1.21. As duas raízes reais de uma função quadrática $ax^2 + bx + c = 0$ (onde *a* é diferente de zero) é calculada pela seguinte equação:

$$x_i = \frac{-b \pm \sqrt{D}}{2a} \qquad \text{(Ex 1.8)}$$

onde o discriminante $D = b^2 - 4 * a * c$. Escreva um programa que calcule e retorne as raízes de uma função quadrática. Para isto, o seu programa deve fazer com que o usuário insira os valores de a, b e c.

Finalizando o Capítulo 1

Em resumo, neste capítulo conhecemos a interface gráfica do Spyder-Anaconda que utiliza a linguagem Python como padrão de programação. Também demos os primeiros passos na manipulação de variáveis quando armazenamos as chamadas *strings*. Usamos o console do Spyder para imprimir pequenos textos e, também, aprendemos a armazenar nossos códigos em arquivos do tipo *.py.

Escrevemos nossos primeiros programas utilizando métodos internos do Python, como, por exemplo, *print*( ), *title*( ), *lower*( ), *upper*( ). Aprendemos a concatenar palavras, pular linhas (\n) e aplicar tabulação (\t) para que, na impressão no console, os textos fiquem mais organizados. Usamos o console para efetuar operações matemáticas simples com números, bem como para imprimir pequenos textos concatenados com números.

Sabemos como pedir uma informação ao usuário usando método *input*( ), além de escrevermos programas utilizando outros métodos internos do Python, como por exemplo, *str*( ) e *float*( ) para a padronização do tipo de variável que será impressa no console.

No próximo capítulo veremos como construir outro tipo de variável chamada lista. Como manipular esse tipo de variável bem como aplicá-la em exemplos práticos.

Capítulo 2: Utilizando listas

A linguagem de programação Python é muito flexível. Isso quer dizer que o usuário pode trabalhar com uma diversidade de tipos informações em uma única variável. Quando queremos organizar determinado tipo de dado em um único local é conveniente o uso das chamadas listas. Nesta parte dos nossos estudos, veremos como criar essas listas, adicionar novos itens, modificar, ou remover elementos nela contidos. Também veremos como organizar os itens de uma dada lista e até mesmo identificar sua dimensão. Outro assunto que pode ajudar bastante o engenheiro químico, e que também veremos aqui, será a variável tipo *dicionário*. Esta é uma estrutura semelhante às listas, contudo carrega algumas informações extras, como veremos no decorrer deste capítulo.

Conhecendo as listas

Uma lista é uma coleção de itens que pode ser ordenada ou não e, também opcionalmente, conter um mesmo tipo de elemento. Podemos criar uma lista que inclua as letras do alfabeto, os dígitos de 0 a 9 ou os nomes de todas as pessoas de sua família ou até mesmo todas essas informações em uma única lista.

Como uma lista geralmente contém mais de um elemento, é uma boa ideia deixar seu nome no plural, por exemplo: compostos, disciplinas, *concentracoes*, *vazoes*, unidades etc. Vejamos a Figura 2.1 na qual estão dispostos três exemplos de listas. Na linha 2 temos a primeira lista chamada ***compostos***, são textos! Na linha 3, temos a nossa segunda lista chamada ***concentracoes***, cujos valores estão escritos sem a inserção das aspas e, por fim, na linha 4, é apresentada a lista intitulada ***disciplinas***, onde seu conteúdo também é texto. A diferença estrutural desta última lista para as demais é que houve um pulo de linhas no editor de forma a deixar o programa mais legível. Para isto, quando você escrever o elemento da lista, basta apetar "Enter" após a vírgula.

```
1 # declaração de variáveis
2 compostos = ['NaCl', 'CaCO3', 'NaHCO3', 'Fe(OH)3']
3 concentracoes = [0.25, 0.1, 2.5, 0.89]        # g/mol
4 disciplinas = ['fenômenos de transporte',
5                'cinética química',
6                'cálculo de reatores',
7                'operações unitárias',
8                'otimização de processos']
```

Figura 2.1: Exemplos de listas no Python.

Caixa Rápido
Exemplos de construção de listas. Observe que não há acentuação nem caracteres especiais nos nomes das variáveis.

Se clicarmos no *Play*, todas as variáveis ficarão na memória do computador, podendo ser acessadas pelo usuário através do console ou do *Variable Explorer*. Observe a Figura 2.2 para visualizar as listas citadas anteriormente.

Name	Type	Size	Value
compostos	list	4	['NaCl', 'CaCO3', 'NaHCO3', 'Fe(OH)3']
concentracoes	list	4	[0.25, 0.1, 2.5, 0.89]
disciplinas	list	5	['fenômenos de transporte', 'cinética química', 'cálc…

Variable explorer | File explorer | Help

Figura 2.2: Listas detalhadas no Explorador de Variáveis após clique no Play.

Caixa Rápido
Após o *Play*, observe as listas no Explorador de Variáveis.

Acessando elementos de uma lista

Você pode se perguntar: "Com tantos elementos, se for necessário, como é que eu trabalho com apenas um dos itens dispostos em uma lista?". A resposta é simples: cada item em uma lista está **alocado** (salvo) em uma posição. A contagem da posição dos elementos de uma lista é iniciada em zero, ou seja, na lista compostos, por exemplo, o 'NaCl' está na posição zero, enquanto o 'CaCO3' está na posição 1 e assim por diante.

Agora vamos transformar essa informação em código do Python! Veja a sintaxe disposta na Figura 2.3 a seguir, que é uma continuação do programa mostrado na Figura 2.2. Nessa nova etapa do código, na linha 11, é mostrado como acessar todos os elementos armazenados em uma lista. Também podemos acessar apenas um elemento da lista, como mostrado na linha 13.

```
 9 # continuação do código da Figura 2.1'
10 print('Todos os itens da variável compostos:')
11 print(compostos)                    # acessando todos os itens
12 print('\nVeja o item na posição 2:') # pulando uma linha
13 print(compostos[2]) # apenas um intem da lista é impresso
```

Figura 2.3: Acessando todos ou apenas um elemento da lista.

> **Caixa Rápido**
>
> O Python conta a posição a partir do zero. Se houver 10 itens na lista, eles estarão alocados de 0 a 9.

Execute seu código e veja o resultado no seu console... Deve ser semelhante ao da Figura 2.4 a seguir.

```
Console 1/A
Todos os itens da variável compostos:
['NaCl', 'CaCO3', 'NaHCO3', 'Fe(OH)3']

Veja o item na posição 2:
NaHCO3
```

Figura 2.4: Resultado do acesso a itens específicos.

Também existem outras formas de acesso. Por exemplo, você pode não saber ainda o tamanho de uma lista, ou seja, quantos elementos estão salvos em uma dada variável. Caso queira acessar o último elemento, basta colocar [-1] junto ao nome da variável.

Mais um exemplo de possível acesso é uma "faixa de valores". Isso quer dizer que você pode ter interesse em acessar não apenas um dos elementos, mas dois ou três de uma lista com vários elementos. Basta escrever [:2] após o nome da variável para acessar os itens que estão na posição 0 e 1 de uma lista. O Python inicia a contagem do zero e interrompe a contagem um número inteiro antes do limite dado.

Outras variações são possíveis, como: [2:5] que acessa os elementos que estão na segunda, terceira e quarta posições; [1:3] que acessa os elementos que estão na primeira e na segunda posições e, por fim, [:] que acessa todos os itens da lista. Vejamos a Figura 2.5 para um melhor entendimento. Observe que estamos continuando o código da Figura 2.3.

```
# continuação do código da Figura 2.3
print('Último iten da lista:')
print(compostos[-1])            # acessando todos os itens
print('Intervalo de itens alocados em 0 e 1:')
print(compostos[:2]) # imprimindo os dois primeiros itens
```

Figura 2.5: Acessando intervalos de itens em uma lista.

> **Caixa Rápido**
> Use [-1] para acessar o último item da lista e ":" para uma faixa de itens.

Aplique o que aprendeu:

Em um novo arquivo chamado *minha_lista.py*, seu código deve fazer o seguinte:

1. Criar uma lista dos equipamentos industriais que você conhece (lembre-se que neste caso são *strings*);
2. Mostrar uma mensagem bacana que seja concatenada ao elemento da lista, e.g. o custo, o que faz, a manutenção etc.
3. Aplicar o método *.title*( ) a este elemento escolhido por você;
4. Imprimir esta mensagem.

Alterando elementos de uma lista

A maioria das listas que você usará será dinâmica, o que significa que você criará uma lista e então adicionará e/ou removerá elementos à medida que seu programa seja executado. Observe como mudar um elemento de uma lista com auxílio da Figura 2.6.

```
1 # declaração de variáveis
2 disciplinas = ['fenômenos de transporte',
3                'cinética química',
4                'cálculo de reatores',
5                'operações unitárias',
6                'otimização de processos']
7
8 # continuação do código da Figura 2.1'
9 print('Todos os itens da lista disciplinas:')
10 print(disciplinas, '\n')
11 # modificando o item da posição zero da lista disciplinas
12 disciplinas[0] = 'controle de processos'   ←
13 print('Impressão após edição de um item da lista:')
14 print(disciplinas)
```

Figura 2.6: Modificando um item de uma lista.

> **Caixa Rápido**
> Dada uma lista, é possível editar os itens bastando, para isso, escrever o nome da variável junto à posição de edição, seguido do sinal de igualdade e do novo item a ser aplicado.

Na linha 12 temos o nome da variável que terá seu conteúdo modificado, ou seja, *disciplina* na posição [0] receberá o novo valor '*controle de processos*'.

Acrescentando elementos em uma lista

Veja como você pode criar uma lista vazia escrevendo o nome da variável e igualando-a a colchetes vazios. Para acrescentar elementos à sua nova lista, usaremos o comando *.append( )*. O argumento deste comando é o conteúdo que você quer se seja armazenado na variável. O argumento pode ser texto ou números. Vejamos a Figura 2.7 para maiores detalhes.

```
1 # criando uma lista vazia
2 reagentes = []
3
4 reagentes.append('NaCl')    # adicionando o primeiro item
5 reagentes.append('NaHCO3')  # adicionando o segundo item
6 reagentes.append('HCl')     # adicionando o terceiro item
7
8 # imprimindo a lista cheia!
9 print('estes são os reagentes adicionados:'.title())
10 print(reagentes)
```

Figura 2.7: Exemplo de lista vazia e como adicionar itens à lista.

Caixa Rápido

Utilize [ ] para iniciar uma variável com uma lista vazia. Para inserir novos conteúdos a uma lista, use o método *.append( )*

Na linha 2 temos a criação de uma lista chamada *reagentes*, que está vazia. Com as linhas 4, 5 e 6, temos a adição de itens à lista. Por fim, na linha 10, temos a solicitação de impressão do novo conteúdo da lista. É importante frisar que o método *.append( )* não se limita à inserção de itens em listas vazias. Você pode utilizar esse método para incorporar novos elementos a uma variável já existente.

A única limitação do método *.append( )* é que ele coloca os elementos sempre na posição posterior ao elemento já existente. Por exemplo, quando você executar o código da Figura 2.7, observará que, após as adições, o item 'NaCl' estará em primeiro e o item 'HCl' estará em último. Qualquer novo valor inserido na variável *reagentes* ficará após o 'HCl'. Caso tenha interesse em inserir um item a uma variável em uma posição específica, use o método *.insert*(posição, novo_item), como mostrado na Figura 2.8.

```
# continuação do código da Figura 2.7
reagentes.insert(1, 'H2SO4') # novo item na posição 1
# imprimindo a nova lista
print('lista atualizada:'.title())
print(reagentes)
```

Figura 2.8: Adicionando itens com o método .insert( ).

Caixa Rápido

Use o método *.insert*(posição, item) para escolher onde na lista deve-se inserir um novo item.

Observe na linha 13 que o método *insert( )* adiciona, na posição 1, o item 'H2SO4'. Após nova impressão (linha 16), você verá que o segundo item da lista não é mais o 'NaHCO3', mas sim o 'H2SO4'.

Removendo itens de uma lista

Com o Python também é possível remover itens de uma lista. Por exemplo, um item sobre o qual não há mais interesse em uma dada lista de reagentes. Para realizar essa tarefa, usamos o comando *del*. Vejamos o exemplo da Figura 2.9. Observe que na linha 2 temos uma nova lista de itens chamada *equipamentos*. Quando você executar esse código, haverá a impressão de todos os equipamentos da lista (linha 9) e, na linha 12, apagaremos o item que está na posição 3, que é o quarto elemento da lista. Por fim, na linha 14 temos a impressão da nova lista.

```
1 # lista de equipamentos
2 equipamentos = ['misturador',
3                 'reator',
4                 'absorvedor',
5                 'torre de destilação',
6                 'trocador de calor']
7
8 print('Todos os equipamentos da lista:')
9 print(equipamentos, '\n')     # acessando todos os itens
10
11 # apagando o quarto item
12 del equipamentos[3]      # apagando o item da posição 3
13 print('Impressão após edição:')
14 print(equipamentos, '\n')     # acessando todos os itens
```

Caixa Rápido
A função *del* apaga um item da lista em uma posição específica.

Figura 2.9: Apagando itens de uma lista.

O método *del* possui um ponto fraco: você terá que saber a posição do elemento que será apagado. Isso nem sempre é algo fácil de identificar em uma lista com muito mais itens armazenados. Mas uma forma de contornar esse tipo de situação é utilizando o método *.remove( )* cujo argumento é o nome do item que você quer apagar da lista. Observe a Figura 2.10. O código é a continuação do que já vimos na Figura 2.9.

Caixa Rápido

Use *.remove( )* para apagar um item caso não saiba sua posição na lista.

```
16 # removendo todos os itens chamados 'trocador de calor'
17 equipamentos.remove('trocador de calor')
18 print('Lista após eliminação de mais um equipamento:')
19 print(equipamentos)       # acessando os itens após edição
```

Figura 2.10: Apagando um item com o método remove( ).

Veja na linha 17 que usamos o método *.remove( )* para retirar da nossa lista de equipamentos o 'trocador de calor'. Esse método é útil quando não se sabe a posição exata de um dado equipamento.

Aplique o que aprendeu

Em um novo arquivo *.py, seu código deve:

1. Substituir um dos itens da lista de equipamentos;
2. Acrescentar mais um equipamento à sua lista;
3. Remover o segundo equipamento da sua lista;
4. Imprimir a nova lista de equipamentos após edição.

Como organizar uma lista

Muitas vezes a ordem na qual os itens são inseridos é totalmente aleatória. E, como você é uma pessoa organizada, na maioria dos casos, gostará de apresentar os resultados com uma certa ordem. Logo, para ordená-los, nós usamos o método *.sort( )*. A Figura 2.11 traz um exemplo de aplicação do dito método.

Observe que temos dois tipos de listas nas linhas 2 e 3: a primeira com itens em formato de texto e a segunda com números no formato *float*. O método *.sort( )* pode ser aplicado a ambas. Cabe aqui um aviso adicional, que vale mais como uma dica: sempre escreva os nomes das suas variáveis, assim como seus conteúdos, em letras minúsculas. Caso haja a necessidade de impressão para nomes em caixa alta, você pode usar os métodos já citados, como *.title( )* e *.upper( )*.

```
1 # declaração das variáveis
2 reagentes = ['NaCl', 'CaCO3', 'NaHCO3', 'Fe(OH)3']
3 pressoes = [1.0, 3.2, 0.9, 4.6, 1.25]
4
5 # imprimindo as listas Antes da organização
6 print('Lista de reagentes:')
7 print(reagentes, '\n')
8
9 print('Lista de pressões mensuradas:')
10 print(pressoes, '\n')
11 # usando o método .sort() para organizar listas
12 reagentes.sort()             # ordem crescente (menor para o maior)
13 pressoes.sort(reverse=True) # ordem decrescente (maior para menor)
14 print('imprimindo as listas após a organização'.upper())
15 # imprimindo as listas Antes da organização
16 print('Lista de reagentes:')
17 print(reagentes, '\n')
18
19 print('Lista de pressões mensuradas:')
20 print(pressoes, '\n')
```

Figura 2.11: Usando o método .sort( ).

Caixa Rápido

Organize suas listas em ordem crescente com o método *.sort*( ). Caso queira a ordem decrescente, coloque *reverse* = True como argumento do método.

Quando o *.sort*( ) é usado em listas com palavras que contém letras maiúsculas e minúsculas, o resultado da organização pode não coincidir com o esperado. Lembre-se: o Python considera diferentes as mesmas letras maiúsculas e minúsculas. Observe que o método *.sort*( ) é utilizado de forma diferente nas linhas 12 e 13.

Na linha 12 haverá a ordenação crescente dos itens da lista de reagentes. Já na linha 13, com o método *.sort*(*reverse* = *True*), a ordem é invertida e os valores serão organizados do maior para o menor. Como argumento do método *.sort*( ), temos a visualização de uma variável chamada *boolean* (booleana). Este é um tipo deferente das variáveis que já vimos até o momento. Ela diz que uma dada funcionalidade é "Verdadeira" (*True*) ou "Falsa" (*False*).

O *default* do argumento *reverse* do método *.sort*( ) é "False" e não precisa ser aplicado, como mostra o *.sort*( ) da linha 12. Quando queremos modificar a funcionalidade do método, temos que escrever de forma explícita que a organização deve ser inversa (*reverse* = *True*). Veja o resultado antes e depois do *.sort*( ) desta aplicação na Figura 2.12.

```
Console 1/A
Lista de reagentes:
['NaCl', 'CaCO3', 'NaHCO3', 'Fe(OH)3']

Lista de pressões mensuradas:
[1.0, 3.2, 0.9, 4.6, 1.25]

IMPRIMINDO AS LISTAS APÓS A ORGANIZAÇÃO
Lista de reagentes:
['CaCO3', 'Fe(OH)3', 'NaCl', 'NaHCO3']

Lista de pressões mensuradas:
[4.6, 3.2, 1.25, 1.0, 0.9]
```

Figura 2.12: Resultado da aplicação do método .sort( ).

> **Caixa Rápido**
>
> Compare os resultados da aplicação do método *.sort*( ) no console. Observe a ordem crescente da lista de reagentes e a ordem decrescente da lista de pressões.

Caso você queira apresentar a lista apenas na ordem inversa do formato original, você terá que usar o método *.reverse*( ). Entenda que neste caso, a apresentação dos itens é apenas invertida, sem a ordenação deles!

Identificando o tamanho de uma lista

Como já vimos até aqui, as listas são muito úteis para armazenar informações comuns, e.g. propriedades termodinâmicas de uma dada substância. Vimos que é fácil verificar o tamanho de uma lista apenas contando seus itens na descrição do programa. Contudo, imagine-se contando uma lista com centenas, ou até milhares de itens. Tarefa difícil e muito improvável de ser realizada.

O Python fará isso para você de forma fácil e eficiente ao utilizarmos a função *len*( ). Esta função conta quantos itens tem uma lista qualquer e retorna um valor *inteiro*. Um número *inteiro* (*integer* ou *int*) requer uma menor quantidade de espaço na memória do computador e é utilizado para números que não necessitam expressar valores decimais.

Para transformar um texto em número inteiro, utilize a função *int*( ), onde o argumento é o texto que deverá ser transformado em número. Por exemplo, o usuário entra, através da função *input*( ) com o valor “1” (formato de texto aqui, ok?!), que é armazenado na variável *val*. Para transformar *val* em número, podemos usar *val2* = *int*(val). Val2 passará a armazenar o número inteiro 1.

Foquemos agora no exemplo de aplicação da função interna *len( )* na Figura 2.13.

```
1 # declaração das listas
2 compostos = ['NaCl', 'CaCO3', 'NaHCO3', 'Fe(OH)3']
3 pressoes = [1.0, 3.2, 0.9, 4.6, 1.25, 6.3]
4 disciplinas = ['fenômenos de transporte',
5                'cinética química',
6                'cálculo de reatores',
7                'operações unitárias',
8                'otimização de processos']
9 # imprimindo os resultados
10 print('O número de compostos é igual a', len(compostos))
11 print()
12 msg = '-Quantas medidas de pressão foram feitas?'
13 msg = msg + '\n-Acho que foram realizadas'
14 print(msg, len(pressoes), 'medidas.')
15 print()
16 msg2 = '-Quantas disciplinas você vai estudar hoje?'
17 msg3 = '\n-Hoje vou revisar'
18 print(msg2, msg3, len(disciplinas), 'disciplinas.')
```

Caixa Rápido

Para saber o tamanho de uma lista, use a função len( ).

Figura 2.13: Determinando o tamanho de uma lista.

Nas linhas 2, 3 e 4 temos a declaração de três variáveis nas quais são armazenadas listas com tamanhos distintos. A linha 10 mostra a função *print( )* e, como argumentos, temos um texto que é complementado pela informação do tamanho da lista *compostos*.

As linhas 12 e 13 trazem uma forma diferente de declaração de texto. Observe que o texto se inicia na variável *msg* na linha 12. Quando vamos para a linha 13, temos o mesmo nome de variável msg, sinal de igualdade, novamente o nome *msg* somado a um novo texto. Este é um tipo de concatenação que facilita a escrita de textos muitos grandes que deverão ser utilizados na função *print( )*. Veja que a variável *msg* será impressa na linha 14 como primeiro argumento da função *print( )*. Como segundo argumento, temos o resultado da função *len( )* que mostrará o tamanho da variável *pressoes*. O terceiro argumento, ainda na linha 14, é um complemento da informação que será impressa no console.

Vejamos agora as linhas 16 e 17. Não há muito segredo por aqui. Os textos foram divididos em duas variáveis chamadas *msg2* e *msg3*, as quais serão utilizadas como primeiro e segundo argumentos da função *print( )* na linha 18.

Na mesma linha, o terceiro argumento é a informação resultante da função *len*( ) e o quarto argumento é um texto complementar que será também exibido no console. O resultado da impressão no seu console deve ser algo semelhante ao mostrado na Figura 2.14 a seguir.

```
Console 1/A
O número de compostos é igual a 4

-Quantas medidas de pressão foram feitas?
-Acho que foram realizadas 6 medidas.

-Quantas disciplinas você vai estudar hoje?
-Hoje vou revisar 5 disciplinas.
```

Figura 2.14: Resultado da aplicação da função len( ).

Entrando com uma lista pelo comando input

Quando utilizamos o comando *input*( ), qualquer informação, independentemente do tipo desejado, é transformada em *string*. Ao inserirmos uma lista, o Python transformará essa lista em uma única palavra (uma única *string*) que será armazenada na memória dinâmica. Caso você tente acessar alguma das palavras pela posição na qual ela foi inserida, o Python lhe retornará apenas letras.

A Figura 2.15a ilustra um código no qual podemos contornar esse comportamento. Após a impressão no console da solicitação das informações, conforme disposto na linha 4, teremos a entrada de uma lista de nomes pelo usuário.

Ao finalizar o processo, e apertar "Enter", a *string* que representa a lista do usuário é armazenada na variável chamada **equipamento**. O próximo passo é transformar essa *string* em uma lista, utilizando o método "split" (dividir), como registrado na linha 5.

```
# entrando com uma lista com input
msg = 'Entre com os nomes dos Equipamentos.'
msg +=' \n(apenas nomes separados por vírgula): '
equipamento = input(msg)
equipamentos = equipamento.split(sep =",")

# imprimindo a lista de equipamentos
msg2 = 'Sua lista de equipamentos é composta por: \n'
print(msg2, equipamentos)
```

a

Caixa Rápido

Use *split* para separar as variáveis quando inseridas pelo comando *input*.

```
Console 1/A
Entre com os nomes dos Equipamentos.
(apenas nomes separados por vírgula): reator,torre,separador,decantador
Sua lista de equipamentos é composta por:
 ['reator', 'torre', 'separador', 'decantador']
```

b

Figura 2.15: Transformação de uma string em uma lista.

"Mas divide a string baseado em quê?" Os nomes que o usuário acabou de inserir no console serão separados com base nas vírgulas que também foram digitadas. A vírgula é um exemplo de separador que pode ser usado. No entanto, você pode usar outros elementos que caracterizem um separador, como por exemplo: "/", " " (espaço em branco entre as palavras), ".", "-", "+", ou qualquer outro caractere da sua preferência. A regra é que, ao selecionar um caractere, você deve usar o mesmo caractere no argumento do método *split*(*sep*= "separador escolhido por você"). Um exemplo de aplicação, após rodar o programa, se encontra disposto na Figura 2.15b.

Aprendendo a construir e usar dicionários

Um dicionário é semelhante a uma lista. Você terá que nomear uma variável que armazenará várias informações. A diferença está especificamente no tipo de simbologia matemática utilizada para formar um dicionário; enquanto uma lista usa colchetes para armazenar seus itens, um dicionário utiliza chaves. Outro fator importante é que, no dicionário, você escreve um item seguido de dois pontos (:) e em seguida escreve uma informação relevante sobre esse item.

Para inserir um novo elemento a este dicionário, basta colocar uma vírgula após a informação descrita do primeiro item e repetir o procedimento, ou seja, acrescenta-se mais um item ao dicionário seguido de dois pontos e, em seguida, escreve-se o conteúdo referente a este item separados por vírgula. Vejamos o exemplo de aplicação na Figura 2.16.

```
1 compostos = {'NaCl': 1.0, 'CaCO3': 3.2} # dicionário
2 print(compostos)                         # imprimindo tudo
3 print()                                  # pulando uma linha
4 print('Imprimindo o conteúdo do item NaCl:')
5 print(compostos['NaCl'])
6 print()
7 # concatenando os conteúdos das variáveis
8 msg = 'A solução de CaCO3 apresenta concentração de'
9 print(msg, compostos['CaCO3'], 'mol/L.')
```

Figura 2.16: Trabalhando com dicionários.

Caixa Rápido

Dicionários usam { } no lugar dos [ ] das listas. Um item de um dicionário, quando usa ':', armazena uma informacão.

Na linha 1, temos um dicionário com dois itens, cada qual seguido de sua respectiva concentração: 'NaCl', que armazena a concentração de 1,0 mol/L, e 'CaCO3', que armazena uma concentração de 3,2 mol/L. Todos esses dados são alocados na variável *compostos*. A linha 2 imprime todo o conteúdo do dicionário. Caso queiramos imprimir o conteúdo de um dos itens, temos que chamá-lo conforme a linha 5. A tradução para esta linha seria: Imprima o conteúdo do 'NaCl' que está armazenado na variável *compostos*.

Na linha 8 temos a declaração de um texto que será usado na linha 9. Observe que o conteúdo do composto 'CaCO3' será concatenado ao texto apresentado anteriormente. O resultado esperado no seu console é apresentado na Figura 2.17.

```
Console 1/A
{'NaCl': 1.0, 'CaCO3': 3.2}

Imprimindo o conteúdo do item NaCl:
1.0

A solução de CaCO3 apresenta concentração de 3.2 mol/L.
```

Figura 2.17: Resultado da utilização de dicionários.

Caixa Rápido

Um dicionário é impresso no console na forma {item: conteúdo}.

Assim como nas listas, você pode iniciar um dicionário vazio e acrescentar itens e seus conteúdos de acordo com a demanda. A substituição de um conteúdo assim como a exclusão de um item também pode ser realizada sem muitos segredos e de forma bem semelhante ao que já vimos nas aplicações com listas.

Vejamos o exemplo de código disposto na Figura 2.18. Na linha 1 temos a criação de um dicionário vazio chamado *compostos*. Já na linha 2, há a solicitação do composto químico que será armazenado como item no dicionário. Observe na mesma linha que o composto inserido pelo usuário será armazenado em caixa alta, método *.upper( )*. Isso minimizará potenciais erros durante a tentativa de exclusão ou edição de qualquer item que tenha sido gravado em um dicionário ou uma lista.

A linha 3 diz o seguinte: no dicionário *compostos*, armazene o valor da concentração (em ponto flutuante *float( )*), que será inserida pelo usuário (função *input( )*), no nome do composto que foi adicionado anteriormente na linha 2.

Em outras palavras, quando o código Python é executado, os comandos mais internos, que estão entre parênteses, são executados primeiro. Assim, na linha 3, temos primeiramente a solicitação de um valor de concentração. O valor é adicionado, mas a função *input( )* transforma qualquer informação em texto. Essa informação em texto inserida pelo usuário alimentará agora a função *float( )*, que transformará o texto em número tipo ponto flutuante.

```
1 compostos = {}          # dicionáiorio vazio
2 composto1 = input('Entre com o nome do composto: ').upper()
3 compostos[composto1] = float(input('Concentração do ' + comp
4 print('Veja o dicionário que você acabou de criar:')
5 print(compostos, '\n')     # imprimindo tudo
```

Figura 2.18: Criando um dicionário a acrescentando um novo item.

Caixa Rápido

Conteúdo novo:

dic[novoItem] = conteúdo

O valor no formato de ponto flutuante agora será armazenado como um detalhe da substância que foi inserida pelo usuário na linha 2 e fará parte do dicionário *compostos*. A linha 5 imprimirá seu dicionário de um item.

Observemos a Figura 2.19 que mostra o console durante a execução do código da Figura 2.18. Veja que a solicitação ocorre em duas etapas: A primeira requer que o usuário escreva um composto, já a segunda solicitação pede a concentração. No fim, o dicionário é impresso como resultados das entradas realizadas pelo usuário.

```
Console 1/A
Entre com o nome do composto: nacl

Concentração do NACL: 2.25
Veja o dicionário que você acabou de criar:
{'NACL': 2.25}
```

Figura 2.19: Resultado da criação de um dicionário.

A Figura 2.20 a seguir mostra a continuação do código já apresentado na Figura 2.19. Esta parte do código é responsável por solicitar ao usuário mais um item, conforme linha 7, que será inserido no dicionário *compostos*, como mostra a linha 8. A linha 11 imprime mais uma vez o dicionário, agora com dois itens.

```
7 composto1 = input('Entre com o nome do segundo composto: ').upper()
8 compostos[composto1] = float(input('Concentraçãoo do ' + composto1 + ': '))
9
10 print('Veja o dicionário que você acabou de atualizar:')
11 print(compostos, '\n')     #imprimindo tudo
```

Figura 2.20: Solicitando ao usuário mais um item para o dicionário.

Complemente seu código, com o descrito na Figura 2.20, e veja o resultado no console do seu computador.

Para apagar um item do dicionário, podemos utilizar um comando já conhecido por nós: *del*. Continuando nosso exemplo de código na Figura 2.21, temos uma solicitação, na linha 13, para que o usuário entre com o composto que será excluído do dicionário *compostos*. Observe que o item a ser excluído deverá, obrigatoriamente, fazer parte do seu dicionário, caso contrário seu código não identificará a informação inserida.

```
13 apagar = input('Qual composto será apagado? ').upper()
14 del compostos[apagar]
15 print('Você apagou o composto', apagar, ', veja o que restou:')
16 print(compostos)
```

Figura 2.21: Excluindo um item em um dicionário.

Caixa Rápido

Use del para apagar itens de um dicionário.

A linha 14 mostra que o comando *del* excluirá o item inserido anteriormente pelo usuário e a linha 16 imprime novamente o dicionário atualizado. A edição de um item no dicionário é feita de forma similar à adição de um novo elemento.

Tomando como exemplo o código já comentado anteriormente, digamos que o usuário tenha entrado com o composto 'NaCl' e uma concentração de 0,25 mol/L. Caso o usuário queira modificar o conteúdo deste item no próprio código, basta escrever o seguinte: *compostos['NACL'] = 0.6*, onde 0,6 mol/L seria o novo valor a ser armazenado no dicionário. Observe que assim modificaremos o conteúdo de um item. Caso queira trocar um item por outro, exclua o item e acrescente um novo conforme interesse.

Declaração do tipo tupla

Quando trabalhamos com Python, os tipos de variáveis não se limitam às apresentadas até o momento: texto, inteiro, ponto flutuante e booleana (verdadeiro ou falso). Percebe-se que essa linguagem é bem-organizada e apresenta outros tipos de estruturas para a construção de listas, que terminam por receber outros nomes devido ao seu comportamento.

A *tupla* nada mais é que uma declaração semelhante às listas já apresentadas até o momento. Contudo, a diferença está nos "parênteses" usados no lugar dos colchetes e, claro, no comportamento da variável. Vimos que as listas têm a grande vantagem de poderem ser editadas a qualquer momento durante a execução de um código, ou seja, o conteúdo armazenado para aquele determinado nome pode ser alterado.

A Figura 2.22 ilustra uma comparação entre uma lista, ***In[14]***, e uma tupla, ***In[15]***. Na linha ***In[16]***, foi realizada uma edição de um dos valores da lista chamada "**variavel**". Na linha seguinte, observa-se que a edição foi realizada com sucesso.

```
Console 1/A

In [14]: variavel = [1, 2, 3, 4]

In [15]: tupla = (1, 2, 3, 4)

In [16]: variavel[1] = 10

In [17]: variavel
Out[17]: [1, 10, 3, 4]

In [18]: tupla[1] = 20
Traceback (most recent call last):

  File "<ipython-input-18-68914336887d>", line 1, in <module>
    tupla[1] = 20

TypeError: 'tuple' object does not support item assignment
```

Figura 2.22 – Comparação entre o uso de uma lista e de uma tupla.

> **Caixa Rápido**
>
> Use ( ) no lugar de [ ] em declarações cujos valores você queira que sejam constantes.

Com as tuplas, o comportamento é diferente. Quando você declara uma tupla, você está dizendo ao código que aquela declaração de armazenamento é imutável e permanecerá assim durante a execução do código. Em outras palavras, a tupla é uma constante, ou lista de constantes, que está sendo explicitamente declarada. Caso haja a tentativa de edição de algum valor da tupla durante a execução do código, uma mensagem de erro será apresentada no console, como é mostrado no ***In[18]***.

Para a Engenharia Química, esse tipo de variável é importante porque evita que valores de parâmetros ou propriedades de substâncias, por exemplo, possam ser modificadas durante a execução de funções desenvolvidas por terceiros.

Problemas de revisão

2.1. Escreva, com suas palavras, o significado dos elementos usados em Python listados a seguir e dê exemplos:

a) Variável;

b) Quais os tipos de variáveis você usou até o momento e qual a diferença entre elas;

c) Uma lista;

d) Um dicionário.

2.2. Escreva, com suas palavras, o que faz cada uma das funções nativas do Python listadas a seguir:

a. list;
b. append;
c. del;
d. remove;
e. sort;
f. reverse;
g. true;
h. false;
i. len;
j. int;
k. uso dos dois pontos (:);
l. diferença entre os usos de ( ), [ ] e { }, *In, Out* (no console).

2.3. Qual a diferença entre listas, tuplas e dicionários? Explique e cite exemplos.

2.4. Escreva um programa que:

a) Imprima uma mensagem no console solicitando ao usuário que entre com uma lista qualquer;
b) Identifique automaticamente o tamanho n de uma lista;
c) Imprima esse valor após a impressão do texto "temos uma lista de tamanho n =". Dica: lembre-se de usar *split*( ).

2.5. Qual a funcionalidade dos métodos *lstrip*( ), *rstrip*( ) e *strip*( )? Você consegue desenvolver um código no qual você possa usar algum desses métodos?

2.6. Escreva um programa que:

a) Imprima uma mensagem no console solicitando ao usuário que entre com uma lista com números aleatórios, maiores e menos que zero;
b) O próximo passo no seu código é organizar os valores em números crescentes;
c) Imprima a lista organizada após a seguinte mensagem: "Agora sua lista está organizada em valores crescentes! Veja o resultado:"

2.7. Considerando a lista a seguir: [2,85, 56, 89,5, 45,6, 79,1, 57,4, 97,3, 47,4] desenvolva linhas de código que:

a) Imprima apenas os dois últimos valores da lista;
b) Imprima apenas os três primeiros valores da lista;

c) Imprima o primeiro valor da lista;

d) Imprima o oitavo valor da lista.

e) Substitua o quinto valor por 10,5 e imprima toda a lista;

f) Imprima o tamanho da lista com o seguinte texto: "A lista tem x elementos" onde x é o tamanho da lista. Obs.: lembre-se que o Python utiliza "ponto" como separador decimal e vírgula como separador de milhar.

2.8. Solicite que o usuário informe através do console um novo equipamento e acrescente-o junto com seu conteúdo ao dicionário;

2.9. Imprima pelo menos uma frase usando o dicionário de forma que o texto contenha o nome do equipamento e o que ele faz.

2.10. Descreva quais as diferenças entre listas, dicionários e tuplas e quando são mais bem aplicados em programas voltados para Engenharia Química.

Problemas de desenvolvimento

2.11. Organize sua lista de equipamentos após todas as edições usando o método *.sort*( ).

2.12. Escreva uma mensagem dizendo o número de equipamentos (use *len*( )) existentes.

2.13. Construa um dicionário onde os equipamentos são os itens e o conteúdo será um texto conciso sobre a função do dito equipamento, e.g. equipamentos = {'Reator': 'reações químicas do processo'}.

2.14. Procure 5 elementos na tabela periódica e desenvolva um dicionário no qual tenha o nome da espécie química e sua massa molar, e.g. massas = {'Na': 22,990}.

2.15. Com base no seguinte dicionário: dados = {'Temperatura' = 94.8, 'Pressão' = 5.5, 'unidadeTemp' = '°C', 'unidadePres' = 'bar'} desenvolva um código que:

a) Chame a variável dados e imprima apenas o valor da temperatura;

b) Chame a variável dados e imprima apenas o valor da pressão;

c) Chame a variável dados e imprima o valor da temperatura e sua unidade;

d) Chame a variável dados e imprima o valor da pressão e sua unidade;

e) Solicite ao usuário a informação desejada (temperatura ou pressão) e imprima a informação requerida com a unidade correspondente.

2.16. Desenvolva um código que contenha um dicionário chamado reagente com as seguintes informações: "Fe2O3" = 159,69; "NH4NO3" = 80,04; "H2SO4" = 98,08; "NaCl" = 58,44; "unidade" = "g/mol"

a) Com este dicionário, escreva uma mensagem informando quais são os reagentes existentes e solicite ao usuário que escreva o nome do reagente requerido;

b) Solicite ao usuário a massa m1 que foi pesada para a dita substância;

c) Solicite ao usuário o volume V (L) da solução;

d) Calcule a concentração em quantidade de matéria $\mathfrak{M} = \frac{m1}{MM.V}$;

e) Imprima o resultado do cálculo com a seguinte frase: "A concentração da solução é de", resultado do cálculo, "mol/L".

2.17. Considerando a seguinte lista [-5, 6, -1, 3, 9, 0], escreva um programa que imprima:

a) A lista com os números ordenados forma crescente;

b) A lista com os números ordenados forma decrescente;

c) o maior valor da lista;

d) o menor valor da lista;

e) os últimos 3 números da lista;

f) os primeiros 4 números da lista original;

g) acrescente os números 8, 12 e 20 à lista original;

h) imprima o resultado da soma de todos os elementos da lista.

2.18. Calcule a concentração em quantidade de matéria (concentração molar) em 100 mL de solução quando é utilizado um volume de 25 mL do ácido clorídrico puro. Dados do ácido: τ =35%, d=1,19g/ml. Para a concentração do ácido Para Análise (P. A.), use $\mathfrak{M}_{HCl\_puro} = \frac{\tau.d}{MM}$, onde $\mathfrak{M}_{HCl\_puro}$ é a concentração molar do HCl puro, τ é o título em massa, d é a densidade da solução e MM é a massa molar do ácido. Para o cálculo da concentração da solução $\mathfrak{M}_{HCl\_sol}$, temos uma diluição, logo a concentração molar da solução de 100ml é dada por: $\mathfrak{M}_{HCl\_puro}.V_{HCl\_puro} = \mathfrak{M}_{HCl\_sol}.V_{HCl\_sol}$, onde V_{HCl_puro} é o volume do ácido P.A. e V_{HCl_sol} é o volume da solução.

2.19. Ácido esteárico é uma cera sólida com a presente fórmula química $CH_3(CH_2)_{16}COOH$. Seu nome vem da palavra grega "*stéatos*", que significa "sebo". O ácido esteárico pode ser usado na composição de produtos cosméticos para produzir um efeito perolado. Considerando o exposto acima, pede-se:

a) A concentração em quantidade de matéria da solução dissolvendo-se 100 g em 250 mL de solução;

b) A fração molar de 250 mL de solvente (água) dissolvendo-se 100 g do sal. Dado dH_2O =1,0 g/cm^3 a 25 °C.

2.20. Equivocadamente você comprou 10,0 kg de $NaHCO_3.10H_2O$ por R$ 72,00 em vez de 10,0 kg de $NaHCO_3$ por R$ 80,0. Considerando os dados dispostos, desenvolva um programa que calcule e imprima:

a) A quantidade de água que você comprou e o valor em R$ que você pagou por litro. dH_2O = 1kg/L a 25 °C;

b) O real custo do composto hidratado se a água não fizesse parte do preço que você pagou.

Finalizando o Capítulo 2

Vimos que o Python é uma ferramenta bastante flexível, onde aprendemos como construir listas, que são variáveis que carregam mais de uma informação. Também vimos que é possível modificar, acrescentar ou retirar um elemento de uma lista, ou seja, nossas listas podem iniciar vazias e depois armazenar centenas de itens.

Aprendemos também como realizar modificações em uma lista ao utilizar os métodos *.append*( ), *.insert*(posição, elemento), del, e *.remove*( ). Caso queiramos organizar nossas listas por ordem numérica ou alfabética, usamos o método *.sort*( ). Se for para inverter a ordem dos itens da lista, usaremos o método *.reverse*( ). Para listas muito grandes, aprendemos a medir seu tamanho com a função *len*( ). Conhecemos os dicionários, que são semelhantes às listas, mas conseguem carregar ainda mais informações, e como construí-los.

No próximo capítulo aplicaremos um pouco do que aprendemos até agora em exemplos de Engenharia Química que podem facilmente acontecer em dias normais em um processo no qual você trabalhará.

Capítulo 3: Primeiros estudos de caso

Até o momento, temos algumas noções básicas de programação que já serão bastante úteis para resolvermos alguns problemas simplificados de Engenharia Química. Veremos algumas aplicações considerando os operadores matemáticos, as *strings*, as transformações de texto para número e vice-versa.

A ideia aqui não é que você possa aprender todo um conteúdo específico de uma das disciplinas à qual pertence o exemplo, mas sim lhe dar uma noção mais ampla da possiblidade de aplicação de uma ferramenta tão robusta e maleável quanto o Python.

Exemplo 3.1 – Reposição de água evaporada

Algumas substâncias precisam de um pré-aquecimento para que, quando misturadas, possam reagir de forma mais eficiente. Em outro momento, após ocorridas as reações químicas, esse produto aquecido precisa ser resfriado para que, por exemplo, seja armazenado.

Na indústria, quando uma determinada *corrente* (reagentes ou produtos em um duto) precisa ser resfriada, usamos, em muitos casos, água à temperatura ambiente. A troca térmica entre a corrente a ser resfriada e a água é realizada de forma indireta, ou seja, sem mistura, em um equipamento chamado *trocador de calor*.

A água, que agora está aquecida, é bombeada para uma torre de resfriamento, que trabalhará para remover o excesso de calor da água através de troca térmica direta com o ar, para que, após a redução da temperatura, a água possa realimentar o processo adequadamente.

Como engenheiro responsável por uma torre de resfriamento, você percebeu que parte da água que chega à torre é perdida por evaporação. Há, agora, a necessidade de repor essa massa de água evaporada antes que o processo sofra distúrbios como a não remoção efetiva do excesso de calor.

Após investigações, você agora sabe que a água, quando sai da torre de resfriamento, deve alimentar o processo com uma temperatura de 28°C e, após as devidas trocas térmicas, a água retorna para a torre de resfriamento com 38°C. A quantidade total de energia que deve ser removida no processo pela água de resfriamento é de 2 GJ/h. Sua tarefa, agora, é saber qual a massa total de água que é evaporada e qual seria esse valor em percentuais se comparada à massa total de água de resfriamento que alimenta o processo.

Com as informações citadas, podemos montar um exemplo simplificado de aplicação em Python para resolvermos esse problema. Acredito que, muito provavelmente, uma parte desses cálculos já foram realizados por você em alguma disciplina de física durante seu ensino médio.

Trabalhemos agora na construção da solução. Sabemos que a quantidade de calor sensível transferida por unidade de tempo Q (J/h) dependerá do fluxo mássico $\dot{m}$ (kg/h), do calor específico C_p (J/kg°C) e da variação da temperatura ΔT(°C). Com a Equação (3.1), podemos calcular o fluxo mássico total para resfriar o processo conforme descrito. Através de uma breve pesquisa, caso ainda não tenha decorado, o valor do calor específico da água é de 4180J/kg°C.

$$Q = \dot{m} C_p \Delta T \tag{3.1}$$

Para identificarmos quanto de água é evaporada, a uma temperatura fixa, utilizaremos a Equação (3.1) do calor latente. Onde $\dot{m}_t$ (kg/h) é o fluxo mássico evaporado, L_T (J/g) é o calor latente a uma temperatura especificada como mostra a Equação (3.2).

$$Q = \dot{m}_t L_T \tag{3.2}$$

Para determinar L_T, podemos utilizar a Equação (3.3), que é um polinômio que relaciona o calor latente à temperatura desejada [1]. Esta equação só pode ser aplicada entro do limite de -40°C a 40°C.

$$L_T \ = 2500.8 - 2.36 \times T \ + 0.0016 \times T^2 - 0.00006 \times T^3 \tag{3.3}$$

Para o cálculo do percentual de massa evaporada, comparada à massa total necessária para o resfriamento do sistema, utilizaremos a Equação (3.4).

$$E_{Ev}(\%) \ = \frac{\dot{m}_t}{\dot{m}} \times 100 \tag{3.4}$$

Vamos agora escrever nossos dados e equações no desenvolvedor do Spyder para que o Python calcule as demandas solicitadas.

A Figura 3.1 mostra a solução completa para o problema proposto. Nas linhas 2 a 5 temos as declarações das variáveis descritas no problema. Elas serão carregadas na memória do Python para que sejam usadas posteriormente. É importante frisar que deve haver uma sequência no seu programa. Caso uma equação seja necessária, como no nosso exemplo, qualquer valor ou variável necessária para a resolução desta equação deverá, obrigatoriamente, vir nas linhas anteriores.

A linha 8 mostra a Equação (3.1), que, após rearranjo, calculará o fluxo mássico total necessário para remover os 2 GJ de calor do processo. As linhas 11 a 13 são arranjos textuais que serão impressos para mostrar o resultado do cálculo da linha 8. Observe na linha 12 que o valor de Q será concatenado ao texto, usando para isso a função interna *str*( ).

A linha 16 apresenta uma temperatura que não havia sido comentada no problema. Essa temperatura seria uma estimativa do que acontece quando a água quente, que volta do processo, com a temperatura de 38°C, sai da tubulação: há uma expansão do líquido, encontrando uma área com uma temperatura um pouco menor e, também, devido ao tipo de sistema de resfriamento usado, ar a temperatura ambiente em contato com a água quente.

Existem outros sistemas, tipo gotejamento, que aumenta a área de contato da água (formação de gotas) que troca calor com o ar. Você poderia usar a média entre as temperaturas de entrada da torre e de saída que terá uma boa aproximação.

```
1 # declaração de variáveis
2 Te = 38         # °C Temperatura de entrada na torre
3 Ts = 28         # °C Temperatura de saída da torre
4 Q = 2e9         # 2GJ/h = 2x10^9J/h
5 Cp = 4180       # J/kg°C
6
7 # equação 1 - cálculo da massa total necessária
8 m = Q/(Cp*(Te - Ts)) # (J/h)/(J/kg°C)*(°C)
9
10 # mensagem do primeiro resultado
11 msg = '-O fluxo mássico necessário para remover \n'
12 msg += str(Q) + 'J de calor do processo é igual a'
13 print(msg, m, 'kg/h de água.')
14
15 # equação 3 - Cálculo do calor latente
16 T = 35          # °C Temperatura estimada para evaporação
17 L_T = 2500.8 - 2.36*T + 0.0016*(T**2) - 0.00006*(T**3) # J/g
18
19 # equação 2 - Cálculo da massa evaporada
20 mt = Q/(L_T*1000)    #(J/h)/((J/g)*(1000g/kg))
21
22 # mensagem do segundo resultado
23 msg2 = '\n-O fluxo mássico evaporado na torre de resfriamento \n'
24 msg2 += 'é de ' + str(mt)
25 print(msg2, 'kg/h de água.')
26
27 # equação 4 - Cálculo da massa evaporada
28 Eev = (mt/m)*100
29 # mensagem do terceiro resultado
30 msg3 = '\n-A fração de água evaporada na torre\n'
31 msg3 += 'de resfriamento é de ' + str(Eev) + '%.'
32 print(msg3)
```

Caixa Rápido

Qualquer valor necessário para o uso de uma equação, deverá, obrigatoriamente, ser declarado, ou calculado, antes que o Python tente aplicá-lo na equação.

Figura 3.1: Solução do problema da evaporação.

Na linha 17 temos o cálculo do calor latente através da resolução da Equação (3.3). Observe que pulamos a Equação (3.2) porque esta depende do resultado daquela. Lembre-se: tudo que uma equação precisar deve ser declarado ou calculado anteriormente!

A linha 20 mostra o cálculo do fluxo mássico evaporado com o auxílio da Equação (3.2). Já as linhas 23 a 25 são arranjos de textos para a impressão do resultado da linha 20. Atente que o texto na linha 23 inicia com o '\n' responsável por "pular uma linha" no console antes da impressão do texto.

A última demanda do problema proposto é o cálculo da fração de água evaporada comparada ao total de água necessária para o resfriamento do processo. Este cálculo foi realizado na linha 28, aplicando a Equação (3.4). Observe que esta solução depende dos cálculos anteriores. E, por fim, as linhas 30 a 32 são organizadas para a impressão dos resultados no console. Na linha 31 temos novamente uma concatenação do texto com o valor da fração calculado na linha 28.

Quando você reproduzir o presente exemplo e executá-lo no seu computador, deverá obter uma solução semelhante ao da Figura 3.2 a seguir.

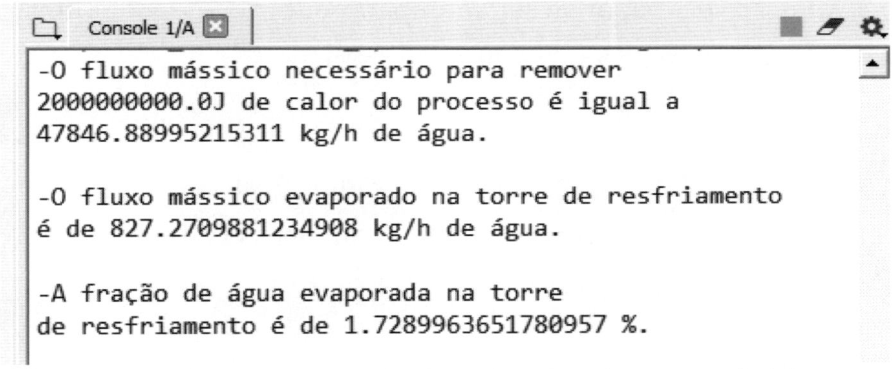

Figura 3.2: Resultados para as demandas solicitadas no exemplo 3.1.

Veja que o resultado mostra três blocos de texto, com os resultados do fluxo mássico total, o fluxo mássico evaporado e a fração evaporada respectivamente. Não se espante com o número de casas decimais dos resultados que aparecem na impressão do console. Veremos posteriormente alguns comandos de formatação para definição do número de casas decimais para que nossos resultados fiquem mais elegantes.

Exemplo 3.2 – Propriedades coligativas

O segundo exemplo nos dará uma visão do comportamento dos fluidos quando adicionada alguma outra substância à sua composição. Esses cálculos serão fundamentais na termodinâmica, quando você aprender a calcular as propriedades das misturas para fins de separação, por exemplo, em torres de destilação.

Seu próximo desafio é determinar qual a melhor faixa de pressão para um manômetro (equipamento que mede a pressão), que será comprado pela empresa, para ser instalado em um tanque de armazenamento de uma mistura de líquidos voláteis. Você foi se inteirar dos detalhes e descobriu que o tanque armazenará uma mistura de 25 litros de tolueno (C_7H_8) e 55 litros de benzeno (C_6H_6). Considerando que o tanque tenha capacidade para 100 L, que os fluidos serão armazenados a uma temperatura de 20 °C e que a mistura seja ideal, calcule a pressão de vapor resultante para que você tenha uma melhor referência para a compra do manômetro correto.

Com todas essas informações que conseguimos, fica fácil desenvolver uma solução no Python. Mas, primeiramente, vamos realizar uma breve revisão sobre como um fluido armazenado em um tanque fechado resultará em uma pressão que deverá ser mensurada.

As propriedades coligativas estudam a influência do soluto em uma solução. Tal comportamento não depende da natureza do soluto, mas da concentração deste no solvente [2].

- Diminuição da pressão de vapor;
- Elevação da temperatura de ebulição;
- Diminuição do ponto de congelamento;
- Mudança na pressão osmótica.

Vamos aos exemplos simples. Se você deixar um copo com água em cima de uma mesa, com o tempo, a água evaporará e o copo estará vazio. Esse comportamento acontece devido à movimentação browniana das moléculas que, de acordo com a temperatura, pode apresentar maior ou menor movimentação.

Contudo, se o líquido estiver confinado em um recipiente, o vapor gerado preencherá o espaço vazio do recipiente. Esse movimento ocorre até que seja alcançado um equilíbrio! Ou seja, a mesma quantidade de líquido evaporado também volta para a fase líquida. Como resultado, temos a chamada pressão de vapor, que é exercida pela fase vapor em equilíbrio com o líquido.

A Figura 3.3 ilustra a situação descrita anteriormente, onde temos o primeiro recipiente, à esquerda, com água e ainda sem formação de vapor. O manômetro indica uma pressão inicial 'i'. No equilíbrio, no recipiente à direita, vemos de maneira ilustrativa o vapor formado e o manômetro em uma nova posição de equilíbrio 'e'. A pressão indicada pelo manômetro corresponde àquela exercida pelo vapor após o equilíbrio entre as fases. Esse é o comportamento de um líquido puro.

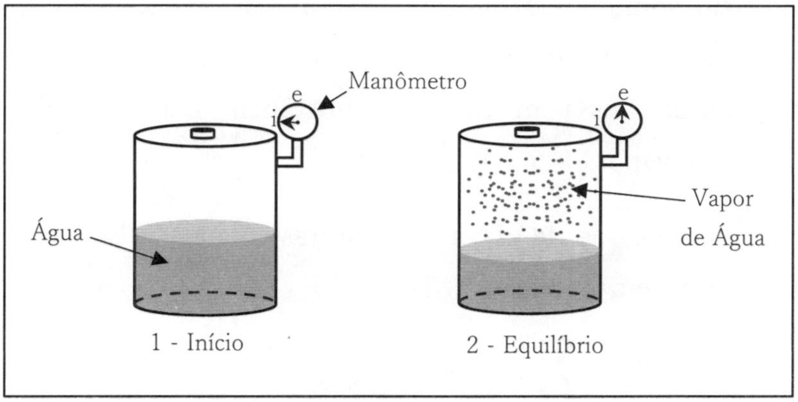

Figura 3.3: Recipiente fechado com água antes e após equilíbrio.

No entanto, quando adicionamos ao líquido um soluto não volátil, a presença do soluto impede parcialmente a evaporação do solvente, ocasionando a diminuição da pressão de vapor. Para uma solução ideal (entalpia da solução é igual a zero, não há variação de volume e as espécies dissociadas apresentam a mesma força, mesmo que sejam diferentes umas das outras), temos a lei de *Raoult* para o estudo da tonoscopia que pode ser expressa pela Equação (3.5).

$$p = p_s^0 \times x_s \quad (3.5)$$

Onde p (kPa) é a pressão de vapor da solução, p_s^0 (kPa) é a pressão de vapor do solvente puro e x_s é a fração molar do solvente na solução que pode ser calculada através da Equação (3.6).

$$x_s = \frac{n_{solvente}}{n_{solução}} = \frac{n_{solvente}}{n_{soluto} + n_{solvente}} \quad (3.6)$$

Onde $n_{solvente}$ é quantidade de matéria do solvente, n_{soluto} é a quantidade de matéria do soluto e $n_{solução}$ é a soma das quantidades de matéria de soluto e da solução. Para calcular a quantidade de matéria, uma fórmula química já conhecida por nós e apresentada na Equação (3.7).

$$n_i = \frac{m_i}{MM_i} \quad (3.7)$$

Onde n_i é a quantidade de matéria do solvente ou soluto, m_i é a massa da espécie *i* e MM_i é a massa molar do solvente o ou soluto.

Caso o soluto seja volátil, não teremos apenas o solvente na fase vapor, mas também parte do soluto. É o que acontece no nosso exemplo. Temos uma fração de benzeno e outra de tolueno que evaporam e que ficam em equilíbrio com a fase líquida dessa mistura. A substância mais volátil terá maior quantidade na fase vapor.

Para calcularmos a pressão de vapor de misturas voláteis, a Equação (3.7) pode ser reescrita conforme a Equação (3.8).

$$P = \sum P_i^0 \times X_i = \sum P_i \quad (3.8)$$

Onde P (kPa) é a pressão de vapor da mistura resultante das pressões parciais dos compostos envolvidos, P_i^0 (kPa) é a pressão de vapor do solvente ou do soluto puro e X_i é a fração molar do solvente ou do soluto na solução que também pode ser calculada através da Equação (3.6).

Após toda essa explicação, vamos para a desenvolvimento da solução do nosso problema, pois outros virão!

Com base em nossa breve revisão, para a realização do cálculo da pressão de vapor, usaremos as pressões de vapor de cada uma das substâncias puras. Procurando em tabelas, é possível encontrar os valores de $P_B^0 = 562{,}5\ kPa$ e $P_T^0 = 165\ kPa$ a 20 °C para o benzeno e o tolueno respectivamente. Como foi dado os volumes dos reagentes, outro dado imprescindível é a densidade do benzeno, 0,8765 kg/L e a densidade do tolueno, 0,866 kg/L.

Também precisaremos da massa molar, que são 78,11 g/mol para o benzeno e 92,14 g/mol para o tolueno. O volume de 100 L do tanque servirá de referência para sua capacidade total, já que, se houver uma soma de volumes do benzeno e do tolueno maior que a capacidade do tanque, não poderá haver o armazenamento. Veremos mais detalhes sobre como programar opções de escolha em um capítulo mais à frente.

A solução para o problema proposto se encontra na Figura 3.4. Das linhas 2 a 9 temos as declarações das variáveis necessárias para a resolução. Por exemplo, temos as densidades nas linhas 2 e 3, as pressões parciais das substâncias puras nas linhas 4 e 5, as massas molares nas linhas 6 e 7 e os volumes que serão armazenados no tanque nas linhas 8 e 9.

As linhas 12 e 13 calculam as massas de benzeno e tolueno respectivamente baseando-se nos valores de densidade e volumes anteriormente declarados. Temos os cálculos das quantidades de matérias nas linhas 16 e 17 com o auxílio da Equação (3.7). Observe agora as linhas 20 e 21, onde são calculadas as frações molares do benzeno e do tolueno respectivamente. Neste caso, temos a aplicação da Equação (3.6).

```
 1 # declaração das variáveis - dados para 20°C
 2 db = 0.8765      # kg/L densidade do benzeno
 3 dt = 0.8660      # kg/L densidade do tolueno
 4 Pb0 = 562.5      # kPa pressão de vapor do benzeno puro
 5 Pt0 = 165.01     # kPa pressão de vapor do tolueno puro
 6 MMb = 78.11      # g/mol massa molar do benzeno
 7 MMt = 92.14      # g/mol massa molar do tolueno
 8 vb = 55          # litros de benzeno
 9 vt = 25          # litros de touleno
10 
11 # antes da Equação 7 - cálculo da massa dos reagentes
12 mb = db*vb  # massa de tolueno kg
13 mt = dt*vt  # massa de benzeno kg
14 
15 # equação 7 - cálculo da quantidade de matéria
16 nb = mb/MMb      # quantidade de matéria do benzeno
17 nt = mt/MMt      # quantidade de matéria do tolueno
18 
19 # equação 6 - cálculo da fração molar dos compostos
20 xb = nb/(nb + nt)    # fração molar do benzeno na solução
21 xt = 1 - xb          # fração molar do tolueno na solução
22 
23 # equação 5 - Cálculo da pressão parcial
24 Pb = xb*Pb0      # pressão parcial do benzeno kPa
25 Pt = xt*Pt0      # pressão parcial do tolueno kPa
26 
27 # equação 8 - Cálculo da pressão de vapor da mistura
28 P = Pb + Pt      # somatório das pressões parciais kPa
29 
30 msg = 'A pressão de vapor da mistura é de '
31 print(msg, format(P,'.2f'), 'kPa. \n')
32 msg2 = 'A sugestão de compra deve ser um'
33 msg2 += '\nmanômetro que mensure pressões'
34 msg2 += '\nentre 0 e 600.00 kPa'
35 print(msg2)
```

Caixa Rápido

Este exemplo mostra um número mais expressivo de variáveis que serão necessárias para o cálculo das pressões de vapor de uma mistura.

Caixa Rápido

Use *format*(variável, '.2f') onde '.2f' serve para duas casas decimais do tipo

Figura 3.4: Resolução do problema da compra do manômetro.

O Python, aplicando a Equação (3.5), calcula as pressões parciais nas linhas 24 e 25. A pressão resultante da mistura, calculada a partir da Equação (3.8), está na linha 28. Das linhas 30 a 35 temos mensagens de texto que serão impressas no console após os cálculos. Veja atentamente que inserimos um elemento novo no *print*( ) da linha 31, o *format*( ). Aqui estamos definindo que será impresso um número, resultado da pressão, P, do tipo *float* com duas casas decimais. Como já foi afirmado, teremos o capítulo 13 só com potenciais formatações para que você domine a elegância da impressão de resultados usando Python.

O resultado calculado pode ser visualizado na Figura 3.5. Veja que a pressão de vapor calculada apresenta um valor numericamente menor se comprada à pressão parcial do benzeno puro. Esse resultado era esperado, uma vez que temos um soluto, tolueno, que faz a pressão de vapor do benzeno diminuir.

Você pode estar se perguntando: "Por que o manômetro deve ter uma capacidade de leitura entre 0 e 600 kPa?" É sempre recomendável utilizar um sistema de leitura cuja capacidade esteja um pouco acima do valor calculado. Assim, qualquer variação da pressão, para cima ou para baixo, poderá ser mensurada pelo equipamento adquirido. Obviamente o limite de operação do manômetro deve corresponder à capacidade mecânica do material de construção do tanque, mas esses cálculos ficarão a cargo dos projetos de operações unitárias.

```
Console 1/A
A pressão de vapor da mistura é de  452.90 kPa.

A sugestão de compra deve ser um
manômetro que mensure pressões
entre 0 e 600.00 kPa
```

Figura 3.5: Resultado do cálculo da pressão de vapor.

Exemplo 3.3 – Estime o custo de um trocador de calor

Investimentos de novos processos, expansão de área produtiva ou de substituição de equipamentos em operação dependem de valores financiáveis pela empresa ou por grupos de investimentos. Muitas vezes você se deparará com a necessidade de estimativa de custo para passar ao seu chefe líder, ou chefe, um potencial valor que será demandado. Vejamos o exemplo a seguir para a aquisição de um trocador de calor.

Em uma reunião, você fica sabendo que a unidade à qual você está lotado pretende adquirir um trocador de calor do tipo casco e tubo, em 'U', com uma área de 650 m^2, construído em aço carbono. Com sua experiência em Python, você se oferece para realizar uma estimativa do custo desse trocador de calor.

Vamos entender como um trocador de calor funciona com base no exemplo que se segue. Algumas substâncias necessitam de um pré-aquecimento para que, quando misturadas, possam reagir de forma mais eficiente. Em outro momento, após ocorridas as reações químicas, esse produto aquecido precisa ser resfriado para, por exemplo, ser armazenado. O processo é simples quando se trabalha com pequenos volumes, em escala de bancada, mas se torna desafiador quando falamos em toneladas!

Na indústria, quando uma determinada *corrente* (reagentes ou produtos em um duto) precisa ser aquecida ou resfriada, usamos o trocador de calor. Existem vários tipos, com aplicações específicas, os quais você terá mais familiaridade quando estudar operações unitárias. De forma resumida, o trocador de calor funciona da seguinte forma: no caso de precisar resfriar uma corrente quente, ela terá seu excesso de calor removido por uma corrente com menor temperatura.

A troca térmica ocorre de forma indireta, geralmente através de tubos de aço carbono ou aço inox (o material de construção do trocador de calor depende dos reagentes com os quais entrará em contato). Da mesma forma, se uma corrente precisa ser aquecida, o fluido frio passará nos tubos e um fluido quente passará no casco. Esta é uma explicação simplificada, já que a escolha de onde o fluido quente ou frio passará depende também de outros fatores como viscosidade, capacidade de precipitação de sais, se o fluido é vapor ou líquido. Mais detalhes sobre projetos de trocadores podem ser vistos em literatura especializada [3].

A Figura 3.6 mostra um trocador do tipo casco e tubo no qual a corrente quente passa através dos tubos e a corrente fria passa no lado do casco. De uma maneira mais detalhada, o fluido quente segue pela entrada dos tubos, passa através das chicanas e retorna para a saída dos tubos. Durante essa passagem, este fluido quente é resfriado por um fluido frio que vem pela entrada do casco, passa ao redor das chicanas e segue para a saída do casco. Não há mistura entre os fluidos quente e frio. O processo é dinâmico e existe a transferência de calor durante um intervalo de tempo.

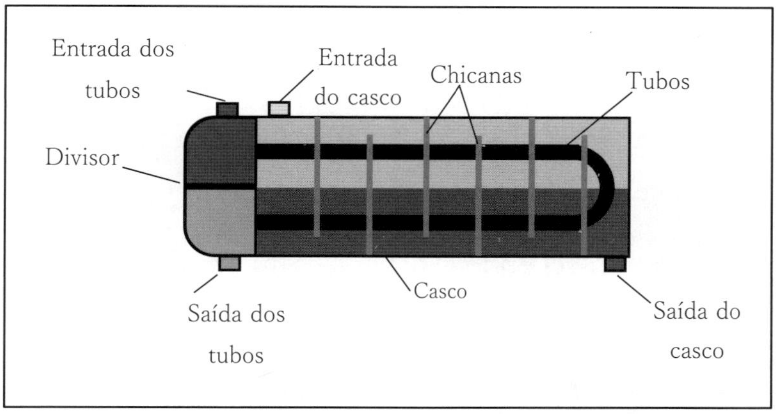

Figura 3.6: Esquema de um trocador de calor casco e tubo em U.

Agora vamos entender como a estimativa de custos funciona. A forma mais fácil para ter uma ideia de preço de um equipamento é ligando para um fornecedor ou empresa que faz o serviço; uma vez que empresas de processamento químico raramente construirão seus próprios equipamentos.

Outra forma indireta de obtenção de uma estimativa é utilizando modelos matemáticos. Existem alguns já conhecidos como o método de Lang [4], o método do módulo nu de Turton et al. [5], o clássico trabalho realizado por Douglas [6] e a estimativa de curva descrito por Towler e Sinnott [7]. É importante ressaltar que as estimativas obtidas por modelos de regressão podem variar, de modelo para modelo. Outra diferença está no tipo de estimativa requerida.

Alguns métodos podem sugerir uma estimativa do equipamento sendo adquirido na porta da empresa que o fábrica (f.o.b. – *free on bord* – "retirado na loja") e outras técnicas podem estimar o custo de construção e instalação do equipamento. Por simplicidade, vamos abordar a técnica descrita por Towler e Sinnott [7] que mostra a estimativa de custo do equipamento na fábrica. Para estes tipos de custos temos a Equação (3.9).

$$C_e = a + b \times S^n \tag{3.9}$$

Onde C_e é o custo de aquisição do equipamento em dólares (Costa do Golfo – Estados Unidas da América) em janeiro de 2010 com CEPCI = 532,9 (índice de custo); a e b são valores constantes que dependem do equipamento; S é o parâmetro dimensional, que pode ser área, volume, comprimento, peso, potência etc., e varia de equipamento para equipamento e n é o expoente aplicado de acordo com o equipamento.

Para o nosso problema, segundo Tolwer e Sinnott [7], temos os seguintes valores: a = 28000; b = 54; n = 1,2 e S = 650 m² (valor dado no problema).

Como o valor estimado pela Equação (3.9) nos trará uma estimativa em dólares americanos no ano de 2010, teremos que corrigir essa diferença pelo CEPCI ("*Chemical Engineering Plant Cost Index*") que é publicado mensalmente na revista *Chemical Engineering*. O valor mais recente que usaremos será o CEPCI de julho de 2022, que nessa revista é igual a 829,9 [8].

Para aplicar a devida correção, devemos usar a Equação (3.10).

$$C_a = C_e \times \left(\frac{I_a}{I_e}\right) \tag{3.10}$$

Onde C_a é o custo atual em dólares; C_e é a estimativa de custo em 2010, também em dólares; I_a é o índice de custo no ano desejado (CEPCI mais recente possível) e I_e é o índice de custo no ano base da estimativa C_e realizada. O CEPCI é adimensional.

Para transformarmos a estimativa de dólar para reais, basta utilizarmos a Equação (3.11).

$$C_{ar} = C_a \times \left(\frac{v_r}{v_d}\right) \tag{3.11}$$

Tendo C_{ar} como o valor atual em reais, C_a como o custo atual em dólar, e v_r como o valor do real em relação ao valor do dólar, v_d.

Sigamos para o Python. A solução do problema proposto se encontra na Figura 3.7. As linhas de 2 a 7 apresentam as variáveis necessárias para que o Python inicie os cálculos. Na linha 10 temos o cálculo da estimativa de custo em dólares; a linha 14 calcula a correção desse valor com base em 2010 para valores atuais. É importante salientar que os valores de I_e e I_a são tabelados onde o valor atual varia mensalmente. No fim de cada ano, a revista *Chemical Engineering* [8] lança um índice geral relativo ao ano. No nosso caso, estamos usando o valor de referência e atual para os meses de janeiro de 2010 e de julho de 2022 respectivamente.

Observe que esta solução tem uma solicitação de informação ao usuário na linha 18. Você pode desenvolver códigos que solicite ao usuário valores que tem a característica de variação para que melhores resultados sejam alcançados.

A linha 19 diz que o valor do dólar é unitário. Isso ocorrerá até que o real seja comprado por mais de um dólar. Aguardemos! Por fim, na linha 20 temos o cálculo da estimativa de custo do equipamento em moeda nacional. As linhas 11, 15 e 21 imprimirão os resultados. Veja que acrescentamos novamente o comando *format*( ) para deixar, desta vez, cada resultadc da estimativa de custo com apenas uma casa decimal.

```
1 # declaração das variáveis
2 a = 28000        # constante para p trocador de calor
3 b = 54           # constante para p trocador de calor
4 S = 650          # área do trocador de calor (demanda)
5 n = 1.2          # constante para p trocador de calor
6 Ia = 609.7       # CEPCI no ano de referência
7 Ie = 829.9       # CEPCI no ano de interesse
8
9 # equação 9 - Estimativa de custo de aquisição em dólar
10 Ce = a + b*(S**n)
11 print('Custo de aquisição em dólares (2010) ', format(Ce, '.1f'))
12
13 # equação 10 - Custo atualizado em dólar
14 Ca = Ce*(Ia/Ie)
15 print('Custo de aquisição em dólares (hoje) ', format(Ca, '.1f'))
16
17 # equação 11 - Custo em Reais
18 vr = float(input('Cotação do dólar: 1$ = '))
19 vd = 1           # 1$ (um dólar)
20 Car = Ca*(vr/vd)
21 print('Custo de aquisição em reais ', format(Car, '.1f'))
```

Caixa Rápido

Use *format*(variável, '.1f') onde '.1f' serve para uma casa decimal do tipo float.

Figura 3.7: Estimativa do custo de um trocador de calor.

A impressão realizada no console pode ser visualizada na Figura 3.8. Observe que temos as duas primeiras linhas como resultados calculados pelo código da Figura 3.7, mas a terceira é a solicitação da cotação do dólar. A quarta linha impressa mostra o resultado da estimativa de custo em moeda nacional.

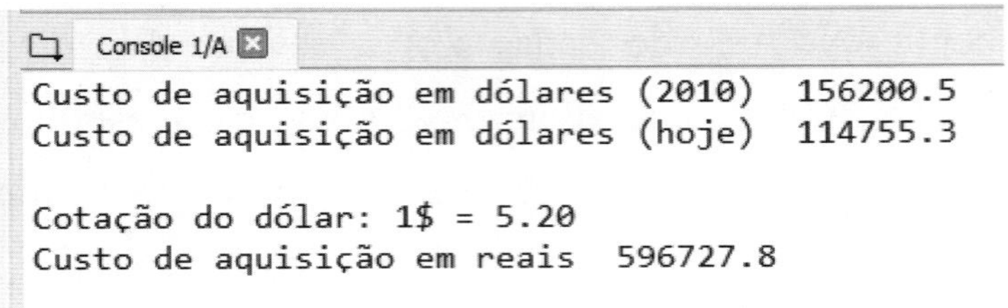

Figura 3.8: Resultado da estimativa de custo do trocador de calor.

Exemplo 3.4 – Cálculo do valor futuro

Investimentos podem ser avaliados por engenheiros para que se saiba a viabilidade econômica da realização da mudança ou aquisição desejada. Em muitos casos, exige-se uma previsão do valor futuro o qual deverá ser alcançado para que haja a compra do equipamento ou seja realizado o investimento necessário.

Após a estimativa do custo do trocador de calor realizada anteriormente, seu chefe solicita que você faça uma previsão anual de investimento para o dito equipamento considerando os cinco próximos anos. Outra informação repassada por ele foi que você deve usar uma taxa de juros de 11% ao ano.

Cálculos de estimativas de custos são ligeiramente simples necessitando de poucas informações para serem realizados. O problema proposto pode ser resolvido com o auxílio da Equação (3.12) a seguir.

$$F_n = P \times (1 + i)^n \qquad (3.12)$$

Onde F_n é o valor futuro (R$) no enésimo ano; P é o valor presente (R$); i é a taxa de juros na qual o valor presente variará anualmente e n o ano no qual o valor futuro será calculado.

Vamos para o Python. Observe a solução na Figura 3.9. Atente que, assim como os problemas anteriores, iniciamos nossa resolução no Python declarando as variáveis necessárias, linhas 2 a 4. Já na linha 7 temos o cálculo do valor futuro utilizando a Equação (3.12). A linha 8 imprime o resultado do cálculo. Quando você executar este código em seu computador, verá que será impressa no console a seguinte frase: "O capital para investimento em 5 anos será de R$ 346,310.46".

```
# declaração das variáveis
P = 205518.4        # valor presente obtido no exemplo 3.3
n = 5               # número de anos para avaliação
i = 0.11            # taxa de juros

# Equação 12 - Cálculo do valor futuro
Fn = P*(1 + i)**n
print('O capital para investimento em',n,'anos será de R$',format(Fn, ',.2f'))
```

Figura 3.9: Cálculo do valor futuro de um investimento para o ano n.

Você prontamente procura seu chefe para mostrar o resultado, que dessa vez foi facílimo, para que ele possa avaliar se o investimento será feito no quinto ano como solicitado. Ele olha o resultado e diz: "Muito bem! E os demais anos?" Você olha e diz: "Demais anos? Foi solicitado para o quinto ano." E seu chefe retruca: "Eu pedi uma previsão anual de investimento para o dito equipamento considerando os cinco próximos anos. Ou seja, eu quero a estimativa para cada ano até o quinto ano!"

Como vimos, o código para resolver esse problema é bastante simples. Mas não foi pensada uma forma de repetir esse cálculo. Como os valores dos anos vão do zero (ano atual) até o quinto, temos que calcular o valor futuro para cada ano. Repetir a linha de código com a equação para cada caso não é um procedimento profissional. Então como resolver? E se o seu chefe tivesse pedido os valores para 15 anos? Você repetiria 15 linhas de código? Acho que sua resposta é não!

Para resolver esse problema de forma mais profissional, vamos seguir para o próximo capítulo para entendermos como construir códigos de repetição utilizando o laço *for* do Python. Você verá que esta estrutura será muito usada em seus códigos futuramente.

Finalizando o Capítulo 3

Você já pode se sentir um profissional mais completo! Com os quatro exemplos apresentados observou-se que é possível aplicar programação simplificada para resolver uma variedade de problemas. Sua empolgação será importante para darmos o próximo passo nos nossos estudos, que é o entendimento e a aplicação do laço de repetição *for* para problemas que requerem mais de um cálculo utilizando, por exemplo, a mesma equação.

Referências

[1] ROGERS, R. R.; YAU, M. K. **A Short Course in Cloud Physics**. 3. ed. Pergamon Press, 1989, p. 16.

[2] BROWN, THEODORE L. *et al.* **Química**: A ciência central. Prentice Hall, 2004.

[3] NITSCHE, M.; GBADAMOSI, R. O. **Heat Exchanger Design Guide**: A Practical Guide for Planning, Selecting and Designing of Shell and Tube Exchangers, Butterworth-Heinemann. 1. ed. Butterworth-Heinemann, 2015.

[4] GUTIÉRREZ, A. J. **Diseño de procesos em Ingeniería Química**. Editorial Reverté S. A., 2003.

[5] TURTON, R.; BAILIE, R. C.; WHITING, W. B.; SCHAEIWITZ, J. A. **Analysis, Synthesis, and Design of Chemical Processes**. Prentice Hall International Series in the Physical and Chemical Engineering Sciences. 5. ed., Prentice Hall, 2018.

[6] DOUGLAS, J. M. **Conceptual Design of Chemical Processes**. McGraw-Hill, 1988.

[7] SINNOTT, R.; TOWLER, G. **Chemical Engineering Design**: SI Edition. Butterworth-Heinemann, 2013.

[8] ECONOMIC INDICATORS. **Chemical Engineering**. Digital Edition, p. 76, October 2022.

[9] BLANK, L.; TARQUIN, A. **Engenharia econômica**. AMGH Editora, 2009.

Capítulo 4: Laço de repetição *for*

Repetir um cálculo 10 vezes, imprimir todos os itens de uma lista, solicitar um dado número de informações ao usuário 5 vezes... Esses são alguns dos inúmeros problemas nos quais serão necessários a repetição de partes do código ou até mesmo de todo o código desenvolvido por você. No presente capítulo trataremos do laço de repetição *for* que nos auxiliará nessa demanda sem a necessidade de ter que reescrever inúmeras linhas de códigos. Aprenderemos também a construir intervalos para serem aplicados aos laços de repetição e, por fim, utilizaremos novas funções internas no Python para realizarmos simples cálculos de engenharia.

Estrutura do laço de repetição

Assim como em determinados exercícios que realizamos, as linguagens de programação apresentam formas de repetir um determinado "procedimento". Chamamos esses métodos de laços de repetição. O formato de um dos laços de repetição no Python pode ser visualizado na Figura 4.1 que segue.

```
for item in itens:
    Código que
    será repetido
```

Figura 4.1: Estrutura do laço de repetição for.

Caixa Rápido

Use a estrutura ao lado para que seu programa repita uma função ou código desejado.

Aqui temos a estrutura de repetição do laço *for*. Observe que logo após o *for*, existe uma variável chamada *item*. Logo em seguida existe um *in* e, depois, outra variável chamada *itens*, que costuma ser uma lista ou um número inteiro.

A estrutura do laço de repetição for é finalizada com dois pontos ':'. Em linguagem literal poderíamos traduzir a linha de código como sendo: ***"para cada item dentro de itens, faça"***. Veja a estrutura na Figura 4.2 a seguir.

Figura 4.2: Contextualização do significado do laço for.

Os nomes *item* e *itens* são variáveis que podemos declarar. Já o *for*, o *in* e os dois pontos ":" são componentes da estrutura do laço de repetição.

Após a linha de código da estrutura *for* temos uma *indentação* (tabulação) com um texto que representa um potencial código que será repetido para cada *item* que se encontra na lista *itens*. Qualquer coisa que você queira que seja repetida deverá, obrigatoriamente, estar na tabulação dentro do laço. Caso seu código inicie junto à margem esquerda do editor (mesma coluna da letra f do *for*), mesmo após o *for*, ele só será executado uma vez. Vejamos o próximo exemplo.

Na Figura 4.3a temos uma lista de três números na linha 1. Na linha 2 a estrutura do *for* dizendo para que haja a repetição do *print* (na linha 3) para cada item que esteja dentro da lista itens. Atente que a Figura 4.3b mostra o resultado dessa repetição no console.

Qualquer código que esteja abaixo do *for*, sob indentação, será repetido. Podemos comparar esse comportamento olhando para a Figura 4.3c que traz um novo *print* da linha 4. O resultado da execução desse código é mostrado na Figura 4.3d. Perceba que a palavra 'Fim' só é impressa uma vez, pois no código, mesmo estando abaixo da estrutura de repetição, o *print*( ) da linha 4 não foi indentado.

```python
itens = [1, 2, 3]
for item in itens:
    print('número', item)

```

a – Repetindo a impressão 3 vezes.

```
número 1
número 2
número 3
```

b – Resultado do código a.

```python
itens = [1, 2, 3]
for item in itens:
    print('número', item)
print('Fim')
```

c – O print('Fim') ocorre uma só vez.

```
número 1
número 2
número 3
Fim
```

d – Resultado do código c.

Figura 4.3: Entendendo a estrutura do for e a utilização da tabulação.

Uma sugestão para que seu código fique mais claro é sempre usar nomes em plural quando se trata de listas e um nome singular quando nos referirmos a cada item de da lista. Algumas sugestões seguem:

- *for* reagente *in* reagentes:
- *for* equipamento *in* equipamentos:
- *for* prato *in* pratos:
- *for* concentracao *in* concentracoes:

Vejamos mais um exemplo de aplicação do for usando listas. Desta vez vamos retomar um exemplo anterior no qual havia uma lista de equipamentos conforme a Figura 4.4 mais adiante.

Observe ainda na Figura 4.4 que temos a definição de uma lista de *strings* com nomes de equipamentos na linha 2, que por questão de organização foi estendida até a linha 6. A linha 8 imprimirá uma única vez um texto e a linha 9 apresenta o laço de repetição que estamos aprendendo. Repare que temos o nome equipamento, para cada item da lista *equipamentos*.

```
1 'Lista de equipamentos'
2 equipamentos = ['misturador',
3                 'reator',
4                 'absorvedor',
5                 'torre de destilação',
6                 'trocador de calor']
7
8 print('No processo nós temos:')
9 for equipamento in equipamentos:
10     print('-Um', equipamento + ';')
```

Figura 4.4: Usando for para uma lista de texto.

> **Caixa Rápido**
>
> O laço *for* repete o código **indentado,** após sua declaração, um número de vezes igual ao número de itens de uma lista. No caso ao lado, o laço repete 5 vezes a função *print*( ).

A linha 10, com a função *print* indentada, contém um texto que será concatenado com o conteúdo da variável *equipamento*. O conteúdo desta variável mudará até que todos os itens da lista *equipamentos* sejam utilizados. Após a execução deste código, você deve obter um resultado como mostrado na Figura 4.5.

```
Console 1/A

No processo nós temos:
-Um misturador;
-Um reator;
-Um absorvedor;
-Um torre de destilação;
-Um trocador de calor;
```

Figura 4.5: Impressão da lista de strings no console.

> **Caixa Rápido**
>
> Com o laço *for*, cada item da lista é impresso uma única vez, mas o processo se repete para todos os itens da lista.

Note que cada item da lista *equipamentos* foi impressa, apenas uma vez, no console. No entanto, a repetição no laço *for* ocorre até que todos os itens da lista tenham sido utilizados.

Para que sua experiência na aplicação do laço de repetição *for* seja mais positiva, listei alguns possíveis erros que podem ocorrer quando você executar seu código no Python:

- Esquecer os dois pontos no final do comando *for*;
- Não haver indentação na linha seguinte ao comando *for*;
- Esquecer de indentar alguma linha de código que deveria fazer parte do laço;
- Colocar alguma linha de código que não deveria fazer parte do laço.

Talvez você estranhe as dicas, mas, na maioria dos casos, os erros são apenas de lógica de programação. O Python "reclamará" na área de desenvolvimento, caso você esqueça os dois pontos no laço de repetição, mas não comentará nada caso você posicione uma linha de código, que deveria ser repetido, sem a devida indentação.

Laço de repetição com intervalo range

A função interna **range**(início, fim), quando executada, gera uma lista crescente de valores que vão do *início* a um valor unitário antes do *fim*. Por exemplo, início igual a zero e fim igual a 5, será gerado um intervalo com os valores 0, 1, 2, 3 e 4. A função *range*(início, fim), pode trabalhar de forma isolada caso tenhamos a intenção de gerar uma lista de números. Para que a lista seja impressa adequadamente, devemos usar a função *list*( ) para que todos os valores do intervalo sejam expostos. Observe o exemplo da Figura 4.6 no qual uma lista é criada na linha 2.

```
1 # gerando um intervalo de valores
2 xs = list(range(0,5))
3 print('Estes são os valores de xs:')
4 print(xs)
```

a – Criando um intervalo de valores.

```
Console 1/A
Estes são os valores de xs:
[0, 1, 2, 3, 4]
```

b – Resultado do código a.

Figura 4.6: Uso das funções range e list.

Caixa Rápido

Utilize a função **list**( ) para que o intervalo seja impresso explicitamente.

Caso não usemos a função *list*( ), o resultado será um intervalo, mas quando você for olhar o resultado no console, verá que o resultado do range está expresso como *range(0, 5)*. Faça o teste! Observe o código da Figura 4.6a, execute-o e você perceberá que o resultado é semelhante ao exposto na Figura 4.6b. Caso você remova a função *list*( ) do código, verá outro resultado.

Digamos que agora queiramos utilizar o valor da lista x gerada anteriormente no código da Figura 4.6a para calcular, digamos, $y = 2 \times x$. Caso tente realizar essa multiplicação diretamente, como explicitada na equação, você receberá uma resposta inesperada. Vejamos um novo exemplo com a continuação do código na Figura 4.7.

A Figura 4.7a mostra, na linha 8, uma multiplicação simples de um *escalar* (número) pela lista **xs** criada anteriormente. Veja que, após a execução deste código, o resultado no console, Figura 4.7b, é algo inusitado. O Python entende que você solicitou a duplicação da lista **xs**.

```
6 # continuando o código da Figura 4.5
7 # calculando os valores de y em função de x
8 y = 2*xs
9 print('Estes são os valores de y:')
10 print(y)
```

a – Repetindo a impressão 3 vezes.

```
12 # continuando o código da Figura 4.5
13 # calculando os valores de y em função de x
14 y2 = []
15 for xi in xs:
16     y2.append(2*xi)
17 print('Estes são os valores de y2:')
18 print(y2)
```

c – Usando o laço for para calcular y2.

```
Console 1/A
Estes são os valores de x:
[0, 1, 2, 3, 4]
Estes são os valores de y:
[0, 1, 2, 3, 4, 0, 1, 2, 3, 4]
```

b – Resultado do código a.

```
Console 1/A
Estes são os valores de y2:
[0, 2, 4, 6, 8]

In [15]:
```

d – Resultado do código c.

Figura 4.7: Usando itens de uma lista para resolver uma equação.

Mas nossa intenção não era essa, mas sim multiplicar por 2 os valores que constituem a lista **xs** conforme a função **y** enunciada. A Figura 4.7c traz a correção para este comportamento. Utilizando o laço *for* na linha 15, pedimos que a linha 16 seja repetida para cada item **xi** que está dentro da lista **xs**. Observe que, a cada repetição do laço, o resultado *2*xi* é inserido como um novo item da lista **y2**. No fim, temos a impressão do resultado o qual pode ser observado na Figura 4.7d.

Agora vamos aplicar a função *range( )* diretamente no laço *for*. Não há muito segredo aqui. Se você prestar atenção na linha 2 da Figura 4.8a, verá que a tradução da linha continua a mesma: *para cada item xi, repita a linha 3!* A função *range( )* apenas criou um intervalo desejado, de zero a 4, de forma que cada item desse intervalo pudesse, neste código, ser usado na linha 3. O resultado desta aplicação está na Figura 4.8b.

É importante ressaltar que não há obrigatoriedade de usar os itens de um intervalo criado pela função *range*( ). Muitos casos serão construídos apenas para dar a estrutura necessária para o funcionamento do laço *for*, sem a necessidade de se usar os itens.

```
y = []                   # lista vazia
for xi in range(5):      # laço de repetição
    y.append(2*xi)       # resultados --> y
print('Estes são os valores de y:')
print(y)
```

a – Criando um intervalo de valores.

Console 1/A

```
Estes são os valores de y:
[0, 2, 4, 6, 8]
```

b – Resultado do código a.

Figura 4.8: Usando range em um laço for.

> **Caixa Rápido**
>
> Ao usar o laço de repetição *for*, e houver necessidade de armazenar resultados, utilize o método *append*.

Você pode estar se perguntando: "A estrutura da função *range*(início, fim) está diferente da anteriormente escrita. Isto está correto?" A resposta é: Depende!

Quando temos certeza de que o primeiro valor o intervalo gerado pela função *range* é igual a zero, podemos suprimi-lo e inserir apenas um argumento à função *range*. Este único argumento indicará qual é o limite máximo de valores inteiros gerados pela função range. Caso a contagem desejada inicie por 1, 2 ou qualquer outro valor diferente de zero, você terá, obrigatoriamente, que colocar o valor inicial na função. Quando queremos criar um intervalo com valores decrescentes, usamos *range*(fim, início, passo_negativo), ex.: ***range*(10, 0, -1)** para obtermos o intervalo [10, 9, 8, 7, 6, 5, 4, 3, 2, 1].

Vamos comentar agora um novo exemplo com elementos já vistos anteriormente. Digamos que nosso desejo agora é calcular o volume de um cilindro para armazenar um dado reagente. O programa deve ser desenvolvido de modo a ser reutilizado sem que haja a necessidade de mudanças no seu código. Como fazer isso? Quais são os dados que precisamos? Quais informações solicitaremos ao usuário?

A Figura 4.9 mostra uma possível solução para estes questionamentos. Desta vez, o usuário será mais ativo! Passando informações solicitadas pelo programa que calculará o volume de um cilindro. Para fins de simplicidade, todos os valores necessários para este cálculo estarão em metros.

```
1 # definindo o número de repetições usando o comando input()
2 print('Este programa calcula o volume de um cilindro.')
3
4 # solicitando o número de repetições
5 repetir = int(input('Quantas vezes você realizará o cálculo? --> '))
6
7 # utilizando a primeira entrada do usuário no laço for
8 for i in range(repetir):
9     # solicitando informações ao usuário
10    raio = float(input('Entre com o valor do raio: --> '))
11    altura = float(input('Entre com o valor da altura: --> '))
12
13    # cálculo do volume do cilindro
14    volume = 3.14*(raio**2)*altura
15    print('O volume do cilindro de raio', raio, 'e altura', altura,
16          'é igual a', volume, 'm3.')
17
18 # finalizando o programa
19 print('\n---Obrigado por calcular o volume!---')
```

Figura 4.9: Calculando o volume de um cilindro repetidas vezes.

Caixa Rápido

Métodos ou funções podem ser usada dentro do laço for.

Repare que na linha 2 temos apenas uma mensagem informativa. A linha 3 traz uma solicitação ao usuário: Quantas vezes ele quer repetir o procedimento. Esse valor inserido pelo usuário é transformado para um número inteiro e passado para o laço de repetição na linha 8. Veja que este valor está mais especificamente alimentando a função *range*. Outro fato a ser notado é que esses valores do laço *for* só serão usados para a repetição do cálculo em si, sem a utilização deles nas equações que serão utilizadas.

A linha 10 solicita ao usuário o valor do raio do cilindro e a linha 11 pede o valor da altura. Ambos os valores são transformados para números do tipo *float*. Caso você solicite um número ao usuário pela função *input*, este número será transformado para texto. As equações não aceitam texto! Por isso temos que, sempre, transformar os números inseridos pelo usuário.

O volume é calculado na linha 14 e o resultado do volume é expresso através da linha 15. Veja que a última linha de código dá ao usuário a informação que ele saiu do programa. O resultado desta aplicação pode ser visto na Figura 4.10.

```
Console 1/A
Este programa calcula o volume de um cilindro.

Quantas vezes você realizará o cálculo? --> 2

Entre com o valor do raio: --> 2.5

Entre com o valor da altura: --> 4
O volume do cilindro de raio 2.5 e altura 4.0 é igual a 78.5 m3.

Entre com o valor do raio: --> 2.8

Entre com o valor da altura: --> 4
O volume do cilindro de raio 2.8 e altura 4.0 é igual a 98.4704 m3.

---Obrigado por calcular o volume!---
```

Figura 4.10: Resultado da aplicação do programa que calcula o volume de um cilindro.

Neste exemplo, foram solicitadas duas repetições. O primeiro cilindro tinha um raio de 2 metros e uma altura de 3 metros. O resultado foi um cilindro de 37,68 m^3. O segundo cilindro tinha um raio de 1 metro e uma altura de 3 metros. O resultado foi um volume de 9,42 m^3.

Percorrendo intervalos de uma lista

Já vimos no Capítulo 2 como trabalhar com intervalos de uma lista utilizando os ":". No Python também é possível utilizar um intervalo de uma lista para que apenas este intervalo seja usado em um laço de repetição. Isso pode ser útil para algumas aplicações caso não haja necessidade de se trabalhar com todos os elementos da lista, mas apenas uma faixa de itens, como por exemplo: uma faixa de pressão de um dado equipamento, uma faixa de temperatura de uma coluna de destilação, uma faixa de concentração de um reagente específico.

Vejamos o exemplo na Figura 4.11, no qual há a necessidade de se calcular a pressão em uma coluna de líquido. A coluna tem 10 metros de altura, mas geralmente só é preenchido até 8 metros com água. Relembremos um pouco da teoria do cálculo da pressão. Sabemos da Física que a pressão é o resultado da força normal (perpendicular) por unidade de área.

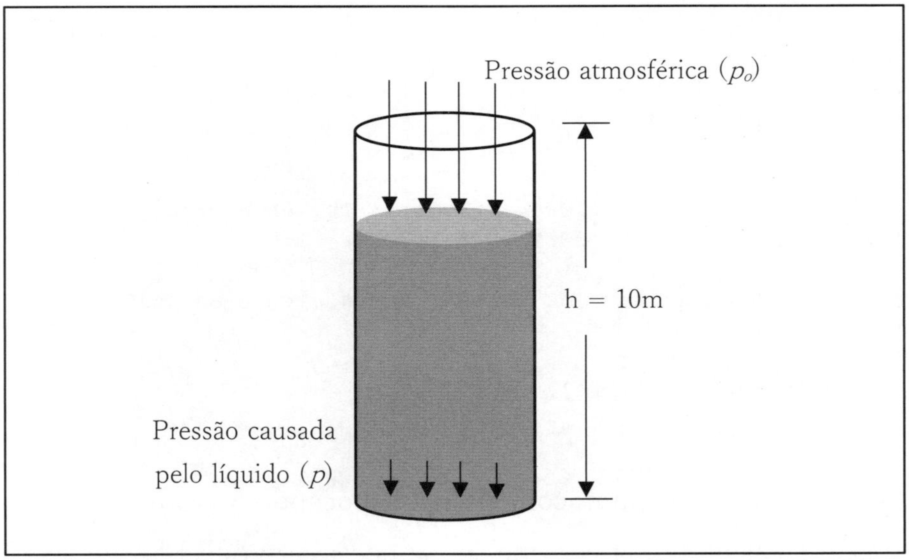

Figura 4.11: Coluna d'água.

A pressão na base de uma coluna de líquido estática pode ser calculada através da Equação (4.1).

$$p = \frac{F}{A} = \rho g h + p_o \tag{4.1}$$

Onde p é a pressão por unidade de área (Pa), F é a força (N = kgf/cm^2), A é a área em m^2, ρ é a densidade do líquido (kg/cm^3), g é a aceleração da gravidade (m/s^2) e h é a altura (m).

Considerando que a água apresenta uma densidade de 0,9977g/cm^3, a 25 °C, calculemos a pressão a cada metro de coluna d'água como mostra o código da Figura 4.12.

Veja que as linhas 2 a 6 trazem as declarações das variáveis necessárias para o cálculo da pressão. Atente que a linha 4 traz uma lista com os valores das alturas, de 1 a 10. Você pode se perguntar: "Por que o range vai de 1 a 11?" Como já foi mencionado anteriormente, a função *range* conta um valor inicial até um número inteiro antes do valor final especificado. No presente caso, o range contará de 1 até 10. Caso especificássemos 10 no lugar do 11, nossa lista seria de 1 até 9 e teríamos um item a menos na nossa lista sendo contado.

```
1 # declaração de variáveis
2 ro = 0.9977                # densidade da água 25°C g/cm3
3 g = 9.81                   # aceleração da gravidade m/s2
4 h = list(range(1,11))      # altura da coluna m
5 po = 101.325               # pressão atmosférica kPa
6 '''
7 (g/cm3)*(m/s2)*(m)*(1kg/1000g)*(1000cm3/1L)*(1000L/1m3) =
8 =1000(m2.kg)/(m3.s2) = 1000N/m2 = 1000Pa = 1kPa
9 '''
10 print('Esta é a variação de pressão com a altura da coluna:
11 for hi in h:
12     p = ro*g*hi + po
13     print(format(p, '.1f'), 'kPa')
```

Caixa Rápido

Use 3 aspas antes e depois de comentários com mais de uma linha.

Figura 4.12: Código para o cálculo da variação de pressão em uma coluna d'água.

Nas linhas 7 e 8 temos um comentário esboçando as unidades que serão convertidas no cálculo, uma vez que se faz necessário deixá-las de acordo com o Sistema Internacional (SI). A linha 12 tem o laço de repetição que utilizará a lista de alturas da linha 4 como referência para contar o número de repetições.

Os resultados obtidos na linha 12 são impressos no console através do *print* da linha 13. Os resultados dos cálculos podem ser apreciados com auxílio da Figura 4.13.

Caso tenha não tenha notado, na Figura 4.13 a pressão aumenta com a elevação da altura. Mas tem um detalhe aqui: a referência, neste caso, é o topo da coluna! Veja que a pressão atmosférica é exercida no topo e o peso da coluna d'água vai aumentando com a profundidade. Faça um teste: no código da Figura 4.12 substitua o valor mínimo da lista por zero e rode seu código novamente. Você verá que, quando a altura for igual a zero, a pressão resultante é igual a pressão atmosférica exercida no topo da coluna.

```
Console 1/A
Esta é a variação de pressão com a altura da coluna:
111.1 kPa
120.9 kPa
130.7 kPa
140.5 kPa
150.3 kPa
160.0 kPa
```

Figura 4.13: Resultado do cálculo da variação de pressão em uma coluna d'água.

Importando algumas funções internas do Python

Como já foi comentado, o Python é uma ferramenta de programação muito poderosa e amplamente utilizada em várias áreas de engenharia e computação. Devido a isso, muitas funções matemáticas já foram desenvolvidas e podem ser utilizadas por nós. No entanto, para que isso ocorra, precisamos ***importar*** essas funções para que elas fiquem disponíveis na memória do Python.

Assim, vamos utilizar a pré-chamada *import* do Python para importar ***bibliotecas*** de uso comum na engenharia.

```
Console 1/A
In [38]: import math

In [39]: print(dir(math))
['__doc__', '__loader__', '__name__', '__package__', '__spec__',
'acos', 'acosh', 'asin', 'asinh', 'atan', 'atan2', 'atanh',
'ceil', 'copysign', 'cos', 'cosh', 'degrees', 'e', 'erf', 'erfc',
'exp', 'expm1', 'fabs', 'factorial', 'floor', 'fmod', 'frexp',
'fsum', 'gamma', 'gcd', 'hypot', 'inf', 'isclose', 'isfinite',
'isinf', 'isnan', 'ldexp', 'lgamma', 'log', 'log10', 'log1p',
'log2', 'modf', 'nan', 'pi', 'pow', 'radians', 'sin', 'sinh',
'sqrt', 'tan', 'tanh', 'tau', 'trunc']
```

Figura 4.14: Importando bibliotecas.

A Figura 4.14 mostra um exemplo, no console, de como importar uma biblioteca utilizando o *import* e mostrar todo o seu conteúdo utilizando a função *dir*( ). Veja que não há muito segredo. Após utilizar o *import*, todo o conteúdo da biblioteca **math** (matemática) estará disponível para o usuário. A função *dir*( ) nos mostrará quais são as funções matemáticas disponíveis nessa biblioteca.

Algumas funções, talvez, nunca serão aplicadas por nós. Como já foi mencionado, existem várias áreas de engenharia que utilizam esses códigos e nem todos eles são aplicados, até o momento, à Engenharia Química. Para usarmos uma dessas funções, temos de definir um caminho para que o Python possa buscá-la. "Como assim? Não era só usar o *import* e as funções estariam disponíveis para o uso do Python?" A resposta é: sim!

As funções foram importadas e estão disponíveis para o Python, mas elas pertencem à biblioteca *math* (no presente exemplo) e é através dessa biblioteca que vamos acessar essas funções.

```
1 # importando a biblioteca de matemática básica
2 import math
3 # declarando uma variável x qualquer
4 x = 5
5
6 # calculando os valores de x
7 print('O logaritmo de base 10 de x é', math.log10(x))
8 print()
9 print('O logaritmo neperiano de x é', math.log(x))
10 print()
11 print('A raíz quadrada de x é', math.sqrt(x))
12 print()
13 print('x elevado ao cubo é', math.pow(x,3))
14 print()
15 print('O fatorial de x é', math.factorial(x))
16 print()
17 print('Caso queiramos calcular o seno ou o cosseno de 90 graus')
18 print('O seno (radiano) x é', math.sin(math.radians(90)))
19 print()
20 print('O cosseno (radiano) x é', math.cos(math.radians(90)))
21 print()
22 print('Calculando a área de um círculo de raio = x:')
23 print('A área de um círculo de r = 1, é :',
24       format(math.pi*math.pow(x,2), '.2f'))
```

Caixa Rápido

Use *import* para chamar bibliotecas de funções no Python. Para usar essas funções, escreva math.nomedafunção.

Figura 4.15: Algumas aplicações de funções da biblioteca math.

Vejamos agora o exemplo de código da Figura 4.15. Nela estamos usando algumas das funções da biblioteca que importamos. Na linha 2 temos a importação da biblioteca *math* e na linha 4 a declaração de uma variável **x** com um valor qualquer. A linha 7 mostra a função log10 para o cálculo do logaritmo de base dez. É preciso ficar atento, pois caso você escreva apenas log, como na linha 9, o cálculo realizado será o logaritmo natural.

Na linha 11 temos uma função chamada *.sqrt* para o cálculo da raiz quadrada e com a função *.pow* na linha 13 podemos calcular o valor de uma variável com uma dada potência, que no caso é 3 (no exemplo temos x^3).

Também podemos calcular o fatorial de um número inteiro com a função *.factorial*, como mostrado na linha 15. Outro fato que você deverá ficar atento é na aplicação das funções seno e cosseno, linhas 20 e 22 respectivamente. O Python calcula funções trigonométricas em radianos e não em graus! Caso você tenha o valor em grau, terá que transformá-lo para radiano para que ele seja calculado corretamente. Observe o exemplo da linha 18, o valor de 90 graus está sendo convertido para radianos com a função *.radians*( ) para que o resultado seja utilizado como argumento da função *.sin*( ).

Veja no último exemplo, na linha 24, que estamos calculando a área de um círculo. Para este cálculo, precisamos do valor de π. Como é o Python que calculará a equação, pediremos o valor *pi* à biblioteca *math*, que nesta biblioteca possui uma grande precisão (grande número de algarismos significativos). Todos os resultados dos exemplos da Figura 4.15 podem ser visualizados na Figura 4.16 a seguir.

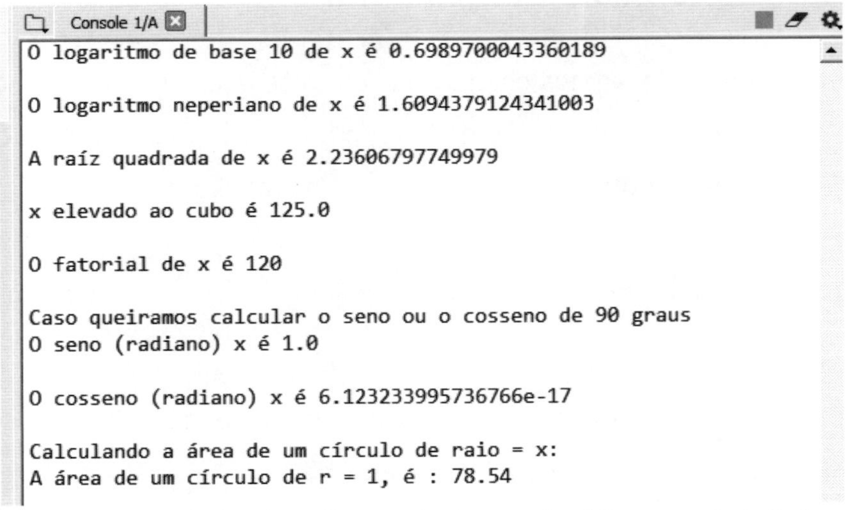

Figura 4.16: Resultados das aplicações das funções da biblioteca math do Python.

Existem várias outras funções em outras bibliotecas que veremos em um capítulo específico para utilização e construção de funções.

Cálculo do pH de uma solução

Agora que sabemos como repetir um procedimento utilizando o laço for e como chamar funções matemáticas simples a partir da biblioteca *math*, vamos utilizar esse conhecimento para calcularmos o valor do potencial hidrogeniônico variando com a concentração. Façamos uma pequena revisão sobre o cálculo de pH de um ácido fraco.

Um eletrólito é uma substância química que pode se dissociar em água liberando cátions e ânions. Existem dois tipos de eletrólitos: os fortes que, em uma solução ideal, se dissociam totalmente, e os eletrólitos fracos, que pouco se dissociam. Ácidos e bases, em solução aquosa, se comportam como eletrólitos e podem ser fortes ou fracos. Exemplos de eletrólito forte são o ácido clorídrico, o ácido sulfúrico e o ácido nítrico. Também temos exemplos de eletrólitos fracos como ácido acético, ácido nitroso e ácido hipocloroso.

Quando um ácido se dissocia em água, temos a liberação de hidrogênio e um ânion que faz parte do ácido. Tomemos como exemplo o ácido acético (HCH_3COO) que se dissocia conforme a Equação (4.2).

$$HCH_3COO \leftrightarrow CH_3COO^- + H^+ \quad (4.2)$$

Para facilitar nossa vida, vamos chamar o acetato (CH_3COO^-) de Ac^-. Sabemos que essa dissociação ocorre até um certo ponto e depois o resultado é um equilíbrio entre os produtos e o reagente. Podemos aplicar a definição de constante de equilíbrio para montarmos uma equação que envolva a quantidade de hidrogênio ionizado com a quantidade de ácido acético utilizado na solução.

Para o nosso exemplo, consideremos uma solução com 0,1 mol/L de HAc. Assim, em um instante inicial antes da dissociação, temos uma concentração de ácido acético igual a 0,1 mol/L, Equação (4.3).

$$HCH_3COO \leftrightarrow CH_3COO^- + H^+$$

Início	0,1mol/L	(4.3)
Meio	– x ↔ x + x	(4.4)
Equilíbrio	0,1mol/L –x ↔ x + x	(4.5)

Quando se inicia a dissociação, lá pelo meio, uma quantidade x do HAc conseguiu se dissociar; por isso o valor negativo de **x** na Equação (4.4)! Como a proporção da dissociação é de um mol de ácido para um mol de hidrogênio e de acetato, temos como resultado uma quantidade **x** de hidrogênio e uma quantidade x de acetato.

No equilíbrio, Equação (4.5), uma quantidade remanescente do ácido acético continua na sua forma original, enquanto quantidades **x** de hidrogênio e de acetato estão dissociadas na solução.

A partir da Equação (4.2) podemos aplicar o conceito de constante de equilíbrio onde a constante de equilíbrio K é igual ao produto das concentrações dos produtos, elevados aos seus respectivos coeficientes estequiométricos, divido pela multiplicação das concentrações dos produtos, também elevados aos seus respectivos coeficientes estequiométricos.

$$K_a = \frac{[CH_3COO^-][H^+]}{[HCH_3COO]} \tag{4.6}$$

Como não sabemos exatamente a concentração do ácido acético, no denominador da Equação (4.6), vamos reescrever essa equação de forma que possamos calcular a quantidade dissociada **x**, conforme Equação (4.5).

$$K_a = \frac{x * x}{0{,}1 - x} \tag{4.7}$$

A constante de dissociação Ka do ácido acético, a 25 °C, é igual a $1{,}8x10^{-5}$. Como o valor inicial da concentração de ácido acético é igual a 0,1, basta reorganizar a equação para calcularmos o valor de **x**. Para fins de praticidade, existe uma regra que diz o seguinte: se o valor da constante de dissociação for menor que 10^{-4}, podemos aproximar para zero o x do denominador da Equação (4.7). Assim, nossa equação se tornará a Equação (4.8).

$$K_a = \frac{x * x}{0,1} \qquad (4.8)$$

Ou, reorganizando a Equação (4.8), teremos a Equação (4.9).

$$x = \sqrt{0,1 * K_a} \qquad (4.9)$$

Lembrando que x é a concentração em quantidade de matéria do hidrogênio dissociado na Equação (4.2).

O potencial hidrogeniônico será calculado pela Equação 4.10.

$$pH = -\log{(x)} \qquad (4.10)$$

Atente que o logaritmo utilizado na Equação (4.10) é o de base 10!

Passando todas as informações necessárias para o Python, vamos considerar uma variação de concentração do ácido acético de 0,1 mol/L. Vejamos a solução desenvolvida na Figura 4.17. Acredito que você já terá condições de entender todas, ou quase todas, as linhas desenvolvidas.

```
1 # importando a biblioteca math
2 import math as m
3 # declaração de variáveis
4 ka = 1.8e-5          # constante de dissociação HAc
5 Cm = 0.1             # concentração molar inicial do HAc
6
7 msg = 'A seguir o comportamento do pH com a variação'
8 msg+= 'da concentração molar de ácido acético.'
9 print(msg)
10 for i in range(10):
11     # resolvendo a Equação 4.9
12     x = m.sqrt(ka*Cm)
13     # resolvendo a Equação 4.10
14     pH = -m.log10(x)
15     print('pH =', format(pH, '.2f'), 'para uma solução com',
16           format(Cm, '.2f'), 'mol/L de ácido acético.')
17     # variando a concentração da solução de ácido acético
18     Cm = Cm + 0.1
19 print('\n-----Fim-----')
```

Figura 4.17: Cálculo do pH de uma solução da ácido acético.

Caixa Rápido

Apelide a biblioteca com um nome ou letra de preferência para deixar o código mais enxuto.

Na linha 2 temos a importação da biblioteca *math*, agora com um *alias* (apelido), **m**. Este tipo de codificação ajudará para nomes de bibliotecas muito grandes, bastando que a letra utilizada como apelido não seja usada como nome de variável. As linhas 4 e 5 temos as declarações das variáveis necessárias, que no caso foram a constante de dissociação [1] e a concentração inicial do ácido. As linhas 7 e 8 apenas concatenam um texto que será impresso (linha 9) como cabeçalho no console na primeira execução do código.

Temos um laço de repetição na linha 10 que, pelo método range inserido, nos diz que teremos 10 repetições do código que está indentado dentro do *for*.

Na linha 12 calculamos o valor de **x** da Equação (4.9). Este é o valor da concentração de hidrogênios que foi dissociada do ácido. Observe que estamos utilizando a função *square root* (raiz quadrada) *sqrt*( ) da biblioteca *math*. Com o valor de x, calculamos o pH, Equação (4.10). Nesta equação, precisamos calcular o logaritmo de base 10. Por isso estamos usando a função *log10*( ) da biblioteca *math*.

A linha 15 imprime os resultados no console e na linha 18 temos uma adição de 0,1 mol/L à concentração original. O valor calculado na primeira iteração do laço será *Cm = Cm + 0,1*. Como o valor original de *Cm* é igual a 0,1, teremos *Cm* igual a 0,2. Todos esses cálculos serão repetidos 10 vezes! Em cada iteração, ao valor armazenado em *Cm* será somado 0,1. Por fim, a linha 19 imprime uma mensagem de aviso para o usuário informando que os cálculos terminaram. O resultado pode ser visualizado na Figura 4.18.

```
Console 1/A
A seguir o comportamento do pH com a variaçãoda concentração
molar de ácido acético.
pH = 2.87 para uma solução com 0.10 mol/L de ácido acético.
pH = 2.72 para uma solução com 0.20 mol/L de ácido acético.
pH = 2.63 para uma solução com 0.30 mol/L de ácido acético.
pH = 2.57 para uma solução com 0.40 mol/L de ácido acético.
pH = 2.52 para uma solução com 0.50 mol/L de ácido acético.
pH = 2.48 para uma solução com 0.60 mol/L de ácido acético.
pH = 2.45 para uma solução com 0.70 mol/L de ácido acético.
pH = 2.42 para uma solução com 0.80 mol/L de ácido acético.
pH = 2.40 para uma solução com 0.90 mol/L de ácido acético.
pH = 2.37 para uma solução com 1.00 mol/L de ácido acético.

-----Fim-----
```

Figura 4.18: Resultado do cálculo do pH.

Observe que, quando o valor da concentração de ácido acético na solução aumenta, o pH diminui, mostrando que a solução está ficando cada vez mais ácida.

Voltando ao problema do cálculo do valor futuro

No Capítulo 3, antes de aprendermos a utilizar o laço de repetição *for*, foi avaliado o custo de aquisição de um trocador de calor. Este valor foi avaliado de forma a se estimar quais seriam seus valores futuros para 5 anos. Realizamos os cálculos necessários, mas houve uma demanda a mais! Seu chefe queria ver a variação do valor futuro com o tempo. Observando o código da Figura 3.8, podemos modificá-lo para que o cálculo do valor futuro reja realizado do ano zero ao ano 6 (lembre-se, a função range tem um valor inicial e parará em um valor inteiro antes do valor final). Vejamos a solução na Figura 4.19.

```
1 # declaração das variáveis - Veja o exemplo 3.4 Capítulo 3
2 P = 205518.4        # valor presente
3 n = 5               # número de anos para avaliação
4 i = 0.11            # taxa de juros
5
6 # cálculo do valor futuro
7 print('O capital para investimento')
8 for ni in range(n+1):
9     Fn = P*(1 + i)**ni        # Equação 3.12
10    print('no ano', ni, 'será de R$', format(Fn, '.2f'))
```

Figura 4.19: Cálculo do valor futuro (Continuação do Exemplo 3.4 do Capítulo 3).

Os parâmetros declarados nas linhas 2 a 4 são os mesmos já comentados no exemplo original. A novidade está na linha 8, que contém o laço *for*. Veja que estamos usando a função *range*(n+1). O valor de *n* declarado anteriormente foi igual a 5. Logo, após a soma do argumento da função range, a repetição se dará de zero a 5.

A Equação (3.12), declarada na linha 9, calculará o valor futuro para cada ano **ni** indicado pelo laço de repetição. Por exemplo: na primeira execução do laço, **ni** é igual a zero, na segunda repetição, **ni** será igual a 1, na terceira será igual a 2 e assim por diante até que o limite do range seja atingido. Outra coisa que foi modificada para melhorar a informação exposta no console foi o *print* da linha 10 que, agora, mostrará o ano e sua respectiva estimativa de valor futuro. O resultado pode ser visualizado na Figura 3.10.

```
Console 1/A
O capital para investimento
no ano 0 será de R$ 205,518.40
no ano 1 será de R$ 228,125.42
no ano 2 será de R$ 253,219.22
no ano 3 será de R$ 281,073.33
no ano 4 será de R$ 311,991.40
no ano 5 será de R$ 346,310.46
```

Figura 3.10: Resultado solicitado pelo chefe.

Veja que o valor de **ni** está variando de zero a 5 a cada linha impressa, e que o valor futuro cresce com o tempo a uma taxa de juros fixa.

Os resultados do cálculo do valor futuro, os obtidos no cálculo do pH, assim como a variação de pressão em uma coluna de líquido nos exemplos anteriores nos submetem a outro questionamento: "Será que esses resultados não seriam melhor expressos em um gráfico?" Resultados que apresentam variação com o tempo, altura, taxa de juros etc. são muito mais fáceis de serem visualizados em um gráfico. Veremos como construí-los no próximo capítulo.

Problemas de revisão

4.1. Explique com suas palavras qual a funcionalidade de cada termo a seguir:

a) for;
b) range;
c) list;
d) math;
e) import;
f) log;
g) log10;
h) sqrt;
i) pow;
j) factorial;

4.2. Calcule a função $f(x) = x^2 + 4$ para um intervalo $-10 \leq x \leq 10$. Os resultados devem ser salvos em uma lista usando o comando *append* e devem ser plotados no console em formato de lista.

4.3. Utilize a função *range*( ) para criar as listas abaixo:

a) 2 3 4 5 6 7
b) 1.1 1.3 1.5 1.7
c) 8 6 4 2
d) Qual a limitação da função *range*( )? Qual função poderia solucionar a limitação do range? (Pesquise!)

4.4. Considerando os passos a seguir, desenvolva um código que calcule o fatorial de um número n:

a) Utilize o comando input para receber o valor de n que será fatorado;
b) Utilize um laço de repetição para calcular os valores de $n!\,(n-1)!$;
c) Imprima o resultado do seu cálculo fatorial. Verifique se seus resultados estão corretos.

4.5. Desenvolva um código para calcular a massa m_1 de $AgNO_3$ necessária para uma concentração em quantidade de matéria $\mathfrak{M}$ (mol/L) e um volume V(L) dados pelo usuário. O número de repetições do cálculo também deverá ser uma escolha do usuário. A quantidade de matéria é dada por $n = m_1/MM$. Dadas as Massas Molares (MM): Ag=107,87 g/mol; N=14,00 g/mol e Oxigênio=16,00 g/mol.

4.6. Considerando a equação dos gases ideais, $pV = nRT$, onde p é a pressão absoluta, V é o volume, n é a quantidade de matéria em mols, R é a constante universal dos gases ideais e T é a temperatura em Kelvin. Desenvolva um programa que calcule e imprima o volume resultante da variação de pressão de 1 a 10 atm para o 1 mol de nitrogênio a uma temperatura especificada pelo usuário. Considere R = 0,082054 L atm/(mol K).

Problemas de desenvolvimento

4.7. Observe a série de potência a seguir:

$$soma = \sum_{n=0}^{\infty} x^n = 1 + x + x^2 + x^3 + \cdots + x^n \qquad \text{(Ex 4.1)}$$

Desenvolva um código usando o laço de repetição for para calcular o somatório. Observe que são necessários dois valores: o primeiro é o valor de x (int ou float), e n é o segundo valor e representa o número (int) de termos que deve ser utilizado. Seu código deve solicitar ao usuário esses valores (input). O resultado deverá ser impresso no console com uma frase explicando do que se trata.

4.8. Observe a série hiper-harmônica (p ≠ 0) a seguir:

$$soma = \sum_{k=1}^{\infty} \frac{1}{k^p} = 1 + \frac{1}{2^p} + \frac{1}{3^p} + \frac{1}{4^p} + \cdots + \frac{1}{k^p} \qquad \text{(Ex 4.2)}$$

Onde o primeiro valor necessário é p, que é uma constante (int ou float), e o segundo é o número k de termos que deve ser utilizado. O programa deve imprimir o resultado da soma realizada com um texto explicativo.

4.9. O volume de uma pirâmide de base retangular é dado pela seguinte equação: $V(l, w) = \frac{l.w.h}{3}$, onde l representa o tamanho de duas arestas paralelas e w representa duas outras arestas; e h é a altura. Pede-se:

a) O comportamento do volume quando $1 \leq l \leq 8$ e $1 \leq w \leq 10$, com altura constante h = 6,85.

b) Os resultados de $V(l, w)$ devem ser armazenados em uma tabela (dica, veja como salvar valores em uma matriz).

c) Imprima os resultados no console.

4.10. Observe o padrão da soma do número de termos da série geométrica Z. De acordo com o número de termos n, e utilizando um laço de repetição, encontre o padrão de comportamento de Z e desenvolva um código que realize a soma dos n primeiros termos:

$$Z = 1 + 3 + 7 + 15 + 31 + \cdots \qquad \text{(Ex 4.3)}$$

O valor de n deve ser inserido pelo usuário.

4.11. Observe o padrão da soma do número de termos da série geométrica S. De acordo com o número de termos n, e utilizando um laço de repetição, desenvolva um código que realize a soma dos n primeiros termos:

$$S = 1 + \frac{1}{2} + \frac{1}{4} + \frac{1}{8} + \frac{1}{16} + \cdots \qquad \text{(Ex 4.4)}$$

O valor de n deve ser inserido pelo usuário. O resultado de S deve ser impresso para o somatório dos ni termos utilizados (e.g. o usuário entrou com n=10, então teremos um resultado para S quando usamos apenas 1 termo (ni=1); S para 2 termos (ni=2) e assim por diante).

4.12. O valor de Pi (π) é interpretado como a razão entre a circunferência de um círculo e seu diâmetro. Muitos matemáticos tentam aproximar o valor de π por funções como a série de Madhava-Leibniz [2] mostrada a seguir:

$$\pi = 4 - \frac{4}{3} + \frac{4}{5} - \frac{4}{7} + \frac{4}{9} - \frac{4}{11} + \cdots \qquad \text{(Ex 4.5)}$$

Escreva um programa que receba do usuário o número de termos a serem inseridos em um laço de repetição para o cálculo de pi.

4.13. Observe a série hiper-harmônica (n $\neq$ 0) a seguir:

$$S = \sum_{n=1}^{\infty} \frac{1}{n2^n} \qquad \text{(Ex 4.6)}$$

Desenvolva uma função que recebe um argumento n. Este valor é igual ao número de termos que deve ser utilizado. O resultado retornado pela função será o valor final do somatório da série.

4.14. Observe a série de potência a seguir:

$$K = \sum_{n=0}^{\infty} 1 + x + \frac{x^2}{3} + \frac{x^3}{6} + \cdots + \frac{x^n}{2n} \qquad \text{(Ex 4.7)}$$

Desenvolva um programa que solicita duas variáveis ao usuário: a primeira se refere ao valor de x, e a segunda se refere ao número de termos n que deve ser utilizado. O resultado a ser impresso será o valor final de K.

4.15. Observe a série de potência a seguir:

$$Z = \sum_{n=0}^{\infty} 1 + x + \frac{x^2}{4} + \frac{x^3}{9} + \cdots + \frac{x^n}{n^2} \qquad \text{(Ex 4.8)}$$

Desenvolva um programa que solicita duas variáveis ao usuário: a primeira se refere ao valor de x, e a segunda se refere ao número de termos n que deve ser utilizado. O resultado a ser impresso será o valor final de Z.

4.16. O valor de Pi (π) pode ser aproximado com auxílio do produto de Wallis [3] mostrado a seguir:

$$\pi = \prod_{n=1}^{n\_termos} \left(1 - \frac{1}{4n^2}\right)^{-1} \quad \text{(Ex 4.9)}$$

Desenvolva um programa que:

a) solicite o número de termos n ao usuário;

b) calcule o valor de π com auxílio de um laço de repetição para o número de termos dado;

c) imprima o resultado de π;

4.17. Observe a imagem a seguir da impressão no console:

```
Console 1/A
10
200
6000
240000
12000000
720000000
```

Esse resultado foi obtido com 6 repetições. Sua tarefa é desenvolver uma função que dependa do número de repetições n (na imagem, n foi igual a 6) para a impressão dos resultados acima. Registre-se que os valores impressos no console foram calculados.

4.18. Escreva uma função que receba duas listas, A e B, como argumentos. Sua função retornará uma lista com as médias dos elementos que estão na mesma posição em cada uma das listas A e B. Considere que as listas A e B sempre serão do mesmo tamanho e utilize o laço de repetição *for* para a construção da sua função.

Finalizando o Capítulo 4

Neste momento já temos bagagem suficiente para desenvolvermos um código que faça repetições, utilizando o laço *for*. Também vimos como gerar listas automáticas ao usar a função range( ) e como integrá-la no laço de repetição. Vimos como chamar uma biblioteca através o *import* e saber quais são as funções que nela estão armazenadas utilizando a função *dir*( ). Também sabemos como usar as funções armazenadas em bibliotecas colocando um ponto entre o nome da biblioteca e o nome da função (especificando um caminho). No próximo capítulo complementaremos os resultados obtidos aqui quando iniciarmos as construções dos gráficos.

Referências

[1] BACCAN, Nivaldo *et al.* **Química analítica quantitativa elementar**. Editora Blucher, 2001.

[2] BEN, Roberto; CAFURE, Antonio. Series de Leibniz: un relato. **Revista de Educación Matemática**, v. 33, n. 3, 2018.

[3] DEBNATH, Lokenath. The legacy of Leonhard Euler: A tricentennial tribute. **International Journal of Mathematical Education in Science and Technology**, v. 40, n. 3, p. 353-388, 2009.

Capítulo 5: Construindo gráficos

O presente capítulo tratará da utilização da biblioteca Matplotlib para a construção de gráficos, como elas funcionam e como utilizá-las no seu código Python na resolução de problemas da Engenharia Química. Também veremos como construir diferentes tipos de gráficos, iniciando com as linhas de tendência, passando pelos gráficos de barras verticais e horizontais e, por fim, veremos a construção de um gráfico tridimensional.

Usando o matplotlib

Como já foi mencionado anteriormente, a linguagem Python possui uma grande variedade de aplicações nas áreas mais diversas das engenharias. Devido à sua flexibilidade de aplicações, o Python possui inúmeras bibliotecas com funções específicas para cada aplicação.

Temos como exemplo a biblioteca Matplotlib que é responsável pela construção de gráficos. Essa biblioteca traz uma variedade de modelos de gráficos e funcionalidades para a formatação que, através de linhas de código, pode resultar em gráficos com diferentes formatos e detalhes. Para utilizar a biblioteca matplotlib, temos que 97mporta-la usando o *import*.

Vejamos o exemplo da Figura 5.1 a seguir no qual desenvolveremos um gráfico simples, do tipo **y = f(x)**, **y** em função de uma variável **x**, que será impresso no console. Da biblioteca matplotlib, vamos importar a sub-biblioteca *pyplot*, conforme mostrado na linha 1. As linhas 4 e 6 mostram os dados de **x** e o resultado da função **f(x)** respectivamente. Esses dados alimentam o método

.plot(x,y), na linha meio de ventilação (9) que pertence à biblioteca matplotlib. Veja que existem dados para um **x** e um **y**, que representam os dados dos eixos das abscissas e das ordenadas respectivamente!

```
1 # importando bibliotecas
2 import matplotlib.pyplot as p
3
4 # dados da variável x
5 x = [1, 2, 3, 4, 5, 6, 7, 8, 9, 10]
6 # resultados da função y = f(x)
7 y = [2, 4, 6, 8, 10, 12, 14, 16, 18, 20]
8
9 # plotando o gráfico
10 p.plot(x, y)
11 p.show()
```

Figura 5.1: Construindo um gráfico simples com o matplotlib.

Por fim, na linha 10, temos o método *.show**Erro! Indicador não definido.***( ) para a plotagem, ou geração, do gráfico que mostra o comportamento dos dados de **y** com relação a **x**. Quando você executar esse código, deverá obter um resultado semelhante ao mostrado na Figura 5.2.

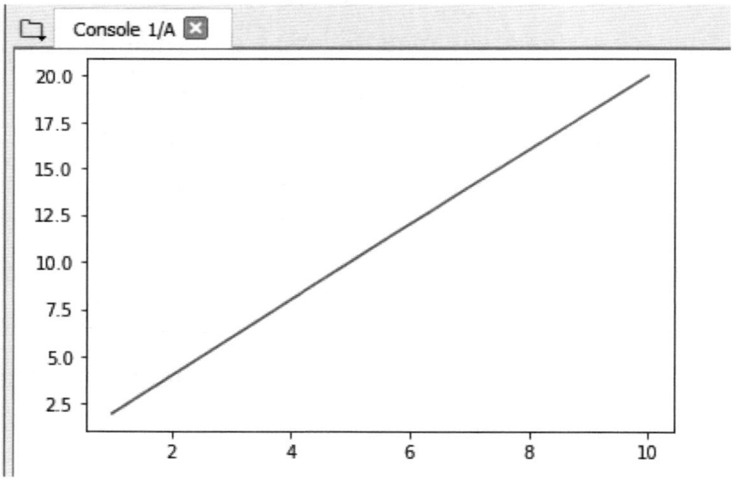

Figura 5.2: Gráfico gerado no console.

Observação: Se alguma mensagem de atenção (Warning) apareceu no seu console, não se desespere. Apenas clique na aba "Plots", ao lado do "Explorador de Variáveis", encontrado nas abas acima do console, e você verá a impressão do gráfico.

Observe na Figura 5.2 que o gráfico gerado contém valores no eixo das ordenadas (eixo vertical) e no eixo das abscissas (eixo horizontal). Os valores de **f(x)** estão no eixo das ordenadas, enquanto os valores de **x** estão no eixo das abscissas. Verifique que temos uma linha azul sólida; este é o comportamento do nosso gráfico.

Caso queiramos adicionar detalhes a este gráfico, podemos acrescentar, por exemplo, o título do gráfico, os títulos dos eixos e os marcadores de cada par ordenado com o qual o gráfico foi construído. O exemplo a seguir mostra esses detalhes.

```
1 # importando bibliotecas
2 import matplotlib.pyplot as p
3
4 # dados da variável x
5 x = [1, 2, 3, 4, 5, 6, 7, 8, 9, 10]
6 # resultados da função y = f(x)
7 y = [2, 4, 6, 8, 10, 12, 14, 16, 18, 20]
8
9 # plotando o gráfico
10 p.plot(x, y, 'k-*')                                  # plotando o gráfico
11 p.xlabel('x')                                        # legenda do eixo X
12 p.ylabel('f(x)')                                     # legenda do eixo Y
13 p.title('Meu primeiro gráfico')                      # título
14 p.legend(['f(x)'])                                   # legenda do gráfico
15 p.grid(color='k', linestyle='-', linewidth=0.1)      # linhas de grade
16 p.show()                                             # mostrando o gráfico
```

Figura 5.3: Inserindo outras informações ao gráfico.

O código da Figura 5.3 é uma expansão do código que já vimos na Figura 5.1. Veja que temos alguns novos elementos! O método *.plot*(x,y) da linha 10 traz um terceiro argumento: um texto! Esse texto diz para o Python plotar o gráfico de **f(x)** em função de **x** e aplicar marcadores (*) em cada par ordenado. Essa curva será uma linha sólida (-) e exposta na cor preta (k). Veremos, mais adiante, alguns quadros com padrões e cores que nos auxiliarão na escolha das cores, marcadores e tipos de linha.

O método *.xlabel*('texto'), utilizado na linha 11, solicita ao Python que coloque uma legenda (o que você colocará no lugar da palavra 'texto') no eixo **x**. Da mesma forma, na linha 12, o método *.ylabel*('texto') solicita ao Python que escreva uma legenda no eixo **y**. O método *.title*('texto'), linha 13, coloca um título no seu gráfico (geralmente opcional) e, na linha 14, o método *.legend*('texto') definirá o que está sendo mostrado na curva.

O método *legend*('texto') será mais explorado quando houver mais de uma curva no gráfico. Na linha 15 temos o método *.grid*(cor, estilo_de_linha, espessura) com o qual podemos ativar as chamadas linhas de grade (pequenos quadrinhos que aparecem no interior do gráfico). As linhas de grade, muitas vezes, facilitam a leitura do gráfico quando, a partir de um dado valor **x** de interesse, tocamos a curva e tentamos obter seus valores aproximados no eixo **y**. Por fim, temos o método *.show*( ) responsável por mostrar o gráfico no console. O resultado descrito pode ser visualizado na Figura 5.4.

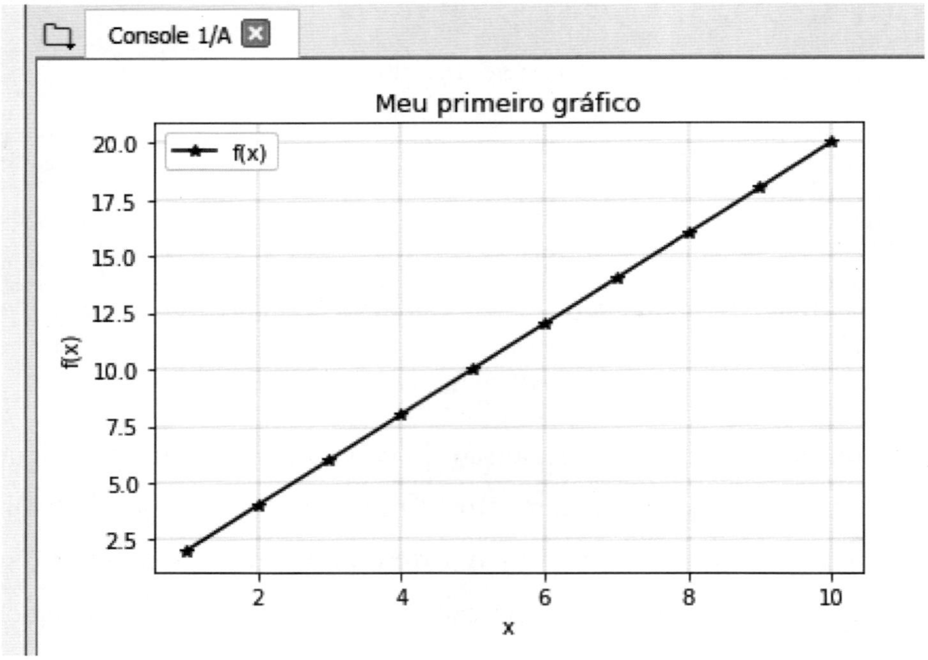

Figura 5.4: Gráfico com detalhes informações de eixos e título.

Padrões para os marcadores dos gráficos

Como já foi citado, existem diversos marcadores, cores e formas que podemos aplicar às curvas de tendências em um gráfico. É justo pensar que, caso haja mais de uma linha de tendência, ou função, a ser exposta no gráfico, elas não apresentem as mesmas formas e marcadores.

Muitas vezes, por descuido nosso, esse tipo de gráfico com mais de uma função pode apresentar formas e marcadores iguais, mas com cores diferentes. Mas fique atento porque isso se tornará um problema caso o usuário queira imprimir esse gráfico em escala de cinza.

A sugestão é sempre modificar os marcadores e a forma da linha para que, em casos de impressão em preto e branco, não haja margem de dúvidas com relação aos comportamentos das funções. Esses marcadores são padronizados pelo Python e alguns deles podem ser visualizados nos quadros a seguir.

A Quadro 5.1 mostra as letras (ou caracteres) que podem ser utilizadas para a escolha da cor da linha de tendência. Você deverá escolher uma cor para cada linha que queira imprimir no gráfico.

Quadro 5.1: Caracteres para escolha de cores.

Caractere	Cor que representa	Caractere	Cor que representa
'b'	Azul (*blue*)	'C0'	Azul Claro (*ligth blue*)
'c'	Ciano (*cyan*)	'C1'	Laranja (*orange*)
'g'	Verde (*green*)	'C2'	Verde Bandeira (*green* flag)
'k'	Preto (*black*)	'C3'	Vermelho Escuro (*dark red*)
'm'	Magenta (*magenta*)	'C4'	Lilás (*lilac*)
'r'	Vermelho (*red*)	'C5'	Marrom (*brown*)
'y'	Amarelo (*yellow*)	'C6'	Rosa (*pink*)

Caso você não queira inserir marcadores nas suas linhas de tendências, é imperativo que você modifique a forma de cada linha, deixando-as com características únicas! Tudo para que não haja dúvidas ao expor seus resultados. Uma lista simplificada com esses caracteres está disposta na Quadro 5.2.

Quadro 5.2: Caracteres para escolha de linhas.

Caracteres	Linha tipo:
'-'	Sólida
'--'	Tracejada
'-.'	Traço-ponto
':'	pontilhada

Você pode até usar a mesma cor para todas as linhas de tendência do seu gráfico. Mas recomendamos fortemente que você modifique os marcadores que identificam os pares ordenados que são usados para a plotagem do gráfico. Uma breve lista destes marcadores está na Quadro 5.3 a seguir.

Quadro 5.3: Caracteres para escolha de marcadores.

Caractere	Marcador tipo:	Caractere	Marcador tipo:
'.'	Ponto	'+'	Mais
','	Pixel	'h'	Hexágono
'o'	Círculo	's'	Quadrado
'v'	Triângulo	'd'	Diamante
'*'	Estrela	'1'	Três pontas
'p'	Pentágono	'8'	Octógono

Outros padrões podem ser encontrados no site dos desenvolvedores do matplotlib [1][2].

Como já foi mostrado no código da Figura 5.3, você pode usar os caracteres para escolha de uma cor, de um tipo de marcador e de um tipo de linha ao mesmo tempo. No próximo exemplo, os dados de *tmax* e *tmin* expõem o comportamento das temperaturas máximas e mínimas, respectivamente, para a cidade de Campina Grande – PB no período de 1 a 18 de abril de 2019 [3]. Os valores das temperaturas mínimas e máximas são apresentados na Figura 5.5.

O código da Figura 5.5 é semelhante ao já apresentado nas figuras anteriores. Contudo, neste exemplo veremos como plotar mais de uma função em um mesmo gráfico. Observe na linha 5 que temos os dias utilizados para as medidas

das temperaturas, como o resultado de uma lista. Como os dados são ordenados, a função *range*( ) facilita a nossa vida.

```
1 # importando bibliotecas
2 from matplotlib import pyplot as p
3
4 # gerando uma lista com 18 dias
5 dias = list(range(1,19))
6
7 # temperaturas máximas
8 tmax = [25, 28, 30, 28, 29, 29, 28, 29, 30, 31, 27, 26, 26, 30, 31, 31, 28, 31]
9 # temperaturas mínimas
10 tmin = [23, 24, 24, 23, 24, 24, 24, 24, 24, 24, 24, 23, 23, 23, 24, 24, 23, 22]
11
12 # plotando o gráfico
13 p.plot(dias, tmax, 'o-r')                                   # plotando o gráfico
14 p.plot(dias, tmin, 'x--b')                                  # plotando o gráfico
15 p.title('Temperaturas máximas diárias - Campina Grande-PB')# título
16 p.xlabel('Dias de abril de 2019')                           # legenda do eixo X
17 p.ylabel('Temperaturas (°C)')                               # legenda do eixo Y
18 p.legend(['Máximas', 'Mínimas'])                            # legenda do gráfico
19 p.axis(xmin=1, xmax=19, ymin=20)
20 p.grid(color='k', linestyle='-', linewidth=0.1)             # linhas de grade
21 p.show()                                                    # mostrando gráfico
```

Figura 5.5: Plotando um gráfico com mais de uma função.

As linhas 8 e 10 trazem os valores das medidas de temperatura, máximas e mínimas, respectivamente. Mas a mágica acontece nas linhas 13 e 14. Veja que antes só havíamos declarado apenas um método *plot*(x, y). Neste exemplo, como queremos inserir mais de um comportamento ao gráfico, utilizaremos um segundo *plot*(x, y) como mostrado na linha 14. Olhando mais de perto, você verá que o *plot* da linha 13 é responsável por inserir os valores das temperaturas máximas e o marcador escolhido foi o círculo, com linha sólida e na cor vermelha.

O *plot*( ) da linha 14 imprimirá o comportamento da temperatura mínima, com um marcador x, a linha tracejada e na cor azul. Outro item novo no código da Figura 5.5 está na linha 19. Veja que também podemos ajustar o intervalo que será exposto no gráfico. Aqui, ajustamos os limites para os eixos **x** e **y**. Caso queira aplicar limites diferentes dos gerados automaticamente pelo *plot*( ) use a função *axis*(xmin=valor1, xmax=valor2 ,ymin=valor3, ymax=valor4). Você também pode especificar apenas um limite desejado, caso seja conveniente.

Os demais itens já foram apresentados nas figuras anteriores, por isso basta ler os comentários no código para relembrar o que cada uma dessas linhas está fazendo. Veja o resultado na Figura 5.6.

Nosso gráfico agora tem duas curvas! Veja que ele é bem completo, com legendas nos eixos, título, linhas de grade e ainda traz uma legenda no interior do gráfico mostrando quais são as curvas de mínimas e de máximas. Atente também que os valores iniciais nos eixos **x** e **y** não estão iniciando do zero. Esse ajuste também foi nosso! Caso queira apresentar gráficos com mais de dois comportamentos, basta acrescentar linhas de código como mostradas nas linhas 13 e 14 e inserir esses novos elementos na legenda da linha 18.

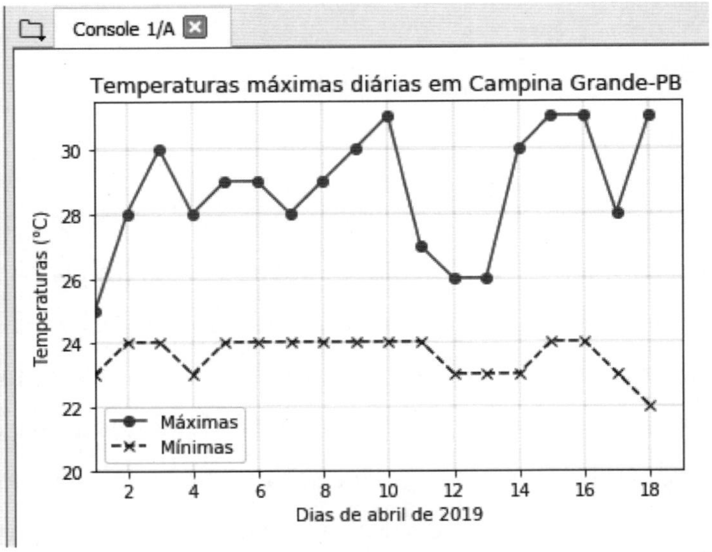

Figura 5.6: Plotagem de mais de um comportamento em um mesmo gráfico.

Usando subplotagens

As aplicações de múltiplas curvas em um único gráfico geralmente correlacionam os dados que estão sendo expostos. "Como assim?" No exemplo anterior, quando foram mostradas duas curvas de temperatura, mensuradas em um dia na cidade, expomos dados relacionados à mesma fonte, só mudando os horários.

Outro exemplo de aplicação com o mesmo fundamento pode ser no caso de mostrarmos o comportamento da composição das espécies químicas A, B e C que estão em uma corrente de produtos variando com o tempo. Esses dados pertencem a uma mesma fonte, destacando-se apenas seus nomes, mas o operador não estará em dúvida se o componente A realmente faz parte daquela corrente.

A ideia pode mudar um pouco quando precisamos mostrar a variação de temperatura de um reator, e a composição da corrente de entrada de uma coluna de destilação. Elas fazem parte do mesmo processo, mas não do mesmo equipamento. Se misturarmos essas informações em um mesmo gráfico, pode haver confusão com relação às fontes dos dados.

Podemos plotar gráficos diferentes em uma única figura. "Como assim?" No exemplo anterior, plotamos dois comportamentos em um mesmo gráfico, que para o Python, está armazenado em uma figura. Agora podemos plotar dois gráficos com comportamentos distintos, mas ambos fazendo parte da mesma figura. Para isso, usamos a seguinte função do matplotlib:

subplot(número_de_linhas, número_de_decolunas, posição_da_impressão).

O *subplot* da biblioteca matplotlib montará uma estrutura semelhante a uma tabela. Cada caixinha desta tabela tem uma posição definida que é organizada em ordem crescente da esquerda para a direita, mudando a linha e continuando a contagem na mesma ordem. A Figura 5.7 a seguir mostra essa estrutura.

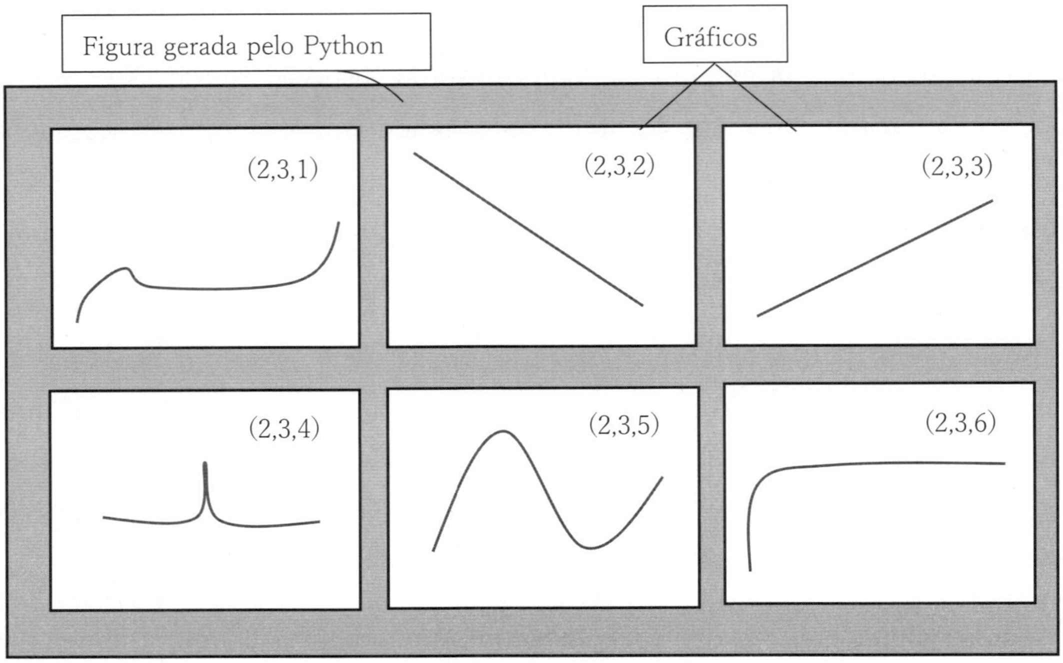

Figura 5.7: Estrutura de da função subplot do matplotlib.

Na Figura 5.7, temos duas linhas e três colunas, exatamente como uma matriz. Assim, na estrutura da função *subplot*, demostrada entre parênteses, nos seis gráficos que fazem parte da Figura 5.7, temos: (A, B, C). Onde:

- A é o número de linhas;
- B é o número de colunas; e
- C é a localização do gráfico.

Vejamos essa construção em um novo exemplo. Digamos que a demanda seja desenvolver uma figura com o comportamento das frações molares das substâncias A e B e um segundo gráfico com o comportamento da vazão de alimentação Q.

```
1 # importando bibliotecas
2 from matplotlib import pyplot as p
3
4 # gerando uma lista com horas de operação
5 tempo = list(range(10))
6
7 # fração molar do composto A
8 A = [1.268079352, 0.470159149, 0.164334798, 1.605562735, 2.435614276,
9      3.509253597, 2.921953797, 2.007998705, 1.102427459, 3.786450768]
10 # fração molar do composto B
11 B = [5.178726065, 4.600117087, 5.264764822, 4.196859217, 5.484963238,
12      5.779989552, 4.979395473, 4.240223122, 4.543103945, 5.990870166]
13 # vazão de alimentação do processo
14 Q = [1047.042271, 1076.179893, 1086.990295, 1020.514289, 1010.201706,
15      1005.986257, 1037.2172, 1058.395585, 1068.371784, 1093.534129]
16
17 # gráfico da variação da fração molar
18 # definindo nº de linhas, nº de colunas e posição do gráfico
19 p.subplot(1, 2, 1)
20 p.plot(tempo, A, 'k-o')         # plotando o gráfico
21 p.plot(tempo, B, 'r-*')         # plotando o gráfico
22 p.xlabel('tempo (h)')           # legenda do eixo X
23 p.ylabel('Frações molares de A e B')                   # legenda do eixo Y
24 p.title('Variação das composições A e B com o tempo (h)')# título do gráfico
25 p.legend(['A', 'B'])            # legenda do gráfico
26 p.grid(color='k', linestyle='-', linewidth=0.1)        # linhas de grade
27
28 # gráfico da vazão de alimentação
29 # definindo nº de linhas, nº de colunas e posição do gráfico
30 p.subplot(1, 2, 2)
31 p.plot(tempo, Q, 'b--x')        # plotando o gráfico
32 p.xlabel('tempo (h)')           # legenda do eixo X
33 p.ylabel('kmol/h')              # legenda do eixo Y
34 p.title('Variação da vazão Q com o tempo (h)')         # título do gráfico
35 p.legend(['Q(kmol/h)'])         # legenda do gráfico
36 p.grid(color='k', linestyle='-', linewidth=0.1)        # linhas de grade
37 p.show()                        # mostrando o gráfico
```

Figura 5.8: Construindo uma figura com dois gráficos usando subplot.

Nós construiremos uma única figura com dois gráficos utilizando a função *subplot*. Vejamos o código da Figura 5.8. Tente ler o código e veja o que consegue entender antes de passarmos para a sua descrição.

Não há muito segredo por aqui. As linhas 2 e 5 já são conhecidas nossas, onde importamos a biblioteca de construção de gráficos e declaramos um intervalo para a variável tempo (nosso x). No presente exemplo, temos três comportamentos cujos dados estão nas linhas 8, 11 e 14. Os dados das linhas 8 e 11 são referentes às frações molares de A e B de uma corrente qualquer. E na linha 14 temos uma vazão de alimentação do processo.

Observe nas demais linhas que teremos um único elemento novo deste programa. Ele é responsável por dizer ao Python que queremos construir mais de um gráfico em uma única figura. Observe-o na linha 19. Neste *subplot*, estamos definindo como parâmetros o número de linhas, o número de colunas e a posição que o gráfico ocupará nessa matriz.

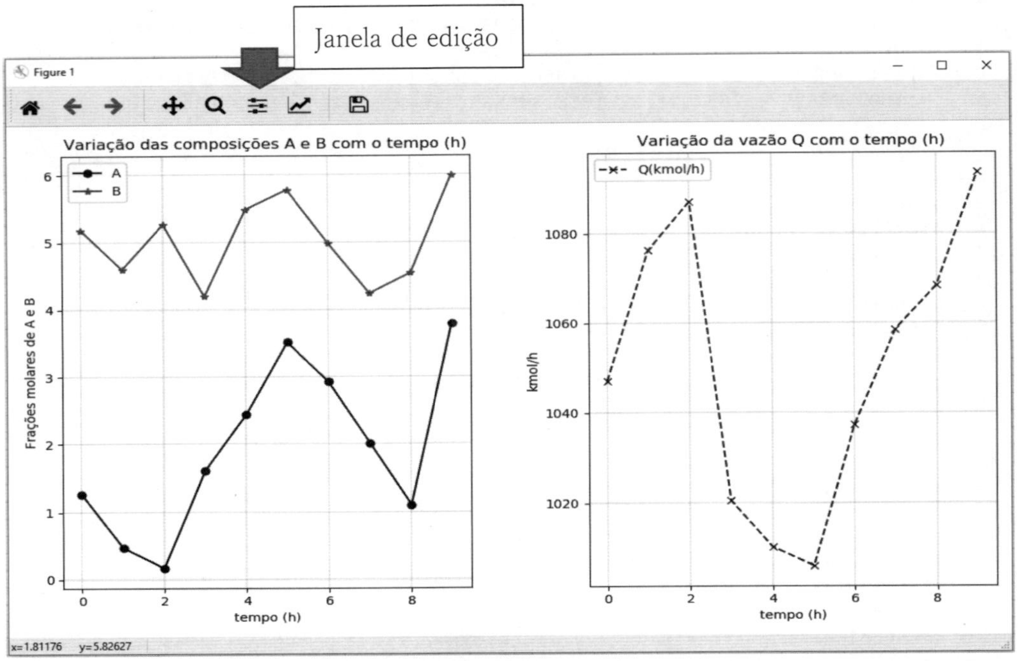

Figura 5.9: Figura resultante da aplicação do subplot.

Os outros itens já conhecemos dos gráficos anteriores. Veja que vamos plotar dois comportamentos no primeiro gráfico, linhas 20 e 21. O comportamento da vazão será plotado no segundo gráfico na posição 2, conforme linha 30. O resultado desta plotagem se encontra na Figura 5.9.

Você deve estar se perguntando: "Minha Figura está diferente dessa aí! O que foi que eu fiz de errado?" Na realidade, se você seguiu o código da Figura 5.8 corretamente, seu gráfico aparecerá no console com esse mesmo formato. A imagem apresentada na Figura 5.9 só aparecerá para você se for realizada uma edição nas preferências do Python.

Vejamos a Figura 5.10. Siga a ordem das setas que uma janela de opções semelhante à ilustrada na Figura 5.11.

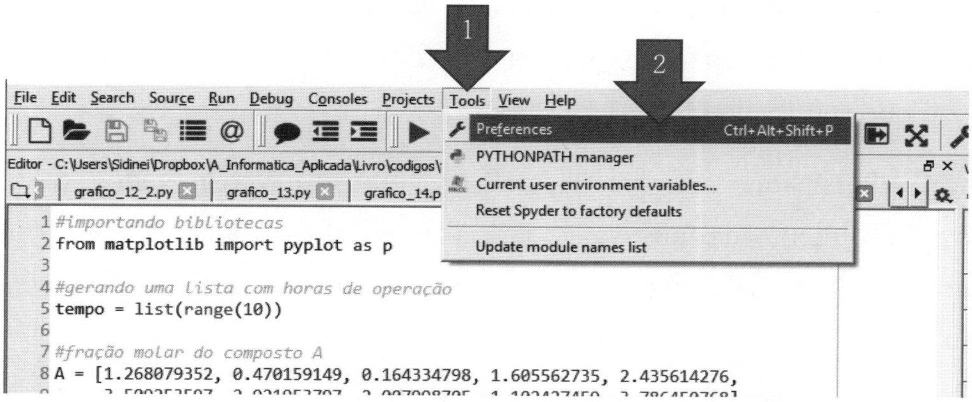

Figura 5.10: Acesso ao menu de preferências do Python.

Para chegar ao local desejado, basta clicar nos botões conforme as ordens das setas. Na seta número 3 da Figura 5.11, escolha a opção "Automático".

Observação: Caso você realize a mudança comentada aqui, e, ao executar seu programa, seu gráfico continue aparecendo no console, não se preocupe! Feche seu Spyder e abra-o novamente para que o Python recarregue todas as informações de inicialização.

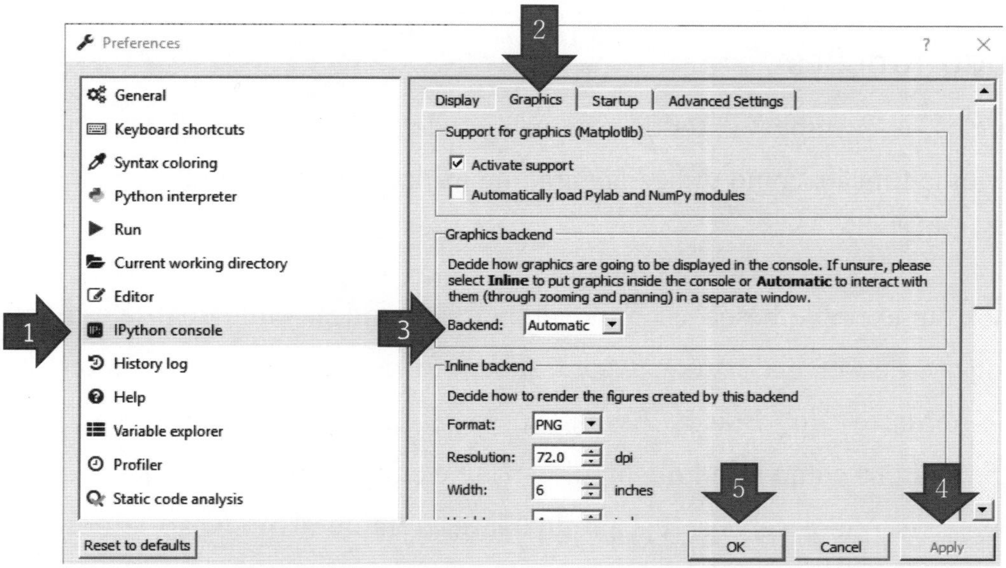

Figura 5.11: As figuras aparecerão em uma janela independente e fora do console.

Depois de todo esse mexido, a janela apareceu e os gráficos ficaram misturados ou muito juntos? Não se aflija. Veja na Figura 5.9 que tem uma setinha lá apontando para um botão chamado "janela de edição". Ao clicar, a janela ilustrada na Figura 5.12 aparecerá na sua tela. Basta seguir a ordem das setas e você verá que seu gráfico ficará uma beleza.

Caso você redimensione a figura na qual os gráficos foram plotados, basta repetir o procedimento de ajuste pela janela de edição, ou apenas inserir no seu programa a linha de código "*p.tight_layout( )*" que o matplotlib fará essa tarefa por você.

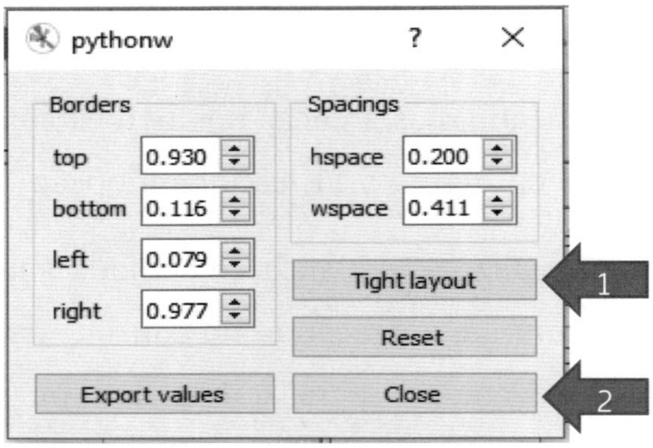

Figura 5.12: Ajuste de figura.

Usando funções

"Em todos os exemplos anteriores os valores de **y** eram dados. E no caso de termos uma função, como utilizá-la para que os dados sejam gerados e o gráfico seja plotado?"

Vejamos um exemplo baseado no trabalho de Fernandes [4] no qual se estudou a produção de cerveja artesanal com substrato de acerola, fruta comum na região nordeste do Brasil. Assim como toda cerveja, são necessários ingredientes tais como levedura, lúpulo, malte e água. Várias são as reações que ocorrem para que a cerveja seja produzida e, durante a produção, é possível avaliar o crescimento celular durante o processo fermentativo do mosto (mistura para a produção da cerveja).

Neste estudo, foi realizado um experimento para a avaliação da quantidade de levedura durante o processo fermentativo. Este estudo é necessário para se saber se o processo é viável, se a mistura é passível de consumo pela levedura e se o processo ocorre dentro de um tempo adequado. A concentração de levedura seca X (g/L) depende da concentração de levedura seca inicial X_0 (g/L), do tempo de fermentação t (h) e da velocidade específica máxima de crescimento celular μ_X (1/h). Esse comportamento é expresso matematicamente através da Equação simplificada (5.1).

$$\ln(X) = \mu_X * \mathrm{t} + \ln(X_0) \tag{5.1}$$

O resultado obtido experimentalmente por Fernandes [3] pode ser resumido na Equação (5.2).

$$\ln(X) = 0{,}0453 * \mathrm{t} + 1{,}1855 \tag{5.2}$$

Nosso trabalho agora é desenvolver um código que mostre o comportamento da massa de levedura seca X (g/L) durante 20 horas de avaliação usando a Equação (5.2). Nossa solução mostrará que a equação é escrita dentro de um laço de repetição *for* e o restante nós já dominamos! Veja se você consegue entender o código apresentado na Figura 5.13 antes de ler a descrição.

Na linha 2 temos a importação da biblioteca para plotagem e as linhas 5 a 10 trazem as declarações das variáveis necessárias para o uso da Equação (5.1). Observe na linha 9 que estamos criando uma lista vazia que será usada dentro do laço *for*. Como o processo fermentativo foi estudado em um período de 20 minutos, temos um intervalo **t** criado na linha 10 que também será usado no laço de repetição.

A linha 12 traz o laço que repetirá todo o seu conteúdo indentado para cada valor de ti dentro da lista **t**, ou seja, para cada tempo ti que foi gerado na lista **t**. Na linha 13 temos o cálculo do logaritmo natural da massa seca. Perceba que não estamos usando a função *ln*( ) do Python, mas sim um nome **lnXi** porque a função obtida no estudo já foi linearizada. O resultado desse cálculo é então adicionado na lista **lnX** a cada repetição.

```
1  # importando bibliotecas
2  import matplotlib.pyplot as p
3
4  # declaração das variáveis
5  mi = 0.0453
6  lnXo = 1.1855
7
8  # iniciando lnX vazio
9  lnX = []
10 t = range(21)
11 # resultados da função y = f(x)
12 for ti in t:
13     lnXi = mi*ti + lnXo             # calculando ln(Xi) no tempo ti
14     lnX.append(lnXi)                # adicionando o resultado na lista lnX
15
16 # plotando o gráfico
17 p.clf()
18 p.plot(t, lnX, 'r--')                                  # plotando o gráfico
19 p.xlabel('Tempo (h)')                                  # legenda do eixo X
20 p.ylabel('ln(X) = mi*t - ln(Xo)')                      # legenda do eixo Y
21 p.title('Comportamento da Massa Seca de Levedura')     # título
22 p.legend(['ln(X)'])                                    # legenda do gráfico
23 p.grid(color='k', linestyle='-', linewidth=0.1)        # linhas de grade
24 p.show()                                               # mostrando o gráfico
```

Figura 5.13: Usando uma função para construir um gráfico.

Agora que temos os valores de tempo **t** (nosso x) e os valores de **lnX** (nosso y), podemos aplicar nossos conhecimentos em plotagem de gráficos como estão descritas as linhas 17 a 24. A linha 17 é responsável por limpar qualquer figura anterior que tenha sido plotada fora do console. O resultado que você obterá será semelhante ao apresentado na Figura 5.14.

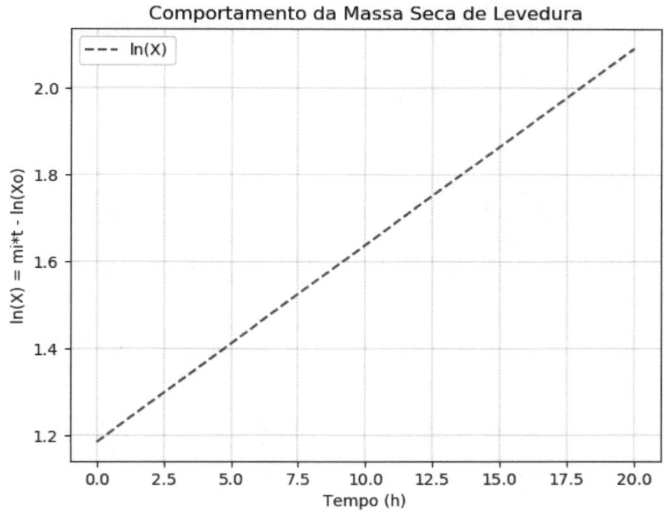

Figura 5.14: Gráfico do comportamento da massa seca da levedura.

Este exemplo pode parecer simples, mas servirá de referência caso você deseje utilizar qualquer outra função.

Construindo gráficos de barras verticais

Os gráficos de barras também são muito comuns na Engenharia Química, principalmente na exposição de resultados comparativos, como por exemplo, comparação da eficiência de diferentes sistemas A, B e C.

Para fins de ilustração de um código para construção de um gráfico de barras, consideremos um exemplo no qual você é o responsável por realizar um estudo da eficiência do reator da indústria para a qual você trabalha. Você deve avaliar a eficiência do equipamento realizando uma comparação por turnos. Depois de um mês trabalhando na coleta de dados, você chegou a uma eficiência média de 90%, 95% e 87% para os turnos da manhã, tarde e noite respectivamente. Sua tarefa agora é montar esse gráfico para que esses dados sejam mostrados na sua próxima reunião.

Vamos lá! A biblioteca que utilizaremos será a mesma dos exemplos anteriores, a matplotlib. A função desta biblioteca, responsável pela construção de um gráfico de barras, é chamada de **bar** e tem a seguinte estrutura: *.bar*(posições, perfis). Outros argumentos como alinhamento, cor e espessura, são opcionais. Veja um exemplo de código para a construção de um gráfico de barras na Figura 5.15.

Verifique que, da mesma forma que os exemplos anteriores, importamos a biblioteca *matplotlib.pyplot*, linha 2. Nas linhas 5, 6 e 7 temos declarações de variáveis, onde a linha 5 mostra os perfis de eficiência do reator, a linha 6 contabiliza quantos perfis existem com auxílio da função interna do Python chamada *len*( ) (do inglês *length* = comprimento) e esse número é usado para criar uma lista de posições através da função *range*( ), na linha 7.

A linha 9 chama a função .*clf*( ) que limpa qualquer figura construída anteriormente. Caso suas figuras ainda estejam sendo plotadas no console, você não precisa se preocupar com essa função. Mas caso as suas figuras sejam construídas fora do console, pode haver concatenação de informações e o Python junta as informações já na memória com outras mais recentes e realiza a plotagem no mesmo gráfico. Para evitar isso, use a função .*clf*( ).

Já na linha 11 temos a função responsável por construir o gráfico de barras, .*bar*( ). O primeiro argumento se refere às posições onde as barras serão expostas no gráfico. O segundo argumento se informará para o Python os valores que essas barras apresentarão no gráfico.

```
1 # importando biblioteca
2 import matplotlib.pyplot as p
3
4 # declarando variáveis
5 perfis = [90, 95, 87]                       # eficiências do reator
6 numero_de_barras = len(perfis)              # medindo o tamanho da lista
7 posicoes = range(numero_de_barras)          # gerando uma lista de posições
8
9 p.clf() # limpando figuras anteriores
10 #usando argumentos para a função bar
11 p.bar(posicoes, perfis, align='center', width=0.5,
12         hatch=['o-','//','--'], color=['green', 'blue','orange'] )
13 # ajustando a nomenclatura do eixo para cada barra
14 legendas = ['Manhã', 'Tarde', 'Noite'] # legenda para cada uma das barras
15 p.xticks(posicoes, legendas)                # colocando legenda para cada barra
16 inter1 = list(range(0,71,10))               # lista com passo de 10 em 10
17 inter2 = list(range(80,101,5))              # lista com passo de 5 em 5
18 p.yticks(inter1 + inter2)                   # concatenando e aplicando no eixo y
19 p.ylabel('Eficiência do reator (%)')                # legenda do eixo y
20 p.xlabel('Turno de trabalho')                       # legenda do eixo x
21 p.title('Gráfico da eficiência de um reator')   # título do gráfico
22
23 # definindo as linhas de grade
24 p.grid(color='k', linestyle='-', linewidth=0.1)
25 p.show()                                            # mostrando o gráfico
```

Figura 5.15: Exemplo de construção de um gráfico de barras verticais.

Os demais argumentos são opcionais, ou seja, você pode fechar o parêntese logo após o segundo argumento da função bar. No entanto, com o intuito de lhe dar um grau de liberdade maior na construção do gráfico, acrescentamos também argumentos para escolher o alinhamento das barras (*align*), a cor (*color*), a espessura da barra (*width*) e se as barras aparecerão com hachura (*hatch*), linha 12. Esses quatro últimos argumentos não precisam estar nessa mesma ordem em outras aplicações, pois o Python recebe a informação pelo nome do argumento. Para visualizar outros tipos de marcadores aplicados à hachura, visite o site do matplotlib [5].

Na linha 14 temos as legendas de cada barra, as quais serão inseridas abaixo delas através do método *.xticks*, na linha 15. As linhas 16 e 17 criam listas com dois intervalos distintos que, quando concatenadas na linha 18, criam os valores que serão apresentados no eixo **y**.

Existe um detalhe neste código que precisa ser comentado: As linhas 16, 17 e 18 não são obrigatórias para a construção de um gráfico de barras, mas deixarão seu gráfico mais detalhado. Caso queira realizar um teste, comente essas linhas e rode seu código novamente comparando o novo gráfico ao anterior com o código proposto. Você verá que o gráfico sem essas linhas ficará mais simples. As demais linhas nós já conhecemos dos gráficos anteriores e dispensam comentários. O resultado do nosso código pode ser visto através da Figura 5.16 a seguir.

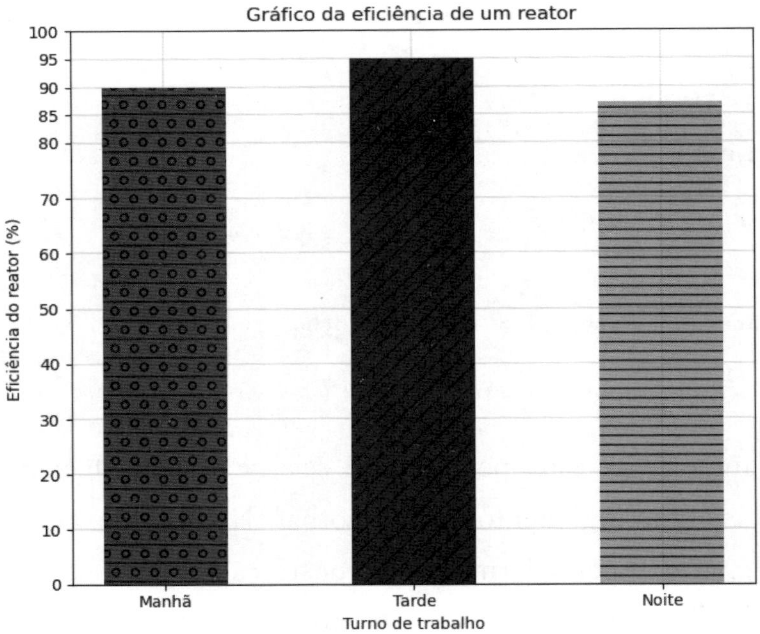

Figura 5.16: Gráfico de barras verticais das eficiências do reator por turno de trabalho.

Veja que temos as três barras verticais, na cor laranja, que representam as eficiências descritas no problema. Como as eficiências mensuradas estão entre 80 e 95%, aplicamos um passo reduzido nesse intervalo, valores de 5 em 5, usando os códigos das linhas 16, 17 e 18 descrito na Figura 5.15.

Construindo gráficos de barras horizontais

Vejamos um novo exemplo no qual é configurado um gráfico de barras horizontais. Agora sua demanda é apresentar um gráfico de barras no qual sejam disponibilizadas as informações de consumo energético da indústria de acordo com a estação do ano. Sabemos que em regiões mais frias ou mais quentes, essa demanda de energia pode variar bastante.

Depois de uma análise dos dados de consumo energético, você viu que as médias de consumo trimestral foram de 1,2; 4,3; 0,9 e 0,5 MJ/h para a primavera, o verão, o outono e o inverno respectivamente. O nosso trabalho agora é expor esses dados através de linhas de código. O procedimento é semelhante ao exemplo apresentado anteriormente, mas com mudanças nos valores e legendas que são apresentados nos eixos. O código está exposto na Figura 5.17.

```
1 # importando biblioteca
2 import matplotlib.pyplot as p
3
4 # declarando variáveis
5 consumo = [1.2, 4.3, 0.9, 0.5]                # consumo trimestral
6 numero_de_barras = len(consumo)               # medindo o tamanho da lista
7 posicoes = range(numero_de_barras)            # gerando uma lista de posições
8
9 p.clf() # limpando figuras anteriores
10 # usando argumentos para a função barh
11 p.barh(posicoes, consumo, align='center', color="green", height=0.4)
12
13 # ajustando a nomenclatura do eixo para cada barra
14 # legenda para cada uma das barras
15 legendas = ['Primavera', 'Verão', 'Outono', 'Inverno']
16 p.yticks(posicoes, legendas)                  # legenda para cada barra
17 p.ylabel('Estação do ano')                    # legenda do eixo y
18 p.xlabel('Consumo Energético (MJ/h)')         # legenda do eixo x
19 p.title('Gráfico da eficiência de um reator') # título do gráfico
20
21 # definindo as linhas de grade
22 p.grid(color='k', linestyle='-', linewidth=0.1)
23 p.show()                                      # mostrando gráfico
```

Figura 5.17: Exemplo de construção de um gráfico de barras horizontais.

No código vemos a importação de biblioteca na linha 2, definição de variáveis nas linhas 5 a 7 e limpeza de qualquer figura plotada anteriormente na linha 9. A novidade está na linha 11 que mostra a função *.barh*(posições, perfis). No nosso código, temos informações opcionais adicionais, como a de alinhamento, a cor das barras e a altura, que se você olhar será a espessura da barra.

A linha 15 traz as legendas que serão inseridas no gráfico através da linha 16. Os demais itens nós já sabemos do que se trata. O resultado do código segue na Figura 5.18.

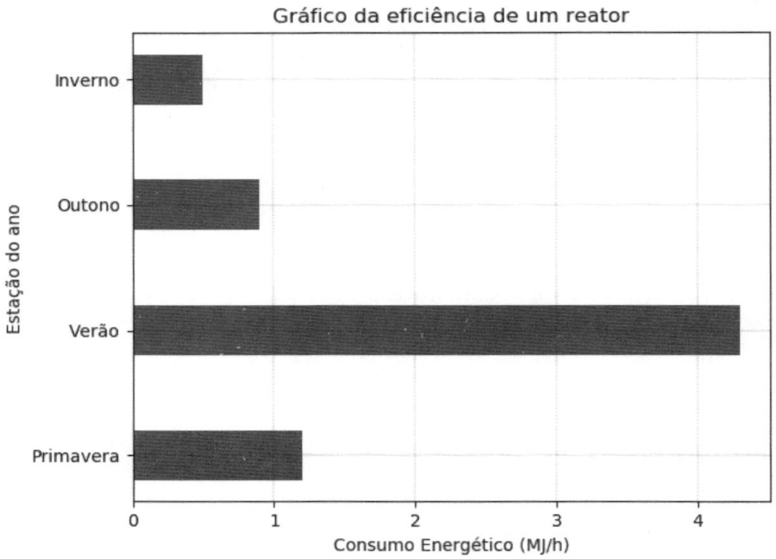

Figura 5.18: Gráfico de barras horizontais do consumo energético da planta.

Dessa vez a cor escolhida foi o verde. Lembre-se de inserir as cores em inglês caso queira modificar o padrão utilizado pelo Python.

Construindo gráfico com eixo secundário

Imagine o seguinte problema: temos duas funções f1(x) e f2(x). As duas funções variam com os valores de **x**, mas resultam em valores totalmente distintos e em escala, ou seja, enquanto f1 resulta em valores reais em um intervalo de 0 a 1, f2 retorna valores em dezenas de milhares. Se colocarmos essas duas funções em um mesmo eixo, teremos a falsa sensação de que f1 não está variando, já que na plotagem do gráfico os resultados de f1 ficarão muito próximos ao eixo **x**.

Para evitarmos esse tipo de problema, podemos criar um eixo e separar as funções para que cada uma delas apresente suas devidas variações dentro dos seus respectivos intervalos. Em alguns casos, teremos a necessidade de apresentar mais de um resultado em formato de gráfico. Vejamos o exemplo da Figura 5.19 no qual dados de fluxo e de frações molares de uma mesma corrente devem ser plotadas em um único gráfico.

```
 1 # importando bibliotecas
 2 from matplotlib import pyplot as p
 3 
 4 # gerando uma lista com 10 horas
 5 horas = list(range(1,11))
 6 
 7 # dados de fluxos mássicos
 8 fluxos = [12164.25, 12126.98, 12088.39, 12012.22, 12195.9, 12051.05,
 9           12221.31, 12100.56, 12262.08, 12291.61]
10 # dados de fração mássica
11 fracoes = [0.96, 0.95, 0.97, 0.97, 0.96, 0.96, 0.98, 0.98, 0.95, 0.99]
12 
13 # plotando o gráfico
14 p.clf()                            # limpando figura anterior
15 p.close('all')                     # fechando qualquer figura anterior
16 fig = p.figure()                   # criando uma instância chamada fig
17 eixo_padrao = fig.add_subplot()    # adicionando uma subplotagem à figura
18 
19 copia_do_eixo = eixo_padrao.twinx()         # gerando uma cópia do eixo y
20 fluxo, = eixo_padrao.plot(horas, fluxos, 'o-b')     # plotando 1° eixo y
21 fracao, = copia_do_eixo.plot(horas, fracoes, '>--g')# plotando 2° eixo y
22 
23 eixo_padrao.set_xlabel('tempo(h)')                  # legenda do eixo X
24 eixo_padrao.set_ylabel('Fluxo (kg/h)')              # legenda do 1° eixo Y
25 copia_do_eixo.set_ylabel('Fração mássica')          # legenda do 2° eixo Y
26 
27 eixo_padrao.set_xlim(0, 12)            # ajuste de intervalo do eixo x
28 eixo_padrao.set_ylim(12000, 12300)     # ajuste de intervalo do 1° eixo  Y
29 copia_do_eixo.set_ylim(0.95, 1)        # ajuste de intervalo do 2° eixo  Y
30 
31 p.title('Variação do fluxo e da fração mássica de A') # título
32 curvas = [fluxo, fracao]               # definição das curvas para legendas
33 # legenda do gráfico
34 eixo_padrao.legend(curvas, ['Fluxo Mássico (kg/h)', 'Fração Mássica'])
35 
36 # linhas de grade para o 1° eixo Y
37 eixo_padrao.grid(True, color='k', linestyle='-', linewidth=0.1)
38 # linhas de grade para o 2° eixo Y
39 copia_do_eixo.grid(True, color='k', linestyle='-', linewidth=0.1)
40 p.show()                               # mostrando o gráfico
```

Figura 5.19: Plotando um gráfico com um eixo y secundário.

As linhas 8 e 11 agora trazem coleções de dados de diferentes dimensões. Temos o fluxo mássico (kg/h) e a fração mássica de um composto A que está sendo mensurado na saída de uma corrente de produto. Caso esses dados sejam plotados em um mesmo eixo **y**, os valores medidos da fração de A serão ilegíveis devido à dimensão das medidas do fluxo mássico.

Assim, como nos exemplos anteriores, limpamos qualquer figura gerada anteriormente na linha 14. A linha 15 fechará todas as figuras abertas para evitar acúmulo de telas abertas. Na linha 16 temos uma variação dos exemplos já explorados. Aqui temos a criação de uma instância, um objeto chamado ***fig***. Em linguagem de programação orientada a objeto, temos uma dada classe com a qual podemos criar objetos, ou instâncias, para que possamos modificá-lo conforme necessidade.

É como ter uma planta baixa de uma casa e você executar um projeto baseado nesta planta. A casa, após construída, poderá ter atributos distintos, ou seja, você poderá pintá-la de verde, colocar portões de madeira, telhas de polímero transparentes etc. O projeto original, na planta baixa, poderá ser usado novamente para a construção de outras casas, todas independentes da primeira que foi construída, com atributos diferentes.

Neste objeto chamado ***fig*** da linha 16, adicionamos um atributo chamado add_subplot, como mostra a linha 17. Temos agora um eixo padrão para a nossa figura. Como precisamos de dois eixos **ys**, fazemos uma cópia deste eixo, que funcionará de maneira independente, na linha 19, usando o comando *twinx( )*. Agora temos dois eixos: um chamado de ***eixo_padrao*** e outro chamado de ***copia_do_eixo***.

Outra pequena diferença do código atual, se comparado aos anteriores, é a criação de variáveis com os dados de plotagem nas linhas 20 e 21. Esse tipo de estrutura é necessário para que a legenda do gráfico, com dois eixos, possa ser carregada corretamente mais adiante.

O restante do código da Figura 5.19 é semelhante ao que já vimos até o momento. Temos a aplicação da legenda nas linhas 23 a 25, definição de intervalos nas linhas 27 a 29 e aplicação de título na linha 31. Para a inserção das legendas, criamos uma lista na linha 32 com as variáveis ***fluxo*** e ***fracao***. Observe a estrutura da aplicação das legendas na linha 34.

Temos duas listas como argumento, uma chamada ***curvas*** e outra com textos para cada curva. Para que as linhas de grade apareçam na horizontal e na vertical, se faz necessário a utilização dos dois objetos de eixo criados anteriormente. Perceba que aplicamos grid no ***eixo_padrao*** e na ***copia_de_eixo***, nas linhas 37 e 39 respectivamente.

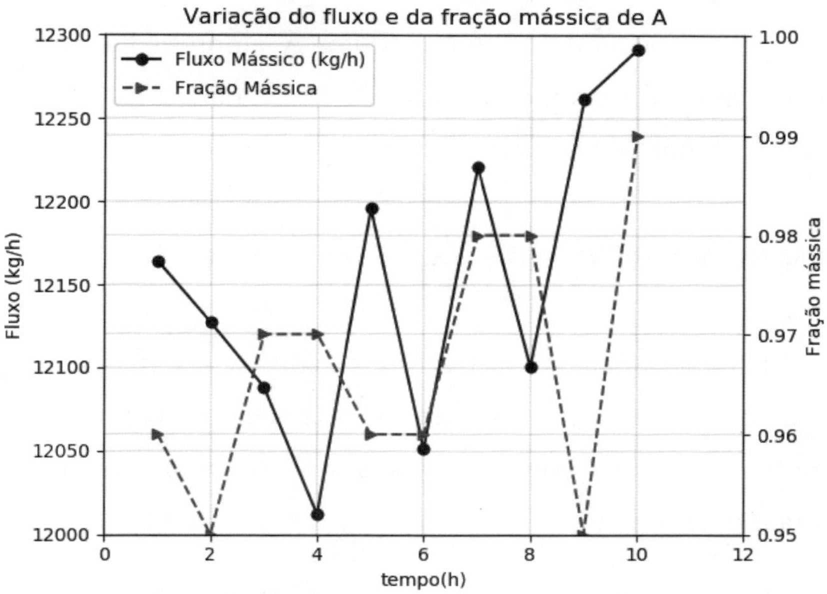

Figura 5.20: Plotagem de dois diferentes conjuntos de dados em dois eixos Y distintos.

Após a execução do nosso código, podemos observar o resultado na Figura 5.20. Veja que, diferentemente das aplicações anteriores, temos dois eixos **y**! Um referente ao fluxo mássico e outro mostrando o intervalo para a fração mássica.

Caso tenha interesse em adicionar mais um eixo **y**, basta repetir o processo de cópia realizado na linha 19, colocando, claro, um terceiro nome de preferência. As demais linhas serão replicadas conforme lógica já apresentada. Se, por outro lado, você queira colocar dois eixos **x** no seu gráfico, no lugar da função *twinx( )*, na linha 19, você deve digitar *twiny( )*. Faça um teste no código atual modificando apenas essa palavra e execute seu código para ver o que acontece com a Figura 5.20.

Construindo um gráfico 3D

Muitas vezes nos deparamos com problemas cuja solução depende de duas variáveis. Por exemplo, digamos que haja a necessidade de aquisição de um tanque para armazenamento de um produto. A empresa lhe informa que o custo de manufatura do tanque depende do raio e da altura desejados para o material escolhido por você. O custo de aquisição obedece a Equação (5.3).

$$Custos(R\$ \times 1000) = \sqrt[3]{\frac{2 \times \pi \times r^2}{\sqrt{2}} * \left(1 + \sqrt{2} \times h\right)} \tag{5.3}$$

Com um gráfico que tenha as variáveis r e h, como x e y respectivamente, e o resultado da função custo como a variável z, podemos plotar um gráfico em três dimensões e observar como os custos se comportam de acordo com os valores do raio e da altura do tanque.

Vejamos o código desenvolvido e ilustrado na Figura 5.21. Observe que nas linhas 2 a 4, referentes às importações das bibliotecas, temos duas bibliotecas que não conhecíamos: *NumPy* e *pylab*. A primeira faz parte de um pacote matemático muito amplo, e que não vamos explorar aqui. O *NumPy*, entre muitas, traz a função *linspace*(início, fim, passo), que auxiliará na construção de um intervalo linear com passo fixo, usado nas linhas 7 e 8.

Do **pylab**, nós usaremos a função meshgrid(valores_de_x, valores_de_y) que criará uma malha (matriz) de valores através da combinação entre os valores dispostos em x e em y, como disposto na linha 11. Lembrando que x e y são listas e que devem ter o mesmo tamanho, ou seja, o mesmo número de elementos. Caso isso não ocorra, no momento da plotagem do seu gráfico, ocorrerá um erro.

```
1 # importando bibliotecas
2 import matplotlib.pyplot as p
3 import numpy as np
4 from pylab import meshgrid
5
6 # declaração de variáveis
7 r = np.linspace(0.5, 3, 20)
8 h = np.linspace(0.1, 2, 20)
9
10 # gerando uma malha de dados
11 R,H = meshgrid(r, h)
12
13 # calculando os custos de aquisição com os valores da malha
14 Custos = (((2*np.pi*R**2)/np.sqrt(2))*(1 + np.pi*H)**1/3)
15
16 # gerando uma figura independente
17 fig=p.figure()
18 # configurando a dimensão da figura
19 dim = fig.subplots(subplot_kw={"projection": "3d"})
20
21 # aplicando legendas nos eixos x, y e z
22 dim.set_xlabel("Valores do Raio (m)")
23 dim.set_ylabel("Valores da Altura (m)")
24 dim.set_zlabel("Custo de Aquisição (R$x1000)")
25
26 # plotando os dados de x, y e z
27 dim.plot_surface(R, H, Custos, linewidth=0, antialiased=True, cmap='Greens')
28 # mostrando o gráfico
29 p.show()
```

Figura 5.21: Criando um gráfico 3D.

A Equação (5.3), apresentada pelo fornecedor do equipamento, se encontra na linha 14. A linha 19 também traz um elemento novo! Aqui nós criamos um objeto (elemento que, para o computador, é diferente de qualquer outro que venha a existir ou que tenha existido). Esse objeto independente é do tipo figura, e será nesse objeto que plotaremos nosso gráfico 3D. Trocando em miúdos, todas as vezes que você executar o seu código, uma nova figura aparecerá independentemente de quantas já estejam ativas.

Para que isso ocorra, precisamos dizer ao Python que o objeto figura, criado anteriormente na linha 17, receberá informações para um gráfico 3D. Isso ocorre na linha 19. As linhas 22 a 24 trazem as legendas que serão aplicadas à nossa figura.

Na linha 27 nós temos a plotagem do gráfico com o auxílio da função *plot_surface*(x, y, z), onde os argumentos são as matrizes R e H obtidas na linha 11, e a malha custos obtidos na linha 14. A linha 29 pede para mostrar o gráfico que acabou de ser construído. O resultado pode ser visto a seguir na Figura 5.22.

Observe que os valores das nossas variáveis R e H estão no plano que formam a base da figura, enquanto o custo de aquisição é o eixo perpendicular a esse plano. Observe que o comportamento do custo é não linear e, através da imagem, é possível concluir que precisamos de um volume mínimo de trabalho para melhor estimarmos o custo de aquisição do equipamento solicitado. Você pode "brincar" com a Figura 5.22 ao clicar com o botão esquerdo do mouse, segurando-o e arrastando a imagem para a direita ou esquerda. Você verá que é possível rotacioná-la.

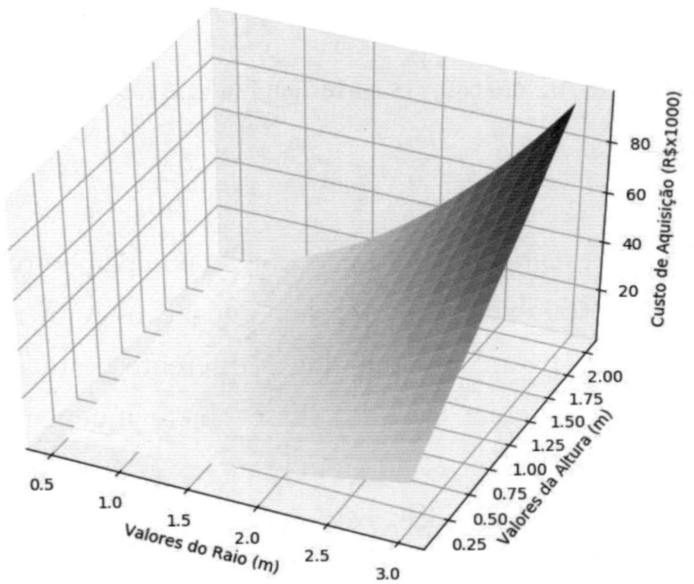

Figura 5.22: Gráfico 3D que mostra o comportamento do custo de aquisição.

É importante destacar que os potenciais gráficos que podem ser gerados utilizando o Python não se limitam aos apresentados aqui. Você pode aprender muito mais sobre plotagem de gráficos em no site do matplotlib[6] caso os modelos apresentados não sejam os desejados para alguma aplicação mais específicas.

Mostrando caracteres especiais nos gráficos

Em alguns casos, ao plotarmos algum gráfico que apresente o comportamento da função f(x) com a variação de x, queremos que a equação usada apareça na figura. Mas não queremos só isso! A equação tem que aparecer na figura e tem que ser bonita, ora! Para experimentamos essa funcionalidade, as Equações (5.4),(5.5) e (5.6) foram plotadas no gráfico.

$$f_1(x) = dx^3 + cx^2 + bx + a \quad (5.4)$$

$$f_2(x) = 1000 + ae^{(bx/a)} \quad (5.5)$$

$$f_3(x) = 455{,}6d\left(\sqrt[3]{x-b}\right) - c \quad (5.6)$$

A Figura 5.23 esboça uma sugestão inicial de resolução para essa proposta. A linha 4 declara as variáveis envolvidas nas três equações citadas. A linha 6 contém três listas vazias que receberão os resultados obtidos no momento da solução das equações, durante a execução do laço de repetição na linha 9. O nosso foco, neste momento, se encontra na formatação do texto que serve de referência para a plotagem da legenda no nosso gráfico.

Veja na linha 19 que o texto inserido para a legenda do eixo x é diferente (r'x'). A variável x agora está acompanhada de um '$' antes e depois. Outro detalhe é a presença de um "r" antes do texto. Este um padrão LaTex de redação que o Python usa para acelerar a construção das equações como nós conhecemos. A linha 20 segue a mesma lógica. Esta formatação obriga o matplotlib a imprimir o texto ou equação no formato que conhecemos e não apenas "textual", como escrevemos.

```
 1 #importando bibliotecas
 2 import matplotlib.pyplot as p
 3 # declaração das variáveis
 4 a = -5.26; b = -2.89; c = -0.55; d = 7.5; e = 2.718281828459045
 5 # iniciando f(x)s vazios
 6 fx = []; fx2 = []; fx3 = []
 7 x = range(1,16)
 8 # resultados da função y = f(x)
 9 for xi in x:
10     fxi = d*xi**3 + c*xi**2 + b*xi  + a       # Eq. 5.4
11     fx.append(fxi)
12     fxi = 10000 +a*e**(b*xi/a)                # Eq. 5.5
13     fx2.append(fxi)
14     fxi = 455.6*d*(xi-b)**(1/3) - c           # Eq. 5.6
15     fx3.append(fxi)
16 # plotando o gráfico
17 p.clf()
18 p.plot(x, fx, 'b--', x, fx2, 'k-', fx3, 'C1:')# plotando o gráfico
19 p.xlabel(r'$x$')                               # legenda do eixo X
20 p.ylabel(r'f(x)')                              # legenda do eixo Y
21 p.title('Imprimindo funções bonitas')          # título
22 p.legend([r'$dx^3 + cx^2 + bx  + a$',          # legendas especiais
23           r'$1000+ae^{bx/a}$',
24           r'$455.6d(\sqrt[3]{x-b})-c$'],
25           prop={'size': 15})                    # tamanho da fonte
26 p.grid(color='k', linestyle='-', linewidth=0.1) # linhas de grade
27 p.tight_layout()                               # ajuste do gráfico
28 p.show()                                       # mostrando o gráfico
```

Figura 5.23: Exemplo de código para imprimir expressões matemáticas no gráfico.

A linha 22 contém uma lista com o padrão exigido para a impressão das três equações. Veja que nas três aplicações temos a presença de r'$Sua_Equação$'. Os elementos internos que representam caracteres especiais são inseridos de acordo com a demanda. A linha 25 altera o tamanho padrão de plotagem de texto na legenda para 15. Assim o resultado apresentado na Figura 5.24 fica mais evidente.

Perceba que este exemplo é um pontapé inicial. Caso o símbolo matemático que você precise não apareça aqui, você pode visitar o site do desenvolvedor [7][8] que contém outras aplicações ou, também, utilizar a ferramenta "Inserir uma Equação", nativa do Microsoft Word®.

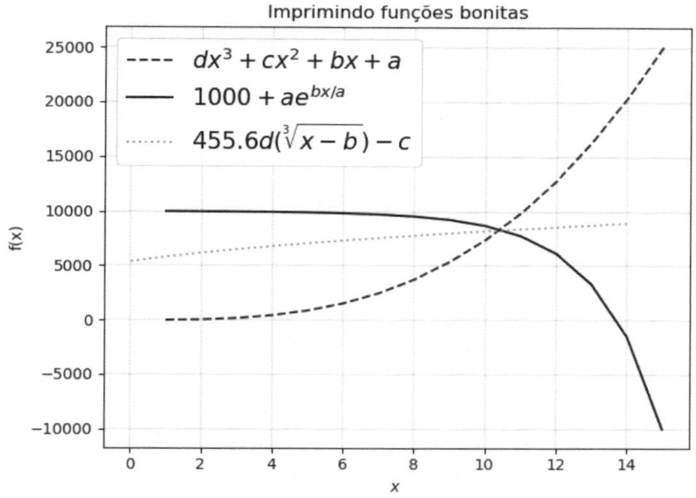

Figura 5.24: Plotando expressões matemáticas no gráfico.

Na grande maioria dos casos, você pode escrever a equação no Word usando a ferramenta citada e copiar esta equação e, em seguida, colar no Python. O padrão "LaTex", na grande maioria das vezes, é respeitado. Não é uma regra de que funcionará 100% das tentativas, mas lhe ajudará no caso de inserção de equações com termos diferenciais, integrais ou somatórios. Caso você esteja interessado em plotagem de letras gregas ou outros caracteres especiais, vale a visita no dicionário de aplicação [7].

Problemas de revisão

5.1. Considerando os dados expostos a seguir:

x-t(h)	0,5	1,2	2,8	4,2	5,5	7,2	8,5
y-T(° C)	25,8	22,2	15,6	10,2	15	22,8	26,8

Desenvolva um código que plote um gráfico com os seguintes detalhes:

a) Informações nos eixos;

b) Legenda;

c) Linhas de grade.

5.2. Considerando os dados dos dois comportamentos que estão dispostos a seguir:

Dados de composição

x-t(h)	0	1	2	3	4	5	6
y-A	0,9	0,95	0,94	0,93	0,9	0,89	0,85
y-B	0,05	0,04	0,04	0,04	0,05	0,06	0,07
y-C	0,05	0,01	0,02	0,03	0,05	0,05	0,08

Dados de carga térmica

x-t(h)	0	1	2	3	4	5	6
y-Q(kJ/h)	25,8	28,38	31,218	34,3398	30,9058	27,8152	25,0337

Faça:

a) Plote um gráfico do tipo subplot com os dados;

b) Informações nos eixos;

c) Legenda;

d) Linhas de grade.

5.3. A função descrita a seguir deve ser plotada em um gráfico para um intervalo de $-1{,}5 \leq x \leq 4{,}5$. Atente que o intervalo citado deverá conter 100 pontos. Dica: procure entender como usar o *linspace( )* do numpy.

$$f(x) = \frac{\sqrt{1{,}56 + x}}{1 + 2{,}71828^{x}} - \frac{x^2}{\pi} \quad \text{(Ex 5.1)}$$

5.4. Desenvolva um programa para plotar a função 3D descrita a seguir:

$$f(x_1, x_2) = x_1^2 x_2 - x_2^3 x_1 + \frac{x_1 x_2}{\sqrt{1 + x_1^2}} - x_1^3 \quad \text{(Ex 5.2)}$$

Os intervalos de x_1 e x_2 são $-40 \leq x \leq 45$ e $-15 \leq x \leq 4{,}5$ respectivamente. Lembre-se de aplicar as informações de eixos, legendas, linhas de grade e escreva as funções no gráfico.

Problemas de desenvolvimento

5.5. Desenvolva uma rotina que "carregue" na memória os seguintes dados:

x-t(h)	0,0	1,0	2,0	3,0	4,0	5,0	6,0
y-Q(L/h)	0,5	1,2	2,8	4,2	6,9	7,5	8,5

Seu código deverá plotar um gráfico com os valores das variáveis x e y. Aplique as descrições dos eixos e título.

5.6. Alguns equipamentos precisam passar por testes de chama para fins de segurança durante sua operação. Um importante teste é baseado na medida da sobrepressão de um equipamento [9], sob uma data de temperatura, durante o processo de detonação induzida sob condições controladas. A equação utilizada para a medida da pressão resultante da detonação é $P = 100\left[\frac{293}{T_a+273{,}15}\right]$ onde Ta é a temperatura no momento da detonação ($°C$) e P é a pressão resultante (kPa). Pede-se:

a. Desenvolva um código que plote o gráfico do comportamento de P com relação a Ta, onde $-22{,}5 < Ta < 25{,}0$.

b. Para o intervalo proposto de Ta, importe a função *arange* do numpy e aplique passos de $0{,}25°C$.

5.7. A densidade (kg/m^3) da água pode ser estimada utilizando-se a equação [10] a seguir:

$$\rho_{água} = 10^3(0{,}863559 + 1{,}21494 \times 10^{-3}T - 2{,}5708 \times 10^{-6}T^2)$$

Desenvolva um programa que plote o gráfico do comportamento da densidade com a variação de T. Considere valores $0{,}0 \leq T \leq 40{,}0\ °C$.

5.8. A viscosidade (kg/ms) de uma mistura de um efluente pode ser aproximadamente calculada com auxílio da seguinte equação [11]:

$$\mu_{efluente} = 10^{-3}\left[\frac{0{,}33\left(\frac{STD}{2}\right) + 2{,}3}{1 + 0{,}0337T + 0{,}000221T^2}\right] \quad \text{(Ex 5.3)}$$

Assumindo que STD representa os Sólidos Totais Dissolvidos (kg/m3) e T é a temperatura em $°C$. Para um intervalo de temperatura de 290,15 K a 318,15 K, e um STD do efluente com valores entre 650,80 mg/L e 2.700,50 mg/L, pede-se:

a) Desenvolva um programa que plote um gráfico do comportamento de $\mu_{efluente}$ em função de T e do STD.

Finalizando o Capítulo 5

Vimos que é preciso realizar a importação da biblioteca *pyplot* do matplotlib para a plotagem dos gráficos. Construímos gráficos simples que apresentam apenas o comportamento de uma função, como também desenvolvemos exemplos que mostram mais de um comportamento.

Através do *subplot*, demonstramos como construir mais de um gráfico em uma única figura, e que este tipo de plotagem se comporta como se fosse uma tabela. Construímos gráficos de barras verticais e horizontais e apreciamos a construção de um gráfico 3D para o qual foi necessária a importação de outras bibliotecas que não conhecíamos.

Os modelos de gráficos que vimos neste capítulo serão usados na grande parte das demandas durante seu curso de graduação, como também para a apresentação de resultados para seu chefe.

Mas não pararemos por aqui. Existem problemas que necessitam de escolhas e nossos programas devem prever esse tipo de situação. Por exemplo, escolher um entre modelos matemáticos para um dado valor de x (inequação). Isso deve ser feito, na grande maioria dos casos, de forma automática. Por isso, no próximo capítulo vermos o laço condicional **if** que nos auxiliará na programação para que haja diferentes possibilidades de escolhas.

Referências

[1] MATPLOTLIB. **Colormap Normalization**. Disponível em: https://matplotlib.org/stable/tutorials/colors/colormapnorms.html. Acesso em: set. 2021.

[2] MATPLOTLIB. **matplotlib.pyplot.plot**. Disponível em: https://matplotlib.org/api/_as_gen/matplotlib.pyplot.plot.html. Acesso em: set. 2019.

[3] ACCUWEATHER. Campina Grande, Paraíba. Disponível em: https://www.accuweather.com/pt/br/campina-grande/34634/april-weather/34634?year=2019&view=list. Acesso em: abr. 2019.

[4] FERNANDES, L. M. **Viabilidade de produção e caracterização de cerveja artesanal com acerola**. 2017. Dissertação (Mestrado em Engenharia Química), Centro de Tecnologia, UFPB, João Pessoa, 2017, p. 55-56.

[5] MATPLOTLIB. **Hatch style reference**. Disponível em: https://matplotlib.org/stable/gallery/shapes_and_collections/hatch_style_reference.html?highlight=hatch+bar. Acessado em outubro de 2022.

[6] MATPLOTLIB. **Matplotlib Examples**. Disponível em: https://matplotlib.org/1.5.0/examples/index.html. Acesso em: out. de 2019.

[7] MATPLOTLIB. **Writing mathematical expressions**. Disponível em: https://matplotlib.org/stable/tutorials/text/mathtext.html. Acesso em: set. 2022.

[8] MATPLOTLIB. **Rendering math equations using TeX**. Disponível em: https://matplotlib.org/stable/gallery/text_labels_and_annotations/tex_demo.html?highlight=equation. Acesso em: out. de 2022.

[9] MUNRO, Jim; XIAOGUANG, Kou; YINGZHEN, Hu. Pressure testing flameproof equipment intended for extremely low temperatures. **Journal of Loss Prevention in the Process Industries**, v. 49, p. 769-774, 2017.

[10] HSU, Chih-Hao; LI, Meng-Hui. Densities of aqueous blended amines. **Journal of Chemical & Engineering Data**, v. 42, n. 3, p. 502-507, 1997.

[11] PSOCH, C.; SCHIEWER, S. Long-term flux improvement by air sparging and backflushing for a membrane bioreactor, and modeling permeability decline. **Desalination**, v. 230, n. 1-3, p. 193-204, 2008.

Capítulo 6: Laço condicional if

A experiência dirá que, em muitas situações, se faz necessária a escolha de uma entre muitas opções previstas para a solução de um dado problema. A condição, ou laço, de escolha *if* é aplicada de forma que seu programa possa executar essa escolha de maneira automatizada.

Neste capítulo, vamos entender o que é e como funciona uma condição de escolha e desenvolver códigos com os laços condicionais observando e entendendo seu comportamento. Vamos compreender algumas das diferentes e possíveis estruturas de laços condicionais além de nos familiarizarmos com os operadores lógicos e condicionais.

Estrutura do laço condicional if

O laço condicional **if** se refere a uma possível execução de código caso uma condição, previamente declarada no código, seja verdadeira. “Como assim? O programa terá que fazer uma pergunta: SE?” Isso mesmo! Digamos que, **se (if)** a resposta de um *x* calculado no seu código **for maior que** zero, use a equação A, caso contrário, não faça nada. Entendeu? O programa deve prever um possível comportamento e “perguntar” **se** esse comportamento foi alcançado ou não para que outra linha específica de código seja executada. Vejamos a seguir a estrutura do laço **if** na Figura 6.1.

Figura 6.1: Estrutura do laço condicional if (se).

> **Caixa Rápido**
>
> Com *if*, uma linha de código só será executada se a condição testada for verdadeira.

A estrutura apresentada aqui é muito semelhante à apresentada na Figura 4.1 para o laço de repetição *for*. Mas aqui todo o conteúdo que está dentro do laço só será executado uma única vez se, e somente se, o teste condicional for verdadeiro, ou seja, no exemplo da Figura 6.1, se o conteúdo da variável **A** for igual ao conteúdo da variável **B**, o código indentado será executado.

Você pode interpretar a linha de código da seguinte forma:

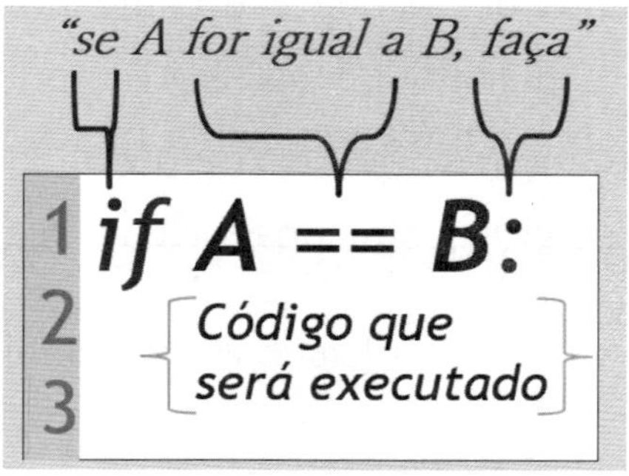

Figura 6.2: Leitura da condição if.

Vejamos o exemplo da Figura 6.3. Nele temos a solicitação de um número ao usuário na linha 2. Na linha 5 temos o teste condicional. Se o usuário entrar com o valor maior que o estipulado no teste, ou seja, se o usuário entrar com um valor maior que cinco, o laço interpretará a informação como sendo verdadeira, e executará a linha 6, onde temos um texto informando o valor que o usuário entrou.

```
1 # solicitando um número entre 0 e 10 ao usuário
2 numero = float(input("Entre com um número entre 0 e 10 --> : "))
3
4 # primeiro teste
5 if numero > 5:
6     print(numero, " é maior que 5.0")
```

Figura 6.3: Nosso primeiro teste de lógica ao usar o laço condicional if.

Caso o usuário entre com um valor menor ou igual ao de referência, o Python interpretará como sendo falsa a informação aplicada ao teste, e pulará a linha 4. Veja um exemplo de execução na Figura 6.4. Para um valor maior que 5, a mensagem da linha 6 foi impressa. Quando foi inserido um valor menor que 5, nada aconteceu.

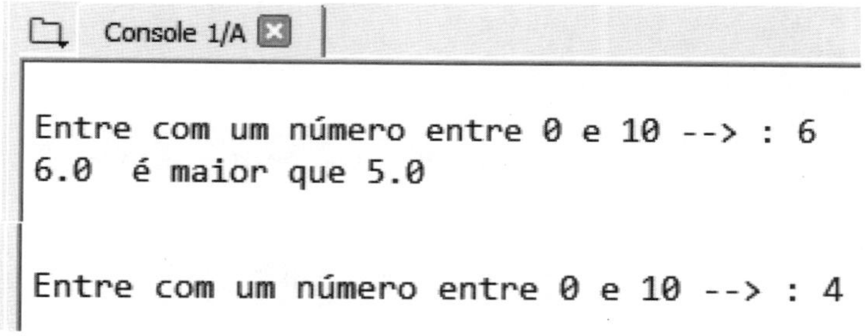

Figura 6.4: Resultado do primeiro teste condicional.

Operadores condicionais

Você verá que haverá a necessidade de perguntar se uma variável ***A*** é maior que uma variável ***B***, ou se ***A*** é menor que ***B***, ou ainda, se ***A*** é diferente de ***B***. São várias as possibilidades! Observe a lista no Quadro 6.1 a seguir.

Quadro 6.1: Condições de teste do laço if.

Condição	Aplicação	Interpretação
==	A == B	A é igual a B?
<	A < B	A é menor que B?
>	A > B	A é maior que B?
<=	A <= B	A é menor ou igual a B?
>=	A >= B	A é maior ou igual a B?
!=	A != B	A é diferente de B?

Você pode ler os itens da coluna “condição” como uma pergunta, como descrito na segunda coluna intitulada “interpretação”. O laço **if** vai fazer essa pergunta e executará o código indentado somente se a condição for verdadeira.

Falando em verdadeiro ou falso, o Python interpreta esse tipo de informação como um valor ***booleano***. Isso quer dizer que o Python também usa variáveis cujas informações são **True** ou **False** (verdadeiro ou falso). Vejamos o exemplo da Figura 6.5.

```
1 # declaração de variável
2 tanque_cheio = False
3
4 # solicitação de informação ao usuário
5 variavel = input("Tanque cheio? S/N: ")
6
7 # teste condicional
8 if variavel.lower().strip() == 's':
9     tanque_cheio = True
10    print('O tanque está cheio. Desligue o motor bomba.')
11
12 if tanque_cheio == False:
13    print('O tanque está vazio. Ligue o motor bomba.')
```

Figura 6.5: Teste utilizando variável booleana.

Na linha 2 temos uma variável do tipo booleana que foi definida como *False* (falsa). Ou seja, o valor padrão aplicado é que o tanque está sempre vazio. Na linha 5 temos uma solicitação ao usuário para que ele atualize a condição do tanque (em processos reais esse valor é mensurado por um sensor de nível, por exemplo).

A linha 8 nos traz um elemento novo. O método *.strip( )*. Ele é responsável por remover qualquer espaço em branco antes e após o texto inserido pelo usuário. Como já foi comentado, para o Python, uma letra maiúscula é diferente de uma letra minúscula; e uma letra com um espaço em branco é diferente de uma letra sozinha. Isso já é um tratamento de erro prévio!

Através da linha 8 temos o nosso primeiro teste. Se o usuário entrou com a letra "S", o teste resultará em verdadeiro! E o laço condicional da linha 8 permitirá que as linhas 9 e 10 sejam executadas. A linha 9 modificará o conteúdo da variável *tanque_cheio* para **True** (verdadeiro) e a linha 10 imprimirá uma mensagem para o usuário.

Se, ao invés de "S", o usuário tiver entrado com um "N", o laço condicional da linha 8 resultará em falso e pulará para a linha 12, ou seja, a variável *tanque_cheio* continuará sendo **False**.

Na linha 12 há uma nova verificação para saber se a variável *tanque_cheio* é igual a **False**. Se isso for verdade, ele imprimirá o texto que está na linha 13. Caso contrário, nada fará.

Na Figura 6.6, o usuário entrou com um "N". Logo aparece a mensagem da linha 13. Se o usuário tivesse entrado com o "S", apenas a mensagem da linha 10 seria impressa.

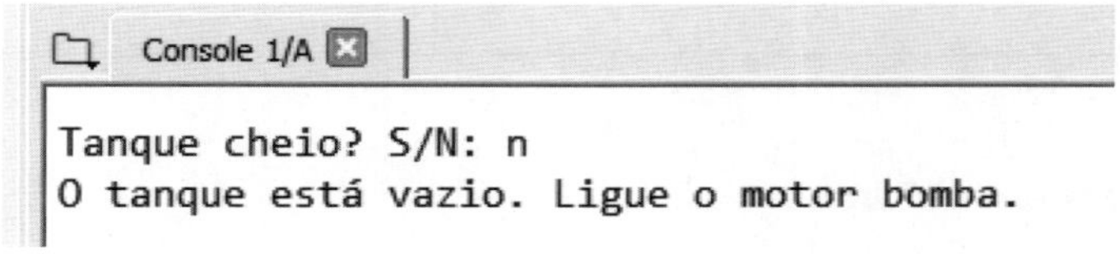

Figura 6.6: Exemplo de aplicação de variáveis booleanas.

Operadores lógicos

Quando mais de uma variável precisa ser avaliada, temos que utilizar o operador lógico **and** (e) e **or** (ou). Por exemplo: as correntes de fluido A e B estão ativas? Os motores bomba X ou Y estão funcionando? As frações dos componentes y1 e y2 estão abaixo de 0,05?

Quadro 6.2: Operador lógico para testes do laço if.

Condição	Aplicação	Interpretação
and	A and B	É verdadeiro para A e B?
or	A or B	É verdadeiro para A ou B?

Perceba que os operadores podem indicar ocasiões semelhantes, mas na realidade configuram situações diferentes. Em um laço condicional no qual o **and** é usado, o código intentado dentro do laço só será executado se ambos os testes forem verdadeiros, veja a condição A **and** B, do Quadro 6.2. Ou seja, somente se ambas forem verdadeiras, faça!

No caso da utilização do *or*, temos uma situação em que qualquer uma das alternativas A ou B, se verdadeira, fará com que o laço condicional deixe que o código intentado seja executado como mostrado na condição A *or* B, do Quadro 6.2. Ou seja, se uma ou outra for verdadeira, faça!

Vejamos o exemplo ilustrado na Figura 6.7. Agora nós solicitaremos duas informações ao usuário, uma para um tanque A e outra para um tanque B. Veja que o usuário vai entrar com 'S' ou 'N', nas linhas 2 e 3 da Figura 6.6a. Nas linhas 5 e 6 nós temos um ajuste nas letras que o usuário entrou apenas para diminuir o tamanho da linha de código dos laços *if*. Aqui as letras serão transformadas em minúsculas e haverá a remoção dos espaços laterais caso o usuário tenha inserido algum sem querer.

```
1 # solicitação de informação ao usuário
2 tanqueA = input("Tanque A está cheio? S/N: ")
3 tanqueB = input("Tanque B está cheio? S/N: ")
4 # ajuste das variáveis
5 tanqueA = tanqueA.lower().strip()
6 tanqueB = tanqueB.lower().strip()
7 # teste condicional
8 if tanqueA == 's' and tanqueB == 's':
9     print('Os tanques estão cheios.\nDesligue o motor bomba.')
10
11 if tanqueA == 'n' or tanqueB == 'n':
12     print('Um tanque está vazio.\nLigue o motor bomba.')
```

a – Usando os operadores lógicos **and** e **or**.

```
Console 1/A
Tanque A está cheio? S/N: s

Tanque B está cheio? S/N: s
Os tanques estão cheios.
Desligue o motor bomba.
```

b – Ambos os tanques cheios.

```
Console 1/A
Tanque A está cheio? S/N: s

Tanque B está cheio? S/N: n
Um tanque está vazio.
Ligue o motor bomba.
```

c – Pelo menos um vazio.

Figura 6.7: Exemplo do uso de operador lógico.

A linha 8 realiza o primeiro teste de ambas as respostas para os tanques A e B são iguais a 's'. Se esse teste for verdadeiro, o Python imprimirá o texto da linha 9, conforme exemplo da Figura 6.7b. Em seguida, mais um teste é realizado, agora na linha 11, onde se pergunta se o tanque A ou o tanque B está vazio. Se ambos estiverem vazios, a resposta será a mesma, mas a obrigatoriedade aqui é que pelo menos um esteja vazio para que a mensagem da linha 12 seja impressa, como mostra o exemplo da Figura 6.7c.

Um detalhe que deve ser comentado aqui é o uso dos operadores '=' e '=='. Veja no nosso código da Figura 6.7a que usamos esses dois operadores em situações distintas. Em resumo, o primeiro é usado apenas para agregar um valor a uma variável e o segundo é somente usado em testes de igualdade. Caso haja inversão na aplicação desses operadores, veja exemplo na Figura 6.8a, seu código resultará em um erro de sintaxe no console, conforme demostrado na Figura 6.8b. Veja que esse erro também é apontado na linha 8 da Figura 6.8a através de uma bolinha vermelha com um x. Se você parar a seta do mouse em cima, ele lhe dará uma dica do que pode estar errado no seu código.

```
1 # solicitação de informação ao usuário
2 tanqueA = input("Tanque A está cheio? S/N: ")
3 tanqueB = input("Tanque B está cheio? S/N: ")
4 # ajuste das variáveis
5 tanqueA = tanqueA.lower().strip()
6 tanqueB = tanqueB.lower().strip()
7 # teste condicional
8 if tanqueA = 's' and tanqueB == 's':
9     print('Os tanques estão cheios.\nDesligue o motor bomba.')
10
11 if tanqueA == 'n' or tanqueB == 'n':
12     print('Um tanque está vazio.\nLigue o motor bomba.')
```

a – Confundindo os operadores '=' e '=='.

```
Console 1/A
    if tanqueA = 's' and tanqueB == 's':
               ^
SyntaxError: invalid syntax
```

b – Erro de sintaxe quando se erra os operadores '=' e '=='.

Figura 6.8: Cuidado ao usar '=' e '=='.

Estrutura do laço condicional if/else

A estrutura vista anteriormente executará um dado código apenas se a condição testada for verdadeira. Com a estrutura *if/else* (se/caso contrário) pelo menos um código será executado, ou seja, se a condição for verdadeira, execute o código A, caso contrário, execute o código B, Figura 6.9. Este tipo de estrutura coloca a obrigatoriedade de se escolher pelo menos uma das alternativas propostas.

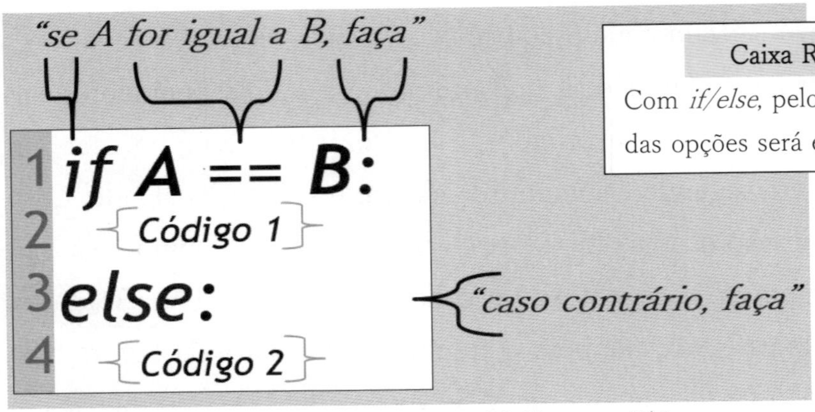

Caixa Rápido

Com *if/else*, pelo menos uma das opções será executada.

Figura 6.9: Estrutura if/else.

Essa estrutura modifica um pouco alguns dos exemplos anteriores nos quais eram necessários mais de um laço condicional para nossos testes. Agora, basta desenvolvermos um código no qual, quando apenas duas possibilidades existem, apresente a estrutura *if/else*.

Vejamos o próximo exemplo no qual uma análise de íons cloretos é realizada. O valor obtido Cl^-, em ml/L, é então testado em um laço *if/else*.

```
# solicitação de dados ao usuário
cloretos = float(input('Entre com a concentração de cloretos (mg/L): '))

# testando o valor inserido pelo usuário
if cloretos >= 250.0:
    msg = '\nSegundo legislação vigente, esta água'
    msg += '\nestá fora dos padrões de potabilidade.'
    print(msg)
else:
    msg = '\nA concentração de cloretos está abaixo'
    msg += '\ndo valor máximo permissível. Porém, no caso de'
    msg += '\nconsumo humano, outros íons precisam ser avaliados.'
    print(msg)
```

Figura 6.10: Testando a estrutura if/else.

Só existem duas opções: e a concentração de cloretos for maior ou igual a 250mg/L, a água está fora dos padrões de potabilidade [1], caso contrário, outras análises serão necessárias para o caso de utilização da água para o consumo humano. Teste o código da Figura 6.10 e avalie o resultado para diferentes concentrações obtidas em análises.

Estrutura do laço condicional if/elif/else

"Certo! E se eu tiver três ou mais alternativas, o que faço?" Quando temos mais de duas alternativas, podemos usar uma outra estrutura do laço condicional que é o **if/elif/else** (se, caso contrário se, caso contrário). Muitas vezes essa estrutura pode ser substituída por múltiplas perguntas utilizando os operadores lógicos. Vejamos o exemplo a seguir no qual essa aplicação se encaixa perfeitamente.

Em fluidodinâmica, precisamos avaliar o regime de escoamento que um fluido apresenta quando é deslocado de um ponto a outro, por exemplo, em uma tubulação. A esse regime, chamamos número de Reynolds (*Re*), que é um número adimensional que relaciona as forças inerciais às forças de atrito viscoso. Se *Re* >> 1, as forças inerciais dominam o escoamento, caso contrário, se *Re* << 1, as forças viscosas dominam o escoamento [2]. O *Re* pode ser calculado pela Equação (6.1) a seguir.

$$Re = \frac{\rho \times v \times D}{\mu} \quad (6.1)$$

Onde ρ é a massa específica do fluido (kg/m^3), v é a velocidade média de escoamento do fluido (m/s), D é o diâmetro do tubo (m) no qual escoa o fluido e μ é a viscosidade dinâmica do fluido (Pa.s = kg/m.s).

O cálculo de *Re* é necessário para se prever, por exemplo, a perda de carga em uma tubulação e com isso, avaliar de forma mais precisa um motor bomba necessário para impulsionar o fluido de um ponto A para um ponto B da planta. Um fluido pode apresentar três regimes de escoamento: laminar, transiente ou turbulento. Para o fluxo de água que passa em um duto, é possível resumir a natureza do regime da seguinte forma [3]:

$Re \leq 2300$ – Regime Laminar

$2300 < Re \leq 4000$ – Regime Transiente

$Re > 4000$ – Regime Turbulento

O nosso problema é demasiado simples. Em uma tubulação de 5 cm de diâmetro, temos água com uma velocidade de 1,6 m/s. Identifique o regime de escoamento deste fluido sabendo que a viscosidade dinâmica da água é $0{,}89 \times 10^{-3}\,\mathrm{Pa.s}$ a 25 °C. A solução se encontra na Figura 6.11.

```
1  # solicitação de dados ao usuário
2  mi = 0.89e-3      # viscosidade dinâmica do fluido - Pa.s = kg/m.s
3  v = 0.1           # velocidade média do fluido - m/s
4  D = 3/100         # diâmetro do tubo - m
5  ro = 997.05       # massa específica - kg/m3
6
7  # cálculo do número de Reynolds
8  Re = ro*D*v/mi    # Eq. 6.1
9
10 # realizando os testes para a determinação do regime
11 if Re <= 2300.0:
12     msg = 'laminar'
13 elif Re > 2300.0 and Re <= 4000.0:
14     msg = 'transiente'
15 else:
16     msg = 'turbulento'
17
18 # imprimindo o resultado
19 print('O Re calculado foi de', format(Re, '.1f'),
20       '\nLogo, o regime é', msg)
```

Figura 6.11: Usando a estrutura if/elif/else.

Após a declaração das variáveis nas linhas 2 a 5, e o uso da Equação (6.1) para o cálculo de Re, na linha 8, temos a estrutura **if/elif/else** na linha 11. Veja que o primeiro teste se refere à primeira, das três, possibilidades do número de Reynolds. Um segundo teste é realizado na linha 13 para a verificação do Re sob às condições impostas, e a terceira e última opção fica a critério da linha 15 com o **else**. Veja que, se temos três opções, basta testar duas e colocar a terceira como condição de resto. Ou seja, "se nenhuma das anteriores forem aceitas, faça essa última!".

Quando você executar esse código, terá uma resposta semelhante à disposta na Figura 6.12. Faça outros testes. Mude a velocidade do fluido ou o diâmetro do tubo e rode seu código novamente. Você verá que o *Re* mudará.

```
Console 1/A
O Re calculado foi de 3360.8
Logo, o regime é transiente
```

Figura 6.12: Resultado da condição de escolha if/elif/else.

"E se eu tiver mais de três opções?" Ora! Basta aplicar mais elif! Por exemplo. Se você tiver quatro opções de escolha: **A**, **B**, **C** e **D**, teremos:

```
if A:
        'código caso A seja verdadeiro'
elif B:
        'código caso B seja verdadeiro'
elif C:
        'código caso C seja verdadeiro'
else:
        'código caso D (ou qualquer outro) seja verdadeiro'
```

Se outros testes forem necessários, basta aplicar outros elif's para estruturar seu código.

Problemas de revisão

6.1. Em um novo arquivo *.py, seu código deve:

a) Perguntar ao usuário se ele quer calcular o volume de uma esfera (e), de um cilindro (c) ou de um cubo (cb);

b) Construir uma estrutura **if/elif/else** para que seja escolhida a equação correta de acordo com a resposta do usuário;

c) Em cada teste de hipótese, solicitar ao usuário o(s) dado(s) necessário(s) para que o volume escolhido seja calculado corretamente;

d) Imprimir o resultado do volume calculado concatenando-o com uma frase amigável.

6.2. Desenvolva um programa que retorna como resultado o valor absoluto de um escalar inserido pelo usuário.

6.3. Crie um programa para ler dois números e mostrar qual o maior deles ou se eles são iguais.

6.4. Escreva com suas palavras a diferença entre if e for.

6.5. Em química, o valor do pH em uma solução aquosa indica seu caráter ácido, neutro ou alcalino. A escala de pH está em um intervalo de 0 a 14, inclusive. A solução com um pH = 7 é "neutra", com pH maior que 7 é alcalina e menor que 7 é ácida. Escreva um programa que imprime na tela se o valor do pH inserido pelo usuário é neutro, alcalino ou ácido.

6.6. Em fenômenos de transporte, o número de Reynolds (Re) é utilizado para determinar o regime do fluxo de um fluido como segue:

$$\begin{bmatrix} Re \leq 2300 & laminar \\ 2300 < Re \leq 3900 & transição \\ Re > 3900 & turbulento \end{bmatrix}$$

Escreva um programa no qual o usuário entre com um valor para Reynolds e, como resultado, seu programa imprima o número de Reynolds e o regime no qual se encontra.

Problemas de desenvolvimento

6.7. Em um novo módulo, escreva um programa que retorne o valor mais próximo da média de valores de uma lista inserida pelo usuário. Exemplo: valores = [10, 12, 15, 18, 21], media = 15,2, valor mais próximo é 15.

6.8. Para os problemas a seguir, desenvolva uma solução na qual não sejam usadas as funções nativas, ou oriundas de bibliotecas do Python:

a) Em um novo módulo, escreva um programa que retorne o maior valor de uma lista inserida pelo usuário.

b) Em um novo módulo, escreva um programa que retorne o menor valor de uma lista inserida pelo usuário.

c) Em um novo módulo, escreva um programa que retorne o tamanho de uma lista inserida pelo usuário.

6.9. Desenvolva um programa que solicita ao usuário um número **x** e que imprima um texto informando se x é par, ímpar ou neutro. O número **x** deve ser maior ou igual a zero. Para isto, você deve usar no seu código a seguinte equação de testes: y=2x+1. Dica: Veja como y se comporta.

6.10. Com os conhecimentos adquiridos até o momento, desenvolva um programa que calcule a função $f(x) = 1/\sqrt{x}$ para qualquer valor de x inserido pelo usuário. Seu código deve identificar as limitações do uso de x.

Finalizando o Capítulo 6

Você verá que, com o decorrer dos seus estudos, os códigos que você desenvolverá ficarão mais complexos. O que queremos dizer com o "complexo" é que as estruturas que você vai aprendendo serão usadas de acordo com a lógica necessária para a resolução do problema. Alguns problemas são mais simples, mas outros requerem que haja um trabalho conjunto entre todas as estruturas e códigos já apreciados até o momento.

No próximo capítulo, abordaremos exatamente isso. Usaremos informações oriundas do usuário, testes de escolha, listas, repetição, e plotagem de gráfico. Tudo isso em um único código! Surpreso?! Acredito que você desenvolverá códigos muito maiores e mais complicados futuramente.

Referências

[1] Portaria de consolidação da qualidade das águas do Ministério da Saúde, N° 05 de 03 de outubro de 2017. Para mais informações sobre os limites permissíveis de sais em águas de abastecimento ou de distribuição, procure o Anexo XX em: http://www.agricultura.gov.br/assuntos/inspecao/produtos-vegetal/legislacao-1/biblioteca-de-normas-vinhos-e-bebidas/portaria-de-consolidacao-no-5-de-3-de-outubro-de-2017.pdf/view. Acessado em outubro de 2019.

[2] CANEDO, Eduardo Luis. **Fenômenos de transporte**. Grupo Gen-LTC, 2010.

[3] ATTAWAY, Stormy. **A practical introduction to programming and problem solving**. Editorial: Butterworth-Heinemann, v. 123850819, 2013.

Capítulo 7: Repetição com while

Existe uma forma diferente de repetir um procedimento. Isso acontece quando utilizamos laço de repetição **while** (enquanto). O processo de repetição se assemelha ao já estudado laço de repetição **for**, mas, diferente deste, no **while** nós definimos quando e como haverá a parada. Neste capítulo, teremos também outros exemplos de aplicação como a utilização do método numérico de Newton-Raphson e o cálculo do fator de atrito.

Estrutura do laço de repetição while

Em alguns casos específicos, não saberemos quantas vezes o código será repetido. Isso mesmo! Não saberemos o número de repetições necessárias para encontrar, por exemplo, uma raiz de uma equação utilizando um método numérico como o de Newton-Raphson para encontrarmos raízes reais, ou não saberemos quantas repetições serão necessárias para obtenção, por exemplo, do fator de atrito em um tubo com parâmetros inseridos pelo usuário.

Quando temos estruturas onde não há como saber o número de repetições necessárias, utilizamos o **while**. A estrutura do **while** é semelhante às demais já vistas anteriormente, a diferença aqui é que nós definimos quando e como deve ocorrer a parada. Vamos visualizar a estrutura na Figura 7.1.

Figura 7.1: Estrutura do laço de repetição while.

Na linha 1 temos o teste condicional **while** (enquanto). Também temos as variáveis A e B. Enquanto o teste realizado na linha 1 for verdadeiro, ou seja, o conteúdo da variável A for igual ao conteúdo da variável B, o bloco indentado de código que inicia na linha 2 será repetido. A repetição só terminará quando o teste feito na linha 1 resultar em falso. Veja a leitura na Figura 7.2.

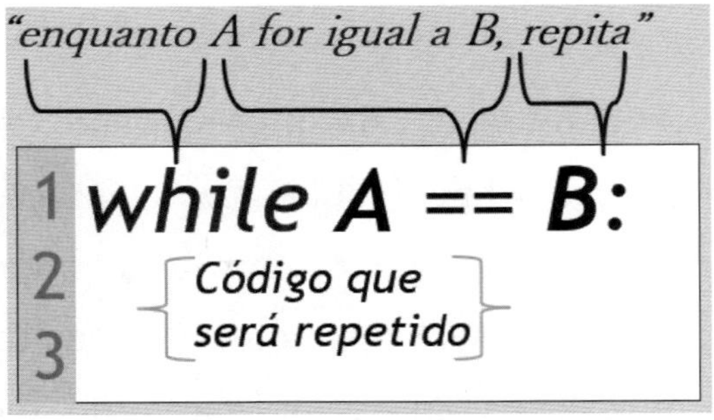

Figura 7.2: Leitura da condição de repetição while.

Veja que não há um número específico de repetições! Pode ser que o teste seja realizado e nenhuma repetição seja efetuada ou que centenas de repetições sejam executadas pelo seu código.

```
# explicando o código ao usuário
print('\n---COMO FUNCIONA---:\n')
mensagem = "Este programa executa repetidas vezes o print de um número "
mensagem += "\ninserido pelo usuário. Para continuar repetindo, aplique "
mensagem += "\nvalores maiores que zero. Para parar, insira -1."
print(mensagem)

# declaração de variável
numero = 0

# repetição do código
while numero >= 0:
    numero = float(input("Entre com um valor qualquer --> : "))
    print('Você entrou com o valor:', numero)

# finalizando o programa
print("Você saiu do Programa. Obrigado por usar o python!")
```

Figura 7.3: Aplicação simplificada do while para repetição de solicitação de um número.

O código disposto na Figura 7.3 é uma aplicação simplificada do que já foi explicado. Nele temos um teste de continuidade solicitado ao usuário. Caso seja positivo, o código imprimirá a mensagem, caso contrário, a repetição será finalizada.

Veja que há, neste exemplo, uma mensagem explicativa do comportamento do código nas linhas 2 a 6. A linha 9 define um valor inicial que será usado como parâmetro de entrada do usuário. Na linha 12 temos a estrutura *while* para repetição do teste condicional. Se o valor que estiver armazenado na variável *numero* for maior ou igual a zero, o usuário é convidado a inserir um novo número na linha 13, e a impressão deste valor será executado na linha 14.

Após a impressão do valor da variável *numero*, o teste condicional, na linha 12 é realizado novamente. Este processo se repete até que o usuário entre com um valor negativo. O resultado da execução deste código pode ser visualizado na Figura 7.3.

```
Console 1/A

---COMO FUNCIONA---:

Este programa executa repetidas vezes o print de um número
inserido pelo usuário. Para continuar repetindo, aplique
valores maiores que zero. Para parar, insira -1.

Entre com um valor qualquer --> : 5
Você entrou com o valor: 5.0

Entre com um valor qualquer --> : 9
Você entrou com o valor: 9.0

Entre com um valor qualquer --> : 12
Você entrou com o valor: 12.0

Entre com um valor qualquer --> : -1
Você entrou com o valor: -1.0
Você saiu do Programa. Obrigado por usar o python!
```

Figura 7.4: Console com o resultado da solicitação de números ao usuário.

Observação: Entenda que todos os operadores de lógica, bem como os operadores condicionais, vistos no laço condicional *if*, funcionarão perfeitamente na estrutura *while*. Isso quer dizer que seus códigos poderão apresentar mais de uma condição de parada ou mais de um teste lógico utilizado como condição de parada.

Método de Newton-Raphson

Tratemos agora de um exemplo mais profissional de aplicação do laço condicional *while*. O método de Newton-Raphson é um dos mais eficientes e utilizados para encontrar raízes de uma equação. Quando falamos em raízes de uma função, nos referimos aos valores que tornam a função igual a zero, ou seja, se a função é f(x), logo a raiz é algum valor de x que torna f(x) igual a zero. Vejamos um pouco da teoria para entendermos como essa técnica funciona.

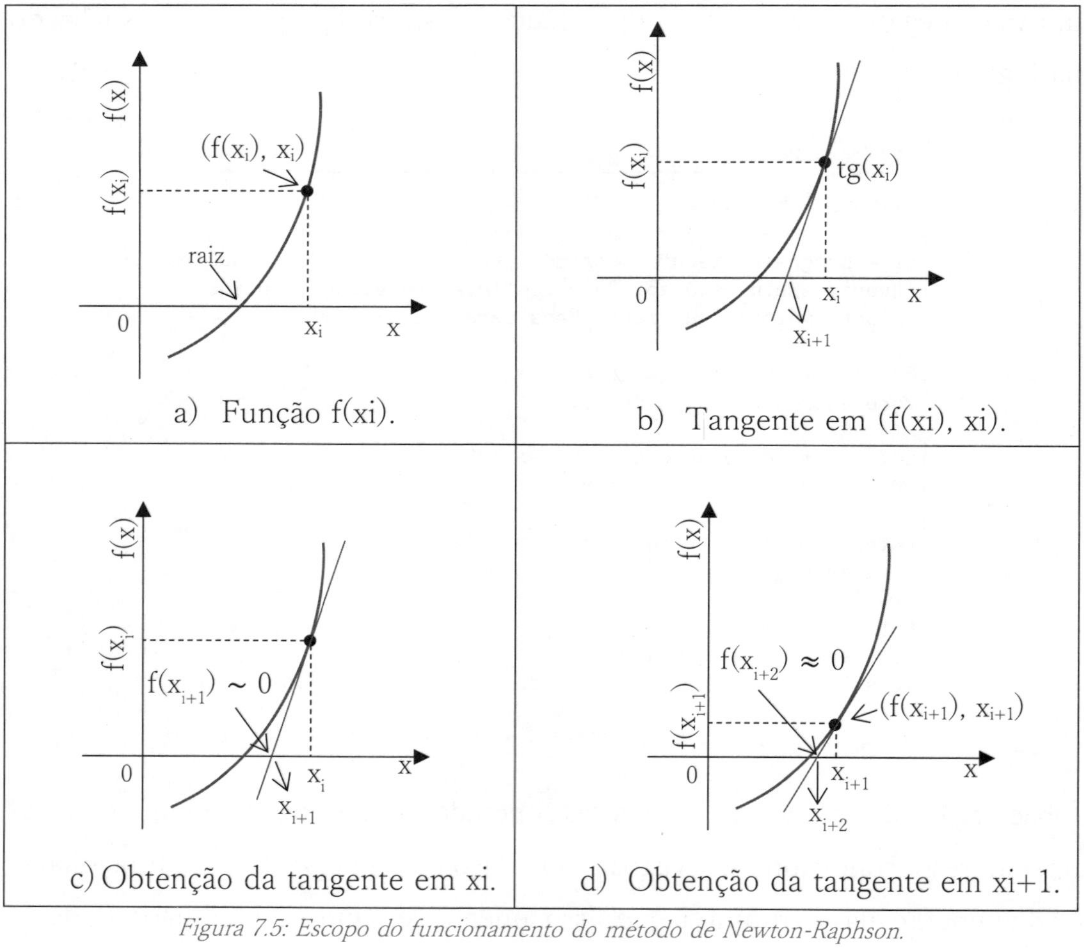

Figura 7.5: Escopo do funcionamento do método de Newton-Raphson.

Na Figura 7.5a temos a plotagem da curva de uma função qualquer f(xi). Não sabemos qual será exatamente o valor da raiz desta função e, por isso, vamos trabalhar mais nessa figura para desenvolvermos uma equação que possamos usar para encontrar essa raiz. Vamos escolher um ponto desta curva, digamos, (f(xi), xi) conforme ilustra a Figura 7.5a.

Neste ponto, como mostra a Figura 7.5b, traçamos uma reta tangente. Veja que a reta toca o eixo x em x_{i+1}. Esse valor está mais próximo da raiz que queremos encontrar se comparado ao valor inicial xi, veja Figura 7.5c. Agora vamos repetir esse procedimento. Vamos traçar uma nova tangente só que agora no ponto x_{i+1}. Veja pela Figura 7.5d que a nossa nova reta tangente corta o eixo x em um novo ponto, x_{i+2}.

Se olharmos bem, esse novo valor x_{i+2} está ainda mais próximo da raiz que desejamos encontrar. Cada vez que repetirmos esse procedimento, o valor encontrado para x estará mais perto do valor da solução. Este é o método de Newton-Raphson.

Vamos agora aplicar essa ideia em termos matemáticos. A reta tangente no ponto xi nos dá outro atalho, veja novamente a Figura 7.5c. Sabemos que a equação da reta tangente no ponto xi é igual ao coeficiente angular α da reta que acabamos de traçar. Esse coeficiente angular pode ser calculado através da razão entre Δf(x) por Δx. Essa é a definição de derivada [1]. Veja a Equação 7.1 a seguir.

$$f'(x) = \frac{\Delta f(x)}{\Delta x} = \frac{f(x_i) - 0}{x_i - x_{i+1}} \tag{7.1}$$

Temos agora que reorganizar a Equação (7.1) de forma que possamos encontrar o valor de x_{i+1}. O resultado é a Equação (7.2).

$$x_{i+1} = x_i - \frac{f(x_i)}{f'(x_i)} \tag{7.2}$$

A Equação (7.2) nos diz o seguinte: podemos encontrar um valor x_{i+1} mais próximo da solução se, com uma estimativa xi, calcularmos a função em xi e o valor da derivada em xi. Quando obtivermos o valor de x_{i+1}, temos que testá-lo para sabermos se este é a raiz. O teste é simples: basta colocar o valor de x_{i+1} na função f(x).

Se o resultado for zero, ou muito próximo de zero (uma tolerância aceitável), x_{i+1} será nossa solução. “E se não for?” Aí, faremos como foi explicado anteriormente, nossa nova estimativa será o valor de x_{i+1}, e calcularemos o valor de x_{i+2}. Faremos esse cálculo, o teste e essa substituição até que encontremos a solução desejada ou que a solução seja aceita dentro de um erro bem pequeno e pré-determinado. Como erro “bem pequeno” entenda uma diferença, pelo menos, lá na sexta casa decimal.

Antes de partirmos para o Python, e a fim de consolidar esse entendimento, examinemos um exemplo bem simples no qual nossa função é $f(x) = x^2 - 4$. Você pode se questionar: “Ah! Mas essa aí é muito fácil!” Isso mesmo. Se você entender como o método de Newton-Raphson funciona em um problema fácil, ficará mais confiante ao desenvolver e solucionar os problemas difíceis.

A derivada da função f(x) é igual a $f'(x) = 2x$. Nossa estimativa inicial será 1,5. Agora, para ficar mais fácil, vamos criar um roteiro (também chamado de algoritmo) de resolução do problema:

1. Com xi, calcule f(xi) e f'(xi);
2. Calcule x_{i+1};
3. Teste se o valor absoluto de $f(x_{i+1})$ está próximo de zero (vamos considerar aqui uma tolerância de 10^{-7}). O valor absoluto é necessário porque o resultado da função pode oscilar entre positivo e negativo em cada *iteração* (repetição);
4. Se a tolerância for alcançada, finalize os cálculos; caso contrário, xi = x_{i+1} e volte ao passo 1 e repita todo o procedimento.

Parece fácil?! E é! A Tabela 7.1 foi montada com os passos listados anteriormente para uma melhor visualização do procedimento. Perceba que nossa solução iniciou com uma estimativa inicial de xi = 1,5 e, após quatro iterações, chegamos a um valor de x_{i+1} = 2,0000000 com um erro (tolerância) de 4,814x10^{-13}. Bem razoável, não acha?

Tabela 7.1: Resolvendo o método de Newton-Raphson.

x_i	$f(x_i)$	$df(x_i)$	X_{i+1}	Testes de tolerância $f(x_{i+1}) <= 10^{-7}$	Repetir?
1,5	-1,75	3,0	2,0833333	0,34027778	Sim
2,0833333	0,3402778	4,1666667	2,0016667	0,00666944	Sim
2,0016666	0,0066694	4,0033333	2,0000007	2,775x10^{-6}	Sim
2,0000007	2,775x10-6	4,0000013	2,0000000	4,814x10^{-13}	Não

Claro que você pode obter um resultado ainda mais preciso, basta diminuir ainda mais a tolerância. É importante frisar que, na grande maioria dos casos, existirá uma diferença entre o valor real da solução e o valor estimado pelo computador. O computador trabalha com arredondamentos e truncamentos, o que pode alterar o resultado esperado. Mas, na maior parte das aplicações em engenharia, um erro de 10^{-7} é mais que aceitável. Caso você tente estimar esse erro para zero, dependendo do problema, o computador pode não encontrar a solução almejada.

Agora vejamos o código simplificado em Python que resolve esse nosso primeiro exemplo. Iniciamos com uma estimativa inicial na linha 2 da Figura 7.6. Na linha 4 temos a estrutura *while* que fará o teste de tolerância usando a função $f(x) = x^2 - 4$. Enquanto o valor absoluto (*abs*( )) for maior que a tolerância especificada, o valor de x1 é calculado na linha 5 e aplicado como novo valor de x0, como mostra a linha 6. Apenas o que está dentro do bloco *while* é repetido até que a solução seja alcançada.

```
1 # estimativa inicial de x
2 x0 = 1.5
3 # repita até que a condição seja alcançada
4 while (abs((x0**2)-4) > 1e-7):
5     x1 = x0 - ((x0**2)-4)/(2*x0)
6     x0 = x1
7
8 # imprimindo o resultado
9 print('O valor da raiz é %.7f' %x1)
```

Figura 7.6: Código Newton-Raphson simplificado.

A linha 9 imprimirá o resultado apenas após as iterações no laço *while* cessarem. Veja que temos uma estrutura diferente de impressão. Veremos mais detalhes sobre essas estruturas na segunda parte deste livro.

Cálculo do raio de um cilindro

Vamos agora falar sobre um novo exemplo no qual você está projetando um tanque cilíndrico para armazenar água de reuso para o processo pelo qual você é responsável. O volume do líquido que ele armazena pode ser calculado pela Equação (7.3).

$$V = \frac{\pi r^2}{3}\left(6 - \frac{(h-2)}{r}\right) \tag{7.3}$$

Onde V é o volume (m^3), h é a altura do tanque (m) e r é o raio do tanque (m). Se h = 3 m, qual deve ser o raio do tanque para que ele armazene 45 m^3?

Bem, como parte da solução, a Equação (7.4) mostra a função que deve ser minimizada para que f(r) seja igual, ou muito próximo, a zero.

$$f(r) = \frac{\pi r^2}{3}\left(6 - \frac{(h-2)}{r}\right) - V \tag{7.4}$$

A Equação (7.5) mostra a derivada da equação anterior. Precisaremos dela para aplicarmos o método de Newton-Raphson.

$$df(r)dr = 4\pi r - \frac{\pi}{3}(h-2) \tag{7.5}$$

Como todos os dados necessários para a resolução do problema proposto já foram concedidos, vejamos nossa solução de código em Python na Figura 7.7. Iniciamos o código importando as bibliotecas necessárias para a resolução do problema nas linhas 2 a 4. "Como vou saber quais bibliotecas preciso importar?" Não se preocupe! Veremos mais sobre essas importações e uso de funções na segunda parte deste livro.

As linhas 7 a 10 trazem as declarações das variáveis citadas na descrição do problema e que são necessárias para nossa solução. Um comentário importante deve ser feito aqui. Essa solução contém uma etapa a mais se comparada à aplicação anteriormente estudada. Aqui, nós vamos primeiramente montar um gráfico da função f(r) para termos uma melhor ideia de onde a raiz está disposta. Por isso a necessidade de se construir duas listas de valores nas linhas 13 a 16. Caso você já conheça a função e tenha uma boa noção de onde a raiz se encontra, a construção do gráfico é desnecessária.

A linha 14 nos dará uma lista com 30 valores igualmente espaçados entre 0,1 e 5. Veja que aqui usamos a função *linspace( )* da biblioteca numpy. Você pode escolher intervalos maiores caso queira. O laço de repetição executará a Equação (7.4) para cada valor contido na lista r.

As linhas 20 a 27 são responsáveis pela construção do gráfico. A única novidade aqui, se comparado ao que já vimos anteriormente, é a função *pause( )* na linha 27. Esta função obriga o Python a realizar uma pausa, em segundos, especificada pelo usuário. Veja no nosso código que a pausa solicitada foi de cinco segundos. Nesse código, a pausa é necessária para que o Python tenha tempo suficiente de gerar o gráfico na tela. Caso contrário, apenas uma janela branca será criada no monitor do usuário. Sem o gráfico, não teremos nossa estimativa de raio, que será solicitada na linha 31.

Essa 'anomalia' ocorre porque a execução do nosso código é muito rápida e, sem a pausa, não haverá tempo hábil para que a imagem apareça na tela antes que a linha 31 do nosso código seja executada. Ou seja, a execução do código fica parada até que o usuário entre com a informação demandada. Caso não haja solicitação de dados externos, ou seja *input*( ) pelo console, a função *pause*( ) pode ser descartada.

```
# importando bibliotecas
import math as m
import numpy as np
import matplotlib.pyplot as p

# declarações de variáveis
h = 3                # altura do tanque (m)
V = 45               # volume do tanque (m3)
n = 1                # contador
fr = 1               # estimativa inicial de fv

#---gerando dados para a construção de um gráfico de fv versus r
f = []
r = np.linspace(0.1 , 5, 30)                # criando um intervalo linear
for ri in r:
    f.append(((m.pi*(ri)**2)/3)*(6-(h-2)/ri) - V)

#---visualizando o comportamento de fv em um gráfico
# plotando o gráfico
p.plot(r, f, 'k-*')                                # plotando o gráfico
p.xlabel('r (m)')                                  # legenda do eixo X
p.ylabel('f(r)')                                   # legenda do eixo Y
p.title('f(r) X r')                                # título
p.legend(['f(r)'])                                 # legenda do gráfico
p.grid(color='k', linestyle='-', linewidth=0.1)    # linhas de grade
p.show()                                           # mostrar a figura
p.pause(5)                                         # pausa
print('\nContinuando a resolução do problema.')

# estimativa inicial de r
r0 = float(input('Entre com o valor da estimativa de r(m): '))

# repita até que a condição seja alcançada
while (abs(fr) > 1e-7 and n < 1000):
    fr = ((m.pi*(r0)**2)/3)*(6-(h-2)/r0) - V
    dfr = 4*m.pi*r0 - (m.pi/3)*(h-2)
    r1 = r0 - (fr/dfr)
    r0 = r1
    n += 1
# imprimindo o resultado
print('O raio calculado foi de %.2f metros' %r1)
print('Para encontrar a solução, foram necessárias %i iterações' %n)
```

Figura 7.7: Uso do método de Newton-Raphson para determinação do raio de um tanque.

Depois de você ter visualizado o gráfico e entrado com a estimativa de *r* no console, o código continuará sua execução de forma a procurar pela solução entre as linhas 34 e 39. Veja na linha 34 que temos um elemento novo se comparado ao exemplo anterior: um contador **n**. A cada tentativa de encontrar o valor de **r**, soma-se 1 a **n**. Esse contador é um elemento de segurança que, recomendo fortemente, você pode aplicar na estrutura do **while**.

Por exemplo, no código da Figura 7.7, caso haja mais de 1000 iterações o laço **while** parará as tentativas de encontrar uma solução. Se o problema precisou de 1000 iterações para ser resolvido, pode haver alguma inconsistência nas equações utilizadas e seu código deverá ser revisto. A maioria dos problemas de engenharia são solucionados com um número de tentativas muito menor. Logo, o contador servirá para que seu programa não trave tentando encontrar uma solução errada ou que pode não aparecer.

Devido ao tamanho das equações, as linhas 35 e 36 trazem as Equações (7.4) e (7.5) respectivamente. Os valores calculados nessas duas linhas serão utilizados na linha 37 pela Equação (7.2). A linha 38 atualiza o valor do raio que será testado pela Equação (7.4).

A linha 39 traz o contador de iterações que soma uma unidade a cada iteração realizada pelo código. Por fim, temos a impressão dos resultados obtidos nas linhas 41 e 42. Ao executar o código, o usuário se dará com o resultado exposto na Figura 7.8.

A Figura 7.8a mostra o gráfico gerado pelo uso da Equação (7.4) variando com o raio. Perceba que a raiz está entre 2 e 3 metros. Então nossa estimativa poderia ser de 3 metros, como é mostrado na Figura 7.8b. Para nossa sorte, após apenas 5 iterações, o resultado foi um raio r de 2.76 m.

Bem, embora o método de Newton-Raphson seja, em geral, muito eficiente e rápido se comparado a outros métodos, existem algumas dificuldades que precisam ser comentadas. Por exemplo, exigir que o usuário obtenha a derivada de uma função não necessariamente é uma tarefa simples, a não ser que ele aplique a teoria da derivada, como vimos na Equação (7.1).

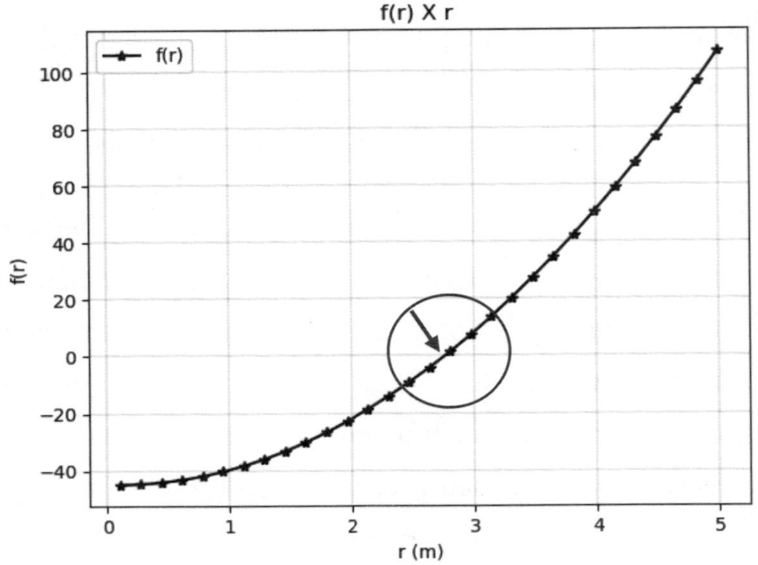

a) Gráfico de apoio para escolha da estimativa de r.

```
Console 1/A
Continuando a resolução do problema.

Entre com o valor da estimativa de r(m): 3
O raio calculado foi de 2.76 metros
Para encontrar a solução, foram necessárias 5 iterações
```

b) Solicitação da estimativa do valor de r.

Figura 7.8: Resultado do exemplo do cálculo do raio de um cilindro.

Também há situações nas quais o método tem um desempenho insatisfatório. como mostra o exemplo da função $f(x) = x^{10} - 1$. Observe que uma das raízes é igual a 1. Porém, com uma estimativa de $x = 0{,}5$, temos milhares de tentativas até que a solução seja alcançada. Assim como essas, outras armadilhas podem ser vistas em Chapra e Canale [2].

Cálculo do fator de atrito de um tubo

Você está trabalhando muito com todo esse novo conhecimento em programação e mais uma demanda foi encaminhada para você. O problema agora está na necessidade do cálculo da potência de um motor bomba que impulsionará água, a uma velocidade de 4.5 m/s, em um tubo de aço carbono, horizontal, com rugosidade ε igual a 4,57x10^{-5} (m), e comprimento de 15 metros.

Para resolver esse problema, faremos uma pequena revisão do que será necessário. Veja que esse problema é uma continuação, ou adaptação, de uma solução já obtida por você: O cálculo do número de Reynolds (**Re**) que vimos no capítulo anterior! Isso mesmo. Precisaremos desse número para calcularmos o fator de atrito **f** (adimensional).

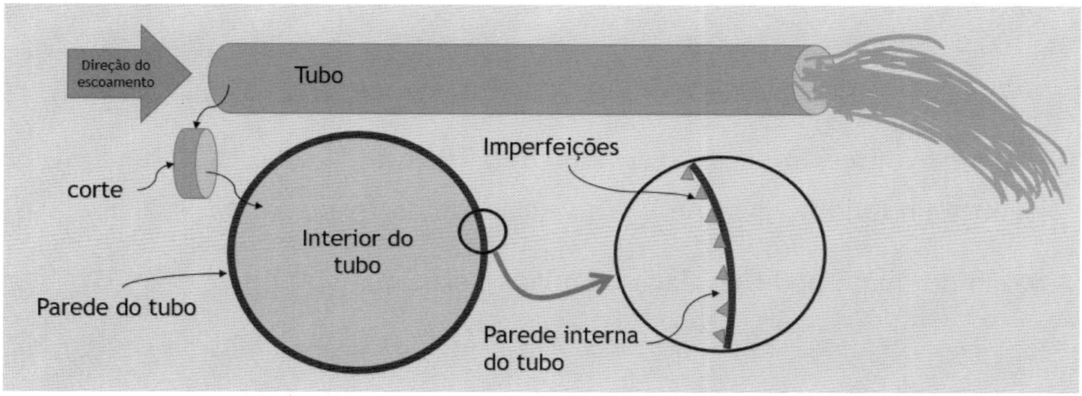

Figura 7.9 – Visualização das imperfeições das paredes internas de um tubo.

O fator de atrito está relacionado à dificuldade de o fluido escoar pelas paredes de um tubo devido às imperfeições das paredes internas do tubo, ou seja, o tubo não é perfeitamente liso e isso também dificulta o processo de escoamento do fluido (Figura 7.9). Esta dificuldade deve ser considerada no momento do cálculo da potência de um motor bomba e pode ser calculada com base em *Re* [5]. Caso o regime obtido seja laminar, uma boa aproximação de f pode ser obtida se utilizarmos a Equação (7.6).

$$f = \frac{64}{Re} \qquad (7.6)$$

Mas, se o regime for transiente ou turbulento, o fator de atrito deverá ser calculado pela equação de Colebrook, definida na Equação (7.7).

$$\frac{1}{\sqrt{f}} = -2{,}0 \times log\left(\frac{\varepsilon}{3{,}7 \times D} + \frac{2{,}51}{Re \times \sqrt{f}}\right) \quad (7.7)$$

Onde ε é a rugosidade (m) e D é o diâmetro do tubo (m).

Não se surpreenda com a Equação 7.7. Não há erro de digitação! Realmente você terá que calcular o fator de atrito por meio de uma equação que depende do fator de atrito como uma variável. Veremos mais detalhes de como fazer isso durante a resolução aplicando o laço de repetição *while*.

Para calcularmos a potência do motor bomba, precisamos da vazão do fluido e da variação de pressão no tubo. Esta última pode ser calculada pela Equação (7.8) a seguir.

$$\Delta P = f \times \frac{L}{D} \times \rho \times \frac{V^2}{2} \quad (7.8)$$

Onde ΔP é a pressão em (Pa), L é o comprimento do tubo (m), ρ é a massa específica do fluido (kg/m^3) e V é a velocidade do fluido (m/s).

A vazão do fluido pode ser dada calculada pela Equação (7.9).

$$Q = V \times A \quad (7.9)$$

Onde Q é a vazão (m^3/s), e A é a área (m^2) da seção transversal do tudo.

E, por fim, podemos calcular a potência necessária para suprir as perdas de pressão causadas pela rugosidade do tubo com auxílio da Equação (7.10).

$$W = Q \times \Delta P \quad (7.10)$$

Onde W é a potência da bomba (kW).

Agora que você tem os dados necessários para a resolução do problema, vamos adaptar o código do cálculo do número de Reynolds visto no capítulo anterior para ganharmos tempo. As unidades de algumas variáveis não foram explicitadas aqui porque já foram citadas na resolução que tomaremos como base.

A solução do nosso problema tem duas partes que estão dispostas na Figura 7.10 e na Figura 7.11. Verifiquemos a primeira parte da nossa solução na Figura 7.10. Atente que repetimos quase todas as linhas já utilizadas anteriormente na Figura 6.11: Usando a estrutura if/elif/else. Aqui a diferença está, a princípio, na importação das bibliotecas numpy e matplotlib nas linhas 2 e 3.

```
1 # importando bibliotecas
2 import numpy as np
3 import matplotlib.pyplot as p
4
5 # declaração de variáveis
6 mi = 0.89e-3            # viscosidade dinâmica do fluido - Pa.s = kg/m.s
7 v = 4.5                 # velocidade média do fluido - m/s
8 D = 3/100               # diâmetro do tubo - m
9 ro = 997.05             # massa específica - kg/m3
10 f = 0                  # fator de atrito estimado
11 epsilon = 4.57e-5      # rugosidade do tubo (m)
12 L = 15                 # comprimento do tubo (m)
13 f1 = 100               # fator de atrito calculado
14 n = 0                  # estimativa inicial do contador
15 erro = 1e-2            # estimativa inicial do erro absoluto
16
17 # cálculo do número de Reynolds
18 Re = ro*D*v/mi         # Eq. 6.1
19
20 # realizando os testes para a determinação do regime
21 if Re <= 2300.0:
22     msg = 'laminar'
23 elif Re > 2300.0 and Re <= 4000.0:
24     msg = 'transiente'
25 else:
26     msg = 'turbulento'
27 # imprimindo o resultado
28 print('O Re calculado foi de', format(Re, '.1f'), '\nLogo, o regime é', msg)
```

Figura 7.10: Adaptação do código para o cálculo do número de Reynolds visto no capítulo anterior.

As variáveis das linhas 6 a 9 já foram utilizadas no problema anterior, com exceção do valor da velocidade *v* que foi alterada para 4,5 m/s. As variáveis dispostas entre as linhas 10 e 15 são novas! Na linha 10 temos uma estimativa para o fator de atrito (um chute inicial) que será necessário para a nossa resolução.

A linha 11 nos traz a rugosidade do material, conforme descrito no problema, assim como a linha 12 que informa o comprimento do tubo. Na linha 13 temos um f1, que também é uma estimativa inicial para o fator de atrito. “Não precisamos calcular dois fatores, por que temos essa nova estimativa numa variável com nome diferente e que representa a mesma coisa de **f**?"

A resposta é que precisamos calcular a diferença entre o valor "chutado" e o valor calculado de *f*, e esses dois valores não podem ficar em um único lugar. Poderíamos utilizar uma lista para esses dois itens, mas por questões de simplificação do código, resolvemos deixar esses dois valores separados, mesmo eles significando a mesma coisa.

Na linha 14 temos um contador, que nos dará mais segurança para uma possível parada do programa caso nosso chute referente ao valor de *f* seja horrível ou alguma linha de código tenha sido digitada de maneira equivocada. Veja na linha 15 que também temos uma estimativa para o erro. Veremos mais adiante por que essa estimativa inicial.

Calculamos novamente o Re na linha 18 e o seu resultado é testado no laço condicional entre as linhas 21 e 26. Essa parte, como também a impressão do resultado na linha 28, já conhecemos.

Bem, agora vem a parte interessante! Vamos para a Figura 7.11. A linha 30 tem um laço condicional que depende do resultado do cálculo de Re. Se o fluxo for laminar, f1 será calculado pela Equação (7.6), caso contrário (transiente ou turbulento), nosso fator de atrito será calculado através da Equação (7.7).

Olhando mais de perto o laço condicional, vamos para a linha 32 onde há o regime transiente ou turbulento. Perceba que aqui vamos repetir um procedimento já conhecido por nós que é a plotagem de um gráfico para identificarmos, com melhor precisão, uma estimativa para o valor inicial do fator de atrito *f*. A linha 34 traz uma lista vazia que será utilizada para armazenar cada resultado obtido no laço de repetição *for* da linha 36.

A linha 35 é responsável por gerar uma lista linear entres os valores 0,0001 e 1,0 com 500 pontos (sim, são muitos! Aqui serão necessários para melhorar a visualização da estimativa no gráfico). A função utilizada no laço *for* é a representada pela Equação (7.7). Atente que fizemos uma pequena modificação nesta equação.

```
if msg == 'laminar':
    f1 = 64/Re   # caso Reynolds seja laminar, use a equação simplificada
else:
    #---gerando dados para a construção de um gráfico de func(f) versus f
    func = []
    fs = np.linspace(0.0001 , 1.0, 500)      # criando um intervalo linear
    for fi in fs:
        func.append(-2.0*np.log10((epsilon/(D*3.7)) + 2.51/(Re*np.sqrt(fi)))
        - 1.0/(np.sqrt(fi)))

    #---visualizando o comportamento de func(v) versus f
    p.clf()                                  # limpando a figura anterior
    p.plot(fs, func, 'g.-')                  # plotando o gráfico
    p.xlabel('f')                            # legenda do eixo X
    p.ylabel('func(f)')                      # legenda do eixo Y
    p.title('func(f) X f')                   # título
    p.legend(['func(f)'])                    # legenda do gráfico
    p.grid(color='k', linestyle='-', linewidth=0.1)#linhas de grade
    p.show()                                 # mostrar a figura
    p.pause(5)                               # pausa para mostrar o gráfico
    print('\nContinuando a resolução do problema.')

    # entrando com a estimativa de f
    f1 = float(input('Entre com o valor da estimativa de f: '))

    # repita até que a condição seja alcançada
    while (erro >= 1e-15 and n < 1000):
        f = f1
        n += 1
        f1 = (-2.0*np.log10((epsilon/(D*3.7)) + 2.51/(Re*np.sqrt(f))))**(-2)
        erro = abs(f1 - f)

# cálculo do deltaP
deltaP = (f*L*ro*(v**2)/(2*D))/1000 #kPa

# vazão de líquido no tubo (m3/s)
Q = v*np.pi*(D/2)**2

#cálculo da potência do motor bomba necessária para suprir a queda de pressão
W = deltaP*Q

# imprimindo o resultado
print('O fator de atrito calculado foi de %.5f' %f1)
print('Para encontrar a solução, foram necessárias %i iterações' %n)
print('O erro absoluto foi de %.2e' %erro)
print('A queda de pressão no tubo foi de %.1f kPa' %deltaP)
print('Potência do motor bomba para suprir a queda de pressão é de %.2fkW' %W)
```

Figura 7.11: Continuação do código da Figura 7.10 para o cálculo da potência da bomba.

Como estamos interessados no valor de *f*, transferimos o termo do lado esquerdo da Equação (7.7) para o lado direito. Ou seja, em algum ponto do intervalo construído na lista da linha 35, o resultado da Equação (7.11) será igual a zero e podermos ver esse resultado no gráfico que será plotado através das linhas 41 a 49.

$$-2{,}0 \times log\left(\frac{\varepsilon}{3{,}7 \times D} + \frac{2{,}51}{Re \times \sqrt{f}}\right) - \frac{1}{\sqrt{f}} = 0 \quad (7.11)$$

Veja que, no código da linha 37, estamos utilizando funções da biblioteca numpy, mais especificamente as funções *log10* e *sqrt*. São as mesmas funções que já usamos através da biblioteca *math*. "Por que isso?" As bibliotecas são independentes e podem conter funções idênticas às já vistas. Veremos mais sobre funções e bibliotecas nos capítulos vindouros.

Na linha 49 temos a execução de uma pausa para que, da mesma forma que no exemplo anterior, haja tempo hábil de exposição do gráfico antes da solicitação da estimativa de f1 na linha 53.

Nossa estrutura *while* se encontra na linha 56. Observe que temos duas condições de repetição: se o *erro* for maior que $1x10^{-15}$ e se *n* for menor que 1000; se uma delas não for atendida, a repetição parará.

A estimativa solicitada ao usuário será inserida na linha 57. Na linha 58, soma-se a unidade a cada iteração necessária e na linha 59 temos o cálculo de f1 através da Equação (7.12) (mais uma modificação da Equação (7.7)). Veja que f1 é calculado a cada iteração, para que haja uma atualização dos valores quando nossa estimativa f é atualizada na linha 57.

$$f1 = \frac{1}{\sqrt{\left[-2{,}0 \times log\left(\frac{\varepsilon}{3{,}7 \times D} + \frac{2{,}51}{Re \times \sqrt{f}}\right)\right]}} \quad (7.12)$$

Onde f1 é igual a f. O processo se repetirá até que uma das condições já citadas no laço *while* não seja atendida.

Observação: é imperativo afirmar que normalmente pode-se aplicar um método numérico para a resolução deste problema, como por exemplo o método intervalar da bisseção ou da secante (sem a necessidade de cálculo da derivada da equação, como mostrou o método de Newton-Raphson que vimos anteriormente). Aqui, nós usamos a vantagem do formato da Equação (7.7) para usar um valor de f calculado como estimativa do cálculo de um novo f. Como você já deve ter percebido, a maioria das equações não apresenta esse formato.

Continuando a explicação do código da Figura 7.11, a linha 63 é responsável por calcular a diferença de pressão com o uso da Equação (7.8); a linha 66 calculará a vazão através da Equação (7.9) e, finalmente, a linha 69 nos trará como resultado a potência necessária para suprimir as perdas causadas pelo atrito do tubo com auxílio da Equação (7.10).

As linhas 72 a 76 são responsáveis pela impressão dos resultados no console. Veja que serão impressos o fator de atrito obtido, o número de iterações, o erro obtido durante o laço de repetição *while*, a variação de pressão ΔP e a potência W. Os resultados podem ser visualizados através da Figura 7.12.

Observemos que na Figura 7.12a temos o gráfico que é gerado devido à primeira parte do código que calcula o regime. O gráfico só é gerado se o regime for turbulento ou transiente. É possível identificar, ou ter uma boa ideia, do valor de estimativa para o *f*, como mostra o círculo vermelho. A estimativa escolhida foi de 0,01.

A Figura 7.12b mostra os demais resultados obtidos após a inserção do "chute" do usuário. O valor verdadeiro de f calculado foi de 0,02319 com apenas 10 iterações. O erro absoluto também foi muito bom, praticamente zero. Atente que o nosso problema era demasiadamente simples. Em caso de haver elevação do líquido para determinadas alturas, faz-se necessário aplicar outras considerações aos cálculos devido às perdas de cargas em joelhos, tês, válvulas etc. Outras aplicações para o cálculo do fator de atrito podem ser vistas em Ghasem [3] e em Couper et al. [4].

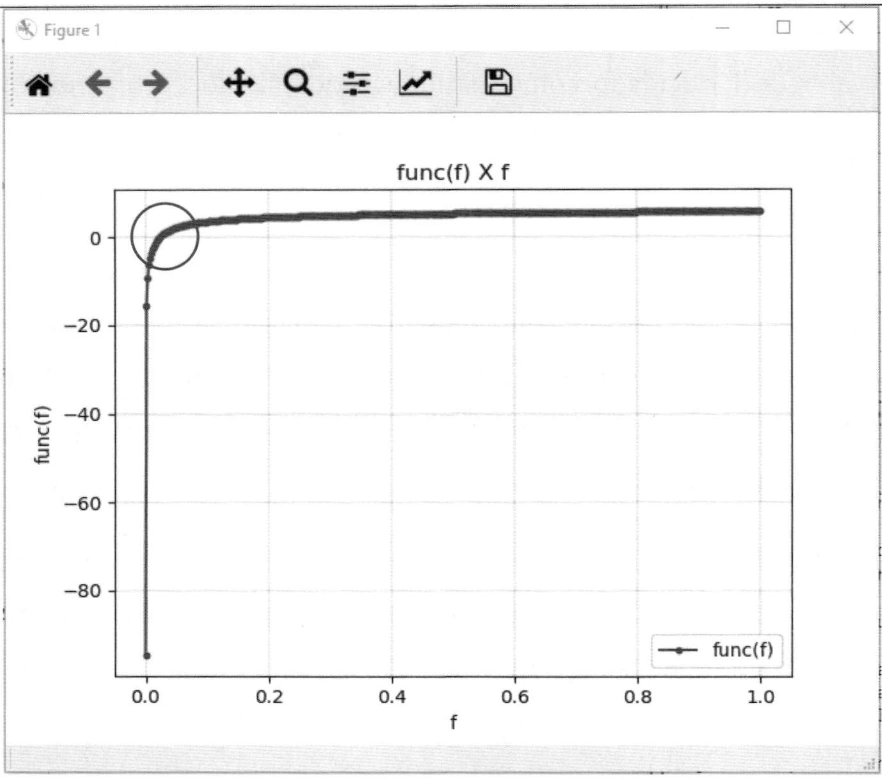

a. Gráfico de apoio para escolha da estimativa de f.

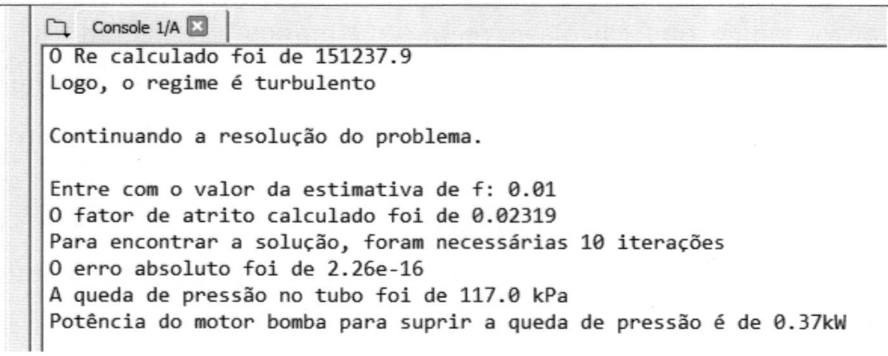

b. Solicitação da estimativa do valor de f e outros resultados.

Figura 7.12: Resultados do cálculo da potência de um motor bomba.

Problemas de desenvolvimento

7.1. Escreva uma rotina na qual, pelo método de Newton-Raphson, é possível encontrar a raiz da seguinte equação: $f(x) = 2x^2-1$.

7.2. Observe o código disposto na Figura Ex 7.1 a seguir e identifique onde se encontram os erros. Comente sobre os mesmos e reescreva o código de forma correta.

```
'''
Este é um código simplificado para a impressão do triângulo de Pascal.
Por exemplo, quando o número de linhas é igual a 5, temos a impressão:
  1                    |  Equação utilizada:
  1  1                 |   ( n )
  1  2  1              |  (     ) = ____n!_____ = B (Binômio de Newton)
  1  3  3  1           |   ( k )       k!(n-k)!
  1  4  6  4  1        |
'''
contador = int(input("Entre com o número de linhas 'n': "))
n = 0
while n <= contador:
    k = 0
    nfatorial = 1
    for i in range(1,n+1):                 #fatorial de n
        nfatorial*= i
    while k < n:
        kfatorial = 1
        for j in range(1,k+1):             #fatorial de k
            kfatorial*= j
        nkfatorial = 1
        for z in range(1,(n-k)):           #fatorial de n-k
            nkfatorial*= z
        B = nfatorial/(kfatorial*nkfatorial)  #cálculo do Binômio
        print(format(B, '4.0f'), end="")      #impressão de cada linha
        k+=1
    print()
    n+=1
```

Figura Ex 7.1: Código com algum erro de lógica para você encontrar.

7.3. Observe o código apresentado na Figura Ex 7.2 mais adiante e identifique onde se encontram os erros. Comente sobre os mesmos e reescreva o código de forma correta.

```
O resultado da função a seguir deve ser uma lista com o número de termos da
série de Fibinacci [0, 1, 1, 2, 3, 5, 8, 13, 21]. Ex.: Para um número de
termos igual a 6,  temos a impressão da seguinte lista: [0, 1, 1, 2, 3, 5]
"""
try:
    numero_termos = input('Entre com o número de termos para Fibonacci: ')

    fib = []
    k = 1

    while (k > numero_termos):
        if k == 0:
            fib.append(1)
        elif k == 1:
            fib.append(2)
        else:
            fib.append(fib[k-2] + fib[k-3])
        k += 1

    print('Você pediu que a sequência de Fibonacci' +
          ' tivesse {0} termos.'.format(numero_termos))
    print('\nVeja o resultado da sua solicitação a seguir: ')
    print(fib)
except:
    print('Por favor, entre apenas com números inteiros!')
```

Figura Ex 7.2: Código com erro de lógica para você identificar e solucionar o problema.

Finalizando o Capítulo 7

Vimos neste capítulo como utilizar um laço de repetição *while* e que ele trabalha sem que haja exatamente um número de iterações predefinidas. Vimos aplicações voltadas para a Engenharia Química como o método de Newton-Raphson para o cálculo do raio de um cilindro e, também, um exemplo mais complexo mostrando uma estrutura na qual utilizamos as três principais estruturas de programação estudadas até agora: *if*, *for* e *while*. Não se intimide com os tamanhos dos programas. Atualmente, estamos escrevendo todas as partes necessárias para as soluções dos nossos problemas em apenas um módulo. Na parte 2 deste livro, veremos como nossos programas terão estruturas modulares e como isso facilitará o entendimento do código como um todo.

No próximo capítulo veremos outras aplicações interessantes com base nos conteúdos de programação já conhecidos. Você está indo bem! Se você chegou até aqui, é porque está muito interessado em aprender a programar e, como você pode ter percebido, na maioria das nossas aplicações, os desafios são alcançáveis!

Referências

[1] HUGHES-HALLETT, D. *et al.* **Cálculo a Uma e a Várias Variáveis**. Vol. 1. 5. ed. Rio de Janeiro: Grupo Gen - LTC, 2011.

[2] CHAPRA, Steven C.; CANALE, Raymond P. **Métodos numéricos para engenharia**. McGraw-Hill, 2008.

[3] GHASEM, Nayef. **Computer methods in chemical engineering**. CRC Press, 2011.

[4] COUPER, James R.; PENNEY, W. Roy; FAIR, James R. **Chemical Process Equipment-Selection and Design** (Revised 2nd Edition). Gulf Professional Publishing, 2009.

[5] HIMMELBLAU, D.M. **Basic Principles and Calculations in Chemical Engineering** - 3ª ed. Prentice Hall, New Jersey, 1974.

Capítulo 8: Outros estudos de caso

Durante o curso de graduação você se deparará com inúmeras aplicações matemáticas para a resolução de potenciais problemas na indústria de processos. Alguns desses problemas são simples de serem resolvidos, outros demandam conhecimentos de conteúdo específico vistos em disciplinas durante o curso. A experiência complementará seu suporte, mas podemos dar uma força para que você possa sair com "experiência acadêmica" em situações diversas já ocorridas no chão de fábrica. Neste capítulo estudaremos aplicações em Python utilizando equações de estado, necessárias para os cálculos de propriedades termodinâmicas de substâncias diversas, também veremos um exemplo de curva de neutralização na qual é possível observar quatro comportamentos distintos de acordo com os volumes gastos dos reagentes envolvidos. Estudaremos outro método numérico (não é o foco deste livro) chamado método da falsa posição, no qual não haverá necessidade de se calcular a derivada da equação problema. E, por fim, calcularemos o número de membranas destinadas a um dessalinizador usando conceitos de osmose reversa.

Exemplo 8.1: Comparação das equações de estado

Com o conhecimento mais amplo em programação, você terá outros desafios pela frente. O próximo problema solicitado é que você calcule qual a carga máxima em kg de CO a -50 °C que um reservatório cilíndrico poderá armazenar, considerando que a pressão operacional é de 80 bar. O vaso tem diâmetro de 0,3 m e comprimento de 1,8 m.

Façamos uma pequena revisão sobre equações de estado. As relações entre pressão, volume específico e temperatura que utilizam equações analíticas são chamadas de equações de estado. Elas nos dão as respostas, ou uma boa visão, do comportamento de propriedades como a energia interna, entalpia e entropia de uma substância.

A equação dos **gases ideais** é uma das mais conhecidas e utilizadas no ensino de ciências e é resumida na Equação (8.1). A definição de gás ideal é que o gás apresenta um comportamento peculiar quando a pressão tende a zero. À medida que isso ocorre, as moléculas que constituem o gás se afastam umas das outras. Devido a esse distanciamento, não há interação entre as moléculas, ou seja, as forças de atração ou de repulsão entre elas se tornam praticamente nulas.

$$P\bar{v} = RT \qquad (8.1)$$

Onde P é a pressão (bar), $\bar{v}$ = V/**n** é o volume específico (m^3/kmol), V é o volume (m^3), **n** é a quantidade de matéria (número de mols), R é a constante dos gases ideais (8314 N.m/kmol.K) e T é a temperatura absoluta (K).

Como você verá durante o curso de graduação, ou já conhece isso do chão de fábrica, a idealidade pode ser aplicada a um conjunto de casos bem resumidos. Para minimizar essa discrepância causada pela influência da pressão em cada gás que não se comporta idealmente, foram elaboradas outras equações, como por exemplo a de **Van der Waals**, que apresenta um aprimoramento se comparada à equação do gás ideal. Van der Waal percebeu que para gases não ideais há influência do volume da molécula, que não é infinitesimal como no modelo ideal, e que há forças de atração entre as moléculas [1]. Vejamos a Equação (8.2).

$$P = \frac{RT}{\bar{v} - b} - \frac{a}{\bar{v}^2} \qquad (8.2)$$

Onde a é uma constante de leva em conta as forças de atração entre as moléculas e b é aplicado para corrigir o volume finito ocupado pelas moléculas já que elas não podem ocupar o mesmo lugar no espaço.

As constantes a e b são determinadas com auxílio do ponto crítico da substância [1]. Os valores de a e b, são calculados através das Equações (8.3) e (8.4) respectivamente.

$$a = \frac{27}{64}\frac{R^2T_c^2}{P_c} \tag{8.3}$$

$$b = \frac{RT_c}{8P_c} \tag{8.4}$$

Onde Tc é a temperatura crítica da substância (K) e Pc é a pressão crítica da substância (bar). Os valores de Pc e de Tc são tabelados para algumas substâncias e serão dados complementares durante a resolução do problema.

Para pressões mais elevadas, temos a modificação da equação de Van der Waals, que se chama equação de **Redlich-Kwong**. Matematicamente, esta equação é mais difícil de ser manipulada manualmente, porém ela é mais precisa [2]. A Equação (8.5) é o resultado dessa melhoria.

$$P = \frac{RT}{\bar{v} - b} - \frac{a}{\bar{v}(\bar{v} + b)\sqrt{T}} \tag{8.5}$$

Onde os valores das constantes a e b são calculados pelas equações (8.6) e (8.7) respectivamente.

$$a = 0{,}42748\left(\frac{R^2T_c^{5/2}}{P_c}\right) \tag{8.6}$$

$$b = 0{,}08664\left(\frac{RT_c}{P_c}\right) \tag{8.7}$$

Os valores de Pc e de Tc usados aqui também são tabelados e serão expostos durante a resolução do problema.

O modelo de **Peng-Robinson** é uma outra variação da equação de Van der Waals e é dada pela Equação (8.8).

$$P = \frac{RT}{\bar{v} - b} - \frac{a \times \alpha}{\bar{v}(\bar{v} + b) + b(\bar{v} - b)} \qquad (8.8)$$

Onde os valores das constantes $\boldsymbol{a}$ e $\boldsymbol{b}$ são calculados pelas equações (8.6) e (8.7) respectivamente [3].O valor $\boldsymbol{\alpha}$ é uma medida da não esfericidade da molécula e é chamado de fator acêntrico. Ele pode ser calculado através da Equação (8.9).

$$\alpha = \frac{1}{\sqrt{T_r}} \qquad (8.9)$$

Onde Tr é a temperatura reduzia e pode ser calculada pela Equação (8.10).

$$T_r = \frac{T}{T_c} \qquad (8.10)$$

No momento temos quatro modelos para testes. Nossa solução não está limitada aos modelos apresentados. Caso tenha interesse em se aprofundar no assunto, busque outras referências em termodinâmica [1][2][4].

A Figura 8.1 mostra um possível código que lhe auxiliará na construção de um gráfico comparativo entre as equações de estado revisadas. Veja que a estrutura do código é praticamente a mesma já estudada por nós. Nas linhas 2 e 3 temos importações de bibliotecas que serão posteriormente utilizadas. As linhas 5 a 11 contêm as declarações das variáveis, ou valores iniciais que serão utilizados para resolvermos as equações já apresentadas.

A linha 13 traz uma forma diferente de apresentação de listas vazias. Veja que declaramos os nomes das variáveis e, após o sinal de igualdade, seus conteúdos separados por vírgulas. Na linha 16 temos o cálculo do volume do cilindro e na linha 17 será criada uma lista com 70 valores de igual espaçamento em um intervalo de massa entre de 0,1 e 20 kg de CO.

```
# importando bibliotecas
import numpy as np
import matplotlib.pyplot as p
# declaração de variáveis
MM = 28.01              # massa molar do CO (kg/kmol)
T = -50 + 273.15        # temperatura absoluta (K)
D = 0.3                 # diâmetro do cilindro (m)
L = 1.8                 # comprimento do cilindro (m)
Tc = 133                # temperatura crítica (K)
Pc = 35                 # pressão crítica (bar)
R = 8314                # constante dos gases *N.m/kmol.K)
# listas vazias para o armazenamento das pressões calculadas
p1, p2, p3, p4 = [], [], [], []

# volume do reservatório
V = (np.pi*(D**2)/4)*L                              # volume do cilidro (m3)
m = np.linspace(0.1, 20, 70)                        # massa (kg de CO)
for mi in m:
    # cálculo do volume molar específico
    n = mi/MM                                       # qde de matéria (mols)
    v = V/n
    # Equação do gás Ideal
    p1i = (R*T/v)*(1/1e5)                           # (1bar/1e5N/m2)
    p1.append(p1i)
    # Equação de van der Waals
    a = ((27/64)*(R**2)*(Tc**2)/Pc)*(1/1e5)**2      # (m3/kmol)2
    b = (R*Tc)/(8*Pc)*(1/1e5)                       # m3/kmol
    p2i = ((R*T)/(v-b))*(1/1e5) - a/v**2
    p2.append(p2i)
    # Equação de Redlich-Kwong
    a1 = ((0.42748)*(R**2)*(Tc**(5/2))/Pc)*(1/1e5)**2  # bar(m6)K**0.5/kmol2
    b1 = (0.08664*(R*Tc)/Pc)*(1/1e5)                   # m3/kmol
    p3i = ((R*T)/(v-b1))*(1/1e5) - a1/(v*(v + b1)*(T**0.5))  # bar
    p3.append(p3i)
    # Equação de Peng-Robinson
    Tr = T/Tc                                      # temperatura reduzida
    alfa = 1/Tr**0.5                               # fator acêntrico
    p4i = ((R*T)/(v-b))*(1/1e5) - (a*alfa)/(v*(v + b) + b*(v - b))  #bar
    p4.append(p4i)
#---visualizando o comportamento de p(b\r) versus m (kg)
p.clf()                                            # limpando a figura anterior
p.plot(m, p1, 'b.', m, p2, ':k', m, p3, 'g.-', m, p4, 'r--')
p.xlabel('m (kg)')                                 # legenda do eixo X
p.ylabel('Pressões (bar)')                         # legenda do eixo Y
p.title('Pressões X m')                            # título
# legendas para as curvas
p.legend(['Gás Ideal', 'van der Waals', 'Redlich-Kwong', 'Peng-Robinson'])
p.grid(color='k', linestyle='-', linewidth=0.1) # linhas de grade
p.show()                                           # mostrar a figura
```

Figura 8.1: Código de comparação das equações de estado.

Dentro do laço *for* estão os cálculos necessários para a solução de cada uma das equações de estado estudadas. Os cálculos são realizados para cada uma das massas especificadas na lista *m* da linha 17.

A linha 20 e 21 trazem os cálculos da quantidade de matéria e do volume específico respectivamente. Observe que em cada iteração, o número de mols é modificado devido à alteração da massa mi. Para cada atualização de valor, todas as pressões e parâmetros são recalculados.

Após cada cálculo, os valores de pressão p1i, p2i, p3i e p4i são armazenados nas listas p1, p2, p3 e p4 respectivamente através do método *append*( ). Para nossos cálculos, temos que p1 se refere à pressão quando utilizamos a equação dos gases ideais; p2 armazenará as pressões calculadas pela equação de Van der Waals; p3 gravará os dados referentes aos cálculos das pressões através da equação de Redlich-Kwong e, por fim, temos p4 que armazenará as pressões obtidas através da equação de Peng-Robinson.

Os parâmetros ***a*** e ***b*** são calculados nas linhas 26 e 27 para as equações de Van der Waals e de Peng-Robinson. Os parâmetros ***a*** e ***b*** utilizados na equação de Redlich-Kwong são calculados nas linhas 31 e 32 respectivamente. Como já foi comentado no início desta obra, as equações no programa, muitas vezes, não aparecem na mesma ordem na qual foram expostas no texto. Isso se dá devido à dependência que existe entre elas. Se a equação *f1* precisa de um parâmetro *z*, quando você estiver programando, o parâmetro *z* terá que aparecer primeiro (ou calculado previamente) antes que a equação *f1* utilize o valor de *z*.

A partir da linha 41 temos a construção do nosso gráfico, que está exposto na Figura 8.2. Veja que aplicamos as quatro equações de estado utilizadas.

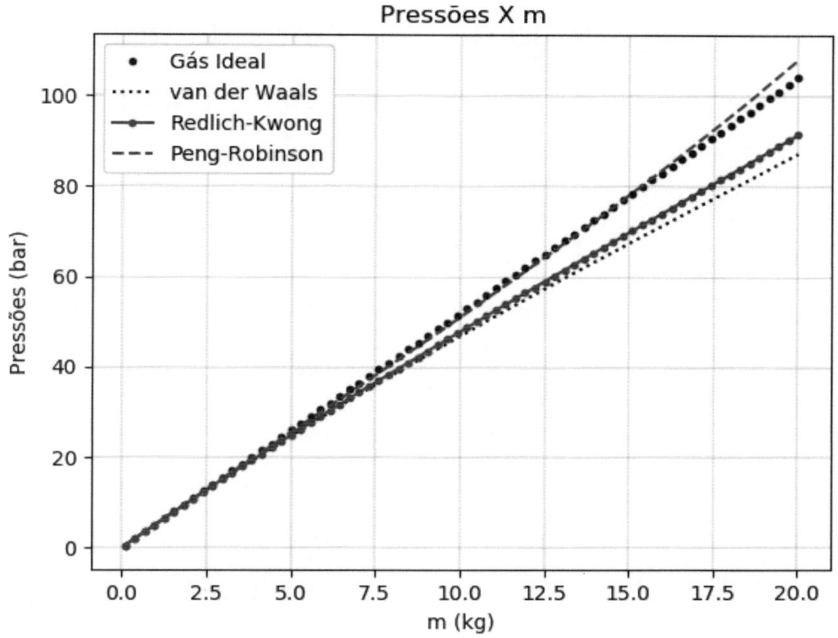

Figura 8.2: Comparação das equações de estado.

Observe na Figura 8.2 que os quatro modelos apresentam resultados semelhantes quando temos baixas pressões ($\sim 5bar$), mas há uma variação quando a pressão se eleva. Essa discrepância pode acarretar uma escolha ineficiente para que o cilindro armazene a carga adequada. Por exemplo: a pressão de operação deve ser de 80 bar. Olhando para o gráfico, temos três potenciais cargas: 15,1kg para as equações do gás ideal e de Peng-Robinson, 17,3 kg para o método de Redlich-Kwong e 17,9 kg para Van der Waals. Como sabemos que para pressões maiores a atmosfera resulta em valores divergentes para o método do gás ideal, temos a potencial escolha entre Redlich-Kwong e Van der Waals. Aquele nos trará um resultado mais próximo do valor obtido pelo diagrama de compressibilidade, que foi de 17,27 kg. "Mas esse diagrama não foi visto aqui!" Para melhor se informar sobre esse método, procure maiores detalhes em Moran et al. [2] ou outro livro de termodinâmica de sua preferência.

Exemplo 8.2: Construção de uma curva de titulação

As análises titulométricas são uma realidade dentro de laboratórios de várias indústrias. São métodos simples, baratos e que dependem apenas do preparo de soluções com concentrações conhecidas (padronizadas) para que o analito (espécie química de interesse) seja determinado. Os métodos titulométricos são aplicados a uma vasta gama de espécies químicas, e na indústria que você está, ou estará, não é diferente.

O problema agora veio do laboratório! Foi solicitado que você averigue o motivo pelo qual a neutralização do ácido acético, em uma linha de tratamento de efluente, está resultando em um pH de 5,0. Você sabe que a concentração do ácido acético é de 0,02 mol/L e que o reagente usado na neutralização é o NaOH.

Vamos estudar um pouco a chamada curva de titulação. São gráficos que mostram a variação do pH de uma solução, ou da concentração de um analito, quando se adiciona o reagente titulante. Essas curvas são bastante úteis quando se quer ter uma boa ideia do comportamento do pH, ou da concentração de um analito, ao se adicionar algum reagente de interesse. O nosso problema aborda a neutralização ácido fraco/base forte, uma das curvas mais detalhadas em sua concepção, porque aborda quatro conceitos distintos da teoria de pH [5]:

1. pH da amostra: ácido fraco;
2. pH após a adição do NaOH: formação de um tampão;
3. pH no ponto de equivalência: hidrólise;
4. pH após o ponto de equivalência: hidrólise + hidroxila do NaOH.

Etapa→	A - Ácido fraco	B - Tampão	C - Hidrólise	D - Hidrólise + NaOH
Resumo ↓	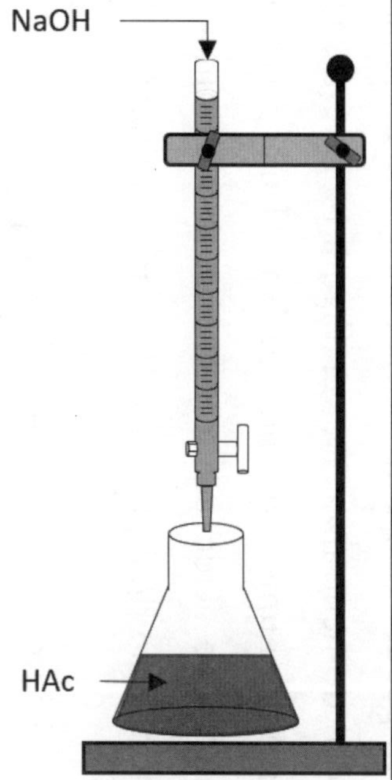	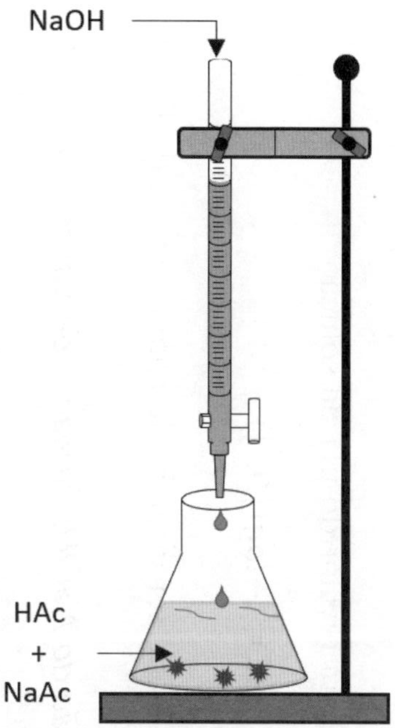	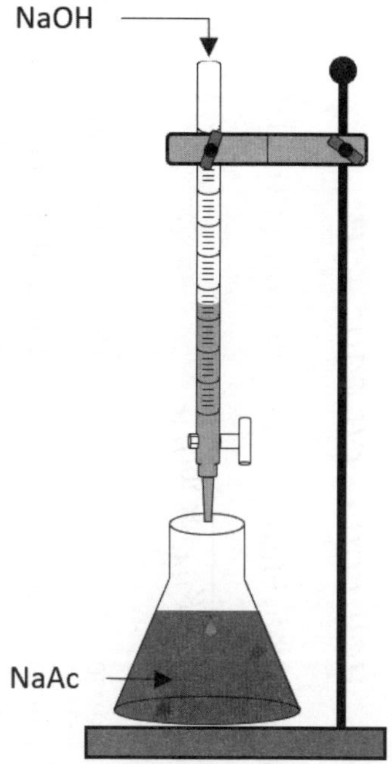	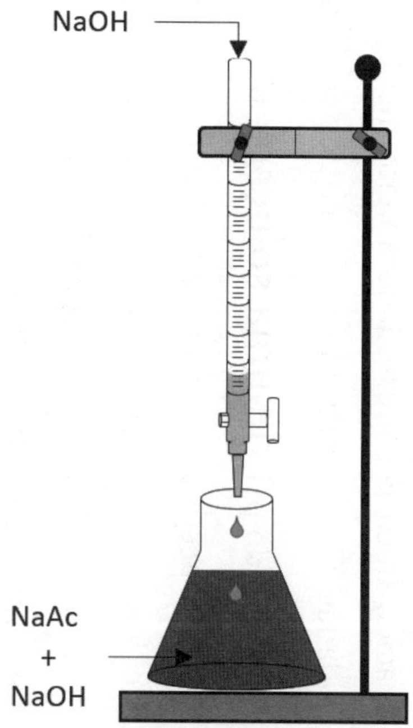
I	$HAc \leftrightarrow Ac^- + H^+$	$HAc + NaOH \leftrightarrow NaAc + H_2O$	$NaAc \leftrightarrow Na^+ + Ac^-$	$NaAc \leftrightarrow Na^+ + Ac^-$
II	---	$NaAc \leftrightarrow Na^+ + Ac^-$	$Ac^- + H_2O \leftrightarrow HAc + OH^-$	$Ac^- + H_2O \leftrightarrow HAc + OH^-$
III	---	$HAc \leftrightarrow H^+ + Ac^-$	---	$NaOH \leftrightarrow Na^+ + OH^-$

Figura 8.3: Etapas de uma titulação de neutralização com ácido fraco como amostra e base forte como titulante. Aqui o HAc é o ácido acético, NaAc o acetato de sódio, o Ac⁻ o acetato, e as cores são meramente ilustrativas e não representam a mudança de cor durante a titulação.

1. pH da amostra: ácido fraco

O cálculo do pH de um ácido fraco já foi estudado anteriormente e pode ser aplicado aqui sem dificuldades. Caso ainda não tenha visto o conteúdo, volte ao Capítulo 4, na seção "Cálculo do pH de uma solução", para um melhor esclarecimento. Como o ácido acético é um eletrólito fraco, ou seja, que se dissocia muito pouco, de forma resumida, usaremos a Equação (8.12) para calcularmos a quantidade de hidrogênio dissociada, em mol/L, quando nenhuma gota da base forte tiver sido adicionada à amostra com ácido fraco.

$$HCH_3COO \leftrightarrow CH_3COO^- + H^+ \tag{8.11}$$

A Equação (8.12) fornece a concentração hidrogeniônica (mol/L).

$$[H^+] = \sqrt{K_{HAc} \times \mathfrak{M}_{HAc}} \tag{8.12}$$

Onde K_{HAc} é a constante de dissociação do ácido acético, $\mathfrak{M}_{HAc}$ é a concentração inicial do ácido acético, HAc é um atalho para o ácido acético HCH_3COO e $[H^+]$ é a concentração em mol/L de hidrogênio.

A Equação (8.13) nos dará o valor do pH da solução.

$$pH = -log([H^+]) \tag{8.13}$$

Esta etapa da titulação pode ser visualizada com o auxílio da Figura 8.3A.

2. pH após a adição do NaOH: formação de um tampão

Quando adicionamos um pequeno volume da base forte à nossa amostra ácida, temos uma reação parcial de neutralização, ver Figura 8.3B. Ou seja, como o volume de base é pequeno, o número de mols de NaOH não é suficiente para neutralizar todos os moles de ácido acético. Sabemos que numa reação de neutralização temos a formação de água e sal. Vejamos a Equação (8.14).

$$\text{ácido} + \text{base} \leftrightarrow \text{sal} + \text{água}$$

$$HCH_3COO + NaOH \leftrightarrow NaCH_3COO + H_2O \tag{8.14}$$

Logo, nessa nossa neutralização parcial, temos a formação de acetato de sódio, que é o sal conjugado do ácido acético. Sabemos da teoria que, para obtenção de uma solução tampão, a solução deverá conter ácido fraco (HAc) em conjunto com seu sal conjugado (NaAc). A quantidade de ácido acético remanescente, $\mathfrak{M}_{HAcR}$, pode ser calculado pela Equação (8.15).

$$\mathfrak{M}_{HAcR} = \frac{n_{HAc} - n_{NaOH}}{V_{HAc} + V_{NaOH}} \tag{8.15}$$

Onde n_{HAc} é a quantidade de matéria inicial do ácido acético e pode ser calculada por $n_{HAc} = \mathfrak{M}_{HAc} \times V_{HAc}$, n_{NaOH} é a quantidade de matéria de NaOH titulada na amostra de ácido, e pode ser calculada por $n_{NaOH} = \mathfrak{M}_{NaOH} \times V_{NaOH}$, V_{HAc} é o volume da amostra de ácido e V_{NaOH} é o volume de NaOH dosado. $\mathfrak{M}_{HAc}$ é a concentração inicial do ácido acético e $\mathfrak{M}_{NaOH}$ é a concentração do hidróxido de sódio.

A concentração do sal gerado na reação de neutralização, representada pela Equação(8.14), é dada pela Equação(8.16).

$$\mathfrak{M}_{NaAc} = \frac{n_{NaOH}}{V_{HAc} + V_{NaOH}} \tag{8.16}$$

Como o sal formado se dissocia, veja a Equação (8.17), o ânion CH_3COO^- dissociado do acetato de sódio entrará em equilíbrio com o ácido acético remanescente, como mostra a Equação (8.18). Aqui nós consideraremos a dissociação completa do sal formado na reação de neutralização.

$$NaCH_3COO \leftrightarrow H^+ + CH_3COO^- \tag{8.17}$$

Considerando também que o ácido acético se dissocia muito pouco, temos que a concentração $HCH_3COO \approx \mathfrak{M}_{HAcR}$ e que $CH_3COO^- \approx \mathfrak{M}_{NaAc}$.

$$HCH_3COO \leftrightarrow H^+ + CH_3COO^- \tag{8.18}$$

Assim, a relação de equilíbrio da solução tampão pode ser calculada através da Equação (8.19).

$$pH = pK_a - log\left(\frac{\mathfrak{M}_{HAc}}{\mathfrak{M}_{NaAc}}\right) \quad (8.19)$$

Onde $pK_a = -log(K_a)$.

3. pH no ponto de equivalência: hidrólise

No instante em que todo o ácido é consumido pelo NaOH, temos apenas sal e água, conforme Equação (8.14). Como o acetato de sódio se dissocia por completo, o ânion acetato é instável e reage com a água para se "reestabilizar", formando ácido acético e hidróxido, como mostra a Figura 8.3C. Ou seja, no ponto de equivalência de uma titulação de uma base forte em um ácido fraco, temos um pH alcalino como é possível observar na Equação (8.20).

$$CH_3COO^- + H_2O \leftrightarrow HCH_3COO + OH^- \quad (8.20)$$

Como nem todo o acetato consegue reagir com a água para se tornar ácido acético, no equilíbrio, podemos encontrar a concentração de $[OH^-]$ através da Equação (8.21)

$$[OH^-] = \sqrt{\frac{K_w}{K_a} \times \mathfrak{M}_{NaAc}} \quad (8.21)$$

Onde K_w é o produto iônico da água e tem valor igual a 10^{-14}. Esse valor pode variar com a temperatura. No nosso caso, estamos considerando uma temperatura de 25 °C. $\mathfrak{M}_{NaAc}$ pode ser calculado pela Equação (8.16).

Como estamos interessados no pH, temos que converter o valor calculado de $[OH^-]$ para $[H^+]$ utilizando a Equação (8.22). Lembrando que o pH = -log[H^+].

$$[H^+] = \frac{K_w}{[OH^-]} \quad (8.22)$$

4. pH após o ponto de equivalência: hidrólise + hidroxila do NaOH.

Nesta etapa da titulação, após o ponto de equivalência, temos duas fontes de hidroxilas. A primeira se refere à hidrólise causada pela formação do sal de acetato de sódio no ponto de equivalência. Isso mesmo, ele não some! Continua ocorrendo hidrólise através do sal formado. A segunda concentração de hidroxila se refere ao NaOH dissociado que não mais reagirá com o ácido acético após o ponto de equivalência. No ponto de equivalência, todo o ácido é consumido. Assim, o excesso de NaOH se dissocia e eleva o valor do pH. Um resumo desta etapa pode ser visto na Figura 8.3D.

A concentração de NaOH na amostra pode ser calculada através da Equação (8.23).

$$\mathfrak{M}_{NaOHR} = \frac{n_{NaOH} - n_{HAc}}{V_{HAc} + V_{NaOH}} \tag{8.23}$$

Onde $\mathfrak{M}_{NaOHR}$ é a concentração de NaOH remanescente após o consumo de todo o ácido acético. Veja que agora nós temos excesso de NaOH. A concentração de hidroxila devido ao excesso de NaOH é dada pela Equação (8.24). Como o NaOH é um eletrólito forte, a concentração de hidroxila é igual a concentração remanescente do NaOH na solução.

$$[OH^-]_1 = \mathfrak{M}_{NaOHR} \tag{8.24}$$

Note que o volume do Erlenmeyer está aumentando quando se insere o NaOH. Por isso a necessidade de se recalcular a concentração do sal através da Equação (8.25), porque se o volume aumenta e a quantidade de sal formada é a mesma, a concentração diminui.

$$\mathfrak{M}_{NaAcp} = \frac{n_{HAc}}{V_{HAc} + V_{NaOH}} \tag{8.25}$$

Onde $\mathfrak{M}_{NaAcp}$ é a concentração do sal (acetato de sódio) formado até o ponto de equivalência, mas que se dilui ao acrescentarmos mais base.

A concentração de hidroxila devido à hidrólise é calculada pela Equação (8.26). Atente que estamos utilizando a concentração do sal, Equação (8.25), que é recalculada para cada ml de NaOH dosado.

$$[OH^-]_2 = \sqrt{\frac{K_w}{K_a} \times \mathfrak{M}_{NaAcp}} \tag{8.26}$$

A quantidade total de hidroxila (mol/L) após o ponto de equivalência é dada pela Equação (8.27).

$$[OH^-] = [OH^-]_1 + [OH^-]_2 \quad (8.27)$$

Como estamos interessados no pH, utilizamos a relação do produto iônico da água para o cálculo da concentração hidrogeniônica com auxílio da Equação (8.22) já apresentada.

Após toda essa revisão, você está pronto para construir a curva de titulação e observar o comportamento da reação de neutralização. É hora de colocarmos esses dados no Python! A Figura 8.4 mostra o código com uma possível solução para o problema proposto.

As linhas 2 e 3 trazem as importações de algumas bibliotecas. Observe na linha 3 que dessa vez, estamos importando apenas as funções que vamos usar, sem a necessidade de importar toda a biblioteca. Essa é uma forma diferente de solicitar a importação.

Nas linhas 5 a 15 temos as declarações das variáveis ou constantes necessárias para a resolução do nosso problema. Apenas na linha 10 temos o cálculo da quantidade de matéria do ácido acético, uma vez que o volume e a concentração da amostra são constantes, o valor final também será constante durante a execução do nosso programa.

A linha 12 constrói uma lista de valores de volume do NaOH que vão de 0 a 16,5 mL, com variação de 0,5 mL. Esta função é um pouco diferente de outra já conhecida por nós, *linspace*( ). Nesta última, definimos o intervalo e o número de pontos. Na função *arange*( ), definimos o intervalo e o passo. A linha 15 traz uma lista vazia que usaremos para armazenar os valores de pH calculados durante a execução do nosso código.

Entre as linhas 17 e 40 temos as quatro etapas do cálculo do pH previamente revisadas. Elas estão dentro do laço *for*, pois precisamos de vários volumes, criados na linha 12, para observamos os valores de pHs da amostra após reação de cada adição. Veja que tudo que será repetido, está dentro do laço, apresenta indentação!

Na linha 18 temos o cálculo da quantidade de matéria do NaOH após adição de cada 0,5 mL de volume da base (valores criados na lista da linha 12).

```
 1 # importando bilbiotecas
 2 import matplotlib.pyplot as p
 3 from numpy import log10, sqrt, arange
 4 # declarando variáveis
 5 Ka = 1.75e-5                    # constante de dissociação do ácido acético
 6 Kw = 1e-14                      # produto iônico da água a 25°C
 7 # dados do ácido
 8 v_hAc = 50.0                    # volume da amostra (mL)
 9 m_hAc = 0.02                    # concentração em quantidade de matéria (mol/L)
10 n_hAc = m_hAc*v_hAc             # quantidade de matéria (mol)
11 # dados da base
12 v_naoh = arange(0.0,16.5, 0.5) # lista com volumes de NaOH (mL)
13 m_naoh = 0.1                    # concentração em quantidade de matéria (mol/L)
14 # criação de uma lista vazia para armazenamento dos valores de pH
15 pH = []
16 # repetindo os cálculos para cada mL de NaOH da lista v_naoH
17 for i in range(len(v_naoh)):
18     n_naoh = m_naoh*v_naoh[i]
19     # 1° teste: quando a amostra ainda é pura
20     if n_naoh == 0.0:
21         h = sqrt(Ka*m_hAc)                              #Eq.8.12
22         pH.append(-log10(h))                            #Eq.8.13
23     # 2° teste: antes de alcançar o ponto de equivalência
24     elif n_naoh < n_hAc:
25         mt = (n_hAc - n_naoh)/(v_hAc + v_naoh[i])       #Eq.8.15
26         ms = n_naoh/(v_hAc + v_naoh[i])                 #Eq.8.16
27         ph = -log10(Ka) - log10(mt/ms)                  #Eq.8.19
28         pH.append(ph)
29     # 3° teste: no ponto de equivalência
30     elif n_naoh == n_hAc:
31         ms = n_hAc/(v_hAc + v_naoh[i])                  #Eq.8.16
32         oh = sqrt((Kw/Ka)*ms)                           #Eq.8.21
33         pH.append(-log10(Kw/oh))                        #Eq.8.22
34     # 4° teste: após o ponto de equivalência
35     else:
36         mt = (n_naoh - n_hAc)/(v_hAc + v_naoh[i])       #Eq.8.23
37         ms = n_hAc/(v_hAc + v_naoh[i])                  #Eq.8.25
38         oh1 = sqrt((Kw/Ka)*ms)                          #Eq.8.26
39         oh = mt + oh1                                   #Eq.8.27
40         pH.append(-log10(Kw/oh))                        #Eq.8.22
41 #---visualizando o comportamento do pH em um gráfico
42 p.clf()                                          # limpando figuras anteriores
43 p.plot(v_naoh, pH, 'b:')                         # plotando o gráfico
44 p.xlabel('NaOH (ml)')                            # legenda do eixo X
45 p.ylabel('pH')                                   # legenda do eixo Y
46 p.title('Curva de Neutralização')                # título
47 p.legend(['pH'])                                 # legenda do gráfico
48 p.grid(color='k', linestyle='-', linewidth=0.1) # linhas de grade
49 p.show()                                         # mostrar a figura
```

Figura 8.4: Código para a construção de uma curva de neutralização ácido fraco/base forte.

Na linha 20, temos nossa primeira etapa de cálculo: Quando a amostra de ácido acético não recebeu nenhuma gota da base. Aqui temos um teste, se a quantidade de matéria do NaOH for igual a zero, utilize as equações das linhas 21 e 22. Isso será verdadeiro quando o primeiro item da lista v_naoh for utilizado no laço *for*.

O segundo teste, referente aos volumes de base adicionados à amostra antes do ponto de equivalência (segunda etapa) se encontra na linha 24. Enquanto a quantidade de matéria de NaOH for menor que a quantidade de matéria de HAc, utilizaremos as equações das linhas 25 a 28.

Quando chegarmos ao ponto de equivalência, a quantidade de matéria do ácido fraco da nossa amostra será igual ao da nossa base forte titulante. Este teste é realizado na linha 30. Quando isto ocorrer, o código usará as equações das linhas 31 a 33.

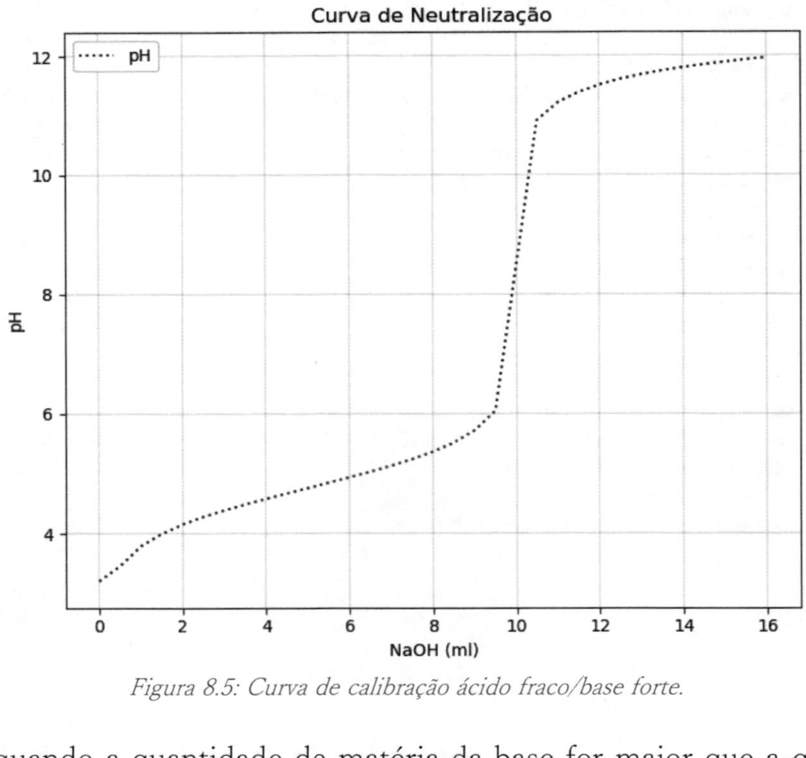

Figura 8.5: Curva de calibração ácido fraco/base forte.

Por fim, quando a quantidade de matéria da base for maior que a quantidade de matéria do ácido, usaremos as equações das linhas 36 a 40. Esse teste é realizado na linha 35. Quando todos os volumes encontrados na lista **v_naoh** forem usados no laço de repetição for, a execução passará para a linha 42 e demais. Aqui nós temos as definições necessárias para a plotagem do gráfico que mostrará o comportamento do pH versus volume de NaOH.

O resultado da plotagem pode ser visualizado através da Figura 8.5. Observe que o ponto de equivalência é alcalino. Como o problema citava um pH igual a 5, a quantidade de base adicionada deve estar menor que a necessária para uma melhor neutralização.

Exemplo 8.3: Método da falsa posição

Já vimos um exemplo de método numérico através da aplicação do método de Newton-Raphson. Este método é chamado de aberto por receber apenas uma estimativa que será usada para fins de cálculo da possível solução desejada. Existem outros métodos da categoria "fechado", ou mais especificamente, intervalar.

Um método intervalar apresenta algumas vantagens com relação ao método de Newton-Raphson, como, por exemplo, a não necessidade de se obter a primeira derivada da função problema, que muitas vezes pode ser difícil de se obter. Outra aplicação mais específica do método intervalar é que, para equações que apresentam mais de uma raiz, o usuário poderá definir mais precisamente onde a raiz poderá ser encontrada.

Por exemplo: em um tanque de volume específico, qual seria a quantidade de líquido que poderá ser armazenado no mesmo considerando uma altura de x metros? A solução do volume deverá estar entre 0 e o volume total do tanque, não é verdade? Um método aberto poderá encontrar uma raiz fora deste intervalo. E, se o usuário não for atento, poderá usar uma solução que estará fora do limite físico do equipamento. O método intervalar que usaremos aqui será o *Regula Falsi*, ou Falsa Posição. Vamos ao problema.

A demanda agora é mais desafiadora! A sua unidade construirá um canal trapezoidal por onde passa água de abastecimento a uma vazão Q = 20 m^3/s. Segundo informações do seu líder, a profundidade crítica para tal canal deve satisfazer a Equação (8.28).

$$0 = 1 - \frac{Q^2 B}{g A_c^3} \tag{8.28}$$

Onde g = 9,81 m/s^2, Ac é a área da seção transversal (m^2), e B é a largura do canal na superfície (m). Para este caso, a largura e a área transversal podem ser relacionadas à profundidade y através das Equações (8.29) e (8.30) respectivamente.

$$B = 3 + y \tag{8.29}$$

$$A_c = 3y + \frac{y^2}{2} \tag{8.30}$$

A demanda é que você encontre a profundidade crítica y considerando que o valor mínimo de y seja 0,5 metros e o valor máximo a ser usado seja de 2,5 metros. Caso a altura do canal não seja calculada corretamente, teremos inundação do canal e muitos problemas! (Exemplo adaptado do exercício 5.15 de Chapra e Canale [6].)

Façamos uma breve revisão sobre o método da falsa posição, antes de solucionarmos nosso problema.

Este método explora a percepção gráfica, por exemplo. Considere a função f(x) disposta na Figura 8.6a. Quando traçamos uma reta que corta esta curva em dois pontos distintos da raiz da função, como mostrado na Figura 8.6b, a intersecção desta reta no eixo x nos dará a melhor estimativa da raiz da função.

Se chamarmos o ponto mais à direita de Xu e o ponto mais à esquerda de Xe, termos os valores das funções f(Xu) e f(Xe) como mostra a Figura 8.6c, onde o ponto de intersecção da reta no eixo x será chamado de Xr. Veja que ele está bastante próximo da raiz da função f(x).

Para entendermos qual será o passo seguinte, temos que determinar uma função que calcule o valor de **Xr**. Olhando para a Figura 8.6c, podemos desenvolver nossa primeira equação utilizando a semelhança de triângulos, como mostra a Equação (8.31).

$$\frac{f(x_r) - f(x_e)}{x_r - x_e} = \frac{f(x_u) - f(x_r)}{x_u - x_r} \tag{8.31}$$

Como Xr é a interseção da reta no eixo x, temos que $\boldsymbol{f(x_r) = 0}$. Assim, podemos reescrever a equação anterior como mostra a Equação (8.32).

$$\frac{f(x_e)}{x_r - x_e} = \frac{f(x_u)}{x_r - x_u} \tag{8.32}$$

Observe que o denominador do lado direito do sinal de igualdade está invertido, se comparado à Equação (8.31), para que o sinal negativo em $f(x_e)$ fosse cancelado. Com um rearranjo da Equação (8.32), temos nossa primeira versão para o cálculo de Xr, como mostra a Equação (8.33).

$$x_r = \frac{x_u f(x_e)}{f(x_e) - f(x_u)} - \frac{x_e f(x_u)}{f(x_e) - f(x_u)} \tag{8.33}$$

Podemos somar e subtrair Xu na equação (8.33). Após essa aplicação e aplicando um novo rearranjo, teremos a Equação (8.34).

$$x_r = x_u - \frac{f(x_u)(x_e - x_u)}{f(x_e) - f(x_u)} \tag{8.34}$$

Veja que a Equação (8.34) lembra muito o formato da equação do método de Newton-Raphson! E a aplicação também será muito semelhante. A limitação aqui é que ambos f(Xe) e f(Xu) não podem ser iguais a zero.

Você pode se perguntar: "Com a Equação (8.34), podemos calcular o valor de Xr, mas e se esse valor não for nossa raiz? O que faremos?" Se o Xr encontrado não for a raiz de f(x), temos que utilizar esse valor no lugar de Xu ou de Xe. Assim como mostrado em Newton-Raphson, façamos um exemplo simples para mostrar como o método funciona.

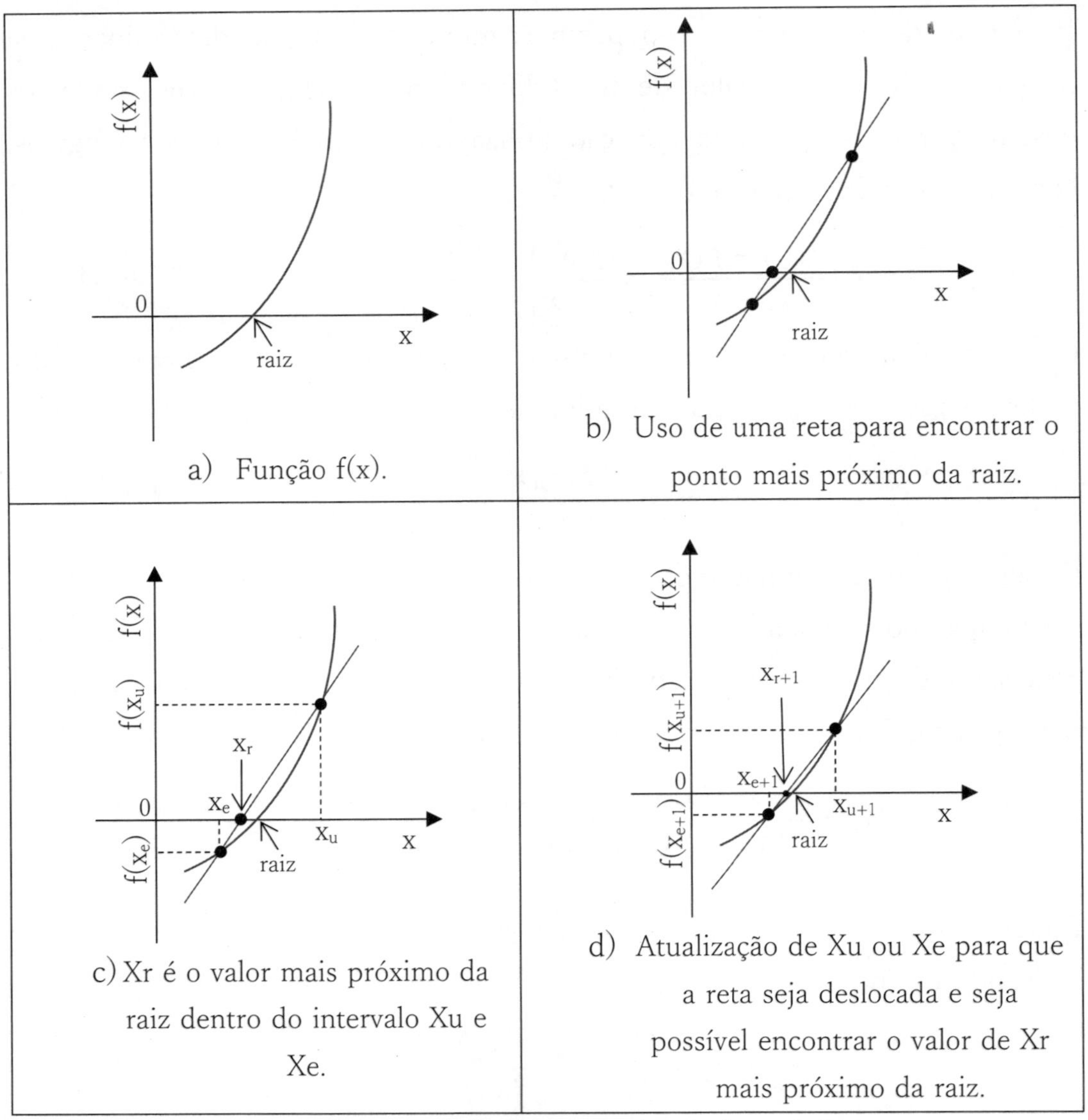

a) Função f(x).

b) Uso de uma reta para encontrar o ponto mais próximo da raiz.

c) Xr é o valor mais próximo da raiz dentro do intervalo Xu e Xe.

d) Atualização de Xu ou Xe para que a reta seja deslocada e seja possível encontrar o valor de Xr mais próximo da raiz.

Figura 8.6: Escopo do funcionamento do método regula-falsi.

Usaremos novamente o exemplo bem simples já conhecido: nossa função será $f(x) = x^2 - 4$. Aqui não precisaremos de derivada! Logo, para resolver esse problema simplificado, você deverá realizar as etapas a seguir:

1. Defina os valores de Xu e de Xe;
2. Com os valores anteriores, calcule f(Xu) e f(Xe);
3. Com os valores definidos no passo 1, e obtidos no passo 2, calcule Xr por meio da Equação (8.34);

4. Calcule f(Xr) e verifique se o seu resultado, em valor absoluto, está próximo de zero (vamos considerar aqui uma tolerância de 10^{-7}). O valor absoluto é necessário porque o resultado da função pode oscilar entre positivo e negativo em cada *iteração* (repetição);
5. Se a tolerância for alcançada, finalize os cálculos, caso contrário, Xu = Xr se f(Xu) tiver mesmo sinal que f(Xr). Caso contrário, Xe = Xr, se f(Xe) tiver mesmo sinal que f(Xr). Se f(Xr) for zero, finalize a repetição;
6. Após substituição, volte ao passo 1 e repita todo o procedimento.

A Tabela 8.1 foi montada com os passos listados anteriormente para uma melhor visualização do procedimento. Perceba que nossa solução iniciou com as estimativas iniciais de Xu = 2,1 e Xe = 1,5 e, após cinco iterações, chegamos a um valor de Xr = 1,99999999506 com um erro (tolerância) de $-1{,}9729 \times 10^{-08}$. É um resultado aceitável, não é verdade?!

Tabela 8.1: Resolvendo o método de regula-falsi.

x_u	x_e	$f(x_u)$	$f(x_e)$	x_r	Testes de tolerância *abs*($f(x_r)$) <= 10^{-7}	Repetir?
2,1	1,5	0,41	-1,75	1,9861	-0,05536	Sim
2,1	1,9861	0,41	-0,05536	1,99966	-0,001359	Sim
2,1	1,99966	0,41	-0,001359	1,9999917	$-3{,}3164 \times 10^{-5}$	Sim
2,1	1,9999917	0,41	$-3{,}3164 \times 10^{-5}$	1,99999979	$-8{,}0888 \times 10^{-7}$	Sim
2,1	1,9999998	0,41	$-8{,}0888 \times 10^{-7}$	1,999999995	$-1{,}9729 \times 10^{-8}$	Não

Observe que o resultado será ainda mais próximo de 2,0 (a raiz real da equação proposta) se diminuirmos ainda mais o valor da tolerância. Por exemplo, se a tolerância agora for de 10^{-9}, com 6 repetições teremos exatamente o valor de Xr = 1,999999999880. Esse deslocamento de Xr pode ser visualizado através da Figura 8.6d. Outro detalhe que pode ser observado na Tabela 8.1 é que apenas o valor de Xe está sendo atualizado. Isso é comum, e poderia acontecer com o valor de Xu. Os dois valores também podem variar, de acordo com o problema proposto.

Agora voltemos ao nosso problema. Encontrar uma altura tal a qual será utilizada na execução do projeto de forma a não haver possibilidade de inundação nem de dispêndio de recursos construindo algo que nunca terá total capacidade utilizada.

Na Figura 8.7 adiante, temos um potencial código que poderá resolver nosso desafio. Quando falamos em potencial código, temos que entender que outras soluções semelhantes podem ser propostas, principalmente por você! Aqui temos um guia, então você pode muito bem entender o código e escrevê-lo de forma mais eficiente, se quiser.

Como é possível observar, não importamos nenhuma biblioteca. As linhas 2 a 6 trazem apenas as declarações das variáveis necessárias para a resolução do problema proposto. Na linha 9 temos uma estimativa inicial para Xr, uma média simples entre os valores de Xe e Xu utilizados. Esse valor será usado nas Equações (8.29), (8.30) e (8.28), como mostram as linhas 10 a 12.

O valor de fxr será avaliado no laço da linha 14. Caso nossa estimativa seja a solução do problema, o computador seguirá para a linha 38 para impressão dos resultados. Caso contrário, todo o código entre as linhas 14 e 36 serão repetidos até que, no laço *while*( ), o valor absoluto de fxr seja menor que $1x10^{-9}$ e *n* seja menor que 100.

Na linha 15 temos um incremento do contador. Cada repetição de cálculo será contabilizada e utilizada na impressão dos resultados. Aqui nós dividimos repetição da busca da solução em três partes: a primeira se refere à utilização das Equações (8.29), (8.30) e (8.28) usando Xu como argumento de cálculo.

A segunda parte resolve as Equações (8.29), (8.30) e (8.28) usando o valor de Xe. Com os resultados, a equação do método da falsa posição é resolvida na linha 24. A terceira parte resolverá as Equações (8.29), (8.30) e (8.28) com a potencial solução Xr.

```
1 # declaração de variáveis
2 n = 0                                # contador
3 Q = 20                               # vazão (m3/s)
4 g= 9.81                              # aceleração da gravidade (m/s2)
5 xu = 2.1                             # estimativa do valor máximo de y
6 xe = 1.5                             # estimativa do valor mínimo de y
7 # observe que aqui xr = y nas equações 8.29 e 8.30
8 # estimativa de xr somente para o cálculo do erro
9 xr = (xe + xu)/2
10 B = 3 + xr                                   # Equação 8.29
11 Ac = 3*xr + (xr**2)/2                        # Equação 8.30
12 fxr = 1- ((Q**2)*B)/(g*Ac**3)                # Equação 8.28
13 #---método de regula-falsi---
14 while (abs(fxr) > 1e-9 and n < 100):
15     n += 1                                           #contador
16     # calculando os valores com base em xu
17     B = 3 + xu                                       # Equação 8.29
18     Ac = 3*xu + (xu**2)/2                            # Equação 8.30
19     fxu = 1- ((Q**2)*B)/(g*Ac**3)                    # Equação 8.28
20     # calculando os valores com base em xe
21     B = 3 + xe                                       # Equação 8.29
22     Ac = 3*xe + (xe**2)/2                            # Equação 8.30
23     fxe = 1- ((Q**2)*B)/(g*Ac**3)                    # Equação 8.28
24     xr = xu -  (fxu*(xe - xu))/(fxe - fxu) # Equação 8.34
25     # calculando os valores com base em xr
26     B = 3 + xr                                       # Equação 8.29
27     Ac = 3*xr + (xr**2)/2                            # Equação 8.30
28     fxr = 1 - ((Q**2)*B)/(g*Ac**3)                   # Equação 8.28
29     # substituição dos limites inferior ou superior
30     if (fxr*fxu > 0):
31         xu = xr
32     elif (fxr*fxe > 0):
33         xe = xr
34     else:
35         print('\nfim\n')
36         break
37 # imprimindo os resultados
38 print('O número de iterações foi igual a %d' %n)
39 msg = 'A raiz encontrada foi igual a %.2f'
40 print (msg %xr)
41 msg1 = 'Com um erro numérico de %.4e'
42 print(msg1 %(fxr))
```

Figura 8.7: Código simplificado para aplicação do regula-falsi.

O laço condicional *if*( ) da linha 30 testa se o produto entre fxr e fxu é maior que zero. Em caso positivo, Xr será nossa próxima estimativa para Xu. Caso contrário, na linha 32, se o produto entre fxr e fxe por maior que zero, Xr será nossa próxima estimativa para Xe. Se fxr for igual a zero, temos uma solução exata e a repetição cessa na linha 36.

As linhas 38 a 42 são responsáveis pela impressão dos resultados do problema proposto. Observe que são impressos o número de iterações *n*, o valor de **Xr** encontrado, com duas casas decimais e o resultado de **fxr**; como a resposta deve zerar a Equação (8.28), o resultado de **fxr** é expresso em notação científica com 4 casas decimais. Lembre-se: o erro estipulado foi de $1x10^{-10}$.

Observação: atente que o código é demasiado repetitivo. Sim, a solução ideal, ou pelo menos mais elegante não trata de repetição de linhas de código, como fizemos com as três partes da solução do problema, repetindo as Equações (8.29), (8.30) e (8.28). Para soluções mais elegantes construiremos nossas próprias funções, chamando-as quando necessário, sem a necessidade de repeti-las por extenso a cada trecho do código. Veremos nos próximos capítulos como construí-las e teremos a oportunidade de reescrever alguns dos exemplos de forma mais sofisticada.

Voltando ao nosso exemplo, podemos visualizar o resultado da execução do nosso código através da Figura 8.8.

```
Console 1/A
O número de iterações foi igual a 6
A raiz encontrada foi igual a 1.51
Com um erro numérico de 7.5385e-11
```

Figura 8.8: Resultado obtido pelo Python para o método da falsa posição.

Exemplo 8.4: Módulos de membranas para dessalinização

Os sistemas de dessalinização de águas são bastante conhecidos e utilizados na indústria, seja para o tratamento de águas que alimentarão caldeiras, para sistemas de troca térmica ou até mesmo para o abastecimento da unidade produtiva a qual você está engajado.

Seu desafio agora aborda um problema que envolve sistemas de membranas para a dessalinização de águas. O seu líder quer que você calcule a quantidade de estágios e o número de membranas necessárias para a dessalinização da água de um poço artesiano que foi perfurado. A água produzida será utilizada para abastecimento das unidades administrativas da planta e deve apresentar total de sólidos dissolvidos abaixo de 200 mg/L. O poço apresentou uma vazão de 10.000 L/h e água com 12.000 mg/L de sólidos totais dissolvidos, como mostra a Tabela 8.2.

Tabela 8.2: Análise físico-química de uma amostra de água do poço.

PARÂMETROS	Alimentação	VMP (*)
Condutividade Elétrica, μmho/cm a 25 °C	16.530,5	---
Potencial Hidrogeniônico, pH	7,3	6,5 a 8,5
Turbidez, (uT)	0,22	1,0 a 5,0
Cor, Unidade Hazen (mg Pt–Co/L).	3,42	15,0
Dureza em Cálcio, mg/L Ca^{++}	709,6	---
Dureza em Magnésio, mg/L Mg^{++}	809,1	---
Dureza Total, mg/L $CaCO_3$	**5.052,9**	500,0
Sódio, mg/L Na^+	**2.268,1**	200,0
Potássio, mg/L K^+	17,7	---
Alumínio (Al^{3+}), mg/L	0,0	0,2
Ferro Total, mg/L	0,01	0,3
Alcalinidade em Hidróxidos, mg/L $CaCO_3$	0,0	---
Alcalinidade em Carbonatos, mg/L $CaCO_3$	124,4	---
Alcalinidade em Bicarbonatos, mg/L $CaCO_3$	342,1	---
Alcalinidade Total, mg/L $CaCO_3$	466,5	---
Sulfato, mg/L SO_4^{--}	**372,1**	250,0
Cloreto, mg/L Cl^-	**6.646,2**	250,0
Nitrato, mg/L NO_3^-	0,06	10,0
Nitrito, mg/L NO_2^-	0,02	1,0
Amônia (NH_3), mg/L	**2,72**	1,3
Sílica, mg/L SiO_2	58,6	---
Total de Sólidos Dissolvidos Secos a 180°C, mg/L	**12.076,2**	1.000,0

(*)VMP - Valor Máximo Permissível ou recomendável pela Legislação Brasileira (PORTARIA GM/MS N° 888, de 04 de maio de 2021.) [7].

Façamos uma breve revisão sobre sistemas de osmose inversa. A osmose é um fenômeno físico-químico natural. Ela acontece quando duas soluções de diferentes concentrações de sais são separadas por uma membrana semipermeável, ou seja, facilita a passagem de solvente, mas não a de soluto. A solução com menor concentração de sais (e.g. água) tende a atravessar a membrana na direção da solução mais concentrada, igualando a diferença de concentração (diferença de potencial químico) entre as soluções [7]. A Figura 8.9 mostra o mecanismo de osmose e osmose inversa.

Quando as duas soluções entram em equilíbrio, observa-se uma diferença de pressão através da coluna d'água entre os volumes das soluções. Essa diferença é chamada de pressão osmótica, conforme mostra a Figura 8.9a.

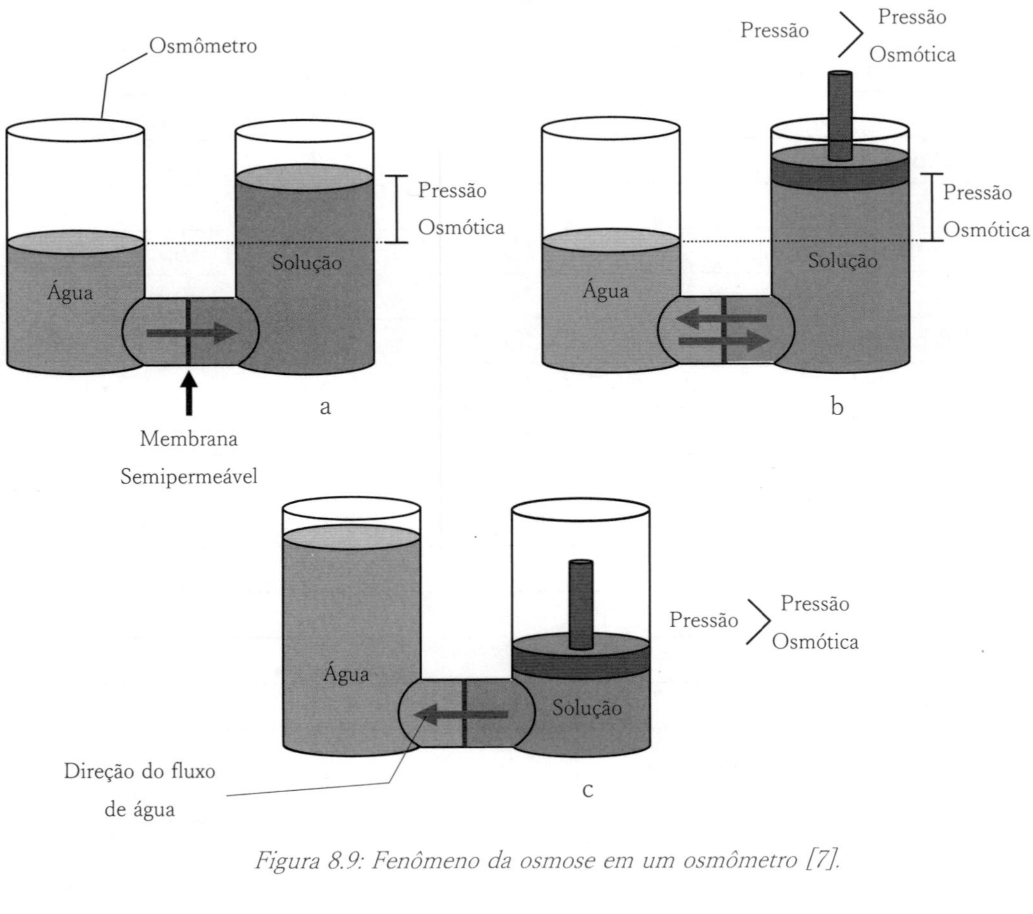

Figura 8.9: Fenômeno da osmose em um osmômetro [7].

A osmose inversa acontece quando uma pressão mecânica superior à pressão osmótica é aplicada no lado da solução mais concentrada, invertendo-se, desta maneira, o sentido do fluxo de solvente que atravessa a membrana (Figura 8.9b).

Quando a pressão mecânica é aplicada, o solvente é forçado a passar pela membrana semipermeável, formando uma corrente de líquido com menor concentração de sais (Figura 8.9c). O modo como o fluxo de água ou de outro determinado fluido atravessa uma membrana pode variar de acordo com sua aplicação, seletividade e necessidade de reaproveitamento.

Ainda hoje, algumas membranas são confeccionadas para receber o fluido a ser tratado numa direção "normal", ou perpendicular, à área filtrante, que é chamada filtração convencional. Um exemplo para esse tipo de processo é o filtro de microfiltração e pode ser observada na Figura 8.10.

O problema com o fluxo perpendicular é o acúmulo de material (ou bolo) que se forma sobre a superfície da membrana com o tempo de filtração. Esse acúmulo produz a perda de carga e a redução do fluxo resultando na troca da membrana.

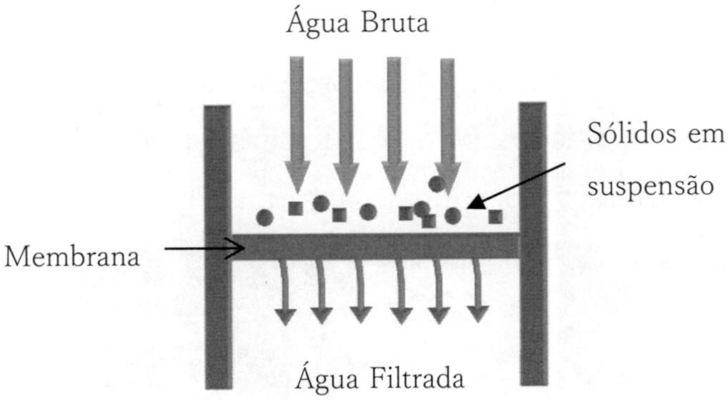

Figura 8.10: Exemplo do processo de filtração direta (perpendicular) a área da membrana.

Para modelos comerciais de membranas de osmose inversa, o fluido atravessa a membrana em fluxo "cruzado", ou tangencial, ou seja, em um contato paralelo à área da membrana. A Figura 8.11 mostra o modelo de fluxo cruzado.

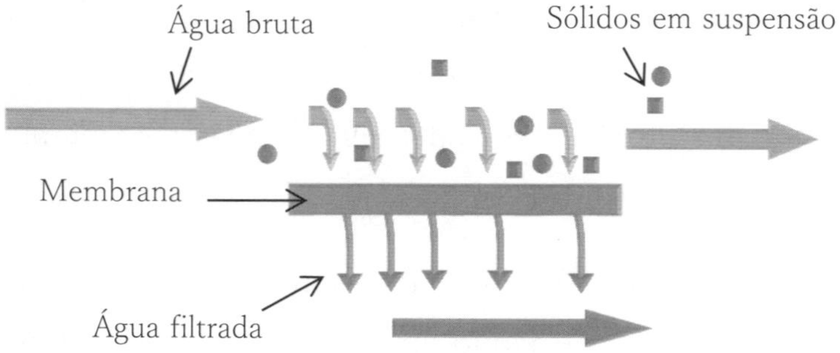

Figura 8.11: Exemplo do processo de filtração tangencial (fluxo cruzado) à área da membrana.

O processo de dessalinização em escala industrial ocorre pelo uso de elementos de membranas do tipo espiral. Nela, a dessalinização ocorre através do fluxo cruzado (tangencial). Um exemplo desse tipo de módulo pode ser observado na Figura 8.12 que mostra três elementos de membranas sob um vaso de alta pressão durante procedimento de manutenção.

Figura 8.12: Três módulos de membrana comercial sob um vaso de alta pressão.

É muito comum encontrar vasos de alta pressão de três metros sendo usados em dessalinizadores espalhados pelo Nordeste do Brasil. É possível observar um sistema de dessalinização por membranas na Figura 8.13.

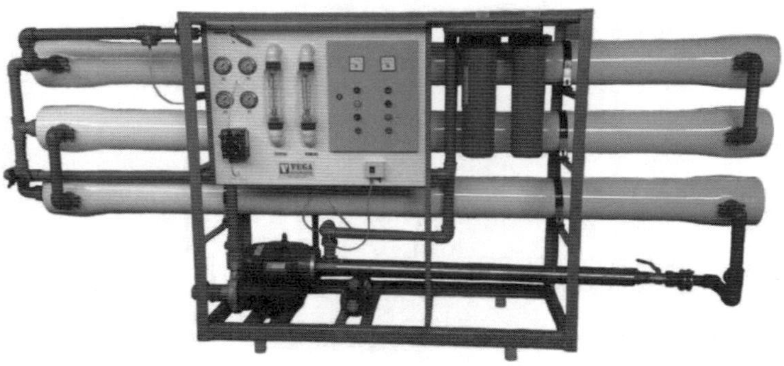

Figura 8.13: Sistema de dessalinização por osmose inversa. (Cortesia de Vega Dessalinizadores, Campina Grande – PB.)

O módulo em espiral é composto por praticamente três camadas distintas com funções específicas: espaçador, membrana e filme coletor. O espaçador, como o próprio nome sugere, facilita a passagem da água através do módulo, aumenta a turbulência da água na superfície da membrana auxiliando no processo de dessalinização e ajuda a carrear os sais que tentem a precipitar nas superfícies das membranas.

A membrana é o elemento responsável pela seletividade, o que vai passar através da dela ou não, durante o processo de osmose inversa. E o filme coletor é responsável por captar toda a água que atravessou a membrana e direcioná-la para o tubo coletor que se encontra no centro do módulo. Esse tipo de membrana em espiral lembra um "rocambole" enrolado em um tubo, onde a camada de massa seria a membrana e a camada de doce seriam os espaçadores e o filme coletor.

A Figura 8.14 apresenta uma ilustração do módulo espiral, utilizado na dessalinização de águas salobras e salinas, de forma totalmente aberta.

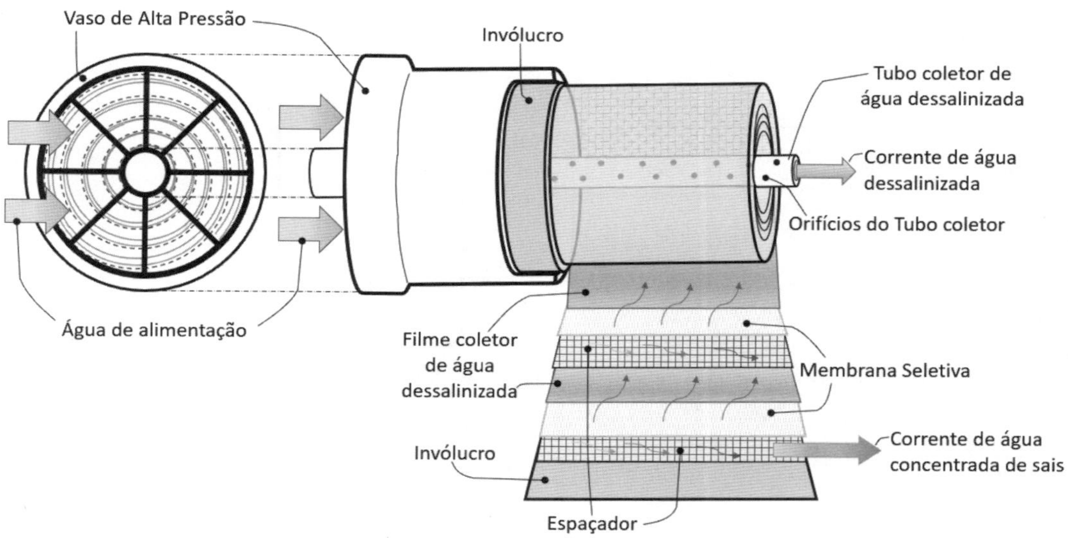

Figura 8.14: Módulo de membrana em espiral totalmente aberto.

Muitas empresas que fabricam membranas possuem software próprio para o auxílio em projetos de arranjos de elementos de membranas, número de passos e número de elementos necessários, de acordo com a qualidade da água de alimentação e com a demanda de água dessalinizada. A Figura 8.15 mostra três diagramas de possíveis arranjos de elementos de membrana. Na Figura 8.15a temos a representação de um único módulo de membrana, sua alimentação, e duas correntes de saída, o permeado (com baixa concentração de sais) e a corrente de concentrado (com elevada concentração de sais).

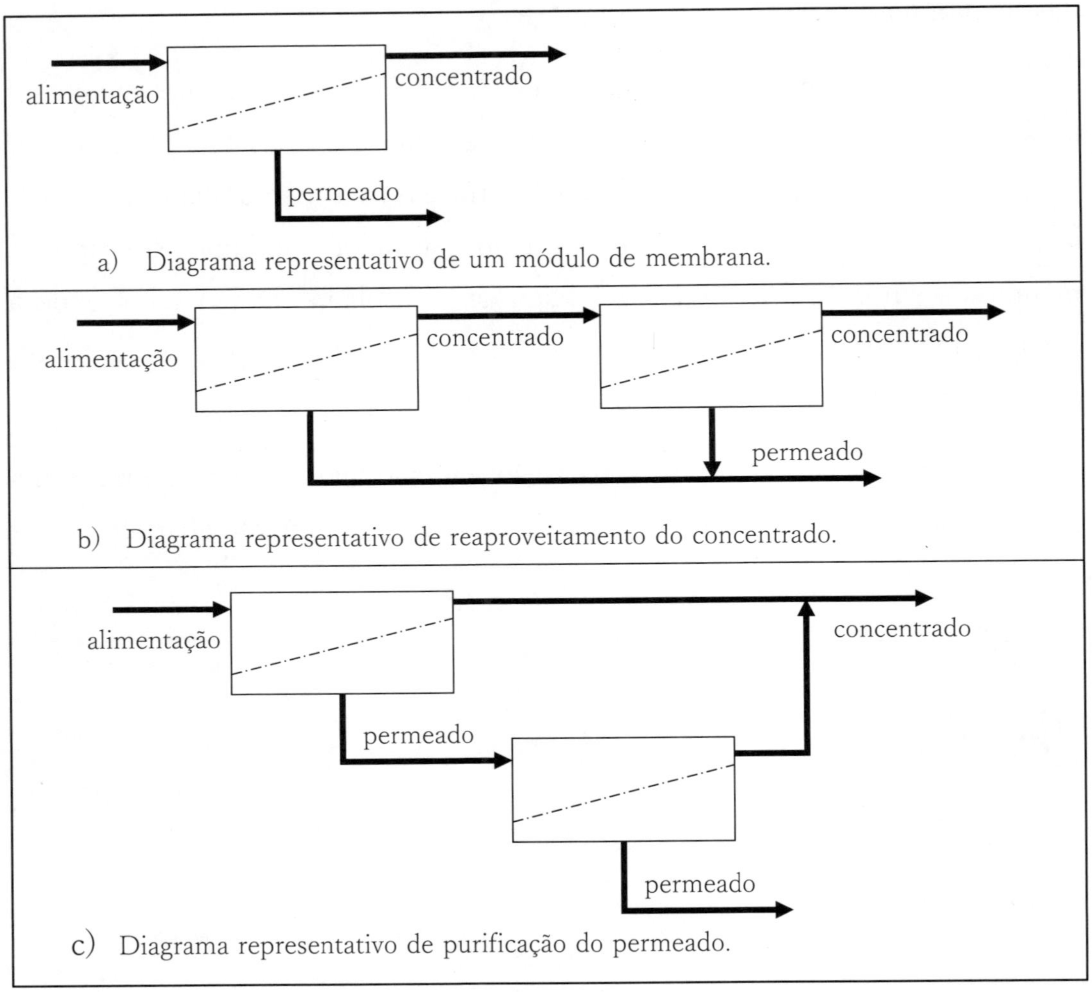

a) Diagrama representativo de um módulo de membrana.

b) Diagrama representativo de reaproveitamento do concentrado.

c) Diagrama representativo de purificação do permeado.

Figura 8.15: Diagramas de arranjos de elementos de membranas.

Quando o processo apresenta um baixo volume de alimentação e a qualidade da água a ser produzida pode conter uma concentração de sais aceitável, por exemplo uma concentração dentro dos limites máximos de potabilidade (Portaria GM/MS 888/2021), temos o diagrama representado pela Figura 8.15b. Essa configuração também é chamada "em série". A alimentação com baixa concentração de sais também pode usar esse tipo de arranjo para um melhor aproveitamento da água de alimentação.

Se a concentração de sais da água de alimentação é elevada, existe a possibilidade de depósito de sais na superfície das membranas, isso acarreta perda de produtividade, uma maior pressão de operação necessária e um maior planejamento de manutenção dos elementos de membrana através das limpezas químicas.

Se a demanda é por água de baixíssima concentração de sais, ou muitas vezes em concentrações de micrograma ou *ppm* (parte por milhão), podemos usar o arranjo mostrado na Figura 8.15c. Observe que o permeado que sai do primeiro módulo serve de alimentação para o próximo elemento de membrana. Outras configurações são possíveis, como, por exemplo, a alimentação em paralelo para mais de um elemento de membrana.

Observe ainda na Figura 8.15 que temos representações de um ou dois estágios. Vamos esclarecer um pouco isso. Nós chamamos estágio o número de membranas que cabem em um vaso de alta pressão. Cada vaso pode conter uma ou mais membranas. Os produtos do vaso de alta pressão (permeado e concentrado) podem alimentar outro estágio (outro vaso) com igual número de membranas ou não, tudo vai depender da demanda de água dessalinizada requerida. Ex.: no caso de haver mais de um vaso de alta pressão trabalhando em paralelo, temos um estágio. Caso tenhamos dois vasos trabalhando em série, teremos dois estágios.

Como nosso objetivo é usar o Python, façamos um pequeno levantamento de algumas das equações que usaremos para resolvermos esse problema. Observemos a Figura 8.16. Nela temos um pequeno corte da parede da membrana em um módulo comercial [8]. Do lado esquerdo da membrana, temos a alimentação com concentração c1 (kg/m^3), pressão P_1 (atm) aplicada na corrente de alimentação e pressão osmótica π_1 (atm).

Pela membrana temos um fluxo mássico de água Nw (kg de água/s.m^2) e o fluxo de sais Ns (kg de sais/s.m^2). Do lado direito da membrana temos a concentração c2 (kg/m^3) do permeado, a pressão P_2 (atm) na corrente de permeado, pressão osmótica π_2 (atm) e a concentração de água no permeado (isso mesmo que você leu) cw_2 (kg de água/m^3).

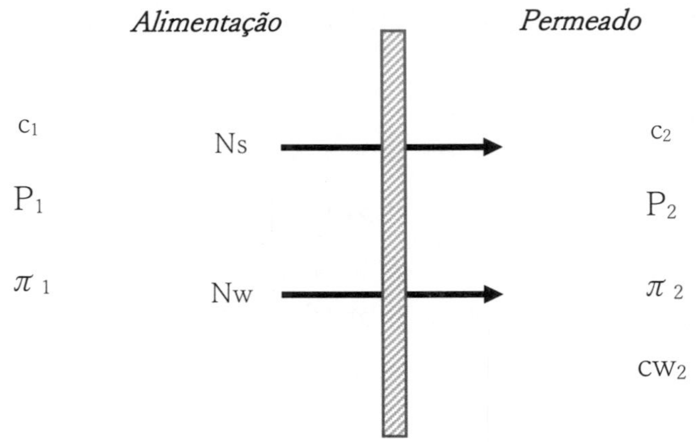

Figura 8.16: Apresentação das variáveis necessárias para as equações matemáticas. (Adaptado de Chen et al. [8])

O fluxo mássico de água que passa pela membrana pode ser calculado pela Equação (8.35).

$$N_w = A_w \times (\Delta P - \Delta\pi) \quad (8.35)$$

Onde A_w é a constante de permeabilidade (kg de água/s.m^2.atm), $\Delta P = P_1 - P_2$ é a variação de pressão entre a alimentação e o permeado (atm) e $\Delta\pi = \beta\pi_1 - \pi_2$ é a variação da pressão osmótica entre a alimentação e o permeado. β é a concentração de polarização que, para águas de baixas concentrações de sais, pode ser igual a 1. Elevadas concentrações de sais farão com que esse termo varie entre 1,2 e 2. β pode ser calculada com auxílio da Equação (8.36) [9].

$$\beta = K_p \times e^{\left(\frac{2Rec}{2-Rec}\right)} \quad (8.36)$$

Onde Rec é a recuperação do sistema. K_p é uma constante que depende do tipo de membrana (marca de fabricação) e, na maioria dos casos, apresenta valor igual a 0,99.

Para o cálculo do fluxo de sais através da membrana, podemos usar a Equação (8.37).

$$N_s = A_s(\beta c_1 - c_2) \quad (8.37)$$

Onde A_s é a constante de permeabilidade do sal (m/s).
A rejeição de sais, quantidade de sais retida na membrana, pode ser calculada através da Equação (8.38).

$$R = \frac{B(\Delta P - \Delta\pi)}{B(\Delta P - \Delta\pi) + 1} \quad (8.38)$$

Onde B é obtido através da Equação (8.39):

$$B = \frac{A_w}{A_s c w_2} \quad (8.39)$$

Note que a constante B tem unidade 1/atm.

A concentração de sais na corrente de água permeada pode ser calculada através da Equação (8.40).

$$C_p = C_A \times \left(1 - \frac{R}{100}\right) \quad (8.40)$$

Onde C_p é a concentração de sais na corrente do permeado (g/L), C_A é a concentração de sais na corrente de alimentação (g/L) e R é a rejeição de sais da membrana.
A produção por membrana pode ser calculada com auxílio da Equação (8.41).

$$Prod_{membrana} = \left(\frac{N_w}{d_w}\right) \times A_m \quad (8.41)$$

Onde $Prod_{membrana}$ é a vazão de água permeada (L/h), d_w é a densidade da água (kg/L) e A_m é a área ativa da membrana (m^2).

Agora vamos para a nossa solução em Python! Nosso código estará dividido em duas partes, pois, para ficar bem-organizado, utilizamos 95 linhas estre espaços e códigos. A Figura 8.17a mostra a primeira parte do código. Nela podemos ver a importação da biblioteca *math* na linha 2 e as declarações das variáveis necessárias para a resolução do problema entre as linhas 5 e 17. Observe que foi considerada uma temperatura ambiente de 28 °C.

A densidade da água também foi considerada utilizando a temperatura ambiente já citada. Os valores das constantes de permeabilidade Aw e As foram estimadas de acordo com projetos anteriores já realizados [7]. Os valores da pressão de operação ΔP, bem como da recuperação, Rec, estão dentro dos limites operacionais dos elementos de membrana comercial [10].

A linha 19 traz uma lista com os dados das concentrações da água de alimentação, como mostrado na Tabela 8.2. Na linha 22, temos a massa molar das espécies químicas também citadas na Tabela 8.2. A linha 26 calcula os sólidos totais dissolvidos e nas linhas 30 e 31, no laço de repetição, calcula-se as frações mássicas das espécies químicas que compõem a água que alimentará o dessalinizador.

As frações mássicas serão necessárias para estimar as concentrações das espécies químicas na corrente de permeado, caso haja necessidade de mais de um estágio no dessalinizador. Isso é necessário pois, caso o permeado não esteja dentro da concentração desejada, essa corrente de permeado servirá como alimentação de um novo módulo de membrana, como mostramos anteriormente na Figura 8.15c. E, para isso, precisamos recalcular a pressão osmótica da alimentação, que depende da concentração de sais.

A linha 33 calcula o número de elementos que estão na lista referente à concentração de sais, **conc_sais**. Esse valor será necessário, na linha 41, para calcularmos as concentrações molares das espécies químicas listadas na Tabela 8.2. A linha 36 é responsável pelo cálculo da concentração de polarização, Equação (8.36).

```
1 # importando bibliotecas
2 from math import exp
3
4 # declaração das variáveis
5 T = 28.0                         # temperatura ambiente (°C)
6 DP = 19.15                       # pressão da alimentação do dessalinizador (atm)
7 Aw = 9e-4                        # constante de permeabilidade (kg/s.m2.atm)
8 As = 1.1e-7                      # constante de permeabilidade do sal (m/s)
9 Rg = 0.08206                     # constante dos gases (L·atm/K.mol)
10 densi_agua = 996.236            # densidade da água (kg/m3 a 25°C)
11 Am = 7.2                        # área de membrana (m2)
12 volume_desejado = 1650.0        # volume de água permeada desejada (L/h)
13 Rec = 0.355                     # recuperação do sistema
14 conc_desejada = 199.99          # concentração de sais desejada (g/L) no permeado
15 Kp = 0.99                       # constante devido ao tipo de membrana
16 Conc_permeado = 200             # estimativa inicial da concentração do permeado
17 n = 1                           # número de estágios
18 # concentração de sais em mg/L
19 conc_sais = [709.6, 809.1, 2268.1, 17.7, 0, 0.01, 0, 124.4, 342.1, 372.1,
20              6646.2, 0.06, 0.02, 2.72, 58.6]
21 # massa molar em g/mol
22 massa_molar = [40.08, 24.31, 22.99, 39.10, 26.98, 55.85, 0.17, 100.0869,
23                100.0869, 96.06, 35.45, 62.00, 46.01, 17.03, 60.08]
24
25 # concentração da alimentação (sólitos totais) (g/L)
26 Conc_aliment = sum(conc_sais)/1000
27 #--Cálculo da pressão Osmótica da solução
28 fracao_massica =[]
29 # cálculo da fração mássica
30 for k in range(len(conc_sais)):
31     fracao_massica.append(conc_sais[k]/(1000*Conc_aliment))
32 # número de espécies químicas envolvidas
33 num_elementos = len(conc_sais)
34
35 # concentração de polarização
36 beta = Kp*exp((2*Rec)/(2-Rec))
37
38 while Conc_permeado > conc_desejada and n < 5:
39     print('\n----Resultados para o', n, '° estágio.-----')
40     conc_molar = []
41     for i in range(num_elementos):
42         conc_molar.append(conc_sais[i]/(massa_molar[i]*1000))
43
44     # concentração molar do sal na alimentação
45     m = sum(conc_molar)
46     # pessão osmótica da alimentação (atm)
47     PO_aliment = 0.884*Rg*(T+273.15)*m
48     print('Pressão osmótica da alimentação:', format(PO_aliment, '.2f'), 'atm')
```

Figura 8.17a: Solução para o problema de aplicação de membranas para dessalinização.

Temos um laço de repetição *while* na linha 38, responsável pela repetição das linhas 39 a 80. Essas linhas serão executadas, repetidas vezes, até que a condição de concentração desejada da água permeada, valor menor que 200 mg/L, seja alcançada ou que o número máximo, delimitado aqui, de passos seja atingido.

O laço de repetição for da linha 41 é responsável pelo cálculo das concentrações molares das espécies químicas envolvidas. Na linha 45 temos o somatório dessas concentrações molares que será usado para obtermos a pressão osmótica da alimentação na linha 47. A linha 48 imprime esse resultado. Para facilitar nossa vida, consideramos que a concentração do permeado é tão baixa que a pressão osmótica do permeado é praticamente zero. E isso está exposto na linha 52.

Olhemos agora para a segunda parte deste código com auxílio da Figura 8.17b. O $\Delta\pi$, pressão osmótica do permeado subtraída da pressão osmótica da alimentação, é calculado na linha 54. O cálculo do fluxo de permeado através da membrana, Equação (8.35), é dado na linha 56. O valor de 3600 serve para converter a unidade de segundo para hora. A linha 57 imprime o resultado do fluxo mássico de água permeada calculada na linha anterior.

A concentração de água é dada na linha 61. Leia os comentários das linhas 59 e 60 para maiores detalhes. A linha 62 traz a Equação (8.39) e na linha 64 temos o cálculo da rejeição de sais do sistema, Equação (8.38). Esse cálculo é baseado nas características da membrana e costuma ser apresentada como uma informação de funcionamento em portfólios de membranas comerciais. Caso você tenha esse dado, basta igualar R a esse valor.

A linha 65 imprimirá no console o resultado calculado para a rejeição de sais. A concentração de sais na corrente do permeado pode ser calculada através da Equação (8.40), na linha 68. O resultado é impresso na linha seguinte. O cálculo do fluxo mássico de sais através da membrana é feito na linha 72 e é acompanhado da impressão dos resultados na linha 73.

A concentração de sais na corrente de permeado é calculada na linha 76, dentro do laço de repetição. Esse cálculo é necessário devido à possibilidade de a água permeada obtida no primeiro passo não alcançar a concentração desejada. Caso isso aconteça, para este exemplo de aplicação, a água do permeado será a nova alimentação do próximo módulo de membrana. A linha 79 recalcula os sólidos totais dissolvidos na água de alimentação (permeado) e o laço será repetido caso nenhuma das condições impostas tenha sido alcançada.

```
50      #--Cálculo da pressão osmótica do permeado
51      # assumindo que a concentração de sais no permeado é muito baixa, temos:
52      PO_permeado = 0
53      # cálculo da diferênça de pressão osmótica
54      DPO = PO_aliment*beta - PO_permeado
55      # cálculo do fluxo de água através da membrana (permeado)
56      Nw = Aw*(DP - DPO)*3600                # kg de água/h.m2
57      print('Fluxo mássico do permeado:', format(Nw, '.2f'), 'kg de água/h.m2')
58
59      # a concentração de água no permeado cw2 é igual a densidade da água
60      # (claro que é considerando uma baixa concentração de sais!)
61      cw2 = densi_agua                       # kg/m3 a 28°C
62      B = Aw/(As*cw2)                        # 1/atm
63      # a rejeição de sais na membrana é de:
64      R = ((B*(DP - DPO))/(B*(DP - DPO)+1))*100
65      print('Rejeição de sais calculada foi de:', format(R, '.1f'), '%')
66
67      # a concentração de sais no permeado é de:
68      Conc_permeado = Conc_aliment*(1 - R/100) #g/L
69      print('Concentração no permeado:', format(Conc_permeado*1000,'.2f'),'mg/L')
70
71      # o fluxo de sais através da membrana é de:
72      Ns = As*(Conc_aliment*beta - Conc_permeado)*3600 #kg de sais/h.m2
73      print('Fluxo (transmembrana):', format(Ns, '.3e'), 'kg de sais/h.m2')
74      conc_sais = []
75      for i in range(num_elementos):
76          conc_sais.append(Conc_permeado*fracao_massica[i])
77
78      # concentração da alimentação (g/L)
79      Conc_aliment = sum(conc_sais)/1000
80      n += 1
81  print('\n--- Dados de projeto ---')
82
83  # cálculo do número de membranas
84  prod_por_membrana = (Nw/densi_agua)*1000*Am
85  print('Produção por membrana:', format(prod_por_membrana, '.4f'), 'L/h')
86  num_membranas = volume_desejado/prod_por_membrana
87  print('São necessários', format(round(num_membranas), '.1f'),
88        'elementos de membrana por estágio')
89
90  # considerando uma recuperação colicitada
91  vazao_Aliment = volume_desejado/Rec
92  print('Volume de alimentação:', format(vazao_Aliment, '.2f'), 'L/h')
```

Figura 8.17b: Solução para o problema de aplicação de membranas para dessalinização.

A linha 80 é um contador para identificarmos o número de passos que foi necessário para obtermos o resultado desejado. Temos o cálculo da vazão por membrana na linha 84, veja a Equação (8.41). O valor 1000 nesta linha se refere à mudança de unidade, de m^3 para L.

O número de elementos de membrana pode ser calculado através de uma regra de três simples, ou seja, se uma membrana produz o resultado obtido na linha 84, então quantas são necessárias para produzir a quantidade desejada? Este raciocínio está exposto na linha 86. Perceba que temos a impressão do resultado na linha seguinte, contudo, existe uma funcionalidade a mais neste *print*, a função *round*( )! Com ela, o valor obtido para o número de elementos de membranas será arredondado para o número inteiro mais próximo.

Por fim, temos a vazão de alimentação necessária para abastecer o sistema de dessalinização projetado. O resultado do código apresentado anteriormente pode ser visualizado na Figura 8.18.

```
Console 1/A

----Resultados para o 1 ° estágio.-----
Pressão osmótica da alimentação: 7.59 atm
Fluxo mássico do permeado: 24.58 kg de água/h.m2
Rejeição de sais calculada foi de: 98.4 %
Concentração no permeado: 179.30 mg/L
Fluxo (transmembrana): 6.781e-03 kg de sais/h.m2

--- Dados de projeto ---
Produção por membrana: 177.6474 L/h
São necessários 9.0 elementos de membrana por estágio
Volume de alimentação: 4647.89 L/h
```

Figura 8.18: Resultado do cálculo do número de estágio e de membranas.

Perceba que os resultados podem variar caso você tente utilizar um software da empresa que vende uma dada marca de membranas. Isso acontece devido às condições operacionais, tipo de membrana (que resultará em diferentes valores para as constantes de permeabilidade da água e do sal), taxa de rejeição de sais, temperatura, entre outros.

Finalizando o Capítulo 8

Espero que seus estudos tenham sido proveitosos até o momento! Veja que você já evoluiu bastante se comparado aos passos iniciais! Aqui ampliamos esses conhecimentos explicando 4 aplicações distintas, mas usando programação básica para solucionar cada um deles. Na próxima parte deste livro veremos noções de programação, aprenderemos a criar fluxogramas, entenderemos como são feitos os algoritmos e pseudocódigos. Também aprenderemos a construir nossas próprias funções, importá-las e aplicadas em códigos distintos, assim como fizemos as importações de funções de bibliotecas do Python. Ah! Também vamos ampliar o uso das bibliotecas nativas do Python para que nosso desenvolvimento fique cada vez mais rápido e robusto.

Referências

[1] SHAPIRO, Howard N.; MORAN, Michael J. **Princípios de termodinâmica para engenharia**. 7. ed. GEN/LTC, 2014.

[2] SMITH, J. M.; VAN NESS, H. C.; ABBOTT, M. M. **Introdução à Termodinâmica da Engenharia Química**. 7. ed. Rio de Janeiro: LTC, 2007.

[3] FINLAYSON, Bruce A. **Introduction to Chemical Engineering Computing**. John Wiley & Sons, 2012.

[4] HAN, S. J.; LIN, H. M.; CHAO, K. C. Vapor-liquid equilibrium of molecular fluid mixtures by equation of state. **Chemical Engineering Science**, v. 43, n. 9, p. 2327-2367, 1988.

[5] HARRIS, Daniel C. **Explorando a Química Analítica**. Grupo Gen-LTC, 2011.

[6] CHAPRA, Steven C.; CANALE, Raymond P. **Métodos numéricos para engenharia**. McGraw-Hill, 2008.

[7] SILVA, S. K. **Sistema de dessalinização da comunidade de Uruçu – São João Do Cariri - PB**: análises, monitoramento e avaliação de um misturador para o uso do concentrado. 2008. Dissertação (Mestrado em Engenharia Química) – UFCG, Campina Grande, 2008.

[8] CHEN, Jiaping Paul *et al.* Membrane separation: basics and applications. *In*: **Membrane and desalination technologies**. Totowa: Humana Press, 2011, p. 271-332.

[9] EL-DESSOUKY, Hisham T.; ETTOUNEY, Hisham Mohamed. **Fundamentals of Salt Water Desalination**. Elsevier, 2002.

[10] FILMTEC™ MEMBRANES, Product Information. Filmtec BW30-4040, Form N° 609-00250-0408, Dow Chemical Company. 2017.

PARTE 2: Introdução à programação

Capítulo 9: Entendendo conceitos de programação

Partiremos agora para alguns conceitos fundamentais vistos em programação. Até porque não podemos ficar limitados apenas às linhas de código, precisamos nos comunicar através de meios facilitadores quando quisermos expor nossos resultados ou intensões de programas em apresentações, trabalhos científicos ou explanações entre colegas. Neste capítulo entenderemos os conceitos de algoritmo, pseudocódigo, fluxograma e programa (que já conhecemos um pouco na primeira parte deste livro). Faremos também alguns exercícios para ajudar na fixação do conteúdo. Caso já tenha familiaridade com esses conceitos, sugiro que você passe para o próximo capítulo para que seus estudos sejam acelerados.

Algoritmo

Programar é descrever um roteiro de atividades que serão executadas em sequência, ordem e lógica aplicadas e pré-determinadas, por exemplo:

1. Acordar;
2. Tomar banho;
3. Vestir uma roupa;
4. Alimenta-se;
5. Escovar os dentes.

Observe que sempre haverá uma lógica na execução das atividades, ou seja, no exemplo anterior, não podemos tomar banho ou escovar os dentes antes de acordarmos, não é verdade? Essa sequência de passos bem definidos a serem executados, um a um, em uma sequência lógica, que resolverão algum problema específico, nós chamamos de **algoritmo**.

Mais um exemplo: digamos que queiramos calcular a área de um círculo; o que precisaremos? Observe a Figura 9.1, veja a sequência de atividades que deverão ser realizadas pelo computador para que ela seja executada de forma correta. Veja que, para o Python calcular a área de um círculo, ele precisa de um valor de raio. E para que o Python tenha esse valor de raio armazenado na memória, alguém (usuário) deverá inserir essa informação.

%Calcular área de um círculo:

1. Solicitar ao usuário o valor do raio;
2. Receber valores do raio;
3. Realizar cálculo com a equação $f(x) = \pi r^2$;
4. Imprimir resultado do cálculo da área.

Figura 9.1: Exemplo de algoritmo.

Se você conseguiu entender o que é um algoritmo, não sentirá nenhuma dificuldade em entender o próximo exemplo da Figura 9.2. Primeiramente, quando você tiver acesso a um algoritmo, deverá lê-lo e verificar se as etapas estão coerentes. Veja o exemplo a seguir. Melhor! Tente traduzir esse algoritmo em código conforme solicitado. Não se acanhe. Com a bagagem de conhecimento que você já acumulou até aqui, não haverá dificuldades em interpretar essas demandas.

Observe que, da mesma forma que você lê um algoritmo, você também poderá escrever os seus! Isso facilitará sua vida quanto quiser ter, provisoriamente, apenas os passos essenciais necessários para a construção de um código.

Qualquer resolução matemática, aplicada à Engenharia Química ou não, poderá ser transformada em algoritmo.

1. Abra um novo arquivo e chame-o de dados_usuario;
2. Seu código deverá exibir um texto explicando que será solicitado o nome do usuário e, em seguida, será solicitada uma atividade de preferência. Para sair do laço, basta entrar com a letra "s" (sair);
3. A partir de uma variável vazia, solicite e acrescente o nome do usuário;
4. A partir de uma variável vazia, solicite e acrescente a atividade;
5. Use o laço de repetição while;
6. Faça testes para saber se o usuário já quer finalizar a inserção de dados;
7. No fim, imprima cada nome com o uso do laço for para imprimir a lista de nomes concatenadas com a lista de atividades ex.: (nomes[0].title + "gosta de" + atividades[0]).

Figura 9.2: Exemplo de um algoritmo que contém solicitação de dados ao usuário e repetição.

Aplique o que aprendeu:

Pegue uma folha de papel e um lápis e tente escrever o ***algoritmo*** para os seguintes problemas:

1. Cálculo do volume de um cilindro.
2. Soma de todos os números inseridos pelo usuário.
3. Custo de um trocador de calor (Capítulo 3).
4. Utilização do método de Newton (Capítulo 7).

Pseudocódigo

Um **pseudocódigo** é uma sequência de passos bem definidos misturando linguagem de programação e uma língua qualquer (português, inglês, espanhol, dinamarquês, francês etc.). Vejamos a Figura 9.3. Nela, temos um exemplo de pseudocódigo que solicita um número ao usuário e eleva esse valor ao quadrado caso o usuário tenha entrado com um valor maior que zero. Observe que temos a mistura de texto e alguns comandos já conhecidos por nós! (e.g. *print*, *while*, *if*, True). Você poderá visualizar outros exemplos de pseudocódigos em livros de métodos numéricos [1].

A coluna com os números não é obrigatória em um pseudocódigo. Ela foi aplicada aqui apenas para fins didáticos e para auxiliar você a entender melhor o código comparando-o aos códigos já estudados até o momento.

Pseudocódigo

```
#início
#Declaração de variáveis
a: boolean, b: float;
a ← True
b ← 0;
while a for igual True faça
    número = input("digite um número")
    if número for >= zero faça
        b = número**2
        print b
    a = input("quer continuar? Sim/Não")
    if a == Não:
        finalize o laço while
print "volte sempre"
#fim
```

Figura 9.3: Exemplo de pseudocódigo (português + código).

Aplique o que aprendeu:

Pegue outra folha de papel e um lápis e tente escrever o ***pseudocódigo*** para os seguintes problemas:

1. Avaliar se um número é maior ou menor que zero.
2. Produto de todos os valores inseridos pelo usuário.
3. Cálculo do pH de uma solução (Capítulo 4).
4. Cálculo do fator de atrito (Capítulo 7).

Fluxograma

Um **fluxograma** é uma sequência de etapas expressas em forma de blocos. Cada bloco possui uma definição própria e deve ser usado de forma correta. A Figura 9.4 mostra um fluxograma de blocos para a condição *if/else*. Veja que existem diferentes formas que representam diferentes lógicas/funcionalidades do código.

Por exemplo, a condição *if* é dada por um losango, enquanto blocos de códigos, escolhas dentro do *if* ou do *else*, são representados por retângulos. O círculo mais abaixo significa união, ou junção, responsável por dar continuidade à execução de um código após um laço condicional e as setas indicam o caminho a ser percorrido durante a execução do código.

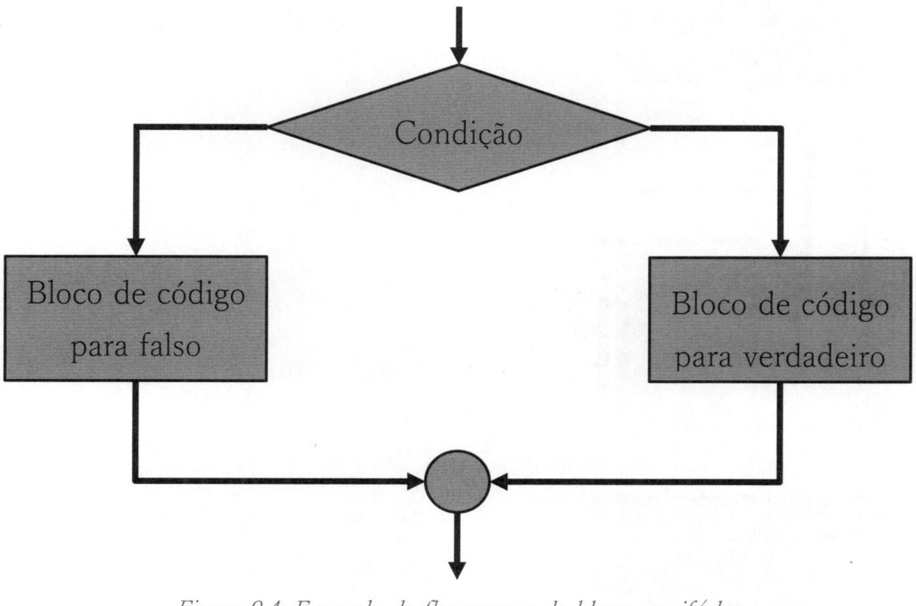

Figura 9.4: Exemplo de fluxograma de bloco um if/else.

A seguir, na Figura 9.5, serão apresentados alguns dos símbolos mais utilizados em fluxogramas de códigos. Lembrando que esses símbolos não estão representados em sua totalidade.

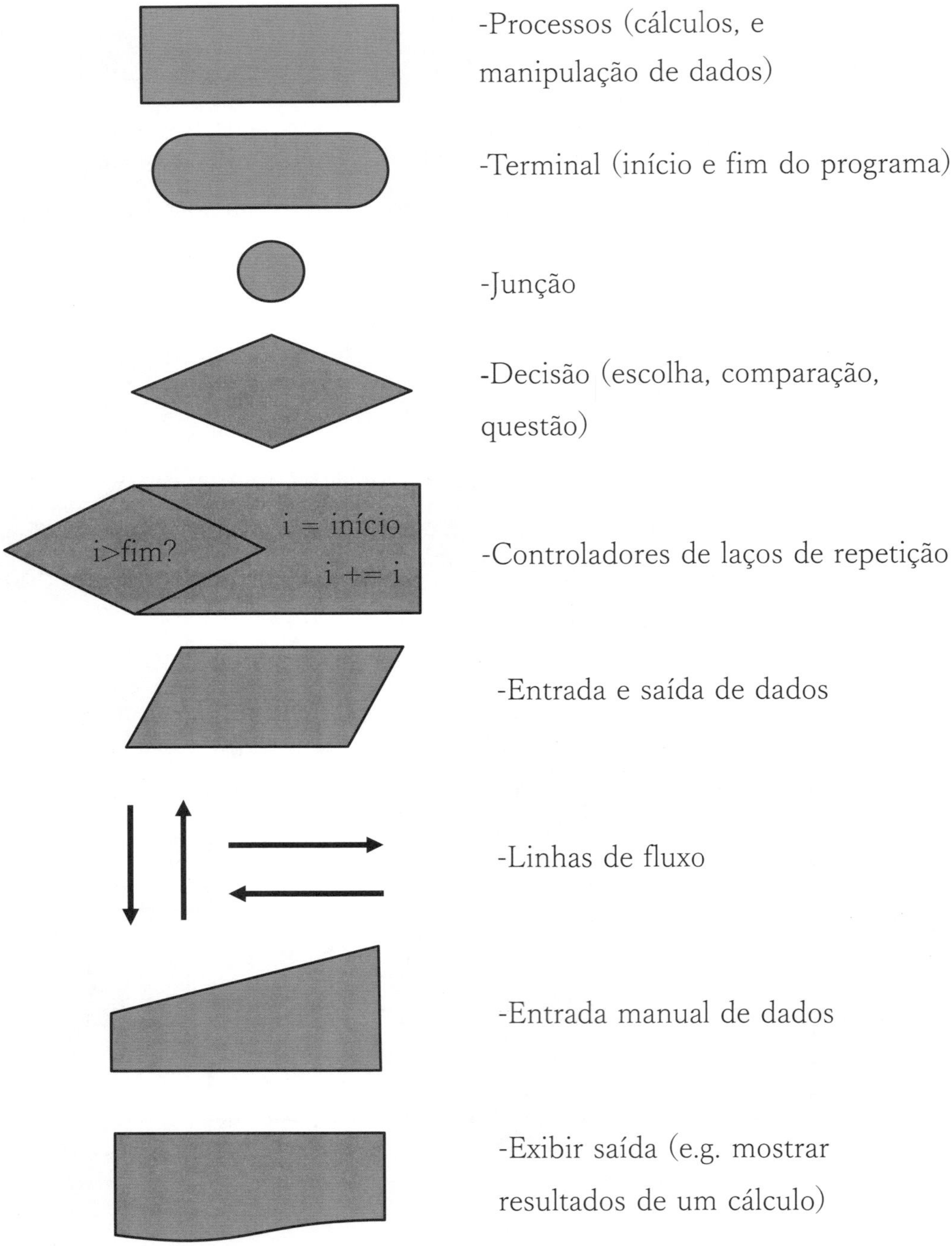

Figura 9.5: Alguns dos principais símbolos utilizados em fluxogramas.

Caso não tenha encontrado a simbologia desejada, não se preocupe, outros elementos gráficos podem ser encontrados em literatura específica [2, 3].

Os fluxogramas são auxiliares em apresentações simplificadas de programas mais complexos. Eles darão uma ideia geral de como o código está construído sem a necessidade de se descrever cada linha de código utilizada. Vejamos um exemplo simples utilizando o fluxograma de um laço de repetição. Se olharmos a Figura 9.5 novamente, veremos que o laço de repetição tem a estrutura disposta na Figura 9.6.

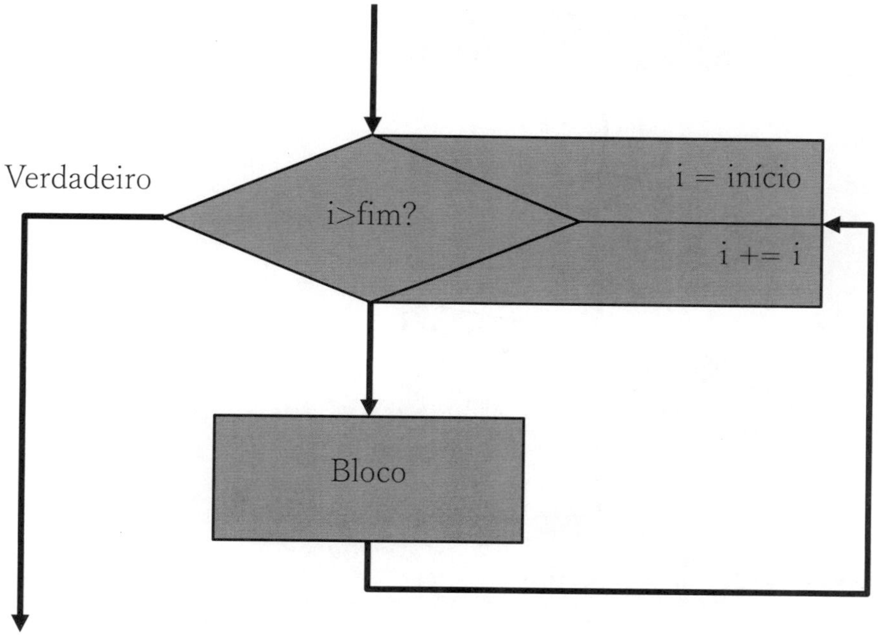

Figura 9.6: Fluxograma de um laço de repetição.

Temos uma condição de parada no losango que faz parte do laço, e um valor inicial para "i" no bloco adjacente. Dentro do laço temos a repetição do bloco de código que deverá ser executado até que a condição de parada seja atingida. Perceba que o "bloco" pode ser uma única função ou mil linhas de código que serão repetidas!

Um bloco também pode contar outras lógicas de programação, ou seja, pode conter outros fluxogramas. Se isto acontecer, você deverá apresentar esses fluxogramas separadamente para fins de organização e visualização. Veja o quanto de espaço foi resumido para apresentar seu código ao seu chefe utilizando apenas um fluxograma.

Vejamos mais um exemplo. Voltando ao Capítulo 2, temos como representar através de um fluxograma a solicitação de informações sobre três nomes de compostos químicos, suas respectivas massas molares e, a seguir, o código deverá imprimir a concatenação desse conjunto de dados que foram inseridos pelo usuário através de um laço de repetição. Observemos a Figura 9.7.

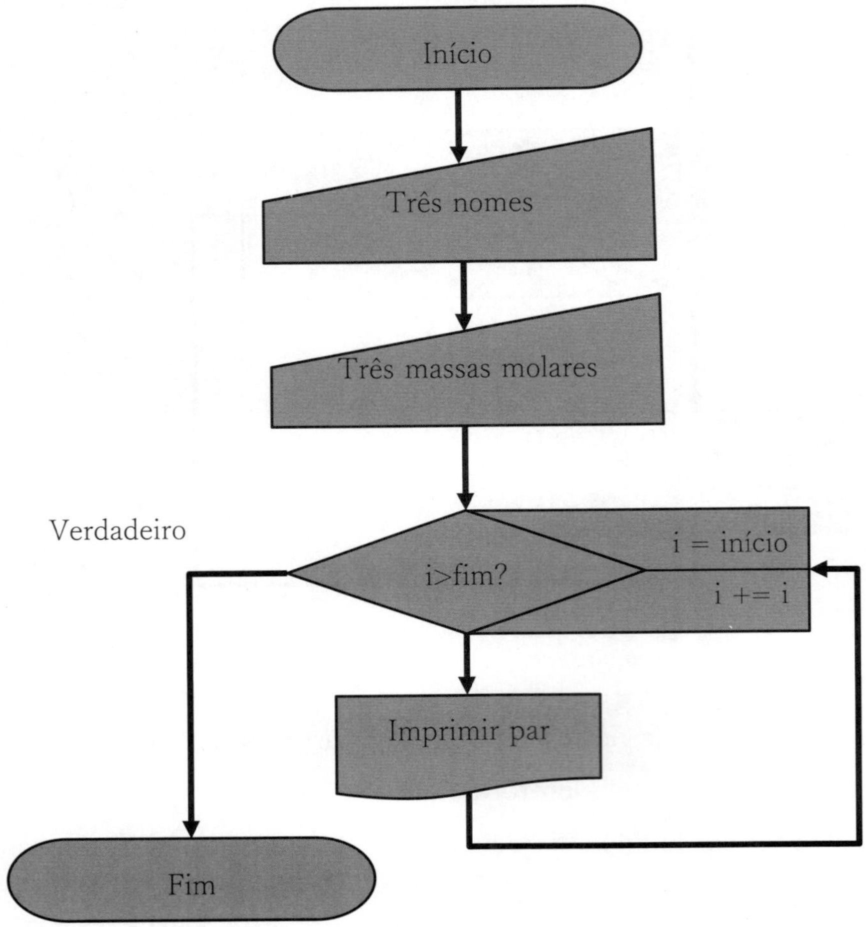

Figura 9.7: Fluxograma de pedidos de nomes de reagentes e suas respectivas massas molares.

Perceba que agora temos mais elementos dispostos no nosso fluxograma. Apresentamos terminais iniciando e finalizando o código; elementos gráficos que demonstram a necessidade de entradas de dados pelo usuário; um laço de repetição que executará a impressão do par "nome do reagente" + "massa molar" por três vezes seguidas.

Claro que, quanto maior a lógica que você utilizar no seu código, maior será o fluxograma. Mas nem de longe um fluxograma será comparado ao código em si em um momento de visualização. Como já foi mencionado, o fluxograma dará visualmente a ideia de fluxo lógico que o computador executará durante a resolução de alguma tarefa.

Aplique o que aprendeu:

Pegue mais uma folha de papel e um lápis e tente escrever o ***fluxograma*** para os seguintes problemas:

1. Determine as raízes reais de uma equação de segundo grau.
2. Repetição da solicitação de entrada de dados que serão impressos até que o usuário solicite finalização do laço de repetição.
3. Cálculo do valor futuro de um investimento (Capítulo 3).
4. Construção de um gráfico para dados de x e y inseridos pelo usuário (Capítulo 5).

Programa

Um **programa** é um roteiro de atividades que serão executadas pelo computador na sequência, ordem e lógica aplicadas e pré-determinados usando, para isto, uma dada linguagem de programação. No nosso caso, Python! O Python é uma das várias linguagens que existem. Ela é uma linguagem (alto nível) interpretada pelo computador, que transforma do nosso código, digitado no *script* da área de desenvolvimento, em linguagem de máquina (baixo nível). Quanto mais baixo o nível da linguagem de programação, mais parecida com a linguagem de máquina, e mais difícil de entendermos!

Para que o Python execute de forma correta nossas intensões, traduzidas através de linhas de código, devemos redigi-las utilizando regras, padrões e ferramentas que são utilizadas pelo Python, como estamos fazendo até o momento! Caso ele não saiba o que significa um dado comando, ou linha, ou função, o código não será executado e o Python, dentro de suas limitações, lhe retornará um erro no console indicando o potencial problema [4]. Como você já teve algumas experiências com exemplos anteriores de códigos em aplicações já estudadas, a Figura 9.8 é meramente ilustrativa para mostrar um exemplo de código desenvolvido em Python.

```python
# solicitando dados de entrada ao usuário
cortes = int(input('Entre com o número de cortes --> : '))

# definindo algumas informações
a = 1
b = 5
h1 = b - a
delta = h1/cortes
contador = 1
soma = 0
b = a + delta
# resolução do método do trapézio
while contador < cortes:
    #calculando os elementos da função
    func1 = a**(1/2)
    func2 = b**(1/2)
    soma = soma + ((b-a)/2)*(func1 + func2)

    #substituindo os valores de a e b
    a = b
    b = b + delta
    contador += 1

#imprimindo os resultados
print('A área calculada é igual a:', '%.2f' % soma)
print('O valor final de b é', b)
print('Foram executadas ', contador, 'repetições!')
```

Figura 9.8: Exemplo de um código desenvolvido em Python.

O programa da Figura 9.8 tem a finalidade de calcular, por integração numérica, a área gerada pela função $f(x) = \sqrt{x}$ aplicando o método do trapézio quando temos um intervalo x = a e x = b. Teste-o!

Problemas de Revisão

9.1. Explique a diferença entre fluxograma, pseudocódigo e algoritmo. Cite exemplos.

9.2. Escreva um algoritmo para o cálculo da média entre dois valores.

9.3. Escreva um algoritmo para o cálculo das raízes de uma equação de segundo grau.

9.4. Escreva um pseudocódigo que descreva se um valor é maior ou menor que zero.

9.5. É correto afirmar que:

a) Fluxograma é formado por um conjunto de blocos com diferentes formatos que expressam como o programa se comporta durante sua execução.

b) Programa é composto por linhas que contêm textos e códigos que podem ser interpretados pelo computador.

c) Pseudocódigo só pode ser executado por um computador devido à sua interface de comunicação homem-máquina.

d) Pseudocódigo é uma sequência de passos que servem como guia para o desenvolvimento de um programa ou de um fluxograma para a solução de um problema determinado.

e) As respostas A e D estão corretas.

f) As respostas B e C estão corretas.

g) Nenhuma das respostas está correta.

9.6. O fluxograma disposto na Figura Ex 9.1 foi proposto para o procedimento de execução da ferramenta de seleção de malhas de controle Plantwide para o método de Spline Cúbica de Akima [5]. Após visualizar o fluxograma, é possível afirmar que:

a) A imagem se refere a algum tipo de pseudocódigo que ainda não foi implementado.

b) Os blocos dispostos na imagem sugerem que o programa deve ser feito com cuidado.

c) O código mostra todos os caminhos necessários para serem executados corretamente pelo computador.

d) Um programa de computador pode ser exposto na forma de um fluxograma para que haja um melhor entendimento local, ou global, do que está acontecendo, ou acontecerá, durante o desenvolvimento ou até mesmo em códigos já desenvolvidos.

e) Todas as opções anteriores estão corretas.

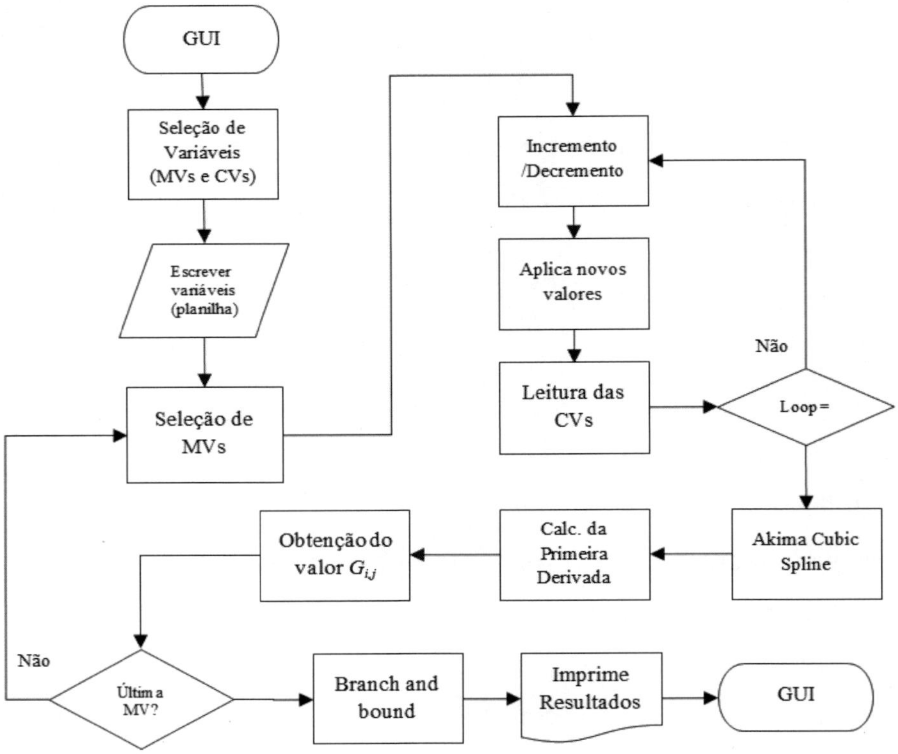

Figura Ex 9.1:Diagrama de fluxo para aplicação do método de Akima.

Finalizando o Capítulo 9

De modo geral, foram apresentados os mecanismos de exposições de lógicas de programação, partindo-se dos elementos mais simples a serem expostos via escrita, como se fossem uma lista de atividades (algoritmo), passamos pela mistura entre linguagem de programação e escrita na nossa língua (pseudocódigo); vimos também a simbologia de exposição dos fluxos para exposição de programas e como esse tipo de exposição pode facilitar a visualização global do seu código.

Lembrando que, entre os itens expostos, o programa de computador propriamente dito é o único que poderá ser executado pela máquina. Os demais são utilizados para explanação das lógicas dos programas propostos ou implementados.

Referências

[1] CAMPOS FILHO, Frederico Ferreira. **Algoritmos numéricos**. LTC, 2007.

[2] CHAPRA, Steven C.; CANALE, Raymond P. **Métodos numéricos para engenharia**. McGraw-Hill, 2008.

[3] PERKOVIC, Ljubomir. **Introduction to Computing Using Python**: An Application Development Focus. Wiley Publishing, 2011.

[4] MATTHES, Eric. **Python Crash Course**: A Hands-On, Project-Based Introduction to Programming. No Starch Press, 2015.

[5] SILVA S. K. **Utilização de uma ferramenta para seleção automática de estruturas de controle para plantas de processos**. 2013. Tese (Doutora em Engenharia Química) – PPGEQ, Centro de Ciências e Tecnologia, Universidade Federal de Campina Grande, Campina Grande – PB, 2013.

Capítulo 10: Desenvolvendo Funções

Durante o desenvolvimento dos seus programas, você notará que determinadas partes do seu código "bem que poderiam" ser usadas em outras aplicações. Por exemplo: quando você desenvolver um programa que calcule as raízes de uma função do segundo grau, você poderá usar esse código para resolver outros problemas particulares e distintos. Agora imagine se todas as vezes que você quiser calcular algo tiver que copiar códigos anteriores?! Isso não parece uma boa ideia, não é verdade? Para reutilizarmos partes dos nossos códigos, devemos desenvolvê-los como **funções**. Por exemplo: quando desejamos calcular a raiz quadrada de um dado valor, vimos que precisamos importar, por exemplo, a biblioteca *math* e em seguida, podemos usar a função *sqrt*( ). Quando você desenvolve seus códigos em formato de função, estes ficarão com potencial aplicação para atividades futuras, bastando importá-las para sua nova aplicação. Neste capítulo veremos como desenvolver essas funções e como chamá-las e usá-las.

Definição de funções

As funções são definidas como blocos de código, com nomes exclusivos, desenvolvidas para realizar tarefas específicas. As funções podem ser desenvolvidas por você de forma personalizada, ou podemos importá-las de alguma biblioteca caso existam (maiores detalhes no Capítulo 11).

A Figura 10.1a ilustra a base da estrutura para o desenvolvimento de uma função personalizada. A mesma figura também apresenta uma sugestão de "leitura" da função que será desenvolvida por você. O termo **def** (do inglês "define") é a palavra-chave padrão do Python para definir uma função. Desta forma, você deve usar obrigatoriamente o termo **def** antes do nome da sua função, seguida de um par de parênteses e, por fim, dois pontos ":".

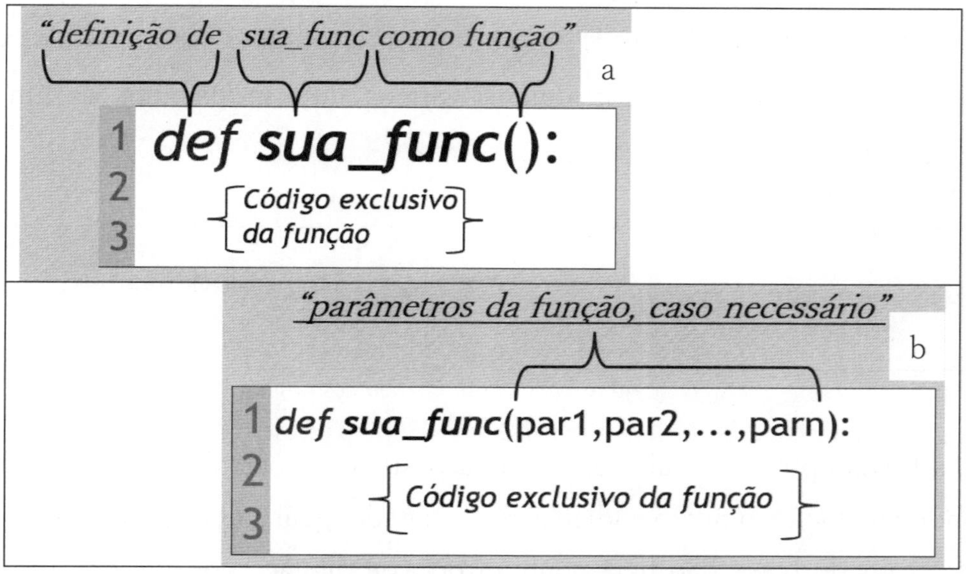

Figura 10.1: Estrutura de uma função.

A Figura 10.1b é um complemento para os casos em que se faz necessário a inserção de valores demandados para o funcionamento efetivo da função. Veremos mais detalhes no decorrer do presente capítulo.

O nosso primeiro estudo de caso está no desenvolvimento de uma função chamada "**mensagem**". Neste primeiro exemplo, não há necessidade do uso de nenhum parâmetro, ou seja, não precisaremos alimentar esta nossa função com qualquer informação entre os parênteses.

Como código exclusivo desta função, aplicaremos apenas uma impressão de uma palavra "Olá", como é mostrado na linha 3 da Figura 10.2a. Agora que nossa primeira função está pronta, vamos colocá-la em uso. Existem três formas básicas de uso de uma função:

1. Executando o arquivo onde ela se encontra e chamando a função no console;
2. Após a definição da função e seu código exclusivo, podemos escrever um código de chamada da função, como já fizemos quando usamos o numpy ou o matplotlib; e
3. Importar a função e usá-la em nosso código.

Iniciaremos nossas aplicações com a forma 1 e, durante este capítulo, você perceberá a transição para as demais formas de uso das nossas funções personalizadas.

```
#desenvolvendo funções
def mensagem():
    print("Olá")
```
a

```
In [7]: mensagem()
Olá
```
b

Figura 10.2: Chamando sua função no console.

Com a função pronta, e salva em alguma pasta local, basta rodarmos o código clicando em *Play*, e o nosso código será executado igual a qualquer outro código já desenvolvido (caso não haja nenhum erro de digitação ou de lógica na sua função).

Mas você perceberá também que, tirando a linha verde do endereço da função, nada aconteceu! "Como assim, nada aconteceu?!"

A função que você acabou de desenvolver agora se encontra na memória dinâmica do Python. "Certo. O que isso quer dizer?" Quer dizer que agora, mesmo sem importar sua função usando o comando ***import***, o Python reconhecerá o nome da função (**mensagem**) caso ela seja solicitada pelo usuário. Faça um teste.

Escreva o nome **mensagem( )** no console e aperte o botão "Enter", como mostra a Figura 10.2b. Como, neste caso, não há necessidade de argumento, a função será executada e seu resultado será impresso no console. Esse procedimento de chamada da função no console servirá para que você possa realizar um teste de desempenho e "*debugar*" (corrigir) qualquer anomalia da sua função devido a potenciais erros de lógica.

Perceba que nem todas as funções poderão ser executadas diretamente, uma vez que podem solicitar algum argumento para seu devido funcionamento.

Passando um argumento na função

O exemplo anterior serviu muito bem para um breve entendimento de como funciona uma função simples e sem argumentos. Mas, quando tratamos de casos mais reais, teremos funções que, para funcionarem, necessitarão de argumentos de entrada. Por exemplo, digamos que nossa necessidade agora seja elaborar um conversor de temperatura (função). O usuário terá que entrar com o valor da temperatura, em uma dada unidade, e a função converterá este valor na unidade desejada.

Vejamos o exemplo disposto na Figura 10.3. O código é simplificado, mas servirá de base para uma aplicação mais ampla, ou seja, com um maior número de unidades de conversão.

```
# convertendo temperatura
def convert_tempC_p_kelvin(temperatura):
    convertida = temperatura + 273.15
    print('A temperatura é de', convertida, 'K')
```

Figura 10.3: Função de conversão de temperatura °C para K.

Após clicar em *Play* (*Run*)na barra de tarefas, o console mostrará o caminho do arquivo que contém a função e que agora se encontra na memória dinâmica do Python. Se você digitar o nome da função no console, conforme Figura 10.4, verá que a função solicita o argumento chamado **temperatura**. Após a inserção do valor que será convertido, temos o resultado impresso no console, como mostra a Figura 10.5.

```
Console 1/A
In [79]: convert_tempC_p_kelvin(
                                   Argumentos
                                   kelvin(temperatura)
```

Figura 10.4: Chamando a função no console.

```
Console 1/A
In [79]: convert_tempC_p_kelvin(25)
A temperatura é de 298.15 K
```

Figura 10.5: Resultado da chamada da função.

Esquecendo o argumento na função

Observe que, para a função funcionar, deve ser passado o **argumento requerido** e o **tipo de variável adequada** para que se evitem erros! Atente para as Figura 10.6a e Figura 10.6b.

```
Console 1/A

In [18]: convert_temp_p_kelvin()
Traceback (most recent call last):

  File "<ipython-input-18-12617dc1c849>", line 1, in <module>
    convert_temp_p_kelvin()

TypeError: convert_temp_p_kelvin() missing 1 required
positional argument: 'temperatura'
```

a) Erro por falta de argumento.

```
Console 1/A
In [19]: convert_temp_p_kelvin('25')
Traceback (most recent call last):

  File "<ipython-input-19-8f872de10a42>", line 1, in <module>
    convert_temp_p_kelvin('25')

  File "C:/Users/Sidinei/Dropbox/A_Informatica_Aplicada/Livro/
codigos/figura_10_3_1.py", line 3, in convert_temp_p_kelvin
    convertida = temperatura + 273.15

TypeError: can only concatenate str (not "float") to str
```

b) Erro devido ao tipo de argumento inserido pelo usuário.

Figura 10.6: Exemplos de tipos de erros – (a) erro por falta de um argumento e (b) erro de tipo.

Os erros são gerados quando esquecemos de passar o argumento requerido, como na Figura 10.6a, ou quando passamos um tipo diferente do especificado, como é mostrado na Figura 10.6b. Se a função requer um número, por exemplo, não podemos passar um texto (string) e vice-versa.

Outro tipo comum de erro que pode ocorrer é quando se passa um número de argumentos maior que o requerido. Por exemplo, a função requer apenas um argumento, e você tenta passar dois argumentos. Teste essa possibilidade no seu console. Tente usar a função convert_temp_p_kelvin(25, 'k') para ver o que acontece.

Passando mais de um argumento na função

Algumas funções que você desenvolverá necessitarão de mais de um argumento para que possam ser utilizadas corretamente. Isso depende muito do caso em questão. Os argumentos poderão ser do mesmo tipo ou distintos. O mais importante aqui é utilizá-los nas posições corretas e respeitando seus tipos, caso contrário o resultado da sua função pode ser totalmente inesperado!

Vamos reformular o exemplo da função de conversão de unidades. A função agora requererá que o usuário entre com o valor da temperatura em graus Celsius a ser convertida, e com a nova unidade. A nossa função tomará como base as equações dispostas na Tabela 10.1.

Tabela 10.1: Tabela de Equações de conversões de temperaturas.

De	Para	Equação
Celsius	Celsius	Mesmo valor de entrada
	Kelvin	$t(K) = t(°C) + 273.15$
	Fahrenheit	$t(°F) = \frac{9}{5} \times t(°C) + 32$
	Rankine	$t(°R) = \frac{9}{5} \times t(°C) + 491.67$

A Figura 10.7 mostra nossa função reformulada e um pouco mais ampla! Com ela agora podemos converter a temperatura de Celsius para Kelvin, Fahrenheit ou Rankine, como mostram as equações dispostas na Tabela 10.1. Perceba que já iniciamos um pequeno tratamento de erro na linha 3 da Figura 10.7. Caso o usuário entre com a letra minúscula ou com espaços antes da letra (*string*) quando for passar os argumentos da função, a linha 3 converterá essa entrada para um padrão: uma letra maiúscula e sem espaços antes e depois dela.

Na linha 4 temos o início do teste condicional para saber qual a conversão desejada pelo usuário ao usar a função. As linhas 4, 7, 10 e 13 fazem esse teste com as unidades já definidas. Perceba que se o usuário quiser transformar o valor para Celsius, o resultado da função, através da impressão na linha 6, será o valor da **temperatura** (argumento de entrada da função).

Para os demais casos, o resultado será impresso no console conforme as já citadas equações da Tabela 10.1. Caso o usuário entre com uma unidade não prevista, o último teste realizado na linha 16 resultará na impressão de "unidade não registrada".

```
1 # convertendo temperatura
2 def convert_temp_p(temperatura, unidade):
3     unidade = unidade.strip().upper() # caixa alta e sem espaços
4     if unidade == 'C':
5         convertida = temperatura
6         print('A temperatura é de', convertida, '°', unidade)
7     elif unidade == 'K':
8         convertida = temperatura + 273.15
9         print('A temperatura é de', convertida, unidade)
10    elif unidade == 'F':
11        convertida = 9/5*temperatura + 32
12        print('A temperatura é de', convertida, '°', unidade)
13    elif unidade == 'R':
14        convertida = 9/5*temperatura + 491.67
15        print('A temperatura é de', convertida, 'Ra')
16    else:
17        print('Unidade não registrada. Tente novamente.')
```

Figura 10.7: Ampliação do código da função de conversão de temperatura.

A Figura 10.8 ilustra qual é o comportamento da função, após *Play*, quando é chamada no console do Python. Perceba que agora temos duas demandas, a temperatura e a unidade desejada. Na Figura 10.9 temos a ilustração da entrada desses argumentos e o resultado impresso em seguida. Neste exemplo, foi solicitada a conversão de **25°C** em Fahrenheit.

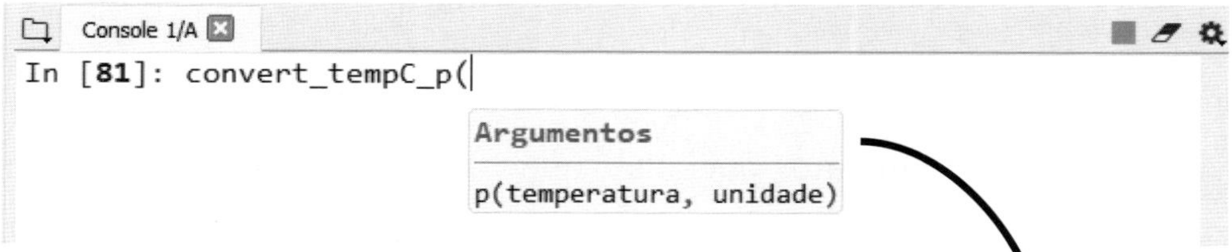

Figura 10.8: Chamando a função no console.

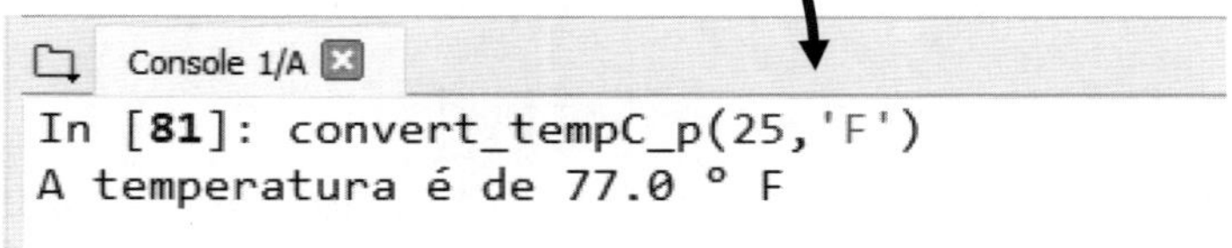

Figura 10.9: Resultado da função no console.

Caso você feche o Spyder, abra-o novamente e tente chamar sua função no console. Você receberá um erro pois a função não mais se encontrará na memória dinâmica do software. Para que volte a funcionar como apresentado até o momento, você precisará dar *Play* novamente na sua função. Veremos mais adiante como importar nossas funções para que fiquem independentes desta inicialização manual.

Deixando um argumento opcional

Quando utilizamos uma função repetidas vezes, mas quase sempre com algum argumento repetido, temos quase um padrão de repetição. Isso ocorre em muitas funções que possuem argumentos. Muitas vezes, o usuário utiliza as configurações padrões ou sugeridas, de uma determinada função, podendo modificá-los de acordo com o interesse e a necessidade. A exemplo, como visto no Capítulo 2, o método *.sort*( ) que sempre, por *default*, organiza os itens de uma lista em ordem crescente. Caso o usuário queira o sentido inverso, basta inserir o argumento *.sort*(*reverse*=True).

Podemos desenvolver funções com essas características! Em alguns casos, faz sentido usar um *default*, ou seja, um padrão como argumento opcional, de forma que o usuário possa modificá-lo caso queira. Assim, a função sempre usará algum valor (ou valores) pré-definido pela função.

Mais uma vez, vamos modificar nossa função de conversão de temperatura. Vamos inserir um argumento opcional que, se necessário, poderá ser modificado de acordo com a demanda do usuário. Observemos a Figura 10.10, mais especificamente a linha 2.

Veja que agora a variável **unidade** recebe um 'K'. Traduzindo, isso quer dizer que, sempre que você chamar a função, e inserir apenas o valor da **temperatura**, a função converterá a temperatura para Kelvin. Caso queira outra unidade, basta colocar a vírgula após a **temperatura** e inserir a letra referente à temperatura desejada (vide Figura 10.9).

```
1  # convertendo temperatura
2  def convert_tempC_p(temperatura, unidade='K'):
3      unidade = unidade.strip().upper() #caixa alta e sem espaços
4      if unidade == 'C':
5          convertida = temperatura
6          print('A temperatura é de', convertida, 'º', unidade)
7      elif unidade == 'K':
8          convertida = temperatura + 273.15
9          print('A temperatura é de', convertida, unidade)
10     elif unidade == 'F':
11         convertida = 9/5*temperatura + 32
12         print('A temperatura é de', convertida, 'º', unidade)
13     elif unidade == 'R':
14         convertida = 9/5*temperatura + 491.67
15         print('A temperatura é de', convertida, 'Ra')
16     else:
17         print('Unidade não registrada. Tente novamente.')
```

Figura 10.10: Exemplo de função com argumento opcional.

Ao chamar a função no console, Figura 10.11, você verá que os dois argumentos podem ser inseridos, mas apenas o segundo (unidade) já possui um valor de referência. Perceba que só inserimos um argumento na Figura 10.12, portanto usamos o *default* da função.

```
Console 1/A
In [83]: convert_tempC_p(
                          Argumentos
                          p(temperatura, unidade='K')
```

Figura 10.11: Chamando a função com argumento opcional.

```
Console 1/A
In [83]: convert_tempC_p(28)
A temperatura é de 301.15 K
```

Figura 10.12: Resultado da chamada da função.

Existe outro detalhe sobre argumentos que precisa ser comentado aqui. Como já foi anunciado, você precisa inserir os valores de acordo com a posição de cada um na chamada da função. Isso se você inserir apenas os valores que serão utilizados pela função, como estávamos fazendo até o momento.

O Python flexibiliza a entrada dos dados, em posições diversas, caso você explicite o nome da variável e insira seu devido valor. Um exemplo ilustrativo se encontra na Figura 10.13. Atente que as variáveis estão nas posições invertidas. A função só funcionou porque as variáveis, mesmo invertidas, foram declaradas explicitamente. Lembre-se que as variáveis devem ser nomeadas conforme o padrão da função, como se mostrou na Figura 10.11.

```
Console 1/A
In [84]: convert_tempC_p(unidade='F', temperatura=20)
A temperatura é de 68.0 ° F
```

Figura 10.13: Declaração explicita de argumentos.

Outros exemplos semelhantes de declaração explícita de variável nós vimos nas funções de configuração dos gráficos, no Capítulo 5.

Usando listas como argumento

Já trabalhamos com números e com textos como argumentos. Agora vamos trazer as listas para esta aplicação. Você deve lembrar-se de que quando usamos listas para complementar uma dada tarefa precisaremos de um laço de repetição. Agora vamos ver como se comportam as listas em uma função.

Digamos que você tenha um sensor que mede e armazena a temperatura a cada 1 minuto. Dentro de uma hora, teremos 60 medidas. Se contarmos um dia de medidas, somam-se 1440 temperaturas armazenadas. Agora imagine ter que usar nossa função de conversão de unidades de temperatura para transformar essa medida em Celsius para, por exemplo, Kelvin. Chega a doer, não é verdade?

Muito provavelmente essas medidas estarão em algum arquivo (trabalharemos com eles mais adiante no livro). Quando você carregar esses dados na memória do computador, é muito provável que eles venham como uma lista ou uma matriz. Considerando apenas os nossos dados de temperatura, vamos crer que eles venham como uma lista. Temos duas formas de resolver o problema: a primeira é usar a lista e criar um laço de repetição de forma que a nossa função seja chamada para cada um dos valores pertencentes à lista de temperaturas. Essa é uma boa solução, mas você terá que programar o laço de repetição.

A segunda opção é programar, uma única vez, esse laço de repetição dentro da função. Isso mesmo! A função testará se o argumento é apenas um escalar ou uma lista com mais de um valor. Essa forma deixará seu código mais limpo e você terá menos trabalho quando for reutilizar a função de conversão de temperaturas. Vamos para um exemplo. A Figura 10.14 mostra nossa função de conversão de temperatura modificada, apta a receber um escalar ou uma lista.

Observe na linha 4 que temos um teste para sabermos o tipo de variável. Caso ela não seja uma lista, através da linha 5, o valor do escalar será transformado pelo Python em uma lista de um único elemento. Isso minimizará o esforço do usuário que teria que inserir qualquer quantidade de diferentes valores na função em formato de lista. A linha 7 é executada caso o usuário tenha entrado com uma lista. Ela copia a lista da variável **temperatura** para a variável **temp**.

```
1 # convertendo temperatura
2 def convert_tempC_p(temperatura, unidade='K'):
3     unidade = unidade.strip().upper() # tudo em caixa alta e sem espaços
4     if type(temperatura) != list:     # teste de tipo de variável
5         temp = list([temperatura])    # convertendo o escalar em uma lista
6     else:
7         temp = temperatura.copy()     # copiando a lista original
8     del temperatura                   # apagando a lista inserida como argumento
9     for temperatura in temp:
10        if unidade == 'C':
11            convertida = temperatura
12            print('A temperatura é de', convertida, '°', unidade)
13        elif unidade == 'K':
14            convertida = temperatura + 273.15
15            print('A temperatura é de', convertida, unidade)
16        elif unidade == 'F':
17            convertida = 9/5*temperatura + 32
18            print('A temperatura é de', convertida, '°', unidade)
19        elif unidade == 'R':
20            convertida = 9/5*temperatura + 491.67
21            print('A temperatura é de', convertida, 'Ra')
22        else:
23            print('Unidade não registrada. Tente novamente.')
```

Figura 10.14: Função trabalhando com listas e escalares.

Esse procedimento não seria obrigatório, mas você teria que renomear a palavra **temperatura** devido ao laço de repetição. Perceba que, dentro do laço, a variável **temperatura** é um escalar. Como estamos aproveitando os códigos anteriores, estamos apenas renomeando a variável **temperatura** para **temp**. Assim, no laço, a variável **temperatura** receberá cada valor que foi inserido na lista temp.

A linha 8 também é opcional, mas servirá para dar a certeza de que o conteúdo da variável temperatura foi apagado e evitando potenciais erros de tipo durante a execução do código. Veremos mais sobre tratamento de erros em um capítulo vindouro.

O resultado da utilização da função descrita anteriormente pode ser visualizado na Figura 10.15. Veja que, para fins de exemplificação, inserimos uma lista de dados no *input* 85 e chamamos a função **convert_tempC_p** no *input* 86. O resultado para cada conversão de cada temperatura da lista foi impresso em seguida como resposta da função.

```
Console 1/A
In [85]: temps = [25.1, 28.2, 30.4, 85.6]

In [86]: convert_tempC_p(temps)
A temperatura é de 298.25 K
A temperatura é de 301.34999999999997 K
A temperatura é de 303.54999999999995 K
A temperatura é de 358.75 K
```

Figura 10.15: Resultado da função que trabalha com escalares ou com listas de temperatura.

Perceba que o teste também foi realizado com um escalar como argumento da função convert_tempC_p. A função funcionou perfeitamente!

Problemas de desenvolvimento Parte 1

Com base em tudo o que já foi visto até o momento, tente resolver os seguintes problemas:

10.1. Entenda que a função que estudamos até o momento só converte de graus Celsius para outras temperaturas. Sua tarefa é modificar essa função de forma que ela possa converter o valor da temperatura de uma dada unidade selecionada pelo usuário para outra unidade também determinada pelo usuário. Ou seja, **de** qualquer temperatura **para** qualquer temperatura.

10.2. O número de Prandtl (*Pr*) é um valor adimensional para medir a eficiência da transferência de calor por convecção em um dado material. Esse número expressa a razão entre difusividade de momento (viscosidade cinemática) e a difusão de calor dentro do próprio fluido. Pode ser calculado por meio da Equação (10.1):

$$Pr = \frac{\nu}{\alpha} \qquad (10.1)$$

Onde ν é a velocidade cinemática (m²/s), $\nu = {}^{\mu}/_{\rho}$, μ é a viscosidade dinâmica (Pa.s), ρ é a densidade (kg/m³), α é a difusividade térmica (m²/s), $\alpha = {}^{k}/_{\rho c_p}$, k é a condutividade térmica (W/m.K) e c_p é o calor específico (J/kg.K).

Sua tarefa é desenvolver uma função que calcule o valor do número de *Pr.* Sua função deve ter argumentos de entrada. Quais você acha que devem ser solicitados pelo usuário?

10.3. Desenvolva uma função que tenha como argumentos duas listas, x e y. Sua função deve plotar um gráfico para mostrar o comportamento desses valores (revise o Capítulo 5). Lembre-se que x e y devem ter o mesmo tamanho.

10.4. Desenvolva uma função que converta unidades de pressão conforme a Tabela 10.2. A estrutura da sua função será semelhante à já aplicada na função de conversão de temperaturas.

Tabela 10.2: Dados de conversão de pressão para algumas unidades.

Unidades	atm	bar	Pa	psi	Kgf/cm^2
atm	1	1,013	101325	14,69	1,033
bar	0,987	1	1x10^5	14,5	1,02
Pa	9,8x10^{-6}	1x10^{-5}	1	1,45x10^{-4}	1,02 x10^{-5}
psi	0,068	0,069	6896	1	0,07
Kgf/cm^2	0,968	0,981	98100	14,23	1

Recebendo o resultado de uma função

Até agora nós vimos como construir funções que podem ser executadas através de chamadas no console. Quando executadas, nossas funções anteriores imprimem o resultado da conversão (poderia ser qualquer outro resultado) no console para uma potencial avaliação.

Aí você me pergunta: "E se eu precisar usar essa função em um cálculo? Quero dizer, se em um cálculo de uma aplicação termodinâmica, por exemplo, eu precisar converter o valor da temperatura de Celsius para Kelvin, eu preciso que esse valor seja retornado da função como um resultado que possa ser usado no cálculo subsequente, e não impresso! Como é que eu faço isso?"

Nesta etapa do capítulo vamos aprender como desenvolver esse modo de funcionamento, que, em uma grande quantidade de casos, é como sua função se comportará. O resultado de uma função pode ser armazenado em uma variável qualquer. Observe a estrutura demonstrada na Figura 10.16 para entender como isso funciona.

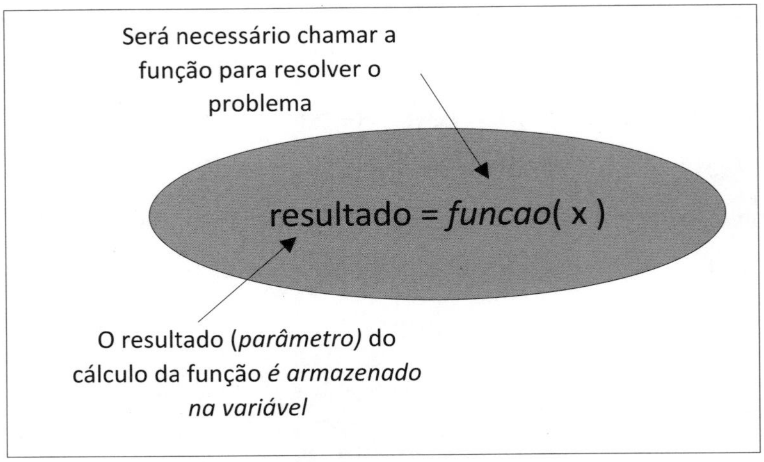

Figura 10.16: Estruturação simples da chamada de uma função.

Perceba que o nome "resultado", na Figura 10.16, é a variável que armazenará o valor que retornar da "funcao(x)". Lembre-se que você não deve usar caracteres especiais quando estiver programando. Isso pode resultar em erros de chamadas, e será difícil de encontrá-los quando você tentar revisar seu código. Olhando mais de perto a estrutura da Figura 10.16 podemos expandir esse contexto em uma exemplificação um pouco mais detalhada.

Observemos agora a Figura 10.17. Veja como o Python interpretará a chamada da função, e como retornará o resultado (parâmetro) obtido pela função. Quando desenvolvemos um programa, o arquivo (*script*) no qual estamos programando e chamando outras dependências se chama programa principal. Qualquer dependência necessária para a execução desse programa será buscada pelo Python, no mesmo arquivo ou em arquivos diferentes (importando funções, lembra?!). A essas funções, nós podemos dar o nome de funções auxiliares.

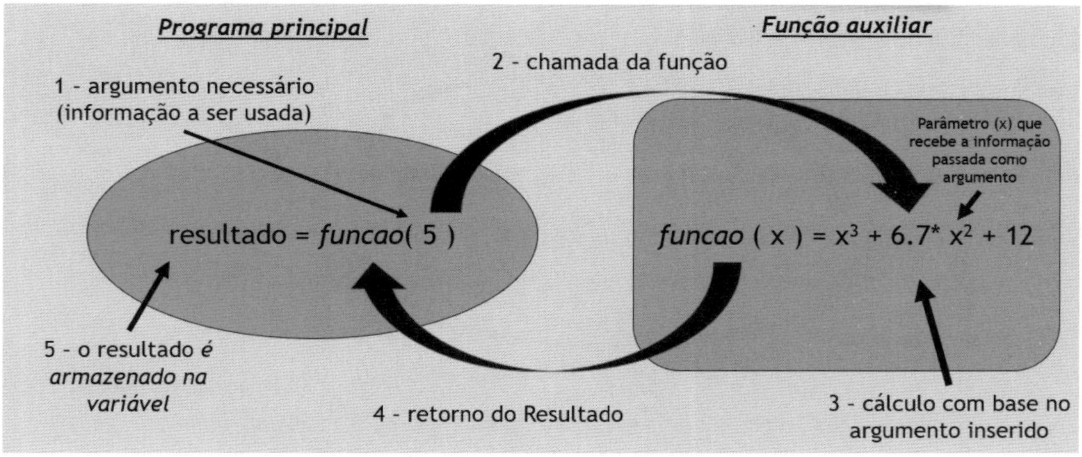

Figura 10.17: Estrutura de chamada de uma função.

Quando o programa principal é executado, e há alguma função externa ao programa principal (**funcao**(x)) temos os seguintes passos:

1. O Python varre sua memória dinâmica e busca a função auxiliar que foi solicitada e a função recebe o argumento **x**;
2. Os parâmetros da função recebem os argumentos necessários para seu devido funcionamento;
3. O código exclusivo da função realiza a tarefa ou cálculo para a qual foi programada;
4. A função retorna o valor calculado para o programa principal;
5. O valor obtido pela função é então armazenado na variável que antecede a chamada da função. O programa principal continua sua execução linha a linha, de forma sequencial, até que seja totalmente finalizado.

Esta explicação abstrata tem fins apenas didáticos para se ter uma ideia da lógica utilizada pelo Python para executar um programa. Vejamos agora um exemplo simples de programa principal e chamada de função utilizando o Python. A Figura 10.18 ilustra uma chamada simples para o cálculo da área de um círculo. Perceba que temos praticamente a mesma estrutura apresentada na Figura 10.17.

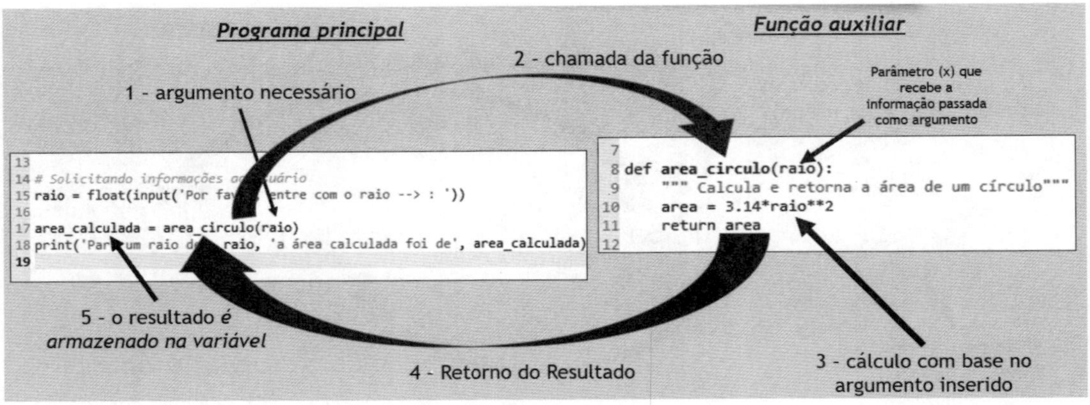

Figura 10.18: Exemplo de chamada de função auxiliar pelo programa principal.

No lado esquerdo da Figura 10.18 temos o nosso programa principal! Veja na linha 15 que há uma solicitação do valor de um raio ao usuário. O raio é então passado como argumento para a função *area_circulo* (passo 1) na linha 17, e o Python procura em sua memória a função solicitada (passo 2). Ao encontrá-la, o Python repassa o argumento para que a área seja calculada (passo 3), lado direito da Figura 10.18. Após o cálculo, o parâmetro é retornado para o programa principal (passo 4) onde, por fim, é armazenado na variável *area_calculada* (passo 5). A linha 18 imprimirá o resultado.

No Python, usamos o método *return* (passo 3) para devolvermos o resultado de uma função.

Exemplo de aplicação: retornando o resultado de uma função

Considere o código já desenvolvido para a conversão de temperatura da Figura 10.10. Após alguns ajustes, como mostra a Figura 10.19, temos o cálculo de conversão de unidades definido pela função convert_temp_p e, para termos o retorno da temperatura convertida, o *return*, na linha 16, que agora faz parte da função. Neste mesmo *script* da Figura 10.19 foram escritas as linhas 19 a 28. As linhas se referem a uma aplicação simples: Calcular o volume de um cilindro que armazenará 1.300 g de gás carbônico, a uma temperatura de **5 °C**.

```
1 # convertendo temperatura
2 def convert_tempC_p(temperatura, unidade='K'):
3     unidade = unidade.strip().upper() # caixa alta e sem espaços
4     # convertendo a temperatura
5     if unidade == 'C':
6         convertida = temperatura
7     elif unidade == 'K':
8         convertida = temperatura + 273.15
9     elif unidade == 'F':
10        convertida = 9/5*temperatura + 32
11    elif unidade == 'R':
12        convertida = 9/5*temperatura + 491.67
13    else:
14        convertida = -1
15    # retornando o resultado
16    return convertida
17
18
19 # somente para testes simples
20 R = 8.314      # L.kPa/mol.K
21 MM = 44.01     # g/mol CO2
22 m = 1300       # g
23 P = 12400.00   # kPa
24 n = m/MM       # mols
25 temperatura = float(input('Entre com a Temperatura em °C: '))
26 T = convert_tempC_p(temperatura) # K
27 V = (n*R*T)/P
28 print("O volume resultante é de", format(V, '.2f'), "L")
```

Figura 10.19: Chamando funções dentro do próprio script.

Após declaração das variáveis, entre as linhas 20 e 24, perceba que há uma solicitação ao usuário, um valor de temperatura, na linha 25. Este valor entrará como argumento na função *convert_temp_p*, que está na linha 26. A linha 27 é responsável pelo cálculo do volume utilizando a Equação (10.2) (gases ideais). A linha 28 imprimirá o resultado do volume calculado.

$$V = \frac{nRT}{P} \tag{10.2}$$

Quando você executar o código da Figura 10.19, verá no console a solicitação de entrada da temperatura de trabalho do cilindro. Assim que você entrar com a temperatura e apertar "Enter", o resultado do volume aparecerá na linha seguinte, conforme Figura 10.20.

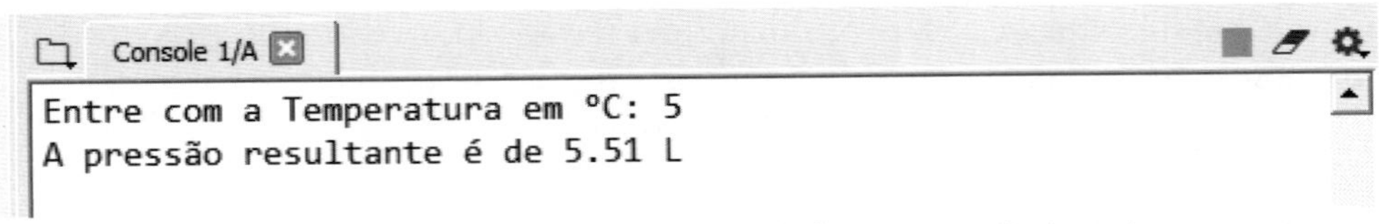

Figura 10.20: Resultado da chamada da função no próprio script.

"E todas as vezes que eu precisar desenvolver uma função eu terei que escrever algum exemplo de aplicação logo em seguida?" A explicação é a seguinte: vai depender muito do que você quer no momento. As funções propriamente ditas costumam ser salvas em arquivos independentes, com potenciais exemplos em formato de comentário. Também pode haver mais de uma função em um *script* salvo, cuja chamada poderá ser feita por qualquer outro programa principal ou, até mesmo, outra função auxiliar.

O exemplo apresentado serve apenas para mostrar como você pode avaliar seu código quando trabalha com funções, no mesmo sentido das chamadas que fizemos pelo console anteriormente quando testávamos nossa função de *conversão de temperatura*. Mas agora, ao usar um código de teste no mesmo *script* da função, temos a vantagem de não reescrever o código no console a cada teste. No fim dos testes, podemos transformar o exemplo de aplicação em comentário. Assim ficará fácil, futuramente, utilizar a função em outras chamadas, verificando através do exemplo comentado como é que a função funciona.

É importante salientar que uma função que retornará um escalar terá funcionamento semelhante no caso do desenvolvimento de funções que retornem apenas mensagens de texto ou valores booleanos. O que muda é o tipo de variável, mas a estrutura de retorno é a mesma.

Retornando mais de um resultado

Em alguns casos, a função que você acabou de desenvolver tem que retornar não apenas o resultado de um cálculo, mas também algum outro parâmetro ou um segundo resultado que complementa o primeiro resultado previamente calculado. Nestes casos, seu programa deverá retornar os resultados em formato de lista. A estrutura do **return** é a mesma, o que mudará será os colchetes com os resultados que deverão retornar como resultado do cálculo da função.

O exemplo a seguir calculará a fração de cada componente de uma corrente de líquido pertencente a um processo. O usuário poderá escolher se as vazões dos componentes se encontram em mol/h ou em kg/h. Para realizar este cálculo, se faz necessária a soma de todas as vazões listadas pelo usuário, Equação (10.3).

$$vazão\_total = \sum vazões \tag{10.3}$$

Após a soma, cada vazão será dividia pelo resultado da soma das vazões, como mostra a Equação (10.4).

$$fração\_componente = \frac{vazão\_componente}{vazão\_total} \tag{10.4}$$

No passo seguinte, nossa função retornará uma lista com as frações molares, ou em massa (depende do que o usuário escolheu), e a vazão total. A Figura 10.21 mostra uma possível solução para a implementação desta função.

```
# cálculo da fração molar
def calc_frac(vazoes):
    vazao_total = sum(vazoes)
    fracoes = []
    for vazao in vazoes:
        fracoes.append(vazao/vazao_total)
    return [fracoes, vazao_total]


# exemplo de aplicação
# considere as vazões molares dos componentes A, B, C e D
vazoes = [1200, 650, 87.66, 15.25] # mol/h

# chamando a função de cálculo das fações molares
[fracs, vazao_total] = calc_frac(vazoes)
print("Veja as frações molares dos componentes A, B, C e D:")
print(fracs)
print()
print("A vazão total calculada foi de", vazao_total, 'mols/h')
```

Figura 10.21: Retornando mais de um parâmetro em uma função personalizada.

Veja que nossa função se encontra entre as linhas 2 e 7. Podemos utilizá-la através do console da mesma forma que o exemplo de conversão de temperatura. Aqui, no entanto, estamos usando o próprio *script* para programarmos um exemplo que, posteriormente, se tornará um comentário e poderá ser usado por terceiros, caso queiram entender como o nosso código funciona.

Na linha 2 temos a definição da função (**def**) que requer um argumento. Este argumento, aqui, deve ser inserido no formato de lista. A linha 3 é responsável pelo somatório dos elementos da lista através da função *sum*( ). Na linha 4 temos uma lista vazia, que receberá os resultados das frações calculadas na linha 6, dentro do laço de repetição **for**. Por fim, na linha 7, temos o **return** que retornará os resultados da lista de frações e da vazão total calculados em formato de lista. Este mesmo formato servirá também caso suas funções tenham mais de dois parâmetros!

As linhas 12 a 19 mostram um exemplo de aplicação que, posteriormente, será transformado em comentário. Não queremos que essas mensagens apareçam para o usuário que esteja calculando essas frações. A linha 12 traz uma lista com as vazões dos componentes hipotéticos A, B, C e D, em mols/h.

Na linha 15, observe que temos uma lista de dois elementos que receberão os parâmetros calculados através da função **calc_frac**( ). O primeiro elemento dessa lista receberá a lista de frações calculadas. O segundo elemento receberá a vazão total. Você pode receber apenas o primeiro elemento, caso não tenha interesse no segundo. Exemplo: fracs = calc_frac(vazoes) trará apenas o resultado da lista de frações obtida pela função.

As demais linhas na Figura 10.21 se referem às impressões dos resultados no console, e podem ser facilmente interpretadas por você. O resultado da execução destas linhas de código pode ser visualizado com auxílio da Figura 10.22.

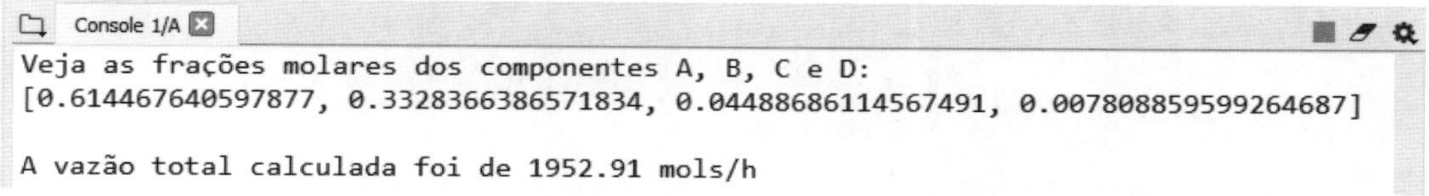

Figura 10.22: Retorno de dois parâmetros no console.

A regra para o retorno dos dois parâmetros que utilizamos no exemplo anterior valerá também para três ou mais resultados de cálculos realizados pela função desenvolvida por você.

Importando e usando nossas funções

A etapa a seguir mostrará com mais detalhes como usaremos as funções, por nós desenvolvidas, em diferentes módulos. Primeiramente, tomemos como referência o código do exemplo anterior para chamarmos a função de conversão de temperatura. Observe, com auxílio da Figura 10.23a, que comentamos a parte do código que continha o exemplo de aplicação explorado anteriormente. Atente que, para um dado número de linhas, ficará mais fácil comentar o código se selecionarmos as linhas desejadas e usamos o botão "Comment/Uncomment" do Spyder (vide seta 1 na Figura 10.23a).

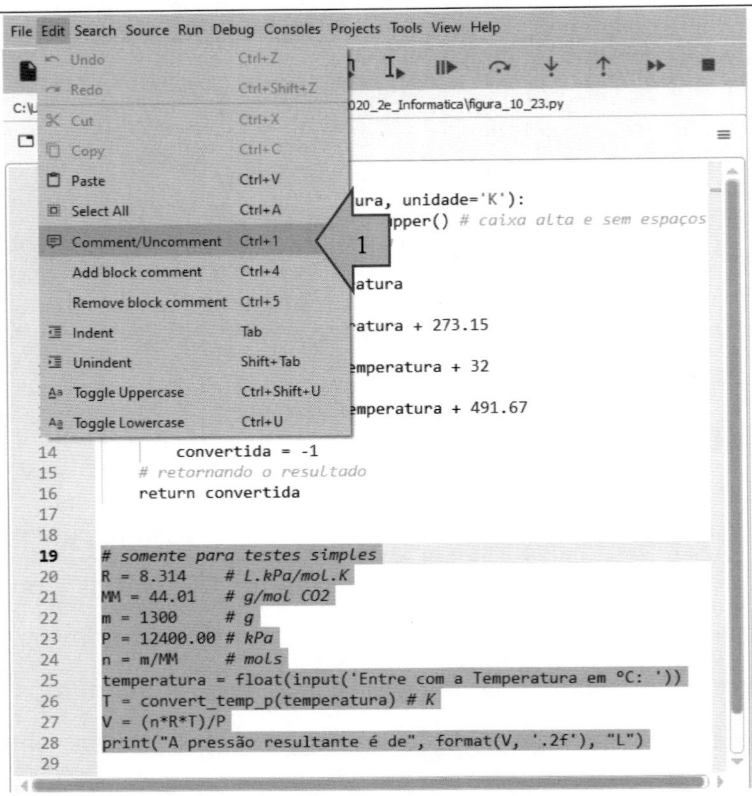

a. Comentando linhas de código.

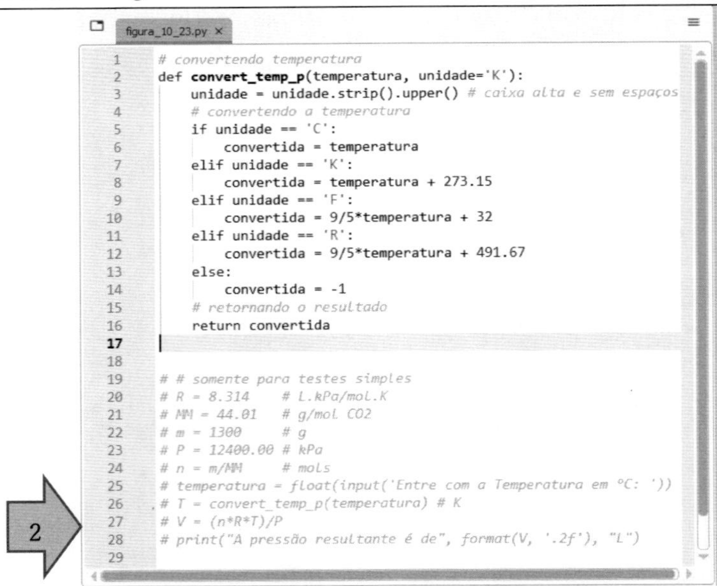

b. Linhas de código após comentários.

Figura 10.23: Preparando nossa função para ser chamada por outros módulos.

A Figura 10.23b mostra o resultado do comentário. A tarefa de comentar, ou "descomentar", o código pode ser realizada quando pressionamos os botões "Ctrl + 1" do teclado. Após comentar as linhas, lembre-se de salvar novamente o *script* no qual está trabalhando. Caso contrário, as modificações implementadas serão ignoradas quando chamarmos a função em outro módulo.

Observe que, no caso de não haver exemplos no *script* que contém a função, você poderá seguir sem a necessidade de transformar partes do seu código em comentários. Recomenda-se que suas funções sempre tenham um cabeçalho (em formato de comentário) explicando como utilizá-la, bem como uma aplicação simples como mostrado no exemplo anterior.

Nosso exemplo de aplicação se encontra na Figura 10.24 a seguir. A nossa função, *convert_temp_p*, está sendo importada na linha 2 de um novo *script*.

```
 1 # importando nossa própria função
 2 from figura_10_23 import convert_temp_p
 3 #solicitando dados ao usuário
 4 temperatura = float(input('Entre com a temperatura em °C: '))
 5 # convertendo a temperatura através da nossa função importada
 6 convertida = convert_temp_p(temperatura, 'f')
 7 
 8 # imprimindo os resultados
 9 print('Usamos nossa própria função!')
10 msg1 = 'A temperatura de'
11 msg2 = '°C foi convertida para'
12 print(msg1, temperatura, msg2, convertida, '°F')
```

Figura 10.24: Chamando nossa função em um novo script.

Perceba que ela é importada exatamente como nos exemplos, em capítulos anteriores, nos quais precisávamos de alguma função específica. Aqui você deve ficar atento para escrever corretamente o nome do arquivo cuja função você deseja usar. No presente caso foi usado o nome do arquivo no momento da redação deste livro, **figura_10_23**. Você pode usar qualquer nome, respeitando, é claro, as regras de nomeação de arquivos já citadas no Capítulo 1 (as regras de nomeação de variáveis também valem para nomeação de arquivos *.py).

A linha 4 solicita um valor de temperatura ao usuário. Este valor é passado como argumento da nossa função na linha 6. Veja que a função converterá a temperatura e trará o resultado como um parâmetro que será armazenado na variável chamada **convertida**. As linhas 9 a 12 são responsáveis pela impressão dos resultados. Aqui foram utilizadas duas *strings*, salvas nas variáveis **msg1** e **msg2**, as quais foram inseridas no *print* da linha 12. Isso diminui o tamanho da linha de código e facilita a leitura do *script* pelo usuário.

```
Console 1/A
Entre com a temperatura em °C: 30
Usamos nossa própria função!
A temperatura de 30.0 °C foi convertida para 86.0 °F
```

Figura 10.25: Resultado da execução do código que chama nossa própria função.

Quando executamos nosso código demostrado na Figura 10.24, temos o resultado impresso no console conforme Figura 10.25. Perceba que aparece uma mensagem diferente: "Reloaded modules: figura_10_23". A mensagem indica que os arquivos descritos no **import** foram carregados na memória dinâmica do Python. Isso só acontece com nossas funções. Após solicitação da temperatura, o console apresenta as mensagens de boas-vindas e o resultado da conversão da temperatura.

Não vimos essas mensagens quando importamos as funções da biblioteca *math*, por exemplo. Caso você escreva a função de maneira errada, ou importe um arquivo que não possui a função desejada, aparecerá no console uma mensagem de erro dizendo que não foi possível carregar a função.

Observação: O arquivo *.py com as funções que foram desenvolvidas por você, e que serão utilizadas em outras aplicações, deve, obrigatoriamente, estar na mesma pasta de trabalho do novo *script* em desenvolvimento. Ou seja, se um arquivo newton.py contém o método de Newton e eu quero usá-lo, eu devo copiar esse arquivo na mesma pasta de trabalho do novo *script* onde estou desenvolvendo meu código.

Scripts com mais de uma função

Você pode se perguntar: "Terei que criar um *script* para cada função que eu queira desenvolver?" A resposta é: Não! Você pode muito bem desenvolver mais de uma função em um único *script*, tomando o cuidado para que essas funções sejam referentes ao mesmo assunto tratado. Por exemplo: não vamos colocar em um único *script* funções de conversão de temperaturas com as funções de plotagem de gráficos. Não fazem parte do mesmo assunto! Outro exemplo é se você quiser desenvolver funções de estatística básica, elas não precisam ficar no mesmo *script* das funções de conversões de unidades de pressão.

Imagine a situação na qual as vazões dos elementos da corrente estão na unidade desejada. Você precisa apenas somar as vazões dos componentes. A função disposta na Figura 10.21, para retornar o valor da vazão total, terá que realizar dois cálculos, vazão e fração. Podemos pensar de forma otimizada e realizar uma pequena modificação na nossa função de forma que ela fique "universal". Vejamos o exemplo na Figura 10.26 a seguir.

```
# cálculo da fração molar
def calc_frac(vazoes):
    vazao_total = soma_vazoes(vazoes)
    fracoes = []
    for vazao in vazoes:
        fracoes.append(vazao/vazao_total)
    return [fracoes, vazao_total]
# cálculo da vazão molar
def soma_vazoes(vazao_por_componente):
    vazao_total = sum(vazao_por_componente)
    return vazao_total
```

Figura 10.26: Duas funções em um mesmo script.

Perceba que temos a mesma aplicação já estudada anteriormente. No entanto, no presente exemplo, temos duas funções. A primeira é responsável pelo cálculo das frações dos componentes e, também, da vazão total da corrente. Perceba que, na linha 2 da função **calc_frac**, nós chamamos a segunda função, **soma_vazoes**. O funcionamento da primeira função, linha 2, continua o mesmo. Contudo, se quisermos calcular apenas a vazão total, podemos chamar a segunda função, linha 9, que agora trabalha de forma independente. Veja o exemplo de chamada na Figura 10.27 a seguir.

```
# importando nossa própria função
from figura_10_26 import soma_vazoes

# considere as vazões molares dos componentes A, B, C e D
vazoes = [1200, 650, 87.66, 15.25] # mol/h

# chamando a função de cálculo das fações molares
vazao_total = soma_vazoes(vazoes)
print("A vazão total calculada foi de", vazao_total, 'mols/h')
```

Figura 10.27: Chamando apenas uma das duas funções de um script.

Seu *script* pode ter mais de duas funções, pode ter centenas! É importante apenas descrevê-las de forma a facilitar seus usos quando necessário. As funções também podem, como vimos, chamar umas às outras, trabalhando em conjunto e de forma independente como vimos no exemplo anterior.

Escrevendo funções com diferentes formatos

Até o momento as funções foram desenvolvidas com o método padrão, ou seja, utilizando o termo de definição de função *def* seguido do nome da função. Existem outras formas de exposição e definição de uma função que veremos nesse tópico.

Função do tipo lambda

Perceba que as formas das funções que serão apresentadas não mudam em nada a funcionalidade das funções já estudadas. A questão aqui será mais de forma, ou gosto, que você preferirá desenvolver seus códigos. Considere a função de transformação de unidade de temperatura, digamos, de Celsius (°C) para Rankine (Ra) conforme a Equação (10.5).

$$Ra = (°C + 273{,}15) \times 9/5 \qquad (10.5)$$

Com a experiência que você adquiriu neste capítulo, acredito que facilmente você conseguirá chegar à solução aplicando o formato **def** conforme apresentado na Figura 10.28a.

Vejamos agora o formato lambda, conforme apresentado na Figura 10.28b. Isso mesmo que você percebeu: apenas uma linha de código!

```

def tempConvert(TC):
    #Convertendo tempteratura
    #em °C para Rankine
    Ra = (TC + 273.15)*9/5

    return Ra
```

(a) – método def.

```

# convertendo tempteratura
# em °C para Rankine
Ra = lambda TC:(TC + 273.15)*9/5

```

(b) – método lambda.

Figura 10.28 – Comparação entre os modos de construção de funções def e lambda.

A funcionalidade é semelhante ao formato *def*, pois, no caso desta, ao apertar o *Play* para rodar o código, a função fica na memória do Spyder e com isso é possível chamar essa função **tempComvert**(TC) em outra linha de código do mesmo *script* ou ainda, chamá-la no console para uma aplicação específica. No caso do formato lambda, a função funciona da mesma forma, mas, neste caso, basta escrever **Ra**(TC) para que a função funcione. Veja que TC é o argumento para ambas as formas da função e representa o valor da temperatura em °C.

Função do tipo lambda com mais de uma variável

Você pode se questionar: "E onde é que isso vai me ajudar?" A resposta aqui é simples: depende. O formato lambda tem a vantagem de declarar a função em apenas uma linha. Logo, se sua função for curta, com uma variável, ou duas, e não necessitar de importação para reaproveitamento de código, basta escrever no formato lambda. Caso contrário, utilize do formato **def**.

Vejamos agora um exemplo com dois argumentos conforme exposto na Equação (10.6).

$$f(x,z) = x^2 + 2xz - z^2 \quad (10.6)$$

É uma função simples, mas exemplificará bem a lógica de construção da função lambda quando é usada mais de uma variável. Observe que na Figura 10.29a os argumentos são colocados em sequência, entre parênteses logo após o nome a escrita do nome da função, **fxz**(x,z).

```python

def fxz(x,z):
    # uma função qualquer
    f = x**2 + 2*x*z - z**2

    return f
```

(a) – método def com duas variáveis.

```python

# uma função qualquer
fxz = lambda x,z : x**2 + 2*x*z - z**2

```

(b) – método lambda com duas variáveis.

Figura 10.29 – Comparação entre os modos de construção de funções def e lambda para duas variáveis.

No caso da função no formato lambda, temos a mesma lógica de sequência das variáveis, separando-as também por vírgula, como pode ser observado na Figura 10.29b. Para chamar a função lambda do exemplo, basta escrever da mesma forma que a chamada da função com o formato **def** pois, nesse exemplo, ambas têm o mesmo nome.

A forma geral para a função no formato lambda pode ser vista na Equação (10.7).

$$nome\_da\_função = lambda\ var1, var2, \dots varN: função(var1, var2, \dots varN) \quad (10.7)$$

Atente que *var1, var2, ...varN* são as variáveis necessárias à função e devem ser separadas por vírgula. Veja também que existe os "dois pontos" (:) que separam as varáveis declaradas da função em uso.

Outras construções com a função do tipo lambda

Vejamos agora uma comparação entre as formas de desenvolvimento já apresentadas ao utilizarmos uma lista. O problema a seguir utilizar a Equação

(10.8) que prevê o comportamento da solubilidade (*sol*) do cloreto de potássio (KCl) em 100 g de água com a variação da temperatura (temp) em °C.

$$sol = 0{,}3 \times temp + 27{,}867 \qquad (10.8)$$

Na Figura 10.30 é exposta uma proposta de código para um simples cálculo dos valores da solubilidade ao variarmos a temperatura.

```
1 # declaração de função
2 def func(temps):
3     '''comportamento da solubilidade do KCl em 100g
4        de água com a variação da temperatura em °C'''
5     ys = []
6     for temp in temps:
7         resultado = 0.3*temp + 27.867
8         ys.append(resultado)
9     return ys
10
11
12 # declarnado a lista de valores das temperaturas em °C
13 temperaturas = [26.9, 28.6, 29.1, 30.5, 31.4, 32, 33.9, 34.7, 35.8, 38.1]
14 #chamando a função do comportamento da solubilidade do KCl
15 solubilidades = func(temperaturas)
16
17 # imprimindo os resultados
18 print('Para a lista de temperaturas:\n', temperaturas)
19 print('temos o seguinte comportamento da solubilidade:\n', solubilidades )
```

Figura 10.30 – Trabalhando com listas pelo formato def.

Observe que a função foi declarada entre as linhas 2 e 9. A linha 5 apresenta uma lista vazia e, na linha 6, há a estrutura de um laço de repetição para que cada valor da lista seja aplicado à função na linha 7. A linha 8 é responsável por armazenar o resultado obtido pela Equação (10.8).

As linhas seguintes, 13 a 19, representam um exemplo de aplicação com a sugestão de valores de temperatura, a chamada da função com a lista de valores de temperatura como argumento e, por fim, a impressão dos resultados calculados. Até o momento, acredito que não haja muito de novidade, não é verdade?

Usando **map( )**

Com auxílio da Figura 10.31, vejamos agora o desenvolvimento da solução do problema anterior, mas agora usando o código com o formato lambda. Se observamos bem, a solução foi resumida a 4 linhas de código e apenas uma linha para o cálculo das solubilidades! Neste exemplo, a solução está resumida entre as linhas 6 e 13. Na linha 6 temos a declaração da lista de temperaturas que serão usadas no problema e a linha 9 é responsável pelo cálculo da solubilidade em cada temperatura disponível na lista "temperaturas".

```
1 # comentário de aplicação da função lambda
2 '''comportamento da solubilidade do KCl em 100g
3    de água com a variação da temperatura em °C'''
4
5 # declarnado a lista de valores das temperaturas em °C
6 temperaturas = [26.9, 28.6, 29.1, 30.5, 31.4, 32, 33.9, 34.7, 35.8, 38.1]
7
8 # chamando a função do comportamento da solubilidade do KCl
9 solubilidades = list(map(lambda temp: 0.3*temp + 27.867, temperaturas))
10
11 # imprimindo os resultados
12 print('Para a lista de temperaturas:\n', temperaturas)
13 print('temos o seguinte comportamento da solubilidade:\n', solubilidades )
```

Figura 10.31 - Trabalhando com listas pelo formato lambda.

Perceba que a linha 9 apresenta a função **list** (já vista nos capítulos anteriores) e a função **map**. A função **list** transforma os valores de um dado formato no formato lista. Já a função **map** é responsável por realizar o cálculo da solubilidade para cada valor de temperatura disponível na lista "temperaturas". Como você deve lembrar, a ordem de execução de uma função é sempre por meio dos "parênteses mais internos", ou seja, para a dita linha 9, primeiro são calculadas as solubilidades com a função **map**. Os resultados desses cálculos alimentam a função **list**.

Concatenação de códigos é uma prática comum na programação em geral. Mas tome cuidado! Quanto mais concatenado o código, ou seja, quanto mais funções em uma única linha de código, mais difícil é o entendimento da solução, principalmente se você ainda é inexperiente na arte da programação.

Construção de função com "decorator"

Muitas vezes uma função já está pronta, mas necessita de uma edição para que se adapte melhor à aplicação desejada. Para evitar que haja mudanças em funções que já funcionam bem, é possível realizar uma extensão dessa função por meio de uma segunda função usando o *decorator*. Nesta versão extensa da função já preparada, a segunda função faz uma execução prévia para verificar ou executar algum mecanismo necessário à primeira função, mas que não é nativa dela.

Vejamos um exemplo bastante simples. Digamos que quando a Equação (10.9) foi desenvolvida, sua aplicação original com certeza não receberia valores de **x** iguais a 2 como argumento. Mas agora, em um reaproveitamento do código (Figura 10.32), observou-se que o valor de **x** poderá receber zeros e isso resultará em uma indeterminação, no nosso caso, um erro de divisão por zero (*ZeroDivisionError*) como ilustrado na Figura 10.33.

$$f(x) = \frac{x^2}{2(x-2)} \tag{10.9}$$

Pelo tamanho da função, você pode pensar que seria um exagero dizer uma edição no código da Figura 10.32 seria algo a ser evitado. Percebe-se facilmente que seria muito simples colocar um teste if (se) na função. No entanto, a exemplificação tem que ser simples para fins de entendimento. Futuramente você se surpreenderá com a quantidade de linhas e lógicas utilizadas nas suas soluções e pensará exatamente assim: "é melhor eu deixar isso quieto!".

O objetivo aqui não é unicamente corrigir um código para que ele não apresente mais esse erro de divisão por zero. Aqui temos a oportunidade de fazer com que a função ganhe uma nova funcionalidade sem que ela mesma seja editada. Vejamos a aplicação e explicação do *decorator* no código da Figura 10.34.

```
# teste de divisão por zero
def fx(x):
    'uma função qualquer'
    f = (x**2)/(2*(x-2))

    return f
```

Figura 10.32 – Função base para o "decorator".

```
In [4]: fx(2)
Traceback (most recent call last):

  File "<ipython-input-4-decd68?6fea3>", line 1, in <module>
    fx(2)

  File "C:/Users/sidin/Dropbox/A_Informatica_Aplicada/Livro/codigos/
figura_10_32_arroba.py", line 4, in fx
    f = (x**2)/(2*(x-2))

ZeroDivisionError: division by zero
```

Figura 10.33 – Erro de divisão por zero obtido quando x = 2.

Assim como mostrado nos exemplos de desenvolvimento de funções, quando se clica no *Play* as funções são carregadas na memória do Python e podem ser utilizadas quando chamadas. É o que ocorre quando se executa o código da Figura 10.34. Entre as linhas 2 e 16 temos as declarações das funções **testZero** e **fx**. A primeira (linha 2) é a responsável pela expansão das funcionalidades da segunda (linha 12).

Veja o exemplo de aplicação a partir da linha 18 da Figura 10.34. Na linha 19 houve a declaração do valor de **x** e em seguida a chamada da função **fx**(x). Ao executar essas linhas, de forma automática, antes que **fx**(x) seja executada, a funcionalidade *@testZero*, inserida na linha 11, será executada primeiro. Ela é responsável por chamar a função **testZero** e executar a expansão de funcionalidades.

```
1 # função decorator para teste numérico
2 def testZero(fx):
3     def testeValor(x):
4         if x == 2.0:
5             msg = 'Divisão por zero!'
6             return msg
7         return fx(x)
8     return testeValor
9
10 # definindo o teste obrigatório com "decorator"
11 @testZero
12 def fx(x):
13     'uma função qualquer'
14     f = (x**2)/(2*(x-2))
15
16     return f
17
18 # Exemplo de aplicação 1
19 x = 3.0
20 fx1 = fx(x)
21 # imprimindo o resultado
22 print('Para x=', x, 'temos f(x) = ', fx1, '\n')
23
24 # Exemplo de aplicação 2
25 x = 2.0
26 fx2 = fx(x)
27 # imprimindo o resultado
28 print('Para x=', x, 'temos f(x) = ', fx2)
```

Figura 10.34 – Aplicação da funcionalidade "decorator".

A função **testZero** recebe a função **fx** como argumento (linha 2). Na linha 3 temos outra função mais interna chamada **testeValor**. Nesta função temos o teste do valor de **x** (aqui poderia ser qualquer outra funcionalidade). Se **x** é igual a 2, a função interna retornará o texto "Divisão por zero!", caso contrário, retornará o valor original **x** utilizado pelo usuário na função **fx**. A função mais externa **testZero** recebe esse resultado e repassa-o para a função **fx** para que o código continue sendo executado como previsto.

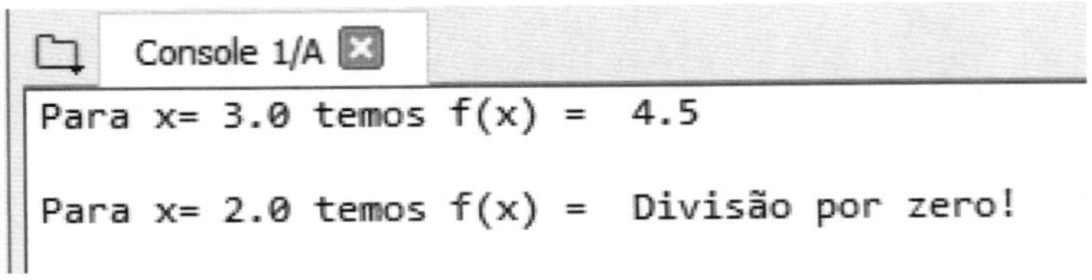

Figura 10.35 – Resultado do exemplo de aplicação da funcionalidade "decorator".

Quando se executa o exemplo exposto na Figura 10.34, o resultado impresso no console (Figura 10.35) ilustra a expansão da funcionalidade da função **fx** para dois valores diferentes, quando **x** é igual a 3,0 e quando **x** é igual a 2,0.

Função recursiva

De forma resumida, uma função recursiva é uma função que chama ela mesma para resolver o problema. Aí você se pergunta: "Como é?". É isso mesmo. Veja a Figura 10.36. Imagine que você tenha a necessidade de comprar uma tesoura e, quando você chega em casa com a tesoura nova, observa na embalagem na qual ela está aprisionada que o fabricante sugere "usar uma tesoura" para remover a sua tesoura nova da embalagem... é mais ou menos assim que a recursividade funciona.

Figura 10.36 – Exemplo de recursividade.

Sigamos então para um exemplo mais prático. Vamos demonstrar o cálculo fatorial por meio da Equação (10.10):

$$n! = n \times (n-1) \times (n-2) \times \ldots \times 1 \tag{10.10}$$

Aplicando um valor qualquer, digamos 4, podemos reescrever a Equação da seguinte forma:

$$\begin{aligned} 4! &= 4 \times (4-1)! \\ 3! &= 3 \times (3-1)! \\ 2! &= 2 \times (2-1)! \\ 1! &= 1 \end{aligned} \tag{10.11}$$

Ou ainda

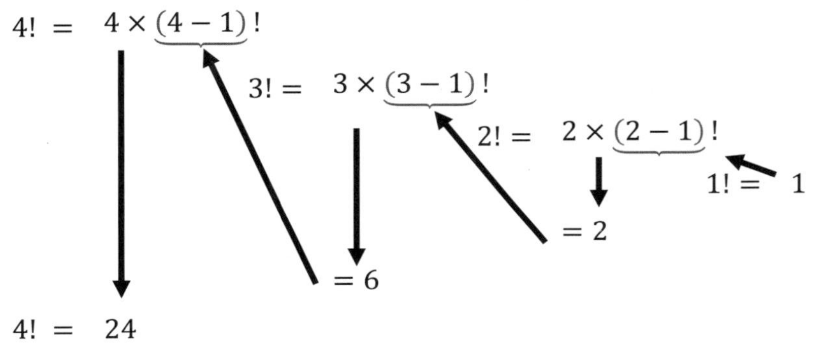

(10.12)

Este é um exemplo de função recursiva porque o fatorial é definido em termos de outro fatorial. Existem duas partes para qualquer definição recursiva: o caso geral e o caso trivial. Veja como eles aparecem no nosso exemplo anterior:

n! = n * (n – 1)!	(caso geral ou trivial)
1! = 1	(caso base)

O fatorial de **n** é definido como a multiplicação de **n** pelo fatorial de **(n-1)** (Equação (10.11)), mas o caso base finaliza o processo quando o valor 1 é alcançado pois o fatorial de **1!** é 1. Ao chegar no caso base, a função para de "se chamar" e inicia o retorno dos resultados calculados em cada uma das chamadas, como está representado na Equação (10.12). É importante ressaltar que este tipo de função SEMPRE deve ter em seu escopo o "caso base", caso contrário, a solução será infinita, ou até que haja o estouro da memória do computador!

A função **meufatorial**(n) foi desenvolvida com o intuito de apresentar de forma mais clara a exemplificação do exemplo anterior. Nela permanece o parâmetro **n** e esse é testado (linha 3) para avaliação se o valor recebido é maior que 1. Em caso positivo, retorna-se o "caso geral", ou seja, **n** que multiplica a função **meufatorial**(n-1) conforme linha 4. Perceba que aqui a função está sendo chamada novamente, agora com o argumento **n-1**.

```
1 # definição da função
2 def meufatorial(n):
3     if n > 1:
4         return n*meufatorial(n-1)
5     else:
6         return 1
7 
8 # exemplo de aplicação
9 n = 4
10 print('o fatorial de', n,'é', meufatorial(n))
```

Figura 10.37 – Desenvolvimento do cálculo fatorial por meio da recursividade.

No caso de o valor testado ser igual 1 (linha 5) teremos o retorno do caso base igual a 1. É importante frisar que a aplicação dessa metodologia de desenvolvimento pode influenciar no tempo de processamento e na "quantidade de memória" usada pelo computador pois, a cada tentativa de resolução do problema, uma nova função é chamada e a anterior fica na memória esperando o resultado precedente.

Cada resultado calculado retorna para a última função chamada (veja novamente a Equação (10.12)). Logo, se houve muitas chamadas da função, esse "grande número" será armazenado na memória RAM do computador até que o problema tenha fim ou até que haja um "estouro" na memória do computador, ou seja, até que não haja mais espaço e que isso resulte no travamento da máquina. Em casos nos quais não se sabe ao certo o número de iterações necessárias para a resolução de um problema (e.g. otimização de uma função multivariável), principalmente em engenharia, é recomendado que sejam usadas as estruturas clássicas de laço de repetição junto aos testes lógicos já apresentados.

Para ilustrar a questão do número de iterações, voltemos ao cálculo do fator de atrito e da perda de carga ilustrado no Capítulo 7. As equações utilizadas no capítulo citado serão expostas a seguir a fim de facilidade de visualização. O código apresentado na Figura 10.38 ilustra a aplicação do mesmo cálculo para um problema diferente, contudo com o desenvolvimento realizado com a lógica de recursividade.

$$\frac{1}{\sqrt{f}} = -2{,}0 \times log\left(\frac{\varepsilon}{3{,}7 \times D} + \frac{2{,}51}{Re \times \sqrt{f}}\right) \qquad (7.7)$$

e

$$\Delta P = f \times \frac{L}{D} \times \rho \times \frac{V^2}{2} \qquad (7.8)$$

As funções **ECB** e **pcarga** se referem às Equações (7.7) e (7.8), respectivamente, são importadas na linha 5 e são as responsáveis pelo cálculo do fator de atrito (equação de Colebrook-White) e da perda de carga. Entre as linhas 8 e 12 temos as declarações das variáveis ou constantes necessárias à resolução do problema e que serão usadas nas chamadas das funções importadas anteriormente e que estão nas linhas 15 e 23 respectivamente.

As demais linhas de código, para o principal, se referem à impressão de resultados. Perceba na linha 15 que o número de iterações é calculado pela função EBC e trazido como um resultado da função. Esse valor nos dará uma ideia do esforço computacional ao avaliarmos quantas vezes foi necessária a chamada da função de cálculo do fator de atrito. O **format** das linhas 16 e 25 se refere a uma forma de definir quantas casas decimais serão impressas no console no momento do registro da resposta.

```
"""
Aplicação para o cálculo do fator de atrito e da perda de carga
"""
# importando bibliotecas
from fator_atrito import ECB, pcarga

# declarando dados de entrada para o cálculo do fator de atrito
f1 = 1      # estimativa da resposta
f = 0       # estimativa da resposta 2
e = 2.5e-5  # fator de rugosidade em metros
D = 0.3     # diâmetro do tubo em metros
Re = 2.3e03 # número de Reynolds (adimensional)

# chamando a função de Colebrook-White para resolução do nosso problema
[f1, n] = ECB(f1, f, e, D, Re, 1)
print('O valor do fator de atrito f é:', format(f1, '.5f'))

# declarando dados de entrada para o cálculo da perda de carga
L = 100 # é o comprimento do tubo (metros)
v = 2.2 # é a velocidade do fluido no tubo (m/s)

# chamando a função de perda de carga da tubulação
perda = pcarga(f1, D, L, v)
msg = 'A perda de carga para a tubulação de'
print(msg, L, 'metros é', format(perda, '.2f'), 'metros')
print('Foram necessárias ', n, 'repetições')
```

Figura 10.38 – Script principal para o cálculo do fator de atrito e da perda de carga.

A Figura 10.39 a seguir mostra as funções auxiliares para o cálculo do fator de atrito e da perda de carga. Veja na linha 2 que são importadas funções básicas da biblioteca *math* para o cálculo da raiz quadrada e do logaritmo de base 10.

A Equação EBC está definida na linha 3, nesta função é possível encontrar uma nova funcionalidade ainda não apresentada nesta secção, mas que daremos mais ênfase a ela no Capítulo 12. A aplicação do par **try/except** está no tratamento de um potencial erro que possa surgir durante a resolução de um problema. No presente caso, a prevenção é a divisão por zero e uma parada repentina na execução do programa. Caso haja uma divisão por zero, a mensagem da linha 16 é impressa para o usuário.

Para a resolução pelo método recursivo, a Equação (7.7) foi reescrita para que a função resultasse no valor de $\boldsymbol{f}$ como mostra a Equação (10.13).

$$f = \frac{1}{\left[-2{,}0 \times log\left(\frac{\varepsilon}{3{,}7 \times D} + \frac{2{,}51}{Re \times \sqrt{f}}\right)\right]^2} \tag{10.13}$$

Na resolução do Python, a variável de interesse dentro da equação foi chamada de ***f*** (estimativa) e o ***f*1** é o valor calculado. O cálculo deve ser realizado até que se encontre um valor de ***f*1** que seja exatamente igual ao ***f*** proposto como estimativa (ou com uma diferença tolerável). É essa a função da linha 8: testar se a diferença entre os valores de ***f*1** e ***f*** é menor que a tolerância aplicada. Se sim, a função retorna o valor de ***f*1** e o número de iterações **n**.

```
1 # importando bibliotecas
2 from math import log10, sqrt
3 def ECB(f1, f, e, D, Re, n):
4     # onde D é o diâmetro do tubo (metros);
5     # Re Número de Reynolds (adimensional);
6     # e é o fator de rugosidade da tubulação (metros);
7     try:
8         if abs(f1 - f) < 10e-7:
9             return [f1, n]
10        else:
11            f = f1
12            n = n+1
13            f1 = 1/(-2*log10((e/(D*3.7)) + (2.51/(Re*sqrt(f)))))**2
14            return ECB(f1, f, e, D, Re, n)
15    except ZeroDivisionError:
16            print('Reveja seus argumentos. Houve um erro de divisão por zero.')
17
18 def pcarga(f, D, L, v):
19    # onde D é o diâmtro do tubo (metros);
20    # f é o fator de atrito (adimensional);
21    # L é o comprimento do tubo (metros);
22    # v é a velocidade do fluido no tubo (m/s);
23    g = 9.81 #aceleração da gravidade (m/s**2).
24
25    perda = f*(L/D)*v**2/(2*g)
26    return perda
```

Figura 10.39 – Funções auxiliares para o cálculo do fator de atrito e da perda de carga.

Caso a diferença encontrada na linha 8 seja maior que a tolerância, a linha 11 atualiza o valor de ***f*** que será inserido na Equação (10.13) e recalcula ***f*1** na linha 13. Após o cálculo, a recursividade é realizada na linha 14, chamando a função **ECB** novamente. O procedimento é repetido até que o resultado esperado seja alcançado. O cálculo da perda de carga por meio da função **pcarga** (linha 18) se dá de forma simples (ou direta) pois só depende de constantes e do valor de ***f*** obtido na etapa anterior. O resultado da execução do presente exemplo se encontra na Figura 10.40.

```
Console 1/A
O valor do fator de atrito f é: 0.04735
A perda de carga para a tubulação de 100 metros é 3.89 metros
precisamos de  10 repetições
```

Figura 10.40 – Resultado do exemplo do código recursivo para o cálculo de f.

Observa-se que foi obtido um ***f*** de valor igual a 0,04735 e, para uma tubulação de 100 metros, uma perda de carga de 3,89 metros. No presente exemplo foram necessárias apenas 10 iterações, ou seja, 10 chamadas recursivas.

Descrevendo sua função

O uso da função **help( )**, nativa do Python, ajuda os usuários a entender o modo de uso da função e alguns detalhes que podem auxiliar a tomada de decisão quanto ao uso dos argumentos, caso necessários. Nós também podemos inserir textos explicativos em nossas funções, com o intuito de esclarecer qual a finalidade do uso da função, o que significa cada argumento necessário à sua correta aplicação e qual é o resultado calculado, se houver, que retorna para o usuário.

```
# descrevendo a função para uso no help
def volume(r, h):
    """
    Cálculo do volume de um tanque em formato cilindrico.
    Onde: - r se refere ao raio do tanque em metros e
          - h se refere a altura do tanque em metros.
          - v é o volume calculado pela equação abaixo.
    A função retornará o volume do tanque em m^3
    É possível usar int ou floats como inputs.
    O resultado será retornado em formato float.
    """

    v = 3.14*(r**2)*h
    return v
```

Figura 10.41: Formatação para impressão de definição e uso da função usando o comando help.

O procedimento é bastante simples: dentro da função, logo abaixo do termo definição **def**, insira um bloco de comentário utilizando os três pares de aspas (""" seu texto """). A Figura 10.41 apresenta um exemplo simplificado de aplicação. O código é responsável por calcular o volume de um cilindro. Perceba que o bloco de comentário, encontrado entre as linhas 3 e 11, detalha o objetivo da função, os argumentos necessários e o resultado da função após os cálculos. Este procedimento deixará suas funções bem documentadas para futuros usos ou para a aplicação dos seus códigos por terceiros.

Ao executar o código, a função fica armazenada na memória dinâmica utilizada pelo Python. Se você digitar help(volume) no console e apertar o botão "Enter", verá o texto apresentado na Figura 10.42.

```
Console 1/A

In [136]: help(volume)
Help on function volume in module __main__:

volume(r, h)
    Cálculo do volume de um tanque em formato cilindrico.
    Onde: - r se refere ao raio do tanque em metros e
          - h se refere a altura do tanque em metros.
          - v é o volume calculado pela equação abaixo.
    A função retornará o volume do tanque em m^3
    É possível usar int ou floats como inputs.
    O resultado será retornado em formato float.
```

Figura 10.42: Resultado do uso do comando help em uma função com descritivo.

Por questões didáticas e pela necessidade de muito espaço para apresentação dos textos explicativos em cada função, você não encontrará esses textos nas funções aqui desenvolvidas e descritas. Fica a recomendação do autor para que você use tal procedimento descritivo durante o desenvolvimento de suas aplicações pessoais e profissionais.

Problemas de revisão

10.1. Em um exercício anterior, foi solicitado que você desenvolvesse uma função específica para plotar um gráfico com valores de x e y. Sua tarefa é modificar essa função de forma que ela receba valores de x, y, título, legendas dos eixos x e y como argumentos. Após a modificação solicitada, você desenvolverá uma segunda função, agora para plotar gráficos 3D. Como argumentos, serão necessários os valores de **x**, **y** e **z**, o título e as legendas dos eixos. Em caso de dúvidas, retorne ao Capítulo 5 para maiores esclarecimentos sobre como programar plotagens 3D. Escreva um exemplo de aplicação para as suas funções.

10.2. Em um novo *script*, desenvolva uma função que calcule as raízes reais de uma função de segundo grau. Veja que, neste exemplo, sua função retornará dois valores referentes às duas raízes. Perceba que serão necessários argumentos, como o valor de a, b e c para que sua função funcione corretamente. Desenvolva um exemplo de aplicação e imprima os resultados obtidos através da aplicação da sua função.

10.3. Vá até o Capítulo 8, aplicação 8.4, e reescreva, em formato de funções e em um *script* diferente, todas as linhas de código que se encontram nos laços de escolha. Como já vimos, cada uma das escolhas encontradas no laço representa uma determinada possibilidade de cálculo de pH. Lembre-se de chamar as funções na ordem correta durante o desenvolvimento do exemplo.

10.4. Agora que você entendeu como as funções recursivas funcionam, use suas habilidades de programador(a) para desenvolver uma função "potência" (pot) de um número (x):

a. my_pot(x, pot) representa xpot

b. Qual o caso base?

c. Qual o caso trivial?

Problemas de desenvolvimento

10.5. Desenvolva uma função que retorna como resultado o tamanho o input do usuário, e.g., se o usuário inserir um escalar, ou um vetor ou uma matriz, o programa deverá responder com a dimensão da variável;

10.6. Desenvolva uma função que retorna uma matriz randômica de números inteiros de dimensão e intervalo de valores definidos pelo usuário.

10.7. Desenvolva uma função que peça a temperatura em graus Fahrenheit como argumento, transforme e retorne o valor a temperatura em graus Celsius:

$$F = C \times \frac{9}{5} + 32 \qquad \text{(Ex 10.1)}$$

10.8. Escreva uma função lambda para implementar a seguinte função quadrática: $A = 3x^2 - 2x + 5$. Então, crie uma função "meuPlot" que receba a função anônima e, com ela, plote um gráfico no intervalo de -10 a 11.

10.9. A exponencial de x, e^x, pode ter seu resultado aproximadamente calculado pelo somatório da Equação (Ex 10.2):

$$e^x = 1 + \frac{x}{1!} + \frac{x^2}{2!} + \frac{x^3}{3!} + \cdots, onde\ -\infty < x < \infty \qquad \text{(Ex 10.2)}$$

Escreva uma função para a equação acima. Esta função deve receber *n* e x como argumentos, onde *n* é o número de termos. Separadamente, escreva um programa que chame a função anterior, dentro de um laço de repetição, que mudará o valor de *n* que será enviado como argumento para a função. Compare o resultado com o valor padrão de 2.71828, quando x é igual a 1.

10.10. Escreva sua própria função, com argumentos A e B, que realize a multiplicação entre duas matrizes. Não use funções internas. Lembre-se que a dimensão interna da matriz precisa ser a mesma:

$$[A]_{m\times n}[B]_{n\times p} = [C]_{m\times p}$$

Todo elemento obtido em C é obtido pelo seguinte somatório:

$$C_{ij} = \sum_{k=1}^{n} a_{ik} b_{kj} \qquad \text{(Ex 10.3)}$$

10.11. Escreva uma função que receba do usuário um valor mínimo, um valor máximo e plote um gráfico da função *sin*(x). Lembre-se que existe a possibilidade de o usuário entrar com os valores nas posições inversas. Sua função deve prever e corrigir essa possível falha.

10.12. O valor futuro de um investimento a uma dada taxa de juro é dado pela equação: $F = P(1 + i)^n$, onde *P* é o valor presente (investimento), *i* é a taxa de juro e *n* é o número de anos. Escreva uma função que receba a taxa de juro, o número de anos e o valor presente como dados de entrada e que realize um *plot* de um gráfico do valor de *F* para valores de 1 a *n*.

10.13. A função seno hiperbólico, para um dado argumento x, é definida da seguinte forma:

$$senohiperbólico(x) = (e^x - e^{-x})/2 \qquad \text{(Ex 10.4)}$$

Escreva uma função para implementar a Equação (Ex 10.4) acima citada. Compare seus resultados com a função "*sinh*" nativa da biblioteca *math* do Python.

10.14. A definição da função recursiva a^n onde *a* é um inteiro e *n* é um inteiro não negativo é apresentada a seguir:

$$\begin{aligned} a^n &= 1 & se\, n = 0 \\ a^n &= a \times a^{n-1} & se\, n > 0 \end{aligned} \qquad \text{(Ex 10.5)}$$

Escreva uma função recursiva chamada "*mypower*", que receberá *a* e *n* e retorna o valor de a^n como definido anteriormente. Use *return*. Observe que sua função **NÃO** usará o laço ***for***, o operador "**" ou uma função interna do Python para calcular a^n! Como visto, é uma função recursiva.

10.15. Escreva um módulo no qual existam três funções: permutação, arranjo e combinação (faça uma pesquisa para encontrar as respectivas funções).

Cada função deve apresentar seus argumentos específicos para seu devido funcionamento. Em um módulo separado, teste cada uma das funções.

10.16. Desenvolva um programa que calcule o pH de uma amostra com 25 mL de uma solução de NaOH a 0.1 M após a adição de [0, 0.1, 0.2, 0.3, ..., 5.0] mL de uma solução de HCl a 0.1 M. Com os resultados, plote um gráfico devidamente formatado com título, legendas etc., que mostre o comportamento do pH da amostra de NaOH durante a adição de HCl.

10.17. A função seno(x) pode ser aproximada com ajuda de uma série de potência, conforme Equação (Ex 10.6) a seguir:

$$seno(x) = x - \frac{x^3}{3!} + \frac{x^5}{5!} - \frac{x^7}{7!} + \frac{x^9}{9!} - \cdots$$
$$ou \qquad \text{(Ex 10.6)}$$
$$seno(x) = \sum_{n=0}^{\infty} \frac{(-1)^n x^{2n+1}}{(2n+1)!}$$

Desenvolva uma função que receba os termos $\boldsymbol{x}$ e $\boldsymbol{n}$ (onde $\boldsymbol{n}$ é o número de termos) e resolva a série do $\boldsymbol{seno(x)}$. Após término do desenvolvimento da função, crie um programa que plote um gráfico para o valor de $\boldsymbol{seno(x)}$ para diferentes números de termos (n). Use $\boldsymbol{x}$ = 5. O valor de n deve ser otimizado para que o gráfico mostre um valor de $\boldsymbol{seno(5)}$ praticamente constante.

10.18. A pressão de vapor, *p**, de um líquido puro, é extremamente dependente da temperatura T. Para calcular a pressão de vapor a uma dada temperatura, T, podemos usar a equação de Antoine (Ex 10.7):

$$\log_{10} p^* = A - \frac{B}{T + C} \qquad \text{(Ex 10.7)}$$

Onde A, B e C são constantes que mudam de acordo com o líquido. Escreva uma função que receba A, B, C e T(°C) como argumentos e retorne o valor da pressão de vapor calculada. Dica: $\mathbf{10}^{(\log_{10} x)} = x$.

10.19. O valor presente de um investimento a uma dada taxa de juro é dado pela equação: $\boldsymbol{P = A\frac{(1+i)^n - 1}{i(1+i)^n}}$, onde *A* é o valor anuidade (parcelas anuais), *i* é a taxa de juro e *n* é o número de anos. Pede-se:

a) Escreva uma função que receba a taxa de juro i, o número de anos n e a anuidade A como argumentos;

b) plote um gráfico do valor de P variando entre valores de 0 a n, onde n é o número de anos escolhido pelo usuário, com anuidade e juros constantes iguais a R$1.500 e 0,15% respectivamente.

Finalizando o Capítulo 10

Como nem sempre as funções que precisamos estão prontas, aprendemos como desenvolver nossas próprias funções, passar um ou mais argumentos e como nossas funções podem ser importadas em outros *scripts*. Também vimos como é possível armazenar os resultados das nossas funções em formato de escalar, quando a função obtiver apenas um resultado, ou em formato de lista, quando mais de uma informação for obtida pela função, e tudo isso utilizando o **return** na estrutura das nossas funções.

No próximo capítulo veremos um pouco mais sobre as funções já existentes nas bibliotecas que acompanham o Spyder (Anaconda Python®), como chamá-las e aplicá-las em mais exemplos voltados para a Engenharia Química.

Bibliografia Recomendada

[1] SAHA, Amit. **Doing Math with Python**: Use Programming to Explore Algebra, Statistics, Calculus, and More!. No Starch Press, 2015.

[2] OLIPHANT, Travis E. Python for scientific computing. **Computing in Science & Engineering**, v. 9, n. 3, p. 10-20, 2007.

[3] PERKOVIC, Ljubomir. **Introduction to Computing Using Python**: An Application Development Focus. Wiley Publishing, 2011.

[4] MATTHES, Eric. **Python Crash Course**: A Hands-On, Project-Based Introduction to Programming. No Starch Press, 2015.

[5] KIUSALAAS, Jaan. **Numerical Methods in Engineering with Python 3**. Cambridge University Press, 2013.

Capítulo 11: Importando funções de bibliotecas nativas

Produtividade! Queremos produtividade! Opa! Não quero dizer que você será uma máquina de programar apenas para gerar metas e produtos. Não é isso. O que eu quero dizer aqui para você é que, com o tempo, você dará muito valor às rotinas já desenvolvidas que poderão ser usadas para acelerar o desenvolvimento do seu código. Como já vimos no capítulo anterior, não faz sentido você reprogramar um mesmo método matemático cuja aplicação poderá ser demandada em diferentes programas. Basta que uma função esteja pronta e funcionando para ser utilizada como parte dos inúmeros programas que você desenvolverá com o passar do tempo. Veremos nesse capítulo algumas das principais bibliotecas que fazem parte do pacote Anaconda Python®, e veremos como utilizar algumas dessas rotinas em aplicações da Engenharia Química.

Visão geral das bibliotecas nativas

É importante destacar que o desenvolvedor utilizado neste livro poderia, muito bem, ser outro. Existem vários, também gratuitos, que você pode procurar na internet e utilizar durante seus estudos. A utilização do Spyder, que faz parte do pacote Anaconda Python®, aqui sugerida, é para que você ganhe tempo sem precisar instalar as principais bibliotecas que potencialmente você usará durante o curso de Engenharia Química. Contudo, se você utilizar outra área de desenvolvimento, e.g. Pycharm®, não haverá problemas pois todos os códigos em si são Python.

É claro que você, futuramente, não ficará limitado às bibliotecas nativas. Nem deve! Pois você criará suas próprias bibliotecas, bem como instalará outras soluções, para resolver problemas mais complexos conforme demanda, independentemente da plataforma de desenvolvimento que esteja usando.

Uma visão geral do que temos ao usarmos o Anaconda Python® pode ser vista com auxílio da Figura 11.1. Veja que nós já usufruímos de alguns dos itens dispostos, por exemplo o desenvolvedor Spyder®, o pacote NumPy e o Matplotlib. Vamos olhar um pouco mais de perto outras bibliotecas.

Figura 11.1: Pacotes disponíveis no Anaconda Python® (www.anaconda.com/distribution).

NumPy

Como o próprio site (https://numpy.org/) mostra, o NumPy é um pacote para computação científica que contém bibliotecas para o uso de vetores n-dimensionais, álgebra linear, transformada de Fourier e bibliotecas de estatística básica. A documentação do NumPy pode ser acessada por meio do seguinte endereço eletrônico: https://numpy.org/doc/.

Serão apresentadas algumas das funções que podemos encontrar nessa biblioteca após sua importação. É importante lembrar que a exposição das funções na Tabela 11.1 é apenas um pequeno extrato do total de funções que você poderá encontrar na biblioteca NumPy. Caso tenha interesse em saber quais são as funções ou bibliotecas contidas no NumPy, basta utilizar o console, importando a biblioteca numpy e utilizando o comando **dir**(nome_da_biblioteca), como mostra a Figura 11.2.

```
Console 1/A
In [4]: import numpy

In [5]: dir(numpy)
   ...:
```

Figura 11.2: imprimindo o que há em uma biblioteca.

A Tabela 11.1 apresenta os nomes das funções e, resumidamente, o que elas fazem. Em alguns casos temos mais de uma forma de aplicação. Não é intuito desta obra detalhar todas as funções existentes, bem como todas as possibilidades de uso.

```
Console 1/A
In [348]: from numpy import ones

In [349]: help(ones)
     ...:
Help on function ones in module numpy:

ones(shape, dtype=None, order='C', *, like=None)
    Return a new array of given shape and type, filled with ones.

    Parameters
    ----------
    shape : int or sequence of ints
        Shape of the new array, e.g., ``(2, 3)`` or ``2``.
    dtype : data-type, optional
        The desired data-type for the array, e.g., `numpy.int8`.  Default is
        `numpy.float64`.
    order : {'C', 'F'}, optional, default: C
        Whether to store multi-dimensional data in row-major
        (C-style) or column-major (Fortran-style) order in
        memory.
```

Figura 11.3: Exemplo de uso da função help do Python para entender o comando "ones".

Existem funções específicas para as quais será necessário que você (isso mesmo, você!) utilize o comando ***help*** (como pode ser visto no exemplo da Figura 11.3) do Python para saber outras formas de aplicação e/ou os argumentos necessários para que o método de resolução seja modificado.

Tabela 11.1: Exemplos de funções da biblioteca numpy descrição do que fazem.

Função	O que faz
arange	Cria um array com intervalo de valores separados por um passo
array	Cria uma lista (array) de números ou matriz
concatenate	Concatena as colunas ou as linhas de arrays
copy	Copia os itens de um array ou matriz
diag	Cria um array com os elementos da diagonal de uma matriz
eye	Gera uma matriz identidade
fmax	Compara dois arrays e retorna os maiores valores
fmin	Compara dois vetores e retorna os menores valores
gradient	Retorna o gradiente de um *array* n-dimensional
linalg.cholesky	Calcula a fatoração de Cholesky de uma matriz
linalg.eig	Calcula os autovalores e autovetores de uma matriz
linalg.inv	Calcula a inversa de uma matriz quadrada
linalg.norm	Calcula a norma de uma matriz ou de um vetor. Use um segundo argumento caso queria mudar o tipo de norma, 'frob', 'nuc', 0, 1, -1, 2 e -2, inf, -inf são valores possíveis
linalg.solve	Calcula x como solução de a.x = b
linalg.svd	Calcula o valor singular da matriz a
linspace	Gera um vetor ou lista com valores igualmente espaçados
log, log10	Cálculo do logaritmo. log calcula o logaritmo neperiano e log10 o logaritmo na base 10. A biblioteca possui logs em outras bases
max	Retorna o máximo valor do array ou matriz. Pode trazer os máximos valores de cada coluna (0) ou os máximos valores de cada linha (1)
ones	Gera um vetor ou matriz de uns
polyder	Derivada de um polinômio
polyfit	Ajuste polinomial de mínimos quadrados
polyint	Integral de um polinômio
random.rand	Gera números randômicos
shape	Retorna a dimensão da array
sin, cos, tan,	Funções trigonométricas
size	Retorna o número de elementos de uma array
transpose	Calcula a transposta da matriz M
who	Imprime as variáveis ativas e tipos relacionados
zeros	Gera um vetor ou matriz de zeros

Por exemplo: na Figura 11.3, foi importada a função "ones", pertencente à biblioteca numpy, no console. Em seguida, a função ***help*** foi usada para nos informar como podemos usar a dita função "ones". Entenda que, para usar a função ***help*** adequadamente em alguma função pertencente à uma biblioteca qualquer, esta deverá ser importada antes do uso do ***help***.

Ajuste de curva

Consideremos um exemplo bastante comum da Engenharia Química: a necessidade de se gerar uma equação a partir de um conjunto de dados. É o que chamamos de ajuste de curva. Existem vários meios matemáticos para um ajuste de curva.

Vejamos um exemplo de utilização de uma função de interpolação que se encontra na nossa lista de funções dispostas na Tabela 11.1: *polyfit*. Iniciemos com um exemplo simplificado. Temos pontos que um experimento cujo comportamento é linear, ou seja, $y = b.x + a$. Para que possamos estimar valores de **y** para um dado **x**, precisamos determinar os valores de **a** e **b** da nossa equação.

Não se assuste com o tamanho do código da Figura 11.4. Vamos dividi-lo em três partes para facilitar o entendimento: a 1ª parte está entre as linhas 1 e 21 e se refere ao cálculo dos coeficientes angular e escalar (já que temos uma função de primeiro grau). Também vamos limitar a essa primeira parte o cálculo do coeficiente de correlação, r^2, que nos dirá o quanto nossa função pode representar os dados experimentais.

As linhas 1 e 2 importam as principais funções que usaremos neste exemplo. Veja que, além da função *array* e *polyfit*, importamos também as funções *poly1d* e *corrcoef*. Após declaração dos dados experimentais nas linhas 6 e 7, temos o cálculo dos coeficientes angular e linear, respectivamente, na linha 10. Perceba que a função polyfit calcula os coeficientes na seguinte ordem: $y = b.x + a$. As linhas 13 e 14 apenas imprimem o resultado no console.

Para tornar esse código mais completo, e proveitoso, calculamos o coeficiente de correlação na linha 17 e o r^2, na linha 18, usando a função *corrcoef*. Os valores entre colchetes se referem aos limites inferior e superior nos quais o valor de r^2 deverá ser calculado. Na linha 21 temos a impressão do resultado.

```
1 # usando a função de ajuste de curva
2 from numpy import array, polyfit, poly1d, corrcoef
3 import matplotlib.pyplot as p
4
5 # nossos dados experimentais
6 x = array([1, 2, 3, 4, 5])
7 y = array([2.5, 7, 9.2, 14.8, 22.4])
8
9 # calculando os coeficientes
10 b, a = polyfit(x, y, 1)
11
12 #imprimindo resultados dos coeficientes
13 print('E o coeficiente angular é', format(b, '.3f'))
14 print('O coeficiente linear é', format(a, '.3f'))
15
16 # calculando o quanto a função consegue representar os dados
17 r = corrcoef(x, y)[0,1]
18 r2 = r**2
19
20 # imprimindo o resultado de r2
21 print('r2 = ', format(r2, '.3f'))
22
23 # transformando os coeficientes angular e linear em uma função
24 func = poly1d([b, a])
25
26 # transformando nossa equação em texto que será plotado no gráfico
27 ftxt = 'y = ' + str(format(b, '.3f')) + '*x ' + str(format(a, '.3f')) + '\n'
28
29 # transformando o resultado do cálculo de r2 em texto para o graf
30 rtxt = 'r2 = ' + str(format(r2, '.3f'))
31
32 # plotando nossos dados e nossa equação em um gráfico
33 p.clf()                                 # limpando gráfico anterior, se existir
34 p.plot(x,y, 'bo', x, func(x), '-k')     # plotando o gráfico
35 p.title('Usando ajuste de curvas')      # título
36 p.xlabel('x')                           # legenda do eixo X
37 p.ylabel('y')                           # legenda do eixo Y
38 p.legend(['y', ftxt + rtxt])            # legenda do gráfico
39 p.xlim(0, 6)                            # definindo os limites do eixo x
40 p.ylim(0, 25)                           # definindo os limites do eixo y
41 p.grid(color='k', linestyle='-', linewidth=0.1) #linhas de grade
42 p.show()                                # mostrando o gráfico
```

Figura 11.4: Usando a biblioteca numpy com um exemplo de um ajuste de curva.

A 2ª parte do código se refere à criação de uma função, linha 24, usando os coeficientes previamente calculados, que possa ser usada para estimar qualquer outro valor de x. Um complemento que foi usado nas linhas 27 e 30 se referem à criação de textos que serão usados no nosso gráfico. Olhando mais de perto, você verá que a linha 27 praticamente transforma em texto a função de primeiro grau, utilizando os coeficientes calculados. A linha 30 trabalha de forma semelhante, mas para expor o resultado do valor de r^2.

A 3ª parte do nosso código, linhas 33 a 42, se aplica à plotagem do gráfico com o comportamento dos nossos dados experimentais, y versus x, bem como da nossa curva ajustada. A plotagem de gráficos, usando a biblioteca ***matplotlib.pyplot*** foi conteúdo do Capítulo 5. A novidade aqui se encontra na linha 34 onde usamos a função definida anteriormente na linha 24, para plotarmos o comportamento do nosso ajuste com relação a x juntamente com os dados experimentais.

Outro detalhe levemente diferente do que já vimos neste livro se encontra na linha 38. Perceba que estamos concatenando os textos referentes à construção da função de primeiro grau e do resultado de r^2, linhas 27 e 30. As linhas 39 e 40 definem o intervalo dos eixos x e y, respectivamente. A estrutura das demais linhas já conhecemos.

O resultado do nosso código pode ser visualizado de duas formas, a primeira é pelo console, Figura 11.5, com a impressão dos resultados dos cálculos dos coeficientes.

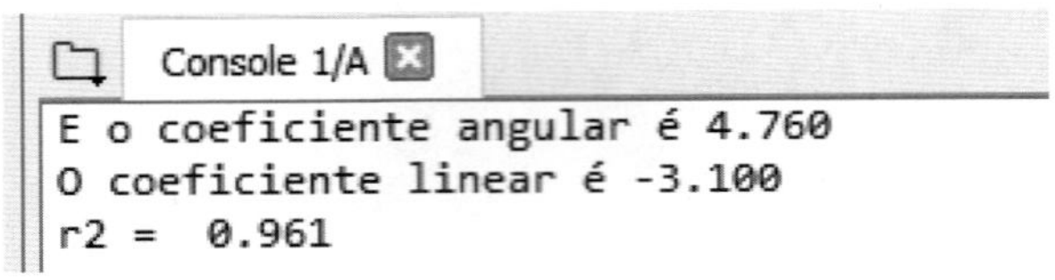

Figura 11.5: Impressão no console dos resultados dos cálculos dos coeficientes.

A outra se refere ao gráfico gerado, como mostra a Figura 11.6 a seguir.

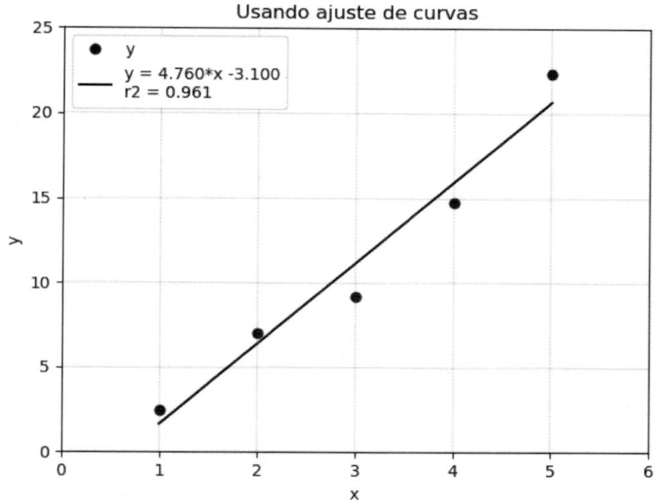

Figura 11.6: Gráfico gerado com os dados experimentais (azul) e a curva ajustada (preta).

Veja que conseguimos imprimir nossa função de primeiro grau e o valor de r^2 no gráfico. Isso enriquecerá seus gráficos com detalhes, informando ao usuário a função e o quanto ela consegue prever os resultados dos valores de x. Bacana, não é?

Coeficientes de um polinômio

"E se essa reta aí não se ajustar aos pontos do meu experimento, como faço para construir ajustes para funções de segundo grau ou superiores?". Essa é uma excelente pergunta! Vejamos nosso próximo exemplo, disposto na Figura 11.7, no qual temos uma série de dados distintos do exemplo anterior. Precisamos ajustar nosso código para que o Python possa calcular de forma correta os coeficientes desse polinômio.

Atente que temos algumas pequenas diferenças entre as funções da biblioteca numpy que foram carregadas neste momento. Veja que na linha 12, temos a função *polyfit* pertencente à biblioteca polinomial. Aqui são calculados os coeficientes do polinômio de grau 2 (terceiro argumento da função). O quarto argumento "full=True" se refere à necessidade de se calcular o valor da soma da raiz dos desvios dos mínimos quadrados. Isso mesmo! Mais adiante teremos que realizar outro cálculo para transformar esse valor no valor de r2.

Outro ponto importante a ser comentado é que os coeficientes em 'c' retornarão na ordem do menor para o maior da seguinte forma: $y = a + b.x + c.x^2$ Precisamos inverter essa ordem para que a função *poly1d* possa ser aplicada corretamente. Por isso usamos a função *flip*(c) na linha 13.

```
1 # usando a função de ajuste de curva
2 # importando bibliotecas
3 from numpy import array, poly1d, flip, linspace
4 from numpy.polynomial.polynomial import polyfit
5 import matplotlib.pyplot as p
6
7 # nossos dados experimentais
8 x = array([0, 1, 2, 3, 4, 5, 6])
9 y = array([-2,  2,  4,  4,  2, -2, -8])
10
11 # usando o polifit do pacote polynomial do numpy
12 c, outros = polyfit(x,y,2,full=True)
13 c = flip(c)
14 #imprimindo resultados
15 print('c = ', c, 'outros=', outros)
16
17 # soma dos quadrados dos resíduos
18 sqr = outros[0]
19 # calculando o valor de r2
20 ym = (y - (sum(y)/len(y)))**2
21 r2 = 1- (sqr/sum(ym))[0]
22
23 # imprimindo o resultado de r2
24 print('r2 = ', format(r2, '.3f'))
25
26 # transformando os coeficientes angular e linear em uma função
27 func = poly1d(c)
28 x2 = linspace(0, 6, 30)
29 # transformando nossa equação em texto que será plotado no gráfico
30 ftxt = 'y = ' + str(format(c[0], '.3f')) + '*x^2 +' + str(format(c[1], '.3f'))
31 ftxt = ftxt  + '*x ' + str(format(c[2], '.3f')) + '\n'
32
33 # transformando o resultado do cálculo de r2 em texto para plotagem no grafico
34 rtxt = 'r2 = ' + str(format(r2, '.3f'))
35
36 # plotando nossos dados e nossa equação em um gráfico
37 p.clf()                                  # limpando gráfico anterior, se existir
38 p.plot(x,y, 'bo', x2, func(x2), '-k')    # plotando o gráfico
39 p.title('Usando ajuste de curvas')       # Título
40 p.xlabel('x')                            # legenda do eixo X
41 p.ylabel('y')                            # legenda do eixo Y
42 p.legend(['y', ftxt + rtxt])             # legenda do gráfico
43 p.xlim(0, 7)                             # definindo os limites do eixo x
44 p.ylim(-10, 5)                           # definindo os limites do eixo y
45 p.grid(color='k', linestyle='-', linewidth=0.1) #linhas de grade
46 p.show()                                 # mostrando o gráfico
```

Figura 11.7: Exemplo de regressão para polinômio.

A variável "outros" retornará uma lista com o resíduo (soma da raiz dos desvios dos mínimos quadrados), o ranque (ranque numérico da matriz escalonada de Vandermonde [1]), o valor singular (baseado na matriz escalonada de Vandermonde) e, por fim, um valor relativo condicional cujos valores singulares menores que estes serão ignorados. Nosso interesse nesta lista de resultados está no primeiro elemento. A partir dele, vamos calcular o valor de r2 utilizando as Equações (11.1) e (11.2) a seguir. As equações podem ser revisadas com maiores detalhes em algum livro de estatística para engenharia [2].

$$ym = \left(y - \frac{\sum y}{n°de\ elementos\ de\ y}\right)^2 \tag{11.1}$$

$$r^2 = 1 - \frac{sqr}{\sum ym} \tag{11.2}$$

Onde $\boldsymbol{ym}$ é um *array* com os desvios quadrados ao redor da média amostral dos valores observados de y, $\boldsymbol{r^2}$ é o coeficiente de determinação e $\boldsymbol{sqr}$ é a soma dos quadrados dos resíduos da regressão.

A aplicação das Equações (11.1) e (11.2) pode ser visualizada nas linhas 20 e 21. As demais linhas do presente exemplo se assemelham às de um exemplo anterior, disposto na Figura 11.4, e dispensam explicação. A Figura 11.8 mostra alguns resultados impressos no console. Obviamente são valores facultativos que podem ser ocultados durante seus estudos. Contudo, lembre-se que o r^2 é um importante meio para se avaliar a confiabilidade representativa do polinômio obtido durante o ajuste da curva.

---

[1] Matrix de *Vandermond* é calculada a partir de um vetor onde as colunas resultantes são obtidas por meio da aplicação da potência de 0 a N-1 em cada elemento do vetor. Para maiores informações, procure por ***numpy.vander*** na documentação do NumPy.

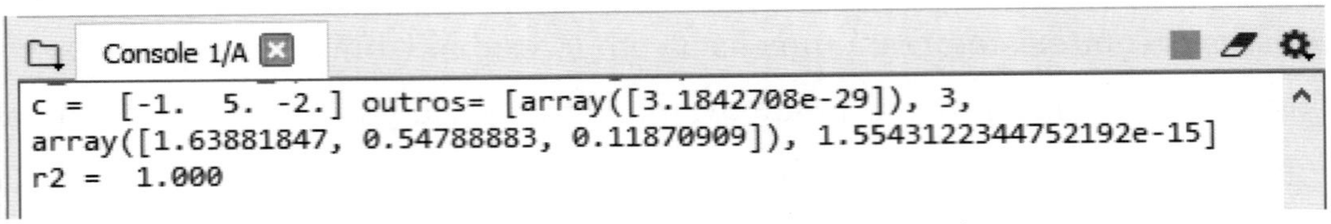

Figura 11.8: Impressão dos resultados no console.

Após rodar nosso programa, veremos o comportamento dos dados experimentais, bolinhas em azul, e a curva obtida pela regressão através da linha sólida em preto, como mostra a Figura 11.9. Perceba que o valor do r2 está na imagem, mostrando que o ajuste de curva obtido foi muito preciso e, para qualquer valor de x dentro do intervalo estudado, representará muito bem os dados de y.

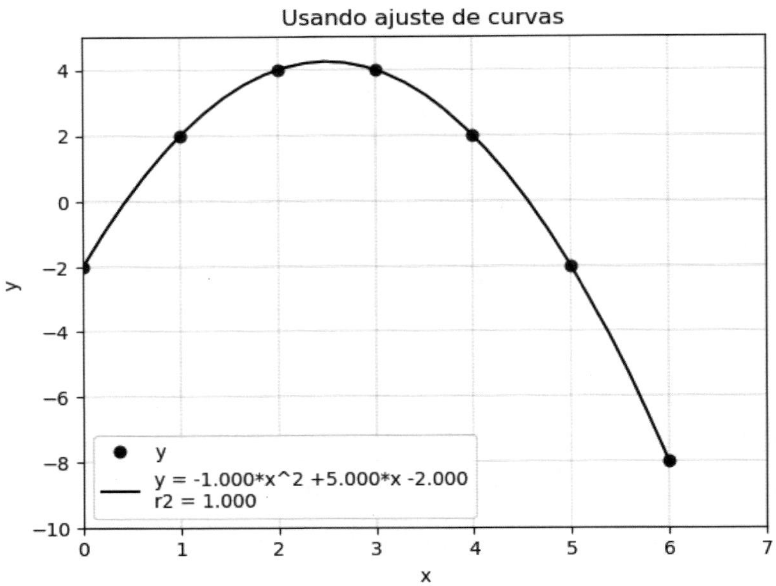

Figura 11.9: Comportamento dos dados experimentais e da curva de regressão.

Você verá, no decorrer do seu curso de engenharia, que nem sempre um polinômio pode representar de forma confiável nossos dados experimentais. Existem várias outras formas de ajustes de curvas, como interpolação. Vamos agora explorar uma nova biblioteca e usar alguns desses ajustes para aprendermos ainda mais essa maravilha que é o Python.

Derivada e integral

Em outros casos precisamos calcular a derivada de uma função. Você verá em seus estudos que, quando resolvemos uma derivada ou uma integral com auxílio de um programa de computador, teremos uma aproximação numérica da solução, que nem sempre é uma equação, mas sim um número obtido como resultado da derivação ou da integração de uma função. A Figura 11.10 apresenta uma aplicação de derivação de função.

```
1 # usando a função de ajuste de curva
2 from numpy import array, polyfit, poly1d
3
4 # nossos dados experimentais
5 x = array([1, 2, 3, 4, 5])
6 y = array([2.5, 10.6, 16, 14.3, 8.2])
7
8 # calculando os coeficientes
9 d, c, b, a = polyfit(x, y, 3)
10
11 # transformando os coeficientes em uma função
12 func = poly1d([d, c, b, a])
13 print('função proposta:\n', func)
14 # obtendo a 1a derivada
15 dfdx = func.deriv()
16 print('\nprimeira derivada:\n', dfdx)
17 # obtendo a 2a derivada
18 d2fdx = func.deriv(2)
19 print('\nsegunda derivada:', d2fdx)
20
21 # usando as funções obtidas
22 x1 = 3.5
23 y1=func(x1)
24 print(f'\nPara x ={x1:.1f} temos f(x) = {y1:.1f}')
25 y2=dfdx(x1)
26 print(f'\nPara x ={x1:.1f} temos dfdx(x) = {y2:.1f}')
27 y3=d2fdx(x1)
28 print(f'\nPara x ={x1:.1f} temos d2fdx(x) = {y3:.1f}')
```

Figura 11.10: Exemplo de aplicação de derivação de uma função.

A função a ser derivada se encontra na linha 12 e foi construída com auxílio das constantes obtidas pelo ajuste de curva, na linha 9. Perceba que temos um polinômio de grau 3 e queremos derivar este polinômio.

Perceba que, quando geramos a função na linha 12, este objeto ganha funcionalidades embutidas que podem ser invocados por linha de código quando utilizamos o "." (ponto). Uma dessas funcionalidades é a função *deriv( )*. A chamada desta função se encontra na linha 15 para o cálculo da primeira derivada. No caso do cálculo da segunda derivada, podemos usar o resultado da linha 15 e chamar a função *deriv( )* novamente ou podemos calcular a segunda derivada baseada na função original, mas colocando um "2" como argumento da função *deriv( )*, como mostra a linha 18.

As linhas 22 a 28 mostram o uso de cada função e a impressão dos resultados das derivações. Quando rodamos o código, encontraremos o resultado exposto na Figura 11.11. Para esclarecimento, veja que imediatamente após o texto "função proposta:" temos a função $\mathbf{-0{,}147x^3 - 1{,}261x^2 + 13{,}38x - 9{,}58}$.

```
Console 1/A
função proposta:
          3         2
-0.1417 x - 1.261 x + 13.38 x - 9.58

primeira derivada:
         2
-0.425 x - 2.521 x + 13.38

segunda derivada:
-0.85 x - 2.521

Para x =3.5 temos f(x) = 15.7

Para x =3.5 temos dfdx(x) = -0.7

Para x =3.5 temos d2fdx(x) = -5.5
```

Figura 11.11: Resultado das derivações de um polinômio usando numpy.

Nosso próximo exemplo recai sobre as funções de integração *trapz* e *quad* que podemos importar do numpy e do scipy.integrate (scipy será nossa próxima biblioteca a ser explorada!), respectivamente. A Figura 11.12 apresenta uma aplicação em que temos pontos experimentais de **x** e **y**.

```
1 # usando a função de ajuste de curva
2 from numpy import array, polyfit, trapz, poly1d, linspace
3 from matplotlib import pyplot as p
4 import scipy.integrate as integrate
5
6 # nossos dados experimentais
7 x = array([1.1, 2.2, 3.3, 4.4, 5.5])
8 y = array([1.9, 5.8, 10.7, 15.3, 20.4])
9 # intervalo de valores teóricos de x para o gráfico
10 x2 = linspace(1.1, 5.5, 500)
11
12 # calculando os coeficientes
13 b, a = polyfit(x, y, 1)
14
15 # transformando os coeficientes em uma função
16 func = poly1d([b, a])
17 print('função proposta:', func)
18
19 # calculando a integral pelo método do trapézio do numpy
20 area1 = trapz(y,x)
21 msg = f'\n-Pelo método do trapézio, a área calculada é {area1:.3f}.'
22 print(msg)
23
24 area2 = integrate.quad(func, 1.1, 5.5)[0]
25 msg2 = f'\n-Pelo método quad, a área calculada é {area2:.3f}.'
26 print(msg2)
27
28 # plotando nossos dados e nossa equação em um gráfico
29 p.clf()                                  # limpando gráfico anterior
30 p.plot(x,y, 'bo', x2, func(x2), '-k')    # plotando o gráfico
31 p.title('Usando ajuste de curvas')       # título
32 p.xlabel('x')                            # legenda do eixo X
33 p.ylabel('y')                            # legenda do eixo Y
34 p.legend(['y', 'func'])                  # legenda do gráfico
35 p.fill_between(x2, func(x2), color='lightgray')  # área
36 p.grid(color='k', linestyle='-', linewidth=0.1)  # linhas de grade
37 p.text(2, 2.5, 'Representação visual da integral')# comentário
38 p.show()                                 # mostrando o gráfico
```

Figura 11.12: Exemplo de aplicação de integração numérica de uma função.

Com esses pontos experimentais geramos uma função com os ajustes de curva já estudados. Observe que temos o cálculo da integral nas linhas 20 e 24. O intuito é apenas comparar os métodos disponíveis nas bibliotecas. Quando olhamos para os resultados impressos no console, percebemos que existe uma pequena diferença entre os valores calculados. Isso mostra que as funções podem apresentar diferentes precisões de cálculo se os métodos forem diferentes. No caso da função *trapz*, temos o método do trapézio como base de cálculo da área. Já a função *quad*, do scipy.integrate, integra a função no intervalo de a a b (ou intervalo $-\infty$ a ∞) usando uma técnica da biblioteca Fortran QUADPACK[1].

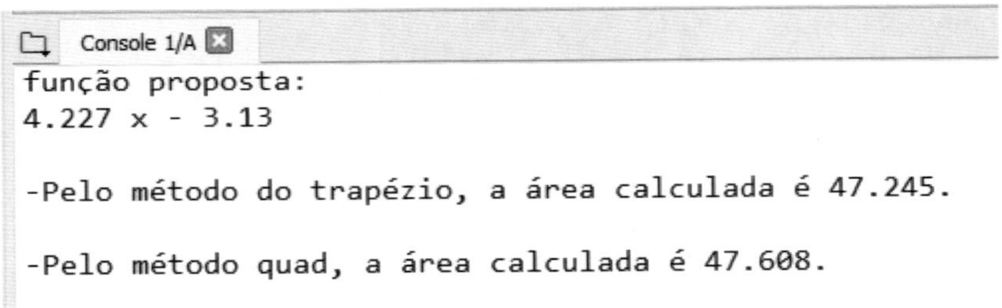

```
Console 1/A
função proposta:
4.227 x - 3.13

-Pelo método do trapézio, a área calculada é 47.245.

-Pelo método quad, a área calculada é 47.608.
```

Figura 11.13: Gráfico do ajuste de curva e da área que foi integrada.

A Figura 11.14 apresenta os pontos experimentais, a curva obtida pelo ajuste e a área hachurada que foi calculada pela integração.

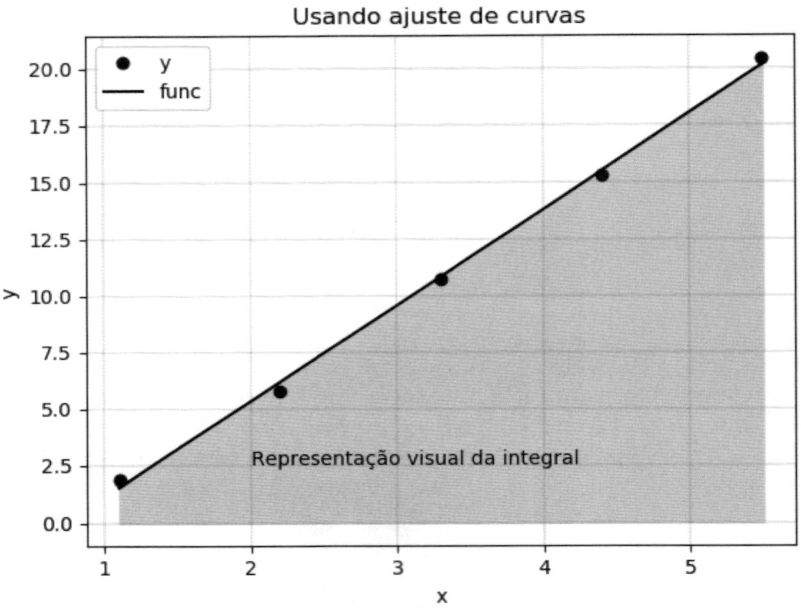

Figura 11.14: Resultado das áreas calculadas pelos métodos do trapézio e quad.

Trabalhando com arrays e matrizes

O NumPy possui uma das bibliotecas mais ricas em ferramentas auxiliares ao tratamento numérico. Outras bibliotecas, como o SciPy, Matplotlib e Pandas, utilizam a biblioteca NumPy como base para a construção de estruturas numéricas aplicadas aos vários métodos matemáticos disponíveis. Duas das ferramentas bastante exploradas são os arrays e as matrizes. Neste ponto, serão apresentadas as noções básicas para a construção de arrays e de matrizes e algumas das suas operações matemáticas.

Arrays

O array é uma estrutura muito semelhante à lista, que estudamos no Capítulo 2. Podemos colocar inúmeras informações em um array, com menor quantidade de memória demandada pelo Python, com melhoria de performance no seu manuseio e operações matemáticas mais rápidas que podem ser executadas como se estivéssemos trabalhando com escalares. A limitação de um array está no trabalho exclusivo com um único tipo de variável por vez. Ou seja, enquanto em uma única lista podemos incluir diferentes tipos de variáveis como texto, inteiros, booleanos, valores de ponto flutuantes e até mesmo outras listas, em um array colocamos apenas um dos tipos citados de informações. Por exemplo: se multiplicarmos um array por 2, teremos como resultado um array com os valores numéricos duplicados. Caso realizemos esta mesma operação em uma lista, o resultado será uma lista com o dobro de informações se comparada à lista original antes da multiplicação.

Em alguns textos, ou em pesquisas na internet, você facilmente encontrará que um array também pode ser chamada de matriz. Na realidade, quando criamos um array, estamos trabalhando com uma estrutura de matriz, com uma linha e várias colunas, ou com várias linhas e apenas uma coluna.

Na Figura 11.15 temos nosso primeiro exemplo do uso de arrays. Existem dois exemplos de construção de um array de valores inteiros, linhas 5 e 8 respectivamente e operações matemáticas básicas que podemos realizar com esses arrays dispostas entre as linhas 12 e 29. Perceba que o uso de arrays está na agilidade de se trabalhar com vários valores os quais podem participar de operações matemáticas simples, como disposto na Figura 11.15. Soma, subtração, multiplicação e divisão são exemplos que podemos realizar entre arrays ou entre arrays e escalares. O resultado, na maioria dos casos, será um array. Isso muda quando utilizamos o método ***dot( )***, do numpy.

```
1 # importando biblioteca
2 from numpy import array, dot
3
4 # definindo um array
5 A = array([[1, 2, 3, 4]])
6 print('\n1-Este é o array A:', A)
7 # definindo um segundo array
8 B = array([[0, 1, 2, 3]])
9 print('\n2-Este é o array B:', B)
10
11 # soma entre arrays ↓
12 print('\n3-Esta é a soma entre os arrays A e B:', A+B)
13 # subtração entre arrays ↓
14 print('\n4-Esta é a subtração de B do array A:', A-B)
15 # multiplicação entre arrays (elemento por elemento) ↓
16 print('\n5-Multiplicação entre os elementos dos arrays A e B:', A*B)
17 # cálculo do produto vetorial ↓
18 Bt = B.transpose() # transposta do array B
19 print('\n6-Resultado do produto vetorial entre A e B :', dot(A,Bt))
20 # multiplicação de um array por um escalar ↓
21 print('\n7-Resultado do produto entre um escalar e o array A:', 3*A)
22 # soma entre um array e um escalar ↓
23 print('\n8-Resultado da soma entre um escalar e o array A:', 3+A)
24 # subtraindo um escalar de um array ↓
25 print('\n9-Resultado da subtração de um escalar do array A:', A-3)
26 # dividindo um array por um escalar ↓
27 print('\n10-Resultado da divisão de um escalar do array A:', 3/A)
28 # acessando algum elemento do array ↓
29 print('\n11-Este valor se encotra na linha 1, coluna 2 do array B:', B[0,1])
```

Figura 11.15: Exemplos de aplicação de operações matemáticas com arrays.

Vejamos as operações descritas nas Equações (11.3) e (11.4). Quando usamos A*B, para multiplicarmos os arrays de mesmo tamanho, obteremos um array com os resultados das multiplicações entre os elementos dispostos nas mesmas posições.

Observe que, se usarmos a multiplicação entre dois arrays de mesmo tamanho usando o método dot( ), como é mostrado na linha 19 e detalhado na Equação (11.4), teremos um produto vetorial, que é a multiplicação entre os elementos dispostos na mesma posição, e, após a multiplicação, soma-se os resultados.

Operação	Detalhamento	Eq.
A*B	$\begin{bmatrix}1\\2\\3\\4\end{bmatrix} \times \begin{bmatrix}0\\1\\2\\3\end{bmatrix} = \begin{bmatrix}0\\2\\6\\12\end{bmatrix}$	(11.3)
dot(A,Bt)	$[1,2,3,4]\begin{bmatrix}0\\1\\2\\3\end{bmatrix} = 1 \times 0 + 2 \times 1 + 3 \times 2 + 4 \times 3 = 20$	(11.4)

Ou seja, o resultado do produto vetorial é um escalar. A regra é que uma matriz linha tem que ter o mesmo número de elementos de uma matriz coluna. Assim, como os nossos arrays possuem dimensão atual de 1x4 (uma linha e 4 colunas), para realizar o produto vetorial de forma correta, temos que transpor o array B, como é feito na linha 18.

```
Console 1/A

1-Este é o array A: [[1 2 3 4]]

2-Este é o array B: [[0 1 2 3]]

3-Esta é a soma entre os arrays A e B: [[1 3 5 7]]

4-Esta é a subtração de B do array A: [[1 1 1 1]]

5-Multiplicação entre os elementos dos arrays A e B: [[ 0  2  6 12]]

6-Resultado do produto vetorial entre A e B : [[20]]

7-Resultado do produto entre um escalar e o array A: [[ 3  6  9 12]]

8-Resultado da soma entre um escalar e o array A: [[4 5 6 7]]

9-Resultado da subtração de um escalar do array A: [[-2 -1  0  1]]

10-Resultado da divisão de um escalar do array A: [[3.   1.5  1.   0.75]]

11-Este valor se encotra na linha 1, coluna 2 do array B: 1
```

Figura 11.16: Resultados das operações matemáticas básicas usando arrays.

Assim como nas listas, para acessar um elemento específico de um array, precisamos especificar o local entre colchetes junto ao nome do array para ter acesso à informação desejada. No entanto, como complemento, precisamos definir a posição da linha e da coluna, como é mostrado na linha de código 29, da Figura 11.15. Um resumo dos resultados obtidos pode ser visualizado na Figura 11.16.

Matrizes

A lógica de construção de matrizes com números de linhas e colunas diferentes de 1 são semelhantes à construção do array. Observemos os exemplos dispostos nas linhas de código 4, 9 e 15, da Figura 11.17. Perceba que cada linha da matriz está disposta entre colchetes e separadas por vírgula.

```
1 # importando biblioteca
2 from numpy import array
3 # definindo uma matriz
4 A = array([[1, 2],
5            [3, 4]])
6 print('\n1-Exemplo de matriz 2x2:\n', A)
7
8 # definindo uma segunda matriz
9 B = array([[1, 2],
10           [3, 4],
11           [5, 6]])
12 print('\n2-Exemplo de matriz 3x2:\n', B)
13
14 # definindo uma terceira matriz
15 C = array([[1, 2, 3, 4],
16           [5, 6, 7, 8]])
17 print('\n3-Exemplo de matriz 2x4:\n', C)
18
19 # acessando algum elemento da matriz
20 print('4-Este valor se encontra na linha 2, coluna 3 da matriz C:', C[1,2])
```

Figura 11.17: Exemplificação de construção de matrizes usando a estrutura array.

A matriz da linha de código 4 tem dimensão 2x2, ou seja, duas linhas e duas colunas. As demais matrizes, B e C, modificam as dimensões para 3x2 e 2x4, respectivamente. Não há obrigatoriedade em se pular as linhas para definir a matriz. A apresentação aqui foi simplesmente didática e pode ser simplificada em uma única linha, caso queira. O acesso a um dos elementos da matriz é igualmente realizado como já exposto no caso dos arrays. A linha de código 20 apresenta um exemplo de aplicação. O resultado da impressão no console pode ser visualizado na Figura 11.18.

```
Console 1/A

1-Exemplo de matriz 2x2:
 [[1 2]
 [3 4]]

2-Exemplo de matriz 3x2:
 [[1 2]
 [3 4]
 [5 6]]

3-Exemplo de matriz 2x4:
 [[1 2 3 4]
 [5 6 7 8]]
4-Este valor se encontra na linha 2, coluna 3 da matriz C: 7
```

Figura 11.18: Resumo das estruturas de diferentes matrizes.

As operações matemáticas realizadas entre matrizes de mesma dimensão são semelhantes às citadas nos exemplos da Figura 11.15, quando tratamos dos arrays. A exceção acontece para o caso da aplicação de produto matricial, que é diferente de multiplicação entre matrizes. No caso desta, basta que as matrizes tenham também as mesmas dimensões.

No caso do produto matricial usando a função *dot*(A,B), o número de colunas de A tem que ser igual ao número de linhas de B. No presente exemplo, disposto na Figura 11.19, no produto matricial descrito na linha de código 20, as matrizes são quadradas, logo esta regra é obedecida. Caso alguma das matrizes tenha dimensão diferente, cabe a transposição da matriz A para que a regra da multiplicação seja obedecida. É importante registrar que o produto matricial dot(A,B) é diferente do produto matricial dot(B,A). Atente bem no momento que precisar realizar tal multiplicação para evitar resultados inesperados. No caso da multiplicação, A*B = B*A. Acesse os arquivos de apoio e execute o código da Figura 11.19 para visualização dos resultados das operações com matrizes.

```
# importando biblioteca
from numpy import array, dot
# definindo uma matriz
A = array([[1, 2],
           [3, 4]])
print('\nEsta é a matriz A:\n', A)

# definindo uma segunda matriz
B = array([[2, 2],
           [2, 2]])
print('\nEsta é a matriz B:\n', B)

# adição de matrizes  ↓
print('\n1-Esta é a soma entre as matrizes A e B:\n', A + B)
# subtração entre matrizes  ↓
print('\n2-Esta é a subtração de B da matriz A:\n', A - B)
# produto matricial de Hadamard  ↓
print('\n3-Multiplicação dos elementos de B pelos elementos de A:\n', B * A)
# produto matricial   ↓
print('\n4-Resultado do produto matricial entre B e A:\n', dot(B,A))
# divisão entre matrizes  ↓
print('\n5-Divisão dos elementos de B pelos elementos de A:\n', B / A)
# multiplicação de um array por um escalar  ↓
print('\n6-Resultado do produto entre um escalar e a matriz B:\n', 3*B)
# soma entre um array e um escalar  ↓
print('\n7-Resultado da soma entre um escalar e a matriz B:\n', 3+B)
# subtraindo um escalar de um array  ↓
print('\n8-Resultado da subtração de um escalar da matriz B:\n', B-3)
# dividindo um array por um escalar  ↓
print('\n9-Resultado da divisão de um escalar pela matriz B:\n', 3/B)
```

Figura 11.19: Exemplos de aplicação das operações matemáticas básicas entre matrizes.

Usando a função matrix

Além do *array*, a biblioteca NumPy possui um construtor chamado *matrix*. Ele funcionada da mesma forma que o array e as funcionalidades dos métodos contidos em cada objeto podem ser chamadas da mesma forma que no array. A Figura 11.20 ilustra alguns exemplos de chamadas de alguns métodos que poderão ser úteis nos desenvolvimentos dos seus códigos no futuro.

```
1 # importando biblioteca
2 from numpy import matrix
3 # definindo uma matriz
4 A = matrix([[3, 8, 0],
5             [1, 2, 5],
6             [7, 9, 4]])
7 # imprimindo a matriz do exemplo ↓
8 print('\n1-Esta é a nossa matriz A:\n', A)
9 # transposta da matriz ↓
10 print('\n2-Esta é a transposta da A:\n', A.transpose())
11 # o máximo valor da matriz ↓
12 print('\n3-O maior valor contido na matriz A é:', A.max())
13 # o mínimo valor da matriz ↓
14 print('\n4-O menor valor contido na matriz A é:', A.min())
15 # aqui temos a diagonal da matriz ↓
16 print('\n5-Elementos da diagonal da matriz A:', A.diagonal())
17 # contanto quantos elementos fazem parte da matriz ↓
18 print('\n6-A matriz A contém um total de', A.size, 'valores.')
19 # obtendo o número de linhas e colunas da matriz ↓
20 [m, n] = A.shape
21 print('\n7-A matriz A contém', m, 'linhas e', n, 'colunas.')
```

Figura 11.20: Exemplos de aplicação de métodos aplicados às variáveis do tipo arrays e matrix.

Após a apresentação da matriz A, na linha Erlenmeyer (8), temos a utilização dos seguintes métodos:

- *tranpose*( ): retorna a transposta da matriz;
- *max*( ): retorna o máximo valor contido na matriz, independentemente da linha ou da coluna;
- *min*( ): retorna o mínimo valor contido na matriz, independentemente da linha ou da coluna;
- *diagonal*( ): retorna os elementos encontrados na diagonal da matriz;
- *size*( ): retorna o número total de elementos que compõem a matriz;
- *shape*( ): retorna o número de linhas e colunas, respectivamente.

Um resumo dos resultados obtidos no console após a execução do código da Figura 11.20 pode ser visualizado com auxílio da Figura 11.21.

```
Console 1/A

1-Esta é a nossa matriz A:
 [[3 8 0]
 [1 2 5]
 [7 9 4]]

2-Esta é a transposta da A:
 [[3 1 7]
 [8 2 9]
 [0 5 4]]

3-O maior valor contido na matriz A é: 9

4-O menor valor contido na matriz A é: 0

5-Elementos da diagonal da matriz A: [[3 2 4]]

6-A matriz A contém um total de 9 valores.

7-A matriz A contém 3 linhas e 3 colunas.
```

Figura 11.21: Impressão dos métodos aplicados às variáveis do tipo arrays e matrix.

```
# importando biblioteca
import numpy as n
# imprimindo uma matriz 2x3 com zeros ↓
print('\n1-Uma matriz de zeros: \n', n.zeros([2,3]))
# imprimindo uma matriz 2x2 recheada de 1 ↓
print('\n2-Uma matriz de uns: \n', n.ones([2,2]))
# imprimindo uma matriz 5x5 com elementos da diagonal iguais a 1 ↓
print('\n3-Uma matriz identidade: \n', n.eye(5))
# imprimindo uma matriz 4x4 com elementos da diagonal iguais a 1 ↓
print('\n4-Mais uma matriz identidade: \n', n.identity(4))
# imprimindo uma matriz 5x3 vazia
print('\n5-Uma matriz vazia: \n', n.empty([5,3]))
# transformando um array em uma matriz diagonal 4x4  ↓
print('\n6-Uma matriz diagonal: \n', n.diag([1,2,3,4]))
# imprimindo uma matriz 3x2 de números aleatórios entre zero e um ↓
A = n.random.random([3,2])
print('\n7-Uma matriz com números aleatórios (entre 0 e 1): \n', A)
# matriz 3x4 de números aleatórios inteiros entre um e 10 ↓
B = n.random.randint(1,10,[3,4])
print('\n8-Uma matriz com números aleatórios (inteiros): \n', B)
# imprimindo uma matriz 3x3 de booleanos (Verdadeiros) ↓
C = n.ones([3,3], dtype=bool)
print('\n9-Uma matriz de booleanos (True): \n', C)
# imprimindo uma matriz 3x3 de booleanos (Falsos) ↓
D = n.zeros([2,2], dtype=bool)
print('\n10-Uma matriz de booleanos (False): \n', D)
```

Figura 11.22: Construções diversas de matrizes para diferentes problemas de engenharia.

Mais um registro precisa ser feito: caso você use o construtor *matrix* para criar as variáveis desejadas, o produto matricial, ou vetorial, é realizado diretamente pelo uso do multiplicador entre as matrizes (e.g. A*B). Neste caso, não usamos a função ***dot*( )** como descrito durante o uso dos arrays.

Outras funções especiais podem ser exploradas, como pode ser observado na Figura 11.22. Aqui temos a necessidade de criação de alguma matriz com características distintas.

Em alguns casos precisamos realizar algum teste, ou gerar dados aleatórios para aplicarmos em alguma função. Com as funcionalidades descritas a seguir, apresenta-se um guia simplificado para futuras aplicações mais específicas:

- *zeros*( ): retorna uma matriz de zeros com base na dimensão proposta pelo usuário. A matriz pode ter seu tipo modificado quanto aplicado o argumento dtype=bool;
- *ones*( ): retorna uma matriz de 1's com base na dimensão proposta pelo usuário A matriz pode ter seu tipo modificado quanto aplicado o argumento dtype=bool;
- *eye*( ) e *identity*( ): retornam uma matriz identidade, com 1's na diagonal e zeros nas demais posições;
- *empty*( ): retorna uma matriz vazia (zeros) com dimensão proposta pelo usuário;
- *diag*( ): transforma uma lista em uma matriz diagonal;
- *random*( ): retorna uma matriz de números aleatórios entre 0 e 1, com dimensão especificada pelo usuário;
- *randint*( ): retorna uma matriz de números aleatórios inteiros com intervalo definido pelo usuário. A dimensão da matriz também é especificada pelo usuário.

Os resultados das linhas de código citadas podem ser observados com auxílio da Figura 11.23.

```
Console 1/A

1-Uma matriz de zeros:
 [[0. 0. 0.]
 [0. 0. 0.]]

2-Uma matriz de uns:
 [[1. 1.]
 [1. 1.]]

3-Uma matriz identidade:
 [[1. 0. 0. 0. 0.]
 [0. 1. 0. 0. 0.]
 [0. 0. 1. 0. 0.]
 [0. 0. 0. 1. 0.]
 [0. 0. 0. 0. 1.]]

4-Mais uma matriz identidade:
 [[1. 0. 0. 0.]
 [0. 1. 0. 0.]
 [0. 0. 1. 0.]
 [0. 0. 0. 1.]]

5-Uma matriz vazia:
 [[0. 0. 0.]
 [0. 0. 0.]
 [0. 0. 0.]
 [0. 0. 0.]
 [0. 0. 0.]]
```

```
Console 1/A

6-Uma matriz diagonal:
 [[1 0 0 0]
 [0 2 0 0]
 [0 0 3 0]
 [0 0 0 4]]

7-Uma matriz com números aleatórios (entre 0 e 1)
 [[0.56518748 0.64979029]
 [0.91225195 0.88919282]
 [0.2908665  0.51894278]]

8-Uma matriz com números aleatórios (inteiros):
 [[9 9 4 4]
 [4 4 3 1]
 [6 1 2 5]]

9-Uma matriz de booleanos (True):
 [[ True  True  True]
 [ True  True  True]
 [ True  True  True]]

10-Uma matriz de booleanos (False):
 [[False False]
 [False False]]
```

Figura 11.23: Impressão dos métodos especiais para matrizes e arrays.

SciPy

O SciPy é um pacote de software aberto, baseado em Python, que pode ser aplicado à matemática, ciências e engenharias (https://www.scipy.org/about.html). Você pode se perguntar: "Se o SciPy possui funções que estão no NumPy, por que tenho que usar essa biblioteca?" A resposta é simples: "Depende!"

Algumas funções realmente são bem similares e você pode escolher um dos pacotes para usar. Contudo, temos aplicações distintas e complementares. Ou seja, muitas vezes teremos que usar mais de um pacote para resolvermos aquele "probleminha de engenharia". Por exemplo, como já vimos antes, precisamos do Matplotlib em conjunto com o NumPy para realizarmos cálculos e exposição de gráficos. Com o SciPy não é diferente.

De forma semelhante ao que já estudamos, no console, podemos importar a biblioteca scipy (**import** scipy) e verificar a lista de funções disponíveis ao usarmos o comando *dir*( ) (*dir*(scipy).

Tentarei descrever aqui, também, algumas das funções que poderão ser úteis nos próximos capítulos. Mas, como um bom estudioso, sei que você não se limitará a elas. Observemos a Tabela 11.2, na qual há o nome da função, sua descrição e um exemplo de chamada.

Tabela 11.2: Exemplos de funções da biblioteca scipy e descrição do que fazem.

Nome da Função	O que faz
Akima1DInterpolator	Interpolação pelo método de Akima
basinhopping	Minimiza a função (Mínimo local)
BivariateSpline	Interpolação bivariável spline
brute	Otimização global pelo método da força bruta
CubicSpline	Interpolação Cúbica
fft	Retorna uma sequência discreta real ou complexa da Transformada Rápida de Fourier
fminbound	Minimiza a função dentro de um dado intervalo
fsolve	Determina as raízes de uma função
Interp1d	Interpola uma função unidimensional
lu	Decomposição LU da matriz a
minimize	Minimização irrestrita de uma função
minimize_scalar	Função de otimização da biblioteca optimize
quad	Calcula a integral definida de uma função
RectBivariateSpline	Interpolação spline bidimensional
solve_bvp	Resolve sistemas de EDO com valor de contorno
solve_ivp	Integra uma EDO com Runge-Kutta 4,5
solve_ivp	Integra uma EDO com o método BDF
solve_ivp	Resolve problemas de valor inicial de EDOs
svd	Decomposição do valor singular de uma matriz
UnivariateSpline	Interpolação univariável spline (default: cúbica)

Você pode explorar e aprender a usar as funções da Tabela 11.2 por meio do acesso à página do SciPy[3].

Interpolação

Agora avaliaremos o comportamento de uma nova série de dados. Sabemos que o mais importante é que nossas curvas ajustadas devem representar bem nossos dados experimentais. O próximo exemplo aborda uma série de dados, um ajuste realizado através de um polinômio e uma interpolação dos dados resultando em uma terceira curva. O código Python se encontra na Figura 11.24.

Na linha 5 temos a aplicação de importação unidimensional, *UnivariateSpline*, e usaremos essa função na linha 16, quando inseridos os dados experimentais declarados nas linhas 10 e 11. Nesta função, por *default*, a interpolação é cúbica. Caso você queira modificar o grau da interpolação, coloque como terceiro argumento $k = n$, onde $1 \leq n \leq 5$ (e.g. *UnivariateSpline*(x, y, k=4)).

Também usaremos o método de interpolação de Akima (*Akima1DInterpolator*). A diferença entre as funções sugeridas está em como os pontos experimentais são interpolados. Com a função *UnivariateSpline*, a interpolação ocorre suavemente de forma que o comportamento da curva se ajusta aos pontos. No método de Akima, interpolações cúbicas são realizadas entre os pontos experimentais.

Entenda que em ambas as interpolações teremos como resultado funções interpoladoras chamadas de ***fspline*** e ***fspline_akima***, como mostrado nas linhas 16 e 19 respectivamente. Isso mesmo, podemos compará-las à função ***poli1d*** já usada na linha 27 da Figura 11.7. Caso queira avaliar qualquer valor de **xi**, basta alimentar a função, por exemplo ***fspline*(xi)**. Como valores teóricos de x, usaremos a geração de 1000 pontos com intervalores iguais entre 1 e 25, como é mostrado na linha 13 da Figura 11.24.

```
1 # usando a função de ajuste de curva
2 # importando bibliotecas
3 from numpy import array, poly1d, flip, linspace
4 from numpy.polynomial import polynomial
5 from scipy.interpolate import UnivariateSpline
6 from scipy.interpolate import Akima1DInterpolator
7 import matplotlib.pyplot as p
8
9 # nossos dados experimentais
10 x = array([1, 2, 3, 4, 6, 7, 8, 10, 15, 25])
11 y = array([0.01, 0.5, 0.8, 2.6, 2.9, 6.15, 9.5, 12.2, 13.2, 13.4])
12 # gerando outros pontos teóricos de x para comparação
13 xs = linspace(1, 25, 1000)
14
15 # gerando a função de interpolação cúbica
16 fspline = UnivariateSpline(x,y)
17
18 # gerando a função de interpolação cúbica de Akima
19 fspline_akima = Akima1DInterpolator(x,y)
20
21 # usando o polifit do pacote polynomial do numpy
22 c, outros = polynomial.polyfit(x,y,2,full=True)
23 c = flip(c) # invertendo a ordem das constantes
24 # imprimindo resultados
25 print('c = ', c, 'outros=', outros)
26
27 # transformando os coeficientes angular e linear em uma função
28 func = poly1d(c)
29
30 # plotando nossos dados e nossa equação em um gráfico
31 p.clf()                           # limpando gráfico anterior, se existir
32 p.plot(x,y, 'b*',  markersize=5)                  # plotando 1º gráfico
33 p.plot(xs, func(xs), '-k', linewidth=0.8)         # plotando 2º gráfico
34 p.plot(xs, fspline(xs), '--r', linewidth=1.2)     # plotando 3º gráfico
35 p.plot(xs, fspline_akima(xs), ':k', linewidth=1.5)# plotando 4º gráfico
36 p.title('Usando ajuste de curvas')                # título
37 p.xlabel('x')                                     # legenda do eixo X
38 p.ylabel('y')                                     # legenda do eixo Y
39 p.legend(['original', 'polinômio', 'spline', 'akima']) # legenda
40 p.grid(color='k', linestyle='-', linewidth=0.1)   # linhas de grade
41 p.show()                                          # mostrando o gráfico
```

Figura 11.24: Usando interpolação spline.

As linhas 31 a 41 se referem à plotagem do gráfico com quatro curvas: a primeira será com os pontos experimentais; a segunda com o ajuste polinomial de grau 2 e a terceira será uma curva construída com a função de interpolação cúbica e a quarta com a interpolação de Akima. Perceba que essas quatro curvas foram plotadas separadamente, linhas 32 a 35. Isso pode ser explicado devido à necessidade de editarmos a espessura (*linewidth*) de cada curva de forma independente para melhorarmos a visualização. O resultado da nossa comparação se encontra na Figura 11.25.

Os asteriscos são nossos pontos experimentais. A linha sólida nos dá o comportamento do ajuste polinomial de grau 2. Em uma análise visual, perceba que essa curva não se ajustou muito bem aos nossos dados. Você pode muito bem editar o terceiro argumento da função *polifit*, na linha 22, aumentando o grau do polinômio e verificar se a curva se ajusta melhor. A curva tracejada mostra o comportamento da curva interpolada. Perceba que essa curva se ajustou muito melhor aos dados.

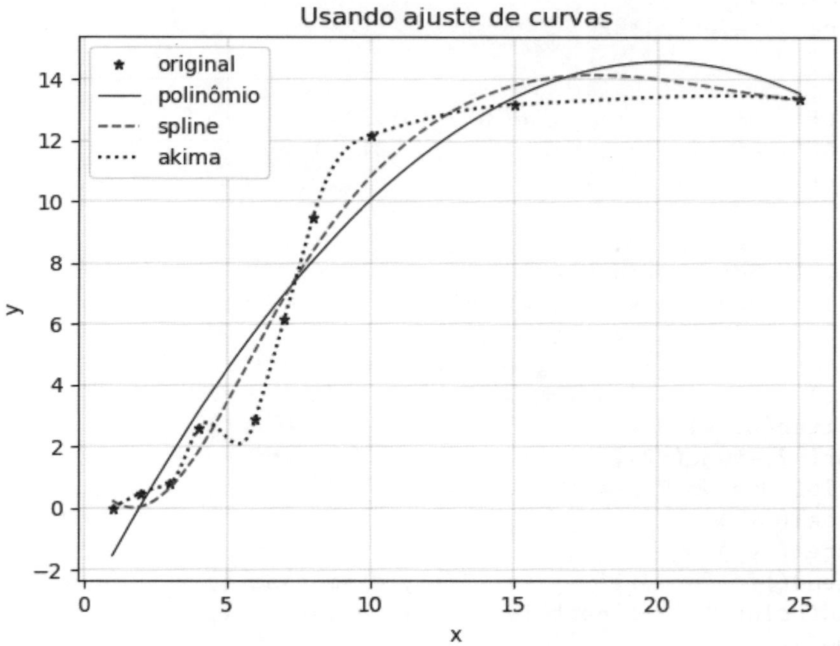

Figura 11.25: Exemplo de interpolação spline.

Caso haja necessidade de que a curva passe por todos os pontos, ou o mais próximo possível dos pontos experimentais, você pode usar um atributo da função interpoladora. O atributo ***set_smoothing_factor***(val) forçará a curva a passar o mais próximo possível dos valores experimentais. Quanto maior o valor de "val", maior essa aproximação. Faça um teste! Insira *fspline.set_smoothing_factor*(0.7) na linha 17, rode novamente seu programa e compare o resultado.

```
# importando bibliotecas
from scipy.stats import linregress
import matplotlib.pyplot as p
from numpy import linspace

# declaração dos valores de x e y
x = [18, 4, 17, 8, 15, 9, 7, 0, 1, 19]
y = [51.18928319, 50.86117792, 75.11608179, 56.56277441,
     63.58298867, 33.56582313, 49.40456839, 16.85865487,
     35.56720695, 73.23549166]

# calculando os coeficientes da reta
resultados = linregress(x, y)
b = resultados[0]                        # coeficiente angular
a = resultados[1]                        # coeficiente linear
r2 = resultados[2]**2                    # r quadrado

# imprimindo o resultado de r2
print(f'coeficiente angular b = {b:.3f}')
print(f'coeficiente linear a = {a:.3f}')
print(f'r2 ={r2:.3f}')

# desenvolvimento da função
func = lambda x: x*b + a
x2 = linspace(min(x),max(x),20)          # valores de x para a função

# plotando o gráfico da dispersão e da regressão em uma figura só
p.clf()                                  # limpando figura existente
p.scatter(x, y)                          # gráfico de dispersão
p.plot(x2, func(x2), '-k')               # plotando o gráfico
p.title('Usando Regressão Linear')       # Título
p.xlabel('x')                            # legenda do eixo X
p.ylabel('y')                            # legenda do eixo Y
p.legend([fr'{b:.3f}*x + {a:.3f}','dispersão']) # legenda do gráfico
p.grid(color='k', linestyle='-', linewidth=0.1) # linhas de grade
p.show()                                 # mostrando o gráfico
```

Figura 11.26: Exemplo de aplicação de uma regressão linear com o scipy.

A quarta curva mostra um comportamento mais oscilatório acompanhando cada ponto plotado. Isso ocorre devido ao método de Akima usar interpolação cúbica entre os pontos experimentais. A escolha da "melhor" interpolação depende da sua aplicação e dos dados experimentais. A que mais se adequar aos comportamentos dos valores experimentais ganha sua escolha.

Regressão linear

Muitas vezes nos deparamos com dados dispersos e precisamos ajustar uma curva para encontrarmos uma função que possa expressar de forma mais próxima possível o comportamento dos pontos. Para esta tarefa, vamos abordar um exemplo de aplicação da função *linregress* da biblioteca *stats* do scipy.

Olhando para os valores de **x** e **y** apresentados nas linhas 7 e 8, da Figura 11.26, respectivamente, percebemos que os valores não seguem uma ordem. Para este tipo de dado, utilizaremos a função de plotagem de gráficos *scatter* (dispersão), da biblioteca matplotlib.

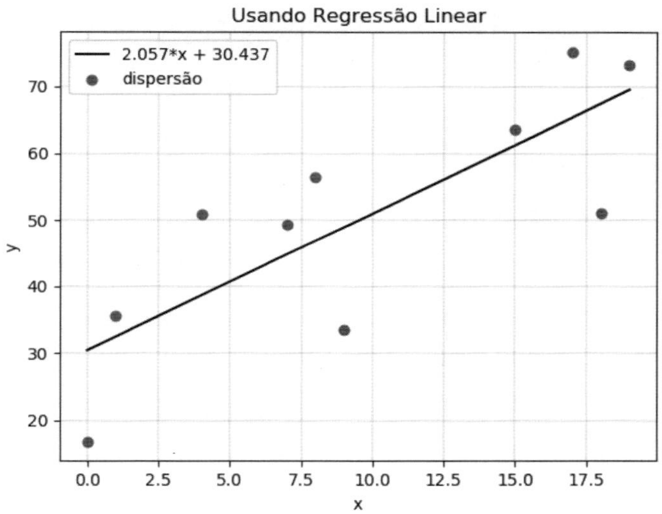

Figura 11.27: Plotagem da reta de regressão linear e pontos dispersos.

A linha 13 ilustra a aplicação da função *linregress* onde o resultado é uma lista com os coeficientes angular e o valor de r. Na linha 24 temos a elaboração de uma função *lambda* que será usada na plotagem da reta que utilizará os coeficientes b e a obtidos pela regressão. O resultado da plotagem pode ser apreciado na Figura 11.27.

Otimização de uma função e busca de raízes

Nosso próximo exemplo será a aplicação de algumas funções de otimização e de encontro de raízes de funções. Esses tipos de funções são extremamente importantes na Engenharia Química quando precisamos encontrar valores ótimos de variáveis de processo, e.g. a temperatura na qual a reação química ocorrerá com maior conversão, ou as cargas térmicas do refervedor ou condensador com as quais uma coluna de destilação deve trabalhar de forma a se atingir a especificação do produto no topo ou na base.

A importância em se calcular raízes das funções está, por exemplo, em encontrar valores críticos para os quais um determinado equipamento deve trabalhar considerando um volume máximo.

A aplicação desses métodos matemáticos não se limita aos exemplos mencionados. Você verá durante seu curso de engenharia, e mais adiante nos próximos capítulos deste livro, bem como durante sua vida profissional, que outros problemas surgirão.

O resumo da nossa próxima aplicação está em encontrar as raízes de uma função e, em seguida, encontrar os valores de x para que a função retorne os valores mínimos. Para os dois objetivos, apresentaremos diferentes funções da biblioteca *scipy.optimize*, como é mostrado na Figura 11.28.

Explicando o código, as linhas de 2 a 4 importam as funções necessárias para o resolvermos nosso problema: encontra o valor mínimo para a função escrita na linha 7, que é uma função simplificada, mas servirá de base para outras futuras aplicações. A linha 2 importa as seguintes funções:

- ***minimize*** – responsável por encontrar o valor mínimo local da função e pode usar os métodos BFGS, L-BFGS-B, SLSQP dependendo se o problema apresenta restrições ou limites [4];
- ***brute*** - para encontrar o mínimo global da função, calcula o valor da função em cada ponto de uma grade multidimensional de pontos [5];
- ***broyden1*** – método de otimização pela aproximação da primeira jacobiana de Broyden, também conhecida como "o bom método de Broyden" [6];

- ***broyden2*** – método de otimização pela aproximação da segunda jacobiana de Broyden, também conhecida como "o mau método de Broyden" [7]; e
- ***fsolve*** – procura por raízes das funções. É um invólucro dos algoritmos ***hybrd*** e ***hybrj*** do MINPACK.
- ***fmin*** – procura o mínimo valor de uma lista ou matriz. No presente exemplo servirá de argumento da função ***brute***.

A linha 10 apresenta as estimativas iniciais (estimativas das raízes) da nossa função declarada na linha 7. Nossa primeira função a ser usada é a ***minimize***, na linha 13. O resultado é um dicionário de valores entre os quais o resultado de interesse é o primeiro (x); por isso a linha 14 usa **val.x** na impressão do resultado. Esse método pode trazer como solução chamada "ótimo local". É um valor ótimo dentro de uma dada região, mas quando você avalia outros pontos da função, o valor ótimo pode melhorar, podendo ser outro ótimo local ou um ótimo global.

A linha 23 gera uma lista de 500 valores entre -16 e 20. Esses valores serão usados na plotagem do gráfico para apreciarmos o comportamento da função. Na linha 26 temos o cálculo das raízes da função através do método ***broyden1***. Veja que imprimimos a raiz (ou raízes) na linha seguinte. Caso queira comprovar os valores das raízes encontradas, aplique o resultado na função, como mostra a linha 28.

Lembre-se que, quando usamos as raízes obtidas na otimização, o resultado da função utilizando esses valores deve ser zero (ou muito próximo de zero, considerando que o computador retorna uma solução por aproximação). A estrutura é a mesma para as funções ***broyden2*** e ***fsolve*** nas linhas 30 e 34 respectivamente. Observe o comportamento da nossa função com auxílio da Figura 11.29.

```python
# importando bibliotecas
from scipy.optimize import minimize, fsolve, brute, fmin, broyden1, broyden2
from scipy import linspace as lin, sin, sqrt
from matplotlib import pyplot as p

# declaração de função anônima
f = lambda x: 3*sin(x) - sqrt(x**2) + 1

# estimativa inicial
x0 = 0; x1 = 5

# procurando x que resulte em f(x) mínimo (com a função minimize)
val = minimize(f, x0, method='Nelder-Mead', tol=1e-6)
print('-Pelo método minimize (mínimo local), o valor de x é:', val.x)
print('Para esse valor de x, f(x) =', f(val.x), '\n')

# procurando x que resulte em f(x) mínimo (com a função força bruta)
val2 = brute(f, [(-16,20)], full_output=True, finish=fmin)
print('-Pelo método brute (minimo global), o valor de x é:', val2[0])
print('Para esse valor de x, f(x) =', f(val2[0]), '\n\n')

# intervalo de valores para x
x = lin(-16, 20, 500)

# procurando as raízes
raizes = broyden1(f, [x0, x1])
print('-Pelo método broyden1, as raízes da função [x1, x2] são:', raizes)
print('Para as raízes encontradas, f(raizes) =', f(raizes))

raizes2 = broyden2(f, [x0, x1])
print('\n-Pelo método broyden2, as raízes da função [x1, x2] são:', raizes2)
print('Para as raízes encontradas, f(raizes2) =', f(raizes2))

raizes3 = fsolve(f, [x0, x1])
print('\n-Pelo método fsolve, as raízes da função [x1, x2] são:', raizes3)
print('Para as raízes encontradas, f(raizes) =', f(raizes3))

# plotando os resultados
p.clf()
p.plot(x, f(x), '-b')
p.xlabel('x')                                   # legenda do eixo X
p.ylabel('f(x)')                                # legenda do eixo Y
p.grid(color='k', linestyle='-', linewidth=0.1) # linhas de grade
p.show()                                        # mostrando o gráfico
```

Figura 11.28: Exemplo de aplicação de funções de otimização e de procura de raízes.

Um fato curioso é essa questão do mínimo (ou máximo) local e global. Vamos dar mais uma olhada na Figura 11.29. Perceba que, no intervalo apresentado, há uma oscilação dos valores resultantes da função, causada, obviamente, pelo seno da nossa função.

Veja que existem vários picos (ou vales) no intervalo estudado. Quando um método de otimização é aplicado, lhe dará uma resposta de mínimo (ou máximo, de acordo com o programado). Mas dependendo do método, essa resposta pode ser um mínimo local. Não deixa de ser um valor mínimo para a função estudada, mas não é a resposta desejada. Quando queremos encontrar um valor ótimo, queremos o melhor de todos, e não uma resposta "meia boca", não é verdade?

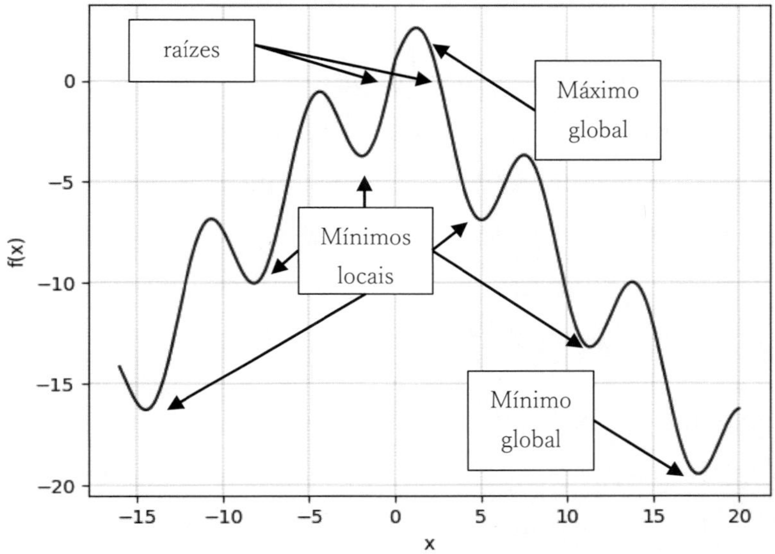

Figura 11.29: Comportamento da função anônima usada no exemplo da Figura 11.28.

Para o intervalo estudado, a Figura 11.29 mostra que existem vários mínimos locais, mas apenas um mínimo global, que se encontra com um valor de x entre 15 e 20. O método ***minimize*** nos trouxe um valor de mínimo e o método ***brute*** nos trouxe outro. Qual é a resposta que desejamos? A que o método ***brute*** calculou! Aí você me pergunta: "E como é que eu vou saber se a resposta está correta? Vou ter que aplicar sempre o método **brute**?"

```
-Pelo método brute (minimo global), o valor de x é: [17.61859581]
Para esse valor de x, f(x) = [-19.44702363]


-Pelo método broyden1, as raízes da função [x1, x2] são: [-0.25199365  2.58496877]
Para as raízes encontradas, f(raizes) = [ 9.14892587e-07 -5.41274865e-07]

-Pelo método broyden2, as raízes da função [x1, x2] são: [-0.25199388  2.58496862]
Para as raízes encontradas, f(raizes2) = [ 5.27907031e-08 -1.15673366e-08]

-Pelo método fsolve, as raízes da função [x1, x2] são: [-0.25417945 -4.37222119]
Para as raízes encontradas, f(raizes) = [-0.00853336 -0.5441251 ]
```

Figura 11.30: Impressão dos resultados do nosso código de otimização e busca de raízes.

A resposta para essa pergunta não é simples. Você terá que avaliar a resposta trazida pelo seu código. Essa avaliação pode ser feita com auxílio de um gráfico, quando possível de ser construído (quando a função é multidimensional, tipo 4 ou mais dimensões, a função fica impossível de ser plotada em um gráfico) e a aplicação da função ***brute*** fica inviável. Outra forma de avaliar seu resultado é aplicando os valores "ótimos" encontrados na função.

Outro detalhe é que você não necessariamente precisa usar a função ***brute*** para encontrar o mínimo (ou máximo) global. O SciPy possui outras funções que são mais eficientes que a função ***brute***, e.g. ***basinhopping***. Tente aplicar essa função no seu código, comparando-a com a função ***brute***. Em caso de dúvida sobre a estrutura de chamada daquela função, procure-a com auxílio do *help* no Spyder, como já demostrado.

A próxima etapa do nosso código da Figura 11.28 é o cálculo das raízes da nossa função. Observe, com auxílio do nosso gráfico da Figura 11.29 que teremos duas raízes, uma negativa e próxima de zero e outra positiva que se encontra entre 0 e 5. Assim teremos uma boa noção se as raízes calculadas estão corretas. Se olharmos os resultados impressos no console, Figura 11.30, veremos que o método ***broyden1*** e ***broyden2*** retornam as respostas corretas, ou seja, quando aplicamos os resultados das raízes encontradas na nossa função, ela retorna valores muito próximos de zero.

Já o método ***fsolve*** não calculou de forma correta os valores das raízes. Algumas funções de busca de raízes são sensíveis às estimativas usadas. No nosso caso, usamos estimativas de x1 e x2 na linha 10 do código da Figura 11.28. Tente mudar esses valores para, digamos, 0 e 2 e observe novamente o resultado impresso.

SymPy

O SymPy é uma biblioteca para resolução de problemas matemáticos utilizando símbolos, ou seja, da mesma forma que resolvemos nosso problemas à mão em uma folha de papel, ou no caderno, usando letras e outros símbolos para representar matematicamente um dado problema, o ***sympy*** utiliza símbolos para resolver problemas matemáticos e, no fim, retorna o valor calculado (https://www.sympy.org/pt/index.html).

Trabalhando com símbolos

Vamos conhecer a biblioteca ***symbols***, responsável por transformar a variável de trabalho em símbolo. A Figura 11.31 mostra um código simplificado onde temos a importação da biblioteca na linha 2 e a definição da variável que será considerada simbólica na linha 5.

```
1 # importando bibliotecas
2 from sympy import symbols
3
4 # tornando uma variável simbólica
5 x = symbols('x')
6
7 # definindo equação 1
8 y = x**2 - 3*x + 1
9 print('Equação antes da multiplicação:')
10 print(y)
11 print()
12
13 # definindo equação 2
14 y1 = 3*y
15 print('Equação depois da multiplicação:')
16 print(y1)
```

Figura 11.31: Usando a biblioteca sympy.

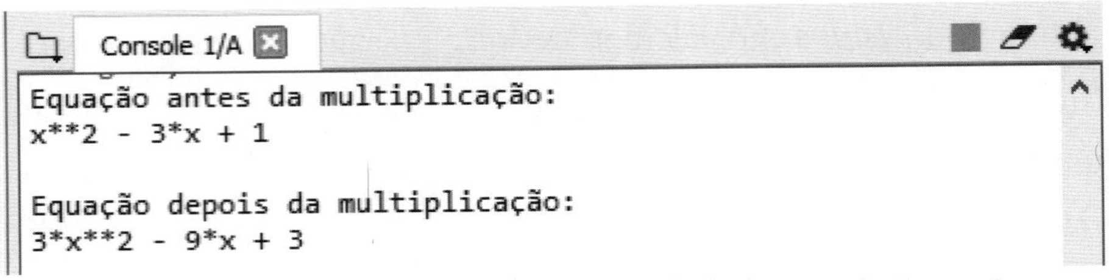

Figura 11.32: Resultado do exemplo de uso do sympy.

Na linha 8 temos a definição da nossa função de estudo. Perceba que teremos duas impressões, uma na linha 10 e outra, após multiplicação da função por um escalar, na linha 16. Observe o resultado com auxílio da Figura 11.32. Perceba que a função foi multiplicada (poderia ser qualquer outra operação matemática) e que o Python reescreveu a função após a multiplicação. Caso a variável x, na linha 5, não tenha sido transformada em símbolo, o Python apresentará um erro no console, assim que o código for executado, informando que a variável x não foi declarada. Faça o teste! Comente a linha 5 e veja o que acontece, mas antes, lembre-se de remover as variáveis da memória, caso contrário, como x já se encontra na memória do Python, não haverá erros ao executarmos o código.

Substituindo símbolos por números

Se estivermos interessados em saber qual o resultado de y1 após a multiplicação da função y por um escalar, podemos usar o atributo *.subs( )* da variável simbólica. Vejamos o mesmo código do exemplo anterior, mas com esta modificação na Figura 11.33. Verifique que poucas linhas foram alteradas. As linhas 10 e 16, agora, imprimem os resultados de y e y1 após a substituição do x simbólico pelo valor real em x1. O resultado pode ser visto na Figura 11.34.

```python
#Importando bibliotecas
from sympy import symbols

#tornando uma variável simbólica
x = symbols('x')
x1 = 5
#definindo equação 1
y = x**2 - 3*x + 1
print('Equação antes da multiplicação:', y)
print('Para x =', x1, ', y =', y.subs({x:x1}))
print()

#definindo equação 2
y1 = 3*y
print('Equação depois da multiplicação:', y1)
print('Para x =', x1, ', y1 =', y1.subs({x:x1}))
```

Figura 11.33: Substituindo valores simbólicos por valores reais.

```
Console 1/A
Equação antes da multiplicação: x**2 - 3*x + 1
Para x = 5 , y = 11

Equação depois da multiplicação: 3*x**2 - 9*x + 3
Para x = 5 , y1 = 33
```

Figura 11.34: Resultado do exemplo de substituição do x simbólico.

Integração, derivação e limite

Aí você deve estar se perguntando: "Qual é a utilidade disso na minha vida? Eu poderia ter aplicado diretamente o valor em x, imprimindo apenas o resultado." O uso de símbolos terá uma grande aplicabilidade quando você quiser saber o formato de uma dada função antes ou após uma operação matemática.

```
1 # importando bibliotecas
2 from sympy import symbols, expand, factor
3
4 # tornando uma variável simbólica
5 x = symbols('x')
6 x1 = 5
7 # declarando uma equação
8 y = 3*x**2 - 6*x + 3
9 print('Equação original y =', y)
10 print()
11
12 # fatorando a equação
13 y1 = factor(y)
14 print('Equação após fatoração:', y1)
15 print()
16
17 # expandindo equação 2
18 y2 = expand(y1)
19 print('Equação depois da expansão:', y2)
```

Figura 11.35: Exemplo de aplicação do symbols.

```
Console 1/A

Equação original y = 3*x**2 - 6*x + 3

Equação após fatoração: 3*(x - 1)**2

Equação depois da expansão: 3*x**2 - 6*x + 3
```

Figura 11.36: Resultado da fatoração e expansão de um polinômio.

Por exemplo, a equação **y** da linha 8, na Figura 11.33, é razoavelmente simples, mas digamos que você queira saber o formato de uma função após sua fatoração, ou como a função será escrita após sua integração ou derivação (isso mesmo! Podemos derivar ou integrar funções, com um certo limite, claro) e comparar com algum resultado que foi obtido à mão, por exemplo. Vejamos o exemplo da Figura 11.35 na qual podemos expandir ou fatorar uma dada função.

Perceba que modificamos um pouco a nossa função **y** de forma que a mesma pudesse apresentar um resultado mais realista após execução das funções ***fator*( )** e ***expand*( )** da biblioteca sympy. Os resultados podem ser vistos através da Figura 11.36.

```python
# importando bibliotecas
from sympy import symbols, diff, integrate, limit

# tornando uma variável simbólica
x = symbols('x')

# declarando uma equação
y = 3*x**2 - 6*x + 3
print('Equação 1: y =', y, '\n')

# derivando a equação
y1 = diff(y, x)
print('Equação 1 após derivação:', y1, '\n')

# integrando a equação
y2 = integrate(y, x)
print('Equação 1 após integração:', y2, '\n')

# aplicando o limite à equação
y3 = limit(y, x, 0)
print('Resultado da equação 1 quando x--> 0:', y3)
```

Figura 11.37: Outros exemplos de aplicação da biblioteca sympy.

```
Console 1/A

Equação 1: y = 3*x**2 - 6*x + 3

Equação 1 após derivação: 6*x - 6

Equação 1 após integração: x**3 - 3*x**2 + 3*x

Resultado da equação 1 quando x--> 0: 3
```

Figura 11.38: Impressão dos resultados de derivação, integração e limite.

Outra aplicação interessante é a derivação e a integração de uma função utilizando as funções ***diff***( ) e ***integrate***( ) e ***limit***( ) da biblioteca sympy. Um exemplo de aplicação se encontra na Figura 11.37.

Sistemas de equações lineares

Outra aplicação bastante comum na Engenharia Química é a resolução de sistemas de equações lineares. Por exemplo, um balanço de massa cujas vazões devem ser determinadas em um dado ponto do processo, ou a composição de um determinado analito em uma corrente específica do processo. Veremos um exemplo mais realista nos capítulos vindouros, no entanto, vamos simplificar nossa vida, para fins de entendimento de como usar o sympy, para resolver um sistema de equações.

Nosso exemplo terá duas aplicações. A primeira é a procura pela raiz de um polinômio, o segundo é a procura dos valores reais de duas variáveis que deverão ser determinadas, **x** e **y**. Duas variáveis, duas equações para que a resposta seja exata. Observemos a Figura 11.39 com o código para a resolução desse sistema.

```
1 # importando bibliotecas
2 from sympy import symbols
3 from sympy import solve
4 from numpy import linspace
5 import matplotlib.pyplot as p
6
7 # tornando uma variável simbólica
8 x = symbols('x')
9
10 # declarando uma equação
11 y = 3*x**2 - 6*x + 3
12 print('A raiz da Equação 1 é:', solve(y), '\n')
13
14 # sistema de equações
15 x1, y1 = symbols('x1 y1')
16 Eq1 = 12 - (x1 + y1)
17 Eq2 = 5 - (-x1 + y1)
18
19 # resolvendo o sistema de equações
20 sols = solve([Eq1, Eq2])
21 print('Os valores de x1 e y1 são:', sols, 'respectivamente')
```

Figura 11.39: Resolvendo um sistema de equações com o sympy.

Através da Figura 11.39 é possível perceber dois problemas distintos: o primeiro se relaciona ao encontro da raiz (ou das raízes) de um polinômio, linha 11. Essa função poderia ser qualquer outra! Após a definição de x como uma variável simbólica, chamamos o comando *solve* para encontrar a raiz da equação.

O segundo problema, linhas 16 e 17, demonstra a necessidade de se encontrar os valores de x1 e y1 que resolvam o sistema de Equações (11.5) e (11.6) seguir:

$$x1 + y1 = 12 \tag{11.5}$$

$$-x1 + y1 = 5 \tag{11.6}$$

Atente que definimos as variáveis **x1** e **y1** como simbólicas na linha 15. A variável **sols** receberá os parâmetros obtidos pela função *solve* do sympy. A linha 20 aplica o ***solve***. Veja que desta vez escrevemos os argumentos do ***solve*** um pouco diferente se comparados ao argumento do ***solve*** usado na linha 12.

Quando temos um sistema de equações, inserimos esse sistema como argumento em formato de lista. Caso tivéssemos mais equações, bastaria inserir uma vírgula após o **Eq2** e escrever o nome da terceira equação, repetindo esse procedimento para todas as equações. Vejamos a Figura 11.40 com a impressão dos resultados. Fique atento que o primeiro resultado, raiz do polinômio, está em formato de lista e a solução do sistema de equações está em formato de dicionário. Caso queira acessar o valor de **x1**, por exemplo, escreva *sols*[x1] no console que apenas o valor numérico referente a **x1** será impresso.

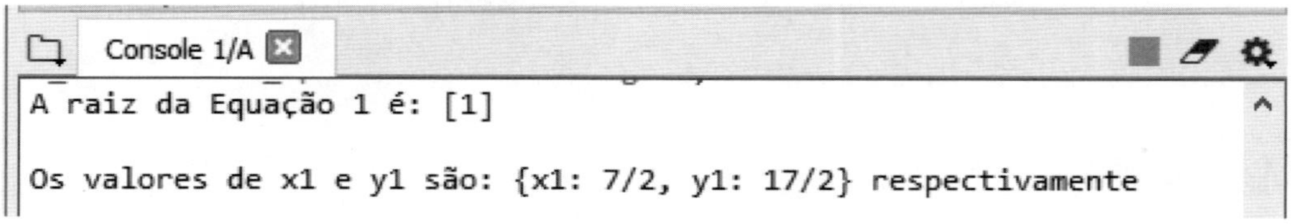

Figura 11.40: Resultado da busca da raiz do polinômio e do sistema de equações.

Substitua as soluções nas equações propostas para ter a certeza de que foram encontradas soluções verdadeiras para os casos estudados.

Outras funções da biblioteca sympy podem ser consultadas na Tabela 11.3. Lembre-se de que, no caso de dúvidas sobre a aplicação de alguma das funções relacionadas, você pode importar a biblioteca sympy e usar o comando ***help***(sympy.função_desejada) para saber mais detalhes de aplicação.

Tabela 11.3: Exemplos de funções da biblioteca sympy e descrição do que fazem.

Nome da Função	O que faz
dsolve	Resolução de equações diferenciais ordinárias ou sistemas de equações diferenciais ordinárias
Derivative	Calcula a derivada de uma função (f(x)).
solve	Calcula as raízes da equação
Integrate	Calcula a integral definida de uma função
Function	Constrói uma função indefinida
binomial	Calcula o binômio de Newton
factorial	Calcula o fatorial de um número inteiro e positivo
Matrix	Constrói uma matriz M para cálculos de álgebra linear
det	Calcula o determinante de uma matriz M
inv	Calcula a inversa de uma matriz M
linsolve	Resolve sistemas de equações lineares
nonlinsolve	Resolve sistemas de equações não lineares

Você poderá enriquecer seu grau de conhecimento sobre a biblioteca sympy acessando o conteúdo da documentação [8].

Matplotlib

O Matplotlib é uma biblioteca específica para plotagem de gráficos de variados formados. Já estudamos um pouco a plotagem de gráficos no Capítulo 5. Contudo, há uma grande gama de formatos de gráficos que podem ser explorados por você caso tenha interesse ou necessidade de ampliar seus conhecimentos nessa biblioteca tão vasta. Para isto, basta visitar a galeria de vários exemplos de aplicação: https://matplotlib.org/3.1.3/gallery/index.html.

Pandas

A biblioteca pandas é utilizada para armazenamento, carregamento e tratamento de uma grande quantidade de dados de maneira fácil, além de servir como uma ferramenta de análise de dados ou de uso de dados estruturados. Até o presente momento, apresentamos exemplos simplificados nos quais os dados se limitam a algumas poucas unidades ou dezenas. Você terá, também, a necessidade de avaliar centenas ou milhares de dados, estudar seu comportamento, realizar avaliações estatísticas para que, com as respostas, você possa tomar a melhor decisão possível para o processo no qual você está envolvido.

Primeiros passos com Pandas

Assim como as bibliotecas vistas, SymPy, SciPy, NumPy e Matplotlib, a biblioteca Pandas possui funções que nos auxiliarão no desenvolvimento dos nossos códigos. Iniciaremos nossas aplicações visualizando o exemplo da Figura 11.41:, no qual temos a importação da biblioteca necessária, linha 2, e a criação de uma série de dados com auxílio da função ***Series***( ), como mostra a alinha 5.

```
1 # importando bibliotecas
2 import pandas as pd
3
4 # criando uma lista com posição
5 numeros = pd.Series([1, 2, 3, 4, 5, 6, 7, 8, 9, 10])
6
7 print('Lista de números em série:\n', numeros)
8 print()
9
10 # criando uma lista de datas
11 dias = 30
12 datas = pd.date_range('20230302', periods=dias)
13 print('Intervalo de datas:\n', datas)
```

Figura 11.41: Gerando uma lista de datas.

A linha 12 traz a função ***date_range***('formato', número de repetições). Ela é responsável por gerar uma série de datas com formato especificado. Você pode usar esse tipo de estrutura para gerenciar a coleta de dados de um sistema, por exemplo, medida diária de temperatura. As linhas 7 e 13 imprimem resultados.

Digamos agora que o nosso objetivo seja a criação de uma tabela com duas colunas que representem medidas de um sensor. Uma terceira coluna pode ser implementada para marcar a data de coleta dos dados. A Figura 11.42: mostra um exemplo no qual isso acontece. Temos um intervalo de 30 dias (linha 6) e a geração de uma série com datas preestabelecidas (linha 7). A tabela pode ser gerada usando a função ***DataFrame***(dados, índice, cabeçalhos). Um DataFrame, de forma bastante direta, é um conjunto de Series (números). A função *DataFrame* constrói uma estrutura de dados bidimensional (colunas e linhas) que resulta em uma tabela.

Os dados aqui inseridos foram sorteados com auxílio da função ***rand***(número_de_linhas, número_de_colunas), pertencente à biblioteca **random** do **numpy**. A necessidade de geração de um conjunto de dados qualquer se baseia na intenção de construção de um exemplo matemático de aplicação ou a simulação de dados adquiridos durante o monitoramento de algum equipamento. O índice usado foi a lista de datas previamente obtidas e os cabeçalhos das colunas também foram inseridos em formato de lista, linha 10. Um resumo do resultado pode ser visualizado na Figura 11.43.

```
1 # importando bibliotecas
2 import numpy as np
3 import pandas as pd
4
5 # criando uma lista de datas
6 dias = 30
7 datas = pd.date_range('20230302', periods=dias)
8
9 # criando uma tabela de dados tabela de dados
10 tabela = pd.DataFrame(np.random.rand(dias, 2), index=datas,
11                       columns=['FracA', 'FracB'] )
12 print('Tabela de dados:\n', tabela)
```

Figura 11.42: Gerando uma tabela de dados aleatórios.

```
Console 1/A
Tabela de dados:
               FracA     FracB
2023-03-02  0.398280  0.442494
2023-03-03  0.839129  0.816056
2023-03-04  0.475339  0.539466
2023-03-05  0.600894  0.131565
2023-03-06  0.201079  0.021387
2023-03-07  0.208323  0.132367
2023-03-08  0.162239  0.254774
2023-03-09  0.286132  0.836725
2023-03-10  0.631202  0.046595
```

Figura 11.43: Parte da tabela de dados impressa no console.

Dando continuidade ao código visto na Figura 11.42, vejamos agora um novo exemplo no qual são acessadas algumas informações das tabelas geradas durante o uso da biblioteca pandas. A Figura 11.44 ilustra uma aplicação na qual é possível acessar:

- o cabeçalho da tabela (linha 14), usando para isto o atributo *.columns*;
- os itens de uma coluna específica (linha 18);
- o índice da tabela (linha 21), através do uso do atributo *.index*.

```
13 # acessando cabeçalho da tabela
14 cabecalhos = tabela.columns
15 print('\nCabeçalhos da tabela:\n', cabecalhos)
16
17 # acessando um dos itens do cabeçalho da tabela
18 print('\nItens do Cabeçalhos da tabela:\n', cabecalhos[0])
19
20 # acessando o índice de uma tabela
21 print('\nIndice da tabela:\n', tabela.index)
22
23 # vendo os dados do topo da tabela
24 print(tabela.head(2), '\n')
25
26 # vendo os dados do fim da tabela
27 print('Dados do fim da tabela:\n',tabela.tail(3), '\n')
28
29 # acessando todos os itens de uma coluna
30 print('Todos os itens da coluna 1:\n', tabela.iloc[:,1])
```

Figura 11.44: Acessando dados da tabela.

```
Console 1/A

Cabeçalhos da tabela:
 Index(['FracA', 'FracB'], dtype='object')

Itens do Cabeçalhos da tabela:
 FracA

Indice da tabela:
 DatetimeIndex(['2023-03-02', '2023-03-03', '2023-03-04', '2023-03-05',
               '2023-03-06', '2023-03-07', '2023-03-08', '2023-03-09',
               '2023-03-10', '2023-03-11', '2023-03-12', '2023-03-13',
               '2023-03-14', '2023-03-15', '2023-03-16', '2023-03-17',
               '2023-03-18', '2023-03-19', '2023-03-20', '2023-03-21',
               '2023-03-22', '2023-03-23', '2023-03-24', '2023-03-25',
               '2023-03-26', '2023-03-27', '2023-03-28', '2023-03-29',
               '2023-03-30', '2023-03-31'],
              dtype='datetime64[ns]', freq='D')
               FracA     FracB
2023-03-02  0.898068  0.631949
2023-03-03  0.717889  0.391968

Dados do fim da tabela:
               FracA     FracB
2023-03-29  0.756978  0.138766
2023-03-30  0.386933  0.143274
2023-03-31  0.338437  0.583778
```

Figura 11.45: Aquisição de dados de uma tabela.

- os dados de um determinado número de linhas do cabeçalho (linha 24), usando o comando ***.head***(número_de_linhas) ou dados de um número de linhas específico do rodapé (linha 27), usando o comando ***.tail***(número_de_linhas);
- Você também pode retornar todos os itens de uma coluna específica da tabela usando para isto a função ***.iloc***[linhas, colunas] (linha 28). Podemos visualizar os resultados destas aplicações com auxílio da Figura 11.45.

Outra ferramenta bastante interessante da biblioteca pandas é a função ***.describe***( ) que imprime uma estatística simplificada do conjunto de dados trabalhados. A Figura 11.46 mostra um exemplo de aplicação (linha 14).

```python
# importando bibliotecas
import numpy as np
import pandas as pd

# criando uma lista de datas
dias = 30
datas = pd.date_range('20230302', periods=dias)

# criando uma tabela de dados tabela de dados
tabela = pd.DataFrame(np.random.rand(dias, 2), index=datas,
                      columns=['FracA', 'FracB'] )

# imprimindo uma estatistica simples dos seus dados
print('Estatísticas simples dos dados da tabela:\n', tabela.describe())
```

Figura 11.46: Imprimindo estatísticas simples de um conjunto de dados.

```
Console 1/A
Estatísticas simples dos dados da tabela:
            FracA      FracB
count  30.000000  30.000000
mean    0.508298   0.558192
std     0.295808   0.259647
min     0.003478   0.122075
25%     0.285040   0.347341
50%     0.557287   0.494846
75%     0.680200   0.809162
max     0.973499   0.974942
```

Figura 11.47: Impressão de estatísticas simplificada.

A Figura 11.47 mostra o resultado da aplicação da função ***.describe*( )**. Perceba que a função retorna o número de itens de cada coluna (*count* = 30 itens!), a média (*mean*), o desvio padrão (*std*), o valor mínimo (*min*) encontrado em cada coluna, percentuais de grupos de valores e o valor máximo (*max*) de cada coluna da tabela, ou seja, uma estatística básica dos dados com apenas um comando.

Armazenamento e carregamento de dados

Outra grande necessidade do engenheiro é a de armazenar dados. Aqui abordaremos dois métodos mais simples, mas você, é claro, não estará limitado a estes. Uma forma muito usada para armazenamento de dados é a utilização de arquivos do tipo ***.csv** (*comma-separated values*) onde os dados são separados por vírgula (,). É um padrão que, quando carregado na memória, o próprio sistema identifica a vírgula "," e separa os dados adequadamente. Para isto, o nome da variável detentora dos dados será seguido da função *.to_csv*('nome_do_arquivo.csv').

Vejamos o exemplo disposto na Figura 11.48, no qual um conjunto de dados que está na memória dinâmica do Python será gravado em um arquivo chamado "Minha_tabela.csv".

```
# importando bibliotecas
import numpy as np
import pandas as pd

# criando uma lista de datas
dias = 30
datas = pd.date_range('20230302', periods=dias)

# criando uma tabela de dados tabela de dados
tabela = pd.DataFrame(np.random.rand(dias, 2), index=datas,
                      columns=['FracA', 'FracB'] )

# armazenando dados em um arquivo csv
tabela.to_csv('Minha_tabela.csv')
```

*Figura 11.48: Gravando dados em um arquivo *.csv.*

Observe que, após a execução do código da Figura 11.48, nada aconteceu... nada foi impresso no console. "Como saber se deu certo?" Procure pelo arquivo .csv, com o nome aplicado por você, na mesma pasta de trabalho onde foi salvo o programa que você acabou de executar.

Caso não queira salvar seus dados na mesma pasta de trabalho dos seus arquivos *.py, copie o endereço de interesse, separada por barra invertida, acompanhado do nome do arquivo (e.g. "Documentos\meus_estudos\Minha_tabela.csv"). O endereço também é um texto (*string*).

Para ler ou carregar os dados de um arquivo *.csv, basta utilizar o comando **read_csv**('nome_do_arquivo.csv'). Verifique a linha 5 da Figura 11.49.

```
# importando bibliotecas
import pandas as pd

# lendo dados da tabela csv
tabela2 = pd.read_csv('Minha_tabela.csv')
print('\nEsta é a tabela 2 importada do arquivo csv:')
print(tabela2)
```

*Figura 11.49: Carregando dados de um arquivo *.csv.*

O procedimento necessário para armazenamento e carregamento de dados em arquivos *.xlsx (Excel®) é similar ao modo que já vimos para o armazenamento e leitura de um conjunto de dados em um arquivo *.csv. Verifique a linha 15, na Figura 11.50, para identificar a estrutura necessária ao salvamento dos dados (***to_excel***('nome_do_arquivo.xlsx')).

Procure pelo arquivo na pasta onde você está rodando o arquivo *.py ou no endereço previamente especificado na função ***to_excel***. Para o carregamento dos dados no Python, utilize a função ***read_excel***('nome_do_arquivo.xlsx', 'nome_da_planilha'), como mostra a linha 18. No caso de haver apenas uma planilha com dados, você pode ocultar o segundo argumento.

```
1 # importando bibliotecas
2 import numpy as np
3 import pandas as pd
4
5 # criando uma lista de datas
6 dias = 5
7 # formato da data 20230602 = 2023 06 02 (ano, mês, dia)
8 datas = pd.date_range('20230602', periods=dias)
9
10 # criando uma tabela de dados tabela de dados
11 tabela = pd.DataFrame(np.random.rand(dias, 2), index=datas,
12                       columns=['FracA', 'FracB'] )
13
14 # armazenando dados em um arquivo csv
15 tabela.to_excel('Minha_tabela.xlsx')
16
17 # lendo dados da tabela xlsx
18 tabela2 = pd.read_excel('Minha_tabela.xlsx')
19 print('\nEsta é a tabela 2 importada do arquivo xlsx:')
20 print(tabela2)
```

*Figura 11.50: Armazenando e carregando dados em um arquivo *xlsx.*

Execute seu código e observe o resultado impresso no console.

Construindo gráficos com banco de dados

Muito provavelmente você se deparará com a demanda de avaliar dados que estão salvos em algum arquivo, como visto anteriormente. Seu trabalho será carregar esses dados na memória do Python e escolher as colunas que serão usadas para a construção do seu gráfico.

O exemplo a seguir (Figura 11.51) carrega informações inseridas pelo usuário e, além de imprimir no console os dados em formato de tabela, também plota um gráfico. Os dados dispostos na linha 6 estão em formado de lista e alimentam a função *DataFrame* do pandas. As linhas 12 e 15 imprimem esses dados em formato de tabela, com e sem índice numérico, que é inserido pelo pandas automaticamente quando carregamos um conjunto de dados qualquer.

```
1 # importando bibliotecas
2 import pandas as pd
3 import matplotlib.pyplot as p
4
5 # criando um conjunto de dados usando estrutura de dicionário
6 dados = pd.DataFrame({'Espécies': ['A', 'B', 'C', 'D'],
7                       'Fração Mássica': [0.18, 0.22, 0.19, 0.21],
8                       'Massa Molar': [55.0, 78.0, 71.0, 94.0],
9                       'Temperatura Ebulição': [29.0, 35.0, 41.0, 45.0]})
10
11 # imprimindo a tabela de dados
12 print(dados.to_string)
13
14 # imprimindo sem os indices
15 print(dados.to_string(index=False))
16
17 # plotando um gráfico com a biblioteca pandas
18 p.clf()     # limpa figura anterior
19 # plotando usando pandas
20 dados.plot(x = 'Espécies', y = 'Fração Mássica',
21            kind = 'bar', ylabel='Fração Mássica',
22            color=['lightblue','orange','green', 'red'],
23            legend=None)
24 p.show()    # mostra a figura
```

Figura 11.51: código de carregamento e impressão de um gráfico com a biblioteca pandas.

A linha 20 utiliza o comando *plot* pela biblioteca pandas. Observe que indicamos as informações que serão inseridas nos eixos apenas escrevendo os nomes dos cabeçalhos de cada coluna que contém os dados de interesse. No presente caso, apenas a coluna com a definição das espécies e a coluna chamada "Fração Mássica" foram chamadas para representarem os valores de x e y, respectivamente.

Com o comando *plot*, também é possível definir o tipo de gráfico desejado. No presente caso, foi definido o tipo "bar" (barras), como já estudamos no capítulo de impressão de gráficos com o matplotlib. Existem outras opções tais como:

- "line": formato de linha (default);
- "bar": plotagem de barras verticais;
- "barh": barras horizontais;
- "hist": apresentação do gráfico em formato de histograma;
- "area": para plotagem de gráficos que se assemelham às áreas sobrepostas;
- "scatter": para plotagem de pontos dispersos.

O resultado da plotagem está disposto na Figura 11.52.

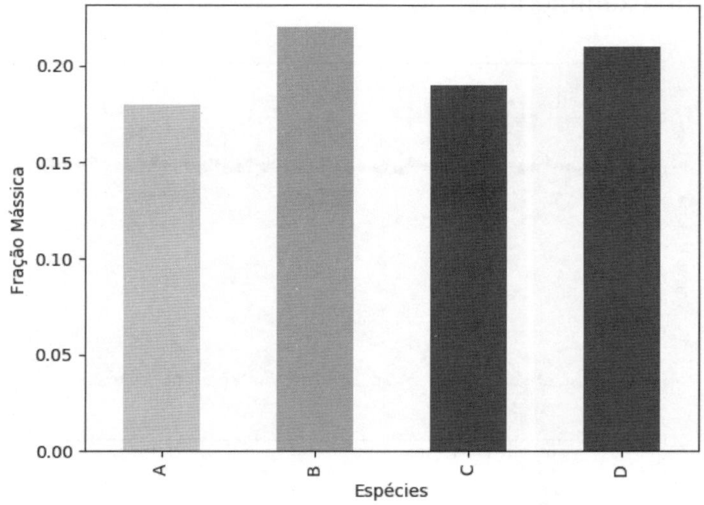

Figura 11.52: Impressão de um gráfico com a biblioteca pandas.

O próximo exemplo, exposto na Figura 11.53, explora a seleção de mais de uma coluna de dados e o uso apenas de uma parte de todo o histórico de dados disponível. Para esta tarefa, podemos usar o comando *.iloc*[linhas, colunas], como mostrado na linha 10. Neste caso, estamos selecionando apenas os 50 valores mais recentes de cada coluna.

```
1 # importando bibliotecas
2 import pandas as pd
3 from matplotlib import pyplot as p
4
5 #lendo dados da tabela csv
6 tabela = pd.read_excel('dados_processo.xlsx', 'Sheet1')
7
8 # fechando todas as figuras abertas anteriormente
9 p.close()
10 tabela.iloc[-50:].plot(x='datas', y=['A', 'B', 'C'],
11             kind = 'line', xlabel='Data da Coleta',
12             ylabel='Fração Mássica', grid=True,
13             style=['--b','orange','o-g'])
14 p.ylim(0, 0.7)                      # intervalo do eixo Y
15 p.tight_layout()                    # ajuste da figura
16 p.show()                            # mostrando gráfico
```

Figura 11.53: Carregamento de dados para plotagem de gráfico.

Para escolhermos as colunas (eixo y), usaremos seus nomes em formato de lista como *strings*, para carregarmos os dados desejados. O presente exemplo não está explicitando os nomes encontrados no cabeçalho da tabela. Mas, para qualquer banco de dados, você pode imprimir a tabela e identificar esses nomes, como fizemos no exemplo anterior.

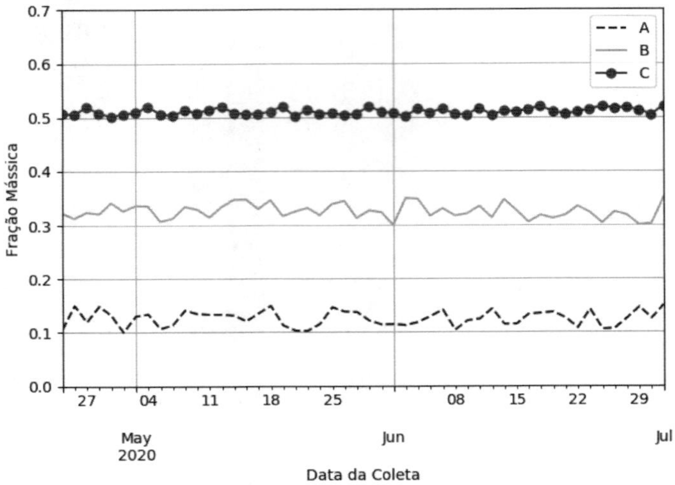

Figura 11.54: Gráfico gerado após o carregamento de dados.

Neste exemplo estamos carregando os dados de um arquivo Excel com auxílio da função *.read_excel* do pandas, como mostra a linha 6. Ao executarmos o código, veremos a Figura 11.54.

A biblioteca pandas é muito vasta e largamente usada como principal mecanismo de tratamento de dados. Caso você se interesse em se aprofundar, recomendo a exploração da documentação pandas [10] disponível no site da desenvolvedora e a leitura do trabalho de Mckinney [11] que trata de aplicações mais específicas. Eventualmente acrescentaremos outras funcionalidades e outras aplicações das funções vistas neste capítulo nos problemas de engenharia.

Problemas de Revisão

11.1. Com auxílio da função dir( ) e da função help( ), encontre a utilidade dos comandos: "who", "load", "clear", "plot" e "save".

11.2. Escreva um código que cria uma lista chamada "vec" com 50 elementos igualmente espaçados que possua um intervalo de 0 a 2π. Imprima o resultado.

11.3. Um trocador de calor apresenta eficiência de troca conforme a equação a seguir:

$$\eta = 100\left[1 - \frac{\exp{(A)}^{-1}}{T_i - T_f}\right] \quad \text{(Ex 11.1)}$$

Onde A é a área de troca térmica; T_f e T_i são as temperaturas final e inicial do fluido que entra no trocador de calor, respectivamente, sabendo-se que $T_i > T_f$. Com o intuito de calcular a eficiência do trocador, desenvolva um código que solicite ao usuário a área A e as temperaturas envolvidas.

11.4. A pressão de vapor, p^*, de um líquido puro, é extremamente dependente da temperatura T. Para calcular a pressão de vapor a uma dada temperatura, T, podemos usar a equação de Antoine:

$$\log_{10} p^* = A - \frac{B}{T + C} \quad \text{(Ex 11.2)}$$

Onde A, B e C são constantes que mudam de acordo com o líquido. Escreva uma função que receba A, B, C e P como argumentos e retorne o valor da temperatura T calculada.

11.5. Desenvolva um programa que armazene um conjunto de dados x e y em um arquivo *.xlsx (use alguma função da biblioteca *random* para gerar a lista de valores de y). Em um novo código, desenvolva outro programa que carregue esses dados salvos e plote um gráfico.

11.6. Utilize a função *random* do numpy para gerar uma matriz de três colunas e 50 linhas de dados aleatórios. Salve os dados em um arquivo excel. Em um segundo *script*, faça o carregamento desses dados e:

a) Imprima-os no console.
b) Faça uma estatística básica desses valores;
c) Plote um gráfico de dispersão apenas das duas primeiras colunas;
d) Imprima apenas os últimos 10 valores de cada coluna.

11.7. Utilizando o método de Newton-Raphson, encontre as raízes das equações a seguir:

$$f(x) = x^2 - 10x^3 + \frac{1}{\sqrt{1 + x^2}} \quad \text{(Ex 11.3)}$$

$$f(x) = 15x^2 - e^x \quad \text{(Ex 11.4)}$$

$$f(x) = cos(x) - x^2 + logx \quad \text{(Ex 11.5)}$$

11.8. Utilizando o método da falsa posição, encontre as raízes das equações a seguir:

$$f(x) = 0{,}8x^3 + \frac{x}{\sqrt{1 + x^2}} \quad \text{(Ex 11.6)}$$

$$f(x) = 2x^3 + 5{,}5e^{-x} \quad \text{(Ex 11.7)}$$

$$f(x) = 8x^2 + 15x - 5 \quad \text{(Ex 11.8)}$$

11.9. Desenvolva um código que integre as funções a seguir:

$$f(x) = 16x^2 + 12x - 22 \quad \text{(Ex 11.9)}$$

$$f(x) = \sqrt{3x^2 + x} \qquad \text{(Ex 11.10)}$$

$$f(x) = \frac{x}{\sqrt{1 + x^2}} \qquad \text{(Ex 11.11)}$$

11.10. Desenvolva um código que calcula a derivada das funções descritas a seguir:

$$f(x) = 16x^3 + 15x - 12 \qquad \text{(Ex 11.12)}$$

$$f(x) = \sqrt{3x^2 + 900} \qquad \text{(Ex 11.13)}$$

$$f(x) = \frac{3x^3}{\sqrt{1 + x^2}} \qquad \text{(Ex 11.14)}$$

11.11. Para os dados dispostos a seguir, desenvolva um programa que realize a interpolação dos seguintes pontos:

x-t(h)	0,5	1,2	2,8	4,2	5,5	7,2	8,5
y-T(°C)	25,8	22,2	15,6	10,2	15	22,8	26,8

11.12. Para os dados dispostos a seguir, desenvolva um programa que realize a regressão linear dos seguintes pontos:

x-t(h)	0	1	2	3	4	5	6
y-Q(L/h)	0,5	1,2	2,8	4,2	6,9	7,5	8,5

x-t(h)	1	2	3	4	5	6	7
y-A	0,09	0,43	0,83	0,12	0,52	0,69	0,62

11.13. Para os dados dispostos a seguir, desenvolva um programa que realize interpolação dos seguintes pontos:

x-t(h)	0,2	1,3	2,6	3,2	4	5,6	6,8
y-Q(kJ/h)	25,8	15,48	9,288	5,5728	3,34368	2,00621	1,20372

11.14. Desenvolva um código para acessar os dados de temperatura do arquivo dados_de_temperatura.xlsx e plote um gráfico com os dados.

11.15. Desenvolva um código para acessa os dados das frações mássicas do arquivo frac_A_B.csv e imprima-os em formato de tabela no console.

11.16. Desenvolva um código para acessar os dados de temperatura do arquivo dados_temperatura.xlsx e plote um gráfico com os dados de temperatura versus data de coleta.

Problemas de desenvolvimento

11.17. Considerando que o refluxo mínimo é calculado pela equação a seguir [12]:

$$Rm = \frac{1}{(\alpha - 1)}\left[\frac{X_D}{X_F} - \alpha\frac{(1 - X_D)}{(1 - X_F)}\right] \quad \text{(Ex 11.15)}$$

E os dados os valores de $X_D = 0{,}9$ e $X_F = 0{,}4$, calcule os valores de Rm variando $\alpha = 0{,}1 \ldots 0{,}99$. Plote o gráfico.

11.18. A queda da pressão de vapor que passa pelo orifício de um prato de uma torre de destilação na direção ascendente, para impedir que o líquido que se encontra sobre o prato desça pelos orifícios, é dada a seguir [13]:

$$\Delta P = K\frac{D_V}{D_L}V_g^2 \quad \text{(Ex 11.16)}$$

Onde ΔP é a queda de pressão do prato, D_V é a densidade do vapor (g/cm^3), D_L é a densidade do líquido sob o prato (g/cm^3), V_g é a velocidade do vapor que atravessa o orifício do prato (m/s) e K é o coeficiente de orifício que pode ter um valor menor ou igual a 0,3 para orifícios lisos ou 0,6 a 0,95 para pratos valvulados. Para $D_V = 0{,}65\text{g/cm}^3$, $D_L = 0{,}88\text{g/cm}^3$ e $V_g = 55{,}7m/s$ desenvolva um código que plote um gráfico com duas barras verticais mostrando a queda de pressão do prato em função da escala de K, ou seja, em uma das opções, K será usado para orifícios lisos e, na outra, K= 0,95 para o prato valvulado.

11.19. A viscosidade varia com a temperatura de acordo com a equação a seguir:

$$\mu = exp\left(\frac{7445{,}3}{T + 459{,}6} - 6{,}1076\right) \quad \text{(Ex 11.17)}$$

Onde a temperatura está em $°F$ e μ em cP (centipoise). Desenvolva uma função que calcule μ para uma faixa de temperatura $T \neq 459{,}6$ e plote um gráfico para avaliar o comportamento de μ com a variação de T.

11.20. A densidade de uma mistura de dois componentes pode ser estimada pela equação a seguir [14]:

$$\rho_m = \frac{\rho_a + \rho_b}{\frac{m_a}{\rho_a} + \frac{m_b}{\rho_b}} \qquad \text{(Ex 11.18)}$$

a) Desenvolva uma função que receba os valores das quatro variáveis necessárias para o cálculo de ρ_m.

b) Considerando que $\rho_a = 10g/cm3$, $\rho_b = 5{,}2g/cm3$ e as massas envolvidas são $m_a = 5kg$ e $m_b = 20kg$, calcule a densidade da mistura.

11.21. Calcule a fração mássica e a vazão total em kmol/L de uma corrente de um processo químico que possui as seguintes composições:

Composto	Vazão (kmol/h)
Etano	1,7
Propano	10,5
n-Butano	15,2
n-Pentano	22,9
h-Hexano	12,8

Finalizando o Capítulo 11

As bibliotecas nativas vêm para auxiliar, facilitar e acelerar o desenvolvimento de programas. O ganho de tempo na solução de um problema que envolva um ajuste de curva, uma integral ou derivada, assim como problemas com sistemas lineares ou otimização é indiscutível. Você há de concordar que nem todas as potenciais aplicações que talvez você quisesse ver estão descritas aqui. Mas agora você sabe procurar o que precisa nas principais e mais usadas bibliotecas de aplicações matemáticas, gratuitas, que temos na atualidade. Nos próximos capítulos veremos exemplos complementares de aplicação utilizando as bibliotecas NumPy, SciPy, SymPy e Pandas. Também acrescentaremos outras funcionalidades não discutidas aqui. Ainda temos muito chão pela frente!

Referências

[1] SCIPY. **scipy.integrate.quad**. Disponível em: https://docs.scipy.org/doc/scipy/reference/generated/scipy.integrate.quad.html#scipy.integrate.quad. Acesso em: 11 fev. 2020.

[2] NUMPY. Disponível em: https://numpy.org/. Acesso em: 14 fev. 2020.

[3] DEVORE, Jay L. **Probabilidade e Estatística para Engenharia e Ciências**. 6. ed. São Paulo: Cengage Learning, 2011.

[4] SCIPY. **SciPy API**. Disponível em: https://docs.scipy.org/doc/scipy/reference/index.html. Acesso em: 18 fev. 2020.

[5] SCIPY. **scipy.optimize.minimize**. Disponível em: https://docs.scipy.org/doc/scipy/reference/generated/scipy.optimize.minimize.html?highlight=minimize#scipy.optimize.minimize. Acesso em: 19 fev. 2020.

[6] SCIPY. **scipy.optimize.brute**. Disponível em: https://docs.scipy.org/doc/scipy/reference/generated/scipy.optimize.brute.html?highlight=brute#scipy.optimize.brute. Acesso em: 19 fev. 2020.

[7] SCIPY. **scipy.optimize.broyden1**. Disponível em: https://docs.scipy.org/doc/scipy/reference/generated/scipy.optimize.broyden1.html#scipy.optimize.broyden1. Acesso em 19 fev. 2020.

[8] SCIPY. **scipy.optimize.broyden2**. Disponível em: https://docs.scipy.org/doc/scipy/reference/generated/scipy.optimize.broyden2.html. Acesso em 20 fev. 2020.

[9] SYMPY. **Documentação SymPy**. Disponível em: https://docs.sympy.org/latest/index.html. Acesso em 22 fev. 2020.

[10] PANDAS. **Documentação da biblioteca Pandas**. Disponível em: https://pandas.pydata.org/pandas-docs/stable/index.html#. Acesso em 27 fev. 2020.

[11] MCKINNEY, Wes. **Python para análise de dados**: Tratamento de dados com Pandas, NumPy e IPython. Novatec Editora, 2019.

[12] SEADER, J. D.; HENLEY, Ernest J.; ROPER, D. Keith. **Separation process principles**: With applications using process simulators. John Wiley & Sons, 2016.

[13] LIEBERMAN, Norman P.; LIEBERMAN, Elizabeth T. **Working Guide to Process Equipment**. McGraw-Hill Education, 2014.

[14] POLING, Bruce E. *et al.* **The properties of gases and liquids**. New York: Mcgraw-hill, 2001.

Capítulo 12: Tratamento de erros

Com uma boa base no desenvolvimento de funções, ou importações destas, podemos iniciar agora o refinamento dos nossos códigos: o chamado "tratamento de erros". É comum, para o iniciante em programação, não identificar as falhas potenciais mais comuns quando desenvolve suas primeiras aplicações; e não adiantaria focar nisso nos capítulos anteriores, na minha opinião pessoal, antes que você aprendesse o básico e ficasse mais familiarizado com a linguagem Python em si. Por exemplo, quando se usa uma função, muitos erros ocorrem devido à falta de algum argumento, ou ao uso de um tipo de variável que se aplica à função quando esta esperava outro, e.g. utilizar um texto no lugar de um número. Outros erros ocorrem devido aos resultados inesperados resultantes de algum cálculo, como uma divisão por zero. O intuito neste capítulo não é que você desenvolva uma *expertise* em tratamento de erros, mas sim lhe dar uma visão geral dos erros mais comuns e de como usar lógica de programação para contornar esses erros. Com a experiência prática, e com o tempo, você aprenderá e enxergar e prever estes erros nos seus códigos.

O que é considerado um erro?

Consideramos um erro no nosso código quando não obtemos o resultado esperado ou quando o console mostra a finalização da execução do código com uma mensagem gigante informando que alguma coisa aconteceu. O Python divide os potenciais erros em dois tipos: *erros de sintaxe* e *exceções* [1] oriundas dos erros de lógica.

Erros de sintaxe

No erro de sintaxe, temos por exemplo que o programador deixou de colocar os ":" após a estrutura de um laço de repetição; deixou de fechar as aspas em um texto; abriu uma lista com "[" e fechou com ")"; indentação incorreta etc.

Com a exceção dos potenciais erros de lógica de programação (causados de forma consciente pelo programador e que seria um terceiro tipo de erro), a maioria dos erros de sintaxe são previstos pelo Spyder (ou outra interface de desenvolvimento) e resultam em "exclamações" ou "anúncios" expostos pela *Análise de Código (realizada automaticamente)* na área de desenvolvimento, informando que há algo estranho ali. Caso você não corrija essas demandas, o Python costuma apresentar uma mensagem repentinamente no console, mensagem esta que você, ou o usuário do programa, não esperava ver.

A Figura 12.1a e a Figura 12.1b ilustram esse tipo de erro de sintaxe. Perceba que este exemplo mostra a ausência dos ":" e, ao executarmos o código, o console indica a linha na qual há o erro de sintaxe (linha 2) e aponta uma seta para o lugar onde potencialmente há o erro. Para saber qual a reclamação que está sendo gerada no editor do Spyder, basta apontar o mouse para o sinal de indicação do erro (bolinha vermelha com x), e uma caixa de diálogo será exposta com a informação sobre a análise realizada.

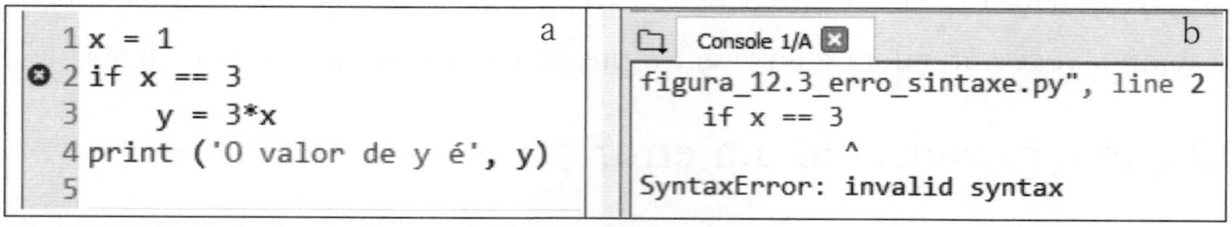

Figura 12.1: Exemplo de erro de sintaxe (a) e mensagem de indicação do erro no console (b).

Exceções

Funções com o mesmo nome e que realizam tarefas diferentes, uso de texto onde deveria ser usado um valor numérico, tamanhos de listas diferentes que são colocadas para trabalhar juntas em uma multiplicação termo a termo, uso de um operador diferente do que a equação indicava etc. são erros previsíveis e que já fazem parte da estrutura de execução do Python e costumam ser tratados como erros de lógica.

Entendendo e tratando exceções de programas simples

As exceções em Python são erros de execução de código com uma previsão de ocorrência. Em outras palavras, são potenciais erros já definidos na memória do Python que, quando ocorrem, apresentam uma mensagem ao usuário informando o tipo de erro ocorrido e onde ele potencialmente ocorreu.

Você pode ser perguntar: "Mas essa definição é igual à do erro de sintaxe! Qual a diferença então?" A diferença é que o analisador de código do Python não identifica esses potenciais erros e, aparentemente, seu código estará "limpo". Outra diferença é que os erros causados por exceções podem ser tratados (antecipados como veremos mais adiante), já os erros de sintaxe não podem ser tratados e devem ser corrigidos prontamente ao serem apontados pelo analisador de código do seu desenvolvedor.

O exemplo a seguir é bem simples, mas nos dará uma boa ideia do comportamento de um erro de exceção. A Figura 12.2 ilustra um cálculo simplificado da razão entre dois valores contidos nas variáveis ***a*** e ***b*** onde resultado é armazenado em ***c***.

```
Console 1/A

In [1]: a = 5

In [2]: b = 0

In [3]: c = a/b
   ...:
Traceback (most recent call last):

  File "<ipython-input-3-a3c10b518fb0>", line 1, in <module>
    c = a/b

ZeroDivisionError: division by zero
```

Figura 12.2: Exemplo de erro sem tratamento.

Perceba que o Python tenta nos dar uma dica do que aconteceu, e onde aconteceu o erro, por meio do ***Traceback***, onde ele aponta que ocorreu algo na linha 1 (*line* 1) e em seguida mostra a equação "errática". Nesse mesmo "relatório" impresso no console, o Python também informa qual foi o tipo de erro: *ZeroDivisionError: division by zero*. Apesar de o exemplo ser bastante simples, a situação ocorre em códigos de tamanho e complexidade diversos. Aprendendo a tratar o erro aqui, no exemplo simples, teremos condições de levar esse mesmo entendimento para aplicações mais elaboradas.

Esse tipo de exceção pode ser previsto e tratado pelo Python de modo a informar ao usuário o que aconteceu ou, em muitos casos, apenas evitar que a execução do código seja interrompida. A estrutura do tratamento de erro se encontra na Figura 12.3 a seguir:

```
try:
    "Seu código aqui"
except:
    "tratamento do erro aqui"
```

Figura 12.3: Estrutura do comando try/except.

A estrutura em si funciona de forma semelhante às já aprendidas neste livro: o que está indentado dentro do bloco *try* será executado e, se houver erro durante a execução do código, este será tratado no código indentado do *except*. Passemos por alguns exemplos de erros, e suas potenciais soluções, para que você entenda melhor.

O exemplo da Figura 12.4 solicita um valor ao usuário (linha 2) e realiza um cálculo simples na linha 3. O resultado é impresso na linha 4. Nenhum segredo até o momento. Contudo, percebe-se uma fragilidade no código: "E se o usuário inserir zero?". O mesmo erro de divisão por zero da Figura 12.2 aparecerá no console.

```
# exemplo 01: Divisão por zero
x = float(input('Entre com o valor de x: '))
y = 2/x
print('O resultado de y = ', y)
```

Figura 12.4: Estudando exceções – exemplo 1.

Agora vejamos a aplicação da estrutura do comando *try* por meio da Figura 12.5. Perceba que o mesmo código do exemplo anterior é aplicado, linhas 3 a 5. Contudo, agora temos um tratamento de um potencial erro que pode ocorrer caso o usuário entre com o valor zero na variável **x**. Se isso acontecer, uma mensagem aparecerá no console (linha 7) informando que não é possível usar o valor zero.

```
1 # corrigindo o exemplo 01
2 try:
3     x = float(input('Entre com o valor de x: '))
4     y = 2/x
5     print('O resultado de y = ', y)
6 except ZeroDivisionError:
7     print('Você não pode usar Zero no lugar de x!')
```

Figura 12.5: Tratamento de erro com o comando try para o exemplo 1.

As exceções são pré-cadastradas no Python e não se resumem ao erro de divisão por zero [2]. No entanto, não buscamos aqui listar todas as exceções existentes, mas sim as mais comumente obtidas durante os desenvolvimentos dos nossos códigos aplicados às soluções de problemas da Engenharia Química. O Quadro 12.1 ilustra algumas das exceções mais comuns e o motivo pelo qual aparecem no console. Para um maior aprofundamento e exploração de outras exceções, é possível acessar a biblioteca do Python [3].

Quadro 12.1: Exceções mais comuns obtidas durante o desenvolvimento de soluções de Engenharia Química.

Exceção	Falha
FileExistsError	Quando o programa tenta salvar um arquivo e o mesmo já existe na pasta escolhida.
FileNotFoundError	O código tenta acessar os dados de um arquivo, mas ele não é encontrado no lugar indicado.
ImportError ou ModuleNotFoundError	Quando você usa o *import* e o código não encontra o módulo indicado.
IndentationError	Durante o desenvolvimento do programa, você faz uma indentação equivocada em alguma parte do código.
IndexError	Ao usar listas e seu código tenta ler um valor em uma posição inexistente na variável.
NameError	Quando a variável não foi declarada.
SyntaxError	Você escreveu alguma estrutura erroneamente ou esqueceu de digitar alguma parte obrigatória de uma estrutura.
TypeError	Ocorre quando o código espera um tipo de variável e recebe outro. Ex.: espera um número e recebe um texto.
ValueError	Operação ou função recebe um argumento que tem o tipo certo, mas um valor inadequado. Ex.: Espera um inteiro e recebe um *float*; ou espera um valor e recebe uma lista de valores.

Vejamos agora um outro exemplo: se você olhar com mais calma para o código do exemplo 1 verá que ainda é possível a ocorrência de um outro erro. Você consegue observar qual? Sim! O usuário pode entrar com um texto (*string*) de qualquer tamanho e o resultado será um erro de execução devido aos diferentes tipos de variáveis envolvidas.

a

```
1 # exemplo 02: E se além do zero houver outro erro?
2 # corrigindo o exemplo 02
3 try:
4     x = float(input('Entre com o valor de x: '))
5     y = 2/x
6     print('O resultado de y = ', y)
7 except (ZeroDivisionError, TypeError):
8     print('Você deve entrar apenas com números diferentes de zero!')
```

b

```
Console 1/A

Entre com o valor de x: a
Você deve entrar apenas com números diferentes de zero!
```

Figura 12.6: Exemplo 2 – tratando mais de um erro ao mesmo tempo.

Se você olhar bem para o código da Figura 12.6a verá que a diferença está no *except*, onde foi inserido mais um tipo de erro: *TypeError*. Agora, se houver uma divisão por zero ou se o usuário entrar com um texto qualquer, a mensagem da linha 8 será impressa no console, conforme a Figura 12.6b.

Tratando exceções em laços de repetição for

A lógica continua a mesma para os casos em que temos outras estruturas, sejam elas de repetição ou de escolha. O exemplo 3, na Figura 12.7, ilustra um problema no qual há a utilização de um laço de repetição *for*. A lógica é a mesma dos exemplos anteriores: existe um potencial de erro (ou mais de um, como já vimos) e isso será repetido **n** vezes, conforme valor inserido na linha 2 pelo usuário. Em seguida, o usuário deve entrar com um valor para **x** em cada uma das repetições pré-determinadas.

```
1 # exemplo 03: E se for em um laço de repetição?
2 n = input('Entre com número de repetições: ')
3 for i in range(n):
4     x = float(input('Entre com o valor de x: '))
5     y = 2/x
6     print('O resultado de y = ', y)
```

Figura 12.7: Exemplo 3 – utilizando um laço de repetição.

Aqui começam as possibilidades de correção com base em duas hipóteses:

1. O usuário quer parar a execução do código e informar o erro;
2. O usuário quer que o código continue a ser executado mesmo após o erro, que pode ser impresso ou não.

Para a hipótese 1 mostraremos duas possibilidades de estrutura de código. A Figura 12.8 mostra a primeira construção para a correção do código do exemplo 3 da Figura 12.7. Veja que a lógica de estruturação continua a mesma: o código principal fica dentro da estrutura *try*. Você pode se questionar: "E esse **n** do exemplo 3, não pode dar errado também caso o usuário entre com uma letra? São excelentes observações. Aqui existem duas possibilidades. A possibilidade 1 é que você coloca tudo dentro da estrutura *try* e tenta prever qualquer erro que possa acontecer, compilando-os em uma única mensagem localizada no *except*, como já vimos nos exemplos anteriores e como é mostrado na Figura 12.8.

A possibilidade 2 seria você colocar mais um bloco *try* para tratar apenas o erro do valor de **n**. As possibilidades vão aparecendo de acordo com sua demanda e com a sua visão de estrutura de código. Quanto mais testes houver, mais complexo pode ser seu código estruturalmente. Logo, trate os erros, mas não exagere!

```
1 # corrigindo o exemplo 03 - parando e informando sobre o erro
2 # forma 1
3 try:
4     n = int(input('Entre com número de repetições: '))
5     for i in range(n):
6         x = float(input('Entre com o valor de x: '))
7         y = 2/x
8         print('O resultado de y = ', y)
9 except (ZeroDivisionError, ValueError):
10     print('Utilize apenas números inteiros diferentes de zero!')
```

Figura 12.8: Correção do exemplo 3 – parando o laço de repetição.

Neste exemplo 3, foi inserido mais um tipo de erro: *ValueError* na linha 9. O motivo disso é que a função interna *range* só aceita números inteiros. Caso um valor com casa decimal (*float*) seja inserido, o erro será tratado. Quando essa estrutura de tratamento de erro da Figura 12.8 for executada, caso haja alguma exceção baseada nas previsões realizadas, o código emitirá uma mensagem ao usuário por meio do console e finalizará a execução do código, como é mostrado na Figura 12.9.

```
Console 1/A

Entre com o valor de x: 2
O resultado de y =  1.0

Entre com o valor de x: 0
Utilize apenas números inteiros diferentes de zero!
```

Figura 12.9: Finalização do laço de repetição para a hipótese 1.

A segunda estrutura para o tratamento de erro da hipótese 1 (parar a repetição) é apresentada na Figura 12.10. Observe que agora a estrutura **try** se encontra dentro do laço de repetição e não fora, como mostrado anteriormente. A presente estrutura implica uma fragilidade ao receber o valor de n. Caso o usuário entre com um valor fracionado com uma letra, o Python imprimirá uma mensagem de erro no console, uma vez que não foi previsto um tratamento de exceção para a linha 3. Como você resolveria esse potencial problema?

```
1 # corrigindo o exemplo 03 - parando e informando sobre o erro
2 # forma 2
3 n = int(input('Entre com número de repetições: '))
4 for i in range(n):
5     try:
6         x = float(input('Entre com o valor de x: '))
7         y = 2/x
8         print('O resultado de y = ', y)
9     except (ZeroDivisionError, ValueError):
10        print('Use apenas números inteiros diferentes de zero!')
11        break
```

Figura 12.10: Estrutura 02 para parada do laço de repetição do exemplo 3.

A lógica de aplicação continua a mesma: o valor de x é testado sempre que houver uma repetição. Mas, em caso de exceção, agora temos um novo elemento inserido ao código: o *break* na linha 11. Ele é responsável pela parada do laço de repetição após a mensagem informativa (linha 10) impressa no console. O resultado é idêntico ao apresentado na Figura 12.9. Caso o *break* seja removido do código, o programa apresentará a mensagem no console para o usuário e continuará as repetições conforme solicitado na linha 3. Faça o teste você mesmo e veja o comportamento!

Passemos agora para a hipótese 2: informar o erro ao usuário e continuar a execução do código. Com este raciocínio, você pode muito bem utilizar a estrutura anterior sem o *break* e ser feliz. A solução apresentada no código da Figura 12.11 a seguir insere um *continue*, na linha 10, que obriga o código a continuar sua execução mesmo após o tratamento da exceção.

```
1 # corrigindo o exemplo 03: informando sobre o erro e continuando a execução
2 n = int(input('Entre com número de repetições: '))
3 for i in range(n):
4     try:
5         x = float(input('Entre com o valor de x: '))
6         y = 2/x
7         print('O resultado de y = ', y)
8     except (ZeroDivisionError, ValueError):
9         print('Use apenas números inteiros diferentes de zero!')
10        continue
```

Figura 12.11: Solução para a hipótese 02 – Informação sobre o erro e continuidade na execução do código.

É importante frisar aqui que as mensagens informativas aplicadas à indentação do *except* podem ser removidas. Não é obrigatório informar o usuário sobre tal erro. Contudo, em determinadas aplicações, a apresentação de uma orientação é bem-vinda, uma vez que o usuário pode obter um resultado indesejado devido à sua falta de atenção e ele ainda não percebeu onde está errando ao executar o código. E, lógico, a culpa será do código e do programador. Logo, se o programa permitir a continuidade da repetição, apresente a mensagem no console e continue a executar o código! A mensagem é informativa e pode ajudar o usuário a se orientar melhor durante o uso do seu programa.

Tratando exceções em laços de repetição while

É preciso ficar atento às anomalias que podem acontecer após o tratamento de erro. Digamos que estejamos desenvolvendo um código com o intuito de alimentar uma lista com 10 informações inseridas pelo usuário e utilizemos o laço de repetição *for* para isto. Durante as 10 repetições previstas, caso haja um erro na terceira repetição do código, mas antes da inserção da informação do usuário na lista e esse erro é tratado, o código volta a ser repetido pelo laço *for*, mas a contagem interna do número de repetições continuará na quarta execução como se o erro não tivesse acontecido na execução anterior. Ou seja, o laço *for* realizará a contagem do número de repetições independente de a execução do código ter sido bem-sucedida. Desta forma, ao invés de 10 informações esperadas, o usuário terá uma lista com apenas 9 informações inseridas.

Para que se evite esse tipo de comportamento, é recomendado que se use o laço de repetição *while*. Com este tipo de laço, fica mais fácil controlar a quantidade de informações e obter com exatidão uma lista com o tamanho esperado (no caso do nosso exemplo), ou alcançar o número de execuções previamente definido. Vejamos o exemplo 4 da Figura 12.12, na qual a estrutura de repetição *while* trabalha em conjunto com a estrutura de tratamento de erro *try*.

No exemplo 4 aparecerá uma mensagem para o usuário informando o modo como ele deve proceder para sair do programa. O laço *while*, linha 5, mostra que o procedimento de chamada de entrada de informação será realizado até que o usuário queira sair do programa. Dentro da estrutura *while* foi posicionado o comando *try*, linha 6, para a realização do teste dos valores que são inseridos pelo usuário. Caso ele entre com uma letra, uma exceção acontece e o código locado no *except* (linha 10) é executado para tratar tal erro.

Aqui, ao invés de uma mensagem de erro repentina no console, aparecerá uma pergunta para o usuário (linha 11). Caso ele queira sair, basta digitar a letra "n". Se o usuário desistir de sair do programa, deverá digitar "s" e o *continue* é executado. Perceba aqui que não existe um número previsto de repetições como no caso da aplicação do laço de repetição *for*. Se o usuário quiser repetir o cálculo 10 vezes, ele obterá exatamente 10 respostas de área calculada para o exemplo da Figura 12.12. Ao contrário da aplicação do comando *for* que, se houver uma exceção, continuará contando internamente o número de repetições, independentemente de ter calculado o valor requerido ou de ter tratado a exceção.

```python
# exemplo com laço de repetição while
msg = """Entre com um valor positivo para o raio.
Caso queira sair, entre com uma letra qualquer."""
print(msg)
while True:
    try:
        r = float(input('Entre com o valor do raio: '))
        area = 3.14*r*r
        print('A área do círculo é', area, 'para o raio', r)
    except ValueError:
        repetir = input('Gostaria de continuar (s/n)?: ')
        if repetir.strip().lower() == 's':
            continue
        else:
            print('Ok, Você optou por finalizar o programa.')
            break
```

Figura 12.12: Exemplo 4 – tratamento de erro com o laço de repetição while.

A Figura 12.13 ilustra a execução do exemplo 4. Perceba que, mesmo entrando com uma letra no lugar do valor do raio, não houve um erro exposto no console, mas sim uma mensagem perguntando ao usuário se ele gostaria de continuar no programa.

```
Console 1/A

Entre com um valor positivo para o raio.
Caso queira sair, entre com uma letra qualquer.

Entre com o valor do raio: 5
A área do círculo é 78.5 para o raio 5.0

Entre com o valor do raio: p

Gostaria de continuar (s/n)?: n
Ok, Você optou por finalizar o programa.
```

Figura 12.13: Execução do exemplo 4 e mensagens no console.

Tratando exceções em funções

A lógica de tratamento de erro de uma função é a mesma dos exemplos anteriores. A diferença aqui é que existirá um bloco de tratamento de exceção dentro da função criada pelo programador. A Figura 12.14a ilustra mais um exemplo de aplicação e tratamento de potenciais exceções.

a

```
1 # tratando erros em funções
2 def f1(x, y):
3     try:
4         resultado = x/y
5         print("func = x/y. func =", resultado)
6     except Exception as erro:
7         print('Seu código resultou em um erro:', erro)
8
```

b

```
Console 1/A

In [43]: f1(10,0)
Seu código resultou em um erro: division by zero
```

Figura 12.14: Exemplo 5 – usando o comando try em funções.

Como novidade (linha 6), foi inserido mais um tipo de erro ao código: *Exception*. Este é responsável por capturar os erros diversos caso você não saiba exatamente qual tipo de erro esperar durante a execução do código.

Se você está atento, verá que tem outra diferença no código do exemplo 5: a aplicação de um apelido (*alias*) para o tipo de erro capturado (linha 6). Outro detalhe sobre o presente exemplo: se você recorda bem sobre as importações de funções, é possível usar o "*as*" como um indicador de apelido para a função importada. No presente caso, o funcionamento é igual, só que ao invés de renomear uma função importada, o código usa o "*as*" como meio indicador de apelido para a exceção obtida, caso haja, durante a execução do código. Veja o resultado da execução do exemplo 5 na Figura 12.14b.

Existem outras formas de apresentação da estrutura *try*. O exemplo 6, na Figura 12.15, ilustra uma nova lógica de tratamento das exceções vistas até o presente momento. Observe que agora temos a presença de um *else* e um *finally* nas linhas 7 e 9 respectivamente. Essa construção funciona de forma similar para o teste da função feito na linha 3. Se houver qualquer exceção, o *except* da linha 5 será executado. Caso não haja erro, o *else* é chamado e o resultado da função é impressa, conforme mostra a linha 8. O bloco *finally* é executado independentemente de haver erro na execução do código. Ou seja, o código indentado no *finally* sempre será executado.

```
1 # tratando erros em funções
2 def f2(x, y):
3     try:
4         resultado = x / y
5     except Exception as erro:
6         print('Seu código resultou em um erro:', erro)
7     else:
8         print("func = x/y. func =", resultado)
9     finally:
10        print("A função foi finalizada.")
```

Figura 12.15: Exemplo 6 – estrutura try/except/else/finally.

A Figura 12.16 mostra os resultados das execuções do código do exemplo 6 para duas chamadas distintas. A primeira chamada temos os valores 10 e 0 para **x** e **y** respectivamente. Na segunda chamada, os valores de 10 e 2 foram usados para os mesmos parâmetros. Perceba que na primeira chamada (In[45]) temos a mensagem do erro tratado e uma mensagem de finalização da execução do código. Na segunda chamada (In[46]), o cálculo é realizado com sucesso e a mesma mensagem de finalização do código aparece no console.

```
Console 1/A
In [45]: f2(10, 0)
Seu código resultou em um erro: division by zero
A função foi finalizada.

In [46]: f2(10, 2)
func = x/y. func = 5.0
A função foi finalizada.
```

Figura 12.16: Teste de aplicação da estrutura try/except/else/finally.

É importante ressaltar que não existe uma regra específica para fixar qual das estruturas você deve utilizar. Você avaliará qual é a necessidade de tais estruturas de código e adaptará seus desenvolvimentos conforme demandas.

Por que minha função retornou um erro?

Uma nota importante deve ser registrada aqui: até o momento, todos os exemplos de funções apresentados foram chamados no console e nenhum deles retornou uma exceção. Mas isso aconteceu porque não testamos todas as possibilidades de uso da função.

Vejamos o que há de novidade no exemplo 7 da Figura 12.17. O *import* **sys**, da linha 2, é responsável por carregar as funções responsáveis pelo comportamento do interpretador durante a execução do código. No presente exemplo, o ***sys*** será usado na linha 9 para mostrar especificamente qual foi o erro que ocorreu durante a execução do código. Perceba que o ***sys*** tem a mesma funcionalidade do "*except Exception* as erro" usado no exemplo 6.

```
1 #Tratando erros em funções
2 import sys #importando funções usadas pelo interpretador
3
4 def f1(x, y):
5     try:
6         resultado = x/y
7         print('f1(x,y)=', resultado)
8     except Exception:
9         print('Seu código resultou em um erro:', sys.exc_info()[0])
```

Figura 12.17: Exemplo 7 – Exceção de chamada de uma função qualquer.

Ao chamarmos a função **f1** no console e usarmos os valores **10** e **m** (variável não declarada) como valores dos parâmetros **x** e **y** respectivamente, Figura 12.18, observa-se que ocorre uma exceção, mesmo colocando o "*except Exception*", que serve para qualquer erro, na linha 8 do nosso código. A função sozinha, mesmo com tratamento de erro *try* para exceções, quando chamada no console, pode resultar em uma parada repentina caso alguma variável não declarada seja passada como parâmetro. Isso acontece porque há a geração de uma exceção no momento que a função recebe a variável não declarada. Ou seja, o erro está fora da função e o *try* que colocamos no nosso código está dentro da função.

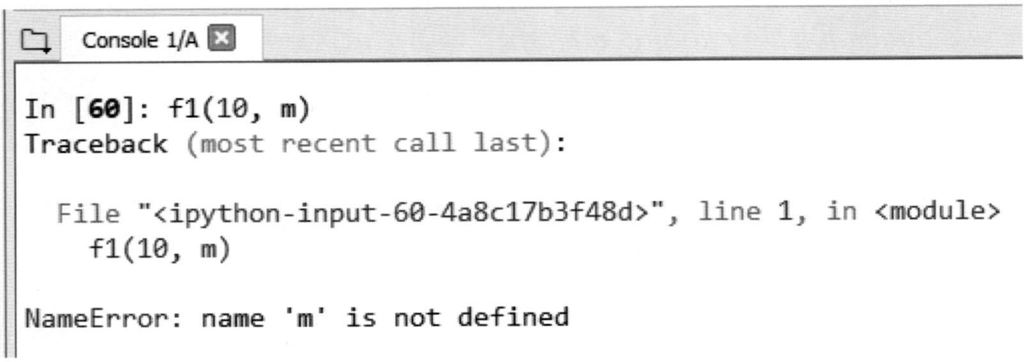

Figura 12.18: Chamada da função do exemplo 7.

Essa anomalia é corrigida quando realizamos o tratamento de uma exceção ao chamarmos a função **f1** no nosso código principal. Veja a Figura 12.19a e avalie a diferença. Veja que temos uma aplicação entre as linhas 12 e 17 como código complementar

a

```
1 # tratando erros em funções
2 import sys # importando funções usadas pelo interpretador
3
4 def f1(x, y):
5     try:
6         resultado = x/y
7         print('f1(x,y)=', resultado)
8     except Exception:
9         print('Seu código resultou em um erro:', sys.exc_info()[0])
10
11 # exemplo de aplicação
12 try:
13     x = 10
14     y = m
15     f1(x, y)
16 except Exception as erro:
17     print('\nSeu código resultou em um erro:', erro)
```

b

```
Console 1/A

Seu código resultou em um erro: name 'm' is not defined
```

Figura 12.19: Tratamento de erro do exemplo 7.

O comando *try* da linha 12 é responsável por tratar qualquer erro que aconteça antes da execução da função na linha 15. Se você olhar direito, o analisador de código já identifica que há algo errado no código quando ele mostra um "sublinhado" na variável *m*, como também uma exclamação, da linha 14. Caso esse detalhe passe desapercebido, o *try* segura o tranco que manda a exceção para a linha 16, como é ilustrado na Figura 12.19b.

Problemas de revisão

12.1. Descreva as possíveis estruturas para uso do bloco *try*.

12.2. Faça uma lista com os erros mais comuns encontrados em funções e quais palavras-chave podemos usar para tratar esses erros.

12.3. Qual a finalidade do tratamento de erro?

12.4. Com uais tipos de erros podemos nos deparar em um código?

Problemas de desenvolvimento

Considerando tudo que já foi aprendido até aqui, responda as questões a seguir:

12.5. Qual a diferença entre erros de sintaxe e erros de exceção?

12.6. É possível tratar erros de sintaxe com o comando *try*? Por quê?

12.7. Escreva um código para resolver a função $f(x) = (35x^2 + 2y - 10z^3)^{1/2}$. Os valores de x, y e z deverão ser inseridos pelo usuário. Quais exceções podem acontecer? Faça o tratamento de exceções do seu código e teste-o para diferentes situações de entrada de valores. O resultado da função não pode ser um número complexo.

12.8. Você é responsável pelo preenchimento de uma tabela com valores diários de massa de CaO que é usado no tratamento de uma pequena ETA (Estação de Tratamento de Afluente) de uma empresa e do volume de água que foi tratado a cada dia. Desenvolva um código que solicite ao usuário os pares de valores de massa do reagente e de volume de água tratados, um de cada vez, e que calcule a média para cada semana (7 dias) desses valores. Quais são os potenciais erros de exceção que podem acontecer? O seu código deve ter tratamento de exceções para evitar que o usuário entre com valores incorretos, ou ainda que a média seja feita com menos dias do que o previsto. Qual laço de repetição você acha mais adequado?

12.9. Avalie o código do método de Newton-Raphson, aplicado para encontrar a raiz de uma dada equação, como vimos no Capítulo 7, e reescreva-o aplicando o tratamento de exceções usando o *try/except*.

Finalizando o Capítulo 12

O presente capítulo teve por objetivo esclarecer as principais fragilidades que aparecem nos códigos dos desenvolvedores menos experientes e que podem causar problemas nos resultados das soluções durante suas execuções. Foram apresentadas estruturas distintas de tratamento de exceção, iniciando com a estrutura básica *try/except*, caminhando para os diferentes tipos de exceção que ocorrem com frequência tais como o ZeroDivisionError para divisão por zero, até Exception para diversos tipos de erros. O tema foi explorado sob a ótica de diferentes exemplos de aplicação, com antes e depois do tratamento, destacando os principais motivos para a apresentação das soluções.

Observe que neste ponto do desenvolvimento, você já está com uma boa bagagem de exemplos de aplicação e de funcionalidades do Python para o desenvolvimento dos seus códigos e projetos. Mas ainda falta algo, você não acha? Sim! No próximo capítulo aprenderemos diferentes formas de usar a função *print*( ) do Python e utilizaremos essa função para formatar nossos resultados, definindo o número de casas decimais que serão impressas no console, posição de variáveis que serão impressas na mensagem de texto dos resultados; imprimiremos tabelas e deixaremos nossos códigos e resultados com uma aparência ainda mais profissional.

Referências

[1] PERKOVIC, Ljubomir. **Introduction to Computing Using Python**: An Application Development Focus. Wiley Publishing, 2011.

[2] PYTHON. **Exceções embutidas**. Disponível em: https://docs.Python.org/pt-br/3/library/exceptions.html#bltin-exceptions. Acesso em 03 jun. 2021.

[3] PYTHON. **Erros e exceções**. Disponível em: https://docs.Python.org/pt-br/3/tutorial/errors.html. Acesso em 03 ago. 2021.

Capítulo 13: Impressão e formatação

Acredito que você possa estar se perguntando: "Por que esse assunto apareceu aqui e não no primeiro capítulo deste livro?" A resposta é simples: eu queria que você já tivesse o gostinho da programação; de desenvolver suas primeiras aplicações e de observar alguns exemplos voltadas para a Engenharia Química. Outro fator é que neste capítulo nós vamos explorar vários formatos de formatação para que você se adapte ao que achar melhor, logo isso levaria a um bom empenho no início do aprendizado e, na minha opinião, a formatação deve ficar como um refinamento após uma melhor experiência com qualquer linguagem de programação, principalmente quando se está aprendendo do zero e nunca houve contato com programas de computador. Neste capítulo exploraremos a primeira função que aprendemos a usar! Isso mesmo: a função *print( )*. Com ela modelaremos e deixaremos nossos resultados com uma cara mais profissional. Também exploraremos a impressão de tabelas, seja por meio dos nossos próprios códigos, seja pelo auxílio da biblioteca *Tabulate*. Tudo isso com muitos exemplos de aplicação!

O que é formatar?

Em programação a palavra formatar tem duas aplicações distintas: a primeira é apagar todos os dados de um computador e voltar para um padrão de referência no qual o sistema computacional iniciou suas atividades. Na segunda é que temos interesse: dar formato, deixar mais bonito ou com características que sejam previamente desejáveis para que o produto seja disposto de forma organizada quando é exposto para visualização.

No Python o que queremos é mostrar como usar a função *print*( ) para formatar nossos resultados e deixá-los em formatos preestabelecidos. Não há muita dificuldade nisso, mas existem formatos distintos que poderão ser explorados de formas diferentes de acordo com o desejo do programador.

Usando print com marcador (%) de posicionamento

O primeiro formato de argumento para a função *print*( ) está disposto na Figura 13.1. Leia o *print* desta figura da seguinte forma:

> *"imprima o argumento e coloque o resultado numérico da **variável** dentro do texto onde se encontra o '%'. O resultado deve ser impresso com a formatação indicada."*

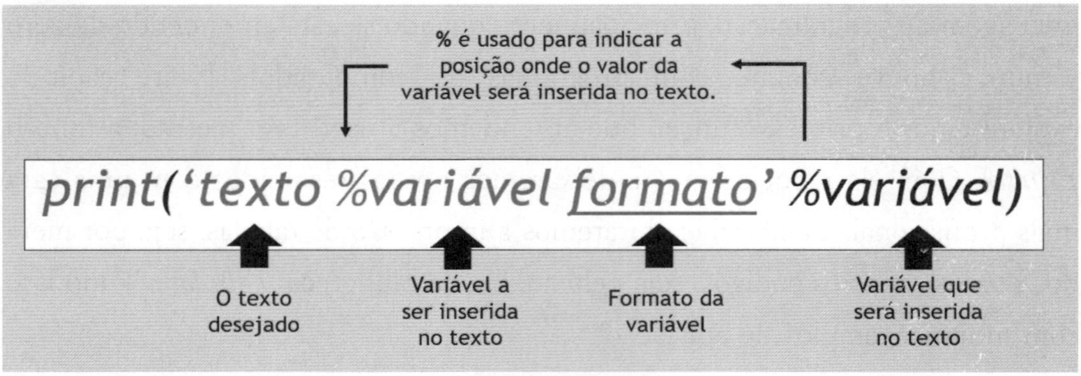

Figura 13.1: Formato do argumento para uso do % como marcador de posição.

Iniciaremos mostrando alguns exemplos de aplicação de tipos distintos de variáveis com as quais podemos trabalhar. Na Figura 13.2a, observe que a linha 2 traz um valor de com precisão de nove casas decimais. Esse valor, quando impresso, não fica "tão bacana" aos olhos de alguém da área de engenharia, uma vez que, como você aprenderá, trabalhará na grande maioria das aplicações com valores com duas ou três casas decimais.

a

```
1 # declaração de uma variável
2 x = 15.555555555
3 # impressão de uma variável com formato float com 3 casas decimais
4 print('Esta é a forma de uma variável do tipo float: % .3f ' %x)
5
6 # impressão de uma variável com formato integer. Não há casas decimais
7 print('O valor de x = %i no formato inteiro.' %x)
8
9 # impressão de uma variável com formato científico com 2 casas decimais
10 print('x é escrito como sendo %.2E no formato científico.' %x)
```

Console 1/A

b

```
Esta é a forma de uma variável do tipo float:  15.556
O valor de x = 15 no formato inteiro.
x é escrito como sendo 1.56E+01 no formato científico.
```

Figura 13.2: Exemplos de aplicação da função print com % na formatação.

Acredito que você também tenha percebido um formato diferente nos argumentos dos *prints* nesses exemplos da Figura 13.2a: a presença de um "%" dentro do texto (em verde) e outro "%" fora do texto. Esses exemplos também não mostram aquelas vírgulas, que separam o texto da variável, que aprendemos nos capítulos anteriores. Leia o *print* da linha 4 da seguinte forma:

> *"imprima o argumento e coloque o resultado numérico de **x** dentro do texto onde se encontra o '%'. O resultado deve ser impresso com 3 casas decimais para a variável do tipo float (.3f)."*

Veja que, após fecharmos o texto com o apóstrofo, o "%" também aparece em frente à variável **x**, que também é argumento da função *print*( ). Temos dois argumentos sem vírgula para separá-los! Curioso, não é?! Pois bem! Este é um tipo de formatação para o uso da função *print*( ). A lógica de leitura é a mesma para os demais tipos de variáveis, mudando, é claro, o quesito numérico ou textual para os argumentos utilizados. O resultado dessa aplicação se encontra na primeira linha impressa no console (Figura 13.2b).

Ainda na Figura 13.2a, vejamos agora o exemplo da linha 7. Aqui temos a impressão de um número inteiro! Mesmo que o usuário tenha informado um valor **x** com 9 casas decimais, a impressão diz que o valor de **x** deve ser colocado junto ao texto onde está localizado o "%" e este valor é do tipo inteiro (i). Ou seja, o Python fará um truncamento no valor e imprimirá apenas um valor inteiro, como é possível observar a segunda linha impressa no console apresentada na Figura 13.2b.

Por fim, temos uma impressão em formato científico, como mostrado na linha 10 da Figura 13.2a. O raciocínio é o mesmo: Coloque o valor de x no texto onde se encontra o "%" e imprima-o com duas casas decimais e formato científico (.2E). Veja que para o exemplo no formato *float* com três casas e o exemplo com formato científico com duas casas, o Python aplicou um arredondamento no valor final. No caso da aplicação com valor inteiro, o Python apenas "trunca" o resultado, imprimindo o valor 15.

Para os casos nos quais há necessidade de impressão de mais de uma variável no mesmo texto, podemos usar o exemplo da Figura 13.3a para visualizarmos as mudanças necessárias no padrão visualizado anteriormente.

a

```
1 # importando bibliotecas
2 import math as m
3
4 # declaração das variáveis
5 x = 13.5
6 fx = m.log(x) #esse log é igual ao ln
7 # impressão de uma variável tipo float com 3 casas decimais
8 print('\nPara um valor de x = %.1f, temos ln(x) = %.3f '%(x,fx))
```

b

```
Console 1/A

Para um valor de x = 13.5, temos ln(x) = 2.603
```

Figura 13.3: Exemplo de aplicação da função print com % na formatação de duas ou mais variáveis.

Observe na linha 8 que o "%" se encontra em mais de uma posição no texto. Cada posição demarcada apresenta um formato de número diferente: o primeiro com apenas uma casa (.1f) decimal e o segundo com 3 (.3f). As posições se referem aos locais que receberão as informações referentes aos valores de **x** e de **fx**, localizadas em uma *tupla* (x,fx) no final do argumento da função *print( )*. A lógica de expansão é a mesma caso sejam necessárias mais variáveis

Existem outros formatos que podem ser explorados e que não se restringem apenas à essa aplicação com marcador de posicionamento "%". Este é um padrão de formatação que veremos também aplicado aos demais argumentos para o *print( )*, inclusive no formato de impressão que já estávamos usando nos capítulos anteriores. A Figura 13.4 resume as letras que podemos explorar nos nossos códigos.

```
"""
Definição das letras usadas na formatação de impressão

f - float       - número de ponto flutuante
d - integer     - número inteiro
i - integer     - número inteiro
e - exponential - notação exponencial ou científico
E - exponential - notação exponencial ou científico
g - short       - notação exponencial ou científico curto
c - character   - letra
"""
```

Figura 13.4: Letras comumente usadas na função print para formatação e impressão de resultados.

Usando separadores e finalizadores

Para deixar o resultado da impressão mais bonito, podemos usar separadores (**sep**) e/ou finalizadores (**end**). Observe os exemplos de aplicação da Figura 13.5a. Uma das novidades aqui é a declaração das variáveis em linha (linha 2), ou seja, basta separar as variáveis e seus respectivos valores por ";" que você pode enxugar seu código. Lembrando que na grande parte das soluções de engenharia é recomendado que você faça um comentário ou cite a unidade da variável que está sendo usada (em formato de comentário) para se evitar problemas de cálculos com o uso de variáveis com unidades inadequadas.

a

```
1 # declarando variáveis em linha
2 a = 1; b = 2; c = 3; d = 4
3
4 # imprimindo valores de variáveis em grupos e com um separador
5 print('Imprimindo valores com um separador:')
6 print(a, b, c, d, sep='-->')
7
8 # o final da impressão também pode ser formatada
9 print('\nImprimindo valores também com um finalizador:')
10 print(a, b, c, d, sep='-->', end = ' m3/h')
```

b

```
Console 1/A
Imprimindo valores com um separador:
1-->2-->3-->4

Imprimindo valores também com um finalizador:
1-->2-->3-->4 m3/h
```

Figura 13.5: Usando separador e finalizador nas impressões.

O *print*( ) da linha 6 imprime as variáveis a, b, c e d com um separador "-->" ao usarmos a palavra-chave "**sep**". É um padrão de formatação da programação Python e a mesma lógica é usada para elementos que serão impressos no fim do texto ou da variável, como mostra a linha 10, quando usamos a palavra-chave "**end**". O resultado desta formatação é apresentado na Figura 13.5b.

A Figura 13.6 ilustra alguns exemplos de formatação de listas. A linha 5 apresenta o exemplo clássico de impressão de uma lista qualquer. Até aqui, nenhuma novidade. No entanto, caso você queira remover os separadores (**,**) e os colchetes desta lista, basta inserir um asterisco (*****) antes do nome da lista, como é mostrado na linha 5.

Podemos também utilizar as palavras-chaves já usadas nos exemplos anteriores para formatar nossa lista chamada **lis**. A linha 12 remove os separadores padrões do Python e insere um separador personalizado (-). Já o exemplo da linha 15 remove os separadores padrões do Python e força a impressão de cada elemento da lista em uma linha diferente, resultando em uma sequência de dados impressa em diferentes linhas no console.

```
1 # para uma lista de números
2 lis = [1, 2, 3, 4, 5]
3
4 # imprimindo a lista sem formatação (clássico)
5 print('\nImprimindo uma lista sem formatação: \n', lis)
6
7 # imprimindo a lista com formatação (eliminando ',' e [])
8 print('\nImprimindo uma lista com formatação: \n', *lis)
9
10 # imprimindo a lista com um separador diferente '-'
11 print('\nImprimindo uma lista com formatação e sepadaror:')
12 print(*lis, sep= "- ")
13
14 # imprimindo uma lista em formato de coluna
15 print('\nImprimindo uma lista em novas linhas:', *lis, sep='\n')
16
17 # imprimindo uma lista em formato de coluna com finalizador
18 print('\nImprimindo uma lista com unidades e em novas linhas:')
19 print(*lis, sep='kPa\n', end='kPa')
```

Figura 13.6: Formatando listas.

```
Console 1/A

Imprimindo uma lista sem formatação:
 [1, 2, 3, 4, 5]

Imprimindo uma lista com formatação:
 1 2 3 4 5

Imprimindo uma lista com formatação e sepadaror:
1- 2- 3- 4- 5

Imprimindo uma lista em novas linhas:
1
2
3
4
5

Imprimindo uma lista com unidades e em novas linhas:
1kPa
2kPa
3kPa
4kPa
5kPa
```

Figura 13.7: Resultados dos diferentes exemplos de formatação de uma lista.

Por fim, a linha 19 mostra a mesma impressão do tipo "coluna", mas insere um separador (unidade de pressão kPa) e um finalizador. Aqui o finalizador é aplicado pois, sem ele, as unidades só são inseridas até o penúltimo valor da lista. Faça o teste você mesmo e tente aplicar mudanças para avaliar a impressão da lista. Os resultados de cada exemplo podem ser observados na Figura 13.7.

Usando o comando format na função print

O comando *format*( ) é responsável por ajustar a variável ao formato desejado. O dito comando recebe 2 argumentos separados por vírgula: a variável a ser impressa e o formato com o qual se deseja imprimir tal variável. O formato aqui é igual ao que já vimos nos exemplos anteriores, ou seja, depende do que se quer imprimir.

O comando *format* é inserido como um argumento na função *print*( ); Caso haja texto, este deve ser separado por vírgula do comando *format*. O resultado da impressão é uma união de textos em sequência de acordo com o posicionamento dos argumentos dentro da função *print*( ). A Figura 13.8 ilustra o formato geral da função *print*( ) ao utilizar o comando *format*( ).

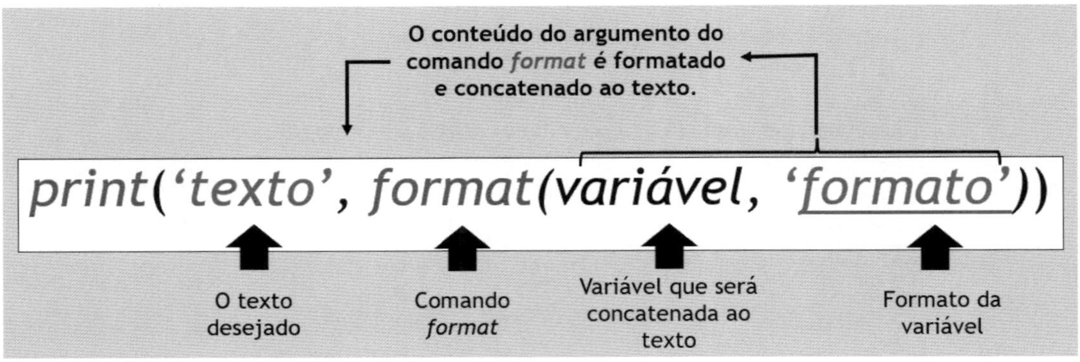

Figura 13.8: Estrutura da função print ao utilizar o comando format.

A aplicação do comando *format* é bastante simples. Na Figura 13.9a temos três exemplos diferentes de aplicação de formatação e impressão do valor de **z**. A linha 5 mostra a estrutura padrão onde o texto do primeiro argumento da função *print* é concatenado ao resultado do comando *format*, posicionado como segundo argumento. Perceba que **z** será impresso com 3 casas decimais.

a

```
1 # declaração de variável
2 z = 500000
3
4 # aplicando formatação em números
5 print('Z com 3s casas decimais:\n', format(z, '.3f'))
6
7 print('\nZ com marcador de milhar e decimal:')
8 print(format(z, ',.2f')) # duas casas decimais
9
10 print('\nvalor de Z com notação científica:')
11 print(format(z, '.1e')) # uma casa decimal
```

b

```
Console 1/A
Z com 3s casas decimais:
 500000.000

Z com marcador de milhar e decimal:
500,000.00

valor de Z com notação científica:
5.0e+05
```

Figura 13.9: Exemplos de aplicação do comando format.

A linha 7 traz uma impressão semelhante, contudo aqui temos também a impressão do marcador de milhar. Esse formato não é exclusivo da função *format*, mas entra aqui como mais uma novidade no exemplo proposto. O terceiro exemplo, na linha 11, ilustra o uso do comando *format*( ) para que o resultado seja impresso em notação científica. Os resultados dos três exemplos podem ser visualizados com auxílio da Figura 13.9b.

O comando *format*( ) pode ser usado mais de uma vez no mesmo *print* para os casos em que há necessidade de impressão de mais de um valor, em diferentes locais do texto. Vejamos o exemplo da Figura 13.10a na qual temos o valor de **x** e o resultado do cálculo da função $f(x) = 2x^2$. Perceba que, para o presente exemplo, o comando *format* foi repetido duas vezes. Cada um deles com uma variável diferente.

a
```
# declaração de variável
x = 5.3

# aplicando formatação em dois valores distintos na mesma impressão
print('Para x=', format(x, '.1f'), 'temos f(x) = ', format(2*x*x, '.2f'))
```

b
```
Console 1/A
Para x= 5.3 temos f(x) =  56.18
```

Figura 13.10: Aplicação do comando format em mais de uma variável no mesmo print.

O resultado (Figura 13.10b) mostra um único texto com os valores citados na formatação prevista no código. E respondendo sua pergunta: sim! É possível colocar uma função dentro do *format*, ou do *print*, para que o resultado da função seja impresso. A recomendação é que isso seja feito apenas com pequenos exemplos. Funções muito grandes podem dificultar a visualização e leitura do seu código, e não é isso que queremos.

Usando o comando .format na função print

A realidade é que o comando *.format*( ) também faz esse posicionamento no texto inserido na função *print*( ). Observe o formato geral na Figura 13.11.

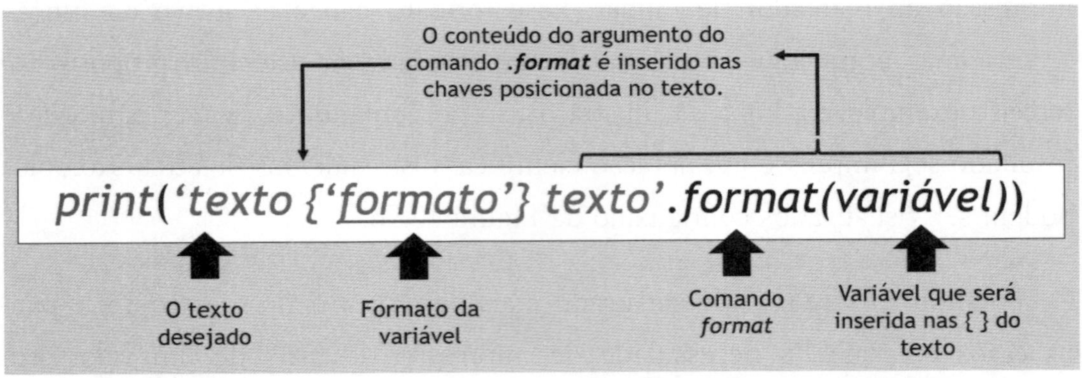

Figura 13.11: Estrutura da função print com posicionamento { } ao utilizar o comando format.

No caso do uso do comando *.format*, o posicionamento da variável em algum lugar do texto é realizado com a aplicação de um par de chaves { }. Onde este par { } estive posicionado no texto, o *.format* colocará o conteúdo da variável ali. No caso de haver necessidade de formatação do valor, basta escrever a formatação requerida dentro do par de chaves. Vamos explorar os exemplos da Figura 13.12a.

a

```
1 # declaração das variáveis
2 x = 2.5
3
4 # valor de x no texto sem formatação
5 print("\n1- O valor de x = {} antes da formatação.".format(x))
6
7 # valor no texto com duas cadas decimais
8 print("\n2- O valor de x = {:.2f} depois da formatação.".format(x))
9
10 # mais de uma variável impressa no texto sem formatação
11 print("\n3- Veja f(x) = {} para x = {} antes da formatação.".format(x**2, x))
12
13 # mais de uma variável no texto com formatação
14 print("\n4- Resultado de f(x) = {:.3f} para x = {:.3f}.".format(x**2, x))
```

b

Console 1/A

```
1- O valor de x = 2.5 antes da formatação.

2- O valor de x = 2.50 depois da formatação.

3- Veja f(x) = 6.25 para x = 2.5 antes da formatação.

4- Resultado de f(x) = 6.250 para x = 2.500.
```

Figura 13.12: Exemplo de aplicação do comando .format com uma ou mais variáveis.

A linha 5 mostra um exemplo de apenas uma variável inserida no texto e sem a devida formatação das casas decimais. Observe que, no texto, é possível identificar a presença das "{ }" logo após o "x =".

O exemplo 2, na linha 8, nos mostra uma aplicação com formatação. Dentro da *string*, temos "{ :.2f}". Leia essa expressão assim: *coloque o valor aqui dentro dessas chaves e formate com 2 casas decimais.*

Os dois pontos ":" usados dentro das chaves têm o papel de separador: o lado direito dos dois pontos, exatamente onde se encontra a formatação (.2f) condiz com a forma como o resultado será impresso, onde no presente exemplo temos duas casas decimais. O lado esquerdo dos dois pontos se refere ao posicionamento de variáveis como veremos nos exemplos vindouros.

O terceiro exemplo, na linha 11 da Figura 13.12a, ilustra a formatação para duas ou mais variáveis que precisam ser posicionadas dentro do texto que será impresso. Perceba que o *.format* não apresenta apenas uma variável, mas sim duas, separadas por vírgula! Essas variáveis serão posicionadas de acordo com a ordem de "{ }" que foram colocadas no texto, ou seja, dentro do primeiro par de chaves ficará a primeira variável dentro do *.format*, o segundo par de chaves receberá a segunda variável, e assim por diante.

Perceba também que a primeira variável a ser posicionada no texto é uma função. O Python resolve a função, para o dado valor de **x**, e imprime apenas o resultado. É importante frisar que a variável **x** já deve ter sido declarada no corpo do código, antes de ser chamada pelo comando *.format*.

O quarto exemplo mostra a formatação de valores para duas variáveis, ou mais, que serão inseridas no texto *print*. A lógica é a mesma da formatação do exemplo 2 e a regra de posicionamento igual ao exemplo 3. Os resultados de cada exemplo estão expostos na Figura 13.12b.

Os exemplos a seguir propõem complementar o que já foi apresentado: mostrar diferentes formas de fixar o posicionamento das variáveis dentro do texto. A Figura 13.13a ilustra três exemplos complementares. O exemplo 5 mostra as letras m e n nos dois pares de chaves que se encontram no texto do *print* da linha 5. Perceba que as letras m e n estão posicionadas do lado esquerdo dos ":". "Mas isso serve para quê?"

O posicionamento das variáveis utilizando letras ou números, ou qualquer outro nome do seu gosto, servem para que o desenvolvedor não se preocupe com o posicionamento das variáveis dentro do comando *.format*. Observe, neste exemplo, dentro do comando *.format*, as letras **m** e **n** recebem os valores das variáveis. Logo, independentemente da ordem das variáveis dentro do comando *.format*( ), as posições de **m** e **n** serão respeitadas dentro dos pares de chaves.

a

```
# declaração das variáveis
x = 2.5

# duas variáveis impressas no texto com formatação usando variável de resultado
print("\n5- Resultado de f(x) = {m:.1f} para x = {n:.1f} depois da formatação."
      .format(n=x, m=x**3))

# duas variáveis impressas no texto sem formatação usando posição
print("\n6- Veja f(x) = {0} para x = {1} antes da formatação.".format(x**4, x))

# duas variáveis impressas no texto com formatação usando posição
print("\n7- Veja f(x) = {0:.3f} para x = {1:.3f} depois da formatação."
      .format(x**4, x))
```

b

```
Console 1/A

5- Resultado de f(x) = 15.6 para x = 2.5 depois da formatação.

6- Veja f(x) = 39.0625 para x = 2.5 antes da formatação.

7- Veja f(x) = 39.062 para x = 2.500 depois da formatação.
```

Figura 13.13: Exemplos com declaração de posição usando o comando .format.

O exemplo 6 ilustra a mesma ideia do exemplo 5, mas sem precisar criar variáveis de posicionamento. Dentro dos pares de chaves, do lado esquerdo dos ":", são colocadas as posições **0, 1, 2... n**, como se fossem as posições de uma lista. Assim, a variável que estiver na posição zero dentro do comando *.format*, será inserida na posição zero dentro do texto. A mesma lógica se aplica para as demais posições.

Por fim, o exemplo 7 é apenas uma replicação do exemplo 6 com formatação aplicada. Os resultados dos três exemplos são apresentados na Figura 13.13b.

Uma novidade nos exemplos da Figura 13.13a são os "pulos de linhas" dos códigos. Esse "pulo" só funciona se você posicionar o cursor entre o "texto" e o *.format* e, ali, apertar "Enter". Esse procedimento pode ajudar caso sua linha de código seja muito grande. Entenda "grande" quando a linha de código ultrapassa uma linha cinza vertical que está localizada no editor do Spyder. Alguns monitores mais antigos limitavam o espaço de desenvolvimento exatamente à área delimitada por essa linha. Caso seu monitor seja grande o suficiente para ler o código após essa linha cinza vertical, não há problema em deixar o código sem esses pulos.

Imprimindo títulos

Você também pode ajustar a posição dos textos utilizando ":<dígitos", ":>dígitos" ou ":^dígitos" para posicionar o texto à margem esquerda, direita ou centralizado respectivamente. A Figura 13.14a traz 4 exemplos de aplicação.

a

```
1 # imprimindo o título à esquerda
2 print('Aqui temos um título à esquerda:  | {:<15} |'.format('título1'))
3
4 # imprimindo o título à direita
5 print('\nAqui temos um título à direita:   | {:>15} |'.format('título2'))
6
7 # imprimindo o título no centro:
8 print('\nAqui temos um título centralizado: | {:^15} |'.format('título3')
9
10 # caso voce queira deixar o título mais bonito, acrescente um marcador
11 print('Aqui temos um título centralizado: E {:-^15} D'.format('título4'))
```

b

```
Console 1/A
Aqui temos um título à esquerda:  | título1         |

Aqui temos um título à direita:   |         título2 |

Aqui temos um título centralizado: |     título3     |
Aqui temos um título centralizado: E ----título4---- D
```

Figura 13.14: Formatando títulos.

No exemplo 1, linha 2, temos uma impressão com o texto à esquerda. As barras "|" usadas são apenas para fins de expor o posicionamento do texto após impressão e não é um elemento obrigatório para o comando *print*. Veja que as regras continuam: toda a formatação aplicada fica dentro dos pares de chaves "{ }". Observe também que os ":" continuam lá para delimitar o que é posição (lado esquerdo dos ":") e formatação (seja de texto ou de números do lado direito dos ":"). Neste exemplo, com a formatação "{:<15}", estamos afirmando que o texto contido no comando *.format*( ) será posicionado no local onde se encontra o par de chaves, terá um espaçamento de 15 dígitos neste local e o texto ficará posicionado à esquerda. Veja o resultado na primeira impressão no console com a Figura 13.14b.

A explicação para os exemplos 2 e 3, nas linhas 5 e 8 respectivamente, é dada da mesma forma que no exemplo 1. Contudo, o posicionamento do texto para a direita é feito quando usamos ">" e para o texto centralizado quando usamos "^". Os 15 dígitos de espaçamento são comuns aos três exemplos e é um número que pode ser editado conforme necessidade.

Você também pode inserir marcadores ao título, como é ilustrado no exemplo 4, da linha 11. Aqui foi inserido um "-" ao título centralizado, "{:-^15}". Veja na última linha impressa no console, Figura 13.14b, que o marcador foi aplicado aos dois lados do texto centralizado.

Caso seja um valor numérico e você queira também definir o número de casas decimais, basta inserir "," e colocar a quantidade de casas e o tipo.

Usando a formatação literal (ou f-texto) na função print

Outra maneira de formatar o que será impresso é por meio da digitação de **f**, antes do texto que será impresso, como é mostrado na forma geral do f-texto na Figura 13.15. Observe o **f** está junto ao texto, mas não dentro das aspas. Para que o valor seja inserido no texto, basta usar os "{ }" em algum ponto do texto escrito no *print* da mesma forma que ocorre com comando *.format*( ).

A grande vantagem de se usar essa forma de aplicação de formatação é que os nomes já declarados das variáveis podem ser inseridos diretamente no texto, dentro do par de chaves. Caso você queira formatar o conteúdo da variável, basta aplicar os ":" após o nome da variável e aplicar a formatação como já vem sendo feito nas formatações anteriores.

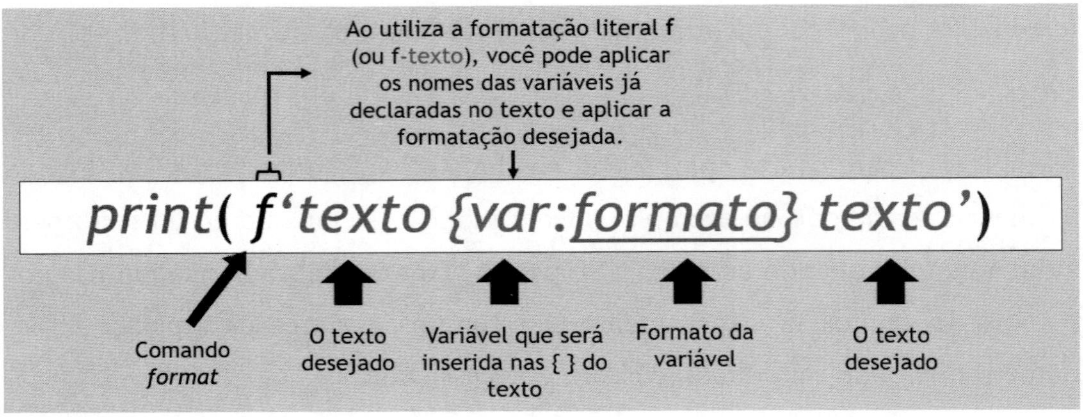

Figura 13.15 – Forma geral do f-texto dentro da função print.

Perceba que, no final, o argumento da função *print* fica mais curto, sem a necessidade de escrever o nome "format" junto ao conteúdo do texto, nem separar os nomes das variáveis por vírgula.

a

```
# importando bibliotecas
from random import random
# declaração de variáveis
x1 = 1.000
x2 = 2.000
y2 = x1 + x2

# colocando os valores originais das variáveis em posições escolhidas
print(f'\nA soma de {x1} e {x2} é igual a {y2}.')

# colocando os valores formatados das variáveis em posições escolhidas
print(f'\nA soma de {x1:.2f} e {x2:.2f} é igual a {y2:.2f}.')

# impressão de valores sorteados
resultado = random()
msg = f'O resultado foi {resultado:.2f} para o sorteio de'
msg = msg + '\num valor entre 0 e 0.99 usando random.'
print('\n'+ msg)
```

b

Console 1/A

```
A soma de 1.0 e 2.0 é igual a 3.0.

A soma de 1.00 e 2.00 é igual a 3.00.

O resultado foi 0.53 para o sorteio de
um valor entre 0 e 0.99 usando random.
```

Figura 13.16: Exemplos de aplicação do f-texto.

Vamos explorar os exemplos da Figura 13.16a. De forma resumida, os códigos das linhas 9 e 13 imprimem os valores das variáveis x1, x2 e y2. A diferença é que na linha 9 não há aplicação de formatação dos valores impressos, já a linha 13 aplica a formatação para que as variáveis sejam impressas com duas casas decimais (e.g. {x1:.2f}). Os resultados podem ser visualizados nas duas primeiras impressões do consoles, conforme ilustrado na Figura 13.16b.

Perceba que os nomes das variáveis, da forma que foram declaradas nas linhas 4, 5 e 6, foram usadas dentro do texto das linhas 9 e 13, mais especificamente dentro das chaves. Isso só é possível devido ao uso do **f** antes do texto aplicado como argumento na função *print*. Logo, essa forma de formatação não precisa que você coloque as variáveis dentro de comandos "format", ou as posicione após o texto, separando-as por vírgulas, basta colocá-las dentro dos pares de chaves e aplicar a localização desejada e ainda, dentro da função *print*, antes do início do texto, escrever a letra **f**... bacana, não é verdade?!

O terceiro exemplo, na linha 18, aplica a formatação em um valor aleatório sorteado entre 0 e 0,99 pela função *random*( ), linha 16. No presente exemplo, o texto desejado foi dividido em duas partes, conforme linhas 16 e 17, devido ao texto a ser impresso no console ser relativamente grande se comparado aos exemplos anteriores. Veja que o **f** foi posicionado em frente à primeira parte do texto, linha 16. Caso você queira colocar o **f** junto ao nome da variável **msg**, dentro da função *print*, o Python lhe retornará um erro, pois ele entenderá que a variável **fmsg** não foi declarada. O resultado da execução do exemplo 3 pode ser visualizado com auxílio da Figura 13.16b.

A Figura 13.17a apresenta outros quatro exemplos de aplicação. O primeiro exemplo é um complemento do que já foi visto até aqui para o **f**-texto: operação matemática dentro de uma *string* com formatação. A linha 5 traz um texto que mostra dois valores e o resultado de sua soma. Veja que todos os valores apresentam formatação e a soma é realizada dentro da própria *string*. O resultado pode ser visualizado na primeira impressão do console representado pela Figura 13.17b.

a

```
1 # declaração de variáveis
2 x1 = 2.465; x2 = 3.535
3
4 # colocando os valores formatados das variáveis em posições escolhidas
5 print(f'\nA soma {x1:.3f} + {x2:.3f} é igual a {x1 + x2:.3f}.')
6
7 # com textos
8 nome1 = 'maria'; nome2 = 'da silva'
9
10 # impressão de um texto com formatação
11 print(f'\nO nome completo é {nome1} {nome2}.')
12
13 # impressão de um texto com formatação
14 print(f'\nO nome completo é {nome1.title()} {nome2.title()}.')
15
16 # com textos
17 nome1 = 'engenharia química'
18
19 # excluindo espaços entre os nomes
20 print(f'\nVamos programar, #{nome1.title().replace(" ", "")}.')
```

b

Console 1/A

```
A soma 2.465 + 3.535 é igual a 6.000.

O nome completo é maria da silva.

O nome completo é Maria Da Silva.

Vamos programar, #EngenhariaQuímica.
```

Figura 13.17: Aplicando f-texto em operações matemáticas e em textos.

Os dois próximos exemplos tratam da impressão de textos. As regras vistas até agora para a impressão de textos, inclusive funções embutidas, também são válidas quando usamos o **f**-texto. Em suma, teremos mais liberdade para formatação e posicionamento dos textos com a formatação desejada sem a necessidade de separação por vírgula a todo momento.

As linhas 11 e 14 imprimem dois textos: um sem formatação e outro aplicando a formatação para título respectivamente. Continua valendo o uso dos nomes das variáveis já declaradas e seus posicionamentos em lugares desejados dentro dos pares de chaves no decorrer do texto. Os resultados podem ser visualizados nas segunda e terceira impressões do console, conforme exposto na Figura 13.17b.

O exemplo 4 ainda trata de impressão de textos. No entanto, temos a eliminação de espaços entre as palavras de uma *string* por meio do método *.replace*(mude_isso, por_aquilo). Assim como os métodos *.title*( ), *upper*( ) e *strip*( ), é possível utilizar o método *.replace*( ) para realizar a substituição de algum elemento de interesse: no presente caso, o espaço em branco, como é mostrado na linha 20 da Figura 13.17a. O texto "engenharia química" é colocado em formato de título e, em seguida, é concatenado após eliminação do espaço em branco, como mostra o resultado da última linha impressa no console, conforme a Figura 13.17b.

Usando caracteres especiais com f-texto

Você também pode importar a biblioteca *abc*, do sympy, para imprimir caracteres especiais tais como as letras gregas usadas em vários problemas de engenharia. A função *pretty*( ) deixará o símbolo ainda mais bonito. Na Figura 13.18a são apresentadas algumas formas de impressão de símbolos gregos nos textos. Atente que estamos usando **f** da mesma forma apresentada nos exemplos anteriores.

Para enxergar como os caracteres especiais são escritos no Python, pois eles não aparecem como os conhecemos nos textos, mas sim sua descrição, escreva o seguinte em seu console: *import sympy.abc* e, logo após apertar o botão "Enter", escreva o comando *dir(sympy.abc)* e aperte "Enter" novamente. Aparecerá uma lista com a descrição de todos os caracteres especiais desta biblioteca. Veremos o uso de alguns casos nos exemplos a seguir.

De forma resumida, temos a impressão de dois valores que são chamados de alfa e delta. Após a importação das bibliotecas necessárias, a linha 9 nos dá o primeiro exemplo: a impressão do caractere especial alfa. Veja que o caractere especial é carregado pelo caminho *grego.alpha*, onde alpha é a descrição encontrada na biblioteca para a letra grega α. No entanto, para que ele seja impresso no console no formato que conhecemos, usamos a função *pretty*( ). O restante da linha de código você já aprendeu nos exemplos anteriores. O resultado da execução da linha 9 pode ser visualizado na primeira impressão encontrada na imagem do console, conforme Figura 13.18b.

a

```
1 # importando bibliotecas
2 from sympy import pretty, abc as grego
3
4 # definição de alfa e delta
5 alfa = 5
6 delta = 3
7
8 # imprimindo a letra grega alfa minúscula (low case)
9 print(f'\n1- Letra grega alfa: {pretty(grego.alpha)}')
10
11 # imprimindo resultados de forma elegante
12 msg = '\n2- Dados os valores, observamos que '
13 msg = msg + f'{pretty(grego.alpha)} > {pretty(grego.delta)}'
14 print(msg)
15
16 # escrevendo os valores junto aos caracteres epeciais com formataçã
17 msg = '\n3- Dados os valores, observamos que '
18 msg = msg + f'{pretty(grego.alpha)} = {alfa:.1f} > '
19 msg = msg + f'{pretty(grego.delta)} = {delta:.1f}'
20 print(msg)
```

b

Console 1/A

```
1- Letra grega alfa: α

2- Dados os valores, observamos que α > δ

3- Dados os valores, observamos que α = 5.0 > δ = 3.0

3- Dados os valores, observamos que α = 5.0 > δ = 3.0
```

Figura 13.18: Exemplos de uso de caracteres especiais.

O exemplo 2, da linha 14, ilustra como podemos usar os caracteres especiais quando o texto que será impresso é relativamente grande. O texto foi divido em duas partes e o uso do **f**-texto ficou localizado na parte complementar da variável **msg**. Veja a segunda impressão no console, Figura 13.18b, para ver o resultado.

O exemplo 3, na linha 20, traz a impressão dos caracteres especiais e seus respectivos valores. Aqui observamos que um par de chaves foi usado para imprimir o caractere especial e outro par de chaves foi usado para formatar e imprimir o conteúdo da variável declarada no escopo do código. Caso você ache difícil a leitura destas "quebras" de texto (pois nesse exemplo já temos 3!), você pode usar a forma já explorada de impressão (separação do texto e das variáveis por vírgula) e aplicar o **f** para formatar o conteúdo das variáveis, como é mostrado no exemplo exposto na Figura 13.19. O resultado da impressão deste exemplo é exatamente o mesmo obtido na terceira linha do console, como exposto na Figura 13.18b.

```
22 # escrevendo os valores junto aos caracteres epeciais com formatação
23 print('\n3- Dados os valores, observamos que', pretty(grego.alpha),
24       f'= {alfa:.1f} >', pretty(grego.delta), f'= {delta:.1f}')
```

Figura 13.19 – Exemplo de formatação usando f-texto e separação por vírgulas.

Atente que o código da linha 23 foi dividido em duas partes para que seja mais fácil sua leitura. A divisão não ocorreu como foi feito nos exemplos anteriores, mas sim apertando-se "Enter" após a vírgula que divide os conteúdos que serão impressos. É importante frisar que, mesmo mudando o formato do código, as funcionalidades continuam exatamente as mesmas. Logo, é você quem escolhe como escreverá as linhas de impressão dos seus códigos pois a assimilação de cada formato é algo meramente pessoal.

Os caracteres especiais também podem ser impressos em sua forma maiúscula, bastando para isso usar o comando *.upper( )* já conhecido para edição de textos. A Figura 13.20a ilustra um exemplo de aplicação usando o **f**-texto e o resultado é facilmente visualizado na Figura 13.20.b

a

```
# caso queira imprimir a letra grega maiúscula (upper case)
print(f'\n4- {pretty(grego.sigma).upper()}',
                  'é a letra grega sigma maiúscula.')
```

b

```
Console 1/A
4- Σ é a letra grega sigma maiúscula.
```

Figura 13.20: Imprimindo caracteres na forma maiúscula com f-texto.

Aplique o que aprendeu

Considerando as formas de formatação apresentadas até o momento resolva os seguintes problemas:

1- Imprima os números dispostos na Tabela 13.1 conforme método e formatação solicitados.

Tabela 13.1: Exercícios para os usos dos comandos de formatação.

Valor de x	Tipo de impressão	Casas decimais
4.4444444	% e f	duas
6.8859595	.format	cinco
9.9999999	format (x,) e f	três
1.0000000	f	nenhuma
0.9999999	format (x,)	nenhuma
1	f	inteiro
10000000	% e f	Científico com uma casa
20000000	.format	Com marcadores “,” e “.”

Imprimindo tabelas usando o print

A função *print* já imprime matrizes no formato de tabela, mas sem formatação. Podemos imprimir nossas tabelas num formato mais bonito expondo os resultados de forma mais organizada. O posicionamento das colunas é ajustado com o auxílio de um par de chaves { } e dos elementos direcionáveis “<”, “^” e “>” para esquerda, centro e direita respectivamente, para fins de ajuste de posicionamento do conteúdo que será impresso. Abordaremos exemplos de impressão de tabelas com o formato *.format*( ) e com o comando **f**-texto.

O primeiro exemplo de aplicação se encontra na Figura 13.21a e se resume à impressão de uma tabela de duas colunas e cinco linhas, contando com o cabeçalho, conforme descrito na linha 5. O presente exemplo utiliza um laço de repetição que usa o número de linhas e colunas da tabela. Assim, para que o exemplo possa funcionar para tabelas de qualquer número de linhas, foi usado a função *shape*( ), linha 7, da biblioteca numpy, para identificar a dimensão da tabela e passar essas informações para o laço de repetição usado na linha 10.

É importante ressaltar que o presente exemplo possui um cabeçalho do tipo texto na primeira posição da variável **tabela**. Isso explica o laço condicional *if* na linha 11, pois o código de impressão para texto, como você já aprendeu, é diferente do código de impressão usado para de números. Desta maneira, se o contador **i** do laço de repetição *for* igual a 0, o código usado será específico para impressão de texto, como é observado na linha 11 onde temos a formatação para *string* (s) dentro do par de chaves.

a

```
1 # importando bibliotecas
2 from numpy import shape
3
4 #d eclaração de variáveis
5 tabela = ([['x', 'f(x)'], [1, 2.05], [2, 4.01], [3, 6.07], [4, 8]])
6
7 [linhas, colunas] = shape(tabela) #obtendo número de linhas e colunas
8
9 # imprimindo a tabela
10 for i in range(linhas):
11     if i == 0:
12         print('{:<10s}{:>4s}'.format(tabela[i][0],tabela[i][1]))
13     else:
14         print('{:<10.1f}{:>4.2f}'.format(tabela[i][0],tabela[i][1]))
```

Console 1/A   b

```
x         f(x)
1.0       2.05
2.0       4.01
3.0       6.07
4.0       8.00
```

Figura 13.21 – Impressão de tabela com o comando .format.

Explicando um pouco mais a linha 12: o primeiro par de chaves {:<10s} receberá os dados do primeiro argumento do comando .*format*(tabela [i][0]). A interpretação do que está dentro do par de chaves é:

- mantenha à esquerda (<) o dado fornecido e use um espaço de 10 caracteres para impressão de um conteúdo do tipo texto (s).

O segundo par de chaves {:>4s} receberá os dados do segundo argumento do comando *.format*(...,tabela [i][1]). A interpretação do que está dentro do par de chaves é:

- mantenha à direita (>) o dado fornecido e use um espaço de 4 caracteres para impressão de um conteúdo do tipo texto (s).

Outro fato interessante é que o valor da linha [i] da variável **tabela** indica o conteúdo a ser impresso a cada repetição, uma vez que as posições [0] e [1] das colunas já foram definidas.

Explicando a linha 14: o código é usado para imprimir números para quando **i** for diferente de zero. Temos a mesma explicação usada para a impressão dos cabeçalhos. A diferença está no fato de que, neste caso, termos a indicação do número de casas decimais e do tipo de variável que será impressa. Leia a formatação {:<10.1f} da seguinte maneira:

- mantenha à esquerda (<) o dado fornecido e use um espaço de 10 caracteres e uma casa decimal (.1) para impressão de um conteúdo do tipo *float* (f).

A formatação {:>4.2f} pode ser lida da seguinte maneira:

- mantenha à direita (>) o dado fornecido e use um espaço de 4 caracteres e duas casas decimais (.2) para impressão de um conteúdo do tipo *float* (f).

Os resultados podem ser visualizados pela impressão no console, como disposto na Figura 13.21b.

Consideremos a resolução do mesmo exemplo da Figura 13.21a, mas agora com a aplicação do **f**-texto, como mostra a Figura 13.22. Perceba que a aparência muda um pouco, mas o resultado é o mesmo do exemplo anterior. Por isso, no fim das contas, quem escolhe a forma de impressão é você por gosto pessoal.

```
1 # importando bibliotecas
2 from numpy import shape
3
4 # declaração de variáveis
5 tabela = ([['x', 'f(x)'], [1, 2.05], [2, 4.01], [3, 6.07], [4, 8]])
6
7 [linhas, colunas] = shape(tabela)# obtendo número de linhas e colunas
8
9 # imprimindo a tabela
10 for i in range(linhas):
11     if i == 0:
12         print(f'{tabela[i][0]:<10s}{tabela[i][1]:>4s}')
13     else:
14         print(f'{tabela[i][0]:<10.1f}{tabela[i][1]:>4.2f}')
```

Figura 13.22 – Impressão de tabela com o comando f-texto.

Aqui as mudanças aparecem apenas nas linhas 12 e 14. As funcionalidades são as mesmas: a linha 12 imprime o cabeçalho e a linha 14 imprime os valores numéricos contidos na nossa variável **tabela**. Como já foi explorado, o **f** é colocado antes do texto que alimenta a função *print* e a variável que será impressa ficará posicionada do lado esquerdo do ":", localizado dentro dos pares de chaves. A formatação do texto e dos números se repete aqui. Se você reparar direito, além do acréscimo do **f** antes do texto, os argumentos do *.format( )* foram parar dentro dos pares de chaves. O resultado da impressão é exatamente o mesmo obtido no console da Figura 13.21b.

O exemplo a seguir, da Figura 13.23a, mostra a impressão de uma tabela com três colunas. A intenção aqui é expor as diferenças entre os códigos para impressão de duas ou mais colunas de forma que você identifique o que muda, ou o que precisa ser mudado, para que uma tabela maior possa ser impressa.

A lógica de ampliação do número de colunas é semelhante ao desenvolvimento de um código para apenas duas colunas. Se são duas colunas, precisaremos de dois pares de "{ }", se são três ou mais colunas, precisaremos de três ou mais pares de "{ }" para posicionarmos os elementos da tabela no argumento da função *print*( ). Resumindo: os pares de chaves e as formatações correspondem ao número de colunas necessárias à impressão. O detalhamento da formatação ou posicionamento correspondem aos mesmos critérios já explorados nos exemplos anteriores.

a

```
1  # importando bibliotecas
2  from numpy import shape
3
4  # declaração de variáveis
5  tabela2 = [['x', 'f(x)', 'erro(%)'],
6             [1, 2.05, 0.1],
7             [2, 4.01, 0.015],
8             [3, 6.07, 0.09],
9             [4, 8, 0.0]]
10
11 # colhendo a dimensão da matriz
12 [linhas, colunas] = shape(tabela2) # obtendo número de linhas e colunas
13
14 # imprimindo a matriz em formato de tabela
15 for i in range(linhas):
16     if i == 0:
17         # imprimindo título
18         print('{:<10s}{:>4s}{:>13s}'.format(tabela2[i][0],
19                                             tabela2[i][1],
20                                             tabela2[i][2]))
21     else:
22         # imprimindo os demais itens da tabela
23         print('{:<10.2f}{:>4.2f}{:>11.3f}'.format(tabela2[i][0],
24                                                   tabela2[i][1],
25                                                   tabela2[i][2]))
```

Console 1/A

b

```
x         f(x)       erro(%)
1.00      2.05       0.100
2.00      4.01       0.015
3.00      6.07       0.090
4.00      8.00       0.000
```

Figura 13.23 – Exemplo de impressão de uma tabela com 3 colunas com o método .format.

Veja na linha 18 que, para não ficar muito extensa, o código foi quebrado em três partes, e não apenas em duas como em alguns casos já mostrados aqui.

Para isso, basta com o *mouse* posicionar o cursor após a vírgula e apertar "Enter". O Python entenderá que o código faz parte de uma única linha.

Outro detalhe que precisa ser comentado é que, no presente exemplo, os posicionamentos das colunas, dentro do comando *.format*(tabela[i][0], tabela[i][1], tabela[i][2]), recebem os valores [0], [1] e [2], pois temos três colunas, logo precisamos de três posições, iniciando a contagem do zero. O valor variável [i], de acordo com a repetição, indicará a linha que será impressa.

A presença do laço condicional *if* corresponde à mesma razão do exemplo anterior: temos formatações diferentes para texto, linha 18, e para números, linha 23. O posicionamento para a esquerda (<), para a direita (>) e o número de caracteres (ou espaçamento) posicionado antes do ponto (10), {:<10.2f}, pode ser ajustado manualmente para alcançar o resultado desejado na impressão do console.

```
1 # importando bibliotecas
2 from numpy import shape
3
4 # declaração de variáveis
5 tabela2 = [['x', 'f(x)', 'erro(%)'],
6            [1, 2.05, 0.1],
7            [2, 4.01, 0.015],
8            [3, 6.07, 0.09],
9            [4, 8, 0.0]]
10
11 # colhendo a dimensão da matriz
12 [linhas, colunas] = shape(tabela2) #obtendo número de linhas e colunas
13
14 # imprimindo a matriz em formato de tabela
15 for i in range(linhas):
16     if i == 0:
17         # imprimindo título
18         print(f'{tabela2[i][0]:<10s}{tabela2[i][1]:>4s}{tabela2[i][2]:>13s}')
19     else:
20         # imprimindo os demais itens da tabela
21         print(f'{tabela2[i][0]:<10.2f}{tabela2[i][1]:>4.2f}'
22         f'{tabela2[i][2]:>11.3f}')
```

Figura 13.24: Exemplo de impressão de tabela com 3 colunas usando o comando f-texto.

A Figura 13.24 apresenta o mesmo exemplo de impressão de uma tabela com três colunas. O que muda é que no presente caso usamos o método de formatação de impressão **f**-texto. O formato é semelhante ao que foi apresentado na Figura 13.22, mas com um par de chaves a mais nas linhas 18 e 21 devido à terceira coluna da tabela declarada na linha 5.

Para a formatação usada, {tabela2[i][0]:<10.2f}, não há novidades: a variável **tabela** fica localizada à esquerda dos ":", o [i] indica a linha a ser impressa e o [0] a coluna da qual o valor será capturado; à direita temos o posicionamento do texto (<), o número de caracteres usados para o espaçamento (10) e o número de casas decimais e formato *float* (.2f) para a primeira coluna de números, conforme disposto na linha 21. Os valores do espaçamento e do número de casas decimais podem ser personalizados.

A novidade neste exemplo recai sobre divisão do código da linha 21. Veja que quando usamos o comando **f**-texto, não há separação por vírgulas entre os elementos que serão impressos, mas, mesmo assim, a quebra foi realizada. A terceira coluna foi colocada na linha 22. Perceba que tivemos que "fechar" o apóstrofo na linha 21 e inserir um **f** antes do texto de formatação da terceira coluna. O parêntese de fechamento da função *print* também ficou na linha 22. O resultado da impressão é exatamente o mesmo obtido na Figura 13.23b.

Imprimindo linhas e bordas nas tabelas

Você pode estar se perguntando: "Seria possível imprimir as linhas e as bordas nessas tabelas?". A resposta, como você mesmo deve imaginar, é sim. Tudo passa pelo armazenamento de textos, com a formatação desejada, em variáveis que serão usadas como argumento em algum local pré-definido.

O exemplo da Figura 13.25a ilustra um procedimento simplificado, com a técnica de tentativa e erro, e que serviu bem para o nosso propósito: imprimir as linhas e as bordas da nossa tabela, como é ilustrado pela impressão no console, Figura 13.25b. Vejamos os detalhes usados para alcançar esses resultados.

Perceba que continuamos com o exemplo da tabela com três colunas. A mudança inicia nas linhas 12 e 13.

a

```
1 # importando bibliotecas
2 from numpy import shape
3
4 # declaração de variáveis
5 tabela2 = [['x', 'f(x)', 'erro(%)'],[1, 2.05, 0.1], [2, 4.01, 0.015],
6           [3, 6.07, 0.09],[4, 8, 0.0]]
7
8 # obtendo a dimensão da matriz
9 [linhas, colunas] = shape(tabela2) #obtemo número de linhas e colunas
10
11 # criando uma linha pontilhada
12 pontilhado = '|'+ 8*'-'
13 pontilhado = 3*pontilhado + '-|'
14
15 # imprimindo a tabela
16 for i in range(linhas):
17     if i == 0:
18         # imprimindo título
19         print(pontilhado)
20         print('{:^10s}{:^8s}{:^11s}'.format(tabela2[i][0],
21                                             tabela2[i][1],
22                                             tabela2[i][2]))
23         print(pontilhado)
24     else:
25         # imprimindo os demais itens da tabela
26         print('|{:_^8.1f}|{:_^8.2f}|{:_^9.3f}|'.format(tabela2[i][0],
27                                                         tabela2[i][1],
28                                                         tabela2[i][2]))
```

Console 1/A

b

```
|--------|--------|---------|
    x      f(x)    erro(%)
|--------|--------|---------|
|__1.0___|__2.05__|__0.100__|
|__2.0___|__4.01__|__0.015__|
|__3.0___|__6.07__|__0.090__|
|__4.0___|__8.00__|__0.000__|
```

Figura 13.25: Imprimindo linhas e bordas em tabelas usando .format.

A variável **pontilhado** recebe uma *string* resultante de uma concatenação entre "|" e oito "-". Isso mesmo, o "-" foi multiplicado oito vezes! O resultado disso é o seguinte: "|--------". Na linha 13 temos as informações armazenadas na variável **pontilhado** sendo atualizadas. A nova informação será o resultado da multiplicação do conteúdo anterior da variável **pontilhado** ("|--------") por 3 e esse resultado será concatenado ao texto "-|". O resultado é: "|--------|--------|--

-------|". A variável **pontilhado** é então impressa na linha 19, antes do cabeçalho e posteriormente na linha 23, após impressão do cabeçalho.

As demais bordas e linhas são impressas junto à formatação dos valores numéricos da tabela. Observe a linha 26. Nela é possível encontrar o par de '{ }' com a seguinte configuração para a coluna 1: '|{:_^8.1f}|'. Leia esta formatação da seguinte forma:

- Imprima um sublinhado (*underline*); mantenha o dado fornecido centralizado (^) e use um espaço de 8 caracteres e uma casa decimal (.1) para impressão de um conteúdo do tipo *float* (f). As barras verticais que se encontram antes e após as chaves fazem parte do texto do argumento da função *print*.

```
 1 # importando bibliotecas
 2 from numpy import shape
 3 
 4 # declaração de variáveis
 5 tabela2 = [['x', 'f(x)', 'erro(%)'],[1, 2.05, 0.1], [2, 4.01, 0.015],
 6            [3, 6.07, 0.09],[4, 8, 0.0]]
 7 
 8 # obtendo a dimensão da matriz
 9 [linhas, colunas] = shape(tabela2) # obtendo número de linhas e colunas
10 
11 # criando uma linha pontilhada
12 pontilhado = '|'+ 8*'-'
13 pontilhado = 3*pontilhado + '-|'
14 
15 # imprimindo a tabela
16 for i in range(linhas):
17     if i == 0:
18         # imprimindo título
19         print(pontilhado)
20         print(f'{tabela2[i][0]:^10s}{tabela2[i][1]:^8s}{tabela2[i][2]:^11s}')
21         print(pontilhado)
22     else:
23         # imprimindo os demais itens da tabela
24         print(f'|{tabela2[i][0]:_^8.1f}|{tabela2[i][1]:_^8.2f}|'
25               f'{tabela2[i][2]:_^9.3f}|')
```

Figura 13.26: Imprimindo linhas e bordas em tabelas usando f-texto.

A leitura é praticamente a mesma para os demais pares de chaves, mudando apenas as casas decimais ou o número de caracteres usados no espaçamento. Resumindo, você é que tem que desenhar a tabela aplicando caracteres textuais que, ao final da impressão, simulem o formato externo da tabela após impressão no console.

Quando o usamos o comando **f**-texto, como exposto na Figura 13.26, para resolvermos o mesmo problema do exemplo anterior, a explicação é praticamente a mesma, onde as diferenças recaem sobre o uso de **f** nas linhas 20 e 24 (também 25 devido à quebra de linha) e a inserção da variável **tabela2** e sua posição ao lado esquerdo dos ":", dentro de cada par de chaves. A execução deste código apresenta exatamente o mesmo resultado obtido no console, como mostrado na Figura 13.25b.

Aplique o que aprendeu

Considerando as formas de formatação apresentadas até o momento resolva os seguintes problemas:

1. Imprima no console a Tabela 13.2 que contém informações de composição das espécies A, B, C e D em algum dos formatos apresentados. Perceba que aqui você deverá programar a impressão da tabela.

Tabela 13.2: Exercícios para os usos dos comandos de formatação.

A	B	C	D
0,019112	0,203735	0,395262	0,381891
0,105556	0,238841	0,390593	0,26501
0,06153	0,265229	0,352218	0,321024
0,029403	0,272303	0,310552	0,387742
0,051863	0,2878	0,397055	0,263282
0,088855	0,252055	0,364934	0,294156
0,071528	0,232833	0,382716	0,312922
0,022673	0,206223	0,330568	0,440535
0,016407	0,294809	0,309644	0,37914
0,174512	0,246293	0,388327	0,190867
0,050441	0,262897	0,363427	0,323235
0,04743	0,270471	0,391037	0,291062

Imprimindo tabelas com a função tabulate

Você pode estar se perguntando: "Será que não teria uma forma mais fácil de imprimir tabelas?" A verdade é que os tópicos anteriores mostravam o "feijão com arroz" que todo iniciante em programação deve saber, ou pelo menos, ter uma boa noção caso seja necessária uma aplicação mais específica.

Agora você perceberá a facilidade de se utilizar uma biblioteca **tabulate** para a impressão de suas tabelas. A função *tabulate*( ), da biblioteca **tabulate**, de forma geral, pode ser representada como mostrado na Figura 13.27.

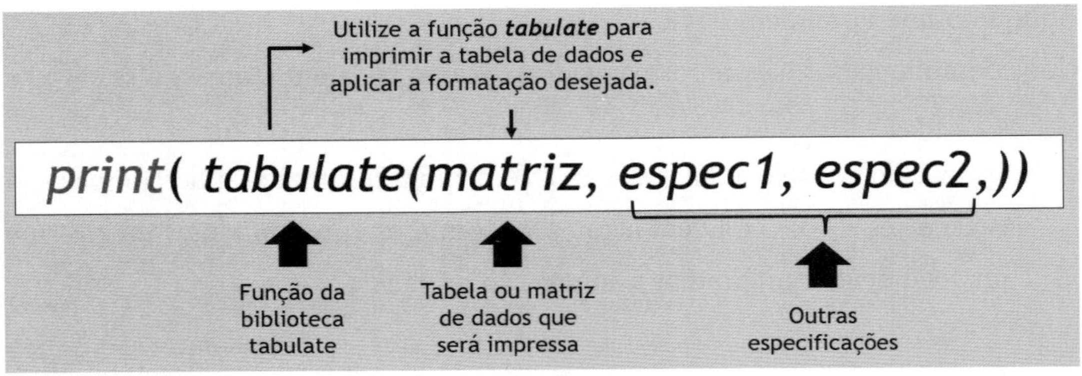

Figura 13.27: Forma geral da função tabulate e seus argumentos.

Assim, dentro da função *print*, a função *tabulate* recebe a matriz de dados como elemento principal a ser impresso. As especificações (ou demais argumentos) **espec1**, **espec2** etc. são opcionais, e veremos alguns exemplos de aplicação destas especificações mais adiante.

Com a função *tabulate*( ), é possível imprimir os dados de uma tabela, ou matriz de dados, de duas formas: uma com o cabeçalho dentro da matriz de dados, como estávamos trabalhando até agora, e outra forma com o cabeçalho declarado em outra variável independente. Na Figura 13.28 temos três diferentes exemplos:

- Os dois primeiros exemplos, entre as linhas 6 e 15, apresentam a aplicação da função *tabulate* quando o cabeçalho faz parte da matriz de dados (ou tabela de dados).
- O terceiro exemplo, disposto entre as linhas 17 e 24, aborda o uso da função *tabulate* quando o cabeçalho se encontra em uma variável diferente da matriz de dados.

```
1 # importando bibliotecas
2 from tabulate import tabulate
3
4 # declarando variáveis
5 # quando o cabeçalho já está na matriz de dados
6 tabela1 = [['x', 'f(x)', 'erro(%)'],
7            [1, 2.05, 0.1],
8            [2, 4.01, 0.015],
9            [3, 6.07, 0.09],
10           [4, 8, 0.0]]
11 print('Imprimindo dados com cabeçalho dentro da tabela sem formatação:')
12 print(tabulate(tabela1), '\n')
13
14 print('Imprimindo dados com cabeçalho dentro da tabela com formatação:')
15 print(tabulate(tabela1,headers="firstrow"), '\n')
16
17 print('Quando o cabeçalho não está na matriz de dados:')
18 cabecalho = ['x', 'f(x)', 'erro(%)']
19 tabela2 = [[1, 2.05, 0.1],
20            [2, 4.01, 0.015],
21            [3, 6.07, 0.09],
22            [4, 8, 0.0]]
23 # imprimindo dados com cabeçalho fora da tabela
24 print(tabulate(tabela2,headers=cabecalho))
```

Figura 13.28: Exemplos de aplicação da função tabulate para impressão de tabelas.

No primeiro exemplo, linha 12, não há formatação alguma para impressão da matriz de dados e somente a variável **tabela1** é usada como argumento na função *tabulate*; no segundo exemplo, linha 15, temos a configuração do posicionamento do cabeçalho com a presença de um argumento da função *tabulate* chamado **headers** (ou cabeçalho) e o texto "firstrow" (*first row* ou primeira linha) após o sinal de igualdade. Como é possível perceber, este argumento serve para identificar quem, das várias linhas da matriz de dados, é o cabeçalho que será usado na impressão. Os resultados dos dois exemplos explorados podem ser visualizados conforme Figura 13.29 por meio das duas primeiras tabelas impressas no console.

```
Console 1/A
Imprimindo dados com cabeçalho dentro da tabela sem formatação:
-  ----  -------
x  f(x)  erro(%)
1  2.05  0.1
2  4.01  0.015
3  6.07  0.09
4  8     0.0
-  ----  -------

Imprimindo dados com cabeçalho dentro da tabela:
  x     f(x)    erro(%)
---  ------  ---------
  1    2.05      0.1
  2    4.01      0.015
  3    6.07      0.09
  4    8         0

Quando o cabeçalho não está na matriz de dados:
  x     f(x)    erro(%)
---  ------  ---------
  1    2.05      0.1
  2    4.01      0.015
  3    6.07      0.09
  4    8         0
```

Figura 13.29: Impressão dos exemplos 1, 2 e 3 usando a função tabulate.

Voltando à Figura 13.28, se você comparar o código da linha 15 com o código da linha 24, perceberá que também teremos a presença do **headers**, mas ao invés do texto de posicionamento "firstrow", temos o nome da variável que armazena as informações do cabeçalho. Ou seja, são apenas formas diferentes de apresentar os mesmos resultados de impressão. Perceba que os resultados das duas últimas impressões, no console da Figura 13.29, são os mesmos, independentemente de o cabeçalho fazer ou não parte da matriz de dados. Quando você carregar dados de algum arquivo, verá que a linha de código que mais se assemelha à sua necessidade será a linha 15, como veremos em exemplos posteriores.

Imprimindo linhas e bordas nas tabelas com a função tabulate

As tabelas podem ser impressas com formatos diferentes, bastando para isso inserirmos o **tablefmt** (*table format* ou formato da tabela) ="formato_desejado" como um novo argumento da função *tabulate*. Existem diversos formatos de tabela que podem ser explorados e aqui, mais uma vez, recai o gosto pessoal.

A Quadro 13.1 descreve alguns dos vários formatos disponíveis para uso junto ao argumento **tablefmt** e, caso você não se agrade de nenhum destes, basta explorar a documentação do Python para buscar novos modelos disponíveis [1].

Quadro 13.1 – Padrões de formatação para uso do argumento tablefmt.

Argumento	Estilos	Definição
tablefmt=	'grid'	Grade
	'fancy_grid'	Cercas
	'rst'	Texto reestruturado
	'presto'	Sem bordas
	'pretty'	Bonitinha
	'psql'	Impressão matricial
	'youtrack'	Tipo 'ticket'

Com base nos exemplos anteriores da função tabulate, a Figura 13.30 apresenta alguns resultados distintos baseados na escolha do formato de tabela ao adicionarmos o argumento **tablefmt** e seu respectivo estilo. Os resultados numéricos continuam os mesmos, variando apenas a parte estética da tabela.

```python
# importando bibliotecas
from tabulate import tabulate

# declarando variáveis
# quando o cabeçalho já está na matriz de dados
tabela1 = [['x', 'f(x)', 'erro(%)'],
           [1, 2.05, 0.1],
           [2, 4.01, 0.015],
           [3, 6.07, 0.09],
           [4, 8, 0.0]]
# formatos de impressão para sua tabela
print('Formato de tabela tipo "github":')
print(tabulate(tabela1,headers='firstrow',tablefmt='github'), '\n')
```

```python
print('Formato de tabela tipo "grade":')
print(tabulate(tabela1,headers='firstrow',tablefmt='grid'), '\n')
```

```python
print('Formato de tabela tipo "cerca":')
print(tabulate(tabela1,headers='firstrow',tablefmt='fancy_grid'), '\n')
```

```python
print('Formato de tabela tipo "rst":')
print(tabulate(tabela1,headers='firstrow',tablefmt='rst'))
```

```
Formato de tabela tipo "github":
|   x | f(x)   | erro(%)   |
|-----|--------|-----------|
|   1 | 2.05   | 0.1       |
|   2 | 4.01   | 0.015     |
|   3 | 6.07   | 0.09      |
|   4 | 8      | 0         |
```

```
Formato de tabela tipo "grade":
+-----+--------+-----------+
|   x |   f(x) |   erro(%) |
+=====+========+===========+
|   1 |   2.05 |     0.1   |
+-----+--------+-----------+
|   2 |   4.01 |     0.015 |
+-----+--------+-----------+
|   3 |   6.07 |     0.09  |
+-----+--------+-----------+
|   4 |   8    |     0     |
+-----+--------+-----------+
```

Formato de tabela tipo "cerca":

x	f(x)	erro(%)
1	2.05	0.1
2	4.01	0.015
3	6.07	0.09
4	8	0

```
Formato de tabela tipo "rst":
===  ======  =========
  x    f(x)    erro(%)
===  ======  =========
  1    2.05      0.1
  2    4.01      0.015
  3    6.07      0.09
  4    8         0
===  ======  =========
```

Figura 13.30: Uso da função tabulate para impressão de diferentes formatos de tabelas.

Você deve ter notado que ainda faltam alguns formatos a serem explorados: o posicionamento do conteúdo da tabela e a formatação das casas decimais dos valores impressos. A Figura 13.31 a seguir apresenta esses exemplos de aplicação.

Na linha 13 temos mais um novo argumento da função *tabulate*: **numalign** ("number align" ou alinhamento de número) recebendo a *string* 'center' (centro). Os valores aqui também podem ser 'left' (esquerda) ou 'right' (direita). Aqui será definido o posicionamento do texto dentro da tabela ou número na tabela impressa no console, conforme impressão no console da Figura 13.31b.

a

```
1 # importando bibliotecas
2 from tabulate import tabulate
3
4 # declarando variáveis
5 # quando o cabeçalho já está na matriz de dados
6 tabela = [['x', 'f(x)', 'erro(%)'],
7           [1, 2.05, 0.1],
8           [2, 4.01, 0.015],
9           [3, 6.07, 0.09],
10          [4, 8, 0.0]]
11
12 # alinhamento de coluna
13 print(tabulate(tabela,headers='firstrow',tablefmt='rst',numalign='center'))
```

c

```
16 #ajustando o número de casas decimais
17 print(tabulate(tabela,headers='firstrow',tablefmt='rst',
18                numalign='center',
19                floatfmt=('.1f', '.3f', '.2f')))
```

b

```
Console 1/A
===  ======  =========
 x    f(x)    erro(%)
===  ======  =========
 1    2.05      0.1
 2    4.01     0.015
 3    6.07     0.09
 4     8         0
===  ======  =========
```

d

```
Console 1/A
===  ======  =========
 x    f(x)    erro(%)
===  ======  =========
 1   2.050     0.10
 2   4.010     0.01
 3   6.070     0.09
 4   8.000     0.00
===  ======  =========
```

Figura 13.31: Uso da função tabulate para alinhamento de texto e definição de precisão numérica.

Também é possível realizar a definição da precisão numérica que será impressa em cada coluna, como é mostrado na linha 17 no código da Figura 13.31c. Aqui temos a inserção de um novo argumento chamado **floatfmt** ("float format" ou formato *float*). Veja que as precisões se encontram separadas por vírgula para cada coluna da nossa tabela, **floatfmt**=('.1f', '.3f', '.2f').

Importando dados de um arquivo e imprimindo uma tabela com a função tabulate

Você perceberá com o tempo que vários dos dados necessários à resolução de problemas de engenharia estarão armazenados em arquivos. Comparado ao que já desenvolvemos até o momento, é como se houvesse uma etapa anterior que ainda não foi mostrada: o carregamento dos dados na memória do Spyder para que a variável com este conteúdo seja impressa como mostrado nos passos anteriores.

Na Figura 13.32a temos um exemplo de quando os dados estão armazenados em um arquivo do tipo **.json**. Perceba a necessidade de importação das funções *tabulate* e da biblioteca json nas linhas 2 e 3 respectivamente. Na linha 6 temos a declaração do caminho onde se encontra o arquivo de interesse em conjunto com o nome do arquivo. Lembrando que esse caminho deve ser inserido apenas quando o arquivo de dados não se encontra na mesma pasta que o programa que será executado. No presente exemplo, temos apenas o nome do arquivo.

As linhas 9 e 10 trazem a estrutura de carregamento de dados, que pode ser lida da seguinte forma:

- *Com a fonte de informações aberta, chame-a de* ***arquivo*** *e, sem seguida, carregue as informações e armazene-as na variável* ***dados****.*

Após o carregamento das informações na variável **dados**, o passo seguinte é fechar a fonte de dados (**arquivo**), linha 13, aberta anteriormente. A sequência de passos para a impressão da matriz de dados nós já conhecemos. Contudo, a linha 15 traz mais um fato novo: o argumento **headers** recebe "keys" ao invés de "firstrow". Isso acontece porque os dados armazenados em arquivos apresentam estrutura padrão diferentes dos dados inseridos à mão pelo usuário em uma variável no corpo do programa. Geralmente são estruturas de um dicionário ou cabeçalhos de coluna, matrizes de registros feitos com o NumPy e listas de dicionários ou *tuplas*. Veja o resultado da impressão por meio da Figura 13.32b.

a

```python
# importando bibliotecas
from tabulate import tabulate
import json

# definindo o local onde o arquivo com os dados se encontra
caminho = 'dados_de_temperatura.json'

# abrindo arquivo e carregando dados na memória
with open(caminho) as arquivo:
    dados = json.load(arquivo)

# fechando o arquivo
arquivo.close()
print('Variação da máxima temperatura com os tempo (dias):')
print(tabulate(dados,headers='keys',tablefmt='fancy_grid'))
```

b

```
Variação da máxima temperatura com os tempo (dias):
```

dias	tmax
1	25
2	28
3	30
4	28
5	29
6	29
7	28

Figura 13.32: Impressão de tabela a partir de dados de um arquivo json.

Outro tipo de arquivo bastante explorado é o .csv. Como já foi explicado no Capítulo 11, podemos usar a biblioteca pandas para realizar o carregamento de dados desse tipo de arquivo. O exemplo de aplicação se encontra na Figura 13.33a. Perceba que o processo é semelhante ao aplicado ao arquivo do tipo

.json, mas com a simplicidade de uso de apenas uma linha de código para o carregamento dos dados, como é mostrado na linha 6. O restante do desenvolvimento foi aproveitado do exemplo anterior, mudando apenas a linha 2 para a importação da biblioteca pandas.

Um detalhe que precisa ser esclarecido é que na linha 14, no argumento **floatfmt**, foram usados diferentes tipos de variáveis para impressão das colunas. Ao visualizar a tabela no console por meio da Figura 13.33b, notamos que temos uma coluna com números inteiros, outra com datas e outras duas com valores fracionados.

a

```
1 # importando bibliotecas
2 import pandas as pd
3 from tabulate import tabulate
4
5 # lendo dados da tabela csv
6 tabela = pd.read_csv('Minha_tabela.csv')
7
8 # imprimindo tabela
9 print('\nEsta é a tabela importada do arquivo csv:')
10 print(tabulate(tabela,
11                headers='keys',
12                tablefmt='rst',
13                numalign='center',
14                floatfmt=('i', 's', '.3f', '.2f')))
```

b

Console 1/A

```
Esta é a tabela importada do arquivo csv:
====  ============  =======  =======
 ..   Unnamed: 0     FracA    FracB
====  ============  =======  =======
 0    2020-03-02     0.186    0.04
 1    2020-03-03     0.390    0.00
 2    2020-03-04     0.305    0.81
 3    2020-03-05     0.927    0.89
 4    2020-03-06     0.379    0.79
 5    2020-03-07     0.523    0.60
 6    2020-03-08     0.239    0.06
```

Figura 13.33: Impressão de tabela a partir de dados de um arquivo csv.

Outro arquivo para armazenamento de dados bastante explorado é a planilha Excel® (*.xslx). O próximo exemplo, Figura 13.34a, apresenta uma aplicação de carregamento de dados de uma planilha e impressão desses dados no formato de tabela com o *tabulate*.

a

```
1 # importando bibliotecas
2 import pandas as pd
3 from tabulate import tabulate
4
5 # lendo dados da tabela de um arquivo excel
6 tabela = pd.read_excel('Minha_tabela.xlsx', 'Sheet1')
7 print(tabela)
8 # removendo o horário de coleta das datas salvas
9 tabela['Datas'] = tabela['Datas'].dt.date
10
11 # imprimindo tabela
12 print('\nEsta é a tabela importada de uma planilha excel:')
13 print(tabulate(tabela,
14                headers='keys',
15                tablefmt='simple',
16                colalign=('center',),
17                numalign='center',
18                floatfmt=('s', '.3f', '.2f'),
19                showindex=False))
```

b

Console 1/A

```
Esta é a tabela importada de uma planilha excel:
  Datas       FracA    FracB
----------  -------  -------
2022-06-01   0.033    0.91
2022-06-02   0.353    0.54
2022-06-03   0.998    0.17
2022-06-04   0.183    0.66
2022-06-05   0.185    0.74
```

Figura 13.34: Impressão de tabela a partir de dados de um arquivo xlsx.

Veja que agora, na linha 6, temos a função **read_excel** (leia Excel), da biblioteca pandas, que recebe o caminho e o nome do arquivo de interesse para o carregamento dos dados. Se seu interesse for apenas imprimir uma tabela, sem formatação alguma, você pode usar diretamente a função *print* para imprimir o banco de dados carregado na variável tabela (linha 6).

Com a aplicação da função ***tabulate***, temos alguns novos argumentos que precisam de comentários:

- Observe que nossa tabela recebeu um formato simples (**tablefmt = 'simple'**) (linha 15); até o momento, só estávamos alinhando os valores das colunas.
- A linha 16 traz um novo argumento chamado **colalign** (*column alignment* ou alinhamento de coluna) que, para o nosso exemplo, servirá para o alinhamento centralizado dos títulos das colunas. Veja que esta variável recebe uma tupla com o valor 'center' e uma vírgula, ('center',). Isto pode ser interpretado como: *use o formato centralizado para todas as colunas.*
- Por último, mas não menos importante, temos mais um argumento diferente chamado **showindex** recebendo o booleano False. Caso você tenha impresso a tabela somente com a função *print*, se percebeu bem, viu que apareceu uma coluna com uma numeração contando as linhas. O argumento **showindex** serve exatamente para remover essa coluna numérica caso desejado. O resultado da impressão pode ser visualizado na Figura 13.34b.

A biblioteca pandas apresenta inúmeras funções para tratamento de dados. Uma outra função que poderíamos explorar aqui seria a **read_json**, para a leitura de dados oriundos de arquivos *.json.

Problemas de revisão

13.1. Escolha um dos métodos de formatação que mais lhe agradou e aplique aos valores conforme as demandas a seguir:

a) 1,458985 com apenas três casas decimais

b) 859800 com marcadores de milhar e de decimal;

c) 69500 em formato científico e com duas casas decimais;

d) Para o intervalo $-10 \leq x \leq 11$, desenvolva um código que imprima os valores de x e do resultado da função $f(x) = x^3/e^x$. O valor de x deve ter apenas uma casa decimal e o resultado da função deverá ter 3 casas decimais de precisão.

13.2. Para os dados dispostos a seguir, utilize a função *tabulate* para imprimir a tabela de dados no console. Aplique as formatações necessárias.

Amostra	A	B	C
1	0,47	0,98	0,44
2	0,19	0,11	0,19
3	0,96	0,67	0,18
4	0,99	0,14	0,32
5	0,34	0,29	0,39

13.3. Considere os dados dispostos na tabela a seguir. Desenvolva um código que aplique a formatação adequada à impressão desta tabela no console. Os dados devem apresentar apenas 3 casas decimais.

Medida	Q1	Q2	Q3
01	71,55181592	62,6009183	54,61107626
02	16,18485813	64,69994989	49,08751755
03	85,81657804	0,065435519	61,40446891
04	58,45014084	24,90890234	31,9803832
05	96,54281311	14,04802643	65,97965311

Finalizando o Capítulo 13

Não sei se você notou, mas este foi um dos maiores capítulos deste livro. "É preciso saber tudo daqui?" Não. Como já foi comentado, foram abordadas diferentes formas de impressão de dados usando a função *print*. Dentre elas, vimos o marcador de posicionamento (%); aplicamos o comando *format*, também vimos o *.format* e, por último, a formatação literal (**f**-texto). Escolha a que você achou mais fácil e mais lógico de usar. No meio do caminho vimos como imprimir tabelas com nossos próprios códigos e, em seguida, vimos como usar a função *tabulate* para facilitar nossas vidas. Por último, exploramos a impressão de dados oriundos de arquivos tais como *.json, *.csv e *.xlsx usando como complemento funções oriundas da biblioteca pandas. Acredito que, com o que foi exposto aqui, você terá base para moldar a impressão de boa parte dos problemas de engenharia química. O próximo capítulo trará alguns outros problemas da Engenharia Química, tais como uso do *solve* para resolução de sistemas de equação, integração numérica, plotagem de diagrama ternário e determinação de raízes de uma equação não linear que nos darão ainda mais satisfação em aplicarmos tudo de programação que foi visto até o momento.

Referências

[1] PYPI. **tabulate 0.9.0**. Disponível em: https://pypi.org/project/tabulate/ Acesso em: 10 jun. 2021.

Capítulo 14: Mais estudos de caso

Muito ainda está por vir. Até aqui nós só arranhamos a superfície de potenciais aplicações e soluções com esta fabulosa ferramenta aplicada ao mundo da Engenharia Química. Depois de uma boa base de programação, podemos adentrar um pouco mais em problemas mais específicos que poderão lhe acompanhar durante o curso e/ou durante sua jornada profissional como engenheiro(a). No presente capítulo aplicaremos o *solve*, função de busca por raízes, para encontrarmos as raízes cúbicas da equação de estado. Veremos um programa para integrar o Cp de uma substância e determinaremos a quantidade total de energia necessária para a sua mudança de temperatura. Mais adiante veremos os sistemas lineares de equações, muito usados em balanço de massa e como resolvê-los para determinamos as concentrações ou vazões em correntes de processo e, por fim, revisaremos como é feita a plotagem de um diagrama ternário. Este capítulo está incrível!

Exemplo 14.1: Determinação de raízes de uma equação de estado

Nem sempre será possível determinar as raízes de uma equação de forma simplificada como já foi mostrado com o método de Newton-Raphson. Em problemas nos quais a função objetivo é demasiadamente complexa ou apresenta mais de uma raiz, é possível utilizar ferramentas das bibliotecas do Python para ajudar na solução. No presente exemplo, vamos explorar um pouco o uso do *solve* da biblioteca sympy, onde o problema é resolvido com variáveis simbólicas e das funções *fsolve* e *root_scalar*, da biblioteca scipy.optimize, para a resolução do problema de forma numérica. Aplicações mais simples dos métodos citados podem ser revisadas no Capítulo 11.

O seu líder já percebeu seu talento e, agora, ele lhe deu mais um desafio: encontrar o volume específico do propano armazenado sob uma pressão de 10 atm e uma temperatura de 350 K.

Aqui precisaremos novamente da equação de estado, como já foi exposto no Exemplo 8.1, do Capítulo 8. Mas teremos a oportunidade de resolvermos o problema proposto com uma proposta de melhoria [1] da equação de Redlich-Kwong. Ao invés de utilizarmos uma equação cúbica, utilizaremos a Equação (14.1) de quarta ordem!... Isso mesmo, 4 raízes!

$$P = \frac{RT}{(\bar{v} - b)}\left(1 + \frac{e}{(\bar{v} + f)}\right) - \frac{\mathrm{a}\alpha}{(\bar{v} + c)(\bar{v} + d)} \tag{14.1}$$

Onde P é a pressão (Pa), $\bar{v} = V/\mathbf{n}$ é o volume específico (L/mol), V é o volume (L), **n** é a quantidade de matéria (número de mols), R é a constante dos gases ideais (8,314462 J/mol.K) e T é a temperatura absoluta (K). Com relação aos parâmetros, temos que $\mathbf{a}\,[\mathrm{Pa.m^6.mol^{-2}}]$ é o parâmetro de atração; $b\,[\mathrm{m^3.mol^{-1}}]$ é o co-parâmetro de correção do volume, $c\,[\mathrm{m^3.mol^{-1}}]$, $d\,[\mathrm{m^3.mol^{-1}}]$, $e\,[\mathrm{m^3.mol^{-1}}]$ e $f\,[\mathrm{m^3.mol^{-1}}]$ são semi-parâmetros de co-volume e são independentes da temperatura.

Os valores de $\mathbf{a}$, b, c, d, e e f podem ser calculados com auxílio das Equações (14.2) a (14.7), respectivamente.

$$a = \frac{\Omega_a (RT_c)^2}{P_c} \quad (14.2)$$

$$b = \frac{\Omega_b RT_c}{P_c} \quad (14.3)$$

$$c = \frac{\Omega_c RT_c}{P_c} \quad (14.4)$$

$$d = \frac{\Omega_d RT_c}{P_c} \quad (14.5)$$

$$e = \frac{\Omega_e RT_c}{P_c} \quad (14.6)$$

$$f = \frac{\Omega_f RT_c}{P_c} \quad (14.7)$$

Onde $\Omega_a, \Omega_b, \Omega_c, \Omega_d, \Omega_e$ e Ω_f são constantes específicas para cada substância química, Tc é a temperatura crítica da substância (K) e Pc é a pressão crítica da substância (MPa). Os valores de Pc e de Tc são tabelados [1] para algumas substâncias e serão dados complementares durante a resolução do problema.

Já α é uma função dependente da temperatura e pode ser calculado utilizando-se a Equação (14.8).

$$\alpha = \exp[(1 + T_r^m)(1 - T_r^n)] \quad (14.8)$$

$$T_r = \frac{T}{T_c} \quad (14.9)$$

Onde m e n são parâmetros específicos de cada composto. A temperatura reduzida, T_r, na presente proposta está sendo calculada pela Equação (14.9) e o resultado calculado deve respeitar o intervalo de aplicação do método, $0.5 \leq Tr \leq 0.99$

Para fins de simplificação, tente escrever o passo a passo do código, o que ele fará e o que precisa para funcionar. Isso pode esclarecer o que você deve fazer para desenvolver seu código quando o problema começar a aumentar a complexidade. Para fins de exemplificação e explicação de como o código, de forma geral, funcionará, você poderá usar o seguinte algoritmo:

1. Carregamento das bibliotecas necessárias para a resolução do problema;
2. Declaração das condições de operação;
3. Carregamento dos dados de Tc, Pc e demais parâmetros da substância selecionada;
4. Cálculo da temperatura reduzida e teste condicional de continuidade baseado no valor de Tr ($\mathbf{0.5 \leq \mathit{Tr} \leq 0.99}$);
5. Carregamento dos parâmetros Oma, Omb, Omc, Omd, Ome e Omf cálculo de *a, b, c, d, e* e *f*
6. Determinação do valor de $\bar{v}$ e impressão dos resultados.

Também é possível apresentar o código em forma de fluxograma. Aqui você tem uma visão geral do funcionamento do código e poderá mostrar essa imagem (Figura 14.1) em alguma apresentação para interessados.

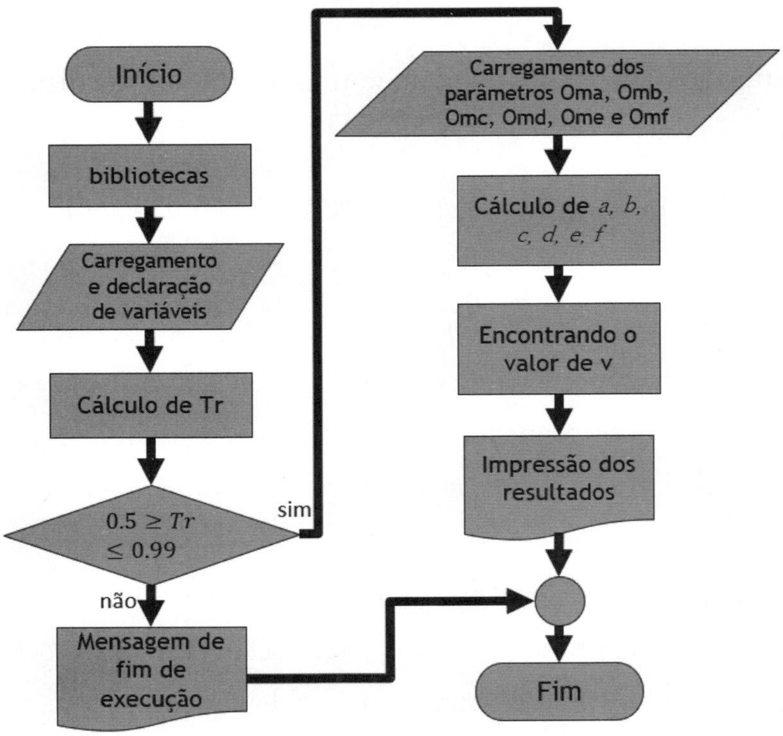

Figura 14.1: Proposta de fluxograma para o código de determinação do volume específico.

Perceba que existe um laço condicional cujo código só será executado se o valor de **Tr** obtido estiver dentro da faixa de valores aceitáveis para o uso da Equação (14.1).

Partindo para o nosso código, teremos a oportunidade de apresentar três possibilidades de soluções diferentes: usando o *solve* da biblioteca sympy, usando *root_scalar* e *fsolve* da biblioteca scipy.optmization. Essas funções já foram exploradas em exemplos mais simples no Capítulo 8 e aqui aplicaremos as funções sem explorá-las em demasia.

```
# importando bibliotecas
from sympy import Symbol, solve
from numpy import exp
import dados_cap14 as fdata
# exemplo de aplicação para propano
# condições operacionais
T = 350                              # temperatura absoluta (K)
p = 1.013e6                          # pressão de trabalho atual (Pa)
R = 8.314462                         # constante dos gases (J/mol.K)
# carregamento dos dados da substância escolhida
substancias = [ 'propano', 'nButano', 'nPentano',
                'nHexano', 'nHeptano', 'tolueno']
substancia = substancias[0]
[Tc, Pc, m, n] = fdata.Composto(substancia)
# calculado a temperatura reduzida - Equação 14.9
Tr = T/Tc
# avaliando continuidade do método
if Tr >= 0.5 and Tr <= 0.99:
    # carregando dados da substância escolhida
    (Oma, Omb, Omc, Omd, Ome, Omf) = fdata.OmComposto(substancia)

    a = (Oma*(R*Tc)**2)/Pc                    #Equação 14.2
    b = Omb*R*Tc/Pc                           #Equação 14.3
    c = Omc*R*Tc/Pc                           #Equação 14.4
    d = Omd*R*Tc/Pc                           #Equação 14.5
    e = Ome*R*Tc/Pc                           #Equação 14.6
    f = Omf*R*Tc/Pc                           #Equação 14.7
    alfa = exp((1+Tr**m)*(1-Tr**n))           #Equação 14.8
    # declaração da variável simbólica
    v = Symbol('v')
    # equação de Estado Quadrática             #Equação 14.1
    func = ((R*T)/(v-b))*(1+ e/(v+f)) - a*alfa/((v+c)*(v+d)) - p
    # resolvendo a equação com o solve
    raizes = solve(func, v)
    # imprimindo os resultados
    print(f'O volume específico v calculado foi {raizes[1]*1000:.2f} L/mol.')
else:
    print(f'Método válido apenas se 0,50 <= Tr <= 0,99. Tr={Tr: .3f}.')
    print('Verifique os valores de T e Tc e tente novamente.')
```

Figura 14.2: Proposta 1 – Usando o solve do sympy para a determinação do volume específico v.

A Figura 14.2 traz nossa primeira possibilidade de solução: o uso do *solve* da biblioteca sympy. Acredito que, se você já está neste ponto do livro, é porque já consegue ler e entender boa parte dos códigos que foram desenvolvidos. Com a presente solução não será diferente e me limitarei a explicar apenas as partes novas, ou ainda não exploradas, dos códigos em exemplos anteriores.

Após carregamento das bibliotecas e as declarações das variáveis, foi necessário importar os dados de **Tc**, **Pc**, **m** e **n** que se encontram em outro arquivo que foi usado como banco de dados. A proposta aqui, olhando para a linha 14, é que o usuário não tenha apenas dados para o propano, mas, caso ele queira, terá outras opções de cálculo bastando modificar a substância na linha 13 e, claro, as condições operacionais para cada caso.

Caso o valor de **Tr** esteja fora dos limites já citados, será o fim da execução do código com uma mensagem de alerta para o usuário. Caso contrário, as Equações (14.2) a (14.8) são calculadas; a variável **v** é declarada como simbólica (linha 30), e as raízes são calculadas pelo *solve* da linha 34 tomando como base a (14.1) modificada (linha 32). Perceba que o objetivo aqui é encontrar valores de v que tornem **func**, linha 32, igual a zero. Comparado a outros métodos, a resposta está na posição 1 da lista de resultados obtidos na variável **raizes**. O resultado impresso no console é "*O volume específico v calculado foi 2.51 L/mol*".

Dependendo dos dados operacionais, a Equação (14.1) fornece quatro raízes que podem ser interpretadas de forma diferentes. Se seus resultados foram quatro raízes reais, estas estão na região subcrítica. Se são duas raízes reais, os dados se encontram na região supercrítica. Na região subcrítica, os valores mínimo e máximo das quatro raízes representam o volume molar da fase líquida e o volume molar da fase de vapor, respectivamente. A região supercrítica é descrita com precisão pela raiz que leva a uma menor energia livre de Gibbs residual. No ponto crítico, a Equação (14.1) resulta em duas raízes reais e o valor médio das duas raízes dá exatamente o volume molar crítico.

```
1 # importando bibliotecas
2 from scipy.optimize import root_scalar
3 from numpy import exp
4 import dados_cap14 as fdata
5
6 # exemplo de aplicação para propano
7 def func(v, R, T, a, b, c, d, e, p, Tr):
8
9     alfa = exp((1+Tr**m)*(1-Tr**n))               # Equação 14.8
10    return (((R*T)/(v-b))*(1+ e/(v+f)) - a*alfa/((v+c)*(v+d)) - p)
11
12 # declaração de variáveis
13 substancias = [ 'propano', 'nButano', 'nPentano',
14                 'nHexano', 'nHeptano', 'tolueno']
15 substancia = substancias[0]
16 # carregando informações do banco de dados [Tc(K); Pc(Pa)]
17 [Tc, Pc, m, n] = fdata.Composto(substancia)
18 # condições operacionais
19 T = 350                               # temperatura absoluta (K)
20 p = 1.013e6                           # pressão de trabalho atual (Pa)
21 R = 8.314462                          # constante dos gases (J/mol.K)
22 #calculado a temperatura reduzida - Equação 14.9
23 Tr = T/Tc
24 # avaliando continuidade do método
25 if Tr >= 0.5 and Tr <= 0.99:
26     # carregando dados da substância escolhida
27     (Oma, Omb, Omc, Omd, Ome, Omf) = fdata.OmComposto(substancia)
28     # calculando os valores dos parâmetros
29     a = (Oma*(R*Tc)**2)/Pc                       #Equação 14.2
30     b = Omb*R*Tc/Pc                              #Equação 14.3
31     c = Omc*R*Tc/Pc                              #Equação 14.4
32     d = Omd*R*Tc/Pc                              #Equação 14.5
33     e = Ome*R*Tc/Pc                              #Equação 14.6
34     f = Omf*R*Tc/Pc                              #Equação 14.7
35     # resolução utilizando a função root_scalar
36     sol =root_scalar(func, args=(R, T, a, b, c, d, e, p, Tr), method='toms748',
37                      bracket=[1e-3, 1])
38     # imprimindo os resultados
39     if sol.converged == True:
40         print(f'O volume específico v calculado foi {sol.root*1000:.2f}L/mol.')
41     else:
42         print('O programa não encontrou solução. Reveja os dados de entrada.')
43 else:
44     print(f'Método válido apenas se 0,50 <= Tr <= 0,99. Tr={Tr: .3f}.')
45     print('Verifique os valores de T e Tc e tente novamente.')
```

Figura 14.3: Proposta 2 – Usando o root_scalar do scipy para a determinação do volume específico v.

A Figura 14.3 traz uma segunda forma de solução do mesmo problema, dessa vez estamos usando a função root_scalar da biblioteca scipy.optimize. Perceba que a primeira diferença está na declaração da nossa equação de estado como uma função (def) na linha 7. Ela será chamada pela função de busca de raízes na linha 36. Veja que tivemos que colocar os valores de ***a*, *b*, *c*, *d*, *e*** e ***f*** além de *v*, *R*, *T* e *Tr* como argumentos da função. Esta foi a lógica utilizada, uma vez que a função não está limitada apenas ao cálculo do volume específico do propano, mas de qualquer outra substância listada na linha 13.

A função *root_xcalar* necessita dos argumentos **func**, que é nossa função já declarada na linha 7, dos argumentos (**args**) já citados, e de uma faixa de valores (**bracket**) que deve ser definida pelo usuário quando seleciona o método (**method**), 'toms748'. Por exemplo, caso a escolha fosse o método "newton", não haveria necessidade da **bracket**, mas sim de uma estimativa inicial **x0**. Já o método 'toms748', ou algoritmo 748 de Alefeld, Potra e Shi [2], é aplicado para localização de raízes dentro de um intervalo delimitador e é usado para fornecer convergência para uma raiz com taxa de avaliação da função de aproximadamente 1,65. Outros métodos podem ser explorados, como é mostrado no Capítulo 11.

Outra novidade é o teste de convergência que foi adicionado na linha 39. O resultado retornado pelo método 'toms748' é um dicionário e nele existe um parâmetro que indica se uma solução foi alcançada (*converged*). Em caso positivo, o código é executado de forma a mostrar os resultados alcançados (linha 40). Caso contrário, uma mensagem de revisão da faixa de valores da *bracket* ou de outros dados de entrada é impresso no console. Após a execução do presente exemplo, a mensagem "*O volume específico v calculado foi 2.51L/mol*" é impressa no console.

A proposta 3, apresentada na Figura 14.4, utiliza o *fsolve* da biblioteca scipi.optimize. A construção do código é semelhante ao exemplo anterior, com a definição de uma função (**def**) na linha 6 e a aplicação do método de busca de raízes na linha 36. A primeira diferença aqui, se comparado ao método *root_scalar*, é que o *fsolve* pode receber mais de uma variável para a resolução da função. Entenda por mais de uma variável, por exemplo, uma função f(x1, x2) que dependa de dois, ou mais, valores para que se tenha uma resposta. Nossa Equação (14.1) só depende de uma única variável v no presente exemplo. Outra diferença é que não precisamos de um intervalo de valores, mas sim de uma estimativa inicial, x0, no caso de apenas termos uma variável na função, ou uma lista [x0,..., xn] no caso de duas ou mais variáveis.

```
1 # importando bibliotecas
2 from scipy.optimize import fsolve
3 from numpy import exp
4 import dados_cap14 as fdata
5 # exemplo de aplicação para propano
6 def func(v, R, T, a, b, c, d, e, p, Tr):
7
8     alfa = exp((1+Tr**m)*(1-Tr**n))              # Equação 14.8
9     return (((R*T)/(v-b))*(1+ e/(v+f)) - a*alfa/((v+c)*(v+d)) - p)
10
11 # declaração de variáveis
12 substancias = [ 'propano', 'nButano', 'nPentano',
13                 'nHexano', 'nHeptano', 'tolueno']
14 substancia = substancias[0]
15 # carregando informações do banco de dados [Tc(K); Pc(Pa)]
16 [Tc, Pc, m, n] = fdata.Composto(substancia)
17
18 #condições operacionais
19 T = 350                          # temperatura absoluta (K)
20 p = 1.013e6                      # pressão de trabalho atual (Pa)
21 R = 8.314462                     # constante dos gases (J/mol.K)
22 # calculado a temperatura reduzida - Equação 14.9
23 Tr = T/Tc
24 # avaliando continuidade do método
25 if Tr >= 0.5 and Tr <= 0.99:
26     # carregando dados da substância escolhida
27     (Oma, Omb, Omc, Omd, Ome, Omf) = fdata.OmComposto(substancia)
28     #calculando os valores dos parâmetros
29     a = (Oma*(R*Tc)**2)/Pc                  # Equação 14.2
30     b = Omb*R*Tc/Pc                         # Equação 14.3
31     c = Omc*R*Tc/Pc                         # Equação 14.4
32     d = Omd*R*Tc/Pc                         # Equação 14.5
33     e = Ome*R*Tc/Pc                         # Equação 14.6
34     f = Omf*R*Tc/Pc                         # Equação 14.7
35     # resolução utilizando a função fsolve
36     sol = fsolve(func, args=(R, T, a, b, c, d, e, p, Tr), x0 = 0.05)
37     # imprimindo os resultados
38     print(f'O volume específico v calculado foi {sol[0]*1000:.3f}L/mol.')
39 else:
40     print(f'Método válido apenas se 0,50 <= Tr <= 0,99. Tr={Tr: .3f}.')
41     print('Verifique os valores de T e Tc e tente novamente.')
```

Figura 14.4: Proposta 3 – Usando o fsolve do scipy para a determinação do volume específico v.

Os argumentos (**args**) também são necessários e, assim como na proposta 2, o código foi feito para que não apenas a solução do propano fosse alcançada, mas de qualquer outra substância declarada na linha 12. Aqui também não há um teste de convergência. Logo, a resposta deverá ser tratada como a indicação de valores em listas, conforme linha 38. Para este exemplo, o resultado impresso no console é "*O volume específico v calculado foi 2.506L/mol*".

Exemplo 14.2: Integrando a equação da capacidade calorífica

Seu chefe lhe fez outra solicitação: calcular a quantidade de energia gasta para aquecer um mol de água de **27 °C** até **90 °C**, considerando o regime estacionário de escoamento. O valor calculado servirá para que seja feita a estimativa de custos de aquecimento para água no processo.

O projeto de um pré-aquecedor, assim como de um reator, depende da taxa de transferência de calor, que, por sua vez, depende dos efeitos térmicos, sejam eles pelas trocas térmicas em um trocador de calor ou associados às reações químicas. Neste sentido, é essencial que se saiba quanto de calor será preciso remover ou aplicar a uma dada quantidade de substância para que os projetos citados acima sejam feitos com a maior precisão possível.

Como queremos saber quanto de energia será necessário para que 1 mol de água seja aquecida de **27 °C** a **90 °C**, é preciso o conhecimento da dependência da capacidade calorífica com a temperatura. Essa dependência é fornecida por uma Equação empírica (14.10):

$$\int_a^b \frac{C_p}{R} dT = A + BT + CT^2 \qquad (14.10)$$

Onde Cp/R é adimensional, sendo as unidades de Cp governadas pela escolha de R, que é a constante dos gases ideais (8,314 J/mol.K). Os valores de A, B e C são tabelados para cada substância [3] e, no caso da água, podemos usar os valores descritos nas linhas 9 a 11, respectivamente. Os limites $\boldsymbol{a}$ e $\boldsymbol{b}$, após integração, recebem os valores da temperatura inicial T_i e a temperatura final T_f respectivamente.

Para uma ideia geral, o código terá como base o seguinte algoritmo:

1. Carregamento da biblioteca sympy e funções necessárias para a resolução do problema;
2. Declaração das condições de operação e outras variáveis;
3. Declaração da função da capacidade calorífica;
4. Cálculo da integral da função da capacidade calorífica no intervalo de temperatura proposto para a determinação de Q;
5. Impressão dos resultados.

O fluxograma, se comparado ao exemplo 14.01, é mais simples de ser apresentado, como mostra a Figura 14.5.

Figura 14.5: Proposta de fluxograma para o código de determinação de Q pela integração de Cp.

Uma proposta de solução se encontra na Figura 14.6a, na qual utilizaremos a biblioteca função *Integral* da biblioteca sympy. Perceba que, em **Ti** e **Tf**, as temperaturas foram convertidas de °C para K. Declaradas as variáveis e constantes, na linha 13 temos a definição da função que será integrada. A função *pprint* apenas mostra o antes e depois da integração.

Na linha 19 foi escrita a integral da função e sua impressão e, na linha 25, temos a integral da Equação (14.10) para os limites sugeridos no problema, **Ti** e **Tf**. Os resultados foram impressos em duas unidades diferentes, kJ/mol e kJ/kg, convertendo-se a quantidade em mol para massa em kg de água.

Você fez um pouco mais neste exemplo: você descobriu que eram usados 1.000 kg de água por hora no processo e que a empresa havia conseguido um valor ótimo para os custos de energia que se resumem a R$0,90 por GJ (Giga Joule).

a

```
# importando bibliotecas
from sympy import Integral, Symbol, pprint
# declaração de variáveis
T = Symbol('T')
R = 8.314            # J/mol.K
Ti = 27+273.15       # C --> K
Tf = 90+272.15       # C --> K
# constantes da Equação 14.10 para água
A = 8.712
B = 1.25E-3
C = -0.18E-6
# Capacidade Calorífica molar da água
fCp = R*(A + B*T + C*T**2)
print('Esta é a função original:')
pprint(fCp)
print(5*'--------------')

# chamando o método e integrando a função ∫(Cp/R)dT
Q = Integral(fCp, T).doit() # doit() manda integrar a função
print('\nEsta é a função integrada:')
pprint(Q)
print(5*'--------------')

# integrando a função como integral definida
Q2 = Integral(fCp, (T, Ti, Tf)).doit()
msg = '\nA quantidade de energia necessária é Q ='
print(msg + f' {Q2/1000:.2f}kJ/mol ou Q = {Q2/18:.1f}kJ/kg.')

# considerando que temos um custo de R$ 0,90/GJ
msg = 'O custo de aquecimento de 1000kg/h de água é R$'
print(msg + f' {Q2/(1000*18)*0.90:.2f}.')
```

Console 1/A

b

```
Esta é a função original:
             2
- 1.49652e-6·T  + 0.0103925·T + 72.431568
----------------------------------------------------------------------

Esta é a função integrada:
            3              2
- 4.9884e-7·T  + 0.00519625·T  + 72.431568·T
----------------------------------------------------------------------

A quantidade de energia necessária é Q = 4.69kJ/mol ou Q = 260.8kJ/kg.
O custo de aquecimento de 1000kg/h de água é R$ 0.23.
```

Figura 14.6: Cálculo da quantidade de energia necessária para mudar a temperatura de um mol de água de 27°C a 90°C e seus custos.

Na linha 31 você imprimiu o resultado dos custos operacionais para se elevar a temperatura aquecida de **27°C** a **90°C** de 1.000 kg de água por hora. Um resumo do cálculo pode ser observado na Equação (14.11). Os resultados deste exemplo podem ser visualizados por completo por meio da Figura 14.6b.

$$\left[4690\left(\frac{J}{mol}\right)\left(\frac{1mol}{18g}\right)\left(\frac{1000g}{1kg}\right)\left(\frac{R\$0{,}90}{10^9 J}\right)\left(\frac{1000kg}{1h}\right)\right] \approx \frac{R\$0{,}2345}{h} \quad (14.11)$$

A simplicidade da estimativa de custos mostrada neste exemplo é apenas para fins didáticos. No entanto, em cálculos mais precisos, é imperativo considerar vários outros elementos do processo que também influenciam nos custos operacionais tais como preço do combustível usado para o aquecimento da água ou vapor em fornalhas; custos de eletricidade para o bombeamento da água para todo o processo; custos com reposição/renovação da água usada no processo; custos com produtos químicos para tratamento da água de reposição/renovação e, muitas vezes, custos adicionais devido à necessidade de um pré-tratamento da água, tais como dessalinização e/ou resinas de troca iônica, para fins de abatimento na quantidade de sais na água encaminhada para o processo.

A Figura 14.7a traz uma resposta mais enxuta quando usamos a função ***quad*** da biblioteca scipy.integrate se comparada à solução anterior quando usamos a função ***Integrate*** da biblioteca Sympy. Você verá que, em alguns casos, e.g. equações não lineares de muitas ordens, a solução numérica poderá convergir mais facilmente quando aplicamos a integração numérica [4]. De qualquer forma, ficam as duas opções para você explorar a que melhor se adequa ao seu problema.

É possível notar que a Equação (14.10) foi reescrita no formato de função **def**, na linha 4. Este formato, ou o formato *lambda*, é necessário para que a função ***quad***, aqui chamada de ***integral*** na linha 1, funcione corretamente logo após as declarações das variáveis.

a

```
 1 # importando bibliotecas
 2 from scipy.integrate import quad as integral
 3 
 4 def funcCp(T, A, B, C):
 5     # Capacidade Calorífica molar da água
 6     fCp = R*(A + B*T + C*T**2)
 7     return fCp
 8 
 9 # declaração de variáveis
10 R = 8.314            # J/mol.K
11 Ti = 27+273.15       # C --> K
12 Tf = 90+272.15       # C --> K
13 # constantes da Equação 14.10 para água
14 A = 8.712
15 B = 1.25E-3
16 C = -0.18E-6
17 # chamando o método e integrando a função ∫(Cp/R)dT no intervalo a-b
18 Q = integral(funcCp, Ti, Tf, args=(A,B,C))
19 msg = 'A quantidade de energia necessária é Q ='
20 print(msg + f' {Q[0]/1000:.2f}kJ/mol ou Q = {Q[0]/18:.1f}kJ/kg.')
21 # considerando que temos um custo de R$ 0,90/GJ
22 msg = 'O custo de aquecimento de 1000kg/h de água é R$'
23 print(msg + f' {Q[0]/(1000*18)*0.90:.2f}.')
```

b

Console 1/A

```
A quantidade de energia necessária é Q = 4.69kJ/mol ou Q = 260.8kJ/kg.
O custo de aquecimento de 1000kg/h de água é R$ 0.23.
```

Figura 14.7: Cálculo da quantidade de energia necessária para mudar a temperatura de um mol de água de 27°C a 90°C e seus custos usando a função quad do scipy.integrate.

A quantidade de energia Q é calculada na linha 18. Observe que a função ***quad*** necessita dos argumentos **funcCp**, **Ti**, **Tf** e **args**=(A,B,C), que são: a função, os valores inicial e final da temperatura (ou limites de integração) e os argumentos A, B e C respectivamente.

A função ***quad*** retorna uma lista como resultado, onde o valor na posição Q[0] se refere à solução do problema proposto, e a resposta na posição Q[1] é o erro numérico de integração obtido pelo método usado. Para este exemplo, o erro calculado foi de $5{,}2x10^{-11}$. Ou seja, para nossas aplicações, o resultado apresentado é preciso o suficiente. Você notará que os resultados calculados, Figura 14.7b, são exatamente iguais aos do exemplo anterior quando usamos a função ***Integral*** do sympy.

Exemplo 14.3: Sistemas de equações lineares – balanço de massa

O presente exemplo aborda o balanço de massa de um sistema fechado, sem reação química e em estado estacionário, ou seja, as concentrações ou vazões são constantes. "Mas o que é um balanço de massa?" Um balanço de massa é um cálculo que é feito para determinação de concentrações, vazões ou frações de espécies químicas dentro de diferentes partes de um processo. Na Engenharia Química, nós realizamos um raciocínio muito simples, baseado na Lei de Lavoisier: a matéria que entra no processo tem que sair. Por matéria podemos usar, por exemplo, o carbono: todo carbono que entra no processo, tem que sair, pois nada se cria ou se perde no processo. Quando há reação química, em estado estacionário, as substâncias ganham outras formas, mas a quantidade em massa de elementos que entrou no sistema é a mesma que sai.

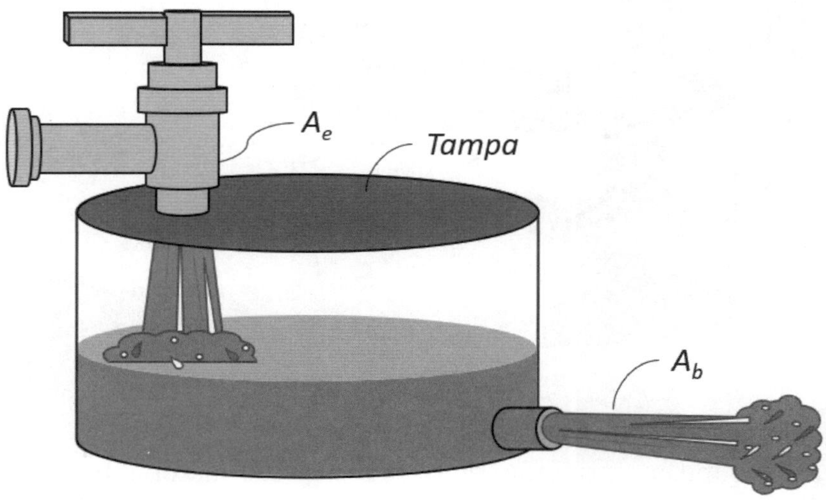

Figura 14.8: Exemplificação da conservação da matéria.

Agora, imagine um recipiente fechado com um orifício em sua lateral. Este recipiente recebe, digamos, 100 kg/h de água, A_e, à temperatura ambiente por meio de uma torneira que está aberta, e a água inicia o preenchimento do recipiente e começa a sair, A_b, pelo orifício. Para o presente caso, não havendo perdas por evaporação e por arraste de gotículas pelo vento, nem acúmulo ou reação química, podemos afirmar que toda a água que entrou no recipiente sairá pelo orifício da base.

Assim, considerando a situação descrita para a Figura 14.8, temos que a massa de água que entra A_e é igual a massa de água que sai, A_b.

$$A_e = A_b \tag{14.12}$$

Com base na Figura 14.9, agora imagine que temos um fluxo mássico de 100 kg/h de água, A_e, aquecida a 100 °C, alimentando, por meio de uma torneira, um recipiente fechado que contém duas saídas: a primeira, na base, semelhante ao exemplo anterior, na qual temos a saída de água quente, A_b, e a segunda saída no topo, onde apenas vapor, V_t, deixa o recipiente.

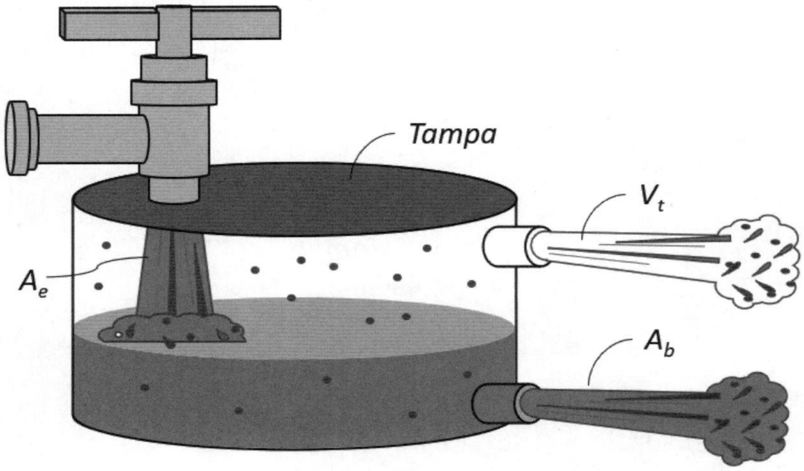

Figura 14.9: Exemplificação da conservação da matéria: o que entra é igual à soma do que sai.

Considerando o mesmo princípio de conservação da matéria, temos que o fluxo mássico total de água que entra é igual ao fluxo mássico total de água que sai, equação que pode ser expressa da seguinte forma:

$$A_e = A_b + V_t \tag{14.13}$$

Ou seja, o que tínhamos apenas com uma saída foi transformado em duas ou mais! Mas, no final, o somatório mássico do que entra tem que ser igual ao somatório mássico do que sai do sistema!

Vamos visualizar agora uma terceira situação: você já deve ter ouvido falar em destilação, não?! Só para relembrar, a destilação é um processo no qual se aplica calor a uma mistura de substâncias e, após aquecimento, as espécies químicas mais voláteis se separam em forma de vapor das demais, que são mais pesadas e permanecem aquecidas, mas na forma líquida. A princípio é um processo simples e muito explorado na história da indústria.

Por exemplo, a produção de água potável pode ser oriunda do processo de destilação onde a água recebe energia até sua evaporação, em seguida é condensada e armazenada para distribuição. A salmoura pode retornar à fonte primária de onde foi retirada, por exemplo a água do mar, ou pode ser direcionada para a produção de sal como um subproduto após total evaporação da água.

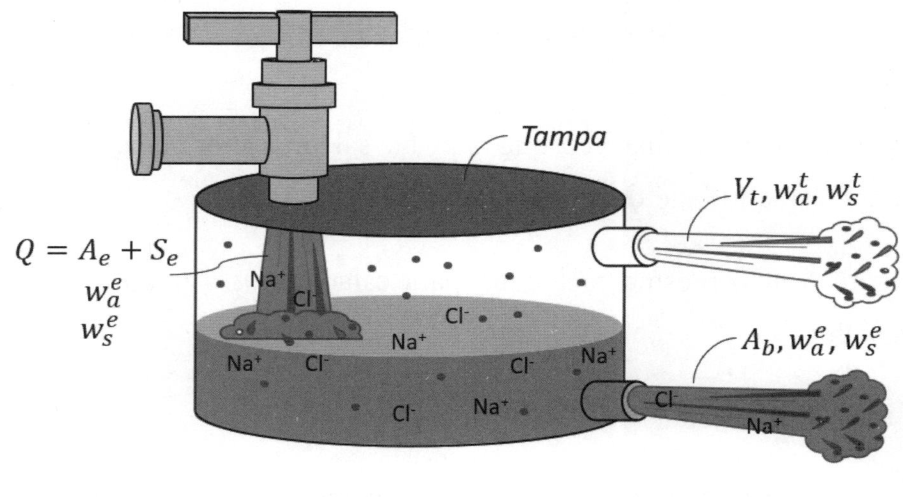

Figura 14.10: Exemplificação da conservação da matéria: o que entra é igual à soma do que sai.

Com base na Figura 14.10, vamos montar nosso próximo exemplo. A alimentação do sistema não é mais a água pura e aquecida, agora ela tem uma fração em massa, w_s^e, de 5% de NaCl. Logo, considerando que essa alimentação tenha um fluxo mássico total Q (água + sal) de 100 kg/h, teremos 95 kg/h de água (A_e) e 5 kg/h de NaCl (S_e). "Até aí tudo bem. Mas como fica nosso sistema?"

Vamos continuar com nosso raciocínio: a soma de todo fluxo mássico que entra tem que ser igual à soma de todo fluxo mássico que sai, logo o fluxo total Q que entra é igual à soma dos fluxos mássicos da base A_b e do topo V_t:

$$Q = A_b + V_t = 100 \quad (14.14)$$

Façamos agora o balanço de massa por componente. A quantidade de água (apenas água!) que entra e que sai do sistema é dada por:

$$w_a^e Q = w_a^b A_b + w_a^t V_t \quad (14.15)$$

Onde w_a^b é a fração mássica de água na saída da base do sistema e w_a^t é a fração mássica de água na saída do topo. Substituindo os valores que já temos, o resultado é:

$$95\frac{kg}{h} = w_a^b A_b + V_t \quad (14.16)$$

Onde w_a^t é igual a 1, uma vez que não há sal no vapor. Nós não sabemos exatamente a quantidade de água na base, nem no topo.

Podemos realizar o mesmo raciocínio para calcularmos a quantidade total de sal no sistema:

$$w_s^e Q = w_s^b A_b + w_s^t V_t \quad (14.17)$$

Onde w_s^b é a fração mássica de sal na saída da base do sistema e w_s^t é a fração mássica de sal na saída do topo. Como $w_s^t = 0$ no topo, substituindo os valores que já sabemos, temos que:

$$5\frac{kg}{h} = w_s^b A_b \quad (14.18)$$

Resumindo, temos três equações lineares que representam nosso sistema:

$$100 = A_b + V_t$$

$$95\frac{kg}{h} = w_a^b A_b + V_t$$

$$5\frac{kg}{h} = w_s^b A_b$$

Com os dados que temos, não há uma solução para o nosso **sistema de equações**. Mas espere! Acabou de chegar um novo dado!

Digamos que, na Figura 14.10, temos a fração mássica de sal na saída da base $w_s^b = 0{,}15$. Apenas com essa definição, agora temos como resolver as Equações (14.14), (14.16) e (14.18)! Aplicando o valor de $w_s^b = 0{,}15$ na Equação (14.18), temos:

$$A_b = \frac{5}{0{,}15}\frac{kg}{h} \approx 33{,}33\frac{kg}{h} \tag{14.19}$$

Aplicando o resultado obtido para A_b na Equação (14.14), temos:

$$V_t = 100 - A_b \cong 66{,}67 \tag{14.20}$$

Agora, com os resultados de A_b e V_t, podemos calcular a fração mássica de água na base:

$$w_a^b = \frac{95 - 66{,}67}{33{,}33} \cong 0{,}85 \tag{14.21}$$

O mais interessante é que o valor de w_a^b poderia ser calculado mais facilmente, uma vez que $\sum w_i = 1$. Logo, como foi dado o valor de $w_s^b = 0{,}15$, temos que:

$$w_a^b = 1 - w_s^b \tag{14.22}$$

Ampliando o ponto de vista para os sistemas de equações lineares

Quando falamos do processo de destilação de água salgada para a produção de água potável, o sistema de separação é bastante simplificado, apresentando, na grande maioria das vezes, apenas **um estágio** de separação, pois o único componente volátil sob condições controladas de temperatura igual a **100 °C** e pressão $\mathbf{1}\ \boldsymbol{atm}$, ali na mistura água e sal, é a água. A Figura 14.11a ilustra um processo de destilação de água com um único estágio. No topo temos apenas água destilada condensada após resfriamento e na base nós temos uma corrente de água mais concentrada de sais de comparada à alimentação do equipamento.

No entanto, quando temos uma mistura multicomponente, por exemplo petróleo ou outra composição de hidrocarbonetos, com diversos pontos de ebulição, precisamos de um equipamento mais robusto que possa separar esses componentes de forma mais efetiva. Esses equipamentos são chamados de torres (ou colunas) de destilação e apresentam múltiplos estágios de separação!

Logo, uma gama de espécies químicas será liberada como vapor após o aquecimento, mas os estágios farão com que apenas as espécies mais leves cheguem ao topo, dificultando a passagem dos vapores de elementos mais pesados. A Figura 14.11b ilustra o processo de separação de hidrocarbonetos c_1, c_2, c_3e c_4 de diferentes massas molares.

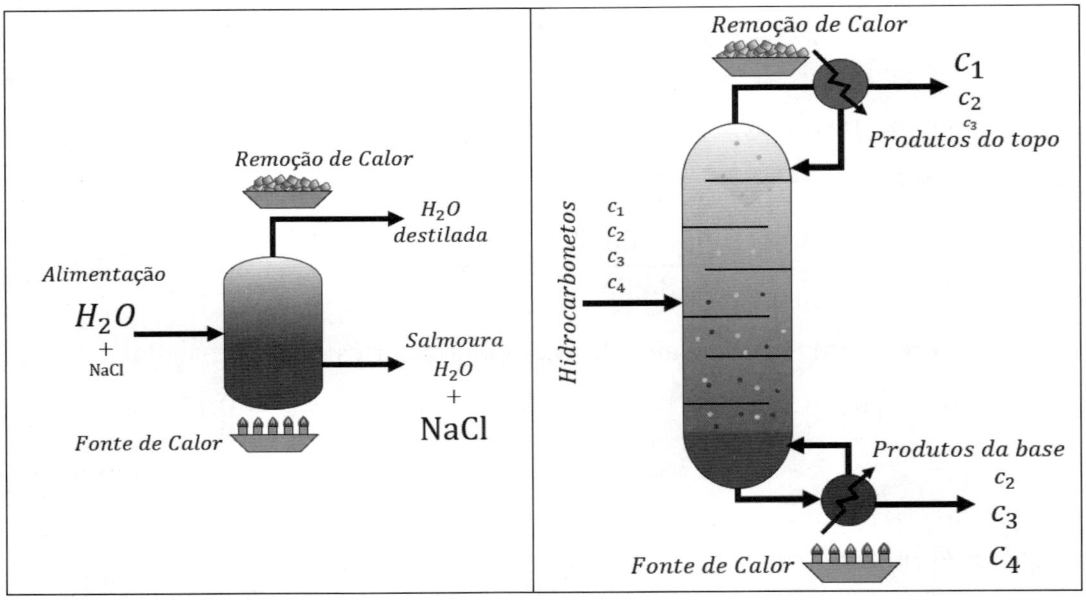

Figura 14.11: (a) Destilação simples com um estágio e (b) Coluna de destilação multiestágio.

Durante o aquecimento, as espécies mais voláteis vaporizadas caminham para o topo, lá o excesso de calor é removido e há a condensação destes componentes. Uma parte retorna para a coluna e outra segue para o equipamento seguinte do processo. Perceba que a base também gera algum produto rico em concentrações das espécies químicas mais pesadas. O produto e o subproduto geralmente são definidos durante o projeto e depende da espécie química que se quer isolar. Você verá muito mais detalhes sobre esse equipamento quando estudar sobre operações unitárias [5].

Vejamos agora outro exemplo: considere uma coluna de destilação que recebe uma alimentação Q de 100 mol/h, constituída de 3 hidrocarbonetos com frações molares x_1, x_2 e x_3 e com q_1, q_2 e q_3 iguais a 40 mol/h, 26 mol/h e 34 mol/h, respectivamente. As correntes de saída T do topo e B da base apresentam frações molares distintas para as espécies químicas conforme é mostrado na Figura 14.12.

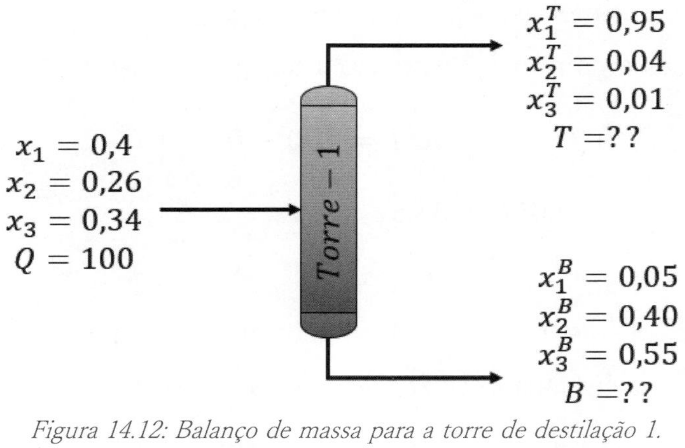

Figura 14.12: Balanço de massa para a torre de destilação 1.

Observe que, mesmo com as composições de cada corrente, os dados oferecidos não fornecem informações sobre a vazão de topo T e a vazão de base B. Temos que encontrá-las!

Iniciemos nosso trabalho realizando um balanço de massa total, em que a soma do que entra deve ser igual à soma do que sai. Aqui temos uma mudança de unidades, mol/h. Como estamos considerando um sistema estacionário, sem acúmulo e sem reação química, a soma do número de mols de uma espécie *A* que entra no sistema, deve ser igual à soma do número de mols da mesma espécie *A* que sai.

$$Q = T + B = 100\,mol/h \tag{14.23}$$

Agora vamos ao passo seguinte, que é realizar o balanço de massa por componente:

$$x_1Q = x_1^BB + x_1^TT \tag{14.24}$$

$$x_2Q = x_2^BB + x_2^TT \tag{14.25}$$

$$x_3Q = x_3^BB + x_3^TT \tag{14.26}$$

Temos quatro equações e duas incógnitas. Podemos escolher duas das quatro equações e resolver o sistema de forma que encontremos os valores de $\boldsymbol{T}$ e $\boldsymbol{B}$. Usemos as duas primeiras, as Equações (14.23) e (14.24). Substituindo os valores das vazões e composições, e sabendo que $\boldsymbol{x_1Q = q_1}$, temos que:

$$T + B = 100 \text{ ou } T = 100 - B \tag{14.27}$$

$$0{,}05B + 0{,}95T = 40 \tag{14.28}$$

Como é possível observar, a solução é ligeiramente simples, substituindo T da Equação (14.27) na Equação (14.28), encontraremos o valor de B.

$$0{,}05B + 0{,}95(100 - B) = 40$$

$$B = \frac{55}{0{,}9} = 61{,}11\,mol/h \tag{14.29}$$

Substituindo o resultado de B na Equação (14.27), temos:

$$T = 100 - 61{,}1 = 38{,}89\,mol/h \tag{14.30}$$

É imperativo que você teste os resultados nas demais equações para identificar possíveis falhas no seu balanço. A solução deve ser única para todo o sistema proposto! Faça o teste e verifique se os valores calculados para B e T satisfazem as Equações (14.25) e (14.26).

Agora vamos implementar um código para resolvermos esse mesmo sistema. Por meio da Figura 14.13 é possível observa uma aplicação usando **symbols** da biblioteca sympy. Na linha 5 temos as declarações das variáveis simbólicas T e B que serão usadas no programa.

Nas linhas 8 a 11 são declaradas as Equações (14.23) a (14.26) encontradas no nosso balanço de massa. Perceba que os valores de T e B devem ser tais que os resultados das equações eq1, eq2, eq3 e eq4 devem ser iguais a zero.

Como já observado, podemos escolher duas das equações citadas, mas a solução deve ser única para todas as equações. Na linha 15 temos a chamada da função ***solve*** para resolver duas equações ([eq1, eq2]), usando para isto as duas variáveis simbólicas ([T, B]). A solução é obtida em formato de dicionário, ou seja, para acessar o valor da solução é preciso escrever sol[T] ou sol[B].

Entre as linhas 18 e 21 temos um teste da solução obtida em cada uma das equações usando o método **subs** do objeto *symbol.* Sabendo que os resultados r1, r2, r3 e r4 devem ser iguais a zero, ou muito próximo de zero (e.g. $1x10^{-7}$ é uma boa estimativa para quase zero), realizamos a soma desses valores na linha 24 e em seguida o código segue com um teste (linha 27): se o valor absoluto da soma dos resultados r1, r2, r3 e r4 for menor ou igual a 10^{-7}, a solução do sistema foi alcançada. Caso contrário, houve algum detalhe em alguma das equações que saiu das nossas vistas e precisa ser revisado para, em seguida, procurarmos novamente a solução do problema.

```
# importando bibliotecas
import sympy

# tornando variáveis simbólicas
T, B= sympy.symbols('T B')

# descrevendo o sistema de equações (lineares!)
eq1 = T + B - 100              #Equação 14.23
eq2 = 0.05*B + 0.95*T - 40     #Equação 14.24
eq3 = 0.40*B + 0.04*T - 26     #Equação 14.25
eq4 = 0.55*B + 0.01*T - 34     #Equação 14.26

# resolvendo o sistema de equações com o solve
# duas incógnitas, duas equações
sol = sympy.solve([eq1, eq2], [T, B])

# testando a solução
r1 = eq1.subs({T:sol[T], B:sol[B]})
r2 = eq2.subs({T:sol[T], B:sol[B]})
r3 = eq3.subs({T:sol[T], B:sol[B]})
r4 = eq4.subs({T:sol[T], B:sol[B]})

# lista de soluções
rs = [r1,r2,r3,r4]

# imprimindo os resultados
if abs(sum(rs)) <= 1e-7:
    msg = f'Os valores de B = {sol[B]:.2f}mol/h e '
    msg = msg + f'T= {sol[T]:.2f}mol/h resolvem o sistema.'
    print(msg)
else:
    msg = f'Os valores de B = {sol[B]:.2f}mol/h '
    msg = msg + f'e T= {sol[T]:.2f}mol/h NÃO RESOLVEM o sistema.'
    print(msg)
```

Figura 14.13: Resolução do sistema de equações lineares usando symbol.

Ao executar o presente código, temos "Os valores de B = 61.11 mol/h e T = 38.89 mol/h resolvem o sistema" como resultado impresso no console.

Também podemos resolver o mesmo sistema de equações usando o ***solve*** da biblioteca linalg, importada da biblioteca numpy. Para este tipo de aplicação, vamos fazer uma pequena revisão sobre sistemas de equações lineares e matrizes. Tomemos como ponto de partida as Equações (14.24) e (14.25) a seguir:

$$0{,}05B + 0{,}95T = 40$$

$$0{,}40B + 0{,}04T = 26$$

Este sistema de Equações pode ser reescrito no formato de matriz da seguinte forma:

$$\begin{bmatrix} 0{,}05 & 0{,}95 \\ 0{,}40 & 0{,}04 \end{bmatrix} \begin{bmatrix} B \\ T \end{bmatrix} = \begin{bmatrix} 40 \\ 26 \end{bmatrix} \quad (14.31)$$

Ou ainda numa forma mais simplificada:

$$A\boldsymbol{x} = \boldsymbol{b} \quad (14.32)$$

Onde $A = \begin{bmatrix} 0{,}05 & 0{,}95 \\ 0{,}40 & 0{,}04 \end{bmatrix}$ é chamada de matriz de coeficientes; $x = \begin{bmatrix} B \\ T \end{bmatrix}$ $e\ b = \begin{bmatrix} 40 \\ 26 \end{bmatrix}$. "Se queremos encontrar os valores de $\boldsymbol{x}$, bem que poderíamos escrever a Equação (14.32) como sendo $\boldsymbol{x} = \boldsymbol{b}/A$, não é verdade?" Mas para sistemas matriciais, o valor de $\boldsymbol{x}$ é obtido apenas calculando-se a inversa da matriz A. Logo, poderemos escrever nossa solução de maneira correta como segue:

$$\boldsymbol{x} = A^{-1}\boldsymbol{b} \quad (14.33)$$

Onde A^{-1} é a inversa da matriz A. Entenda como inversa a matriz A^{-1} cuja multiplicação por A resulta em uma matriz identidade.

$$AA^{-1} = A^{-1}A = I \quad (14.34)$$

Onde $I = \begin{bmatrix} 1 & 0 \\ 0 & 1 \end{bmatrix}$ é a matriz identidade. Quando isso acontece, dizemos que A é invertível ou não singular [6]. Existem técnicas de procura de inversas de matrizes que serão mais bem exploradas por você em um livro-texto de métodos numéricos [7].

Voltando ao problema proposto, podemos escrever nosso sistema de equações no formato matricial, como é mostrado na Figura 14.14.

Perceba que, na linha 2, importamos uma biblioteca chamada **linalg**. Esta biblioteca carrega um pacote de álgebra linear com diversas ferramentas utilizadas no tratamento de sistemas matriciais. Também está sendo importada a função ***matrix*** que transformará nossos dados em matrizes com atributos que podem ser usados para facilitar operações matemáticas entre matrizes e vetores.

```
1 # importando bibliotecas
2 from numpy import linalg, matrix
3
4 # tomando o formato da função como sendo Ax = b
5 # escrevendo a matriz A
6 A = matrix([[0.05, 0.95],          # Constantes da Equação 14.24
7             [0.40, 0.04]])         # Constantes da Equação 14.25
8 # escrevendo um vetor coluna b
9 b = matrix([[40.],                 # Resultado da Equação 14.24
10            [26.]])                # Resultado da Equação 14.25
11
12 # obtendo os valores de x (no caso B e T)
13 x = linalg.solve(A, b) #x = A\b
14 # testando a solução no sistema de equações
15 br = A*x
16 print('o resultado da multiplicação entre A e x deve ser igual a b.')
17 print('A*x =\n',br)
18 print('e b =\n',b)
19
20 # testando a solução para as demais equações
21 B = x[0,0]; T = x[1,0]
22 #descrevendo o sistema de equações (lineares!)
23 eq1 = B + T - 100                  # Equação 14.23
24 eq2 = 0.05*B + 0.95*T - 40         # Equação 14.24
25 eq3 = 0.40*B + 0.04*T - 26         # Equação 14.25
26 eq4 = 0.55*B + 0.01*T - 34         # Equação 14.26
27
28 # lista de soluções
29 rs = [eq1,eq2,eq3,eq4]
30
31 # imprimindo os resultados
32 msg = f'Os valores de B = {B:.2f}mol/h e '
33 if abs(sum(rs)) <= 1e-7:
34     msg = msg + f'T= {T:.2f}mol/h resolvem o sistema.'
35     print(msg)
36 else:
37     msg = msg + f'T= {T:.2f}mol/h NÃO RESOLVEM o sistema.'
38     print(msg)
```

Figura 14.14: Resolução do sistema de equações lineares usando numpy.

Na linha 6 temos a declaração da nossa matriz ***A*** com os valores dispostos na Equação (14.31). A linha 9 apresenta o vetor **b** também em formato matricial. A linha 13 chama a função ***solve*** e o resultado é armazenado em **x**. Até aqui, de forma bastante simplificada, poderíamos dizer que o exemplo acabou. Em três linhas temos uma aplicação para solução de um sistema de equações simples, mas temos uma solução.

Vamos seguir na mesma filosofia de testar os resultados, assim como vimos no exemplo com sympy. A linha 15 calcula um valor **br** (b resultado) que é obtido pela multiplicação da nossa matriz **A** pelos valores do vetor solução **x**. Se as respostas estão corretas, **br** tem que ser igual a **b** declarado anteriormente. De maneira visual, o(a) responsável pela aplicação verá o resultado desta comparação no console, como mostra a Figura 14.15.

A partir da linha 21 temos uma lógica semelhante à que fizemos no exemplo com o sympy. Aqui iniciamos os testes para sabermos se a solução obtida pelo *solve* é a resposta para todas as nossas equações de balanço. Veja na linha 21 que coletamos os valores de **B** e **T** usando o posicionamento matricial da solução **x**, ou seja, o valor de **B** estava na linha 0 e coluna 0, e o valor de **T** estava na linha 1 e coluna 0. As linhas 23 a 26 trazem as equações do nosso sistema e os resultados são somados e testados na linha 33. Veja os resultados na Figura 14.15 a seguir.

```
Console 1/A

o resultado da multiplicação entre A e x deve ser igual a b.
A*x =
 [[40.]
 [26.]]
e b =
 [[40.]
 [26.]]
Os valores de B = 61.11mol/h e T= 38.89mol/h resolvem o sistema.
```

Figura 14.15: Resultados da comparação de b e br e soluções do sistema para o exemplo com numpy.

Com os dois exemplos apresentados, podemos escrever um algoritmo que nos auxiliará do desenvolvimento do nosso código. Resumindo, temos:

1. Carregamento das bibliotecas necessárias para a resolução do problema;
2. Declaração das variáveis ou matrizes A e b;

3. Chamada da função solve para obtenção dos valores de x;
4. Comparação entre os valores b e br;
5. Teste da solução para as demais equações de balanço;
6. Impressão dos resultados.

Uma visão geral do código que pode ser implantado se encontra na Figura 14.16. Perceba que, apesar dos passos, a metodologia é bastante simples de ser implantada e resume o sucesso da solução ao balanço de massa dos componentes que você fará.

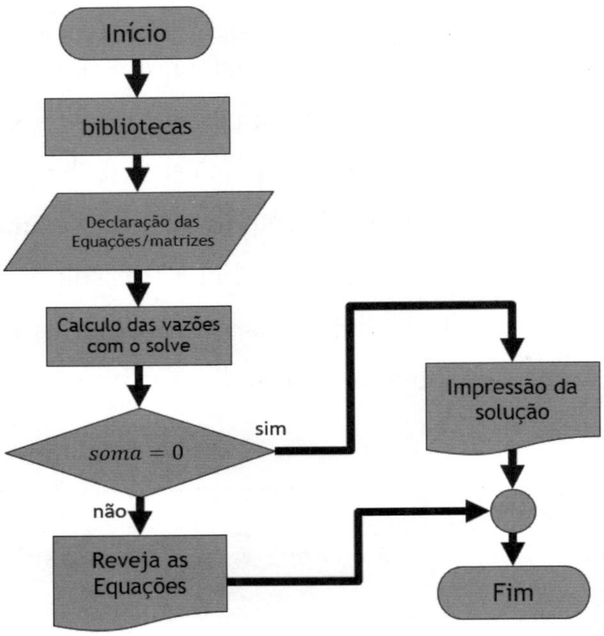

Figura 14.16: Proposta de fluxograma para o código de determinação do volume específico.

Considerando os exemplos já apresentados e as etapas descritas no algoritmo, podemos ampliar nosso escopo de aplicação usando uma outra biblioteca: scipy!

Voltando ao problema, observe a Figura 14.17 na qual são apresentadas duas torres de destilação, ilustrando-se o processo de separação de 3 hidrocarbonetos que possuem diferentes massas molares. A alimentação acontece na Torre-1 e, após a primeira fase de separação, uma parte dos hidrocarbonetos sai como produto de base na corrente B1. A corrente de topo da Torre-1 alimenta a

Torre-2 e nesta temos outras duas correntes de produtos: base B2 e de topo T2. O problema aqui recai na descoberta das vazões molares B1, B2 e T2, uma vez que as frações molares x_1, x_2 e x_3 das correntes foram oferecidas na Figura 14.17.

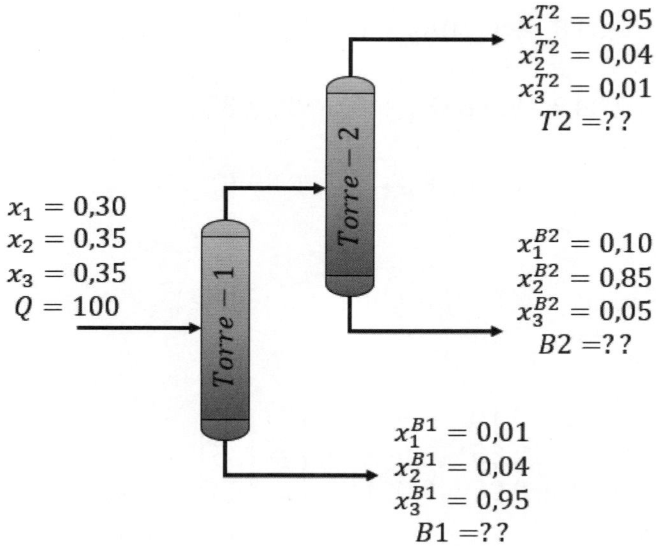

Figura 14.17: Balanço de massa para a torre de destilação 1 e 2.

Entendido o problema, agora vamos ao passo seguinte, que é realizar o balanço de massa por componente:

$$Q = B_1 + B_2 + T_2 \quad (14.35)$$

$$x_1 Q = x_1^{B1} B_1 + x_1^{B2} B_2 + x_1^{T2} T_2 \quad (14.36)$$

$$x_2 Q = x_2^{B1} B_1 + x_2^{B2} B_2 + x_2^{T2} T_2 \quad (14.37)$$

$$x_3 Q = x_3^{B1} B_1 + x_3^{B2} B_2 + x_3^{T2} T_2 \quad (14.38)$$

Perceba que temos 4 equações e 3 incógnitas. Logo, teremos que usar 3 equações para resolvermos nosso sistema. Se nosso balanço estiver correto, a solução servirá para as 4 equações obtidas.

Substituindo os valores das frações molares oferecidas no problema e a vazão molar de alimentação, podemos reescrever as Equações (14.35) a (14.38) da seguinte forma.

$$B_1 + B_2 + T_2 = 100 \tag{14.39}$$

$$0{,}01B_1 + 0{,}10B_2 + 0{,}95T_2 = 30 \tag{14.40}$$

$$0{,}04B_1 + 0{,}85B_2 + 0{,}04T_2 = 35 \tag{14.41}$$

$$0{,}95B_1 + 0{,}05B_2 + 0{,}01T_2 = 35 \tag{14.42}$$

Escolhendo as Equações (14.40), (14.41) e (14.42), podemos reescrever nosso sistema em formato matricial para

$$\begin{bmatrix} 0{,}01 & 0{,}10 & 0{,}95 \\ 0{,}04 & 0{,}85 & 0{,}04 \\ 0{,}95 & 0{,}05 & 0{,}01 \end{bmatrix} \begin{bmatrix} B_1 \\ B_2 \\ T_2 \end{bmatrix} = \begin{bmatrix} 30 \\ 35 \\ 35 \end{bmatrix} \tag{14.43}$$

Uma sugestão de código se encontra na Figura 14.18. Perceba que a solução geral se assemelha à solução do exemplo anterior apresentado na Figura 14.14. Como já foi exposto, a biblioteca scipy pode ser usada para a resolução de sistemas de equações e, para isso, ela usa os tipos de variáveis *array* e/ou *matrix* da biblioteca numpy. A matriz **A** de constantes foi declarada na linha 7, e a matriz **b** se encontra na linha 11. A linha 16 resume a chamada do *solve* da biblioteca *linalg* (é exatamente a mesma chamada apresentada na linha 13 da Figura 14.14!). Aí você se pergunta: "E qual é a diferença entre usar o numpy e o scipy?"

A biblioteca *linalg* do scipy, que estamos usando no presente exemplo, contém todas as funções disponíveis na biblioteca *linalg* do numpy (isso mesmo, essas bibliotecas têm o mesmo nome) além de algumas outras funções mais avançados não existentes no numpy. Mas a principal vantagem de usar *scipy.linalg* é que as funções desta biblioteca são sempre compiladas com suporte BLAS/LAPACK [8] (poderoso pacote matemático desenvolvido em

Fortran® para a resolução de problemas matemáticos), enquanto para numpy isso é opcional. Portanto, os resultados obtidos pelo uso do scipy podem ser impressos no console mais rapidamente. Isso fará diferença para problemas de maior porte.

```
1 # importando bibliotecas
2 from numpy import matrix
3 from scipy import linalg
4
5 # tomando o formato da função como sendo Ax = b
6 # escrevendo a matriz A
7 A = matrix([[0.01, 0.10, 0.95],      # Constantes da Equação 14.40
8             [0.04, 0.85, 0.04],      # Constantes da Equação 14.41
9             [0.95, 0.05, 0.01]])     # Constantes da Equação 14.42
10 # escrevendo um vetor coluna b
11 b = matrix([[30.],                   # Resultado da Equação 14.40
12             [35.],                   # Resultado da Equação 14.41
13             [35.]])                  # Resultado da Equação 14.42
14
15 # obtendo os valores de x (no caso B1, B2 e T2)
16 x = linalg.solve(A, b) # x = A\b
17 # testando a solução no sistema de equações
18 br = A*x
19 print()
20 # testando a solução para as demais equações
21 B1 = x[0,0]; B2 = x[1,0]; T2 = x[2,0]
22 eq1 = B1 + B2 + T2 - 100              # Equação 14.39
23 # imprimindo os resultados
24 msg = f'\nOs valores de B1 = {B1:.2f}mol/h, B2 = {B2:.2f}mol/h e\n'
25 if abs(sum(br-b)) <= 1e-7 and abs(eq1) <= 1e-7:
26     print('O resultado da multiplicação Ax deve ser igual a b.')
27     print('A*x =\n',br)
28     print('e b =\n',b)
29     msg = msg + f'T2= {T2:.2f}mol/h resolvem o sistema proposto.'
30     print(msg)
31 else:
32     msg = msg + f'T2= {T2:.2f}mol/h NÃO RESOLVEM o sistema.'
33     msg = msg + '\nRevise as Equações e as constantes usadas.'
34     print(msg)
```

Figura 14.18: Resolução do sistema de equações lineares usando scipy.

Na linha 18 calculamos **br** pela multiplicação da matriz **A** pela solução **x** = [B1, B2, T2]. O resultado de **br** deve ser igual ao valor teórico de **b** demonstrado no balanço de massa. Como usamos três das quatro Equações do nosso balanço, se **br** for igual a **b**, testaremos apenas a Equação (14.39), na linha 22, remanescente para comprovarmos que a solução atende ao sistema de equações proposto.

A linha 25 é responsável por avaliar os resultados de **br** e de **eq1**. Se os valores forem diferentes de zero e fora da tolerância de 10^{-7}, o programa rejeita a solução e apresenta uma mensagem ao usuário de que a solução não satisfaz o sistema. Os resultados do presente exemplo podem ser visualizados com auxílio da Figura 14.19.

```
Console 1/A

O resultado da multiplicação Ax deve ser igual a b.
A*x =
 [[30.]
 [35.]
 [35.]]
e b =
 [[30.]
 [35.]
 [35.]]

Os valores de B1 = 34.54mol/h, B2 = 38.27mol/h e
T2= 27.19mol/h resolvem o sistema proposto.
```

Figura 14.19: Resultados da comparação de b e br e soluções do sistema para o exemplo com scipy.

Exemplo 14.4: Construindo um gráfico ternário

Os seus desafios estão apenas começando. Após todos os resultados já apresentados, sua próxima demanda será a construção de um gráfico ternário para expor o comportamento da mistura líquida acetato de etila – água – acetona a uma temperatura de **30 °C**. O seu chefe imediato quer saber quais os valores das composições e dos fluxos mássicos das correntes de extração (E) e retificação (R) após a mistura de 350 kg/h de uma corrente (Q) que contém fração mássica de 24% de acetona e 76% de água, com 150 kg/h de acetato de etila (solvente S).

Com essas informações, teremos que dividir nossa tarefa em duas partes:

Parte 1: Revisão e plotagem do gráfico ternário para as substâncias propostas

Aqui vale uma pequena revisão antes que iniciemos com a aplicação para alcançar a solução desejada. Você já deve ter feito alguma mistura de líquidos em algum momento da sua vida. Aquele café com leite ou aquele suco de tangerina no qual você adicionou um pouco de água, são exemplos de solubilidade entre líquidos, ou seja, aquela solução em que, após o processo de mistura, não vemos uma separação entre os diferentes líquidos envolvidos.

Nem todos os líquidos se comportam dessa forma quando misturados. Alguns não são miscíveis e outros se misturam apenas parcialmente quando em contato entre si. Esse comportamento é resultado da polaridade das moléculas das substâncias em questão. Algumas substâncias são polares, outras apolares e outras apresentam uma molécula "meio grande" que pode se comportar bem quando misturada a cada um dos dois tipos antagônicos de substância.

Podemos citar a gasolina brasileira na qual é adicionada uma fração de álcool; ou aquele álcool 70% no qual há uma fração de água. Ao apreciar uma amostra dessas substâncias, não percebemos fases distintas se formando. O mesmo álcool se mistura muito bem com a água (resultando no álcool hidratado), mas esta mesma água não se mistura com gasolina, mesmo com agitação vigorosa! Passado um tempo após a agitação, as duas fases se separam mostrando a gasolina e a água em fases distintas.

Vejamos um exemplo mais prático. Na tentativa de verificar se há adulteração na gasolina vendida nos postos, realiza-se um teste bastante simples: Em uma amostra de 50 ml de gasolina comum, Figura 14.20a, adiciona-se um volume de 50 ml de água. Após agitação da mistura, todo o álcool que se encontra na gasolina tende a se dissolver na água. Como a água não é miscível em gasolina, há uma separação de fase no recipiente usado, Figura 14.20b. O volume remanescente de gasolina nos dirá se a gasolina estava "batizada" ou não.

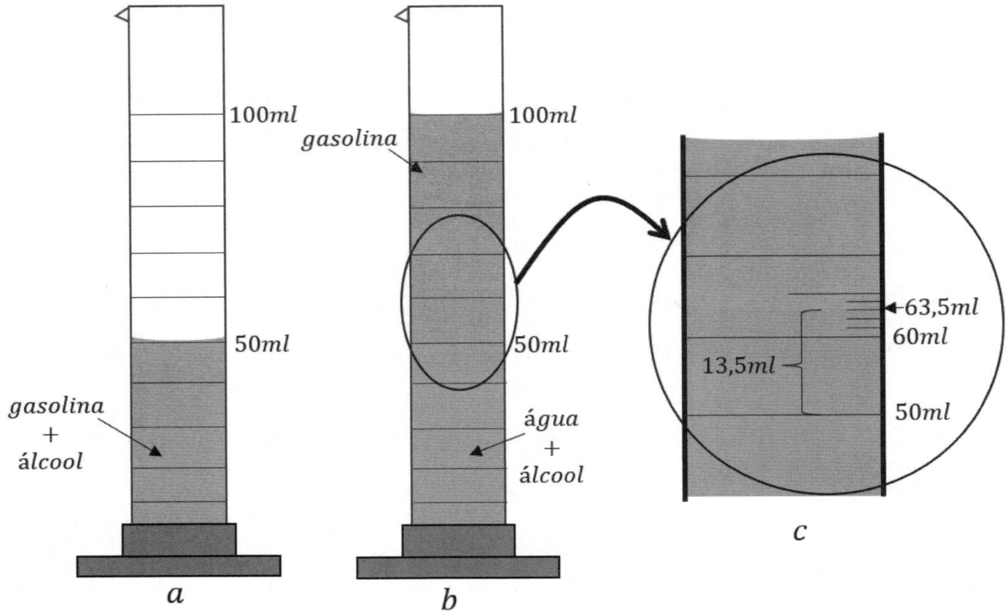

Figura 14.20: Representação de um processo simples de extração líquido-líquido (teste da qualidade da gasolina comum).

Tomemos os valores apresentados na Figura 14.20c. Como adicionamos 50 mL de água, e o nível da fase água + álcool[2] foi para 63,5 ml, Figura 14.20c, temos que 13,5 ml de álcool foram removidos da gasolina e adicionados ao volume 50 ml de água. Resumindo...

$$Se\ em\ 50\ ml\ de\ gasolina\ temos\ 13{,}5\ ml\ de\ álcool$$

$$em\ 100\ ml\ de\ gasolina\ teremos\ 27{,}0\ ml\ de\ álcool$$

Neste exemplo foi realizada uma **extração por solvente** do álcool, que se encontrava dissolvido na gasolina, por meio da adição de água à mistura, devido à uma afinidade polar maior da dupla álcool-água se comparada à mistura álcool-gasolina.

---

[2] Na realidade os volumes de álcool e de água, quando somados, não resultam exatamente na soma dos volumes de cada substância isoladamente pois o volume resultante é um pouco menor [9], mas para o presente exemplo, os resultados obtidos são um bom indicativo de que o combustível se encontra dentro dos limites exigidos.

A Engenharia Química utiliza esse comportamento das substâncias líquidas para conseguir extrair uma das substâncias que compõem uma mistura. Sabendo das características de solubilidade das substâncias, é possível realizar uma "extração" de um líquido que está contido em uma solução bastando adicionar outro líquido.

Agora que tratamos de misturas, vamos direcionar ainda mais nosso foco nas misturas ternárias! Isso mesmo, aquelas que são obtidas por três líquidos. Tomemos nosso próprio problema como referência: mistura líquida acetato de etila – água – acetona a uma temperatura de **30 °C**. É sabido que a água, devido às suas características polares, dissolve a acetona por completo, mas é insolúvel quando misturada ao acetato de etila. De maneira similar, o acetato de etila consegue dissolver a acetona, mas não dissolve a água.

Quando temos um soluto dissolvido em dois solventes imiscíveis, há para cada espécie molecular, a uma dada temperatura, uma relação constante de distribuição entre os dois solventes, e esta relação de distribuição é independente de qualquer outra espécie molecular que possa estar presente. A este comportamento chamamos de **lei da distribuição** ou **partição** [10]. Ou seja, dependendo da quantidade de solvente que eu adicione à mistura, eu posso ter diferentes concentrações do meu soluto sendo "compartilhado" com meu excesso de solvente ou, em outras palavras, eu posso ter uma maior concentração do soluto sendo extraída da solução. Essa é a técnica utilizada em torres de extração líquido-líquido na engenharia química!

No presente exemplo, temos uma mistura binária água-acetona onde o acetato de etila será usado como solvente para remover a acetona (nosso soluto) da água e, para mostrar o comportamento de composição dessa mistura, precisamos de um diagrama ternário onde é possível observar a variação de concentração das espécies envolvidas. Quando temos misturas ternárias, o diagrama pode ser construído como é mostrado na Figura 14.21a. Agora vamos entender um pouco mais esses gráficos...

Cada ***base***, indicada em cada lado do triângulo, como mostrado na Figura 14.21a, é uma linha que liga um par de reagentes e essa linha representa um sistema de mistura binário dos componentes. Por exemplo, entre as concentrações de água e acetato de etila, temos uma ***base*** que representa o sistema binário entre essas duas substâncias.

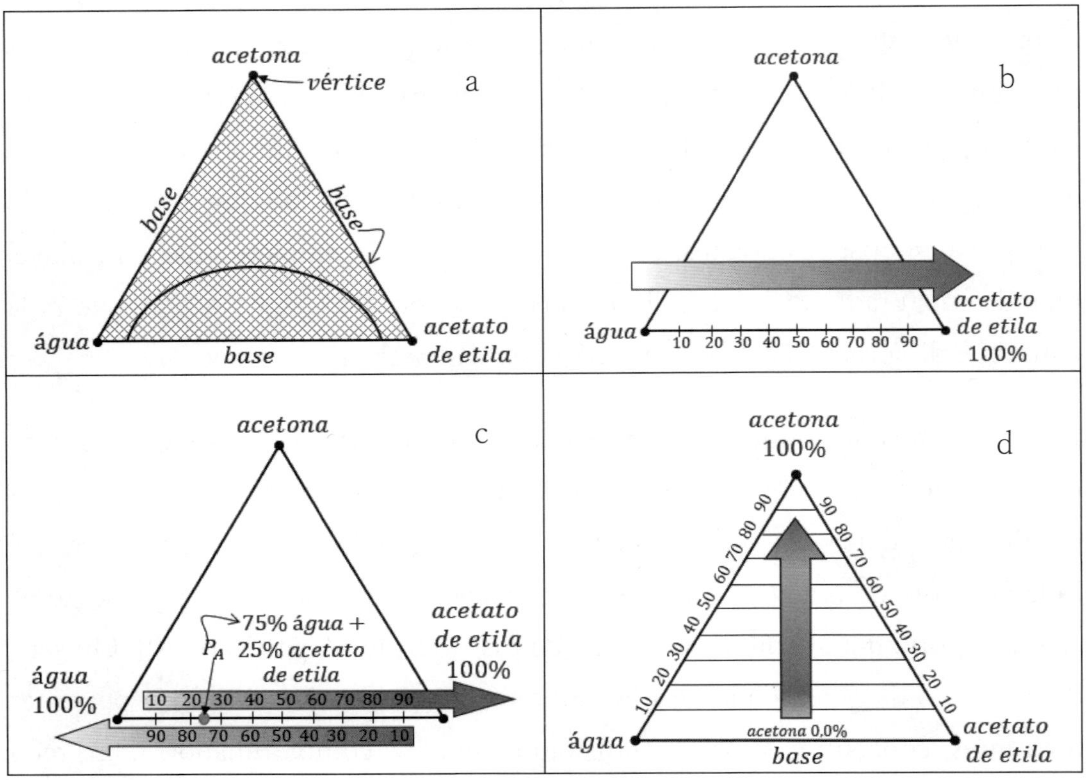

Figura 14.21: Exemplo típico de gráfico ternário.

Cada vértice representa 100% da substância pura descrita. Logo, se sairmos do vértice onde está escrito água e nos deslocarmos para o vértice onde está escrito acetato de etila, como mostra a Figura 14.21b, sairemos de uma concentração de 100% de água para um vértice onde só há acetato (0% de água).

A recíproca é verdadeira quando saímos do vértice de acetato de etila em direção ao vértice da água. Quando temos um ponto entre os dois vértices, há ali uma composição definida entre as duas espécies envolvidas. No caso da Figura 14.21c, o ponto P_A indica uma composição de 75% de água e 25% de acetato de etila.

Tomemos, novamente, como referência a base da composição água-acetato de etila, conforme ilustrado na Figura 14.21d. Nesta base, não temos a presença da acetona. Ao adicionar este reagente, a composição percentual muda e tende a se deslocar no sentido do vértice da acetona conforme adição desta.

O próximo passo é entender como encontrar a composição de cada uma das espécies tomando como referência um dado ponto ***P***. Podemos iniciar a leitura com auxílio da Figura 14.22a na qual determinaremos o percentual de água.

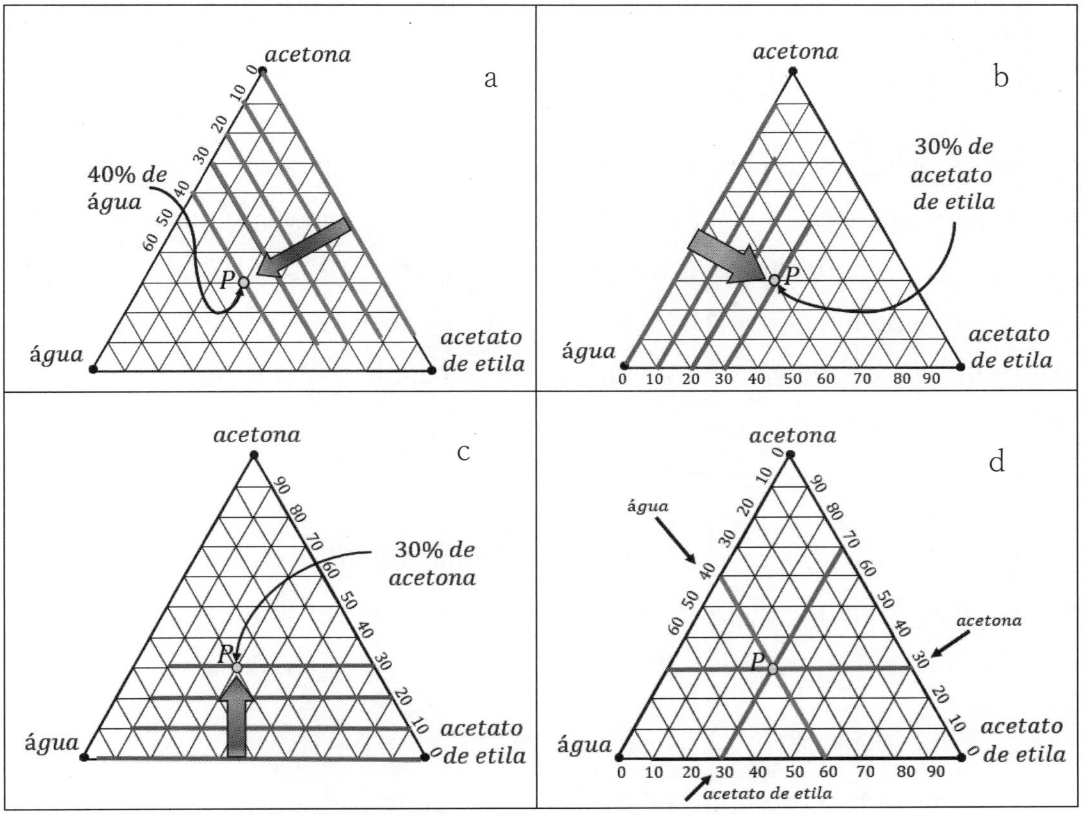

Figura 14.22: Calculando a composição do ponto P em um diagrama ternário.

A leitura, para a água, é realizada com auxílio das retas paralelas à **base** onde não há água, 0%, neste caso o par acetona-acetato de etila. Quando adicionado, por exemplo, 10% de água à mistura binária, a composição resultante se desloca no sentido do vértice da água e toma posição na reta paralela consecutiva à base, como é mostrado na Figura 14.22a.

Ao adicionarmos mais água, a reta paralela à base se desloca ainda mais em direção ao vértice onde está posicionada a água. O procedimento é repetido até que se alcance o ponto ***P*** dentro do diagrama ternário. Para o presente exemplo, a quantidade de água no ponto ***P*** é de 40%. O processo é exatamente o mesmo para as demais composições. Tratando do acetato de etila, e tomando como referência a **base** do par água-acetona, como é mostrado na Figura 14.22b, a quantidade de acetato presente do diagrama é representada pelas retas paralelas à base água-acetona, partindo de 0% de acetato e elevando seu percentual ao se afastar da base e ao se aproximar do vértice do acetato. Para o acetato, foi encontrado um valor de 40%.

A mesma lógica segue para a determinação do percentual de acetona. Para esta última substância, também cabe a premissa de que o somatório dos percentuais deve resultar em 100%. Assim, o percentual de acetona será de 30%. Perceba que é exatamente o mesmo percentual obtido pela metodologia aplicada à determinação do percentual de água e de acetato, Figura 14.22c. A Figura 14.22d traz um resumo da obtenção dos valores percentuais de cada um dos componentes do nosso exemplo.

Vejamos agora como se comporta o diagrama ternário na presença das três substâncias. A Figura 14.23a mostra um resumo de como um diagrama ternário trabalha. Observe que temos, de acordo com a composição, duas áreas distintas no diagrama:

- Uma que representa a fase única de composição, ou seja, na qual a mistura das três substâncias resulta em uma única fase (azul mais claro);
- A outra área do diagrama (roxa) ilustra o intervalo no qual a composição das três espécies resulta em um equilíbrio líquido-líquido, ou seja, há a formação de duas fases em qualquer ponto da área roxa.

A linha azul que separa a região de fase única (azul) da região de equilíbrio líquido-líquido (roxa) é chamada de ***camada limite de solubilidade*** e serve como indicador do quanto uma substância consegue ser miscível na outra. Por exemplo, o ponto A, encontrado na base água-acetato se encontra sob a camada limite, Figura 14.23b, e representa a solubilidade máxima do acetato de etila na água (lembrando que quanto mais próximo do vértice da água, menos acetato temos). Já o ponto B representa o limite máximo de água que pode ser miscível em acetato de etila.

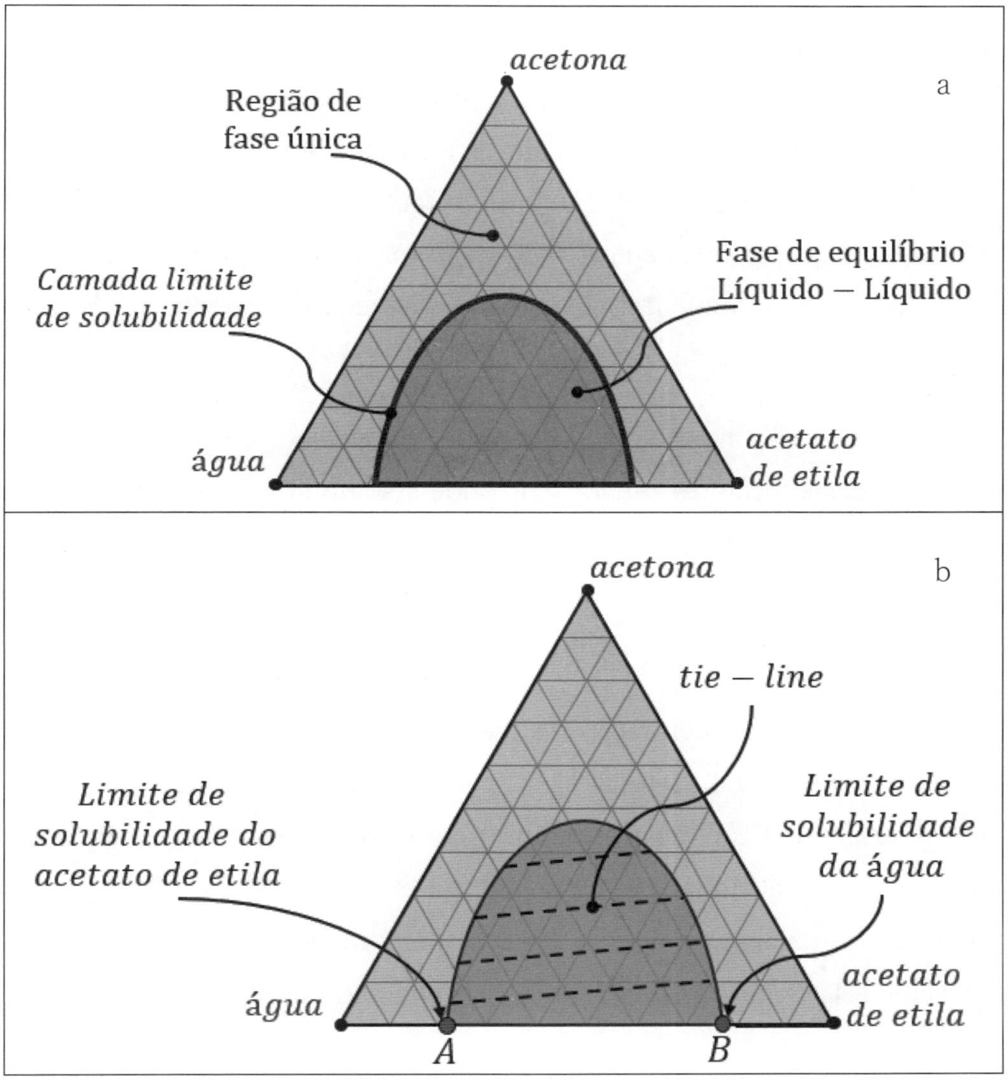

Figura 14.23: Exposição das partes que compõem um diagrama ternário.

Na mesma Figura temos as "linhas de amarração" ou *tie-line*, que representam linhas imaginárias que ligam os limites de solubilidade de cada substância quando, no nosso exemplo, a acetona é inserida à mistura. Esclarecendo:

- Após a adição de acetona, tomemos o ponto P_1, como mostrado na Figura 14.24a, que se encontra dentro da área de equilíbrio líquido-líquido dessa mistura;
- Esse ponto P_1 recai sob uma *tie-line* que indica, na camada limite de solubilidade, um novo equilíbrio das duas fases, em que A_1 é o novo limite de solubilidade de acetato de etila na água, e o ponto B_1 é o novo limite de solubilidade da água no acetato de etila;
- Ou seja, a reta tracejada $A_1P_1B_1$ indica a união das duas fases no novo equilíbrio com uma área mais rica em água (A_1) e uma região mais rica em acetato (B_1).

Perceba ainda que, após a adição de acetona, houve um aumento na solubilidade das substâncias envolvidas onde a solubilidade de acetato na água é maior em A_1 se comparado ao ponto anterior A. E a solubilidade da água no acetato em A_2 é maior se comparada ao valor anterior obtido em B quando não havia acetona na mistura.

Com o aumento da concentração de acetona na mistura, a *tie-line* se desloca na direção do vértice da acetona. Veja, por meio da Figura 14.24b, que o novo ponto P_2 resulta em um novo equilíbrio com concentrações A_2 e B_2. Caso a concentração de acetona se eleve, chegaremos ao ponto P_3 no qual a solubilidade do acetato na água é igual à solubilidade da água no acetato, ou seja, teremos A_3 é igual a B_3. P_3 também é chamado de ponto crítico.

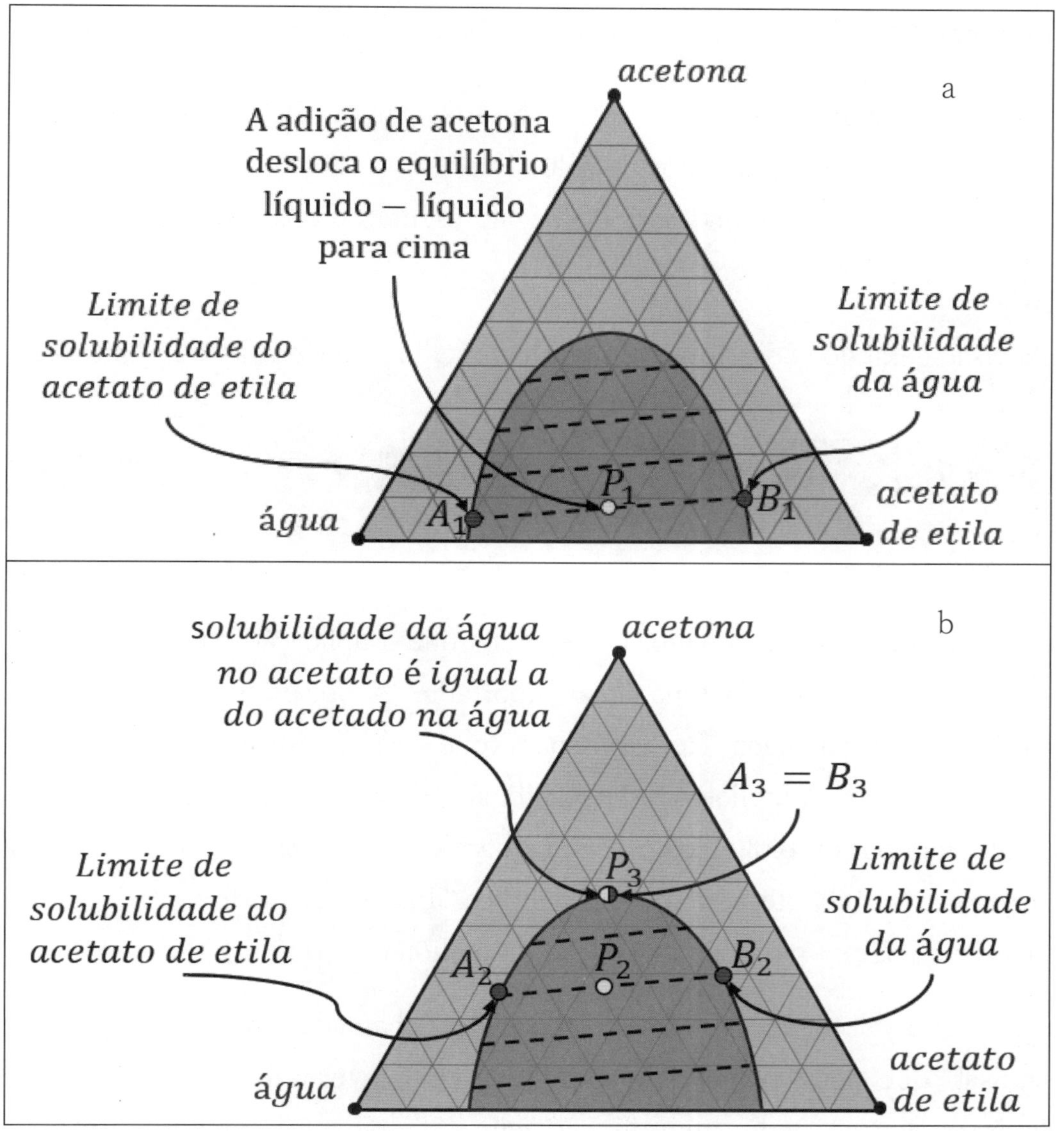

Figura 14.24: Definição dos novos pontos de equilíbrio e ilustração do aumento da solubilidade.

Você pode perguntar: “E a temperatura não influencia esse comportamento?” Na realidade, os diagramas apresentados nas figuras anteriores demonstram um comportamento sob temperatura constante. Caso haja aumento de temperatura, haverá maior agitação molecular e a área de equilíbrio líquido-líquido, área roxa, tende a diminuir. Informações adicionais e ainda mais ricas podem ser apreciadas em literatura específica [11] caso você queira se aprofundar no assunto.

A primeira parte deste problema pode ser resumido no algoritmo a seguir:

1. Carregamento das bibliotecas necessárias para a resolução do problema;
2. Carregamento dos dados de solubilidade;
3. Adequação do gráfico para melhor apresentação dos resultados;
4. Plotagem do gráfico.

Uma visão geral do código que será implementado se encontra na Figura 14.25.

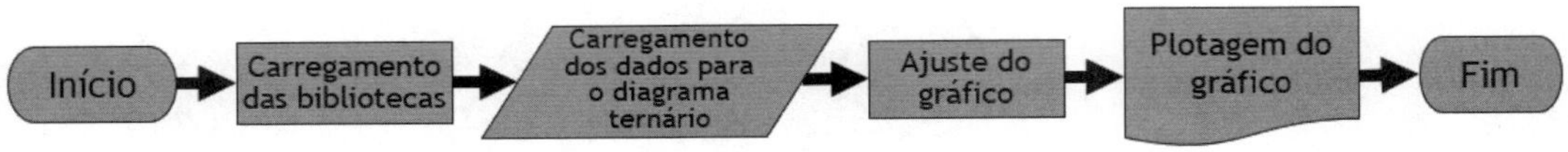

Figura 14.25: Proposta de fluxograma para o código de plotagem do diagrama ternário.

Depois da revisão do conteúdo, percebemos que a aplicação não é tão difícil, não é verdade? Aqui vale uma nota importante: A presente aplicação utiliza uma biblioteca chamada "ternary" para que seja possível a plotagem do diagrama ternário. A biblioteca Matplotlib, até o momento da finalização deste capítulo, não possui biblioteca específica para esta aplicação. Caso seu Spyder não possua tal biblioteca, visite o Apêndice "Instalação de Bibliotecas" para visualizar o passo a passo de instalação da biblioteca ternary [13].

Existe outra biblioteca presente no Spyder chamada "plotly" (faça uma pesquisa!) que pode plotar esse tipo de diagrama ternário. Os gráficos são belíssimos e você pode até utilizá-lo como padrão. Tal biblioteca não foi escolhida porque ela plota os gráficos no seu browser de internet quando instalada na versão "offline". No momento, deixaremos uma maior exploração desta biblioteca para publicações futuras.

Agora vamos entender o código da Figura 14.26. As linhas 2, 3 e 4 importam as bibliotecas:

- *ternary*: responsável pela plotagem do diagrama ternário;
- *pandas*: usada para o carregamento dos dados do diagrama ternário que estão armazenados em um arquivo; e

- *numpy*: onde usaremos as funções *transpose*, para o cálculo da transposta de uma matriz e *array* para adequarmos os dados que alimentarão as funções de plotagem do diagrama ternário.

A linha 7 é responsável pela leitura dos dados no arquivo 'dadosTernarios.xlsx'. No entanto, esses dados estão na forma de vetor linha (poucas linhas e muitas colunas) e precisam ser ajustados para o formato vetor coluna (poucas colunas e muitas linhas). A linha 10 faz esse trabalho ao aplicar a função *transpose*.

Da linha 14 em diante temos a configuração do diagrama ternário. A linha 15 define a escala de cada base usada no diagrama. Como nossos dados estão em percentual em massa (m/m), foi usado 100 como valor da variável **escala**.

A linha 16 é um pouco diferente do que já vimos com o matplotlib. Aqui são criadas duas instâncias: uma chamada **figura** que será responsável por expor nosso diagrama quando estiver pronto... é o nosso suporte! A outra instância se chama **et** (eixo ternário). Essa instância é responsável por armazenar todas as informações de edição que serão propostas nas próximas linhas... **et** fica com os detalhes de como a figura será exposta. Perceba também que a variável **escala** entra como argumento nesta linha de código.

```python
# importando bibliotecas
import ternary
import pandas as pd
from numpy import transpose as transp, array as a

# lendo dados da planilha
dados=pd.read_excel('dadosTernarios.xlsx')

# adequando a posição dos dados
dados= transp(a([dados['Acetato de Etila'],
                 dados['Acetona'],
                 dados['Água']]),(1,0))

# definindo escala de cada eixo ternário (et)
escala = 100
figura, et = ternary.figure(scale=escala)

# editando as linhas das bordas
et.boundary(linewidth=1.0)
# editando as linhas de grade
et.gridlines(color="blue", multiple=5, linewidth=0.15)

# ajustando texto do título e dos eixos
tamFonte = 12
distEixo=0.1
et.set_title("Diagrama Ternário \n\n",
             fontsize=tamFonte,
             color="blue")

# nomeando, definindo tamanho de fonte e distância dos vértices
et.right_corner_label("Acetato", fontsize=tamFonte, offset=0.017)
et.top_corner_label("Acetona", fontsize=tamFonte, offset=0.2)
et.left_corner_label("Água", fontsize=tamFonte, offset=0.017)

# ajustando distância dos marcadores de escala
et.ticks(axis='lbr',        #l-esquerda b-base e r-direita
         multiple=10,       #múltiplos de 10
         linewidth=0.5,     #espessura de linha
         offset=0.017,      #distância do marcador
         clockwise=True)    #sentido horário

# plotando a curva terária
et.plot(dados, marker='o', #estilo do marcador
           linestyle='-',   #estilo da linha
           linewidth=0.5,   #espessura de linha
           color='black',   #cor da linha e texto
           label='\nAcetona\nÁgua\nAcetato de Etila')
et.legend() # mostrando a legenda no gráfico

# removendo a escala e os eixos padrões do matplotlib
et.get_axes().axis('off')

figura.show() # mostrando a figura
```

Figura 14.26: Proposta de código para a plotagem de um diagrama ternário.

As demais linhas são semelhantes ao que já estudamos no Capítulo 5, mas tudo sendo aplicado à instância **et**, e podemos resumir tudo no Quadro 14.1 a seguir:

Quadro 14.1: Resumo das funcionalidades das principais linhas de código da Figura 14.26.

Linha de código	A linha de código está...
19	Definindo a espessura das bordas do diagrama.
21	Ativando e formatando as linhas de grade.
26	Definindo um título para o diagrama.
31, 32 e 33	Colocando os nomes das variáveis em cada vértice.
36	Ajustando o tamanho dos marcadores de escala em cada base.
43	Aplicando detalhes sobre o tipo de marcador que será usado, tipo, cor e espessura de linha de tendência e legenda.
48	Mostrando a legenda no gráfico.
51	Removendo a escala e os eixos padrões do matplotlib. Por *default* há a plotagem de uma moldura com escala. Caso você queira deixar a moldura, basta substituir essa linha de código por *et.clear_matplotlib_ticks*( ). Aqui você terá a remoção das escalas que apareceriam na moldura.
52	Mostrando a figura.

A presente configuração, após ser executada, nos dará o resultado como exposto na Figura 14.27. Perceba que aqui alcançamos a solução para a primeira parte do nosso problema, que foi plotar o gráfico com o comportamento das substâncias envolvidas. A próxima etapa será a avaliação do gráfico para identificarmos as concentrações das correntes após a mistura e separação das fases.

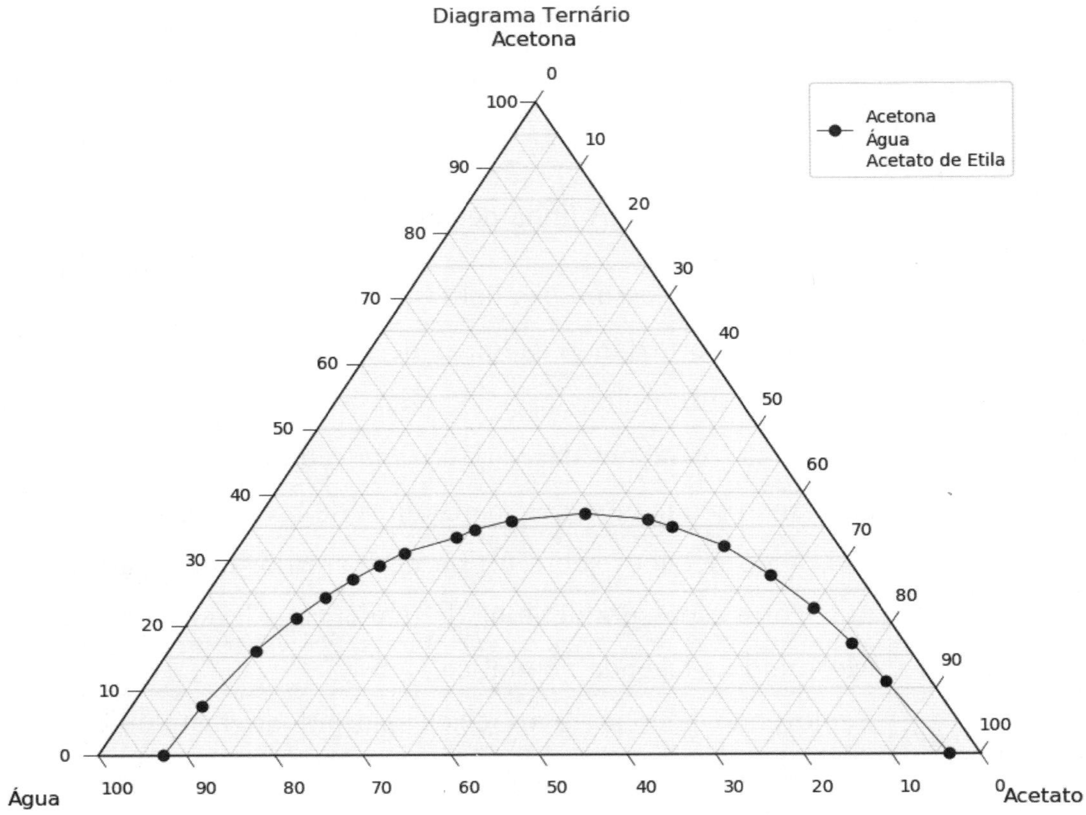

Figura 14.27: Diagrama ternário para a mistura água/acetona/acetato de etila.

Parte 2: Revisão, cálculos e plotagens das retas de mistura e retificação/extração

Precisaremos de um pouco mais de informações para entendermos como é que poderemos calcular as composições das fases líquido-líquido após mistura das correntes.

No presente problema temos duas correntes: a de água com acetona, onde a acetona é o soluto de interesse; e temos a corrente de acetato de etila, que é o solvente neste processo. Após a mistura da corrente água-acetona com o dito solvente, teremos um processo de uma separação de fases que resultará em uma nova composição, como é ilustrado na Figura 14.28. Em um processo industrial, após o tempo de separação das fases, a mistura em equilíbrio é encaminhada para outra unidade de separação, geralmente tanques, onde cada uma das fases começa a ser coletada e bombeada para outras unidades do processo.

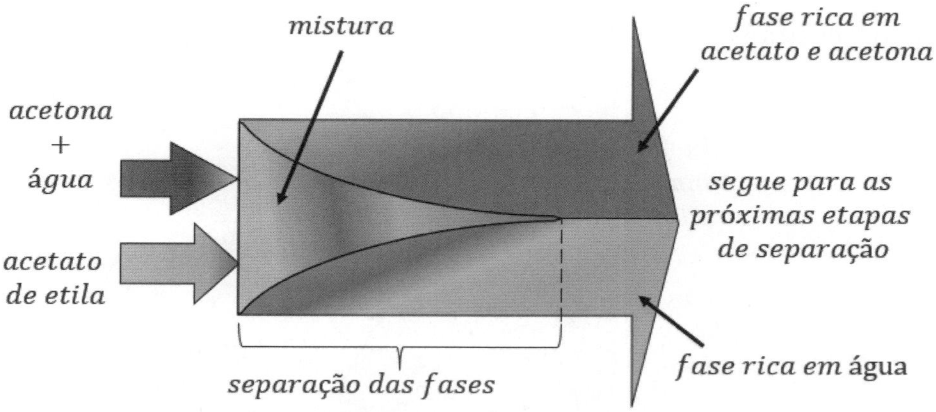

Figura 14.28: Comportamento da separação de fases de uma mistura ternária.

Quando tentamos visualizar esse processo por meio do diagrama ternário, temos que entender que a camada limite de solubilidade é composta por duas outras camadas separadas pelo ponto crítico (onde a solubilidade das fases líquidas se iguala).

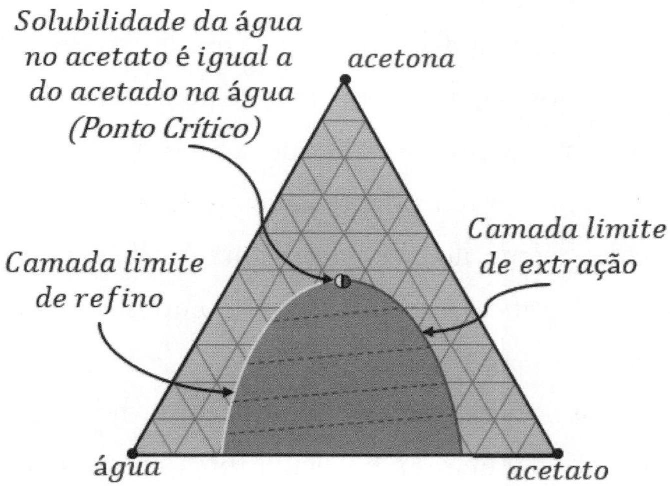

Figura 14.29: Representação das camadas de extração e de refino.

A Figura 14.29, aplicada ao nosso problema, ilustra a camada limite de extração como sendo uma linha vermelha e a camada de refino como sendo a linha amarela. Cada camada, separada pelo ponto crítico, representa o limite de extração ou refino para a dita mistura. Essas camadas não necessariamente ficarão equidistantes, uma vez que elas dependem da posição do ponto crítico, que nem sempre se posiciona ao centro da camada limite de solubilidade como vem sendo ilustrado.

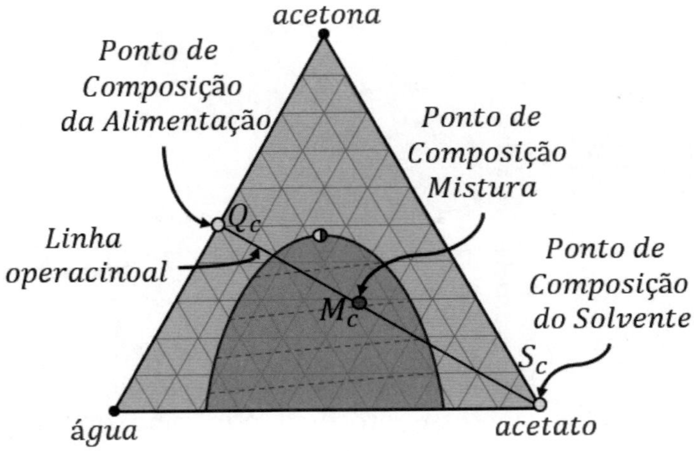

Figura 14.30: Representação dos pontos de composição no diagrama.

Para o cálculo das concentrações da mistura seguiremos os passos a seguir:

- Quando a mistura acontece, e chega ao equilíbrio líquido-líquido, temos como definir a primeira linha operacional do sistema. Para obtê-la, é necessário identificar no diagrama o ponto de composição Q_c da corrente de alimentação e o ponto de composição S_c do solvente;
- Quando os pontos forem identificados, traçamos a reta entre os dois pontos citados, como ilustrado na Figura 14.30. Lembrando que esses pontos serão identificados com base nas composições das duas correntes antes da mistura;
- O próximo passo é calcular a composição da mistura M_c e identificar esse ponto no diagrama. Esse cálculo toma como base um balanço de massa simples dos componentes da mistura.

Agora vamos tentar resolver a parte 2 do nosso problema. A Tabela 14.1 traz um resumo quantitativo das correntes envolvidas na mistura.

Tabela 14.1: Dados das correntes de alimentação e de solvente.

Alimentação	Solvente
$Q = 350\,kg/h$	$S = 150\,kg/h$
$x^{Q}_{acetona} = 0{,}26$	$x^{S}_{acetona} = 0{,}00$
$x^{Q}_{água} = 0{,}74$	$x^{S}_{água} = 0{,}00$
$x^{Q}_{acetato} = 0{,}00$	$x^{S}_{acetato} = 1{,}00$

Tomando como base as frações mássicas dos componentes em cada corrente e, também, o fluxo mássico estabelecido, podemos afirmar que a soma das massas das duas correntes que alimentam o sistema é igual à massa total da corrente de mistura. Assim, temos:

$$M = Q + S \tag{14.44}$$

$$M = 350 + 150 = 500\,kg/h$$

Onde $\boldsymbol{M}$ é o fluxo mássico (kg/h) resultante da mistura. O balanço de massa da acetona é dado pela equação a seguir:

$$x^{M}_{acetona}M = x^{Q}_{acetona}Q + x^{S}_{acetona}S \tag{14.45}$$

$$x^{M}_{acetona}M = 0{,}26 \times 350 + 0{,}0 \times 150 = 91kg$$

$$x^{M}_{acetona} = \frac{91}{500} = 0{,}182$$

Onde $x^{M}_{acetona}, x^{Q}_{acetona}$ e $x^{S}_{acetona}$ são as frações mássicas da acetona no ponto M_c da mistura e nas correntes da alimentação Q e do solvente S respectivamente.

Para a fração mássica da água após a mistura, temos:

$$x^{M}_{água}M = x^{Q}_{água}Q + x^{S}_{água}S \tag{14.46}$$

$$x^{M}_{água}M = 0{,}74 \times 350 + 0{,}0 \times 100 = 259\,kg$$

$$x^{M}_{água} = \frac{259}{500} = 0{,}518$$

Onde $x^M_{água}, x^Q_{água}$ e $x^S_{água}$ são as frações mássicas da água acetona no ponto M_c da mistura e nas correntes da alimentação Q e do solvente S respectivamente.

E, por fim, para o acetato de etila, temos o seguinte balanço de massa:

$$x^M_{acetato}M = x^Q_{acetato}Q + x^S_{acetato}S \tag{14.47}$$

$$x^M_{acetato}M = 0{,}0 \times 350 + 1{,}0 \times 150 = 150kg$$

$$x^M_{acetato} = \frac{150}{500} = 0{,}300$$

Onde $x^M_{acetato}, x^Q_{acetato}$ e $x^S_{acetato}$ são as frações mássicas do acetato no ponto M_c da mistura e nas correntes da alimentação Q e do solvente S respectivamente.

Logo, $x^M_{acetona} = 0{,}182$, $x^M_{água} = 0{,}518$ e $x^M_{acetato} = 0{,}300$ se referem à composição da mistura no ponto M_c do nosso diagrama.

Com os dados apresentados na Tabela 14.1 e com as frações mássicas calculadas, podemos introduzir no nosso diagrama ternário a reta dos pontos Q_c, S_c e M_c. A Figura 14.31 apresenta a continuação do código já desenvolvido para o diagrama ternário deste exemplo. Aqui teremos o acréscimo das composições Q_c, S_c e M_c como mostrado nas linhas 56, 57 e 58 respectivamente.

A linha 62 é responsável pela plotagem da linha operacional composta pelo par de pontos Q_c e S_c disponibilizado na linha anterior. Uma novidade aqui é a aplicação de anotações no gráfico. Perceba que os nomes dos pontos são acrescentados na área de plotagem do gráfico por meio das linhas 67 e 68.

```
53 # a linha 53 figura.show() foi movida para a linha 78
54 # Aplicando a reta QcSc ao diagrama
55 # posição dos pontos (acetato, acetona, água)
56 Qc = a([0.0, 26.0, 74.0])  # percentual mássico da alimentação
57 Sc = a([100.0, 0.0, 0.0])  # percentual mássico do solvente
58 Mc = a([30.0, 18.2, 51.8]) # percentual mássico da mistura
59
60 pontos = [Qc,Sc]           # pontos da reta QcSc
61 # plotando a reta
62 et.plot(pontos,
63         marker='h',        # marcador tipo hexágono
64         color='blue',      # na cor azul
65         linewidth=0.4)     #espessura de linha
66 # escrevendo os nomes dos pontos Qc e Sc na reta
67 et.annotate('Qc', a([1.0, 26.5, 74.0]))
68 et.annotate('Sc', a([101.0, 0.0, 0.0]))
69
70 # plotanto o ponto Mc
71 et.scatter(a([Mc]),
72            marker='D',     # marcador tipo diamante
73            color='red')    # na cor vermelha
74 # escrevendo o nome do ponto Mc na reta
75 et.annotate('Mc', Mc+1)
76
77 # mudando a cor de fundo do diagrama ternário
78 et.set_background_color('darkorange')
79 figura.show() # mostrando a figura
```

Figura 14.31: Continuação da proposta de programa para plotagem do diagrama ternário – reta QcSc.

O ponto M_c é acrescentado no nosso gráfico na linha 71 e, da mesma forma, um comentário para explicitação do dito ponto na linha 75. A linha 78 colore a área de plotagem do gráfico ternário com a cor laranja escura. Por fim, a linha 79 que foi deslocada originalmente da linha 53, plotará o resultado como apresentado na Figura 14.32.

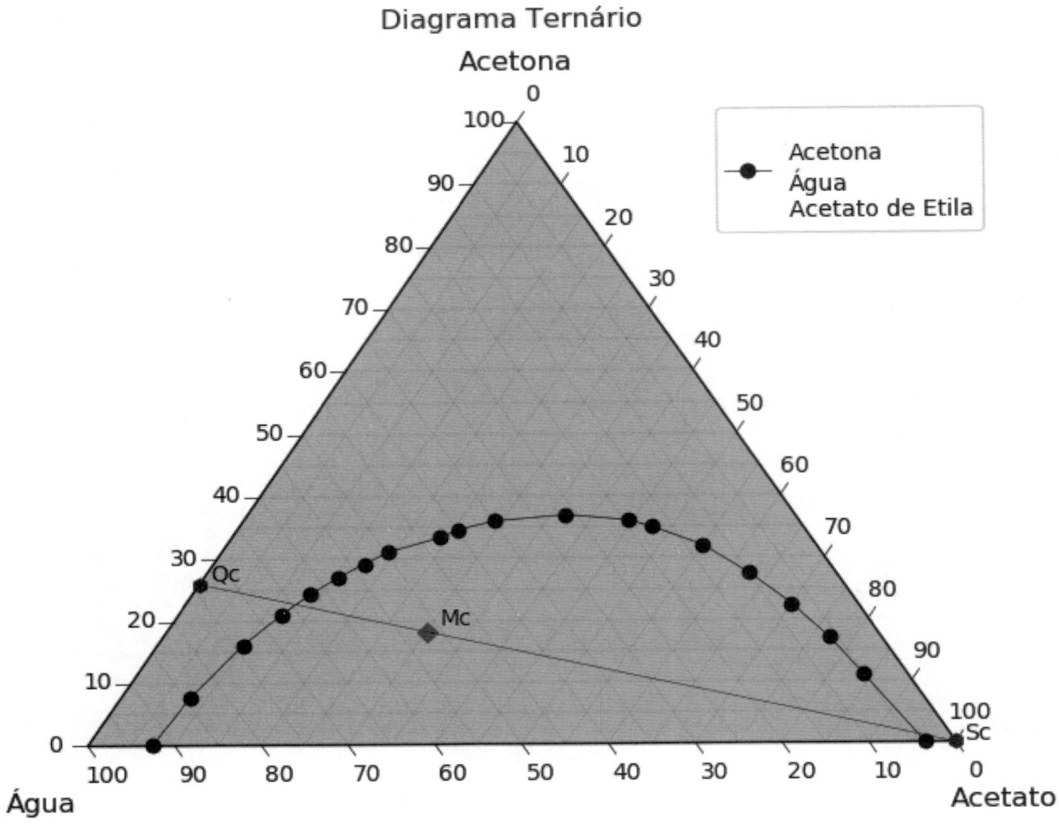

Figura 14.32: Plotagem da linha operacional no diagrama ternário para a mistura água/acetona/acetato.

Agora podemos traçar uma nova reta operacional que passar pelo ponto M_c e que encontra a composição da fase refinada R_c na camada limite do refino após o equilíbrio. Traçando a linha na direção oposta, passaremos pelo ponto M_c e encontraremos o ponto da composição do extrato E_c na camada limite de solubilidade, como é possível observar com o auxílio da Figura 14.33.

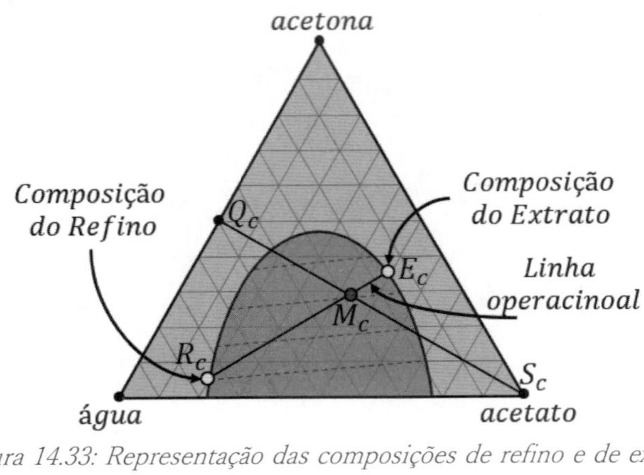

Figura 14.33: Representação das composições de refino e de extrato.

Realizando o balanço de massa por componente para a segunda linha operacional, temos:

$$M = R + E \tag{14.48}$$

$$x_{acetona}^{M} M = x_{acetona}^{R} R + x_{acetona}^{E} E \tag{14.49}$$

$$x_{água}^{M} M = x_{água}^{R} R + x_{água}^{E} E \tag{14.50}$$

$$x_{acetato}^{M} M = x_{acetato}^{R} R + x_{acetato}^{E} E \tag{14.51}$$

Aparentemente nos encontramos em um impasse aqui: temos quatro equações e oito variáveis não identificadas, a saber: $x_{acetona}^{R}$, $x_{água}^{R}$, $x_{acetato}^{R}$, $x_{acetona}^{E}$, $x_{água}^{E}$, $x_{acetato}^{E}$, R e E. Se conseguirmos identificar pelo menos a composição no ponto $\boldsymbol{R_c}$ ou em $\boldsymbol{E_c}$, poderemos resolver o sistema usando o conhecimento já adquirido no exemplo 14.3 para calcularmos os valores de $\boldsymbol{R}$ e de $\boldsymbol{E}$. "Certo! Mas como?"

Considerando que a composição de $\boldsymbol{R_c}$ se localiza sob a camada limite de solubilidade, basta o valor de uma das composições do ponto $\boldsymbol{R_c}$ para determinarmos as demais composições. "Como?". O procedimento de identificação das frações mássicas nesses pontos é realizado como disposto na Figura 14.34. Se a fração mássica de acetona na corrente refinada for dada, como o ponto está sob o limite de solubilidade, basta traçarmos as retas de identificação das concentrações como já foi visto na Figura 14.22a. Assim, como a fração mássica da acetona identifica a posição da composição, traçamos as demais retas para obtermos as frações de água e de acetato.

Com a composição $\boldsymbol{R_c}$ identificada, traçamos uma nova linha operacional que parte deste ponto, passa pelo ponto da composição da mistura $\boldsymbol{M_c}$ e toca no limite de solubilidade, no lado da extração, e marca o ponto $\boldsymbol{E_c}$. Ao tocar este ponto, a linha operacional demarca as frações de E_c como disposto na Figura 14.34.

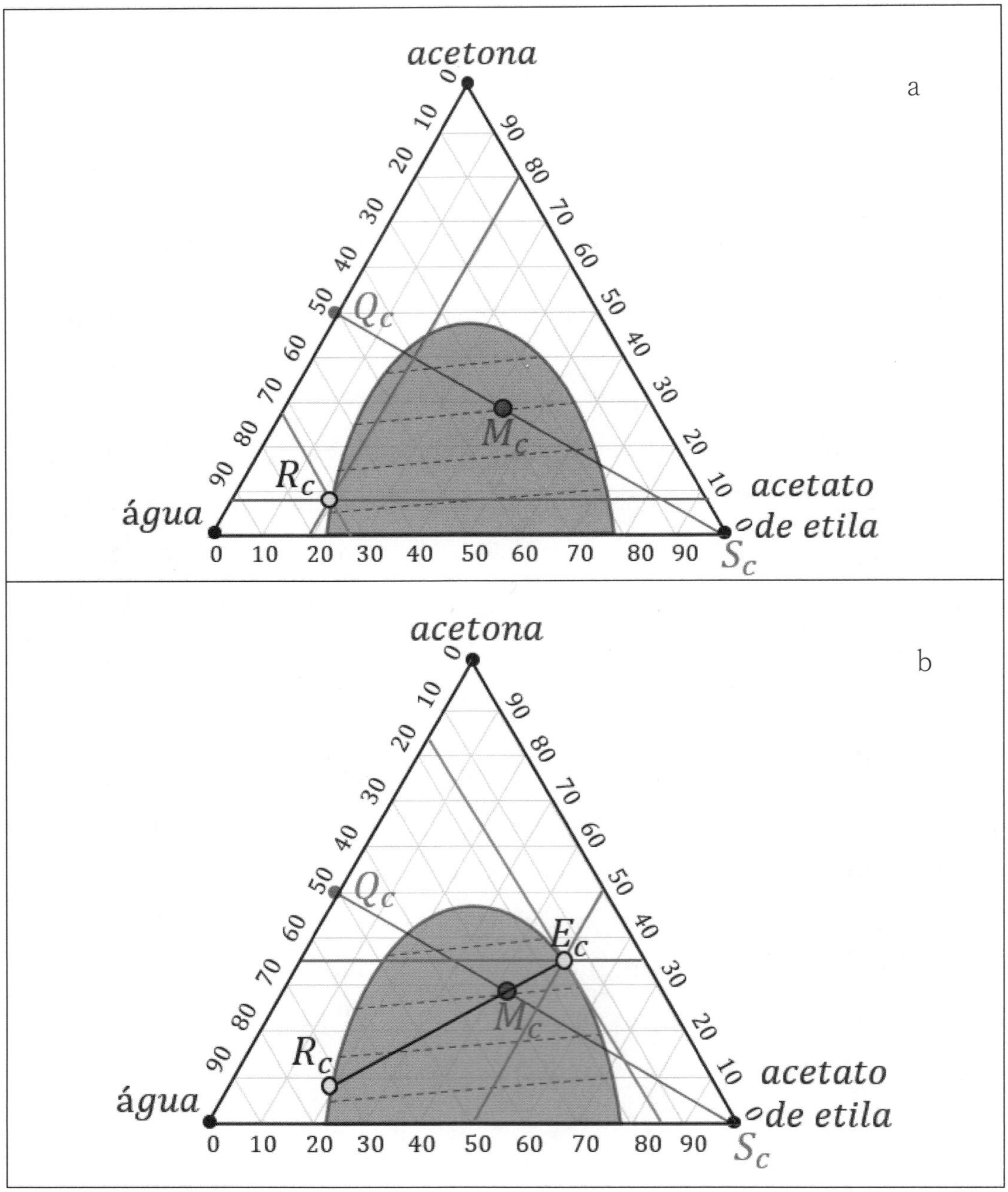

Figura 14.34: Identificação das frações mássicas nos pontos Rc e Ec no diagrama ternário.

Aplicando essa metodologia ao nosso diagrama da Figura 14.32, encontraremos as composições dispostas na Tabela 14.2. Você também pode visitar literatura específica [14] para ampliar seus conhecimentos em diagramas ternários.

Tabela 14.2: Dados das correntes retificada e de extração.

Corrente Refinada	Corrente de Extração	Mistura
$R = ??$	$E = ??$	$M = 500{,}0$
$x^R_{acetona} = 0{,}015$	$x^E_{acetona} = 0{,}335$	$x^M_{acetona} = 0{,}182$
$x^R_{água} = 0{,}91$	$x^E_{água} = 0{,}15$	$x^M_{água} = 0{,}518$
$x^R_{acetato} = 0{,}075$	$x^E_{acetato} = 0{,}515$	$x^M_{acetato} = 0{,}300$

Aplicando as frações mássicas nas Equações (14.49), (14.50) e (14.51) teremos o seguinte arranjo:

$$R + E = 500{,}0 \tag{14.52}$$

$$0{,}015R + 0{,}335E = 91{,}0 \tag{14.53}$$

$$0{,}91R + 0{,}15E = 259{,}0 \tag{14.54}$$

$$0{,}075R + 0{,}515E = 150{,}0 \tag{14.55}$$

Agora temos apenas duas incógnitas e podemos escolher duas das quatro Equações propostas e reescrevê-las em formato matricial da seguinte forma

$$\begin{bmatrix} 1{,}0 & 1{,}0 \\ 0{,}015 & 0{,}335 \end{bmatrix} \begin{bmatrix} R \\ E \end{bmatrix} = \begin{bmatrix} 500{,}0 \\ 91{,}0 \end{bmatrix} \tag{14.56}$$

Onde $A = \begin{bmatrix} 1{,}0 & 1{,}0 \\ 0{,}015 & 0{,}335 \end{bmatrix}$ e $b = \begin{bmatrix} 500{,}0 \\ 91{,}0 \end{bmatrix}$ para $A.x = b$.

Agora vamos continuar o desenvolvimento do código da Figura 14.31. Entenda que, nesta próxima parte, vamos inserir a o código que plotará a linha operacional RcEc no nosso diagrama e o código que calculará os valores de R e E após processo de mistura e extração.

Vejamos o código da Figura 14.35. As linhas 83 e 84 trazem as composições de R_c e de E_c calculadas com o auxílio do diagrama plotado na Figura 14.32 e expostas na Tabela 14.2. Da mesma maneira que foi feito para a plotagem da linha operacional QcSc, a linha 86 define os pontos que serão plotados na linha 88. Aqui também foram feitos comentários para expor as posições de $\boldsymbol{R_c}$ e de $\boldsymbol{E_c}$ no diagrama por meio das linhas 94 e 95. Nesta figura, transferimos o código de plotagem do diagrama para a linha 97. O resultado desta plotagem pode ser observado na Figura 14.36.

```
80 # o código figura.show() desta linha foi movida para a linha 78
81 # Aplicando a reta RcEc ao diagrama
82 # posição dos pontos (acetato, acetona, água)
83 Rc = a([7.5, 1.5, 91.0])    # percentual mássico da alimentação
84 Ec = a([51.5, 33.5, 15.0])  # percentual mássico do solvente
85
86 pontos2 = [Rc,Ec]            # pontos da reta QcSc
87 # plotando a reta
88 et.plot(pontos2,
89          linestyle='--',     #estilo da linha
90          marker='h',         # marcador tipo hexágono
91          color='darkblue',   # na cor azul
92          linewidth=0.5)      #espessura de linha
93 # escrevendo os nomes dos pontos Qc e Sc na reta
94 et.annotate('Rc', a([3.0, 2.5, 96.0]))
95 et.annotate('Ec', a([52.0, 34.0, 12.0]))
96
97 figura.show()                # mostrando a figura
98
99 # defindindo os valores de A e b para Ax = b
100 A = a([[1.0, 1.0],          # Constantes da Equação 14.52
101       [0.015, 0.335]])      # Constantes da Equação 14.53
102 b = a([[500], [91]])        # Resultados das Equações 14.52 e 14.53
103
104  # obtendo os valores de x (R e E)
105 [R, E] = linalg.solve(A, b) #x = A\b
106 # imprimindo os resultados
107 msg = 'Para a presente aplicação, temos '
108 msg = msg + f'R ={R[0]:.1f}kg/h e E ={E[0]:.1f}kg/h.'
109 print(msg)
```

Figura 14.35: Continuação da proposta de programa para plotagem do diagrama ternário – reta RcEc.

A partir da linha 100 temos o cálculo dos valores de R e de E. Observe que você poderia calcular facilmente esses valores pois temos duas incógnitas e duas Equações (aqui selecionamos as Equações (14.52) e (14.53)). Mas para facilitar nossa vida, elas foram inseridas no código. De forma semelhante ao que já estudamos no exemplo 14.3, usaremos o ***solve*** da biblioteca *linalg*, que pertence à biblioteca scipy, como é mostrado na linha 105. Perceba que para o uso desta função, foi necessário a importação da biblioteca *linalg* (from scipy import linalg). Tal linha de código não está exposta na Figura 14.35, mas foi inserida na linha 5 do presente código. Para a presente aplicação, temos R = 239,1 kg/h e E = 260,9 kg/h.

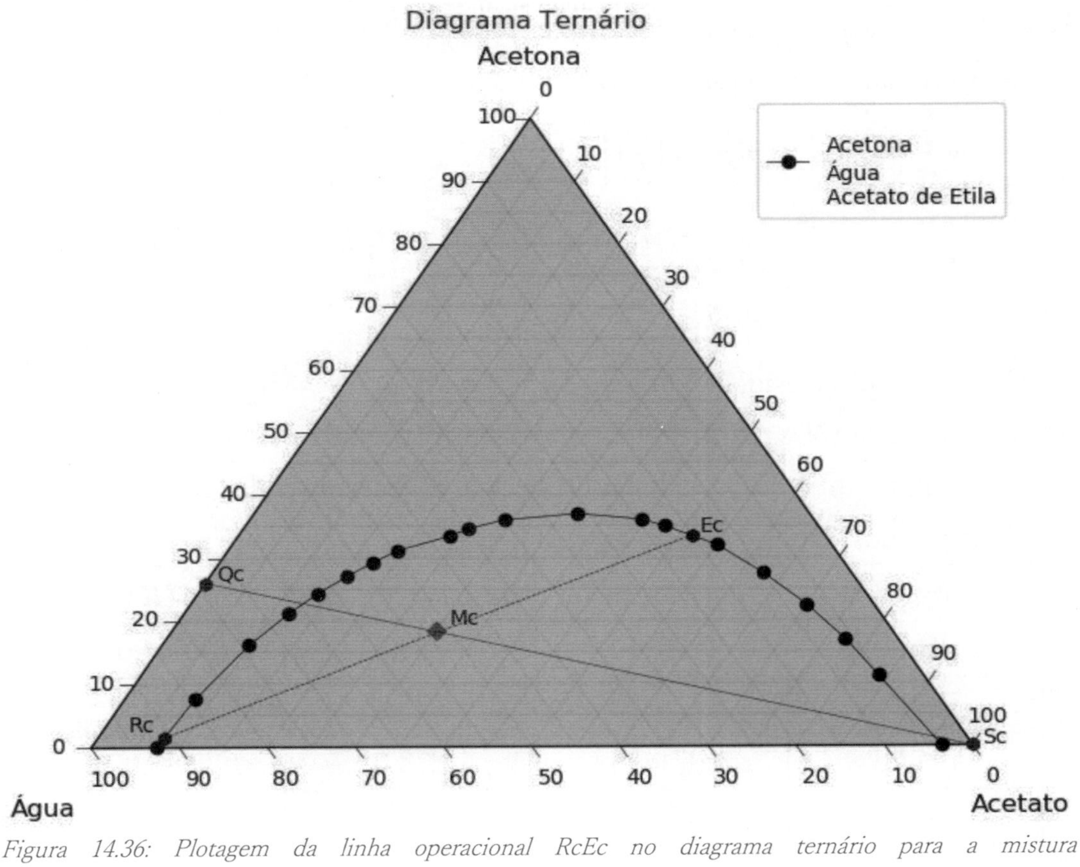

Figura 14.36: Plotagem da linha operacional RcEc no diagrama ternário para a mistura água/acetona/acetato.

Problemas de desenvolvimento

14.1. Um fluxo mássico de 51,8 kg/s de ar atmosférico a 305 K e 1 atm é comprimido até 5 atm e a temperatura resultante após compressão é de 517 K. Considere que a potência dispendida pelo equipamento pode ser calculada por:

$$W = -\int_{Ti}^{Tf} CpdT \tag{Ex 14.1}$$

Onde Ti e Tf são as temperaturas inicial (K); e Cp é a capacidade calorífica do ar (kJ/kg) e pode ser calculado por:

$$Cp = 0{,}95 + 0{,}000210T \tag{Ex 14.2}$$

Seu trabalho é desenvolver um programa que calcule a potência despendida pelo compressor.

14.2. A viscosidade dinâmica para um gás ideal pode ser estimada pela fórmula de Sutherland [15], como é mostrada a seguir:

$$\mu = \mu_0 \left(\frac{a}{b}\right) \left[\frac{T}{T_0}\right]^{3/2} \tag{Ex 14.3}$$

$$a = T_0 + S \tag{Ex 14.4}$$

$$b = T + S \tag{Ex 14.5}$$

Onde μ é a viscosidade dinâmica $(\boldsymbol{N.s/m^2})$, μ_0 é a viscosidade dinâmica de referência $(\boldsymbol{N.s/m^2})$, T é a temperatura desejada para o cálculo $(\boldsymbol{K})$, T_0 é a temperatura de referência $(\boldsymbol{K})$ e S é a constante de Sutherland $(\boldsymbol{K})$. Considere os dados dispostos a seguir:

Substância	$\boldsymbol{\mu_0(N.s/m^2)}$	$\boldsymbol{T_0(K)}$	$\boldsymbol{S(K)}$
$Vapor$[15]	1,120x10^{-5}	350,0	1064,0
Ar[16]	1,716x10^{-5}	273,0	111,0
CO_2[17]	1,371x10^{-5}	273,0	240,0
N_2[18]	1,663 x10^{-5}	273,0	107,0

Pede-se:

a) Calcule a viscosidade dinâmica para as quatro substâncias para a temperatura respeitando a faixa de $\mathbf{273{,}0 \leq} T \mathbf{\leq 450{,}0}$ para Ar, CO_2 e N2, e uma faixa de $\mathbf{350{,}0 \leq} T \mathbf{\leq 450{,}0}$ para o vapor. Considere a variação de temperatura de 5 K;

b) Plote um gráfico com o comportamento da viscosidade dinâmica das quatro substâncias em função da temperatura.

14.3. Observe a planta disposta na Figura Ex 14.1 a seguir.

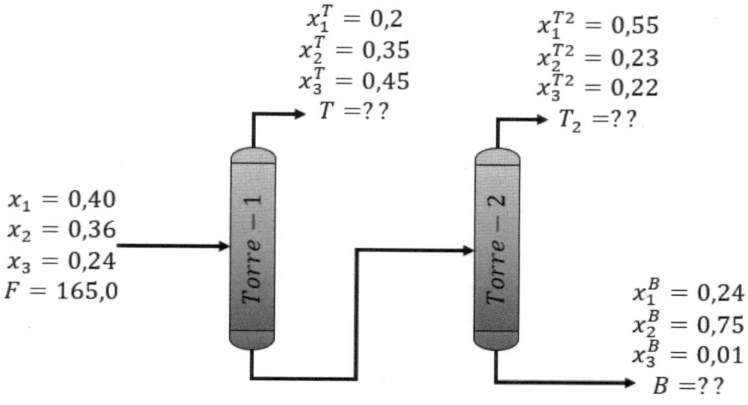

Figura Ex 14.1: Processo de separação dos componentes 1, 2 e 3.

Onde F é a vazão de alimentação (kmol/h) e x_i^{Ti} representa a fração mássica de cada componente i em cada torre Ti.

Desenvolva um código para determinar as vazões T, T2 e B.

14.4. Três torres são usadas para a separação ou concentração das substâncias 1, 2, 3 e 4 como é mostrado fluxograma da Figura Ex 14.2.

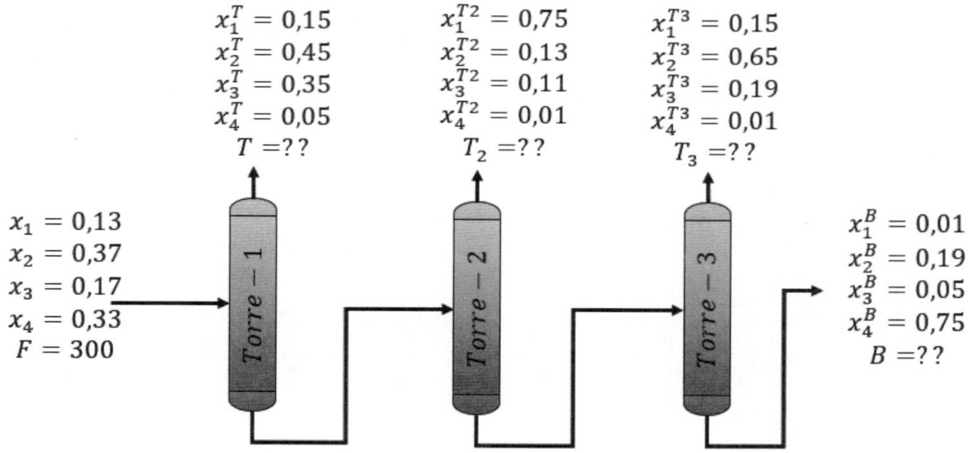

Figura Ex 14.2: Processo de separação dos componentes 1, 2, 3 e 4.

Onde F é a vazão de alimentação (kg/h) e x_i^{Ti} representa a fração mássica de cada componente i em cada torre Ti. Com base nos dados dispostos, desenvolva um código para determinar as vazões T, T2, T3 e B.

14.5. Considere os dados de equilíbrio ternário para o Butirato de Etila,-Acetona-água [12] a seguir:

Butirato de Etila	Acetona	Água	Butirato de Etila	Acetona	Água
0,8	0,0	99,2	16,6	53,8	29,6
1,0	7,2	91,8	23,7	55,5	20,8
1,5	13,3	85,2	29,0	54,9	16,1
2,0	18,6	79,4	38,2	51,5	10,3
2,3	23,3	74,4	46,6	46,1	7,3
2,6	27,4	70,0	51,9	42,1	6,0
3,8	34,0	62,2	62,1	33,8	4,1
5,2	39,0	55,8	71,4	25,7	2,9
7,3	44,9	47,8	83,2	15,0	1,8
10,9	49,5	39,6	90,3	8,1	1,6

(Dados adaptados de VENKATARATNAM *et al.,* 1957 [12].)

Com auxílio do código da Figura 14.26, pede-se:

a) Ajuste o código para que ele possa imprimir um gráfico comparativo entre as curvas de equilíbrio Butirato de Etila-Acetona-Água e Acetato de Etila-Acetona-Água.

b) O que você pode interpretar com esta comparação? Entre os dois solventes avaliados, qual seria o melhor reagente a ser utilizado para a maior recuperação de acetona?

Finalizando o Capítulo 14

Observe que não há um limite definido para o uso de programação dentro da Engenharia Química (ou qualquer outra engenharia). Os exemplos anteriores demonstraram que sempre há a necessidade de uso de um programa, nem que seja para a plotagem de um gráfico simples ou de um gráfico de diagrama ternário, para que você possa obter resultados mais rápido ou para expor os resultados obtidos. Você muito provavelmente lidará com problemas de determinação de uma raiz para identificar um valor requerido ou se envolverá com desafios que resultem em sistemas de equações, nem sempre tão pequenos como nos exemplos explorados, mas que serão resolvidos praticamente com a mesma metodologia que abordamos aqui. Também abordamos problemas nos quais era necessário o uso de integração e usamos duas metodologias: simbólica e numérica. No próximo capítulo você lidará com problemas desafiadores que você já se deparou ou que, muito provavelmente, se deparará em algum momento da sua carreira, acadêmica ou profissional. Espero que você esteja motivado(a) a continuar!

Referências

[1] KUKREJA, Naman *et al.* Cubic equation of state as a quartic in disguise. **Fluid Phase Equilibria**, v. 531, p. 112908, 2021.

[2] SCIPY. **SciPy 1.2.0 Release Notes**. Disponível em: https://docs.scipy.org/doc/scipy/release.1.2.0.html?highlight=toms748. Acesso em: 12 de março de 2021.

[3] VAN NESS, H. C.; SMITH, J. M.; ABBOTT, M. M. **Introdução à Termodinâmica da Engenharia Química**. LTC Ltda, 2007.

[4] SCIPY. **Integration (scipy.integrate)**. Disponível em: https://docs.scipy.org/doc/scipy/tutorial/integrate.html Acesso em: 20 maio 2022.

[5] MCCABE, Warren Lee; SMITH, Julian Cleveland; HARRIOTT, Peter. **Unit Operations of Chemical Engineering**. New York: McGraw-hill, 1993.

[6] ANTON, Howard; RORRES, Chris. **Álgebra linear com aplicações**. Porto Alegre: Bookman, 2001.

[7] CHAPRA, Steven C.; CANALE, Raymond P. **Métodos Numéricos para Engenharia**. 7. ed. McGraw Hill Brasil, 2016.

[8] SCIPY. **Linear Algebra (scipy.linalg)**. Disponível em: https://docs.scipy.org/doc/scipy/tutorial/linalg.html?highlight=equations%20system. Acesso em: 19 jun. 2022.

[9] POLING, Bruce E.; PRAUSNITZ, John M.; O'CONNELL, John P. **Properties of Gases and Liquids**. McGraw-Hill Education, 2001.

[10] VOGEL, A. I. **Química Analítica Qualitativa**. Tradução Antonio Gimeno. Revisão G. Svehia. São Paulo: Mestre Jou, 1981.

[11] LOBO, Lélio Quaresma. **Termodinâmica e propriedades termofísicas**. Vol. 1. Imprensa da Universidade de Coimbra/Coimbra University Press, 2006.

[12] VENKATARATNAM, A.; RAO, R. Jagannadha; RAO, C. Venkata. Ternary liquid equilibria: Systems: acetone-water-esters. **Chemical Engineering Science**, v. 7, n. 1-2, p. 102-110, 1957.

[13] HARPER, MARC *et al.* **python-ternary: Ternary Plots in Python**. Zenodo. 10.5281/zenodo.594435. (2015).

[14] SEADER, J. D.; HENLEY, Ernest J. **Separation Process Principles**. 2. ed. John Wiley & Sons, 2006.

[15] WHITE, Frank M.; MAJDALANI, Joseph. **Viscous Fluid Flow**. New York: McGraw-Hill, 2006.

[16] CFD. Sutherland's law. Disponível em: https://www.cfd-online.com/Wiki/Sutherland%27s_law. Acesso em: 24 out. 2022.

[17] YANG, Xiaohong; LI, Wenyang. A novel theoretical approach to the temperature-viscosity relation for fluidic fuels. **Fuel**, v. 153, p. 85-89, 2015.

[18] VISCOSIDAD de los Gases. Disponível em: http://hyperphysics.phy-astr.gsu.edu/hbasees/Kinetic/visgas.html. Acesso em 24 out. 2022.

PARTE 3: Resolução de problemas desafiadores (empolgantes)

Capítulo 15: Estudos de caso empolgantes

O presente capítulo trata de alguns exemplos que forneceram uma ideia do poder de flexibilidade e aplicabilidade da ferramenta Python. Como exemplos, veremos os cálculos das composições de espécies químicas em um vaso separador do tipo *flash*, onde são necessárias a resolução da equação de Rachford-Rice, bem como a aplicação de um *solve* para a determinação do valor da razão de refluxo de forma que as composições alcancem os valores corretos para a temperatura e pressão de trabalho do equipamento. Outro exemplo emocionante é a otimização de um processo (simplificado) de Otto-Williams, no qual a função *minimize* do Python será responsável por encontrar valores de vazões que resultem na maximização do retorno do investimento realizado, obedecendo determinadas restrições, de balanço de massa ou de temperatura. Outro exemplo, que você explorará com muita frequência, principalmente ao tratar de reatores químicos, é a resolução de Equações Diferenciais Ordinárias (EDOs). Aqui serão vistos três exemplos de aplicação, no último dos quais, além da resolução das EDOs e plotagem de um gráfico com os comportamentos das concentrações durante o processo de reação química, teremos a busca do valor do tempo espacial τ que resulte na produção máxima de m-xileno em um reator PFR. Bem-vindo(a) à Engenharia Química!

Exemplo 15.1: Cálculo das composições em separações de fases

Na engenharia química temos como um dos principais objetivos das várias plantas de processos a separação de fases de substâncias distintas para fins de purificação e agregação de valor. Quando temos substâncias voláteis misturadas, muitas vezes formando uma mistura gás-líquido, a primeira etapa de separação pode ser efetuada a partir de um equipamento chamado vaso separador (ou "flash"), conforme ilustrado na Figura 15.1.

O mecanismo do processo de separação em si é bastante simples e pode ser resumido da seguinte forma: tomemos como referência uma corrente de alimentação F, que opera sob uma pressão P_1. Ao entrar em um vaso separador com uma pressão de operação P_2 menor que a pressão P_1, a corrente F se expande devido à diferença de pressão, formando assim duas fases. Dentro do vaso flash, a fase líquida da mistura segue seu caminho para a corrente de base L do equipamento e a fase vapor, que se forma no instante da queda de pressão, juntamente com qualquer fração de vapor existente, segue seu caminho para a corrente de topo V.

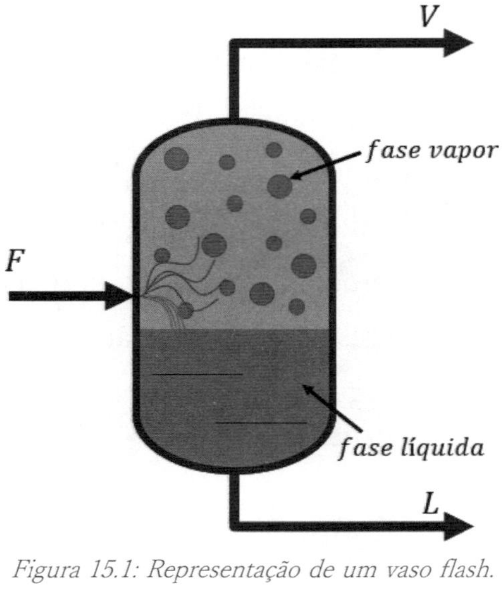

Figura 15.1: Representação de um vaso flash.

Agora que entendemos como o fash funciona no estado estacionário, precisamos calcular o montante de vapor e de líquido das correntes V e L, bem como suas composições em equilíbrio, sob uma dada pressão e temperatura de operação. Iniciemos essa tarefa observando a Figura 15.2.

Durante o processo de separação, no estado estacionário e sob a condição de uma temperatura inicial T_i e uma pressão inicial P_i, a alimentação F apresentará uma composição z com $\mathbf{i}$ componentes. Dentro do vaso separador, após alcançar o equilíbrio, sob uma pressão final de operação P_f e temperatura final T_f, as correntes de topo V e de base L também terão suas composições y e x com $\mathbf{i}$ componentes, em diferentes frações.

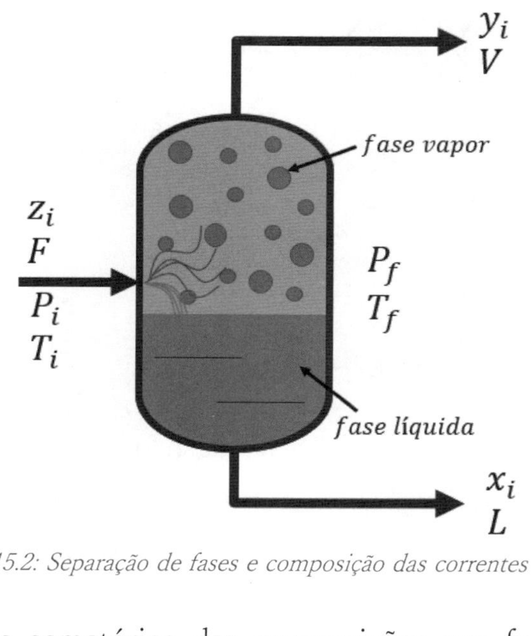

Figura 15.2: Separação de fases e composição das correntes do fash.

Aprendemos que os somatórios das composições nas fases vapor e líquida devem ser iguais a 1:

$$\sum y_i = 1 \tag{15.1}$$

$$\sum x_i = 1 \tag{15.2}$$

A relação entre a composição da vase vapor e da fase líquida é dada a seguir:

$$K_i = y_i/x_i \tag{15.3}$$

$$y_i = K_i x_i \tag{15.4}$$

Onde K_i, ou simplesmente "valor K da espécie i" serve como um indicativo da volatilidade dos componentes envolvidos na mistura. Se o valor de $K_i > 1$, temos que a espécie "i" é mais volátil e, por isso, se encontra em maior quantidade na fase vapor. Quando $K_i < 1$, a espécie "i" apresenta uma maior concentração na fase líquida. O valor de K_i é adimensional.

Se o somatório das composições é igual a 1, podemos subtrair a composição da fase vapor com relação à fase líquida. O resultado deve ser zero:

$$\sum y_i - \sum x_i = 0 \tag{15.5}$$

Substituindo y_i da Equação (15.4) na equação anterior, temos:

$$\sum K_i x_i - \sum x_i = 0 \tag{15.6}$$

Ou, reescrevendo a equação anterior, temos:

$$\sum x_i(K_i - 1) = 0 \tag{15.7}$$

Façamos agora um balanço de massa no flash por componentes e pela vazão total envolvida no sistema. Sabemos que cada componente que entra no equipamento é igual ao somatório do que sairá deste, temos as Equações a seguir:

$$z_i F = y_i V + x_i L \tag{15.8}$$

$$F = V + L \tag{15.9}$$

Dividindo a Equação (15.8) por F, temos:

$$\frac{z_i F}{F} = \frac{y_i V}{F} + \frac{x_i L}{F} \tag{15.10}$$

Reorganizando a equação anterior, teremos:

$$z_i = y_i v' + x_i(1 - v') \tag{15.11}$$

Onde v' é a razão entre a vazão de vapor e a vazão de alimentação $\left(v' = \frac{V}{F}\right)$.

Substituindo y_i da Equação (15.4) na Equação (15.11), temos:

$$z_i = K_i x_i v' + x_i(1 - v') \tag{15.12}$$

Reorganizando a Equação (15.12) de forma a isolar o valor de x_i, podemos reescrevê-la da seguinte forma:

$$x_i = \frac{z_i}{[(K_i - 1)v' + 1]} \tag{15.13}$$

Substituindo x_i da Equação (15.13) na Equação (15.7), teremos a chamada equação de **Rachford-Rice**:

$$\sum_{i=1}^{N} \frac{z_i(K_i - 1)}{[(K_i - 1)v' + 1]} = 0 \tag{15.14}$$

Onde N é o número total de espécies envolvidas na mistura. Esta equação é usada para calcular a razão v' para uma mistura de composição z_i com base em valores de K_i conhecidos [1]. Normalmente, a Equação de **Rachford-Rice** é resolvida por meio de um método de busca de raízes de uma equação ou por algum método de otimização. Vejamos um exemplo de aplicação a seguir [2].

Problema 1: Determine o valor de v' usando a Equação de **Rachford-Rice** uma vez que são dados os valores de z_i e K_i para o propano, n-Butano, n-Pentano e n-Octano na Tabela 15.1. O sistema se encontra a 482,63 kPa e 82,22 °C.

Tabela 15.1: Dados para o cálculo de v' em um vaso flash [2].

Composto	z_i	K_i
Propano	0,10	6,800
n-Butano	0,30	2,200
n-Pentano	0,40	0,800
n-Octano	0,20	0,052

Solução do Problema 1: Lembre-se de sempre entender matematicamente os passos de resolução do problema. Logo, podemos escrever um algoritmo que nos auxiliará no desenvolvimento do código para este problema. Vejamos:

1. Carregamento das bibliotecas necessárias para a resolução do problema;
2. Definição da função de Rachford-Rice. Caso já exista, importar função;
3. Declaração dos componentes envolvidos bem como dos valores de z_i e K_i;
4. Chamada da função fsolve para obtenção dos valores de v';
5. Teste da solução;
6. Se a solução for alcançada, calcular as frações molares de y_i e x_i com as Equações (15.13) e (15.4) e impressão dos resultados. Caso contrário, imprimir mensagem de aviso.

Entenda que não há uma obrigatoriedade de se propor um algoritmo ou um fluxograma para a solução do problema proposto ou para quaisquer dos seus futuros códigos. O objetivo aqui é apenas demonstrar diferentes formas de visualização de uma solução potencial, para que se entenda melhor o problema e seu caminho para a solução. Como sugestão, a seguir se encontra a Figura 15.3 com o fluxograma do código desenvolvido e disponibilizado na Figura 15.4.

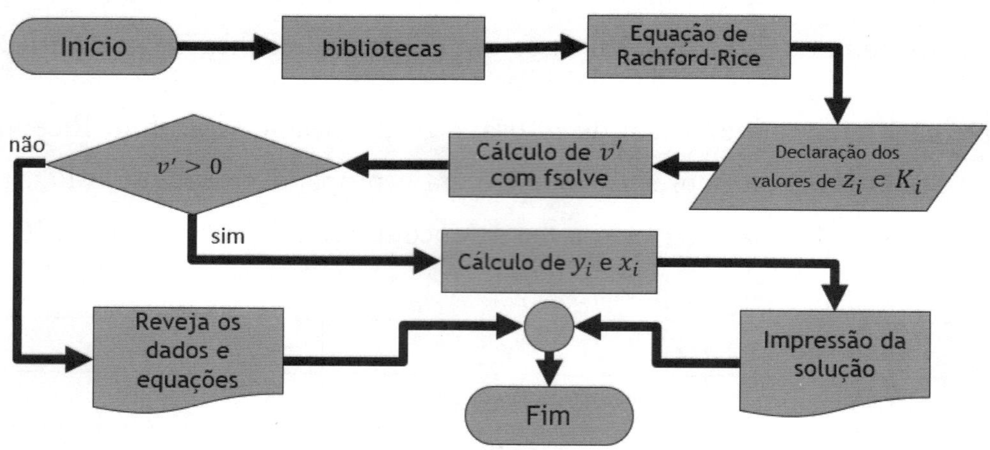

Figura 15.3: Proposta de fluxograma para o código de determinação de v', y_i e x_i.

A solução desenvolvida e exposta na Figura 15.4 se inicia com a importação das bibliotecas necessárias. Na linha 6 temos a declaração da Equação (15.14) de Rachford-Rice. Aqui um comentário é necessário: a linha 8, pertencente à função, prevê o tamanho do número de termos que serão somados.

```
1 # importando bibliotecas
2 from numpy import array, zeros
3 from scipy.optimize import fsolve
4 from tabulate import tabulate
5 #declaração da Equação de Rachford-Rice
6 def RachfordRice(v, z, K):
7     # iniciando um vetor de zeros
8     fv = zeros(len(z))
9     for i in range(len(z)):
10        # calculando a Equação 15.14 para cada componente i
11        fv[i] = (z[i]*(K[i]-1))/((K[i]-1)*v + 1)
12    return sum(fv) # retornando o somatório da Eq. 15.14
13
14 # descrição dos componentes
15 componentes = ['propano', 'n-butano', 'n-pentano', 'n-octano']
16 # frações molares da alimentação
17 zi = array([0.1, 0.3, 0.4, 0.2])
18 # valores das constantes de equilíbrio
19 Ki = array([6.8, 2.2, 0.8, 0.052])
20 # calculando o valor de v'
21 v = fsolve(RachfordRice, args=(zi,Ki), x0=0.1)[0]
22 # avaliando o resultado obtido
23 if v >= 0 and v <= 1:
24    # imprimindo o valor da raiz (v)
25    print(f"Resultado de v' = {v:3.3f}.")
26    # inicializando os valores de xi e yi
27    x = zeros(len(zi))
28    y = zeros(len(zi))
29    # calculando as frações molares nas
30    # correntes de topo e da base do flash
31    for i in range(len(zi)):
32        x[i] = (zi[i])/((Ki[i]-1)*v + 1) # Eq. 15.13
33        y[i] = Ki[i]*x[i]                # Eq. 15.4
34    # imprimindo resultados
35    titulos = ['componentes','xi', 'yi']
36    print('\nA seguir os dados de composição de xi e yi:')
37    print(tabulate(list(zip(componentes,x,y)),headers=titulos,
38                   tablefmt='grid', numalign='center',
39                   floatfmt=('.3f', '.3f', '.3f')))
40 else: # algo deu errado
41    msg = 'O programa não encontrou solução.'
42    msg = msg + '\nReveja os dados de entrada.'
43    print(msg)
```

Figura 15.4: Código de determinação e impressão dos valores de v', y_i e x_i.

Isso minimiza o consumo de memória causado pelo programa pois já identifica qual o tamanho que será usado para o armazenamento dos dados, evitando alocar um "excesso" de memória sem que haja necessidade de uso de tudo que foi reservado. Outro fator importante é que isso acelera a execução do programa pois o Python não precisa redimensionar a variável todas as vezes que precisarmos acrescentar um resultado. Provavelmente aqui, para este nosso pequeno exemplo, não notaremos a diferença. Mas para programas mais complexos que possuam centenas de funções, esse procedimento causará diferença no tempo de execução.

Após as declarações dos valores de z_i e K_i, a linha 21 chama o *fsolve* para a determinação da raiz da função. Veja que aqui é necessário posicionar o nome da função, os valores de z_i e K_i e uma estimativa inicial como argumentos do *fsolve*. O zero entre colchetes [0] indica que a única variável da solução retornada pelo *fsolve* é a que se encontra na primeira posição da lista.

```
Console 1/A

Resultado de v' = 0.426.

A seguir os dados de composição de xi e yi:
+--------------+-------+-------+
| componentes  | xi    | yi    |
+==============+=======+=======+
| propano      | 0.029 | 0.196 |
+--------------+-------+-------+
| n-butano     | 0.199 | 0.437 |
+--------------+-------+-------+
| n-pentano    | 0.437 | 0.350 |
+--------------+-------+-------+
| n-octano     | 0.335 | 0.017 |
+--------------+-------+-------+
```

Figura 15.5: Resultado obtidos para v', y_i e x_i.

Se o valor de v' estiver entre zero e 1, as frações molares de y_i e x_i serão calculadas com as Equações (15.13) e (15.4) nas linhas 32 e 33 respectivamente. O passo seguinte, nas linhas 36 e 37, é a impressão dos resultados obtidos para v' e as frações molares de y_i e x_i no formato de tabela com o uso do *tabulate*, conforme demonstrado na Figura 15.5.

"E se eu não tiver os valores de K_i, como é que eu faço?" Neste caso a termodinâmica [3] é que vai trabalhar por nós para encontrarmos esses valores. No presente exemplo calcularemos a pressão de saturação P_i^{sat} de cada componente. Vejamos as dependências de K_i a seguir.

O cálculo da pressão de saturação para componente i é dada pela equação Lee e Kesler, aplicada para líquidos apolares [4]:

$$lnP_{ri}^{sat} = f_0(T_{r_i}) + \omega f_1(T_{r_i}) \qquad (15.15)$$

Onde P_{ri}^{sat} é a pressão de vapor saturado reduzida do componente i; T_{r_i} é a temperatura reduzida do componente i; P_i^{sat} é a pressão de saturação (bar) do componente i; ω é o fator acêntrico; e f_0 e f_1 são funções de T_{r_i} e calculadas por:

$$f_0(T_{r_i}) = 5{,}92714 - \frac{6{,}09648}{T_{r_i}} - 1{,}28862 lnT_{r_i} + 0{,}169347 T_{r_i}^6 \qquad (15.16)$$

$$f_1(T_{r_i}) = 15{,}2518 - \frac{15{,}6875}{T_{r_i}} - 13{,}4721 lnT_{r_i} + 0{,}43577 T_{r_i}^6 \qquad (15.17)$$

O fator acêntrico é calculado utilizando a Equação (15.18).

$$\omega = \frac{lnP_{rn_i}^{sat} - f_0(T_{rn_i})}{f_1(T_{rn_i})} \qquad (15.18)$$

Onde $P_{rn_i}^{sat}$ é a pressão de vapor reduzida no ponto normal de ebulição do componente i; T_{rn_i} é a temperatura (K) reduzida no ponto normal de ebulição do componente i. Tais valores podem ser calculados por:

$$P_{rn_i}^{sat} = \frac{P_s}{P_{c_i}} \qquad (15.19)$$

$$T_{rn_i} = \frac{T_{n_i}}{T_{c_i}} \qquad (15.20)$$

Onde T_{n_i} é a temperatura normal de ebulição (K) do componente i; T_{c_i}é a temperatura crítica (K) do componente i; P_s é a pressão atmosférica padrão (1,01325 bar) e P_{c_i} é a pressão crítica (bar) do componente i;

Calculado o valor de $P_{r_i}^{sat}$, da Equação (15.15), podemos calcular a pressão de saturação da espécie i.

$$P_i^{sat} = P_{c_i} P_{r_i}^{sat} \tag{15.21}$$

Calculada a pressão de saturação, é possível realizar o cálculo da pressão (bar) do ponto de bolha (P_{bol}) e da pressão (bar) do ponto de orvalho (P_{orv}) da mistura.

$$P_{bol} = \sum_{i=1}^{N} x_i P_i^{sat} \tag{15.22}$$

$$P_{orv} = \frac{1}{\sum y_i / P_i^{sat}} \tag{15.23}$$

Ponto de bolha é a condição de temperatura e pressão na qual se encontra a substância, ou a mistura, em que há a formação da primeira bolha de vapor. O ponto de orvalho é a condição da substância, ou da mistura na qual há a formação da primeira gota de líquido.

Para uma pressão de operação que se encontra dentro do intervalo do ponto de bolha (P_{bol}) e do ponto de orvalho (P_{orv}) calculados, os valores K_i podem ser então obtidos por:

$$K_i = \frac{P_i^{sat}}{P} \tag{15.24}$$

Onde P é a pressão (bar) de operação do flash.

Para a determinação dos valores K_i, e das frações molares, seguiremos o seguinte algoritmo:

1. Definição dos componentes da mistura;
2. Definição de P, T, P_{c_i}, T_{c_i}, T_{n_i} para cada componente;
3. Cálculo de P_i^{sat} com a Equação. (15.21);
    a. Cálculo de ômega com a Equação (15.18);
    b. Cálculo de f_0 e f_1 com as Equações (15.15) e (15.16);

4. Cálculo do ponto de bolha com a Equação (15.22);
5. Cálculo do ponto de orvalho com a Equação (15.23);
6. Cálculo de K_i, com a Equação (15.24);
7. Determinação de v' com a Equação (15.14);
8. Cálculo de x_i com a Equação (15.13);
9. Cálculo de y_i com a Equação (15.4);
10. Impressão dos resultados.

No presente exemplo de aplicação as equações necessárias para os cálculos termodinâmicos foram alocadas em um arquivo chamado "flash_Lee_Kesler.py" e servirá de biblioteca de funções secundárias para nosso programa principal. Assim, nosso programa ficará mais legível sem a necessidade de centenas de linhas para sua aplicação. O fluxograma do código pode ser observado por meio da Figura 15.6. Perceba aqui que o programa principal contém todas as funções necessárias para a solução do problema proposto. Contudo, as funções estão localizadas em outro arquivo que será importado em conjunto de outras bibliotecas.

Problema 2: Determine a composição das correntes de topo V e de base L de um vaso flash que opera a uma temperatura de 35 °C e uma pressão de 28 bar com base nos dados da Tabela 15.2.

Tabela 15.2: Dados para o cálculo de x_i e y_i em um vaso flash.

Composto	z_i	P_{c_i}(bar)[4]	T_{c_i}(K)[4]	$T_{n_i}(K)$[5]
Etileno	0,35	50,40	282,35	169,40
Etano	0,25	48,72	305,33	184,60
Propano	0,40	42,48	369,83	231,10

Solução do Problema 2: Lembre-se de sempre entender matematicamente os passos de resolução do problema.

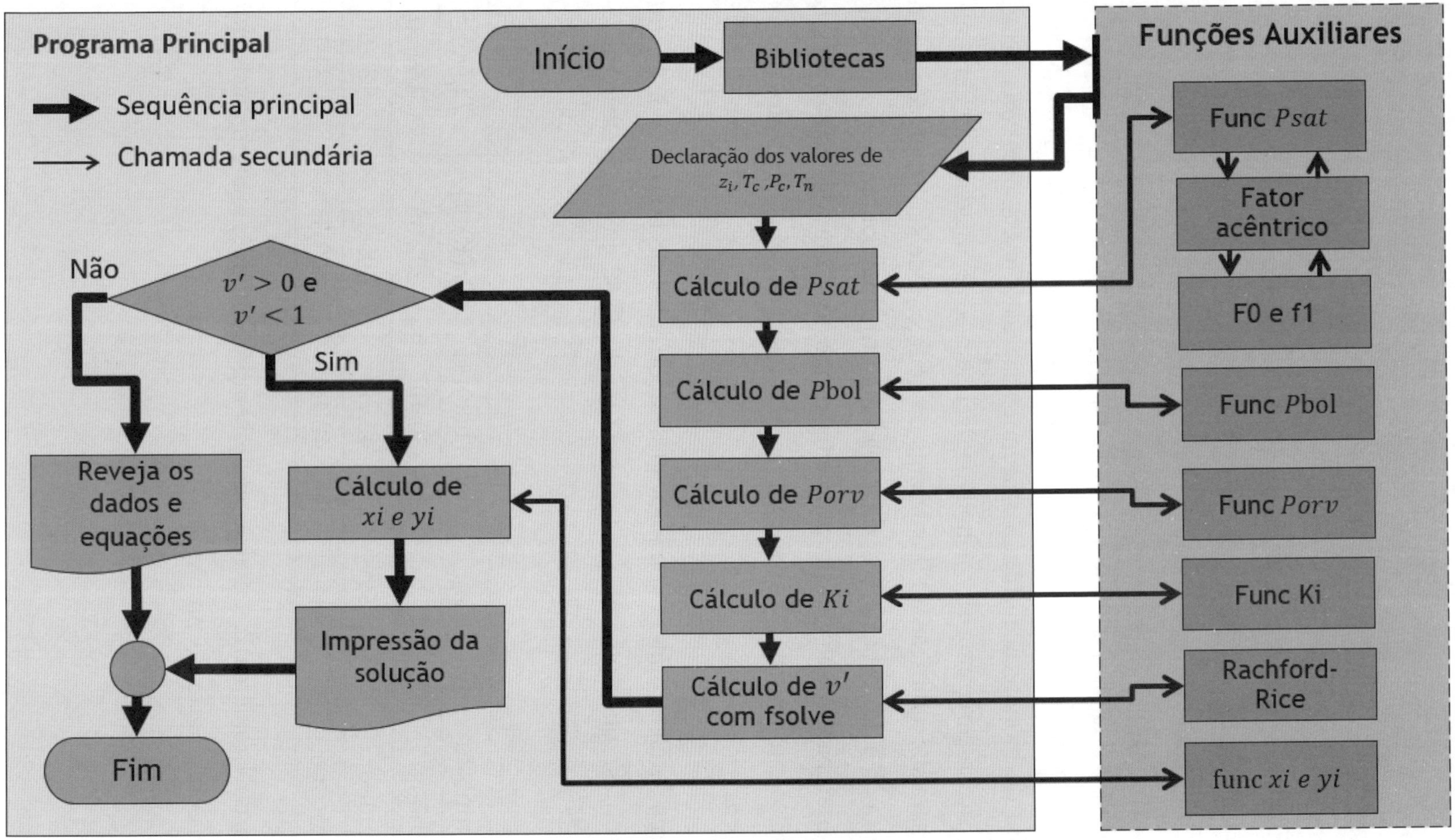

Figura 15.6: Proposta de fluxograma para o código de determinação de K_i, v', x_i e y_i.

Dessa vez não foram oferecidos os valores de K_i para que pudéssemos calcular os valores de v' e das composições de x_i e de y_i. Tomando como base o algoritmo apresentado, temos uma sequência de resolução para que as equações possam ser usadas de forma correta.

O código ilustrado na Figura 15.7 segue a sequência proposta no algoritmo ou no fluxograma. Perceba que sempre que necessário, qualquer biblioteca tem aparecido no topo do código. É só questão de organização. A sequência de explicação é semelhante ao exemplo anterior. Logo, resumiremos as explicações conforme disposição no Quadro 15.1.

Quadro 15.1: Resumo das funcionalidades das principais linhas de código da Figura 15.7.

Linha de código	A linha de código está...
6 a 13	Declarando as variáveis e condições de operação;
17	Calculando a pressão de saturação do componente i;
19	Calculando a pressão do ponto de bolha;
22	Calculando a pressão do ponto de orvalho;
25	Determinando os valores de K_i;
27	Encontrando o valor de v';
35	Calculando os valores de x_i e de y_i;
39	Imprimindo os resultados.

Como já exposto, algumas funções precisam de outras para que o cálculo seja realizado, e.g. Equação (15.21), na linha 17, que depende das Equações (15.16), (15.17) e (15.18). No entanto, essas equações não estão presentes no módulo principal, mas sim no módulo de funções auxiliares. No momento da chamada, o Python identifica a presença das mesmas e segue a sequência de cálculos conforme programado. Os detalhes usados podem ser visualizados por meio da Figura 15.9.

```
1 # importando bibliotecas
2 from tabulate import tabulate
3 from numpy import array, zeros
4 from scipy.optimize import fsolve
5 import flash_Lee_Kesler as flash
6 # condições de operação
7 T = 35 + 273.15                       # °C --> K
8 P = 28.                               # bar
9 componentes=['Etileno', 'Etano', 'Propano'] # posição
10 zi = array([0.35, 0.25, 0.4])        # fração molar
11 Tc = array([282.35, 305.34, 369.85]) # K - temperatura crítica
12 Pc = array([50.40, 48.714, 42.48])   # bar - pressão crítica
13 Tn = array([169.4, 184.6, 231.1])    # K - temperatura normal ebulição
14 # cálculo das pressões de vapor das substâncias
15 Psati = zeros(len(zi))               # Pressão de  saturação(bar)
16 for i in range(len(zi)):
17     Psati[i]=flash.Psat(T, Tc[i], Tn[i], Pc[i])          #Eq. 15.21
18 # cálculo do Ponto de Bolha
19 Pbol = flash.Pboli(zi, Psati) # bar                         #Eq. 15.22
20 print(f'Pressão do ponto de bolha da mistura: {Pbol:.2f}bar')
21 # cálculo do Ponto de Orvalho
22 Porv = flash.Porvi(zi,Psati)  # bar                         #Eq. 15.23
23 print(f'Pressão do ponto de orvalho da mistura:  {Porv:.2f}bar')
24 # cálculo dos valores Ki
25 K = flash.Ki(zi, Psati, P)                                   #Eq. 15.24
26 # calculando o valor de v'
27 v = fsolve(flash.RachfordRice, args=(zi,K), x0=0.1)[0]  #Eq. 15.14
28 # avaliando o resultado obtido
29 if v >= 0 and v <= 1:
30     # imprimindo o valor da raiz (v)
31     print(f"Resultado de v' = {v:3.3f}.")
32     # inicializando os valores de xi e yi
33     x = zeros(len(zi)); y = zeros(len(zi))
34     # frações molares nas correntes de topo e da base do flash
35     [x, y] = flash.compXY(zi, K, v)                  #Eqs. 15.13 e 15.4
36     # imprimindo resultados
37     titulos = ['componentes','xi', 'yi', 'Ki']
38     print('\nA seguir os dados de composição de xi e yi:')
39     print(tabulate(list(zip(componentes, x, y, K)),headers=titulos,
40                    tablefmt='grid', numalign='center',
41                    floatfmt=('.3f', '.3f', '.3f', '.3f')))
42 else: # algo deu errado
43     msg = 'O programa não encontrou solução.'
44     msg = msg + '\nReveja os dados de entrada.'
45     print(msg)
```

Figura 15.7: Código para o cálculo de K_i, v', x_i e y_i.

Outro comentário a ser acrescentado aqui é sobre a aplicação do comando *zip*( ) na linha 39. Sua funcionalidade se resume à criação de linhas de matrizes, ou conjunto de dados (ou *tuplas*), usando os elementos dispostos nas mesmas posições das diferentes listas usadas como argumentos. Exemplo: sejam L1 =

[1, 5, 10] e L2 = [2, 84, 21] listas de valores distintos. Ao aplicarmos o *print*(*list*(*zip*(L1, L1))) para L1 e L2, teremos os seguintes pares impressos no console:

$$[(1,2),(5,84),(10,81)]$$

Essa lógica foi usada para criar os conjuntos de informações necessárias para a impressão dos resultados dos nomes dos compostos, composições x_i e y_ie dos valores de K_i, como é mostrado na Figura 15.8.

```
Console 1/A

Pressão do ponto de bolha da mistura: 48.42bar
Pressão do ponto de orvalho da mistura:  24.10bar
Resultado de v' = 0.789.

A seguir os dados de composição de xi e yi:
+--------------+-------+-------+-------+
| componentes  |  xi   |  yi   |  Ki   |
+==============+=======+=======+=======+
| Etileno      | 0.131 | 0.409 | 3.125 |
+--------------+-------+-------+-------+
| Etano        | 0.150 | 0.277 | 1.843 |
+--------------+-------+-------+-------+
| Propano      | 0.719 | 0.315 | 0.437 |
+--------------+-------+-------+-------+
```

Figura 15.8: resultado das composições x_i e y_i e para os valores de K_i.

Observa-se pelos valores de K_i que o etileno é mais volátil, seguido do etano. O Propano enriquece a fase líquida, como é fácil observar nas colunas de composições das correntes x_i e y_i para as correntes L e V respectivamente.

```python
# importando bibliotecas
from numpy import exp, log, array, zeros
print()
# declaração da Equação de Pitzer aplicada a Lee-Kesler
def Pitzer(Tr): #Tr é a temperatura reduzida em bar
    f0 = 5.92714 - 6.09648/Tr - 1.28862*log(Tr) + 0.169347*(Tr**6)
    f1 = 15.2518 - 15.6875/Tr - 13.4721*log(Tr) + 0.43577*(Tr**6)
    return array([f0, f1])

# declaração da função do cálculo do fator acêntrico
# temp normal (K), temp crítica (k) e pressão crítica  (bar)
def acentric(Tn, Tc, Pc, imprimir_fator_acentrico = False):
    Trn = Tn/Tc                      # temperatura normal reduzida
    Prn = 1.01325/Pc                 # Pressão normal reduzida em bar
    [f0w, f1w] = Pitzer(Trn)         # chamada da equação de Pitzer
    omega = (log(Prn) - f0w)/f1w     # cálculo do fator acêntrico
    if imprimir_fator_acentrico:
        print(f'O fator acêntrico para o composto é {omega:.4f}.')
    return omega

# declaração da função do cálculo da pressão de saturação
def Psat(T, Tc, Tn, Pc, imprimir_fator_acentrico = False):
    #Lee-Kesler
    Tr = T/Tc                        # temperatura  reduzida em K
    [f0, f1]  = Pitzer(Tr)
    omega = acentric(Tn, Tc, Pc, imprimir_fator_acentrico)
    lnPrsat = f0 + omega*f1
    prsat = exp(lnPrsat)             # Pressão de saturação em bar
    psat = prsat*Pc                  # bar
    return psat

#declaração da Equação de Rachford-Rice
def RachfordRice(v, z, K):
    # iniciando um vetor de zeros
    fv = zeros(len(z))
    for i in range(len(z)):
        # calculando a Equação 15.14 para cada componente i
        fv[i] = (z[i]*(K[i]-1))/((K[i]-1)*v + 1)
    return sum(fv) # retornando o somatório da Eq. 15.14

# cálculo do Ponto de Bolha
def Pboli(zi, Psat):
    pbol = 0.0
    for i in range(len(zi)):
        pbol = pbol + zi[i]*Psat[i]      # bar
    return pbol

# cálculo do Ponto de Orvalho
def Porvi(zi, Psat):
    try:
        porv = 0.0
        for i in range(len(zi)):
            porv = porv + zi[i]/Psat[i]
        porv = 1/porv
    except ZeroDivisionError:
        print('Divisão por zero no cálculo da Pressão de Orvalho.')
        porv = 0
    return porv

# cálculo dos valores Ki
def Ki(zi, Psat, P):
    K = zeros(len(zi))
    for i in range(len(zi)):
        K[i] = Psat[i]/P
    return K

# cálculo das frações molares
def compXY(zi, K, v):
    # inicializando os valores de xi e yi
    x = zeros(len(zi)); y = zeros(len(zi))
    # frações molares nas correntes de topo e da base do flash
    for i in range(len(zi)):
        x[i] = (zi[i])/((K[i]-1)*v + 1) # Eq. 15.13
        y[i] = K[i]*x[i]
    return [x, y]
```

Figura 15.9: Funções auxiliares para usadas no cálculo de K_i, v', x_i e y_i.

Exemplo 15.2: Otimização do processo de Otto-Williams

Você, em algum momento da sua carreira, já se deparou, ou se deparará, com a necessidade de escolher os melhores valores de variáveis de forma que, quando aplicados no processo químico de interesse, o dito processo alcance os resultados desejados, ou ainda que nos mostre quais valores de temperatura, pressão, refluxo, carga térmica etc. devemos aplicar ao nosso processo para que o produto alcance a pureza, a especificação almejada ou retorne o melhor rendimento possível. Para problemas desse tipo, precisamos de uma otimização do processo!

Nossa próxima aplicação se trata da otimização de um processo químico de Otto-Williams[6], mas antes veremos alguns pontos essenciais para definirmos onde o nosso problema se encaixará.

Para começar, assumiremos que o nosso problema é totalmente determinístico e pode ser manuseado por uma solução matemática analítica obtida por meio de um balanço de massa em conjunto com suas respectivas equações de reações químicas. Matematicamente, um sistema desses apresenta um comportamento não linear e sua otimização será um problema bastante complexo de ser resolvido, principalmente se tratando de uma planta de processo químico. No entanto, para o nosso exemplo de aplicação, utilizando o Python, teremos nosso problema moldado da seguinte forma[7]:

Minimize a função objetivo, função custo, ou qualquer outra demanda por meio de uma função:

$$func = f(x_1, x_2 \cdots x_n) \tag{15.25}$$

$$minimize(-func) \tag{15.26}$$

A solução da função a ser minimizada estará sujeita às equações de restrição do tipo:

$$G_i(x_1, x_2 \cdots x_n) = 0 \quad (15.27)$$

Onde as funções de restrição G_i podem apresentar comportamentos distintos, isto é, algumas podem ser lineares e outras podem ter o comportamento não linear. Outro fato é que o sinal de igualdade pode dar lugar aos sinais $\leq$ ou $\geq$, dependendo da situação à qual está relacionado.

Já com relação às variáveis utilizadas para a solução do problema, temos a definição dos limites de cada variável que se comportarão da seguinte forma:

$$L_j \leq x_j \leq U_j \quad (15.28)$$

Onde L_j e U_j são os limites inferior e superior respectivamente da variável j; e $x_j \geq 0$ é o valor da variável j que será maior ou igual a zero. Para as equações já citadas, temos que $i = 1, 2 \ldots m$ e $j = 1, 2 \ldots n$.

Agora vamos falar um pouco sobre nosso problema. A planta em questão se refere a um processo hipotético inicialmente elaborado por Otto e Williams [6] e posteriormente simplificada por Dibella e Stevens [7]. O problema em si não é novo e vem sendo explorado durante as últimas décadas [8][9] a fim de se alcançar o objetivo de aumentar a recuperação do investimento realizado ou de se propor novas ferramentas de otimização multiobjetivo [10][11][12].

A dita planta, como pode ser visualizada na Figura 15.10, pode ser resumida da seguinte forma:

- Apresenta um reator de mistura perfeita ou CSTR (*Continuous Stirred Tank Reactor*) alimentado pelas espécies A, B e de onde resultam as espécies C, D, E, P e G;
- Um trocador de calor para a remoção do excesso de energia oriundo das reações exotérmicas;
- Um decantador de separação perfeita onde todo o elemento G é removido;

- Uma torre de destilação para a separação do componente P como produto de topo e, por fim;
- Um divisor (*Spliter*) cuja função é encaminhar parte do produto de base para realimentar o reator.

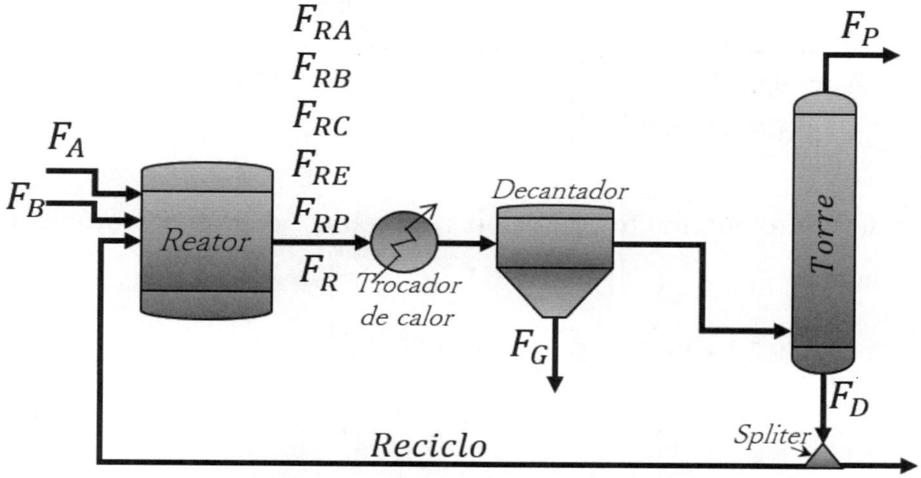

Figura 15.10: Diagrama simplificado do processo de Otto-Williams.

A proposta também assume que as reações químicas envolvidas no processo de produção de P são irreversíveis, de segunda ordem e seus mecanismos são conhecidos e descritos a seguir:

$$A + B \overset{K_1}{\rightarrow} C \tag{15.29}$$

$$C + B \overset{K_2}{\rightarrow} P + E \tag{15.30}$$

$$P + C \overset{K_3}{\rightarrow} G \tag{15.31}$$

Onde

$$K_i = A_i e^{-\left({B_i}/{T}\right)} \tag{15.32}$$

Aqui temos que T é a temperatura do reator em $°R$ (Rankine), $i = 1 \ldots 3$ e se refere a cada uma das reações e os valores de A_i e B_i estão dispostos a seguir [7][8]:

$A_1 = 5{,}9755 \times 10^9/_{hr}$ $B_1 = 12.000°R$	Fração mássica Baseado em A ou B	(15.33)
$A_2 = 2{,}5962 \times 10^{12}/_{hr}$ $B_2 = 15.000°R$	Fração mássica Baseado em B	(15.34)
$A_3 = 9{,}6283 \times 10^{15}/_{hr}$ $B_3 = 20.000°R$	Fração mássica Baseado em C	(15.35)

No que se refere aos limites de valores utilizados, o presente problema $L_j \leq x_j \leq U_j$, temos:

$$12.400\, ^{lb}/_{h} \leq F_A \leq 16.600\, ^{lb}/_{h} \tag{15.36}$$

$$F_B \leq 56.000\, ^{lb}/_{h} \tag{15.37}$$

A função objetivo para este processo já foi estudada anteriormente [7][8][9][10] e é dada pelo retorno percentual do investimento envolvido:

$$I = \frac{100}{600V_\rho}\big[8400(0{,}3F_P + 0{,}0068F_D - 0{,}02F_A - 0{,}03F_B - 0{,}01F_G) - 2{,}22F_R - (0{,}124)(8400)(0{,}3F_P + 0{,}0068F_D) - 60V_\rho\big] \tag{15.38}$$

Onde F_A, F_B, F_G, F_P, F_D e F_R são as vazões mássicas em $^{lb}/_{h}$. As Equações que seguem são consideradas restrições para a combinação de variáveis encontradas na otimização da equação anterior.

O balanço material global deve responder à Equação (15.39).

$$g_1 = F_A + F_B - F_G - F_P - F_D = 0 \tag{15.39}$$

Para o presente processo, existe uma restrição referente à eficiência de separação da torre e da formação de azeótropo, que deve obedecer a Equação (15.40).

$$g_2 = F_{RP} - 0.1F_{RE} - F_P = 0 \tag{15.40}$$

O balanço material do componente E é dado por:

$$g_3 = \left[\left(\frac{M_E}{M_B}\right) k_2 F_{RB} F_{RC}\right] \frac{V_\rho}{F_R^2} - F_D \left(\frac{F_{RE}}{F_R - F_G - F_P}\right) = 0 \quad (15.41)$$

Já para o componente P, o balanço material deve obedecer a Equação (15.42).

$$g_4 = \left[k_2 F_{RB} F_{RC} - \left(\frac{M_P}{M_C}\right) k_3 F_{RC} F_{RP}\right] \frac{V_\rho}{F_R^2} - F_D \left(\frac{F_{RP} - F_P}{F_R - F_G - F_P}\right) - F_P = 0 \quad (15.42)$$

O balanço material do componente A é dado por:

$$g_5 = (-k_1 F_{RA} F_{RB}) \frac{V_\rho}{F_R^2} - F_D \left(\frac{F_{RA}}{F_R - F_G - F_P}\right) + F_A = 0 \quad (15.43)$$

E o balanço material do componente B deve obedecer à seguinte restrição:

$$g_6 = (-k_1 F_{RA} F_{RB} - k_2 F_{RB} F_{RC}) \frac{V_\rho}{F_R^2} - F_D \left(\frac{F_{RB}}{F_R - F_G - F_P}\right) + F_B = 0 \quad (15.44)$$

A seguir, temos o balanço material do componente C:

$$g_7 = \left[\left(\frac{M_C}{M_B}\right) k_1 F_{RA} F_{RB} - \left(\frac{M_C}{M_B}\right) k_2 F_{RB} F_{RC} - k_3 F_{RC} F_{RP}\right] \frac{V_\rho}{F_R^2} - F_D \left(\frac{F_{RC}}{F_R - F_G - F_P}\right) = 0 \quad (15.45)$$

Aqui temos o balanço material do componente G:

$$g_8 = \left[\left(\frac{M_G}{M_C}\right) k_3 F_{RC} F_{RP}\right] \frac{V_\rho}{F_R^2} - F_G = 0 \quad (15.46)$$

O balanço material dos componentes que saem do reator (definição de F_R) deve obedecer à equação a seguir:

$$g_9 = F_{RA} + F_{RB} + F_{RC} + F_{RP} + F_{RE} + F_G - F_R = 0 \quad (15.47)$$

Logo, o modelo matemático apresentado para o processo de Otto-Williams condiz com a proposta de otimização de um problema não linear como descrito [6] nas Equações (15.25) e (15.27) propostas. O número de variáveis envolvidas é 13, a saber: F_A, F_B, F_D, F_G, F_{RA}, F_{RB}, F_{RC}, F_{RP}, F_{RE}, F_R, F_P, V e T. O número de restrições de igualdade, m, é 9; e há duas restrições de intervalo. Ou seja, um problemão!

Antes de prosseguirmos, vejamos as seguintes observações:

- Alguns trabalhos [7][8][9] consideram o volume do reator como constante de $V = 60ft^3$. A presente proposta de solução utilizará esse valor constante, mas, caso você queira explorar mais, poderá modificar os intervalos sugeridos.
- A densidade da mistura no reator é dada por $\rho = 50\, lbs/ft^3$;
- As unidades usadas são as mesmas dos trabalhos citados uma vez que estamos resolvendo um processo hipotético para substâncias indefinidas;
- Os valores ótimos encontrados nos estudos anteriores comprovam que existem inúmeros "ótimos locais". Caso você compare seus resultados com algum outro trabalho, não se assuste! Se seus os resultados apresentam significado físico coerente e satisfazem as restrições impostas, então você acabou de encontrar mais um ótimo local;
- Para os nossos cálculos, as massas molares M dos componentes apresentam os valores a seguir [6][7]:
  - $M_B = M_P = 100$;
  - $M_C = M_E = 200$; e
  - $M_G = 300$.

Para a otimização do processo, seguiremos o seguinte algoritmo:

1. Importação das bibliotecas;
2. Definição da função objetivo com a Equação (15.38);
3. Definição das Equações de restrição (15.39) a (15.47);
4. Definição das massas molares dos componentes;
5. Cálculo das constantes de equilíbrio com base na Equação (15.32);
6. Declaração dos intervalos das variáveis envolvidas;
7. Adequação das restrições para alimentação da função **minimize**;
8. Chamada da função **minimize** para a otimização da função objetivo;
9. Impressão dos resultados.

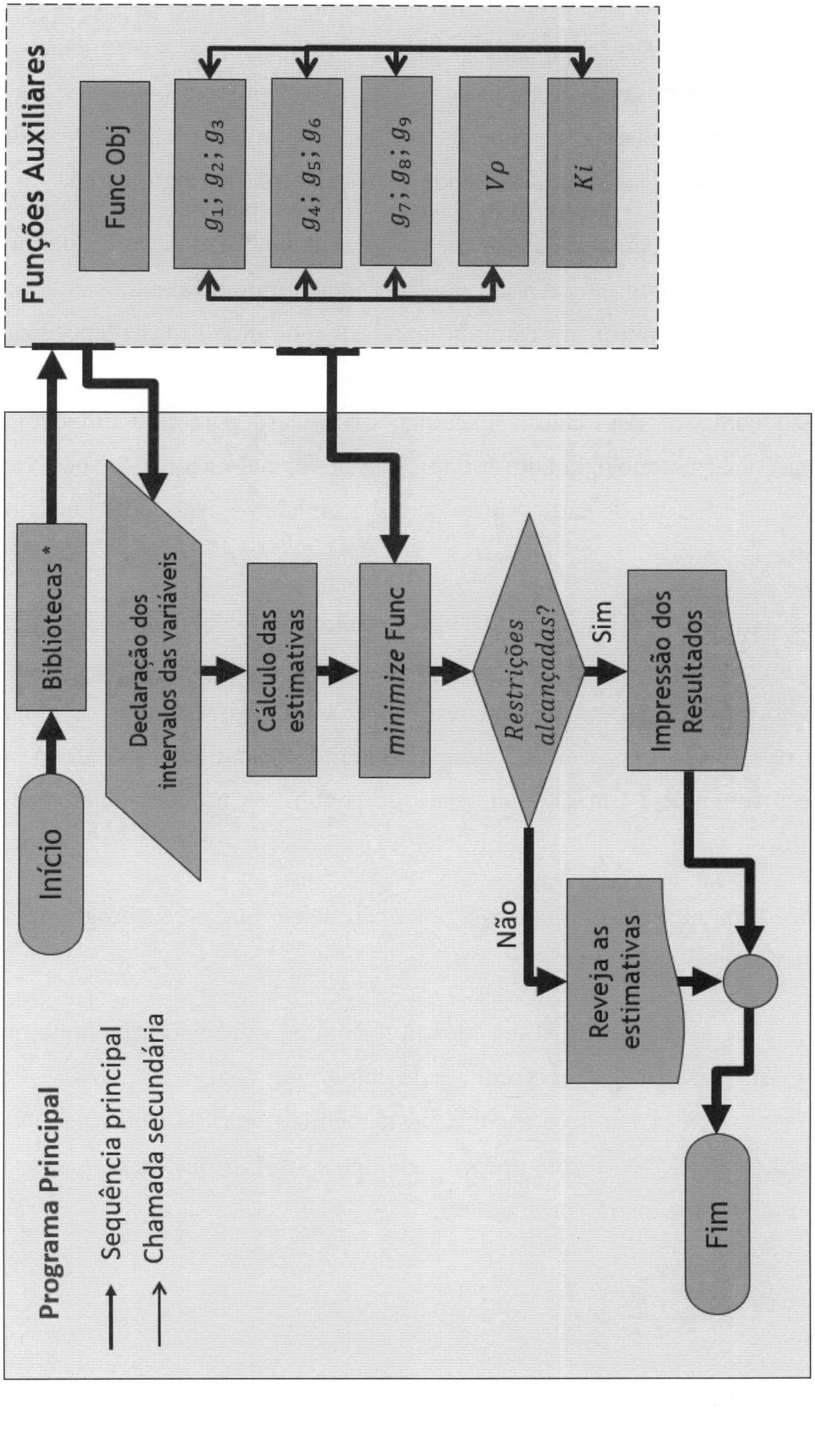

Figura 15.11: Fluxograma para determinação dos valores ótimos de Fa, Fb, Fra, Frb, Frc, Fre, Fg, Frp, Fd e T para maximizar o % de recuperação do investimento.

A Figura 15.11 ilustra uma proposta para a determinação dos valores ótimos de F_A, F_B, F_D, F_G, F_{RA},F_{RB}, F_{RC}, F_{RP},F_{RE} e T a fim de maximizar a recuperação do investimento $I(\%)$ usando a Equação (15.38). Esta ilustração merece alguns comentários. Perceba que a proposta aqui muda um pouco se comparada à proposta do exemplo anterior, que pode ser visualizada na Figura 15.6.

Aqui temos o carregamento das funções, no retângulo "Bibliotecas *", de forma que todas elas estejam na memória do Python, sem que haja, para este caso, a necessidade de se aplicar um caminho para o uso de uma função específica. A escolha foi feita uma vez que temos poucas funções, quase todas serão usadas no nosso código e para deixar o código mais claro para fins didáticos de visualização. A metodologia aqui foi aplicada de forma opcional, e você, claro, pode usar o caminho de cada função como já vínhamos usando nos exemplos anteriores.

Sigamos para o programa principal! Isso mesmo, vamos falar um pouco sobre nossa proposta de código, como escrito na Figura 15.12. Uma das novidades está na forma de importar as funções. Perceba que existe um '*' na linha 4. Este asterisco é responsável por fazer o Python importar todas as funções da biblioteca **funcs_otto** (nossa biblioteca que contém as funções objetivo e de restrição).

Aqui vale uma observação, para que você não pense que o seu programa está com problemas:

- Em alguns casos, o Python mostra o sinal de exclamação na linha onde exista uma função que tenha sido importada com o uso do "*". Caso isso aconteça, não se preocupe. Basta mandar rodar seu código que, caso as exclamações sejam apenas referentes às funções importadas, seu código funcionará corretamente.

```
# importando bibliotecas
from numpy import array
from scipy.optimize import minimize
from funcs_otto import *
# declaração dos limites (variável = [inferior,superior])
Fa = [12200.0, 14600.0]
Fb = [28000.0, 32000.0]
Fr = [160000.0, 330000.0]
Fra = [17000.0, 38000.0]
Frb = [68000.0, 120000.0]
Frc = [3000.0, 7500.0]
Fre = [13500.0, 137000.0]
Frp = [10000.0, 19000.0]
Fg = [2500.0, 3700.0]
Fp = [4762.9, 4763.0]
Fd = [33000.0, 4600000.0]
T = [580.0, 680.0]
V = [60.0, 60.01]

limites = [Fa, Fb, Fr, Fra, Frb, Frc,
           Fre, Frp, Fg, Fp, Fd, T, V]
# estimativas iniciais
x0 = []
for limite in limites: x0.append(limite[0]*2)
# definição das restrições que serão usadas na função minimize
cons = [{'type':'eq', 'fun': g1},{'type':'eq', 'fun': g2},
        {'type':'eq', 'fun': g3},{'type':'eq', 'fun': g4},
        {'type':'eq', 'fun': g5},{'type':'eq', 'fun': g6},
        {'type':'eq', 'fun': g7},{'type':'eq', 'fun': g8},
        {'type':'eq', 'fun': g9}]
# chamando a função minimize para resolver o problema
solucao = minimize(func_objetivo, x0, bounds = limites,
                   method='SLSQP',constraints=cons,
                   options={'maxiter':1000,'ftol':1e-08})
# carregando os valores ótimos de Fa, Fb...T que maximizam o % I
x = solucao.x
print(f'\nO valor % do retorno é de {-func_objetivo(x): .3f}')
# imprimindo a solução
variaveis = ['Fa', 'Fb', 'Fr', 'Fra', 'Frb', 'Frc',
             'Fre', 'Frp', 'Fg', 'Fp', 'Fd', 'T', 'V']
unidades = 11*['lb/h'] + ['°R', 'ft3']
print('O valor ótimo encontrado para cada variável é:')
for i in range(len(variaveis)):
    print(variaveis[i], f'={x[i]: ,.3f}', unidades[i])
# se a solução foi alcançada...
if bool(solucao.success):
    print('\nAs restrições foram satisfeitas!',
          '\nA soma dos quadrados dos desvios das restrições é:',
          f'\nS2 = {squadrado(x):.3E}')
else: #caso contrário, imprima as violações
    funcs = [g1(x),g2(x),g3(x),g4(x),
             g5(x), g6(x),g7(x), g8(x), g9(x)]
    funcNomes = ['g1', 'g2', 'g3', 'g4',
                 'g5', 'g6', 'g7', 'g8', 'g9']
    print('Mas as restrições NÃO foram alcançadas!')
    for i in range(len(funcNomes)):
        if abs(funcs[i]) > 1e-5:
            print('Esta aqui Não foi --v')
        print(funcNomes[i],'=',f'{funcs[i]: ,.3f}')
```

Figura 15.12: Proposta de código para otimização do processo Otto-Williams [6].

Quadro 15.2: Resumo das funcionalidades das principais linhas de código da Figura 15.7.

Linha de código	A linha de código está...
6 a 18	Declarando os limites inferior e superior das variáveis;
20	Lista com os limites que serão utilizados na função *minimize*.
24	Uso do comando ***for*** para definição de uma lista com as estimativas iniciais de solução. Perceba aqui que foram tomados os valores iniciais multiplicados por 2 como estimativa inicial de solução; O ***for*** funciona na mesma linha!
26	A variável **cons** recebe o formato do tipo de restrição para cada função usada. Aqui todas são iguais a zero. Caso haja necessidade de se usar $\leq$ ou $\geq$, basta substituir o texto '**eq**' por '**ineq**';
32	Chamada da função minimize. Observe que foram usados alguns parâmetros diferentes do *default*, como o número máximo de iterações e o limite de tolerância. Também foi usado o "SLSQP", (*Sequential Least Squares Programming*) ou Algoritmo de Programação Sequencial de Mínimos Quadrados, como método de otimização;
36 e 37	Os valores obtidos na solução são armazenados na variável **x** e o resultado da função objetivo é impresso no console;
41	Aqui fizemos uma lista onde o valor 'lb/h' é repetido 11 vezes. Em seguida, concatenamos esse resultado com as demais unidades que serão usadas durante a impressão dos resultados;
46	Se a solução foi alcançada respeitando o número máximo de iterações e os limites de tolerância aplicados em cada função de restrição, teremos a impressão dos resultados, incluindo a soma dos quadrados dos desvios das tolerâncias;
50	Se a solução, de alguma forma, não obedeceu a alguma das limitações impostas, serão impressos as soluções obtidas e os resultados das funções de restrição usando tais soluções.

É importante esclarecer que, em procedimentos de otimização, principalmente em processos extremamente não lineares, os resultados obtidos em programas ou em simuladores devem ser estudados a fim de se observar a viabilidade física dos resultados alcançados.

```
Console 1/A

O valor % do retorno é de  77.478
O valor ótimo encontrado para cada variável é:
Fa = 12,796.274 lb/h
Fb = 31,331.425 lb/h
Fr = 171,790.140 lb/h
Fra = 17,364.164 lb/h
Frb = 68,000.670 lb/h
Frc = 3,129.111 lb/h
Fre = 68,120.890 lb/h
Frp = 11,575.060 lb/h
Fg = 3,600.246 lb/h
Fp = 4,762.971 lb/h
Fd = 35,764.483 lb/h
T = 659.549 °R
V = 60.008 ft3

As restrições foram satisfeitas!
A soma dos quadrados dos desvios das restrições é:
S2 = 1.056E-17
```

Figura 15.13: Resultados da otimização do processo Otto-Williams.

Perceba os resultados obtidos para o presente exemplo por meio da Figura 15.13. Com exceção do volume do reator (**V**), as demais soluções apresentam valores bem "quebrados", você concorda? Por exemplo, o valor de **Fa** não é exatamente 12.000,0 lb/hr, mas sim 12.796,274 lb/hr. Agora imagine-se aplicando tais valores com precisão de 3 casas decimais em um processo real que contém motores-bombas, inúmeras válvulas onde muitas delas são manuais, sistema reativo que depende de controle de temperatura e ainda por cima uma torre de destilação com pessoas diferentes em cada setor... Parece complicado! Os valores ótimos oriundos de programas de computador devem ser usados como guia para que se alcance os melhores resultados possíveis na planta real, usando para isto valores mais próximos possíveis dos obtidos na otimização.

Exemplo 15.3: Equações Diferenciais Ordinárias em uma reação de decomposição térmica

Iniciemos com uma breve revisão de alguns conceitos fundamentais aplicados aos problemas da Engenharia Química. Até o momento, vimos balanços de massa, otimização de processos, cálculo de raízes de equações, derivadas, integrais etc. Contudo, ainda não exploramos nenhum problema que envolva uma Equação Diferencial (ED).

Um problema representado por uma Equação Diferencial é quando uma equação fornece uma informação a respeito da taxa de variação de uma função desconhecida [13], ou seja, a incógnita é uma função. Vejamos o exemplo a seguir:

$$\frac{dy(t)}{dt} = y' = 5y(t) \tag{15.48}$$

Podemos ler a Equação (15.48) da seguinte forma:

"Qual é a função $\mathbf{y(t)}$ cuja derivada $\mathbf{y'}$ é 5 vezes ela mesma?"

Veremos que, para inúmeras aplicações, a Equação (15.48) obedece a algumas restrições. Essas restrições costumam ser chamadas de **condições iniciais** ou condições de fronteira [14]. Podemos visualizar um exemplo desse tipo de condição a seguir:

$$y(0) = 1 \tag{15.49}$$

Ou seja, temos que "quando $\mathbf{y(0)}$, o resultado da Equação incógnita $\mathbf{y}$ será 1!".

Uma equação diferencial que depende de uma única variável é chamada de Equação Diferencial Ordinária (EDO). Nós exploraremos esse tipo de situação nos nossos exemplos e, porventura seja usado o termo ED, estamos nos referindo à EDO.

Você também poderá se deparar com outros formatos de EDOs com base na "ordem" da Equação. Essa ordem é contabilizada pelo número de derivadas da Equação $y(t)$. Ex.:

- $y' = 5y(t)$ é uma EDO de primeira ordem;
- $-y'' + 5y' = 0$ se refere a uma EDO de segunda ordem.

Para resolvermos uma EDO de primeira ordem apresentada anteriormente na Equação (15.48), precisaremos utilizar a biblioteca ***scipy.integrate***. A equação diferencial será resolvida pelo pacote *solve_ivp*( ). Assim como outras funções, o *solve_ivp* contém parâmetros que são obrigatórios e outros opcionais. A Figura 15.14 mostra os principais parâmetros que poderão ser explorados com mais frequência, mas a função não se limita ao uso desses.

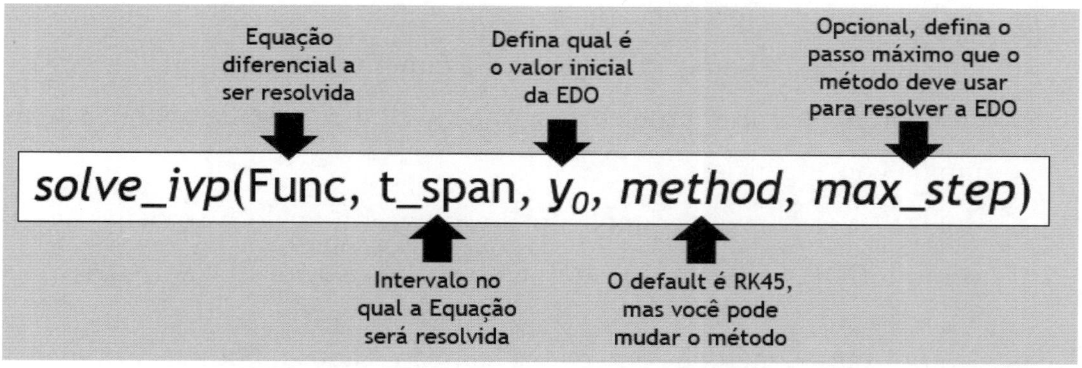

Figura 15.14: Estrutura de uso da função solve_ivp do scipy.

Perceba que o uso da função é semelhante ao que já estamos trabalhando no Python. Logo, acredito que você não sentirá grandes dificuldades em usar o *solve_ivp*.

Com relação aos métodos de resolução, vale um comentário adicional: A biblioteca scipy nos dá acesso a diferentes métodos numéricos de resolução de EDO de valor inicial. A seguir, temos um resumo que você poderá usar, de acordo com sua necessidade [15]:

- 'RK45': é a escolha padrão do *solve_ivp* e define o método explícito de Runge-Kutta de 5ª ordem. Tem uso mais adequado em EDOs do tipo "não rígida", onde o problema proposto é resolvido mais rapidamente por não haver oscilações bruscas dos resultados quando o método se aproxima da solução. Ou seja, o presente método é adequado para problemas onde há estabilidade ao se aproximar da solução;
- 'RK23': define o método explícito de Runge-Kutta de 3ª ordem. A recomendação de uso é a mesma da definida para o RK45;
- 'DOP853': define o método explícito de Runge-Kutta de ordem 8. Este método é recomendado para problemas que exigem elevada precisão numérica. Também é recomendado para problemas não rígidos;
- 'BDF': define um método implícito multipasso de ordem variável (1ª a 5ª) pela Fórmula de Diferenciação Regressiva *(Backward Differentiation Formula)* por aproximação derivativa. Este método é o mais indicado para problemas de EDOs rígidas, ou seja, aqueles nos quais o método pode apresentar instabilidade ao se aproximar da solução. Aqui o passo aplicado será bem pequeno para minimizar os efeitos desse comportamento. Em problemas rígidos, o BDF apresenta melhor e mais rápida convergência;
- 'Radau': usa o método implícito de Runge-Kutta de 5ª ordem. Assim como o BDF, é mais adequado para problemas com EDOs rígidas.

Existem vários outros métodos que podem ser explorados ou desenvolvidos por você em literatura específica [14][15][16][17].

Caso você não tenha certeza sobre a rigidez ou não da sua Equação Diferencial, sugere-se iniciar a resolução usando 'RK45'. Caso a solução não seja alcançada, ou o tempo para alcançar a solução seja demasiado grande, é provável que seu problema seja rígido e você poderá migrar para um dos métodos citados no nosso resumo que se adequam melhor aos problemas rígidos. Sigamos para um exemplo de aplicação.

Exemplo 15.3.1 - Solução da Equação (15.48) usando Python: você deve ter percebido que a equação é bastante simples e não acarretará dificuldades independentemente da rigidez, podendo ser resolvida por RK45 (default) ou por outro método. No presente exemplo disposto na Figura 15.15, o método escolhido foi "BDF' por apresentar um passo menor na solução da equação diferencial e, consequentemente, gerar mais pontos para plotarmos o gráfico do comportamento de dy/dt versus t.

```
1 # importando bibliotecas
2 from numpy import array
3 from scipy.integrate import solve_ivp
4 import matplotlib.pyplot as p
5
6 # Função que retorna dy/dt
7 def Eq1518(t, y):
8     dydt = 5*y
9     return dydt
10
11 # condição inicial
12 y0 = array([1])
13
14 # intervalo de tempo
15 t = [0, 1]
16
17 # Resolvendo o sistema de Equações Diferenciais ODE
18 sol = solve_ivp(Eq1518, t, y0, method='BDF')
19 print('solução:', sol)
20
21 # mostrando os resultados
22 # intervalo de tempo
23 t = sol.t
24 y = sol.y[0]
25 # mostrando os resultados em um gráfico
26 p.clf()
27 p.plot(t,y)
28 p.xlabel('tempo(s)')
29 p.ylabel('y(t)')
30 p.show()
```

Figura 15.15: Resolução de uma EDO de 1ª ordem e condição inicial.

A linha 7 é responsável pela definição da nossa EDO. Perceba que existem dois argumentos para a equação, t e y. Esses argumentos serão usados pelo *solve_ivp* para que a Equação Diferencial seja resolvida no intervalo t proposto na linha 15.

Na linha 12 é definida a condição inicial da nossa EDO, assim como proposto na Equação (15.49). Na linha 18 temos a chamada da função *solve_ivp* como esperado e a solução obtida será armazenada na variável **sol**. O passo seguinte é a impressão da solução, como é possível observar na Figura 15.16. Veja nesta que o *solver* trouxe um relatório sobre a resolução da nossa EDO. Se você procurar na imagem, verá que a resolução foi realizada com sucesso (*success: True*) e que os valores usados para t e y também são expostos.

```
Console 1/A
solução:   message: 'The solver successfully reached the end of the integration interval.'
      nfev: 44
      njev: 1
       nlu: 7
       sol: None
    status: 0
   success: True
         t: array([0.00000000e+00, 6.32771681e-04, 1.26554336e-03, 7.59326017e-03,
       1.39209770e-02, 3.18244005e-02, 4.97278241e-02, 6.76312476e-02,
       1.22455929e-01, 1.77280611e-01, 2.32105293e-01, 2.86929975e-01,
       3.54522517e-01, 4.22115059e-01, 4.89707602e-01, 5.57300144e-01,
       6.24892686e-01, 7.06079858e-01, 7.87267029e-01, 8.68454201e-01,
       9.49641372e-01, 1.00000000e+00])
  t_events: None
         y: array([[  1.        ,   1.00317233,   1.00635447,   1.03906461,
          1.07281457,   1.17381276,   1.28399561,   1.40441894,
          1.84793479,   2.43207215,   3.20099813,   4.21287283,
          5.91000643,   8.28956844,  11.62663053,  16.30708029,
         22.87185377,  34.33705811,  51.5471898 ,  77.38198459,
        116.16500369, 149.43356183]])
  y_events: None
```

Figura 15.16: Resultado da solução de uma EDO simples.

Depois de impresso o detalhamento da solução no console, o nosso código da Figura 15.15 resgata os valores de t e y, linhas 23 e 24, obtidos na variável **sol** e encaminha-os para a plotagem do gráfico que, nesta ocasião, se apresenta bem modesto.

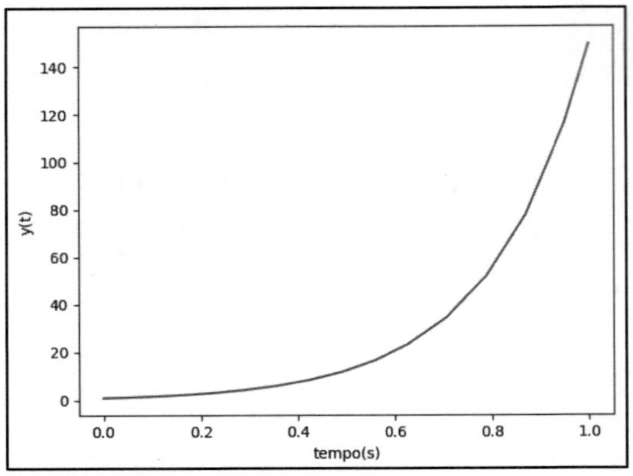

Figura 15.17: Comportamento da função y(t) obtido pelo solve_ivp.

Devido à grande relevância que as Equação Diferenciais têm em problemas da Engenharia Química, faremos um exemplo de aplicação para que o Python resolva o sistema de equações de uma reação de decomposição que depende do volume do reator no qual está inserida.

Tomemos como referência uma reação química que ocorrerá em um reator do tipo tubular (*Plug Flow Reactor*). Se selecionarmos um pequeno elemento de volume de um tubo deste reator e nomearmos os componentes que fazem parte do processo reativo, teremos a Figura 15.18 como referência. Aqui é possível observar uma vazão Fj_0 que alimenta o tubo de comprimento **x** e, em um elemento de volume ΔV, pequeno ao ponto de termos a mesma velocidade reacional no interior deste volume, teremos o produto da reação com uma vazão Fj.

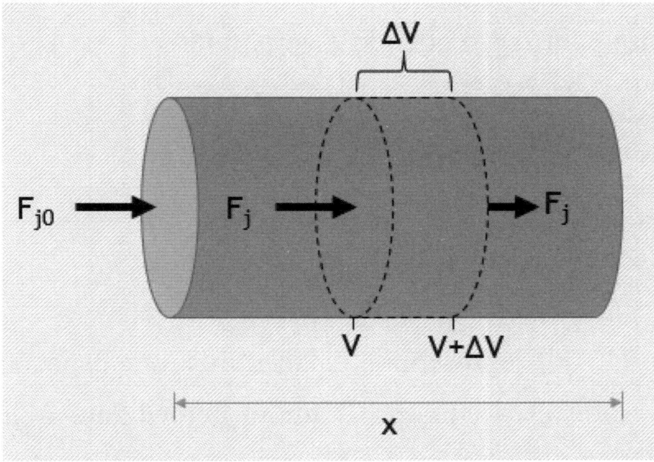

Figura 15.18: Elemento de volume de um PFR.

Com relação ao processo reativo que ocorre dentro do reator tubular, consideraremos que todas as espécies reagentes serão consumidas gradativamente à medida que elas escoam ao longo do reator [18]. Se esses reagentes são consumidos continuamente na direção axial (x), a velocidade reacional, que é função da concentração dos reagentes, também variará na mesma direção [19]. Uma vez que exista consumo de reagentes durante a reação, nosso modelo não poderá resultar em uma EDO de ordem zero!

$$\begin{bmatrix} Taxa\ molar \\ da\ espécie\ j\ que \\ entra\ em\ V \end{bmatrix} - \begin{bmatrix} Taxa\ molar \\ da\ espécie\ j\ que \\ sai\ de\ V + \Delta V \end{bmatrix} + \begin{bmatrix} Taxa\ molar \\ de\ Geração \\ da\ espécie\ j \\ dentro\ de\ \Delta V \end{bmatrix} = \begin{bmatrix} Taxa\ molar \\ de\ acúmulo \\ da\ espécie\ j \\ dentro\ de\ \Delta V \end{bmatrix} \quad (15.50)$$

$$Entrada - Saída + Geração = Acúmulo \tag{15.51}$$

$$F_j|_V - F_j|_{V+\Delta V} + r_j\Delta V = 0 \tag{15.52}$$

Para a presente demonstração, o acúmulo é zero porque estamos tratando de um sistema em estado estacionário. Rearranjando a equação anterior, temos:

$$\left[\frac{F_j|_{V+\Delta V} - F_j|_V}{\Delta V}\right] = r_j \tag{15.53}$$

Note que a Equação (15.53) assemelha-se à definição da derivada:

$$\lim_{\Delta x \to 0}\left[\frac{f(x+\Delta x) - f(x)}{\Delta x}\right] = \frac{df}{dx} \tag{15.54}$$

Aplicando o limite para ΔV tendendo a zero, temos:

$$\lim_{\Delta V \to 0}\left[\frac{F_j|_{V+\Delta V} - F_j|_V}{\Delta V}\right] = \frac{dF_j}{dV} \tag{15.55}$$

Ou, de forma reduzida:

$$\frac{dF_j}{dV} = r_j \tag{15.56}$$

Onde a Equação (15.56) representa o balanço molar da espécie j em um reator tubular. Perceba que esta equação é muito semelhante à Equação (15.48) referente ao nosso primeiro exemplo de aplicação. Abordemos mais um exemplo para nos familiarizarmos com as estruturas reacionais.

Exemplo 15.3.2 – Resolvendo um sistema reacional usando Python: considere a reação química a seguir:

$$2A \to B \tag{15.57}$$

A taxa de consumo do reagente A é dada por:

$$u\frac{dC_A}{dx} = -2kC_A^2 \tag{15.58}$$

E a taxa de formação do reagente B é dada por:

$$u\frac{dC_B}{dx} = kC_A^2 \tag{15.59}$$

Para o presente problema, os valores iniciais das duas Equações Diferenciais são $C_A(0) = 1{,}85\, mol/L$ e $C_B(0) = 0{,}0$ respectivamente. Esses valores representam as concentrações no instante anterior ao início da reação dentro do reator. Continuando as declarações das demais variáveis envolvidas nas Equações (15.58) e (15.59), temos $u = 0{,}52\, m/s$; $k = 0{,}37\, L/mol.s$ e $x = 2{,}5\, m$.

Você já deve ter percebido que, diferentemente do primeiro exemplo, este problema apresenta duas equações diferenciais. Para nossa sorte, o Python também utiliza o ***solve_ivp*( )** para resolver sistemas de Equações Diferenciais. A Figura 15.19 apresenta um código como proposta de resolução do presente problema.

Neste código, após a importação das bibliotecas e/ou funções, temos as declarações das EDOs envolvidas, linhas 6 a 12, conforme anunciado no problema. Nesse contexto, todas as constantes necessárias foram declaradas dentro da função "**equacoes**". Uma nota importante a ser tomada aqui: o valor da variável de referência que é usada para a integração da EDO, no nosso caso é **x**, deve ser posicionada como primeiro argumento da sua função. É um formato padrão usado na resolução de problemas desse tipo. Logo, a ordem dos argumentos altera a resolução, principalmente se tivermos uma lista de valores, como é o caso da variável **Ca**.

A linha 17 apresenta uma lista dos valores iniciais para cada espécie envolvida, como foi proposto na descrição do problema. A linha 20 define o intervalo do eixo axial do reator no qual será realizado o estudo do comportamento das concentrações das espécies A e B. Aqui temos o valor inicial zero e o valor final referente ao comprimento x do reator, 2,5 m.

Na linha 23 temos a chamada do ***solve_ivp*** para a resolução do sistema de EDO. Observe que aqui estamos usando do método default "RK45", não declarado explicitamente na função. Na mesma linha, estamos definindo o tamanho do passo que deve ser usado na resolução do problema (0,1) por meio do argumento **max_step**. Definindo o tamanho do passo, teremos mais pontos avaliados durante a solução. Esses pontos serão usados para a plotagem do comportamento das concentrações de A e de B.

```
1 # importando bibliotecas
2 from scipy.integrate import solve_ivp
3 import matplotlib.pyplot as p
4 
5 # equações difereiciais
6 def equacoes(x, Ca):
7     k = 0.37
8     u = 0.52
9     Ca1, Ca2 = Ca
10     dCadx = -(2*k*Ca1**2)/u
11     dCbdx = (k*Ca1**2)/u
12     return [dCadx,  dCbdx]
13 
14 # condições iniciais
15 Ca0 = 1.85
16 Cb0 = 0.0
17 Ca = [Ca0, Cb0]
18 
19 # intervalo do reator
20 x = [0, 2.5]
21 
22 # resolve o sistem de equações
23 sol = solve_ivp(equacoes, x, Ca, max_step=0.1)
24 print(sol)
25 
26 # plotando os resultados
27 p.clf()
28 p.plot(sol.t, sol.y[0], 'g-', sol.t, sol.y[1], 'b--')
29 p.xlabel('Comprimento do reator (x)')
30 p.ylabel(r'$dCi/dx$', fontsize = 12)
31 p.legend([r'$u(dC_A/dx)=-2kC_A^2$', r'$u(dC_B/dx)=kC_A^2$'],
32             prop={'size': 12})
33 p.show()
```

Figura 15.19: Solução de um sistema simplificado de EDO.

A impressão do relatório obtido durante a resolução do problema é impressa no console por meio da linha 24.

O presente caso também mostra o comportamento das concentrações de A e B variando com o comprimento x do reator através da plotagem de um gráfico, Figura 15.20. As linhas 27 a 33, codificam essa demanda.

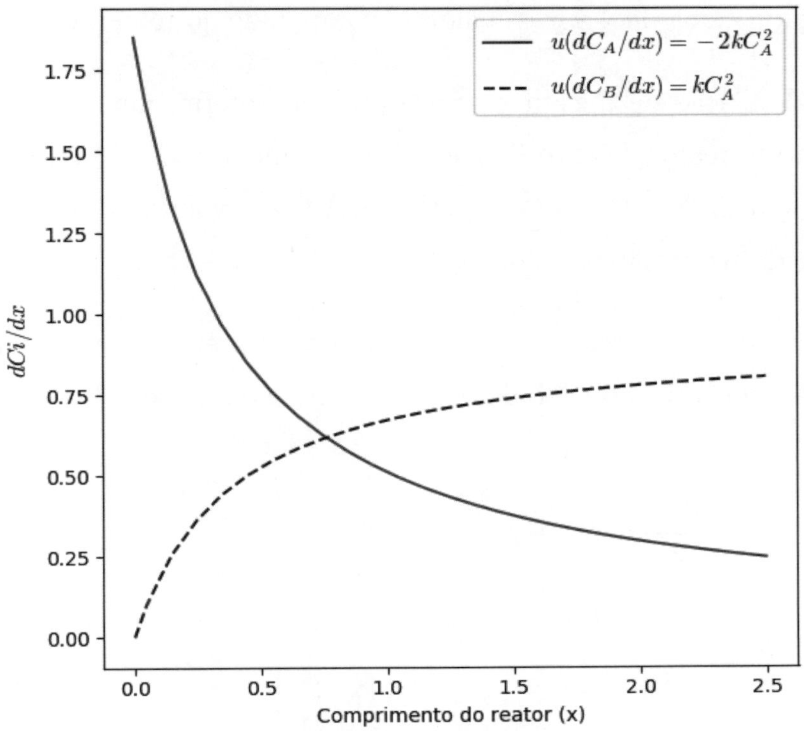

Figura 15.20: Comportamento das concentrações das espécies A e B.

Exemplo 15.3.3 – Resolvendo reações múltiplas em um PFR usando Python: a fim de apresentar um exemplo de aplicação mais desafiador, abordaremos a reação de hidrodealquilação de mesitileno, adaptado do exemplo 6-7 de Fogler [19].

A produção de m-xileno pela hidrodealquilação de mesitileno envolve, de forma simplificada, as seguintes reações:

$$M + H \rightarrow X + Me \tag{15.60}$$

$$X + H \rightarrow T + Me \tag{15.61}$$

Onde M = mesitileno; X = m-xileno; T = tolueno, Me = metano e H = hidrogênio.

A segunda reação, Equação (15.61), é indesejada, visto que o m-xileno tem valor agregado cerca de 4 vezes maior se comparado ao tolueno.

A hidrodealquilação de mesitileno deve ocorrer isotermicamente a $1.500\ °R$ e $35\ atm$ em um reator de leito fixo, em que a alimentação é 66,7% em mols de hidrogênio e 33,3% em mols de mesitileno. A vazão volumétrica é de 476 ft^3/h e o volume do reator ($V = W/\rho_b$) é 238 ft^3.

Após os balanços molares, as equações que descrevem o comportamento da variação da concentração de hidrogênio, mesitileno e m-xileno estão descritas a seguir:

$$\frac{dC_H}{d\tau} = -k_1 C_H^{1/2} C_M - k_2 C_X C_H^{1/2} \tag{15.62}$$

$$\frac{dC_M}{d\tau} = -k_1 C_M C_H^{1/2} \tag{15.63}$$

$$\frac{dC_X}{d\tau} = k_1 C_M C_H^{1/2} - k_2 C_X C_H^{1/2} \tag{15.64}$$

Onde

$$k_1 = 55{,}2\ (\text{ft}^3/\text{lb mol})^{0{,}5}/\text{h} \tag{15.65}$$

$$k_2 = 30{,}2\ (\text{ft}^3/\text{lb mol})^{0{,}5}/\text{h} \tag{15.66}$$

Considerando as condições de pressão, temperatura, vazão e volume do reator apresentados, os valores iniciais de concentração das substâncias presentes na reação estão dispostos na Tabela 15.3.

Tabela 15.3: Condições iniciais tolueno, hidrogênio, mesitileno e m-xileno.

Variável	Condição inicial (lb.mol/ft³)
C_{T0}	0,032
C_{H0}	0,021
$C_{M0} = (1/2)C_{H0}$	0,0105
C_{X0}	0,0

Com base nos dados expostos e nas EDOs apresentadas, plote um gráfico das concentrações de hidrogênio, de mesitileno e de xileno em função do tempo espacial (tempo dos reagentes dentro do reator τ), sabendo-se que $\mathbf{0{,}0} \geq \tau \leq \mathbf{1{,}0}\ h$. Encontre também o valor de τ que apresente a produção máxima de m-xileno.

Aqui temos um problema que aborda duas situações já experimentadas por nós: a primeira se refere à resolução das EDOs e plotagem do gráfico de comportamento das concentrações, como já vimos nos dois exemplos anteriores. A segunda parte da resolução deste problema se refere à otimização (visto no exemplo 15.2) da quantidade molar produzida de m-xileno variando o tempo espacial.

A Figura 15.21 apresenta uma proposta de resolução para o presente problema. A ordem da solução segue a mesma que já vimos nos exemplos anteriores, com a importação das bibliotecas e a declaração das equações que representam matematicamente as EDOs.

A partir da linha 23 temos a preparação das variáveis envolvidas com a declaração dos valores iniciais de cada EDO. Perceba que, mesmo havendo quatro condições iniciais propostas na Tabela 15.3, só estamos utilizando os valores referentes ao hidrogênio, ao mesitileno e ao m-xileno uma vez que a concentração do tolueno não aparece nas Equações Diferenciais.

```python
# importando bibliotecas
from numpy import array
import matplotlib.pyplot as p
from scipy.optimize import minimize
from scipy.integrate import solve_ivp
from scipy.interpolate import CubicSpline

# declaração das EDOs
def EDOs(tau, C0):
    # constantes de velocidade
    k1 = 55.2                                          #Eq. 16.65
    k2 = 30.2                                          #Eq. 16.66
    # declaração das variáveis
    Ch, Cm, Cx = C0
    # cálculo das EDOs
    dChdtau = -k1*(Ch**0.5)*Cm - k2*Cx*Ch**0.5  #Eq. 16.62
    dCmdtau = -k1*(Ch**0.5)*Cm                         #Eq. 16.63
    dCxdtau = k1*(Ch**0.5)*Cm - k2*Cx*Ch**0.5   #Eq. 16.64
    # retornando os resultados das EDOs
    return array([dChdtau, dCmdtau, dCxdtau])

# Condições iniciais do hidrogênio, mesitileno e m-xileno
Ch0, Cm0, Cx0 = 0.021, 0.0105, 0.0

# intervalo do tempo espacial
tau = [0, 1]
# resolvendo o sistema ODE, default method='RK45'
sol = solve_ivp(EDOs, tau, [Ch0, Cm0, Cx0], max_step = 0.01)
print(sol)    # impressão do relatório de solução das EDOs
# dados oriundos do solve
t = sol.t                     # valores de tau
Ch = sol.y[0]                 # concentração de hidrogênio
Cm = sol.y[1]                 # concentração de mesitileno
Cx = sol.y[2]                 # concentração de m-xileno
# obtendo uma equação para otimização
Eq = CubicSpline(t, Cx)       # interpolando os dados do m-xileno
def EqMxi(t):                 # necessária para inversão do sinal
    res = Eq(t)
    return -res
# obtendo tau para a maior produção de m-xileno
solOpt = minimize(EqMxi, x0=0.05, bounds =[[0.0, 0.5]])
print(solOpt)                 #impressão do relatório otimização
xmelhor = solOpt.x[0]         # melhor valor de tau
ymelhor = Eq(xmelhor)         # produção máxima de m-xileno
# plotando o gráfico
p.clf()
# multiplicamos por 100 para melhor visualização
p.plot(t, 100*Ch, '-g', t, 100*Cm, '--r',
       t, 100*Cx, '-.b', xmelhor, 100*ymelhor, 'ok')
p.xlabel(r'$\tau$(h)', fontsize = 12) #imprime a letra grega tau
p.ylabel('Concentração (lb mol/ft3) x 100')
p.legend(['Ch', 'Cm', 'Cx',r'$\tau$ Ótimo'],prop={'size': 12})
p.show()
```

Figura 15.21: Solução de um sistema simplificado de EDO para reações múltiplas e otimização.

O tempo espacial adotado é de, no máximo, uma hora. Logo a linha 26 apresenta os valores inicial e final para τ .

A solução do sistema de EDO é chamada pelo ***solve_ivp*** da linha 28, e o relatório de solução será impresso na linha seguinte. Com a solução das EDOs, temos acesso às listas dos valores de τ e das concentrações de hidrogênio, mesitileno e m-xileno, conforme linhas 31 a 34, respectivamente. Com essas listas, foram plotados o gráfico disposto na Figura 15.22.

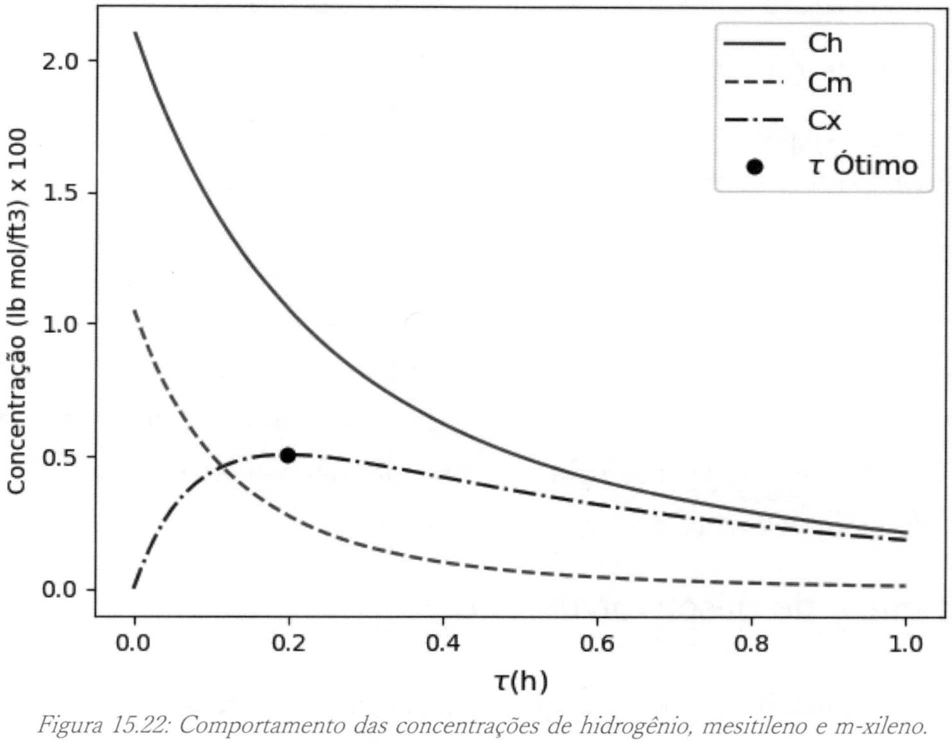

Figura 15.22: Comportamento das concentrações de hidrogênio, mesitileno e m-xileno.

A segunda etapa do problema requer o valor de tau que resulte na máxima produção de m-xileno. Com a lista dos valores de tau e dos valores de concentração de m-xileno foi feita uma interpolação com a função *CubicSplite*, onde transformamos nossas listas em uma função, conforme linha 36.

"Mas você declarou outra função na linha 37. Por quê?" O método minimize busca o menor valor possível da função. A Equação da linha 36 não pode simplesmente ser multiplicada por (-1) pois se trata de um objeto com forma de função criada pela *CubicSpline*. O jeito aqui foi improvisar para termos uma função que retornasse sempre um valor negativo, que é o valor invertido do ótimo da função. Caso estivéssemos interessados em encontrar o valor mínimo da equação presente na linha 36, bastaria colocar o nome desta no primeiro argumento da função *solve_ivp*. Mas não foi o caso.

Outro comentário: como o gráfico já mostrava que a produção máxima de m-xileno se encontrava dentro das 0,5 h, os limites usados foram: mínimo de 0,0 e máximo de 0,5 h para τ , mas não haveria problema se usássemos 1 h no lugar de 0,5 h. Os valores ótimos de τ e da produção máxima de m-xileno foram armazenados nas variáveis **xmelhor** e **ymelhor**, linhas 43 e 44, respectivamente. Esse ponto mostrando o ótimo também foi inserido no gráfico da Figura 15.22.

As linhas 46 a 53 se referem aos procedimentos de plotagem do gráfico. Perceba que foi usado um valor de 100 como multiplicador das listas de concentrações de hidrogênio, mesitileno, m-xileno e do valor máximo de m-xileno. A multiplicação foi feita apenas para fins de melhorar visualização dos dados no eixo-y do gráfico. Veja que a legenda do eixo-y traz o fator multiplicador.

Problemas de desenvolvimento

15.1. O percentual de remoção de amônia (RA) em um sistema de produção de biogás pode ser calculado utilizando-se a Equação a seguir [20]:

$$RA = 100(249{,}6 + 6{,}8003T + 0{,}066T^2)(-0{,}0214 + 4{,}12 \times 10^{-3}pH - 1{,}908 \times 10^{-4}pH^2) \quad \text{(Ex 15.1)}$$

Onde T é a temperatura da mistura (°C) e pH é potencial hidrogeniônico do meio. Seu trabalho é desenvolver um código que encontre a máxima RA, considerando uma temperatura de **25,15 °C**. A faixa de variação aceitável para o pH é de $4{,}12 \leq pH \leq 12{,}7$. Plote um gráfico com o comportamento de RA variando com os valores do pH.

15.2. A função de Fernandes [21] foi desenvolvida para testes de métodos de otimização e está descrita a seguir:

$$f(x_1, x_2) = \sum_{i=1}^{d} \left(10x_i^2 + \frac{5}{2}\cos(x_i) - e^{\frac{x_i}{10}} + \pi sen\left(\frac{1}{x_i}\right) - \frac{1{,}6}{x_i^2} \right) \quad \text{(Ex 15.2)}$$

Utilizando um intervalo de $-40{,}0 \leq x_i \leq 40{,}0$, desenvolva um programa que realize as seguintes tarefas:

a) Encontre os valores de x_1 e x_2 que resultem no máximo valor de $f(x_1, x_2)$;

b) Encontre os valores de x_1 e x_2 que resultem no mínimo valor de $f(x_1, x_2)$;

c) Plote um gráfico do comportamento da função com a variação do valor de x.

15.3. A função de Ackley [22] costuma ser usada como uma referência para testes de métodos de otimização. A função tem a forma a seguir.

$$f(x_1, x_2) = -a \exp\left(-b \sqrt{\frac{1}{d}\sum_{i=1}^{d} x_i^2} \right) - \exp\left(\frac{1}{d}\sum_{i=1}^{d} \cos(cx_i) \right) + a + \exp(1) \quad \text{(Ex 15.3)}$$

Onde os valores recomendados para as constantes são $a = 20{,}0$, $b = 0{,}2$, $c = 2\pi$ e d recebe o valor inteiro 1 ou 2, dependendo do x_i avaliado no momento. Utilizando um intervalo de $-35{,}0 \leq x_i \leq 35{,}0$, desenvolva um programa que realize as seguintes tarefas:

a) Encontre os valores de x_1 e x_2 que resultem no máximo valor de $f(x_1, x_2)$;

b) Encontre os valores de x_1 e x_2 que resultem no mínimo valor de $f(x_1, x_2)$;

c) Plote um gráfico do comportamento da função $f(x_1, x_2)$ com a variação do valor de x_1 e x_2.

15.4. O procedimento de classificação de áreas é uma atividade comumente realizada por empresas para identificar potenciais riscos de ignição caso haja, em algum equipamento, vazamento de uma substância com propriedade combustível. Para fins de estudos, podemos calcular a extensão do vazamento (pluma) para uma dada área a ser classificada utilizando a Equação proposta por Alves et al. [23]:

$$Extensão = 1{,}9881\left[\frac{(0{,}0002u^2 - 0{,}0015u + 0{,}3545)}{0{,}3545}\right] \times \left(\frac{P_s^a d}{T_s^b M^c LII}\right) \quad \text{(Ex 15.4)}$$

Onde u é velocidade do vento (m/s); P_s é a pressão de armazenamento (bar); T_s é a temperatura de armazenamento (K); d é o diâmetro do orifício (mm), M é a massa molecular da substância (kg/kmol); LII é Limite Inferior de Inflamabilidade (mol/mol) e os valores de a, b e c são expoentes necessários à aplicação da dita equação.

Problema: Suponha um recipiente no qual é armazenado uma substância de massa molecular igual a 26,5 kg/kmol a uma temperatura de 373,15 K; sob uma pressão de 31,13 bar, um LII = 0,05 e um pequeno orifício no recipiente com diâmetro igual a 0,7. A Tabela Ex 15.1 apresenta alguns dados experimentais da extensão (m) para diferentes velocidades do vento (m/s) que incide na trajetória da substância que vaza.

Tabela Ex 15.1: Dados de velocidade e extensão da pluma.

u (m/s)	Extensão (m)	u (m/s)	Extensão (m)
-10	1,6753	0	1,5248
-9	1,6525	1	1,5192
-8	1,6314	2	1,5153
-7	1,6121	3	1,5132
-6	1,5945	4	1,5127
-5	1,5785	5	1,5140
-4	1,5643	6	1,5170
-3	1,5519	7	1,5218
-2	1,5411	8	1,5282
-1	1,5321	9	1,5364

Valores negativos de velocidade do vento indicam que ele está em sentido oposto ao da substância em vazamento. Desenvolva um código que encontre os valores de $\boldsymbol{a}$, $\boldsymbol{b}$ e $\boldsymbol{c}$ para que a função tenha o comportamento mais próximo possível ao observado na Tabela Ex 15.1. As restrições são que os valores de $\boldsymbol{a}$, $\boldsymbol{b}$ e $\boldsymbol{c}$ são maiores que zero e menores que 0,5. Dica: utilize soma dos mínimos quadrados como função objetivo.

15.5. Um modelo matemático não linear de dois tanques contínuos de mistura perfeita e não adiabáticos foi descrito por Henderson et al. [24]:

$$(1-R)\left[\frac{D}{10(1+\beta_1)}-\emptyset_1\right]exp\left(\frac{10\emptyset_1}{1+10\frac{\emptyset_1}{\gamma}}\right)-\emptyset_1=0 \quad \text{(Ex 15.5)}$$

E

$$\emptyset_1-(1+\beta_1)\emptyset_2+(1-R)\left[\frac{D}{10-\beta_1\emptyset_1-(1+\beta_1)}\emptyset_2\right]exp\left(\frac{10\emptyset_2}{1+10\frac{\emptyset_2}{\gamma}}\right)=0 \quad \text{(Ex 15.6)}$$

Onde $\emptyset_1$ e $\emptyset_2$ são temperaturas adimensionais; R é a razão de reciclo com intervalo $0{,}935 \leq R \leq 0{,}995$; D = 2 é o diâmetro do reator, $\beta_1=\beta_2=2$ e $\gamma=1000$.

a) Desenvolva um código para encontra os valores de $\emptyset_1$ e $\emptyset_2$ dado R = 0,935.

b) Caso o valor de R seja ajustado para 0,995, os valores de $\emptyset_1$ e $\emptyset_2$ serão os mesmos?

15.6. Para as reações consecutivas competitivas descritas a seguir [25]:

$$A+B\overset{k_1}{\rightarrow}C \quad \text{(Ex 15.7)}$$

$$A+C\overset{k_2}{\rightarrow}D \quad \text{(Ex 15.8)}$$

Podemos descrever as Equações Diferenciais Ordinárias (EDOs) como seguem:

$$\frac{d[A]}{dt}=-k_1[A][B]-k_1[A][C] \quad \text{(Ex 15.9)}$$

$$\frac{d[B]}{dt} = -k_1[A][B] \quad \text{(Ex 15.10)}$$

$$\frac{d[C]}{dt} = k_1[A][B] - k_2[A][C] \quad \text{(Ex 15.11)}$$

$$\frac{d[D]}{dt} = k_2[A][C] \quad \text{(Ex 15.12)}$$

Considerando que as constantes k_1 e k_2 possuem valores $1{,}0/\left(\frac{mol}{l}\right)s$ e $5{,}0/\left(\frac{mol}{l}\right)s$, respectivamente, e as condições iniciais para as substâncias envolvidas são $[A]_0 = 1\, mol/l$; $[B]_0 = 0{,}5\, mol/l$; $[C]_0 = 0{,}0\, mol/l$ e $[D]_0 = 0{,}0\, mol/l$, sua tarefa é desenvolver um programa que resolva as EDOs e plote um gráfico que mostra as variações de concentrações de $[A]$, $[B]$, $[C]$ e $[D]$.

15.7. Em um recipiente ocorre a reação a seguir:

$$3A \xrightarrow{k_1} B \quad \text{(Ex 15.13)}$$

Esta reação apresenta o comportamento das concentrações de C_A e C_B destacado nas Equações (Ex 15.14) e (Ex 15.15):

$$\frac{dC_A}{dt} = -3k_1 C_A^3 e^{\left(\frac{1}{T}\right)} \quad \text{(Ex 15.14)}$$

$$\frac{dC_B}{dt} = 3k_1 C_A^3 e^{\left(\frac{1}{T}\right)} \quad \text{(Ex 15.15)}$$

No decorrer da reação, a temperatura da mistura se modifica de acordo com a Equação (Ex 15.16) abaixo:

$$\frac{dT}{dt} = ae^{\left(\frac{1}{T}\right)} C_A - \log(T - b) \quad \text{(Ex 15.16)}$$

Onde C_A e C_B são as concentrações (mol/L) do reagente e do produto respectivamente; T é a temperatura ($°C$ e $T \neq 0$); a constante de velocidade é dada por k_1=0,87 ($L^2/mol^2.s$) e $a = 12{,}5$ e $b = 1{,}55$ são constantes da Equação (Ex 15.16). Sabendo que $C_A^0 = 2{,}5\, mol/L$, $C_{AB}^0 = 0{,}0\, mol/L$ e que a temperatura inicial da reação é de 33,7 °C, pede-se:

a) Desenvolva um programa que calcule o comportamento das EDOs em um período de tempo de 0 a 1h; e plote o gráfico das curvas;

b) O que acontece quando dobramos o tempo de reação?

Finalizando o Capítulo 15

Aqui você se deparou com alguns problemas comumente encontrados por engenheiros(as). A essência da apresentação dos exemplos propostos neste capítulo não são apenas para mostrar o potencial da programação em Python, mas também para enfatizar que grande parte dos problemas de engenharia, hoje, são resolvidos com auxílio de uma linguagem de programação qualquer. No nosso caso, a vantagem da utilização da linguagem Python é a modularidade, adaptabilidade, facilidade no desenvolvimento e gratuitidade não só da ferramenta em si, mas também das inúmeras bibliotecas que a compõem. Para concluirmos nossos estudos no aprendizado de programação Python aplicada à Engenharia Química, abordaremos no próximo capítulo um projeto de uma ferramenta comumente utilizada no mundo todo: o desenvolvimento de uma carta de controle. Sigamos em frente.

Referências

[1] NICHITA, Dan Vladimir; LEIBOVICI, Claude F. A rapid and robust method for solving the Rachford–Rice equation using convex transformations. **Fluid Phase Equilibria**, v. 353, p. 38-49, 2013.

[2] FINLAYSON, Bruce A. **Introduction to Chemical Engineering Computing.** John Wiley & Sons, 2012.

[3] KONTOGEORGIS, Georgios M.; TASSIOS, Dimitrios P. Critical constants and acentric factors for long-chain alkanes suitable for corresponding states applications. A critical review. **Chemical Engineering Journal**, v. 66, n. 1, p. 35-49, 1997.

[4] SAEED, Asma; GHADER, Sattar. Calculation of density, vapor pressure and heat capacity near the critical point by incorporating cubic SRK EoS and crossover translation. **Fluid Phase Equilibria**, v. 493, p. 10-25, 2019.

[5] SMITH, J. M.; VAN NESS, H. C.; ABBOTT, M. M. **Introdução à Termodinâmica da Engenharia Química**. v. 200. 7. ed. LTC, Rio de Janeiro, 2007.

[6] WILLIAMS, Theodore J.; OTTO, Robert E. A generalized chemical processing model for the investigation of computer control. **Transactions of the American Institute of Electrical Engineers, Part I: Communication and Electronics**, v. 79, n. 5, p. 458-473, 1960.

[7] DI BELLA, C. W.; STEVENS, W. F. Process optimization by nonlinear programming. **Industrial & Engineering Chemistry Process Design and Development**, v. 4, n. 1, p. 16-20, 1965.

[8] JUNG, B. S.; MIROSH, W.; RAY, W. H. Large scale process optimization techniques applied to chemical and petroleum processes. **The Canadian Journal of Chemical Engineering**, v. 49, n. 6, p. 844-852, 1971.

[9] HIMMELBLAU, David Mautner; LASDON, Leon S.; EDGAR, Thomas F. **Optimization of chemical processes**. McGraw-Hill, 2001.

[10] CHAKRABORTI, Nirupam *et al.* The Williams and Otto Chemical Plant re-evaluated using a Pareto-optimal formulation aided by Genetic Algorithms. **Applied Soft Computing**, v. 6, n. 2, p. 189-197, 2006.

[11] CARDOSO, Anamaria de O.; KWONG, Wu Hong. Williams-Otto plant control based on production planning associated to coordinated decentralized optimization and plantwide control techniques. **J. Chem**, v. 10, p. 77-89, 2016.

[12] SILVA, Bruno Klier; KWONG, Wu Hong; CARDOSO, Anamaria. Otimização de processos químicos industriais: Avaliação da eficácia do software livre Scilab na resolução de problemas de programação não-linear com restrições. **Research, Society and Development**, v. 10, n. 9, p. e39110917866-e39110917866, 2021.

[13] HUGHES-HALLETT, D. *et al.* **Cálculo a Uma e a Várias Variáveis**. v. 1. 5. ed. Rio de Janeiro: Grupo Gen - LTC, 2011.

[14] MINHÓS, Feliz. **Equações Diferenciais Ordinárias**. 2009.

[15] SCIPY. **scipy.integrate.solve_ivp**. Disponível em: https://docs.scipy.org/doc/scipy/reference/generated/scipy.integrate.solve_ivp.html#r179348322575-1. Acesso em: 09 set. 2021.

[16] CHAPRA, Steven C.; CANALE, Raymond P. **Métodos numéricos para engenharia**. McGraw-Hill, 2008.

[17] GHASEM, Nayef. **Computer methods in chemical engineering**. CRC Press, 2011.

[18] LEVENSPIEL, Octave. **Engenharia das reações químicas**. Editora Blucher, 2000.

[19] FOGLER, H. S. **Elementos de Engenharia das Reações Químicas**. 4. ed. Rio de Janeiro: LTC, 2009.

[19] JIANG, Anping *et al.* Evaluation of an integrated ammonia stripping, recovery, and biogas scrubbing system for use with anaerobically digested dairy manure. **Biosystems engineering**, v. 119, p. 117-126, 2014.

[21] Fernandes, T. C. R. L. **Algoritmo Heurístico de Retroalimentação Inclusiva Para Regressão de Dados de Processo**. 2022. Tese (Doutorado em Engenharia Química) – Centro de Ciências e Tecnologia – CCT, Universidade Federal de Campina Grande, Campina Grande, 2022.

[22] SURJANOVIC, S.; BINGHAM, D. **Virtual library of Simulation Experiments**. Simon Fraser University. 2013.

[23] ALVES, J. J. N. *et al.* A CFD-based empirical model for hazardous area extent prediction including wind effects. **Journal of Loss Prevention in the Process Industries**, v. 71, p. 104497, 2021.

[24] HENDERSON, Nélio; SACCO, Wagner F.; PLATT, Gustavo Mendes. Finding more than one root of nonlinear equations via a polarization technique: An application to double retrograde vaporization. **Chemical Engineering Research and Design**, v. 88, n. 5-6, p. 551-561, 2010.

[25] SANDES, Rafael Donizete Dutra; AMBROSIO, Renato Canha; ANGELUCCI, Camilo Andrea. Integração numérica de leis de velocidade diferenciais com o uso do SCILAB. **Química Nova**, v. 36, p. 181-186, 2013.

PARTE 4: Projeto

Capítulo 16: Projeto – carta de controle

As chamadas cartas de controle são ferramentas estatísticas, comumente aplicadas à qualidade de produto ou a processos, que servem de guia, ou de base, para tomadas de decisão caso o processo avaliado apresente dados, ou resultados, que configurem a não controlabilidade estatística do processo. Essas cartas são construídas com base em dados históricos do processo para variáveis-chave. Com base nisso, antes de iniciarmos nosso projeto de carta de controle, entenderemos de forma geral como seguiremos esse capítulo e, em seguida, faremos uma breve revisão sobre os principais conceitos necessários à construção da nossa carta de controle em Python.

Entendendo o projeto

Nosso objetivo é criar um programa que simule a aquisição de dados e plote esses dados em uma carta de controle em tempo real. Para isto, e para um melhor entendimento do todo, seguiremos as seguintes etapas:

- Abordaremos os tipos de dados existentes e quais deles utilizaremos;
- Veremos como os dados se comportam e o que configura uma distribuição normal;
- Com base no item anterior, entenderemos o que é uma carta de controle, seus tipos e aplicabilidades;
- Veremos como calcular os limites das cartas de controle realizando cálculos de estatísticas simples tais com média, desvio padrão amostral e amplitude;

- Faremos construções isoladas de cartas de controle para termos uma ideia geral das potenciais estruturas dos códigos;
- Desenvolveremos nosso projeto com base no conteúdo abordado.

Visão geral sobre dados

A seguir você verá um pequeno resumo sobre alguns dos tipos de dados que poderemos encontrar durante nossa vida acadêmica e profissional [1].

Tipos de dados:

- **Contínuos (ou paramétricos)**: são dados quantitativos que podem aparecer com variação em suas casas decimais, tais como medida de pH, composição de uma corrente, vazão, temperatura etc. Após coleta desses tipos de dados, podemos calcular a medida de tendência central (média) e o desvio padrão como medida de variabilidade amostral em relação à média.

- **Categóricos:** são dados qualitativos representados por um número limitado de valores ou categorias. Esses dados podem ser:

    - **Ordinais:** números inteiros, crescentes ou decrescentes, e.g. 0, 1, 2, 3, 4...10. Outro fato interessante é que, aqui, um valor não é parâmetro para outro, ou seja, não existe um "meio termo" ou valor intermediário. Assim, esse tipo de dado pode ser chamado de não paramétricos. Para dados ordinais, temos a mediana como medida de tendência central.

    - **Nominais:** são dados distribuídos em categorias onde não há ordem de representatividade, e.g. dados de atividade de um motor bomba ligado/desligado; um dado equipamento em manutenção sim/não; ou um catalisador ativado/desativado. Esses dados podem ser representados por percentuais, e.g. 30% dos motores bomba estão desligados no momento da manutenção da área X.

Distribuição de dados:

- **Normal ou Gaussiano:** são dados que apresentam uma forma de distribuição semelhante a um "sino" quando são dispostos em um gráfico. A maior parte dos dados estão concentrados em torno de uma média e se dispersam simetricamente, a partir desse ponto central. Para as cartas de controle, os dados deverão ter distribuição normal.
- **Anormal:** Para estes tipos de dados, temos uma distribuição que não apresenta uma forma de sino, pois a concentração de pontos não está no centro da imagem quando disposta em um gráfico. Este tipo de distribuição também é chamado de assimétrico ou livre. Não veremos esse tipo de dados aqui.

Tipos de Amostra:

- **Dependentes:** amostras dependentes (pareadas) são aquelas nas quais há possibilidade de duas medidas, tipo antes e depois de algum ajuste ou mudança aplicada ao processo, e.g. produção da espécie química A medida da quantidade da espécie química A na saída de um reator com e sem o uso de um catalisador.

- **Independentes:** As amostras independentes podem ser monitoradas com a meta de controle, tal como um valor objetivo a ser alcançado, um valor máximo que a pureza de um composto pode alcançar ou uma temperatura limite de um sistema reacional. O exemplo que será abordado aqui utilizará amostras do tipo independente.

A fim de esclarecer alguns conceitos já dispostos até o momento, vamos observar, por mais simples que sejam, algumas das equações que utilizaremos mais adiante nos nossos cálculos.

Cálculo da Média

O cálculo da média populacional, ou a medida de tendência central, é obtido pelo somatório do conjunto de dados estudado dividido pelo número total de elementos somados, como mostra a Equação (16.1).

$$\mu = \frac{\sum x_i}{N} \tag{16.1}$$

Onde μ é a média; x_i é o valor de cada medida a ser somada e N é o número total de medidas realizadas.

Cálculo do Desvio Padrão

O desvio padrão σ mede a dispersão de dados tomando a média como referência e pode ser calculado por meio da Equação (16.2) a seguir.

$$\sigma = \sqrt{\frac{\sum (x_i - \mu)^2}{N}} \tag{16.2}$$

Esclarecendo a distribuição normal

Consideremos um conjunto de dados aleatórios contínuos (e.g. um histórico de dados de temperatura de um prato de uma torre de destilação). Se os dados apresentarem distribuição normal, dizemos que esses dados estão distribuídos de forma simétrica em torno da média populacional calculada previamente ou pré-definida.

Essa distribuição se baseia na teoria central do limite, que diz que:

"Se temos um conjunto de dados, a maior parte dos valores tende ao um valor central."

Quanto maior a quantidade de dados avaliada, mais claro esse comportamento é observado. Em um gráfico que mostre essa distribuição normal, podemos observar os dados distribuídos em formato de sino, como mostra a Figura 16.1.

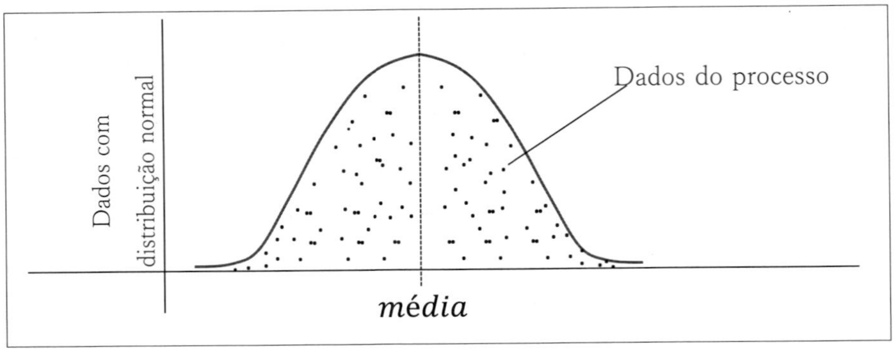

Figura 16.1: Distribuição normal de dados oriundos do processo.

Para trabalharmos com essa curva, precisamos considerar um intervalo de confiança.

Vejamos como funciona: tomando μ como a medida de tendência central (média) dos dados oriundos do processo e σ como sendo o desvio padrão, teremos [2]:

- 68% dos dados distribuídos entre $\mu \pm \sigma$;
- 95% dos dados entre $\mu \pm 2\sigma$;
- 99,7% se considerarmos um intervalo de $\mu \pm 3\sigma$ e, por fim;
- 99,99% dos dados entre $\mu \pm 4\sigma$.

Em outras palavras, $\mu \pm \sigma$ nos diz que 68% dos dados são previstos como estando dentro deste intervalo de confiança. Se usarmos o intervalo $\mu \pm 2\sigma$, teremos uma previsibilidade de 95% dos dados. A lógica segue a mesma para os demais intervalos.

Para ficar ainda mais claro, observe essas distribuições com auxílio da Figura 16.2. Se partirmos da média para as extremidades direita e esquerda, quanto mais nos afastamos desse valor médio, maior a quantidade de pontos que serão previstos. Usaremos a regra dos três sigmas para nossas aplicações, o que nos dará um intervalo de confiança com 99,7% dos pontos previstos.

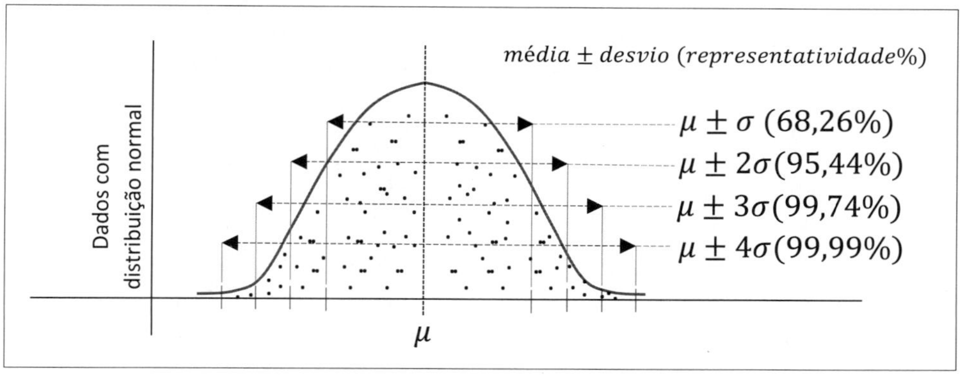

Figura 16.2: Distribuição normal de dados oriundos do processo com desvios e significância.

Para a construção dessa curva, podemos usar a função de densidade de probabilidade, Equação (16.3).

$$f(x, \mu, \sigma) = \frac{1}{\sigma\sqrt{2\pi}} e^{-\left[\frac{(x-\mu)^2}{2\sigma^2}\right]} \tag{16.3}$$

Onde x recebe valores entre os intervalos $\mu - 3\sigma$ e $\mu + 3\sigma$. Uma sugestão para o cálculo do incremento a ser utilizado na aplicação da Equação (16.3) é a utilização da Equação (16.4) a seguir:

$$incremento = \frac{6\sigma}{M - 1} \tag{16.4}$$

Onde M é o número total de amostras. Cada incremento será aplicado em x da Equação (16.3). Caso queiramos calcular a probabilidade de um valor ocorrer, temos que integrar a Equação (16.3), com relação a x, para um intervalo muito próximo ao valor desejado.

Exemplo de aplicação 1: Cálculo da distribuição normal baseado em dados de composição

Um sistema de controle de dosagem foi regulado para que a quantidade da substância A em um tanque fosse de 96,5% com um desvio padrão de 0,87%. Após amostragem de um dia de trabalho, amostras da mistura foram analisadas e as quantidades de A formam registradas na Tabela 16.1. Com base nos dados obtidos, construa um gráfico de densidade de probabilidade.

Tabela 16.1: Dados de análise do composto A durante 25 dias de coleta.

Coleta no dia	Composição (%)	Coleta no dia	Composição (%)
1	0,978	14	0,955
2	0,963	15	0,954
3	0,966	16	0,968
4	0,965	17	0,953
5	0,960	18	0,970
6	0,975	19	0,958
7	0,975	20	0,959
8	0,972	21	0,964
9	0,951	22	0,974
10	0,957	23	0,961
11	0,951	24	0,971
12	0,979	25	0,980
13	0,968	--	--

A primeira etapa é entender como fazer:

- Primeiro calculamos os valores mínimo e máximo do que será usado no cálculo da distribuição normal. Este intervalo é baseado na média e no desvio dados no problema:

$$\mu + 3\sigma = 0{,}965 + 3 \times 0{,}0087 = 0{,}991$$

$$\mu - 3\sigma = 0{,}965 - 3 \times 0{,}0087 = 0{,}939$$

- Em seguida, calculamos o incremento que será adicionado ao mínimo valor do intervalo:

$$incremento = \frac{6\sigma}{N-1} = \frac{6 \times 0{,}0087}{25-1} = 0{,}002178$$

Um resumo desses cálculos pode ser visualizado na Tabela 16.2.

- Com o valor do incremento, gera-se uma lista de intervalos obtidos a partir do acréscimo do valor mínimo do intervalo até que o valor máximo seja alcançado...

Posição	Intervalo (x)
1	$\mu - 3\sigma = 0{,}939$
2	$(\mu - 3\sigma) + incremento = 0{,}939 + 0{,}002178 = 0{,}941$
3	$0{,}941 + incremento = 0{,}943$
4	$0{,}943 + incremento = 0{,}946$

- O próximo passo é calcular o valor da distribuição usando a Equação (16.3):

$$f(x,\mu,\sigma) = \frac{1}{\sigma\sqrt{2\pi}} e^{-\left[\frac{(x-\mu)^2}{2\sigma^2}\right]}$$

$$= \frac{1}{0{,}0087\sqrt{2\pi}} e^{-\left[\frac{(0{,}939-0{,}965)^2}{2(0{,}0087)^2}\right]}$$

$$f(x,\mu,\sigma) = \boldsymbol{distribuição} = \mathbf{0{,}50867} \ldots$$

Os resultados dos cálculos de todos os intervalos e dos resultados das distribuições podem ser visualizados na Tabela 16.3.

Tabela 16.2: Resumo dos resultados dos cálculos μ -3 σ, μ +3 σ e passo tomando como referência os dados dispostos na Tabela 16.1.

Média $\boldsymbol{\mu}$	Desvio padrão $\boldsymbol{\sigma}$	Intervalo 1	Intervalo 2	Passo
0,965	0,008712554	$\mu - 3\sigma$	$\mu + 3\sigma$	Eq. (16.4)
		0,939	0,991	0,002178138

- Por fim, a última etapa e a plotagem do gráfico de densidade de probabilidade, como é mostrado na Figura 16.3.

Pelo comportamento do gráfico, vemos que os pontos obtidos estão dentro da curva de densidade de probabilidade, com maior quantidade de valores da composição da substância A previstos como mais próximos do valor médio 96,5%. Logo, outros experimentos podem ser realizados posteriormente, observando-se se os valores obtidos estão amparados pela cura de distribuição.

Tabela 16.3: Resultado do cálculo do intervalo x que será usado na equação de densidade de probabilidade.

Posição	Intervalo (x)	Distribuição Eq. (16.3)	Posição	Intervalo (x)	Distribuição Eq. (16.3)
1	0,939	0,5086739	13	0,965	45,789363
2	0,941	1,043731	14	0,967	44,380572
3	0,943	2,0118442	15	0,969	40,408971
4	0,946	3,6429792	16	0,972	34,563624
5	0,948	6,1969164	17	0,974	27,772652
6	0,950	9,9026441	18	0,976	20,963898
7	0,952	14,86563	19	0,978	14,86563
8	0,954	20,963898	20	0,980	9,9026441
9	0,956	27,772652	21	0,983	6,1969164
10	0,959	34,563624	22	0,985	3,6429792
11	0,961	40,408971	23	0,987	2,0118442
12	0,963	44,380572	24	0,989	1,043731

Ao plotarmos esses dados dispostos na Tabela 16.3, conforme pode ser observado na Figura 16.3, temos a distribuição normal para nossos possíveis valores de concentração do composto A.

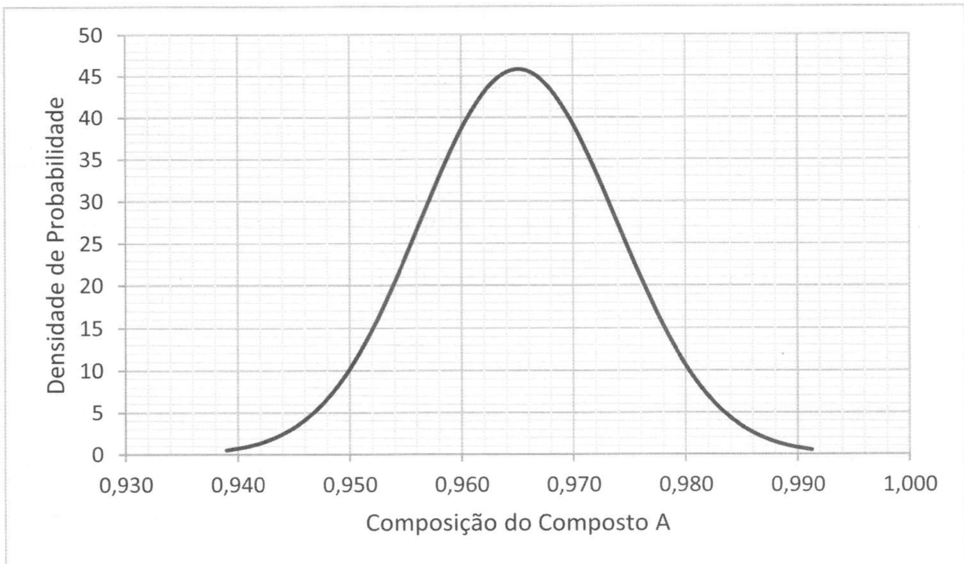

Figura 16.3: Distribuição normal do composto A.

Caso você tenha interesse em se aprofundar no assunto, recomendo leitura de bibliografia específica [2][3].

Entendendo o controle estatístico de processo

Agora que temos conhecimento do comportamento normal dos dados e como construir um gráfico com a função de densidade de probabilidade, podemos entender melhor o que é um controle estatístico.

Imagine uma nova medida de composição da espécie química A, realizada no tanque de mistura conforme exemplo anterior. Com o gráfico da distribuição normal em mãos, podemos observar se o novo valor pertence ao intervalo de confiança $\mu \pm 3\sigma$ previamente escolhido. Se o valor computado estiver dentro deste intervalo, dizemos que o equipamento, planta ou o processo, está sob *controle estatístico* [2]. Logo, a possibilidade de valores ultrapassarem o limite de $\mu \pm 3\sigma$ é pequena, mas, se ocorrerem, podemos afirmar que o processo está fora de controle estatístico e devemos tomar uma atitude.

Entendendo cartas de controle

As cartas de controle são ferramentas usadas na indústria para avaliar, através dos dados mensurados em função do tempo, se o processo em si está sob controle estatístico. Observe que o gráfico apresentado na Figura 16.4 é relativamente simples.

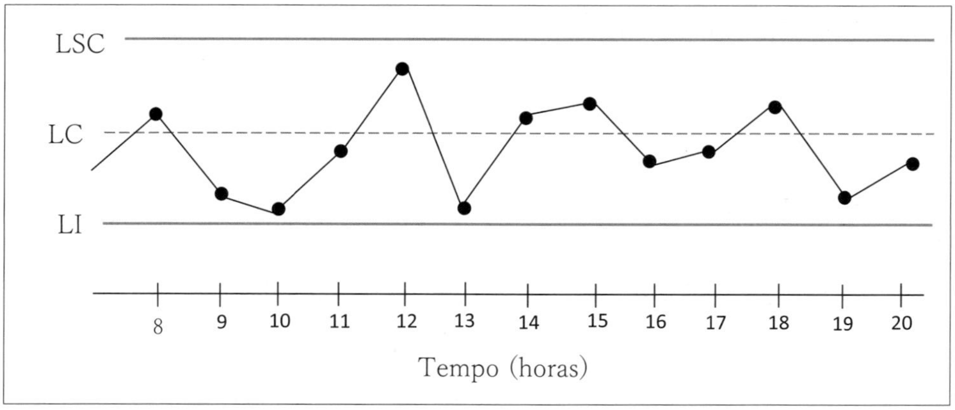

Figura 16.4: Ilustração de uma Carta de Controle de Shewhart.

Onde as siglas LSC, LC e LIC são o Limite Superior de Controle, a Linha Central e o Limite Inferior de Controle respectivamente.

A dita Figura 16.4 ilustra uma carta de controle na qual temos o comportamento de uma variável hipotética, digamos o percentual em massa da substância A, variando com o tempo. Este modelo é conhecido como carta de controle de Shewhart [4]. As linhas LSC e LIC delimitam os limites máximo e mínimo aceitáveis onde uma medida deve se localizar, e a linha central representa o valor operacional desejado.

Agora vamos olhar para a Figura 16.5, perceba que os limites aplicados à carta de controle coincidem com o intervalo de confiança da distribuição normal das medidas realizadas pelo equipamento.

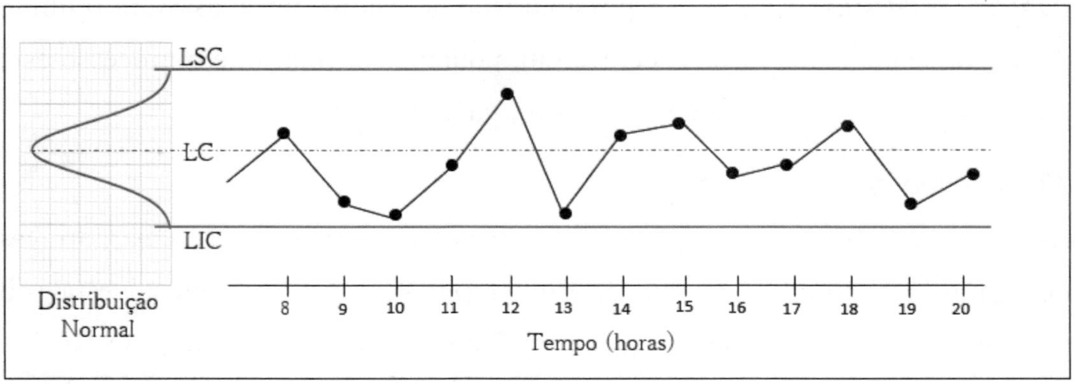

Figura 16.5: As cartas de controle são baseadas nas características de uma distribuição normal.

Enquanto os valores das medidas se encontram dentro dos limites superior e inferior, sob determinadas regras que veremos mais adiante, diz-se que o processo está sob controle estatístico. Quando qualquer valor ultrapassa a LSC ou a LIC, diz-se que o processo está estatisticamente fora de controle. A grande vantagem de se usar uma carta de controle é a visualização temporal do comportamento do processo com a base matemática sólida da estatística. Outra vantagem é a facilidade da construção de uma carta de controle, onde não há necessidade de construção de uma distribuição normal dos dados.

Para calcularmos todos os elementos necessários à construção da carta de controle, vejamos mais dois conceitos que nos darão um melhor entendimento para o investimento dos nossos esforços:

- **Conjunto de dados** se refere ao histórico de dados, ou às coletas realizadas, que você possui, digamos, a cada hora, como mostrado no gráfico da carta de controle, Figura 16.4. Aqui nos limitaremos aos dados contínuos;
- **Amostra**, ou subgrupo de dados, é o conjunto utilizado para avaliar o desempenho do processo, como por exemplo: 500 amostras foram coletadas durante o mês. Cada amostragem foi realizada em triplicada (ou seja, cada amostra tem 3 coletas "instantâneas"; é um subgrupo e pode ser 4, 5, 8 ou mais replicatas, dependendo do processo e das condições de coleta), cuja média aparecerá na carta de controle de processo.

Para o nosso estudo de aplicação com Python, abordaremos duas possibilidades de cálculo para a construção de uma carta de controle:

- O primeiro caso é quando temos o histórico com *setpoint* e variação (desvio do valor desejado) **definidos**.
- O segundo caso se refere a um histórico de dados, com potencial acompanhamento de novas leituras, mas com *setpoint* e variação **indefinidos**.

Primeiro caso: Histórico com dados de referência (setpoint e variação definidos)

Quando os valores de referência são conhecidos, temos para μ e σ como valores de referência. Assim, para calcularmos os limites de controle, usaremos as Equações (16.5), (16.6) e (16.7) dispostas mais adiante [5].

Para a Carta das médias	
$LSC = \mu + \frac{3\sigma}{\sqrt{n}}$	(16.5)
$LC = \mu$	(16.6)
$LIC = \mu - \frac{3\sigma}{\sqrt{n}}$	(16.7)

Onde o valor de n se refere ao número de replicatas de cada amostra.

Construção de uma carta de controle com base em μ e σ

Exemplo de aplicação 2: Cálculo dos limites de uma carta de controle

Digamos que o valor da composição em massa de um componente A em um tanque seja de 96,5% com um desvio padrão de 0,87%, como foi demonstrado no exemplo de aplicação 1. Em cada amostragem, o colaborador extrai 5 replicatas, conforme dados dispostos na Tabela 16.4. Teríamos as medidas realizadas como já foi mencionado, mas o cálculo dos limites mudará um pouco.

Ao usarmos a carta de controle da média e do desvio padrão baseados em valores de referência, nossa linha central será μ, mas os valores que serão plotados dentro dos limites superior e inferior no gráfico serão $\bar{X}_i$, Equação (16.8), baseado no número de amostras em cada experimento. Na carta de controle, σ também é ajustado quando 3σ é dividido por $\sqrt{n}$. Chamaremos esse tipo de carta de $X\sigma$.

Para o cálculo da média de cada amostra, temos a Equação (16.8):

$$\bar{X}_i = \frac{\sum_{j=1}^{n} x_j}{n} \quad (16.8)$$

Onde $\bar{X}_i$ é a média de cada subgrupo, x_j é cada replicata existente na amostra e n é o número de replicatas.

Tabela 16.4: Amostragem da composição de A em um tanque durante um teste de controle.

Amostra	Medidas da composição de A no tanque após dosagem				
1	0,977	0,969	0,970	0,972	0,952
2	0,978	0,955	0,966	0,956	0,962
3	0,967	0,962	0,964	0,973	0,971
4	0,975	0,979	0,976	0,965	0,973
5	0,967	0,952	0,970	0,968	0,966
6	0,967	0,957	0,952	0,954	0,957
7	0,979	0,963	0,953	0,977	0,961
8	0,974	0,975	0,970	0,961	0,959
9	0,968	0,978	0,962	0,972	0,960
10	0,961	0,953	0,966	0,958	0,974
11	0,961	0,966	0,959	0,958	0,963
12	0,965	0,966	0,958	0,965	0,956
13	0,971	0,962	0,962	0,978	0,976
14	0,960	0,956	0,979	0,955	0,966
15	0,978	0,976	0,968	0,973	0,965

O cálculo dos limites para a nossa carta de controle se encontram a seguir.

Para a Carta das Médias

Limite Superior de Controle:

$$LSC = \mu + \frac{3\sigma}{\sqrt{n}} = 0,965 + 3 \times 0,0087/\sqrt{5} = 0,97667$$

Linha Central:

$$LC = \mu = 0,965$$

Limite Inferior de Controle:

$$LIC = \mu - \frac{3\sigma}{\sqrt{n}} = 0,965 + 3 \times 0,0087/\sqrt{5} = 0,95333$$

O desenvolvimento do código em Python para aplicação de μ e σ na carta de controle seguirá os seguintes passos do algoritmo:

1. Carregamento das bibliotecas necessárias para a resolução do problema;
2. Declaração das Equações necessárias para o cálculo dos limites da carta de controle;
3. Carregamento dos dados do histórico de medidas e valores de referência;
4. Cálculo das médias amostrais para as réplicas;
5. Cálculo dos limites para a construção da carta de controle;
6. Adequação do gráfico para melhor apresentação dos resultados;
7. Plotagem do gráfico.

Uma visão geral do código que será implementado se encontra no fluxograma disposto na Figura 16.6.

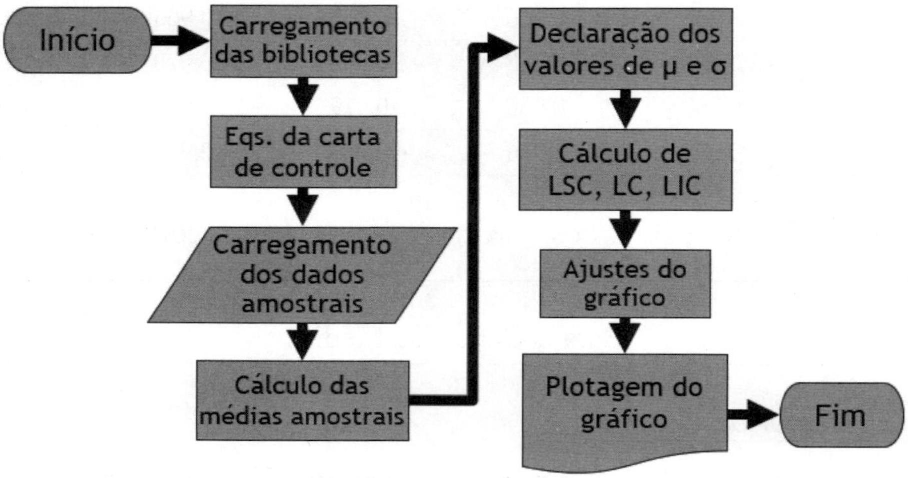

Figura 16.6: Fluxograma de construção da carta de controle baseada em $\boldsymbol{\mu}$ *e* $\boldsymbol{\sigma}$*.*

O fluxograma citado é apenas uma proposta. Você pode adequá-lo ao seu problema ou modificar a ordem de apresentação das funções caso necessário.

O próximo passo é a apresentação do código representado na Figura 16.7 para o cálculo dos limites e plotagem da carta de controle.

```
1 # importando biblioteca
2 import pandas as pd
3 import matplotlib.pyplot as p
4 import funcs_Cartas_cap_16 as f
5 from Eqs_estatistica_cap16 import media1barra
6
7 # carregamento dos dados de composição de A (Tabela 16.4)
8 Dados = pd.read_excel('composi_A.xlsx')
9 # transformando dados em uma lista do python
10 composiA = Dados.values.tolist()
11 # dados de referência
12 mi = 0.965             # valor de μ conforme especificação
13 sigma = 0.0087         # valor de σ conforme especificação
14 n = len(composiA[0])  # número de replicatas
15 m = len(composiA)      # número de amostras
16
17 # calculando os limites da carta de controle
18 LSC, LC, LIC = f.cartaXSigma(mi, sigma, n, m)
19 amostras = list(range(1,len(composiA)+1)) # nº da amostras
20
21 #calculando a média xbarra de cada grupo de amostras de A
22 medias = media1barra(composiA) # Eq. 16.8
23
24 #---------formatação e plotagem do gráfico -----------#
25 p.clf()                        # limpando gráfico anterior
26 p.plot(amostras, medias, '-*k',
27        amostras, LC, '-b',
28        amostras, LSC, '-r',
29        amostras, LIC, '-r')
30 p.title('Para a média')                          # título
31 p.xlabel('Amostras')                             # legenda do eixo X
32 p.ylabel(r'Médias $X ̄i$')                       # legenda do eixo Y
33 p.legend([r'$X ̄i$','LC', 'LSC', 'LIC'],         # legenda das curvas
34          loc='best', bbox_to_anchor=(0.2, 0.953))
35 p.grid(color='k', linestyle='-', linewidth=0.1) # linhas de grade
```

Figura 16.7: Proposta de código para a plotagem do gráfico da carta de controle baseado em μ e σ.

O padrão de apresentação dos códigos você já deve conhecer: primeiramente carregamos as bibliotecas necessárias para a solução do problema. Note que estamos importando uma biblioteca chamada "funcs_Cartas_cap_16" que contém todas as funções da carta de controle descritas neste capítulo. Desse modo, as Equações (16.5), (16.6) e (16.7) foram usadas como parte da função "cartaXSigma", chamada na linha 18.

Os dados amostrais declarados na Tabela 16.4 foram carregados a partir de um arquivo Excel chamado "composi_A". Como os dados são trazidos em uma estrutura pandas pelo Python, transformamos essa estrutura em uma lista do Python na linha 10.

A linha 18 recebe em formato de lista os valores calculados para os limites LSC, LC, LIC da carta de controle. Perceba que são necessários os valores de referência μ, σ, o número de replicatas n e a quantidade de amostras coletadas m.

Na linha 19 temos a construção de uma lista com a numeração das amostras. Com ela saberemos no eixo das abscissas qual será a média amostral que apresentará variação. As demais linhas de código se referem à plotagem do gráfico disposto na Figura 16.8.

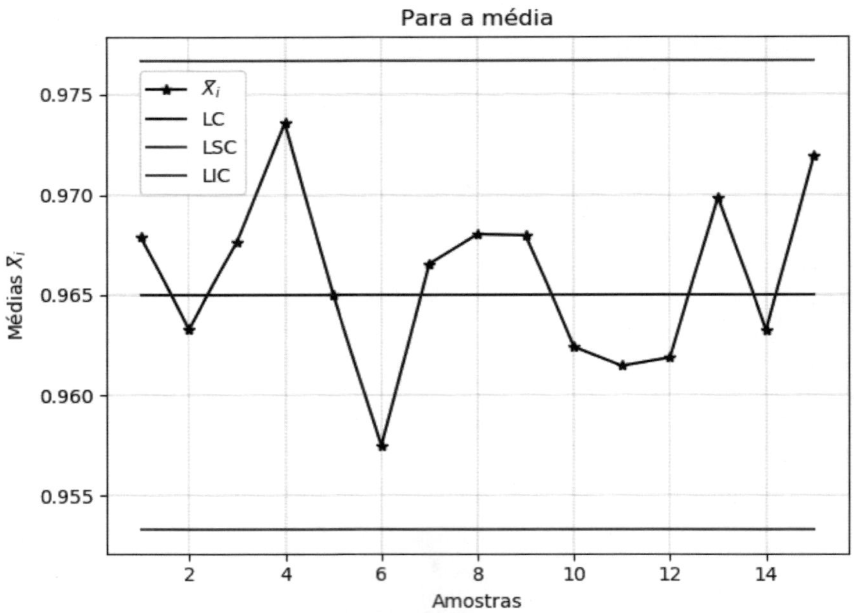

Figura 16.8: Carta de controle baseada em μ e σ para os dados de $\bar{X}_i$.

É possível observar que as médias amostrais (representada pela linha que contém "*" como marcador) estão se comportando dentro dos limites especificados, ou seja, para a presente amostragem, o equipamento está trabalhando dentro do controle estatístico.

Segundo caso: Histórico sem valores de referência (setpoint e variação indefinidos)

Antes de seguirmos para o nosso próximo exemplo, é importante esclarecermos outro ponto: ao utilizarmos μ e σ, estamos supondo que temos acesso aos valores de referência e aos possíveis desvios vinculados aos valores de referência. No entanto, existem ocasiões em que não necessariamente temos um valor de referência.

> **Exemplo:** uma torre de destilação estava produzindo uma corrente de topo com pureza de 96,5% para o componente A. Como as análises são escassas devido à dificuldade de coleta das amostras na linha de produção, não tínhamos um banco de dados rico em análises, apenas alguns poucos valores dispersos. No entanto, um dos pratos da torre apresenta um conjunto de 4[3] termopares funcionais que são usados frequentemente para tomadas de medidas de temperatura.
>
> Dessa forma, podemos chegar ao controle da composição da substância A por meio de inferência, ou seja, vamos controlar a temperatura do prato para que a concentração de A respeite os objetivos da produção. Não sabemos exatamente o *valor de referência* (μ) nem o desvio padrão (σ) da temperatura. Considerando que esses dados de temperatura são registros de quando o processo estava sob controle, podemos *estimar* os valores de μ e σ e montar nossa carta de controle baseada em dados do processo.

Logo, quando μ e σ são desconhecidos utilizamos a média amostral $\bar{X}$ calculada com o auxílio da Equação (16.8) e o desvio padrão amostral s com a Equação (16.12) como estimadores de μ e σ, respectivamente.

---

[3] Lembre-se de que cada amostra deve ter replicatas (subgrupos), caso contrário o método será para valores individuais e amplitude móvel, cuja aplicação não veremos aqui [2].

Para o presente tipo de situação usaremos os seguintes tipos de cartas:

- Cartas chamadas XR, quando usarmos as médias amostrais e as amplitudes; e
- Cartas chamadas XS quando tivermos as médias amostrais e os desvios padrões amostrais como fonte de dados.

É importante salientar que, para variáveis mensuráveis, aleatórias e contínuas, podemos usar as cartas de média e amplitude, $\bar{X}$ e R ou as cartas de média e desvio padrão amostral, $\bar{X}$ e s. Caso o número de amostras (replicatas) do subgrupo seja maior que 9, é preferível a utilização das cartas de média e desvio padrão amostral, $\bar{X}$ e s, por apresentarem maior sensibilidade às variações dos dados. Isso representa apenas duas das técnicas disponíveis, mas que servirão bem para nosso propósito aqui. Para outras aplicações, você pode procurar bibliografia específica [6].

Para a construção da carta de controle, precisamos calcular os limites superior e inferior.

O passo seguinte é calcular a média $\bar{\bar{X}}$ para todos os valores calculados $\bar{X}_i$ com auxílio da Equação (16.9). Esse será o nosso ponto central.

$$\bar{\bar{X}} = \frac{\sum_{i=1}^{M} \bar{X}_i}{M} \tag{16.9}$$

Onde $\bar{\bar{X}}$ é o LC do gráfico de $\bar{X}$ e M é o número total de subgrupos do histórico avaliado.

Para o cálculo da amplitude R_i, verificamos o valor mínimo e máximo, x_j^{min} e x_n^{max} respectivamente, em cada amostra. Esse valor é calculado pela Equação (16.10):

$$R_i = x_j^{max} - x_n^{min} \tag{16.10}$$

Utilizando a Equação (16.11), podemos calcular a média das amplitudes calculadas anteriormente.

$$\bar{R} = \frac{\sum_{i=1}^{M} R_i}{M} \quad (16.11)$$

Onde $\bar{R}$ é o LC do gráfico da amplitude R.

O cálculo do desvio padrão amostral s_i pode ser realizado com a Equação (16.12).

$$s_i = \sqrt{\frac{\sum_{i=1}^{n} (x_i - \bar{X})^2}{n-1}} \quad (16.12)$$

E a média dos desvios padrões amostrais $\bar{s}$ é dada pela Equação (16.13).

$$\bar{s} = \frac{\sum_{i=1}^{M} s_i}{M} \quad (16.13)$$

Por motivos diversos, não vamos provar matematicamente as equações que calculam as linhas superiores e inferiores dos limites de controle, mas, caso você queira se aprofundar no assunto, o trabalho de Devore [5] é um bom começo. Por questão de simplicidade, vamos usar as constantes tabeladas como veremos mais a diante.

Quando queremos expor nossos resultados ou realizar o acompanhamento dos dados amostrais por meio da média e da amplitude, os limites de controle são dados pelas seguintes Equações:

Equações para o Gráfico de R	
Para a Carta das Médias	**Para a Carta das Amplitudes**
$LSC = \bar{\bar{X}} + \frac{3\bar{R}}{d_2\sqrt{n}}$ (16.14)	$LSC = D_4\bar{R}$ (16.17)
$LC = \bar{\bar{X}}$ (16.15)	$LC = \bar{R}$ (16.18)
$LIC = \bar{\bar{X}} - \frac{3\bar{R}}{d_2\sqrt{n}}$ (16.16)	$LIC = D_3\bar{R}$ (16.19)

No caso de querermos acompanhar os resultados com base nos desvios padrões amostrais, as cartas da média e dos desvios são calculadas com auxílio das equações a seguir.

Equações para o Gráfico de S	
Para a Carta das Médias	Para a Carta dos Desvios Padrões
$LSC = \bar{\bar{X}} + \frac{3\bar{s}}{c_4\sqrt{n}}$ (16.20)	$LSC = \bar{s}\left(1 + \frac{3}{c_4}\sqrt{1 - c_4^2}\right)$ (16.23)
$LC = \bar{\bar{X}}$ (16.21)	$LC = \bar{s}$ (16.24)
$LIC = \bar{\bar{X}} - \frac{3\bar{s}}{c_4\sqrt{n}}$ (16.22)	$LIC = \bar{s}\left(1 - \frac{3}{c_4}\sqrt{1 - c_4^2}\right)$ (16.25)

Para as duas técnicas apresentadas, as constantes c_4, d_2, D_3 e D_4 podem ser encontradas na Tabela 16.5; lembrando que n é o número de replicatas. Caso os valores calculados para LIC sejam menor que zero, geralmente quando $n \leq 5$, o LCI = 0,0. O número de replicatas n pode ser sim maior que 10. Caso esse seja o caso de algum problema que você esteja tentando resolver, você deverá ajustar os valores de c_4, d_2, D_3 e D_4 para o número de replicatas almejado [2].

Tabela 16.5: Constantes para o cálculo dos limites de controle.*

n	c_4	d_2	D_3	D_4	n
2	0,7979	1,128	0,0	3,267	2
3	0,8862	1,693	0,0	2,575	3
4	0,9213	2,059	0,0	2,282	4
5	0,9400	2,326	0,0	2,115	5
6	0,9515	2,534	0,0	2,004	6
7	0,9594	2,704	0,076	1,924	7
8	0,9650	2,847	0,136	1,864	8
9	0,9693	2,970	0,184	1,816	9
10	0,9727	3,078	0,223	1,777	10

*Adaptado de Montgomery et al. (2012) [2].

Construção de uma carta de controle com estimadores de μ e de σ

Exemplo de aplicação 3: Cálculo dos limites de uma carta de controle sem valores de referência

Com base no histórico de medidas de temperatura do prato da torre de destilação, observe que foram tomadas 25 amostras, onde cada amostra contém 4 medidas oriundas dos termopares instalados no equipamento. Os dados estão apresentados nas 5 primeiras colunas (da esquerda para a direita) da Tabela 16.6. Sua tarefa é calcular os parâmetros necessários para a obtenção dos limites da carta de controle que deverá ser apresentada ao seu chefe imediato.

Os resultados de $\bar{X}$, R, s, se encontram nas últimas três colunas da Tabela 16.6. Na base da mesma tabela podemos encontrar os valores calculados de $\bar{\bar{X}}$, $\bar{R}$ e $\bar{s}$, que são apontados pela palavra "média". Tomando a Tabela 16.5 como referência, temos que $c_4 = 0{,}9213$.

O próximo passo é calcularmos os limites da nossa carta de controle. Para a carta do tipo XS, temos:

Para a Carta das Médias
Limite Superior de Controle:
$$LSC = \bar{\bar{X}} + \frac{3\bar{s}}{c_4\sqrt{n}} = 92{,}3 + \frac{3 * 0{,}66}{0{,}9213 * \sqrt{4}} \cong 93{,}4$$
Linha Central:
$$LC = \bar{\bar{X}} = 92{,}4$$
Limite Inferior de Controle:
$$LSC = \bar{\bar{X}} + \frac{3\bar{s}}{c_4\sqrt{n}} = 92{,}3 + \frac{3 * 0{,}66}{0{,}9213 * \sqrt{4}} \cong 91{,}2$$

Tabela 16.6: histórico de medidas de temperatura e resultados de $\bar{X}$, R, s, $\bar{\bar{X}}$, $\bar{R}$ e $\bar{s}$.

	Temperatura				Eq. (16.8)	Eq. (16.10)	Eq. (16.12)
Amostra	1	2	3	4	$\bar{X}$	R	s
1	93,4	93,7	91,9	92,6	92,9	1,8	0,82
2	92,4	93,6	92,1	92,1	92,6	1,5	0,69
3	92,0	91,9	91,6	91,4	91,7	0,5	0,27
4	91,4	93,6	93,2	92,1	92,6	2,2	1,01
5	93,7	91,1	91,5	93,0	92,3	2,5	1,19
6	91,1	91,6	91,8	93,2	92,0	2,1	0,89
7	91,7	91,2	92,1	92,3	91,8	1,2	0,50
8	93,1	91,4	92,4	92,6	92,4	1,7	0,69
9	91,7	91,3	92,7	92,8	92,1	1,5	0,75
10	91,6	91,7	92,0	93,5	92,2	1,9	0,88
11	92,8	93,4	93,1	93,6	93,2	0,8	0,36
12	91,5	91,8	93,2	93,6	92,5	2,1	1,03
13	91,6	92,7	92,1	93,8	92,6	2,2	0,92
14	91,6	91,6	93,7	91,6	92,1	2,1	1,04
15	92,3	92,5	91,8	93,2	92,4	1,4	0,58
16	92,8	92,2	92,4	92,6	92,5	0,6	0,26
17	91,9	92,8	93,7	92,7	92,8	1,8	0,73
18	92,4	91,9	91,3	92,7	92,1	1,4	0,60
19	92,5	91,7	92,2	93,0	92,4	1,3	0,53
20	91,9	91,8	92,6	91,9	92,0	0,9	0,39
21	93,3	92,9	91,2	93,1	92,6	2,2	0,99
22	92,6	92,9	93,0	92,7	92,8	0,4	0,20
23	92,4	91,2	91,2	91,8	91,6	1,2	0,55
24	91,1	91,6	91,7	91,4	91,5	0,6	0,25
25	93,1	93,2	93,2	92,4	93,0	0,8	0,38
Médias →					Eq. (16.9)	Eq. (16.11)	Eq. (16.13)
					$\bar{\bar{X}}$	$\bar{R}$	$\bar{s}$
					92,3	1,5	0,66

A carta dos desvios padrões amostrais apresenta os seguintes limites:

Para a Carta de Desvio Padrão

Limite Superior de Controle:

$$LSC = \bar{s}\left(1 + \frac{3\sqrt{1 - c_4^2}}{c_4}\right) = 0{,}66 * \left(1 + \frac{3\sqrt{1 - (0{,}9213)^2}}{0{,}9213}\right) \cong 1{,}5$$

Linha Central:

$$LC = \bar{s} = 1{,}1$$

Limite Inferior de Controle:

$$LIC = \bar{s}\left(1 - \frac{3\sqrt{1 - c_4^2}}{c_4}\right) = 1{,}1 * \left(1 - \frac{3\sqrt{1 - (0{,}9213)^2}}{0{,}9213}\right) \cong -0{,}2$$

Como o cálculo do LIC apresentou um resultado negativo, consideramos que LIC=0,0. Esta regra também servirá para qualquer outro resultado de LIC que seja negativo.

Vejamos um algoritmo para a plotagem das cartas de controle considerando que não temos os dados de referência:

1. Carregamento das bibliotecas;
2. Carregamento dos dados do histórico de medidas de temperatura;
3. Cálculo das estatísticas básicas: $\bar{X}$, s, R, $\bar{\bar{X}}$, $\bar{R}$ e $\bar{s}$;
4. Cálculo dos limites para a construção das cartas de controle para os gráficos de XR e XS;
5. Adequação dos gráficos para melhor apresentação dos resultados;
6. Plotagem dos gráficos.

O fluxograma para este processo é semelhante ao que vimos na Figura 16.6 e está detalhado na Figura 16.9.

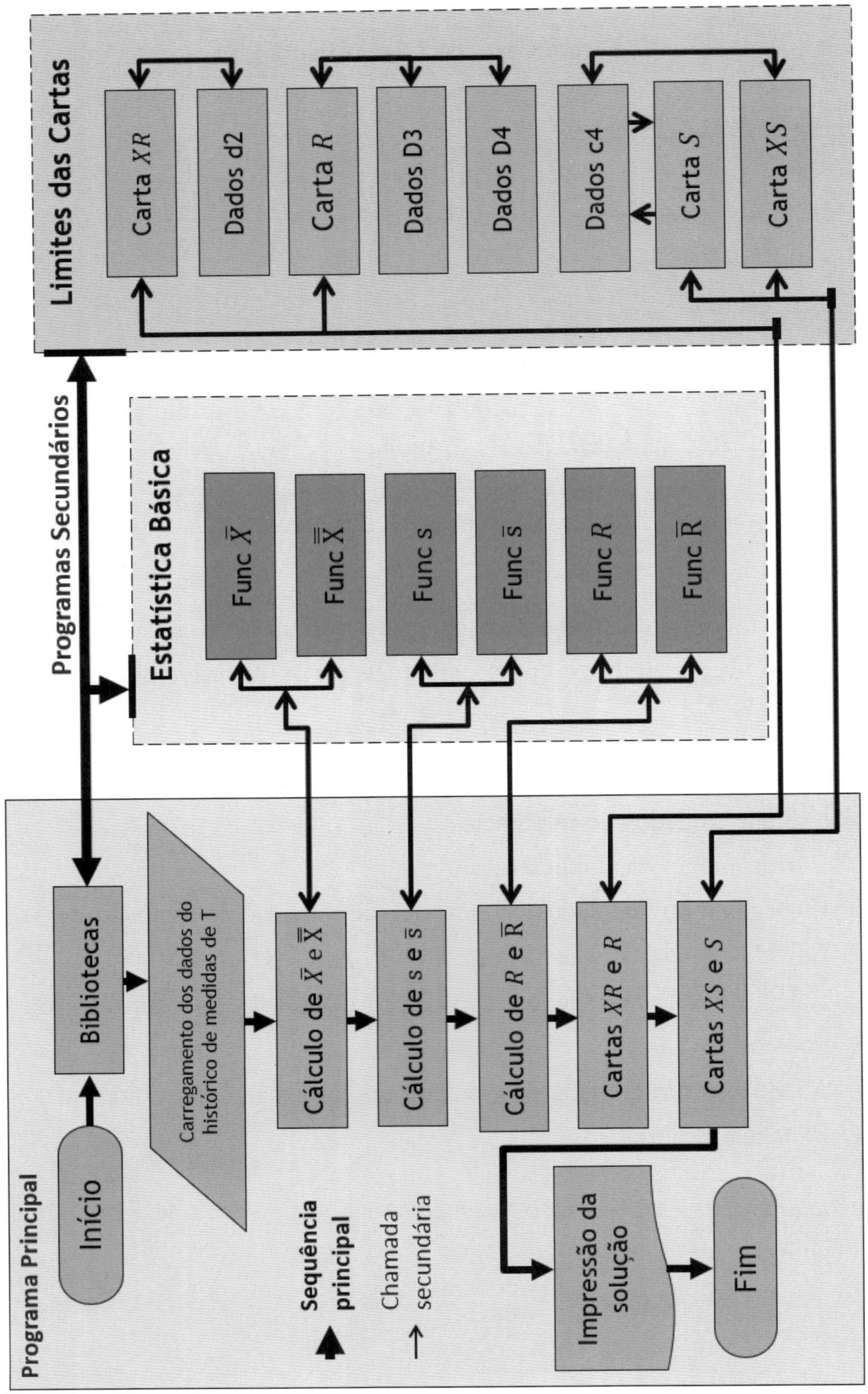

Figura 16.9: Fluxograma de construção da carta de controle baseada em XR, R, XS e S

Com base na Figura 16.10, perceba que estamos usando um programa principal e dois programas secundários: um para o cálculo da estatística básica e outro para os cálculos referentes aos limites das cartas de controle. Este fluxograma deve facilitar o entendimento da atual aplicação, considerando que os códigos aqui apresentam muitas linhas. O programa principal se encontra na Figura 16.10 e foi dividido em duas partes: "Cálculo das estatísticas" e "Construção das cartas de controle".

Na primeira parte são calculados os valores de $\bar{X}$, **s**, R, $\bar{\bar{\mathrm{X}}}$, $\bar{\mathrm{R}}$ e $\bar{\mathrm{s}}$. Outro cálculo adicional é realizado na linha de código 26, onde temos o armazenamento do tamanho da matriz de dados (o dito histórico) com as variáveis $\boldsymbol{n}$ recebendo o número de replicatas (colunas) e $\boldsymbol{m}$ recebendo o número de amostras (linhas). A variável **x**, na linha de código 27, apenas recebe uma lista com o número da amostra. Essa lista será usada na plotagem das cartas para identificar cada amostra.

Passando para a segunda parte do código, temos os cálculos dos limites para as cartas de XR, R, XS e S entre as linhas 31 e 35. Atente que, apesar de os limites calculados serem valores escalares, as variáveis LSC, LC, LIC calculadas para cada tipo de carta retornam em formato de lista, uma vez que os valores se repetem durante toda a amostragem.

Para a plotagem, com a função *subplot* da biblioteca matplotlib, dividimos a área de apresentação da figura em uma matriz com quatro espaços, duas linhas e duas colunas, onde foi plotada cada carta já citada.

A Figura 16.11 e a Figura 16.12 apresentam os programas secundários contendo as funções aplicadas aos cálculos da estatística básica e as funções para os cálculos dos limites de cada carta de controle apresentada aqui, respectivamente. Note que as funções de estatística básica, como a média (mean( )) e o desvio padrão (std( )), poderiam ter sido chamadas da biblioteca numpy. Esta mudança fica como sugestão de otimização do código proposto caso você queira dar sua cara ao projeto.

```python
# importando bibliotecas
import pandas as pd
import matplotlib.pyplot as p
import funcs_Cartas_cap_16 as c
import Eqs_estatistica_cap16 as f

#---------------PARTE 1: CÁLCULO DAS ESTATÍSTICAS---------------
# carregamento dos dados de temperatura (Tabela 16.6)
Dados = pd.read_excel('dados_temp_cap16.xlsx')
# transformando dados em uma lista do python
temperaturas = Dados.values.tolist()
# calculando a média
media = f.media1barra(temperaturas)      # Eq. 16.8
# calculando a amplitude R
amplitude = f.amplitudeR(temperaturas)  # Eq. 16.10
# calculando o desvio
desvio_pad = f.desvioPA(temperaturas)    # Eq. 16.12
# calculando a média das médias
media2b = f.media2barras(media)          # Eq. 16.9
# calculando a média da amplitude R
amplitude_media = f.mediaAmplitudeR(amplitude)  # Eq. 16.11
# calculando a média dos desvios
desvio_pad_medio = f.mediaDesvioPA(desvio_pad)  # Eq. 16.13

# obtendo a quantidade de replicatas (n) e de amostras (m)
n = len(temperaturas[0]); m = len(temperaturas)
x = list(range(1,m+1))                   # nº da amostra

#---------------PARTE 2: CONSTRUÇÃO DAS CARTAS DE CONTROLE--------
# calculo dos limites da carta de controle XR
[LSC, LC, LIC] = c.cartaXRmedias(media2b,amplitude_media, n, m)
[LSCr, LCr, LICr] = c.cartaXRamplitudes(amplitude_media, n, m)
# calculo dos limites da carta de controle XS
[LSCm, LCm, LICm] = c.cartaXSmedias(media2b,desvio_pad_medio, n, m)
[LSCs, LCs, LICs] = c.cartaXSdesvio(desvio_pad_medio, n, m)
# plotando os gráficos
p.clf()              # limpando gráfico anterior
#---------formatação e plotagem do gráfico 1-----------#
p.subplot(2,2,1) # nº de gráficos e posição do gráfico da média
p.plot(x, media, '-*k', x, LC, '-b', x, LSC, '-r', x, LIC, '-r')
p.title('Carta X-R - Médias')                          # título
p.xlabel('Amostras')                          # legenda do eixo X
p.ylabel('Médias')                            # legenda do eixo Y
p.grid(color='k', linestyle='-', linewidth=0.1)  # linhas de grade

#---------formatação e plotagem do gráfico 2-----------#
p.subplot(2,2,3) # definindo a posição do gráfico da amplitude
p.plot(x, amplitude, '-*k',x, LCr,'-b', x, LSCr, '-r', x, LICr, '-r')
p.title('Carta X-R - Amplitudes')                      # título
p.xlabel('Amostras')                          # legenda do eixo X
p.ylabel('Amplitude')                         # legenda do eixo Y
p.grid(color='k', linestyle='-', linewidth=0.1)  # linhas de grade

#---------formatação e plotagem do gráfico 3-----------#
p.subplot(2,2,2) # definindo a posição do gráfico da média
p.plot(x, media, '-ok', x, LCm, '-b', x, LSCm, '-r', x, LICm, '-r')
p.title('Carta X-S - Médias')                          # título
p.xlabel('Amostras')                          # legenda do eixo X
p.ylabel('Médias')                            # legenda do eixo Y
p.grid(color='k', linestyle='-', linewidth=0.1)  # linhas de grade

#---------formatação e plotagem do gráfico 4-----------#
p.subplot(2,2,4) # definindo a posição do gráfico do desvio padrão
p.plot(x, desvio_pad, '-ok',x, LCs,'-b',x, LSCs, '-r',x, LICs, '-r')
p.title('Carta X-S - Desvios')                        # título
p.xlabel('Amostras')                          # legenda do eixo X
p.ylabel('Desvio Padrão Amostral')            # legenda do eixo Y
p.grid(color='k', linestyle='-', linewidth=0.1)  # linhas de grade
p.tight_layout()
p.show()
```

Figura 16.10: Proposta de código para impressão das cartas de controle XR, R, XS e S.

```
# importando bibliotecas
from numpy import sqrt
# cálculo da média
def media1barra(dados):                         # Eq. 16.8
    xbi = []
    for amostra in dados:
        xbi.append(sum(amostra)/len(amostra))
    return xbi
# cálculo de X2 barras( média das médias)
def media2barras(medias_replicatas):      # Eq. 16.9
    x2b = sum(medias_replicatas)/len(medias_replicatas)
    return x2b
# cálculo da Amplitude R
def amplitudeR(dados):                          # Eq. 16.10
    aR = []
    for amostra in dados:
        aR.append(max(amostra) - min(amostra))
    return aR
# cálculo da média das Amplitudes R
def mediaAmplitudeR(amplitudes):          # Eq. 16.11
    mAR = sum(amplitudes)/len(amplitudes)
    return mAR
# Cálculo do Desvio Padrão Amostral
def desvioPA(dados):                            # Eq. 16.12
    n = len(dados[0])
    si = 0.
    if n > 1:
        xbi = media1barra(dados)
        si = []
        for i in range(len(dados)):
            soma = 0
            for xi in dados[i]:
                soma = soma + (xi - xbi[i])**2
            si.append(sqrt(soma/(n-1)))
    else:
        print('Número de replicatas insuficiente.')
        print('Caso esteja usando um array, faça a transposta,')
        print('e tente novamente.')
    return si
# Cálculo da média dos Desvios Padrões Amostrais
def mediaDesvioPA(desvios_padroes):       # Eq. 16.13
    mAR = sum(desvios_padroes)/len(desvios_padroes)
    return mAR
```

Figura 16.11: Programa secundário Eqs_estatistica_cap16 usado na plotagem das cartas de controle.

```python
# importando biblioteca
from numpy import ones, zeros

# declaração das equações para a carta Média dados μ e σ
def cartaXSigma(media_mi, desvio_padrao_ro, n, m):
    # calcula os limites da carta de controle dados μ e σ
    estima_desvio = 3*desvio_padrao_ro/((n)**(1/2))
    LSC = (media_mi + estima_desvio)*ones(m)  # Eq. 16.5
    LC = media_mi*ones(m)                     # Eq. 16.6
    LIC = (media_mi - estima_desvio)*ones(m)  # Eq. 16.7
    return [LSC, LC, LIC]

# ------------------------------------------------------------------------
# declaração das equações para a carta Média Amplitude - XR
def cartaXRmedias(x2barras, Rbarra, n, m):
    # para a média
    d2 = d2tabela(n)
    LSC = (x2barras + 3*Rbarra/(d2*n**0.5))*ones(m) # limite superior controle
    LC = x2barras*ones(m)                           # linha central
    LIC = (x2barras - 3*Rbarra/(d2*n**0.5))         # limite inferior controle
    if LIC > 0.0:
        LIC = LIC*ones(m)
    else:
        LIC = LIC*zeros(m)
    return [LSC, LC, LIC]

def cartaXRamplitudes(Rbarra, n, m):
    # para a amplitude
    D3 = D3tabela(n)
    D4 = D4tabela(n)
    LSCa = (D4*Rbarra)*ones(m) # limite superior controle
    LCa = Rbarra*ones(m)       # linha central
    LICa = (D3*Rbarra)         # limite inferior controle
    if LICa < 0.0:
        LICa = LICa*zeros(m)
    else:
        LICa = LICa*ones(m)
    return [LSCa, LCa, LICa]

# ------------------------------------------------------------------------
# declaração das equações para a carta Média Desvio Padrão Amostral - XS
def cartaXSmedias(x2barras, Sbarra, n, m):
    # para a média
    c4 = c4tabela(n)
    LSCm = (x2barras + 3*Sbarra/(c4*n**0.5))*ones(m) # limite superior controle
    LCm = x2barras*ones(m)                           # linha central
    LICm = (x2barras - 3*Sbarra/(c4*n**0.5))         # limite inferior controle
    if LICm > 0.0:
        LICm = LICm*ones(m)
    else:
        LICm = LICm*zeros(m)
    return [LSCm, LCm, LICm]
def cartaXSdesvio(Sbarra, n, m):
    # para a amplitude
    c4 = c4tabela(n)
    # limite superior controle
    LSCd = Sbarra*(1 + (3/c4)*(1-c4**2)**(0.5))*ones(m)
    # linha central
    LCd = Sbarra*ones(m)
    # limite inferior controle
    LICd = Sbarra*(1 - (3/c4)*(1-c4**2)**(0.5))
    if LICd < 0.0:
        LICd = LICd*zeros(m)
    else:
        LICd = LICd*ones(m)
    return [LSCd, LCd, LICd]
# dados das constantes da Tabela 16.5
def c4tabela(n):
    if n <= 1:
        print('Use valores de n (replicatas) >=2 ou n <=10.')
    if n > 1 and n < 11:
        valores_c4 = [0.7979,0.8862, 0.9213, 0.9400, 0.9515,
                      0.9594, 0.9650, 0.9693, 0.9727]
        use = valores_c4[n-2]
    else:
        use = 0
        print('valor não disponível. Procure bibliografia.')
    return use
def d2tabela(n):
    if n <= 1:
        print('Use valores de n (replicatas) >=2 ou n <=10.')
    if n > 1 and n < 11:
        valores_d2 = [1.128, 1.693, 2.059, 2.326,
                      2.534, 2.704, 2.847, 2.970, 3.078]
        use = valores_d2[n-2]
    else:
        use = 0
        print('valor não disponível. Procure bibliografia.')
    return use
def D3tabela(n):
    if n <= 1:
        print('Use valores de n (replicatas) >=2 ou n <=10.')
    if n > 1 and n < 11:
        valores_D3 = [0.0, 0.0, 0.0, 0.0, 0.0, 0.076, 0.136,
                      0.184, 0.223]
        use = valores_D3[n-2]
    else:
        use = 0
        print('valor não disponível. Procure bibliografia.')
    return use
def D4tabela(n):
    if n <= 1:
        print('Use valores de n (replicatas) >=2 ou n <=10.')
    if n > 1 and n < 11:
        valores_D4 = [3.267, 2.575, 2.282, 2.115, 2.004,
                      1.924, 1.864, 1.816, 1.777]
        use = valores_D4[n-2]
    else:
        use = 0
        print('valor não disponível. Procure bibliografia.')
    return use
```

Figura 16.12: Programa secundário funcs_Cartas_cap_16 com funções para o cálculo dos limites das cartas de controle.

Após a execução do programa principal, temos as cartas dispostas conforme exposto na Figura 16.13. Você pode estar se perguntando: "Os gráficos das médias são iguais! E o da amplitude apresenta pouca diferença se comparado ao do desvio. Qual o intuito de plotar ambos os gráficos?". Você pensou correto, os gráficos das médias têm valores de limites muito próximos, e por isso tamanha semelhança. Com relação às cartas de amplitude e de desvio, observe que existem alguns pontos que se comportam de maneira diferente, por exemplo: na carta de amplitude, contando a partir da amostra número 7, você verá que existe uma oscilação dos pontos plotados próxima à linha central. Na carta do desvio, nesses mesmos pontos, vemos um comportamento crescente.

Isso ainda não justifica a plotagem dos dois tipos de cartas. Na realidade, para poucos pontos, as cartas de XR apresentam uma melhor visualização das oscilações das medidas tomadas no processo. Para n maior que 9, recomenda-se o uso das cartas XS. Logo, o código foi feito para mostrar as quatro cartas, mas você pode adaptá-lo para mostrar apenas as duas do seu interesse.

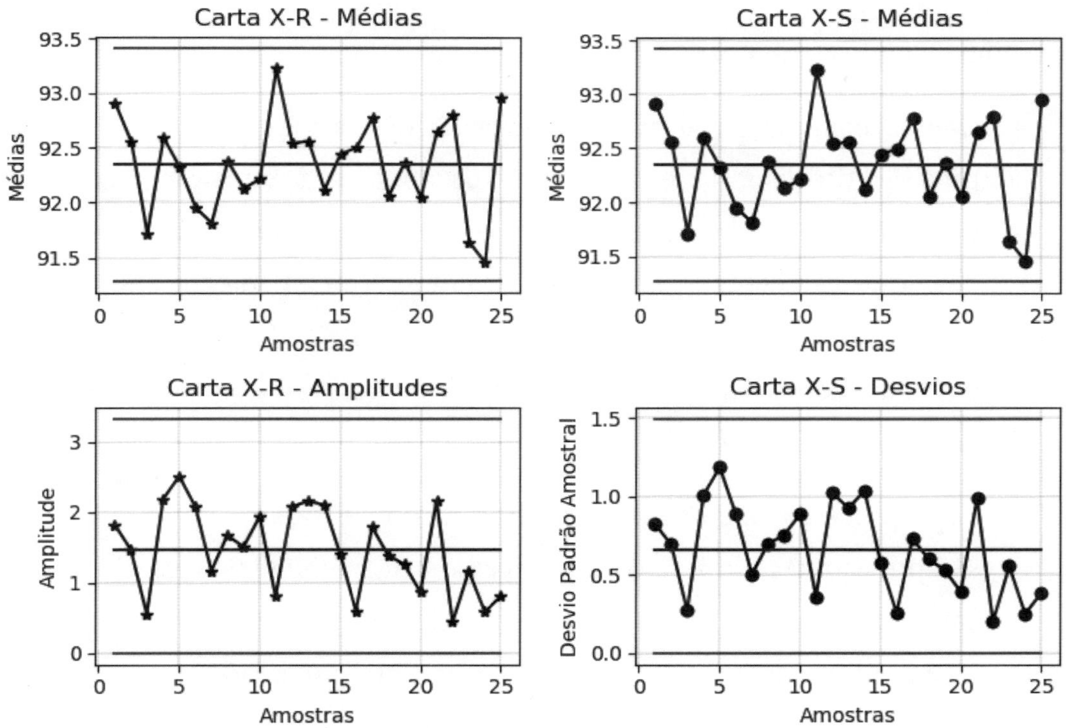

Figura 16.13: Plotagem das cartas de controle XR, R, XS e S.

Regras de controle

No tópico "Entendendo cartas de controle", deste capítulo, foi citado que o processo estaria sob controle estatístico se as amostras coletadas caíssem dentro dos limites pré-calculados das cartas de controle, e seguissem determinadas "regras" ou, mais especificamente, comportamentos. Caso algum desses comportamentos apareça na carta de controle, ou algum dos pontos esteja fora dos limites de controlabilidade previamente calculados, se não for um ponto espúrio (às vezes a medida é malfeita devido ao erro humano... acontece!), diz-se que o processo está fora de controle.

Como a carta de controle é uma técnica consolidada, foram desenvolvidos **critérios básicos** e **critérios suplementares** que servem para avaliar se o processo está sob controle estatístico. É isso mesmo, a controlabilidade da planta não se limita aos pontos que podem aparecer fora dos limites das cartas de controle.

Observando a planta pelos **critérios básicos**, por exemplo, as principais causas que podem implicar uma leitura fora dos limites de controle podem ser resumidas em:

- **Causas comuns ou aleatórias:** são variações corriqueiras, inerentes da precisão do dispositivo de medida usado para a aquisição dos dados desejados em pontos diversos do processo, e.g. variação da temperatura devido às características do sensor, vazão de uma dada corrente devido à oscilação do rotâmetro ou da precisão do medidor de vazão automatizado, oscilação das medidas de pressão de operação de um cilindro devido à sensibilidade do sensor etc.

  Se o processo operar apenas sob o efeito dessas causas, o que nem sempre acontece, diz-se que o processo está sob controle estatístico. As cartas de controle são construídas considerando que as causas comuns fazem parte do comportamento natural do processo. Logo, quando existem oscilações nos valores das amostras, que caiam entre os limites de controle, esperamos que a maior parte das oscilações ocorram devido às causas comuns.

- **Causas especiais ou assimiláveis**: são responsáveis pela grande variação de valores mensurados no regime estacionário do processo. Um exemplo seria a abertura abrupta de uma válvula, por um curto período, cuja quantidade de fluido encaminhado para o processo seja responsável por distúrbios operacionais e perda de controle da planta, caso são sejam tomadas providências para a minimização dos impactos.

  Outro exemplo seria a medida errônea oriunda de um sensor temporariamente desligado ou uma medida tomada por um operador descuidado. Quando você observar um ponto fora dos limites das cartas de controle, você concluirá que ele ocorreu devido a uma causa especial ou seja, esses pontos são espúrios e estão fora da normalidade dos dados usados para a construção da carta de controle.

Os **critérios suplementares** servem para aumentar a sensibilidade das cartas. Esses tipos podem garantir uma visualização mais precisa das variações do processo. É importante salientar que ambos os métodos podem ser usados em conjunto. Caso haja impossibilidade, deve ser usado pelo menos o critério básico.

Entre os critérios suplementares, podemos citar as seguintes situações que indicam um processo fora de controle estatístico[1][2]:

- 2 pontos fora dos limites da carta de controle;
- 6 pontos consecutivos de comportamento ascendente ou descendente;
- 8 pontos consecutivos caírem de um dos lados da linha central;
- 14 pontos consecutivos variando para cima ou para baixo.

Continuando com nosso exemplo, digamos que nosso histórico de medidas contenha entre 20 e 25 pontos, (pode ser mais!), para que o espaço amostral seja representativo.

Desenvolvimento do projeto

Agora que temos uma boa noção de como funcionam as cartas de controle, e como construir uma, podemos dar continuidade ao desenvolvimento do nosso projeto. Lembrando que nosso objetivo é criar uma carta de controle que simule a aquisição de dados e plote-os em uma carta de controle.

Se olharmos o exemplo anterior, notaremos que já temos boa parte do nosso projeto de carta de controle da temperatura média de um prato de uma torre de destilação, onde plotamos as cartas XR, R, XS e S. No entanto, queremos que nosso gráfico da carta de controle tenha um funcionamento mais realista. "Como?" Vamos modificar o último algoritmo, que escrevemos antes da Figura 16.9, e nossa proposta se apresenta da seguinte maneira:

1. Carregamento das bibliotecas;
2. Carregamento dos dados do histórico de medidas de temperatura;
3. Cálculo das estatísticas básicas: $\bar{X}$, R, $\bar{\bar{X}}$ e $\bar{R}$;
4. Cálculo dos limites para a construção das cartas de controle para os gráficos de XR e R;
5. Adequação e plotagem dos gráficos;
6. Aquisição de novas medidas de temperatura (aqui faremos um sorteio para simular esta aquisição);
7. Cálculo das estatísticas básicas $\bar{X}$ e R para os novos valores coletados;
8. Atualização dos dados de plotagem no banco de dados de $\bar{X}$ e R nos gráficos de controle;
9. Realização de testes de controlabilidade, baseados nas regras que vimos nos critérios suplementares;
10. Além dos novos pontos, impressão de mensagens no gráfico que indiquem a controlabilidade, ou não, do processo;

11. Retorno ao item 5 e repetição de todos os tópicos citados em um intervalo de tempo fixo para que nosso projeto tenha vida;
12. Continuação do processo de repetição até que haja um ponto de parada.

Uma proposta simplificada de fluxograma se encontra na Figura 16.14. É possível observar que temos um programa principal e a presença de outros três módulos com as funções auxiliares. Note que foram expostos apenas os fluxogramas das funções que foram programadas por nós. Outras bibliotecas como numpy, pandas e matplotlib também participam da solução proposta, mas aparecem implicitamente em "Bibliotecas".

Outro detalhe que precisa ser comentado: no presente fluxograma, apenas as funções utilizadas nos programas secundários foram expostas. No entanto, as funções para a construção das cartas XS e S continuam presentes nos mesmos módulos, já apresentados.

Olhando para o fluxograma do programa principal, logo após o cálculo de $\boldsymbol{R}$ e $\bar{R}$, podemos perceber a sequência de execução do código que se encontra dentro de um laço de repetição. Ao final, quando o processo de repetição termina, caso o usuário deseje, um relatório será impresso com todas as mensagens de perturbação e os pontos coletados que protagonizaram tais sinais.

Agora que temos uma visão mais clara de como nosso projeto funcionará, o próximo passo é a explicação do código desenvolvido. Perceba que o nosso projeto apresenta uma gama de linhas de códigos, mesmo sob uma visualização simplificada da ideia da aplicação em si, temos o desafio de transformar as ideias em código Python.

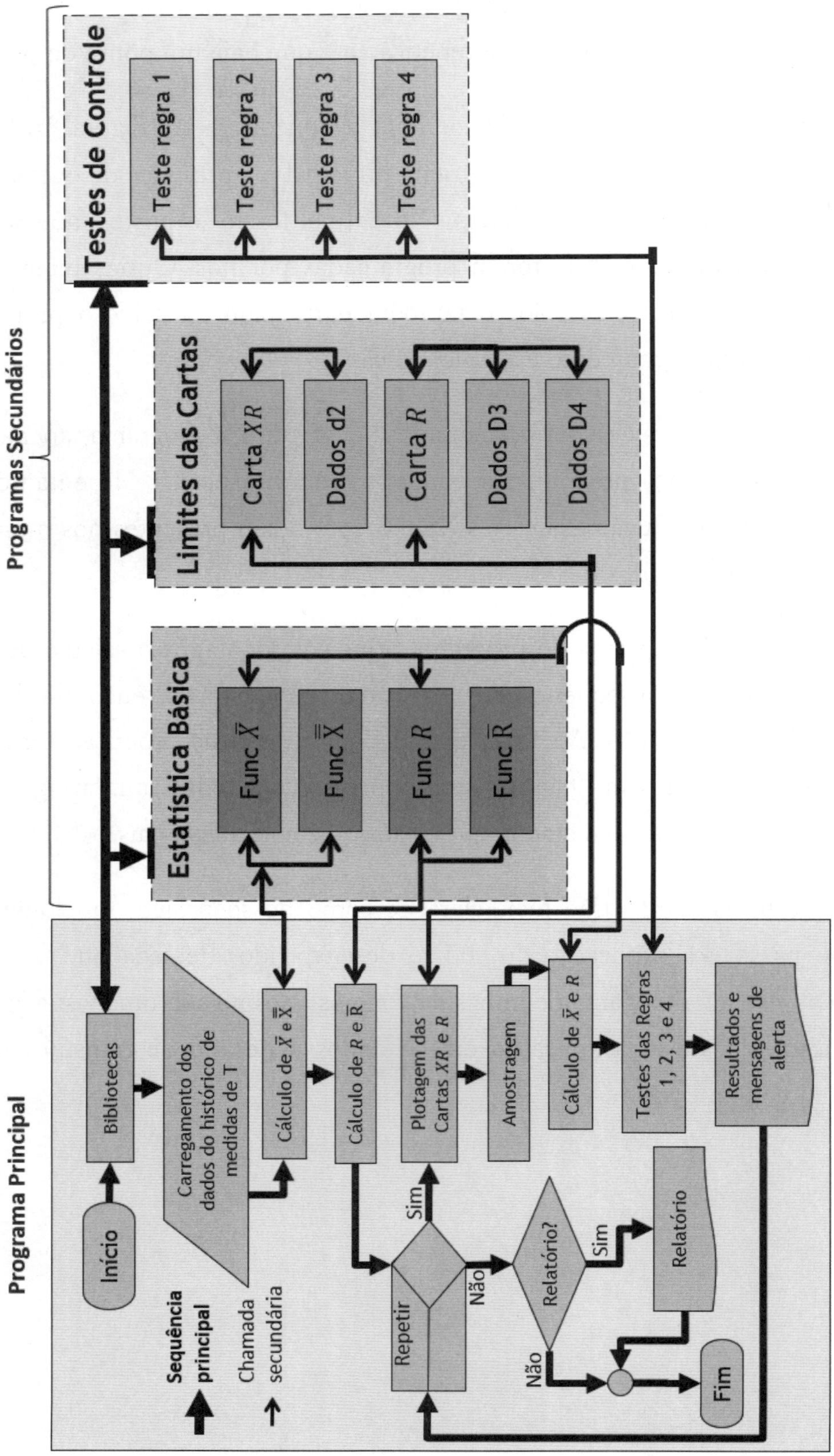

Figura 16.14: Fluxograma geral do projeto de carta de controle.

O nosso código principal está dividido em três partes e exposto na Figura 16.15, na Figura 16.16 e na Figura 16.17.

O histórico de dados e os códigos declarados entre as linhas 17 e 29 são os mesmos utilizados no exemplo anterior e já foram mencionados. Os comentários encontrados no próprio código podem servir de guia para um rápido entendimento. Assim, com a intenção de não sermos repetitivos, o Quadro 16.1 apresenta um resumo das partes modificadas ou inseridas necessárias à funcionalidade do nosso projeto.

Quadro 16.1: Comentários sobre algumas linhas de código do projeto de cartas de controle.

Linha	Comentários
35	Servirá de contador para o ciclo de repetições de coleta de amostras.
36	Servirá de base para a definição do eixo x dos gráficos das cartas de controle.
46 a 49	Teste das regras de controle suplementares estudadas aqui.
50	Lista de regras que será usada posteriormente na plotagem das mensagens obtidas como resultados dos testes das regras. Veja que não foi necessário passar a lista de valores dos limites, mas apenas um dos valores de cada lista. A lista "**medias**" é passada inteira pois os valores que compõem essa lista é que são as bases para os testes.
52	Inserção de um laço de repetição. Aqui temos 50 repetições, mas você pode editar esse valor caso queira.
54 a 71	Para o projeto foi escolhido o par de cartas XR R devido à quantidade de amostras obtidas durante a experimentação (5 amostras). A única diferença aqui, se comparado ao exemplo anterior, é que os valores que serão plotados no eixo y se resumem aos últimos 25 valores. Assim nossa carta ficará mais realista.
74	Perceba que tínhamos 4 subplotagens. Após o uso dos dois quadrantes superiores, os dois quadrantes inferiores são transformados em apenas um espaço para plotagem.

```
# importando bibliotecas
import pandas as pd
from time import sleep
from numpy import array as a
from numpy import concatenate
import matplotlib.pyplot as p
import funcs_Cartas_cap_16 as c
from numpy.random import uniform, random
import Eqs_estatistica_cap16 as f
from testes_regras_carta import testeregra1, testeregra2
from testes_regras_carta import testeregra3, testeregra4, relatorioCarta

#----------------PARTE 1: CÁLCULO DAS ESTATÍSTICAS----------------------
# carregamento dos dados de temperatura (Tabela 16.6)
Dados = pd.read_excel('dados_temp_cap16.xlsx')
# transformando dados em uma lista do python
temperaturas = Dados.values.tolist()
# calculando a média
medias = f.media1barra(temperaturas)      # Eq. 16.8
# calculando a amplitude R
amplitudes = f.amplitudeR(temperaturas)  # Eq. 16.10
# calculando o desvio
desvio_pads = f.desvioPA(temperaturas)   # Eq. 16.12
# calculando a média das médias
media2b = f.media2barras(medias)         # Eq. 16.9
# calculando a média da amplitude R
amplitude_media = f.mediaAmplitudeR(amplitudes)  # Eq. 16.11
# calculando a média dos desvios
desvio_pad_medio = f.mediaDesvioPA(desvio_pads)  # Eq. 16.13

# obtendo a quantidade de replicatas (n) e de amostras (m)
n = len(temperaturas[0]); m = len(temperaturas)
x = list(range(1,m+1))                   # n° da amostra

repeticoes = 1                           # contador
passo = list(range(min(x), max(x)+1, 3)) # escala eixo x das cartas
#----------------PARTE 2: CONSTRUÇÃO DAS CARTAS DE CONTROLE------------
# calculo dos limites da carta de controle XR
[LSC, LC, LIC] = c.cartaXRmedias(media2b,amplitude_media, n, m)
[LSCr, LCr, LICr] = c.cartaXRamplitudes(amplitude_media, n, m)
# calculo dos limites da carta de controle XS
[LSCm, LCm, LICm] = c.cartaXSmedias(media2b,desvio_pad_medio, n, m)
[LSCs, LCs, LICs] = c.cartaXSdesvio(desvio_pad_medio, n, m)

# testando as regras de controle
regra1 = testeregra1(LSC[0], LC[0], LIC[0], medias)
regra2 = testeregra2(medias)
regra3 = testeregra3(LC[0], medias)
regra4 = testeregra4(medias)
regras = [regra1, regra2, regra3, regra4]
```

Figura 16.15: Parte 1 do código principal do projeto de carta de controle.

Continuação Quadro 16.1: Comentários sobre algumas linhas de código do projeto de cartas de controle.

Linha	Comentários
75	Contador para o número de linhas de texto que serão inseridos. Servirá como passo de posicionamento de cada linha de texto no eixo y do gráfico.
76	Variável de referência para definição da cor do texto que será usada do código de impressão encontrado entre as linhas 85 e 87.
77	Definição do intervalo de cada eixo para a impressão das mensagens resultantes dos testes de regras de controle.
78 a 83	Impressão de cada mensagem resultante dos testes de regras de controle no gráfico de "Resultados dos Testes".
89 e 90	Ocultam a escada dos eixos x e y. Assim teremos um quadro de impressão de mensagens oriundas dos testes das regras de controle.
93	Ajusta os gráficos que aparecerão na figura suspensa na tela.
95	Pausa essencial para que o gráfico atualize os pontos. Caso essa linha seja removida, você só verá os resultados nos gráficos quando a execução do código terminar.
98 a 103	Simula o processo de obtenção das temperaturas do prato da torre. Observe que os valores são sorteados aleatoriamente pela função *uniform*, da biblioteca *numpy.random*. Ou seja, os valores sorteados são uniformemente distribuídos entre os limites estabelecidos. São sorteados um total de n (igual a 5) replicatas. A maior parte do tempo as amostras estão sendo obtidas entre os limites de controle definidos, linha 100. Em momentos aleatórios, algum ponto espúrio pode ser medido (linha 103). Veja que temos uma ampliação na faixa de temperatura em **1,5 °C**.
107 e111	Realizam os cálculos da média e amplitude das replicatas obtidas em cada amostragem respectivamente.
109 e 113	São responsáveis por concatenar os resultados de $\bar{x}$ *e* R às suas respectivas listas.

119 a 123	Novo teste das regras de controle e atualização das mensagens.

```
while repeticoes <= 50:
    # plotando os gráficos
    p.clf()           # limpando gráfico anterior
    #----------formatação e plotagem do gráfico 1------------#
    p.subplot(2,2,1) # n° de gráficos e posição do gráfico da média
    p.plot(x, medias[-m:], '-*k', x, LC, '-b', x, LSC, '-r', x, LIC,'-r')
    p.title('Carta X-R - Médias')                          # título
    p.xlabel('Amostras')                                   # legenda do eixo X
    p.xticks(passo)
    p.ylabel('Médias')                                     # legenda do eixo Y
    p.grid(color='k', linestyle='-', linewidth=0.1)  # linhas de grade

    #----------formatação e plotagem do gráfico 2------------#
    p.subplot(2,2,2) # definindo a posição do gráfico da amplitude
    p.plot(x,amplitudes[-m:], '-*k',x, LCr,'-b',x, LSCr, '-r', x,LICr,'-r')
    p.title('Carta X-R - Amplitudes')                      # título
    p.xlabel('Amostras')                                   # legenda do eixo X
    p.xticks(passo)
    p.ylabel('Amplitude')                                  # legenda do eixo Y
    p.grid(color='k', linestyle='-', linewidth=0.1)  # linhas de grade

    # --------Imprimindo as mensagens das Regras de controle-------#
    p.subplot(2,1,2)
    num_msg = 1
    controle = True
    p.axis([0, 80, 0, 20])            # definição da escala
    for regra in regras:
        if regra[0] != 'Planta sob controle estatístico.':
            controle = False
            for i in range(len(regra)-1, -1, -1):
                num_msg += 2
                p.text(1, num_msg, regra[i], fontsize= 9, color='red')
    if num_msg > 20: p.axis([0, 80, 0, num_msg+5])
    if controle :
        msg = 'Planta sob controle estatístico.'
        p.text(1, 9, msg, fontsize= 9, color='blue') # texto em azul

    p.xticks([])  # ocultando a escala do eixo x
    p.yticks([])  # ocultando a escala do eixo y
    p.title('Resultados dos Testes')

    p.tight_layout()  # ajustando automaticamente o gráfico na figura
    p.show()          # mostrando a figura com a carta
    p.pause(0.05)     # pausando plotagem para atualização dos dados

    #----coleta de uma nova amostra (Simulação do processo) ----------#
    if random(1) < 0.9:
        # distúrbio
        amostra = a(uniform(low=LIC[0],high=LSC[0],size=[1, n]))
    else:
        # estacionário
        amostra = a(uniform(low=LIC[0]-1.5,high=LSC[0]+1.5,size=[1, n]))
```

Figura 16.16: Parte 2 do código principal do projeto de carta de controle.

Continuação (Quadro 16.1): Comentários sobre algumas linhas de código do projeto de cartas de controle.

Linha	Comentários
125 e 126	Impressão da amostra com as replicatas. Os valores aparecerão no console.
127	Atualização do contador que determinará o fim da execução do código no laço de repetição.
128	Pausa de 1 segundo na execução do código para que o nosso processo fique ainda mais realista. Esse valor pode ser editado conforme necessidade.
133	Impressão do relatório de mensagens oriundas dos testes das regras de controle.

```
    #---------------Tratamento da amostra --------------------- ---#
    # calculando a média
    media = f.media1barra(amostra)      # Eq. 16.8
    # concatenando a nova média às antigas
    medias = concatenate((medias, media), axis=0)
    # calculando a amplitude R
    amplitude = f.amplitudeR(amostra)  # Eq. 16.10
    # concatenando a nova amplitude às antigas
    amplitudes = concatenate((amplitudes, amplitude), axis=0)

    total = len(medias)
    x = list(range(1,total+1))[-m:]
    passo = list(range(min(x), max(x)+1, 3))  # escala eixo x das cartas
    #---------------Teste das Regras de Controle---------------------#
    regra1 = testeregra1(LSC[0], LC[0], LIC[0], medias)  # teste regra 1
    regra2 = testeregra2(medias)                          # teste regra 2
    regra3 = testeregra3(LC[0], medias)                   # teste regra 3
    regra4 = testeregra4(medias)                          # teste regra 4
    regras = [regra1, regra2, regra3, regra4]
    #-------------Imprimindo resultados no console-------------------#
    print(f'\ncomportamento da amostragem {repeticoes}')
    print(amostra)          # imprimindo os últimos 5 dados coletados
    repeticoes+= 1          # atualizando contadores
    sleep(1)  # pausando a execução do programa (aumenta a realidade :D)
#----------------------Impressão de resultados-----------------------
imprimir_relatorio = True
print()
if imprimir_relatorio: # impressão do resumo do comportamento das cartas
    relatorioCarta(LSC, LC, LIC, medias)
print('\nFim da simulação. :D')
```

Figura 16.17: Parte 3 do código principal do projeto de carta de controle.

Entre as linhas responsáveis pela importação das bibliotecas, temos como novidade o módulo "testes_regras_carta" que foi desenvolvido baseado nas regras que já vimos neste capítulo. Os códigos desenvolvidos para o módulo "testes_regras_carta" se encontram no apêndice.

Ao executarmos o código principal, teremos como primeiro resultado a exposição da Figura 16.18 que mostra os valores das temperaturas médias variando dentro dos limites das cartas XR e R. Com o passar do tempo, você notará que as cartas são atualizadas a cada coleta de amostra de temperatura do prato da torre hipotética.

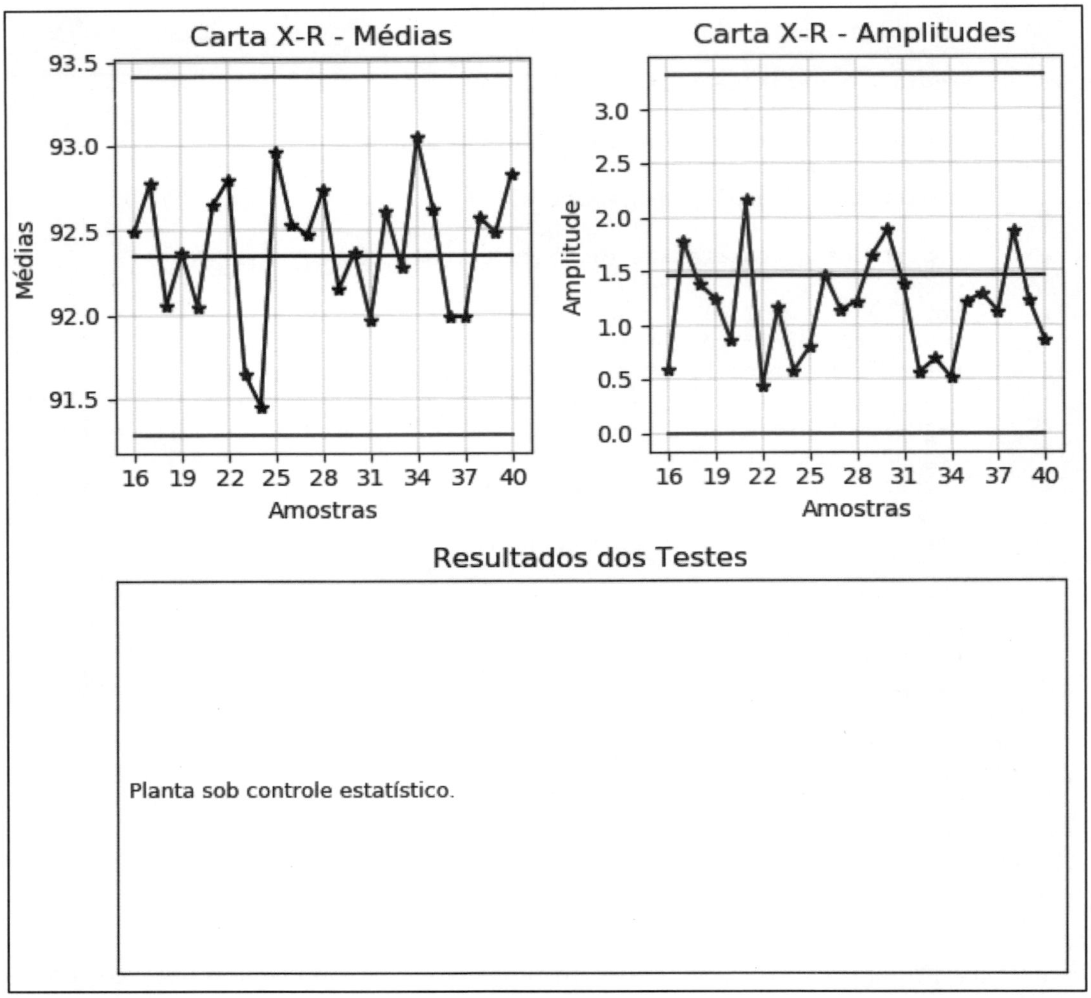

Figura 16.18: Cartas XR e R de monitoramento da variação da temperatura em um prato de uma torre.

No instante do *print* da imagem da Figura 16.18, temos a mensagem "Planta sob controle estatístico." Aparecendo dentro do retângulo com título "Resultados dos Testes". Note também que, como todo processo, temos uma oscilação nos valores das médias das temperaturas plotadas nas cartas. A carta R aponta a sensibilidade da oscilação.

No decorrer do tempo, dentro do que foi simulado, alguns valores de temperatura aparecem fora dos limites de controle e, após os testes das regras, as informações sobre qual ou quais regras foram quebradas aparecem na área "Resultados dos Testes", como mostra a Figura 16.19.

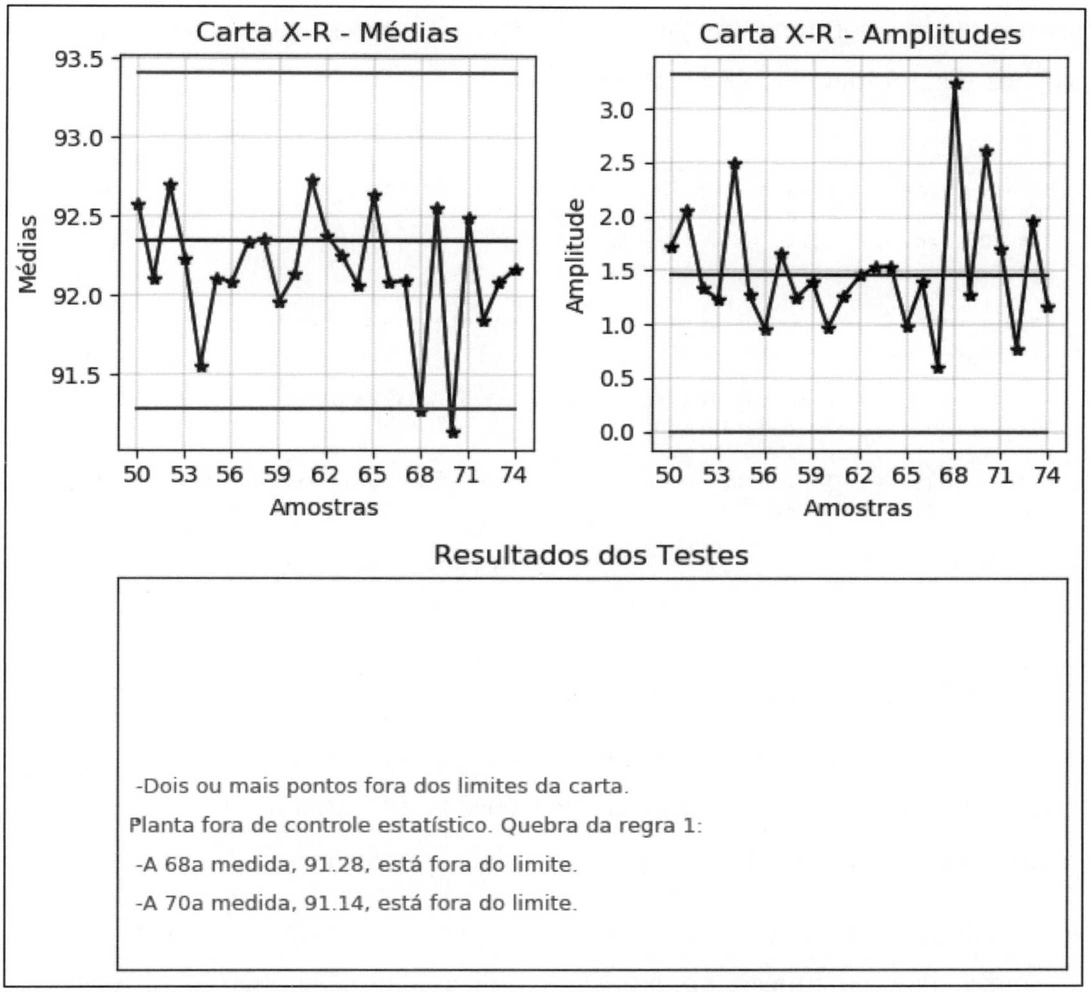

Figura 16.19: Cartas XR e R de monitoramento da variação da temperatura em um prato de uma torre – exemplificação de um processo fora de controle.

Durante a execução do código, algumas mensagens podem aparecer no console, informando quais foram os valores das temperaturas medidas e se a planta está sob controle estatístico. Na Figura 16.20 podemos ver uma exemplificação da impressão de um relatório baseado no histórico dos testes das regras de controle. Para a atual simulação, dois pontos extrapolaram os limites de controle, o que indica que durante esta execução o processo ficou fora de controle estatístico.

Não se aflija se, ao executar tal projeto em sua máquina, os seus resultados pareçam diferentes dos expostos aqui. Como os dados de temperatura obtidos são sorteados por uma função randômica, é muito provável que os valores médios das temperaturas sejam diferentes.

```
Console 1/A
Para a regra 1 - Dois ou mais pontos fora dos limites:
 -A 68a medida, 91.28, está fora do limite.
 -A 70a medida, 91.14, está fora do limite.
Planta fora de controle estatístico.

Para a regra 2 - 6 pontos consecutivos crescentes ou decrescentes:
Planta sob controle estatístico.

Para a regra 3 - 8 pontos consecutivos acima ou abaixo da LC:
Planta sob controle estatístico.

Para a regra 4 - 14 pontos consecutivos com oscilação decrescentes e decrescente:
Planta sob controle estatístico.

Fim da simulação. :D
```

Figura 16.20: Impressão do relatório dos testes das regras de controle estatístico.

Propostas de estudos

Caso você tenha interesse em desenvolver ainda mais suas habilidades, a seguir está uma lista de atividades com as quais você pode explorar o presente projeto, melhorando-o, ampliando-o e implementando novas rotinas:

- Modifique a fonte de dados: Você pode gerar uma nova fonte de dados por meio de uma função randômica e utilizá-la para simular o histórico de aquisição de dados de uma variável de interesse, tais como: pressão, vazão, composição de A, B, C etc., carga térmica, entre outros;
- Simule a aquisição de um número maior de replicatas em cada amostragem se comparado ao que foi usado neste projeto, por exemplo 9 ou 10 replicatas. Com esta modificação, utilize as cartas XS e S;
- Otimize o código transformando as partes repetidas no projeto principal, disponibilizado na Figura 16.15, na Figura 16.16 e na Figura 16.17, transformando-as em funções. Você perceberá que seu código ficará mais enxuto;
- Atualize os limites de controle: você pode desenvolver algumas linhas que indicarão a necessidade de atualização dos limites de controle com base nos

últimos 50 dados coletados. Para isso, a variável que está armazenando os dados deverá ser usada como novo histórico;

- Existem outros critérios suplementares que não foram citados aqui. Faça uma pesquisa na internet sobre esses critérios aplicados às cartas de controle e tente desenvolver funções no Python que complementem o módulo "testes_regras_carta.py". Após o desenvolvimento desses novos testes, implemente-os no código principal para que sejam realizados os testes de todas as regras e que, havendo mensagens de atenção, que elas sejam plotadas junto ao gráfico das cartas já apresentado na Figura 16.19.
- Lembre-se, para qualquer uma das sugestões citadas, de escrever um algoritmo dos passos necessários, antes mesmo do desenvolvimento do código, para que você tenha uma melhor ideia das etapas que precisará desenvolver.
- Para qualquer escolha de sugestões aqui citadas, desenvolva um fluxograma para que outros possam entender melhor como é que seu projeto/código está funcionando.

Finalizando o Capítulo 16

Aqui se encerra esta proposta. Buscamos realizar uma revisão sobre os conceitos fundamentais das cartas de controle e apenas duas das possíveis aplicações. Os exemplos foram apresentados gradativamente e o projeto foi o resultado desta soma de partes prontas. Saímos do zero e realizamos nosso primeiro projeto em linguagem Python.

Seus estudos não terminam aqui. Pelo contrário! Você abriu inúmeras portas de possibilidades de aplicações da linguagem Python no mundo da Engenharia Química. A ciência de dados é muito vasta e a Engenharia Química possui diversas demandas que você poderá solucionar ao utilizar esta ferramenta gratuita, otimizada e flexível. Siga, questione, procure! A curiosidade é diretamente proporcional à taxa de sucesso.

Referências

[1] SAMOHYL, Robert Wayne. **Controle estatístico de qualidade**. Elsevier, 2009.

[2] MONTGOMERY, DOUGLAS C.; RUNGER, GEORGE C. **Estatística aplicada e probabilidade para engenheiros**. 5. ed. Rio de Janeiro: Editora Gen – LTC, 2012.

[3] SELVAMUTHU, Dharmaraja; DAS, Dipayan. **Introduction to Statistical Methods, Design of Experiments and Statistical Quality Control**. Singapore: Springer Singapore, 2018.

[4] DEVORE, Jay L. Probabilidade e estatística: para engenharia e ciências. Tradução Joaquim Pinheiro Nunes da Silva. São Paulo: Thomson Learning, 2006.

[5] CARTAS, Aplicações e revisão sobre cartas de controle. Disponível em: http://www.portalaction.com.br/controle-estatistico-do-processo/41-graficos-media-e-amplitude. Acesso em 13 jun. 2020.

[6] MONTGOMERY, Douglas C. **Statistical Quality Control**. New York: Wiley, 2009.

Apêndices

Apêndice 1: Instalação do Anaconda Python

Visualize as imagens a seguir, na ordem apresentada, e leia a descrição de cada imagem para identificar cada etapa da instalação.

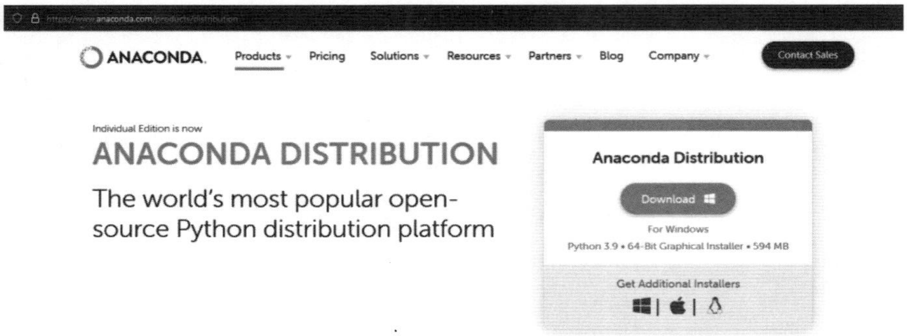

Figura A.1: "Get Additional Installers" encaminhará você para seleção do instalador apropriado para seu sistema operacional.

Figura A.2: Caso seu sistema seja Windows, selecione o instalador de 32 ou 64 bit.

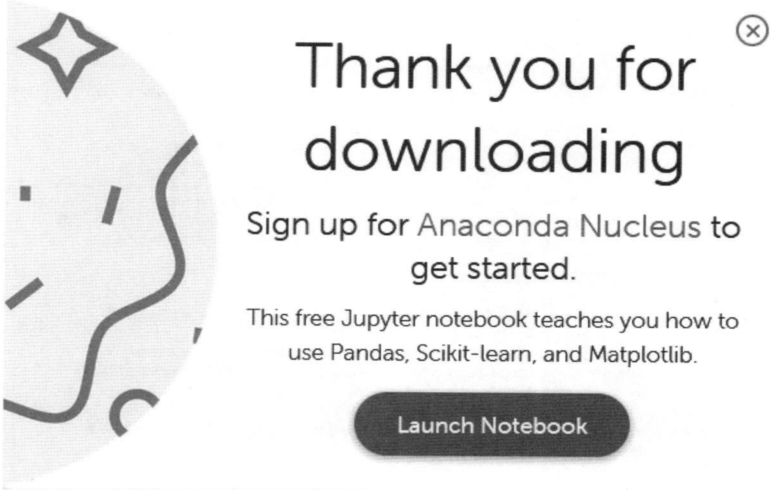

Figura A.3: Esta mensagem, ou semelhante, poderá aparecer quando você inicia o download.

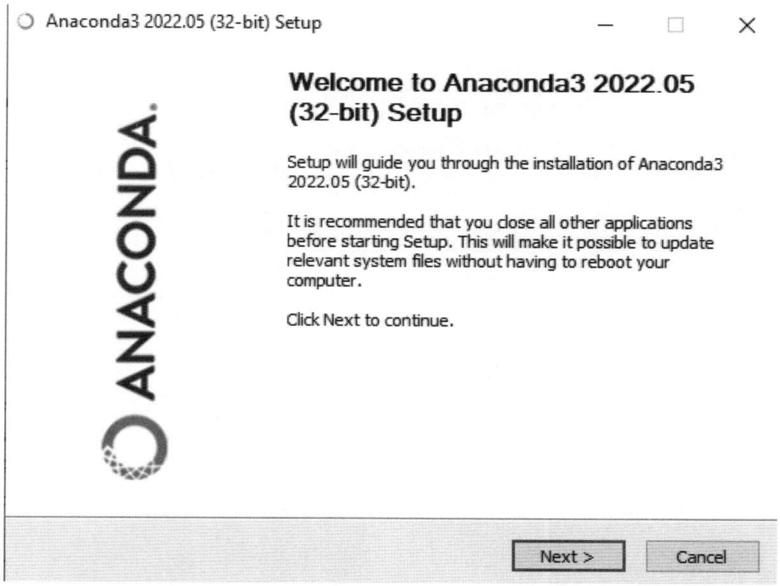

Figura A.4: Finalizado o download, execute o instalador. Esta janela aparecerá.

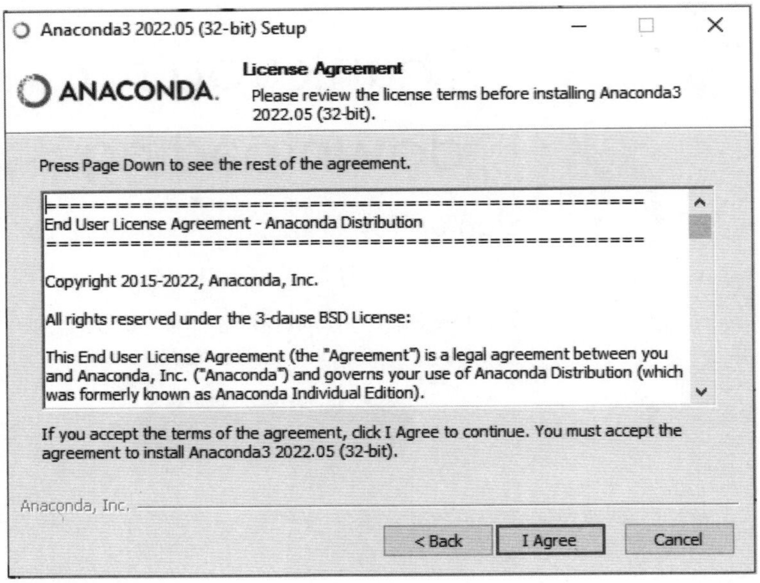

Figura A.5: Para que a instalação continue, leia os termos de uso e aceite (I agree).

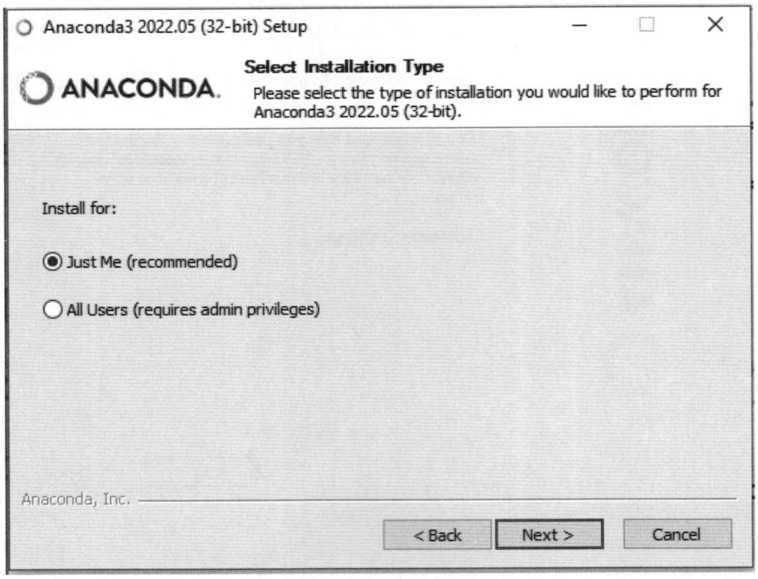

Figura A.6: Não mude as configurações recomendadas. Clique em próximo (Next) com o default selecionado pelo próprio instalador.

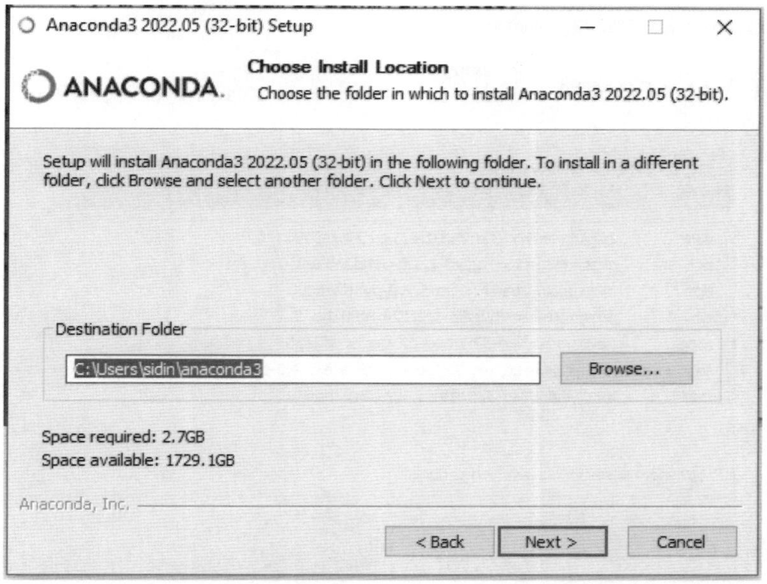

Figura A.7: O instalador indicará o local onde o pacote anaconda será instalado, apenas clique em Próximo (Next).

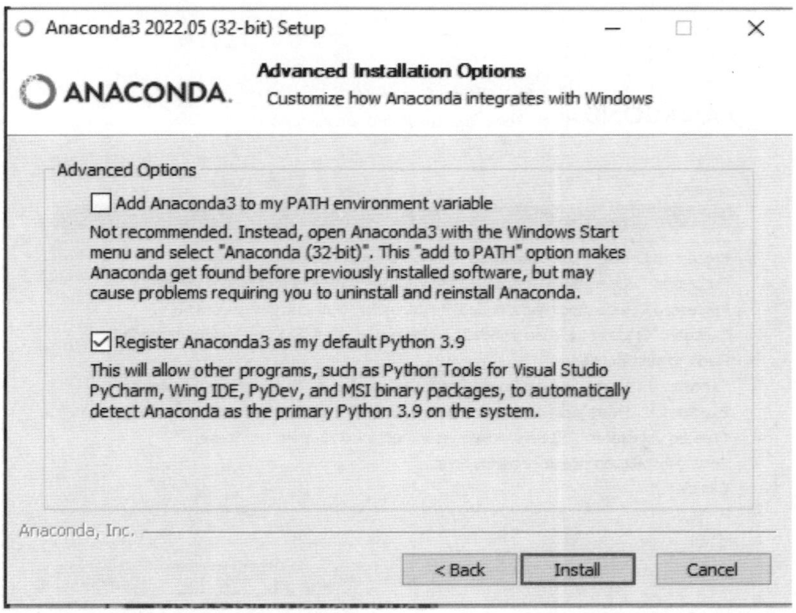

Figura A.8: Na janela Opções Avançadas (Advanced Options) não altere as caixas selecionadas pelo instalador. Clique em Instalar (Install) e aguarde o processo de instalação acontecer.

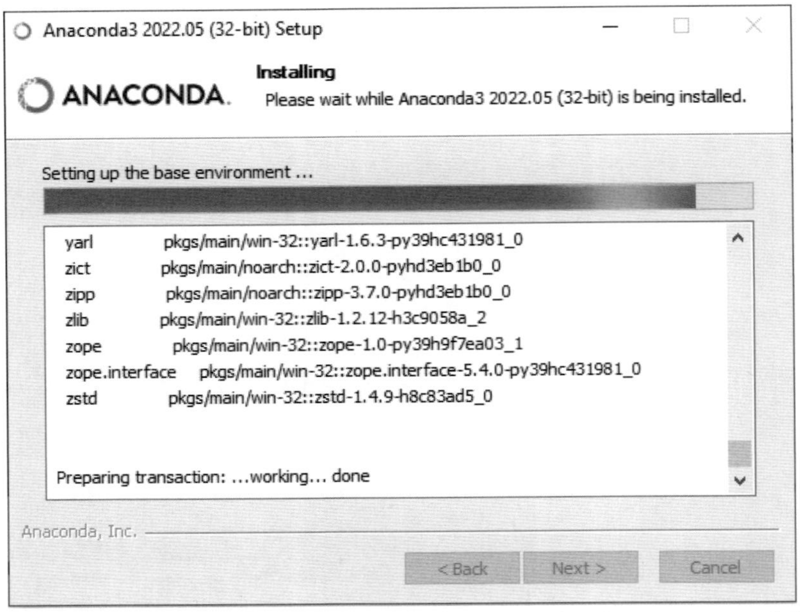

Figura A.9: Durante a instalação aparecerá uma janela com o relatório em tempo real do processo. Aguarde até que a janela ative o botão Próximo (Next) para o próximo passo.

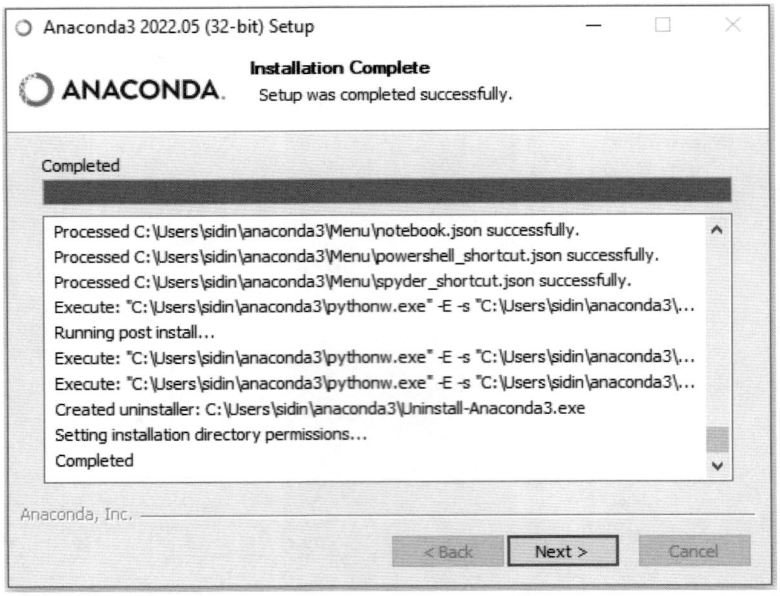

Figura A.10: Finalizado o processo de instalação, clique em Próximo (Next).

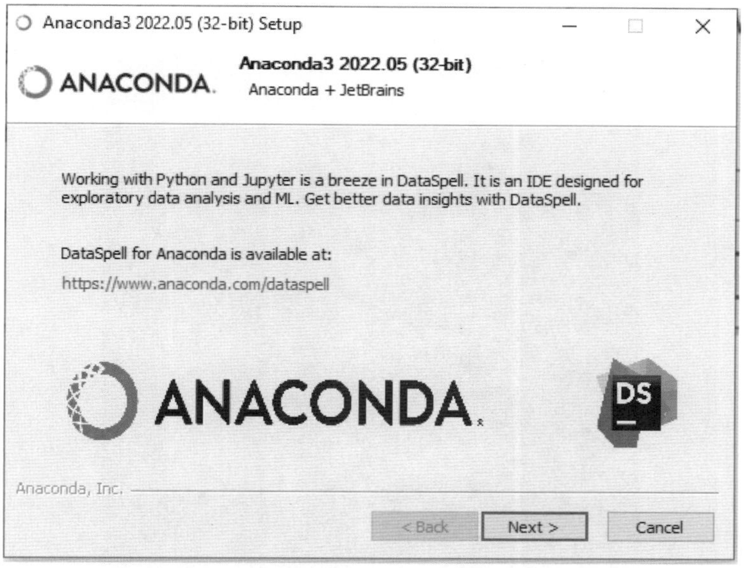

Figura A.11: Algumas janelas de propaganda podem aparecer. Permaneça clicando em Próximo (Next).

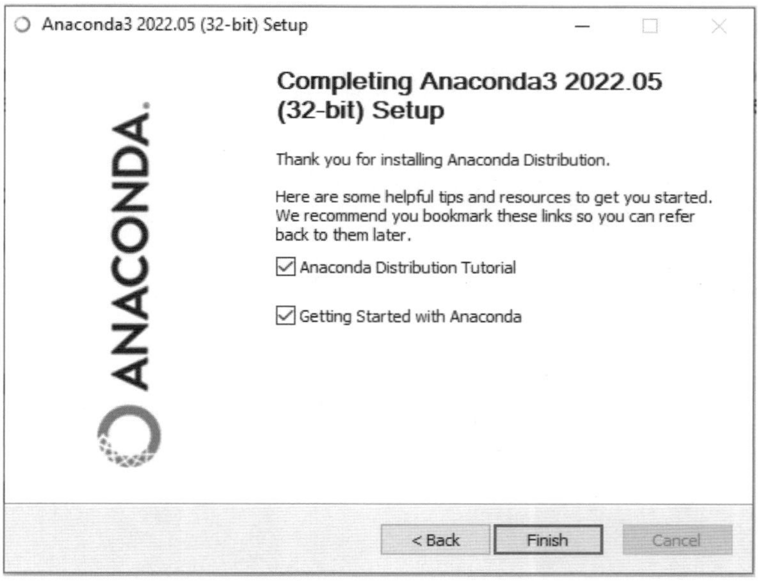

Figura A.12: Nesta janela você pode escolher se quer visitar o tutorial. Caso não queira, remova a seleção das caixas. Em qualquer caso, o passo final é clicar no botão Finalizar (Finish).

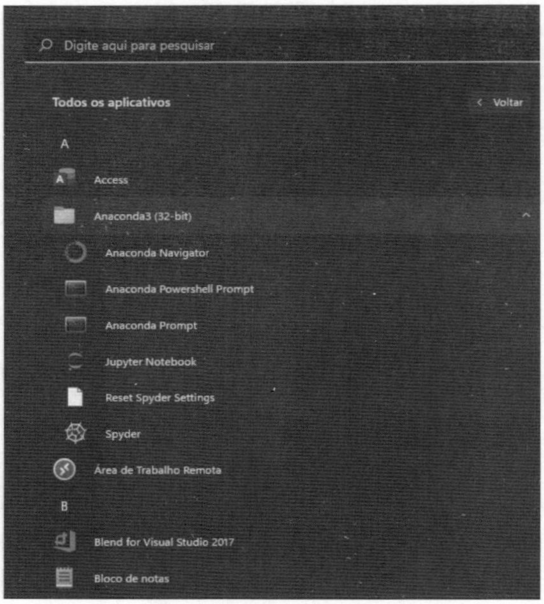

Figura A.13: Para acessar o Spyder, aperte no botão "Windows" e, em todos os programas, procure a pasta Anaconda.

Figura A.14: Com a pasta Anaconda aberta, procure pelo ícone do "Spyder" e clique nele para abrir o desenvolvedor.

Figura A.15: A janela da versão que acabou de ser instalada na sua máquina aparecerá na sua tela antes de aparecer a página do desenvolvedor. Deste momento em diante, pode voltar para o Capítulo 1 e continuar seus estudos.

Apêndice 2: Atualizando o Anaconda Python

Para a atualização do Anaconda Python, ou das bibliotecas do Python instaladas no seu computador, eu particularmente recomento o uso do Anaconda Prompt devido à simplicidade do procedimento. O ícone do Anaconda Prompt se encontra no mesmo caminho de acesso ao ícone do Spyder (Windows/Todos os aplicativos/Anaconda) como é indicado nas Figura A2.1 adiante:

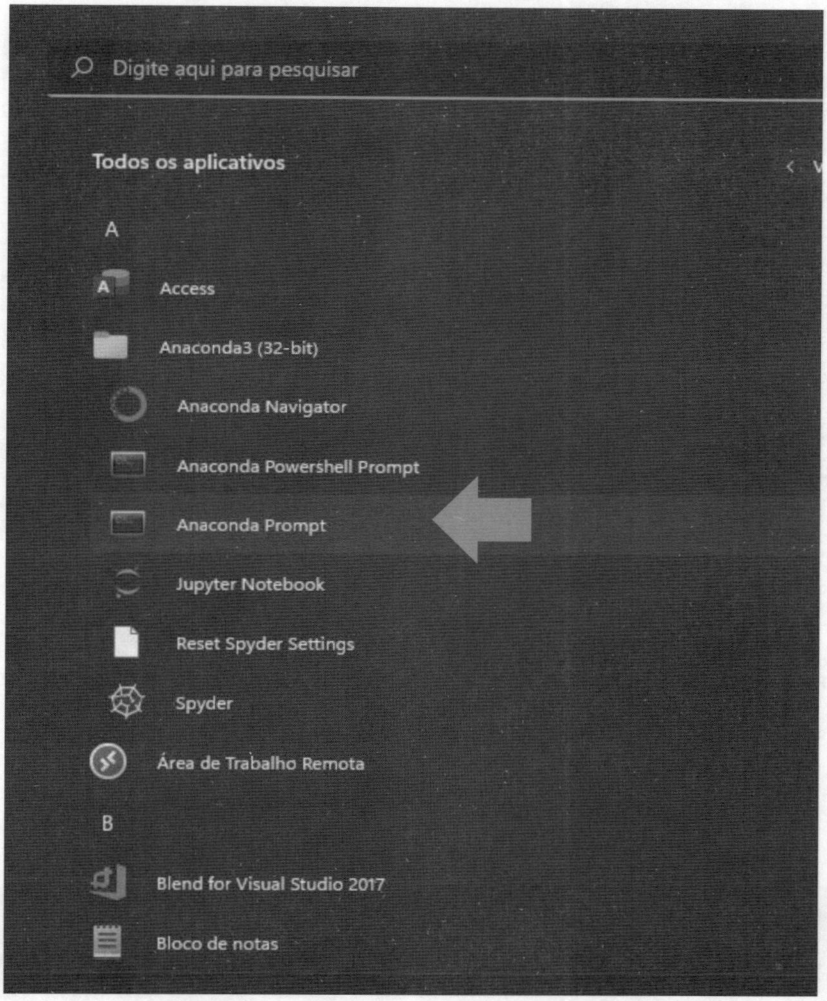

Figura A2.1: Exposição e seleção do ícone de acesso ao Anaconda Prompt.

Execute o Anaconda Prompt usando as credenciais de Administrador, como é mostrado na Figura A2.2, clique com o botão direito do mouse sobre o ícone e escolha a opção "executar como administrado".

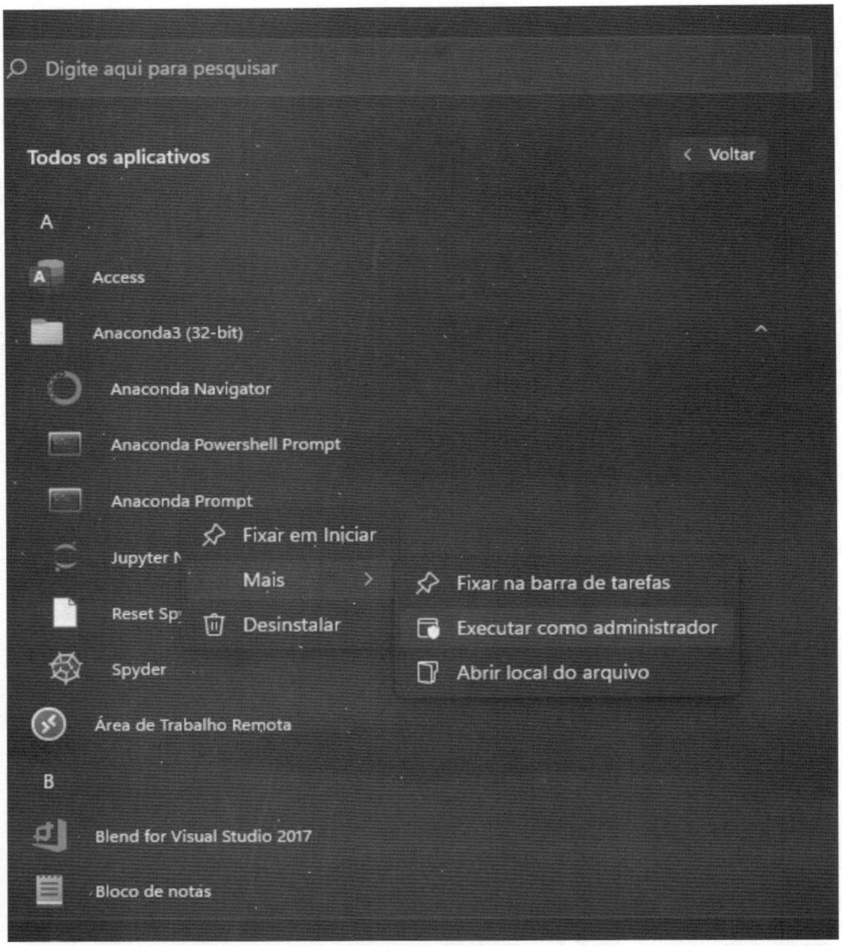

Figura A2.2: Para mostrar essa forma de execução, clique com o botão direito do seu mouse sobre o ícone do Anaconda Prompt.

Uma nova janela se abrirá e é nesta janela que vamos inserir a linha de código responsável pela atualização do Anaconda Python ou das bibliotecas já instaladas.

Figura A2.3: Esta janela é utilizada apenas para a atualização com base em "conda". Caso você tente usar algum instalador pip aqui, poderá causar algum erro fatal e irreversível de instalação e uso do Python.

Se a linha de atualização ou de instalação de bibliotecas do Python que você encontrou na internet contiver a palavra "PIP", **NÃO** use o Anaconda Prompt! Você deverá usar o procedimento descrito no Apêndice 3.

Podemos atualizar o Anaconda com a linha de código: ***conda update conda***

Figura A2.4: Atualização do Anaconda.

E, em seguida, atualizar as bibliotecas que fazem parte do Python com a linha de código: conda update --all

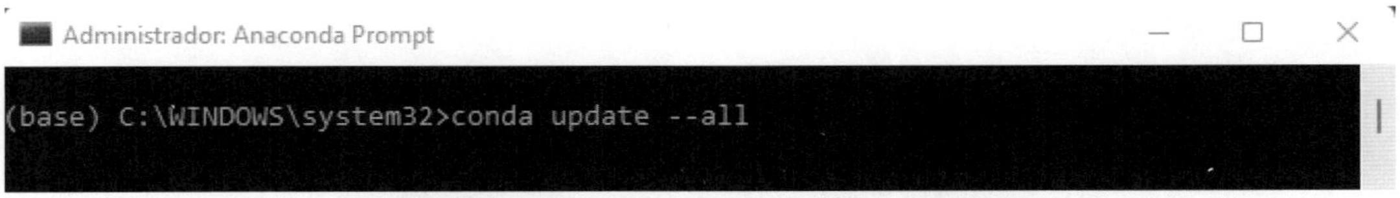

Figura A2.5: Atualização das bibliotecas do Python.

Para ambos os casos, após inserção da linha de código, aperte o botão "Enter" e aguarde o processo de instalação. Recomenda-se não usar os desenvolvedores do Python durante o processo de instalação.

Em alguns casos, algumas bibliotecas sofrerão "downgrade" (voltarão à uma versão anterior). Quando isso acontecer, ou quando houver qualquer demanda mais específica, aparecerá uma mensagem na janela do Anaconda Prompt perguntando se deseja continuar. Você terá que responder "y" (Yes) ou "n" (No). No caso das bibliotecas que recebem "downgrade", o processo é comum e acontece para que a biblioteca em questão funcione de forma correta com outras bibliotecas do ambiente Python.

Qualquer outra biblioteca para uso mais específico que você tenha interesse poderá ser instalada por este mesmo procedimento. Atente apenas para o fato de que a linha de código que será usada para a instalação da biblioteca deverá conter o nome "conda". Caso tenha o nome "pip" não use este caminho, veja o exemplo do Apêndice 3 para mais detalhes de como proceder.

Apêndice 3: Instalando a Biblioteca Ternary-Diagram

Você verá que, em aplicações mais específicas, será necessário instalar alguma biblioteca que ainda não faz parte do ambiente Python instalado na sua máquina. Isso aconteceu durante a redação deste livro, quando precisamos instalar uma biblioteca para facilitar a plotagem de diagramas ternários. A seguir veremos o passo a passo de como isso foi feito. Estes mesmos passos servem para a instalação de outras bibliotecas com caminho "PIP".

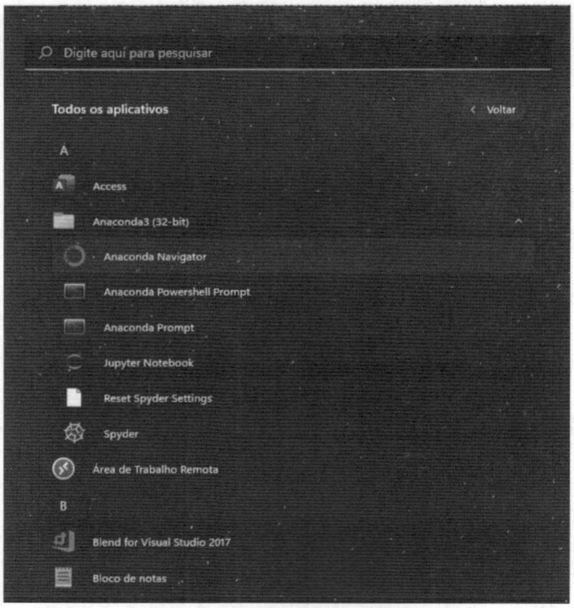

Figura A3.1: Selecione o ícone Anaconda Navigator para abrir o navegador.

Com a janela aberta, clique em Enviroments.

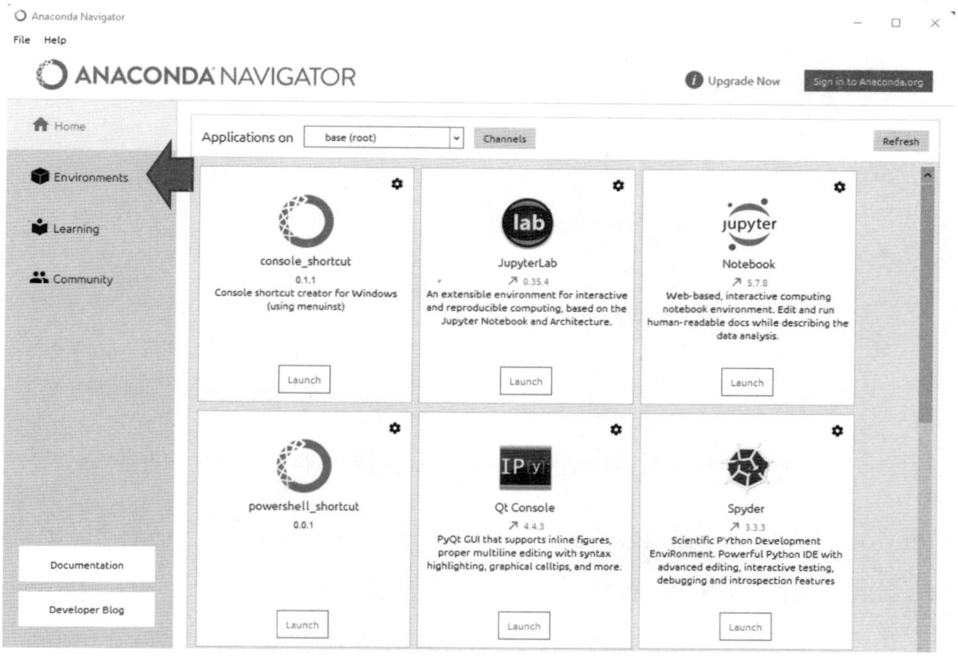

Figura A3.2: Na janela do Anaconda Navigator, selecione Enviroments.

Aguarde esta janela aparecer na sua tela e selecione “Enviroments”.

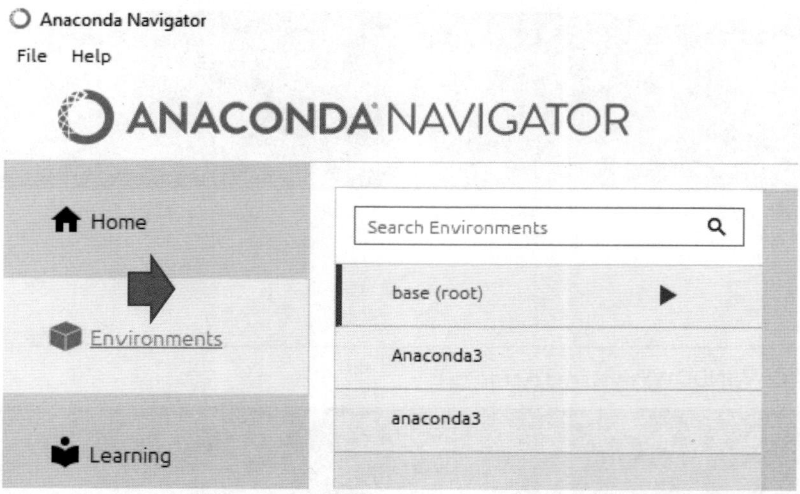

Figura A3.3: Agora clique em “base (root) e selecione “Open Terminal”.

É importante registrar que aqui você não deve instalar nenhuma biblioteca que contenha “conda” em seu código de instalação. Caso haja, verifique o Apêndice 2 onde é possível instalar bibliotecas com o Conda.

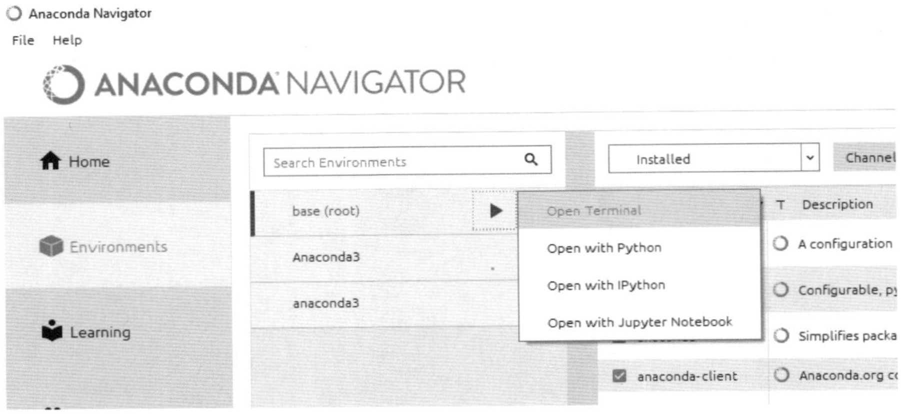

Figura A3.4: Quando você clicar em "Open Terminal", a base de instalação "PIP" estará ativa.

Escrevendo a linha de código: *pip install python-ternary*, como é mostrado na Figura A3.5, e apertando "Enter", você verá algumas mensagens aparecendo. Ao final da instalação, uma mensagem aparecerá na janela, como é indicado na Figura A3.6.

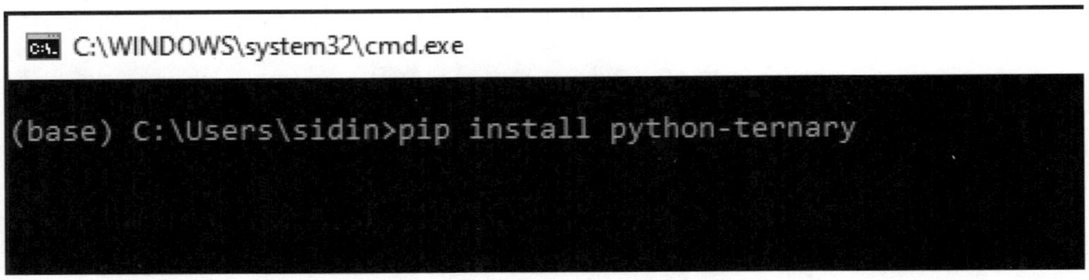

Figura A3.5: Escrevendo a linha de instalação python-ternary no cmd.

Figura A3.6: Conclusão da instalação da biblioteca python-ternary.

Índice Remissivo

F

G

H

I

J

L

M

N

O

P

R

S

T

U

V

GRÁFICA PAYM
Tel. [11] 4392-3344
paym@graficapaym.com.br